Craftsman Energy Management

에너지관리기능사 필기

preface
에너지관리기능사

최근 보일러는 취급이 간편해진 반면, 구조가 복잡하여 시공·정비·보수에 있어서 고도의 기술을 필요로 하고 있습니다. 또한 보일러의 취급에 수반되는 부대시설 및 연료에 대하여 효과적인 열관리가 중요해지고 있는 실정입니다. 이에 따라 산업현장에서 필요로 하는 보일러 시공 및 취급 분야의 기능 인력을 양성하고자 보일러시공기능사와 보일러취급기능사 자격을 제정한 것이며, 2012년 보일러기능사로 통합된 후 현재는 에너지관리기능사 자격시험으로 변경되어 운영되고 있습니다.

에너지관리기능사 자격을 취득할 경우 설비업체, 보일러 시공업체, 보일러 검사 및 품질관리업체, 보일러 설비조립 및 보수업체, 보일러 취급 기업체, 에너지관리진단기관 등으로 진출할 수 있습니다. 또한, 보일러는 쾌적한 업무 및 주거환경을 위해 필수적이기 때문에 경제가 발전함에 따라 새로운 공장이나 아파트, 관공서 건설 등이 증가하면 보일러 취급 인력도 덩달아 증가하고 있습니다.

이 교재는 한국산업인력공단의 새롭게 통합된 출제기준에 따라 에너지관리기능사 자격시험을 손쉽게 대비할 수 있도록 수험생들의 입장에서 구성되고 집필하였습니다.
보일러 관련 자격시험을 다년간 연구하고 분석해 온 저자들이 심혈을 기울여 집필한 교재인 만큼 이 교재를 선택한 여러분들에게 큰 도움이 있을 것으로 확신합니다. 끝으로, 이 교재의 발간을 위해 도움을 주신 많은 교육 현장의 선생님들과 도서출판 책과상상의 임직원 여러분들에게 감사의 말씀을 드립니다.

출제기준

- **시 행 처**: 한국산업인력공단
- **자격종목**: 에너지관리기능사
- **직무내용**:
  - 공장이나 아파트 또는 빌딩에 설치된 대형 보일러에 대하여 보일러 연료와 열을 효율적이고 경제적으로 사용하기 위한 관리·운전·수리 등의 업무를 수행
  - 사무실이나 주거용 건물의 난방용 소형 보일러와 부대설비의 설치 및 정비작업을 위하여 기기의 설치·배관·용접 등의 작업을 수행
- **시험방법**: 필기_ 전과목 혼합, 객관식 60문항(60분)
  실기_ 작업형[적산+종합응용배관작업](3시간 정도)
- **합격기준**: (필기·실기) 100점을 만점으로 하여 60점 이상

필기과목: 열설비 설치, 운전 및 관리

주요항목	세부항목
1. 보일러 설비 운영	1. 열의 기초 / 2. 증기의 기초 / 3. 보일러 관리
2. 보일러 부대설비 설치 및 관리	1. 급수설비와 급탕설비 설치 및 관리 / 2. 증기설비와 온수설비 설치 및 관리 3. 압력용기 설치 및 관리 / 4. 열교환장치 설치 및 관리
3. 보일러 부속설비 설치 및 관리	1. 보일러 계측기기 설치 및 관리 / 2. 보일러 환경설비 설치 3. 기타 부속장치
4. 보일러 안전장치 정비	1. 보일러 안전장치 정비
5. 보일러 열효율 및 열정산	1. 보일러 열효율 / 2. 보일러 열정산 / 3. 보일러 용량
6. 보일러 설비 설치	1. 연료의 종류와 특성 / 2. 연료설비 설치 / 3. 연소의 계산 4. 통풍장치와 송기장치 설치 / 5. 부하의 계산 / 6. 난방설비 설치 및 관리 7. 난방기기 설치 및 관리 / 8. 에너지절약장치 설치 및 관리
7. 보일러 제어설비 설치	1. 제어의 개요 / 2. 보일러 제어설비 설치 / 3. 보일러 원격제어장치 설치
8. 보일러 배관설비 설치 및 관리	1. 배관도면 파악 / 2. 배관재료 준비 / 3. 배관 설치 및 검사 4. 보온 및 단열재 시공 및 점검
9. 보일러 운전	1. 설비 파악 / 2. 보일러가동 준비 / 3. 보일러 운전 4. 보일러 가동후 점검하기 / 5. 보일러 고장시 조치하기
10. 보일러 수질 관리	1. 수처리설비 운영 / 2. 보일러수 관리
11. 보일러 안전관리	1. 공사 안전관리
12. 에너지 관계법규	1. 에너지법 / 2. 에너지이용 합리화법 3. 열사용기자재의 검사 및 검사면제에 관한 기준 4. 보일러 설치시공 및 검사기준 5. 기계설비법

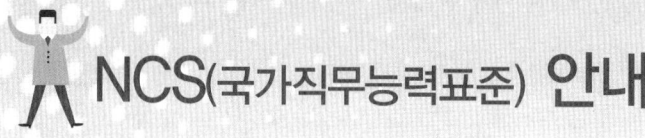

NCS(국가직무능력표준) 안내

NCS(국가직무능력표준)와 NCS 학습모듈

- 국가직무능력표준(NCS, National Competency Standards)이란 산업현장에서 직무를 수행하기 위해 요구되는 지식·기술·소양 등의 내용을 국가가 산업부문별·수준별로 체계화한 것으로 국가적 차원에서 표준화한 것을 의미합니다.
- NCS 학습모듈은 NCS 능력단위를 교육 및 직업훈련 시 활용할 수 있도록 구성한 교수·학습자 료입니다. 즉, NCS 학습모듈은 학습자의 직무능력 제고를 위해 요구되는 학습 요소(학습 내용)를 NCS에서 규정한 업무 프로세스나 세부 지식, 기술을 토대로 재구성한 것입니다.

NCS 개념도

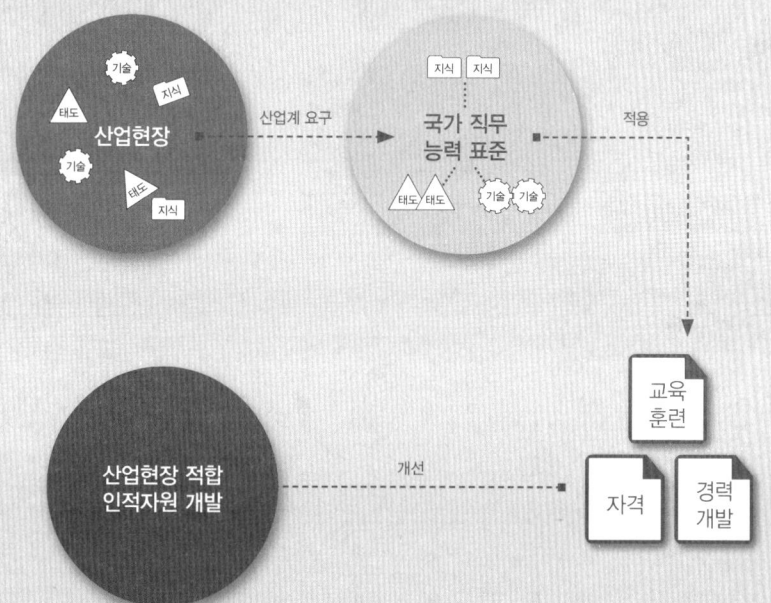

NCS의 활용영역

구분		활용 콘텐츠
산업현장	근로자	평생경력개발경로, 자가진단도구
	기업	현장수요 기반의 인력채용 및 인사관리기준, 직무기술서
교육훈련기관		직업교육 훈련과정 개발, 교수계획 및 매체·교재개발, 훈련기준 개발
자격시험기관		자격종목설계, 출제기준, 시험문항, 시험방법

NCS 학습모듈의 특징

- NCS 학습모듈은 산업계에서 요구하는 직무능력을 교육훈련 현장에 활용할 수 있도록 성취목표와 학습의 방향을 명확히 제시하는 가이드라인의 역할을 합니다.
- NCS 학습모듈은 특성화고, 마이스터고, 전문대학, 4년제 대학교의 교육기관 및 훈련기관, 직장 교육기관 등에서 표준교재로 활용할 수 있으며 교육과정 개편 시에도 유용하게 참고할 수 있습니다.

NCS와 NCS 학습모듈의 연결 체제

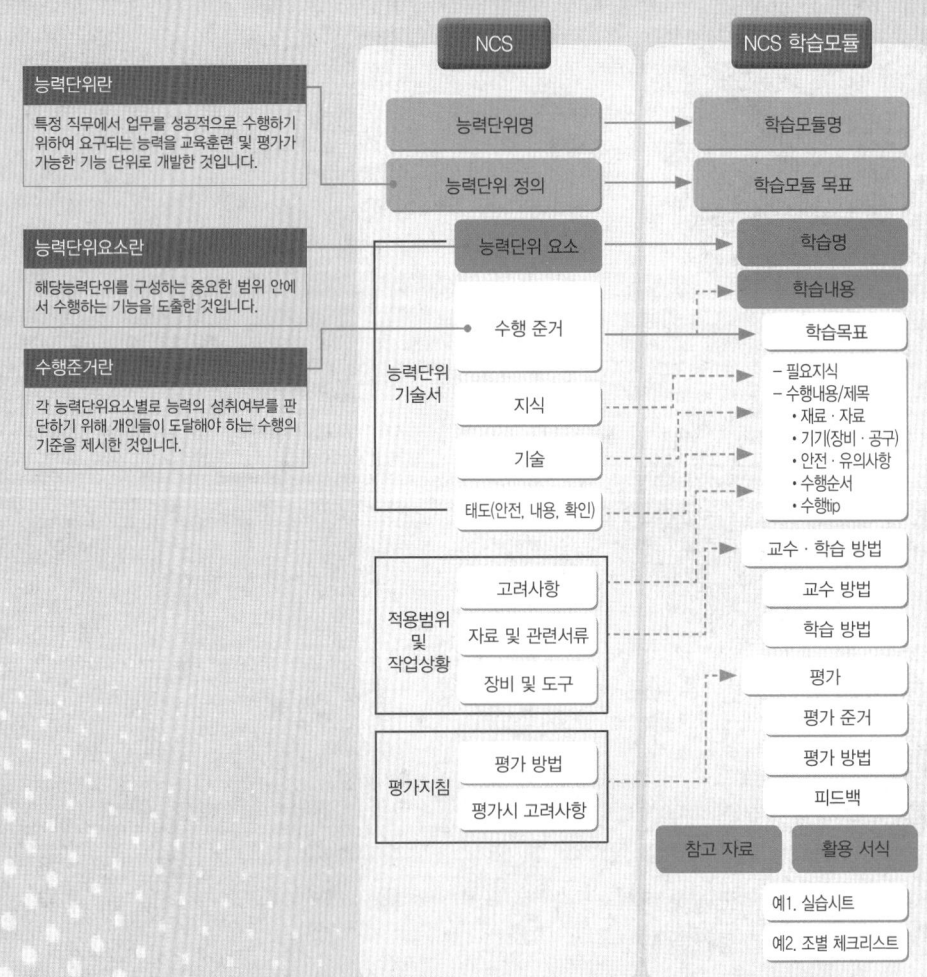

과정평가형 자격취득 안내

과정평가형 자격

과정평가형 자격은 국가기술자격법에 근거하여 국가직무능력표준(NCS)에 따라 설계된 교육·훈련과정을 체계적으로 이수한 교육·훈련생에게 내·외부 평가를 통해 국가기술자격증을 부여하는 새로운 개념의 국가기술자격 취득 제도로서 2015년부터 시행되고 있다.

과정평가형 자격 운영 절차

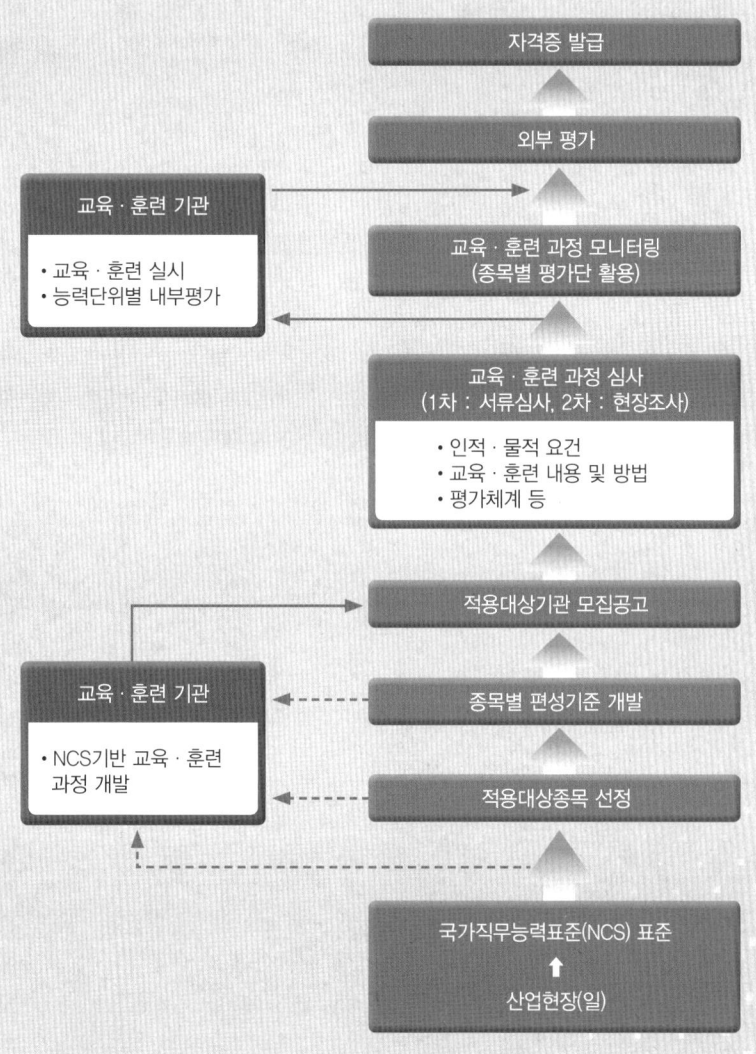

시행 대상

국가기술자격법의 과정평가형 자격 신청자격에 충족한 기관 중 공모를 통하여 지정된 교육·훈련기관의 단위과정별 교육·훈련을 이수하고 내부평가에 합격한 자

교육·훈련생 평가

① 내부평가(지정 교육·훈련기관)
  ㉮ 평가대상 : 능력단위별 교육·훈련과정의 75% 이상 출석한 교육·훈련생
  ㉯ 평가방법
    ㉠ 지정받은 교육·훈련과정의 능력단위별로 평가
    ㉡ 능력단위별 내부평가 계획에 따라 자체 시설·장비를 활용하여 실시
  ㉰ 평가시기
    ㉠ 해당 능력단위에 대한 교육·훈련이 종료된 시점에서 실시하고 공정성과 투명성이 확보되어야 함
    ㉡ 내부평가 결과 평가점수가 일정수준(40%) 미만인 경우에는 교육·훈련기관 자체적으로 재교육 후 능력단위별 1회에 한해 재평가 실시
② 외부평가(한국산업인력공단)
  ㉮ 평가대상 : 단위과정별 모든 능력단위의 내부평가 합격자
  ㉯ 평가방법 : 1차·2차 시험으로 구분 실시
    ㉠ 1차 시험 : 지필평가(주관식 및 객관식 시험)
    ㉡ 2차 시험 : 실무평가(작업형 및 면접 등)

합격자 결정 및 자격증 교부

① 합격자 결정 기준
  내부평가 및 외부평가 결과를 각각 100점을 만점으로 하여 평균 80점 이상 득점한 자
② 자격증 교부
  기업 등 산업현장에서 필요로 하는 능력보유 여부를 판단할 수 있도록 교육·훈련 기관명·기간·시간 및 NCS 능력단위 등을 기재하여 발급

NCS 및 과정평가형 자격에 대한 내용은 NCS국가직무능력표준 홈페이지(www.ncs.go.kr)에서 보다 자세하게 살펴볼 수 있습니다.

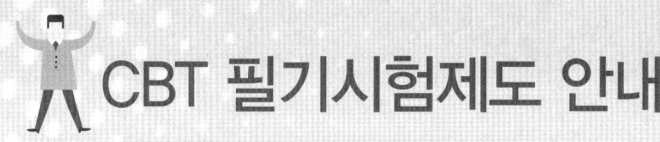

CBT 필기시험제도 안내

변경된 제도 개요

기능사 CBT(컴퓨터 기반 시험) 필기시험제도는 한국산업인력공단 상설시험장과 외부기관의 시설 및 장비를 임차하여 시행하기 때문에 시험장 사정에 따라 시험일자가 달라질 수 있으며, 수험생들이 선호하는 시험장은 조기 마감될 수 있으므로 주의하여야 합니다.

원서접수 기간 및 접수처

- 한국산업인력공단이 주관 및 시행하는 기능사 정기 CBT 필기시험 및 상시 CBT 필기시험과 관련한 정보는 큐넷 홈페이지(http://www.q-net.or.kr)를 방문하여 확인합니다.
- 기능사 필기시험의 원서접수는 인터넷으로만 가능하며 정기 및 상시시험 모두 큐넷 홈페이지(http://www.q-net.or.kr)에서 접수할 수 있습니다.
- 기능사 상시시험 종목 : 한식조리기능사, 양식조리기능사, 일식조리기능사, 중식조리기능사, 제과기능사, 제빵기능사, 미용사(일반), 미용사(피부), 미용사(네일), 미용사(메이크업), 굴착기운전기능사, 지게차운전기능사, 건축도장기능사, 방수기능사 [14종목]
  ※ 건축도장기능사, 방수기능사 2종목은 정기검정과 병행 시행

CBT 부별 시험시간 안내

구분	입실시간	시험시간	비고
1부	09:30	09:50~10:50	
2부	10:00	10:20~11:20	
3부	11:00	11:20~12:20	
4부	11:30	11:50~12:50	
5부	13:00	13:20~14:20	시험실 입실 시간은 시험 시작 20분 전
6부	13:30	13:50~14:50	
7부	14:30	14:50~15:50	
8부	15:00	15:20~16:20	
9부	16:00	16:20~17:20	
10부	16:30	16:50~17:50	

※ 지역별 접수인원에 따라 일일 시행횟수는 변동될 수 있으며, 원거리 시험장으로 이동할 수 있습니다.

합격자 발표

종이 시험과 달리 CBT 필기시험은 시험이 종료된 후 시험점수와 함께 합격 여부를 확인할 수 있으며, 이 결과는 시험일정 상의 합격자 발표일에 최종 확인할 수 있습니다.

CBT 필기시험 체험하기

01 CBT 필기시험 응시를 위해 지정된 좌석에 앉으면 해당 컴퓨터 단말기가 시험감독관 서버에 연결되었음을 알리는 연결 성공 메시지가 나타납니다.

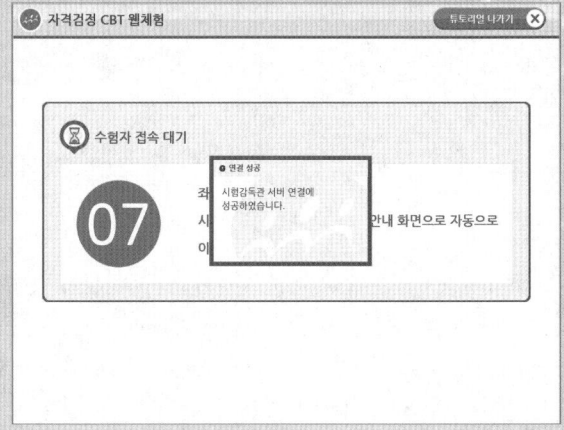

02 수험자 접속 대기 화면에서 좌석번호를 확인합니다. 좌석번호 확인이 끝나면 시험감독관의 지시에 따라 시험 안내 화면으로 자동으로 이동합니다.

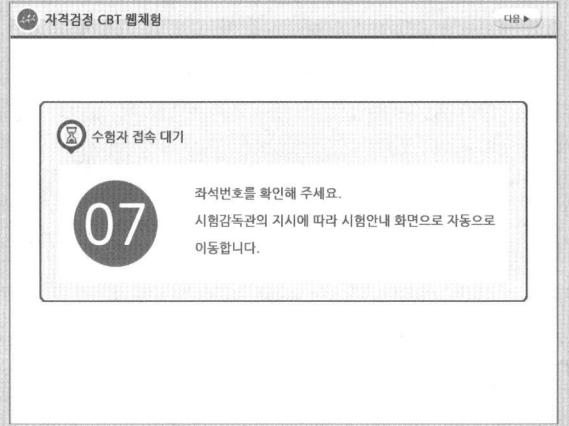

03 수험자 정보를 확인합니다. 감독관의 신분 확인 절차가 진행됩니다. 신분 확인이 모두 끝나면 시험을 시작할 수 있습니다.

04 CBT 필기시험에 대한 안내사항이 나타납니다. 화면은 예제이며, 실제 기능사 필기시험은 총 60문제로 구성되며, 60분간 진행됩니다.

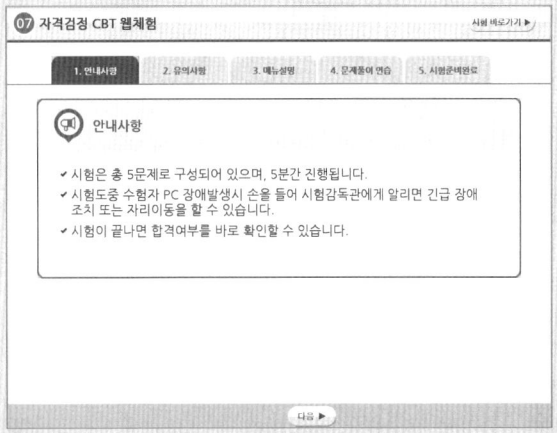

05 다음 항목에서 시험과 관련된 유의사항을 확인합니다. 특히, 시험과 관련한 부정행위 적발 시 퇴실과 함께 해당 시험은 무효처리되어 불합격 될 뿐만 아니라, 이후 3년간 국가기술자격검정에 응시할 수 있는 자격이 정지되므로 부정행위로 인정되는 내용을 꼼꼼히 확인하도록 합니다.

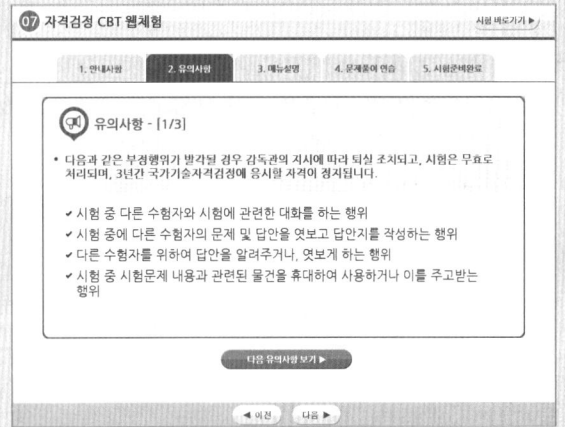

06 메뉴설명 항목에서는 문제풀이와 관련된 메뉴에 대한 설명을 확인할 수 있습니다. CBT 화면에서는 글자 크기를 크게 하거나 작게 할 수 있을 뿐 아니라, 화면 배치를 1단 또는 2단 화면 보기 혹은 한 문제씩 보기로 선택할 수 있습니다.

07 문제풀이 연습 항목에서는 실제 문제를 풀어보는 과정을 연습할 수 있습니다. 실제 시험에서 실수하지 않도록 하기 위해 [자격검정 CBT 문제풀이 연습] 버튼을 클릭합니다.

08 보기의 연습 문제는 국가기술자격시험의 정부 위탁기관인 한국산업인력공단의 본부 청사 소재지를 묻는 것입니다. 현재 한국산업인력공단 본부는 울산광역시에 소재하고 있습니다. 문제 아래의 보기에서 번호 항목을 클릭하거나 답안 표기란의 번호 항목에서 해당 답안을 클릭하여 답안을 체크합니다.

09 문제 아래의 보기를 클릭하거나 오른쪽 답안 표기란의 답안 항목을 클릭하면 화면과 같이 선택한 답안이 OMR 카드에 색칠한 것과 같이 색이 채워집니다.

답안을 수정할 때는 마찬가지 방법으로 수정하고자 하는 문제의 보기 항목이나 답안 표기란의 보기 항목에서 수정하고자 하는 답안을 클릭합니다.

10 문제를 풀고 나면 다음 문제를 풀기 위해 화면 하단의 [다음] 버튼을 클릭하여 문제를 계속 풀어나가면 됩니다. 참고로 하단 버튼 중 [계산기]를 클릭하면 간단한 공학용 계산기를 사용하여 계산 문제를 푸는 데 도움을 받을 수 있습니다.

> 계산이 끝나고 계산기를 화면에서 사라지게 하려면 계산기 창의 오른쪽 상단에 있는 닫기 ❌ 버튼을 클릭합니다.

11 문제 풀이 연습이 끝나면 하단의 [답안 제출] 버튼을 클릭하여 답안을 제출합니다.

> 어려운 문제의 경우 하단의 [다음] 버튼을 클릭하여 다음 문제를 풀 수도 있습니다. 단, 이러한 경우 답안을 제출하기 전에 하단의 [안 푼 문제] 버튼을 클릭하여 혹시 풀지 않은 문제가 있는 지 최종적으로 확인하도록 합니다.

12 답안 제출을 클릭하면 나타나는 화면입니다. 수험생들이 실수로 답안을 모두 체크하지 않고 제출할 수 있는 실수를 방지하기 위해 2회에 걸쳐 주의 화면이 나타납니다. 답안을 제출하려면 [예] 버튼을 누릅니다.

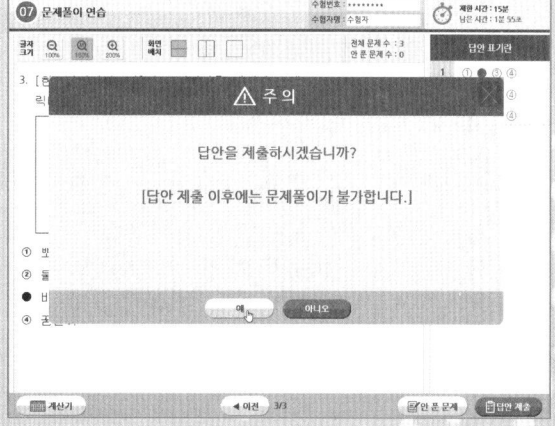

13 문제풀이 연습을 모두 마치면 나타나는 화면에서 [시험 준비 완료] 버튼을 클릭합니다. 이후 시험 시간이 되면 시험감독관의 지시에 따라 시험이 자동으로 시작됩니다.

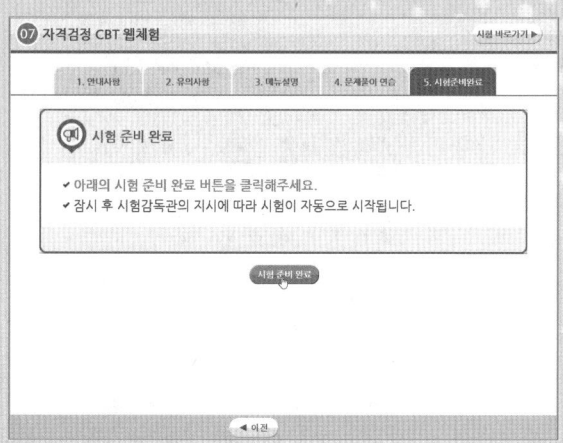

14 본 시험이 시작되면 첫 번째 문제가 화면에 나타납니다. 앞서 문제풀이 연습 때와 마찬가지 방법으로 문제의 보기에서 정답을 클릭하거나 답안 표기란에 해당 문제의 정답 항목을 클릭하여 답을 선택합니다.

15 화면 하단의 [다음] 버튼을 클릭하면 다음 문제를 풀 수 있습니다. 앞서와 마찬가지 방법으로 답안에 체크하고 모든 문제를 풀었다면 [답안 제출] 버튼을 클릭합니다.

> 화면의 상단 오른쪽에 제한 시간과 남은 시간이 표시됩니다. 본 예제는 체험을 위한 것으로 실제 시험시간은 60분이며, 이에 따라 남은 시간도 표시됩니다.

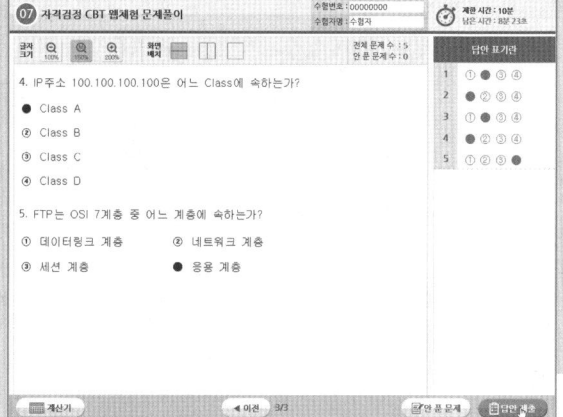

16 수험생의 실수를 방지하기 위해 2회에 걸쳐 주의 문구가 출력됩니다. 모든 문제를 이상없이 풀고 답안에 체크했다면 [예] 버튼을 클릭하여 답안을 제출하고 시험을 마무리합니다.

> 문제 화면으로 다시 돌아가고자 한다면 [아니오] 버튼을 클릭하여 이미 푼 문제들을 다시 확인하고 필요한 경우 답안을 수정할 수 있습니다.

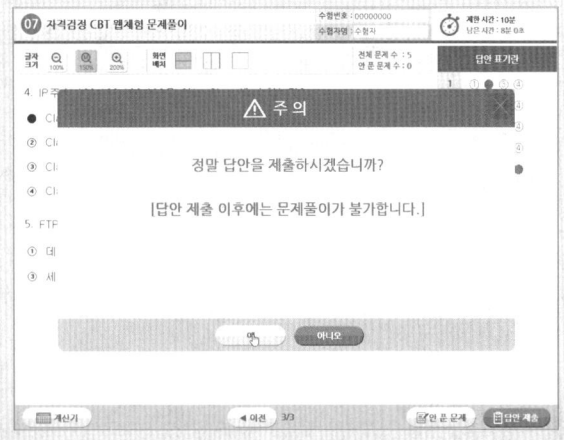

17 답안 제출 화면이 나타납니다. 잠시 기다립니다.

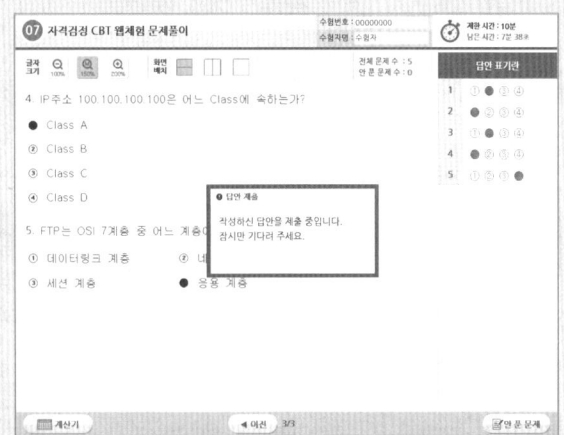

18 CBT 필기시험을 모두 끝내고 답안을 제출하면 곧바로 합격, 불합격 여부를 화면과 같이 확인할 수 있습니다. 독자분들은 꼭 화면과 같은 합격 축하 문구를 볼 수 있기를 기원합니다.

19 앞서의 합격 여부 화면에서 [확인 완료] 버튼을 클릭하면 CBT 필기시험이 종료 됩니다. 고생하셨습니다.

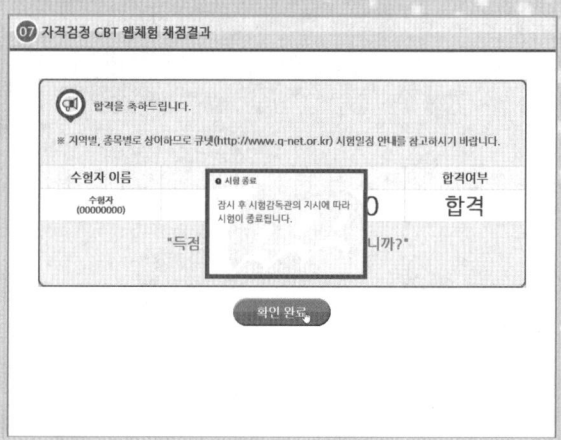

본 도서에 수록된 CBT 필기시험 체험하기 내용은 한국산업인력공단의 CBT 체험하기 과정을 인용하여 구성 및 정리한 것입니다. 직접 한국산업인력공단에서 제공하는 CBT 필기시험을 체험하고자 하는 독자 께서는 한국산업인력공단이 운영하는 큐넷 홈페이지(www.q-net.or.kr)를 방문하시기 바랍니다.

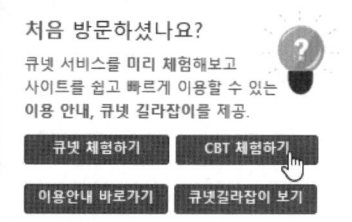

차례 CONTENTS

제1장 보일러 설비 및 구조

제1절 | 열 및 증기(기초 열역학)
- 01 압력(pressure) — 20
- 02 온도(temperature) — 21
- 03 열량(quantity of heat) — 22
- 04 증기(steam) — 23
- 05 기체의 성질 — 25
- 06 열역학 법칙 — 25
- 07 열 전달(thermal transfer) — 26
- 출제예상문제 — 30

제2절 | 보일러의 종류 및 특징
- 01 보일러의 개요 — 36
- 02 보일러의 3대 구성요소 — 37
- 03 보일러의 구조 및 특징 — 39
- 04 보일러 열정산 — 48
- 출제예상문제 — 54

제3절 | 보일러 부속장치
- 01 안전장치 및 부속품 — 65
- 02 계측장치 — 69
- 03 급수장치 — 72
- 04 송기장치 — 80
- 05 급유장치(연소 보조장치) — 87
- 06 가스연료 공급장치 — 89
- 07 분출장치 — 91
- 08 폐열회수장치 — 92
- 09 통풍장치 — 95
- 10 매연분출 및 집진장치 — 100
- 11 보일러 자동제어 — 106
- 출제예상문제 — 110

제4절 | 연료, 연소 및 연소장치
- 01 연료 — 134
- 02 연료의 종류 — 135
- 03 연소 및 연소계산 — 146
- 04 연소방법 및 연소장치 — 155
- 출제예상문제 — 164

제2장 보일러 안전관리 및 시공

제1절 | 보일러 안전관리
- 01 보일러 취급관리 — 180
- 02 보일러 용수관리 및 보존 — 186
- 03 보일러 설치 검사기준 — 203
- 출제예상문제 — 217

제2절 | 보일러 시공
- 01 난방의 개념 — 235
- 02 온수보일러 설치 시공 — 246
- 03 난방부하 계산 — 253
- 출제예상문제 — 256

제3절 | 보일러 배관
- 01 보일러 배관 — 267
- 02 배관 공작 — 274
- 03 배관 도시법 — 281
- 출제예상문제 — 286

제3장 에너지 이용합리화 관계법규

제1절 | 에너지관계법규
- 01 에너지법 — 304
- 02 에너지이용합리화법 — 308
- 출제예상문제 — 325

제4장 기출문제

2014년 2회 기출문제	338
2014년 3회 기출문제	346
2014년 4회 기출문제	354
2015년 1회 기출문제	362
2015년 2회 기출문제	371
2015년 3회 기출문제	379
2015년 4회 기출문제	387
2016년 1회 기출문제	395
2016년 2회 기출문제	403
2016년 3회 기출문제	411

제5장 CBT 대비 적중모의고사

제1회 적중모의고사	420
제2회 적중모의고사	428
제3회 적중모의고사	437
제4회 적중모의고사	445
제5회 적중모의고사	453
제6회 적중모의고사	461
제7회 적중모의고사	469

CHAPTER 01

Craftsman Energy Management

보일러 설비 및 구조

Section 01 열 및 증기(기초 열역학)
Section 02 보일러의 종류 및 특징
Section 03 보일러 부속장치
Section 04 연료, 연소 및 연소장치

SECTION 01 열 및 증기 (기초 열역학)

Craftsman Energy Management

STEP 01 압력(pressure)

단위면적당 수직으로 작용하는 힘(하중)을 말한다.

- 압력 = F / A (kg/cm²) [F : 힘, 하중(kg) / A : 면적(m², cm², mm² 등)]
- 압력(p ; kg/m²) = 비중량(γ ; kg/m³) × 높이(h ; m)

1. 압력의 구분

1) 표준대기압(1atm)
    ① 대기에 의해 누르는 압력을 대기압이라 하고 0℃에서 수은주가 760mm 상승된 상태의 압력을 말한다.
    ② 1atm = 1.0332kg/cm² = 760mmHg = 10.332mH₂O = 14.7psi = 101325N/m² = 101325Pa

2) 공학기압(1at)
    ① 공학적으로 사용상 편리성을 도모한 압력을 말한다.
    ② 1at = 1kg/cm² = 735.6mmHg = 10mH₂O = 14.2psi = 98067N/m² = 98067Pa = 0.1MPa

3) 게이지압력(atg) : 압력계에 나타난 압력으로 대기압 이상을 측정하는 압력을 말한다.

4) 진공압력
    ① 대기압보다 낮은 압력으로, 절대압력 0kg/cm² 지점으로 진행(상승)한다.
    ② 진공도 100% = 절대압력 0kg/cm²(즉, 완전진공 상태)

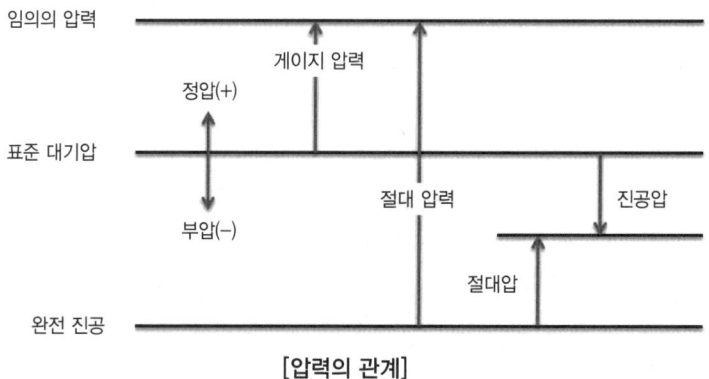

[압력의 관계]

5) 절대압력(ata)
   ① 절대압력 0kg/cm² 지점. 즉, 완전 진공을 기준으로 한 압력
   ② 절대압력 = 게이지 압력 + 대기압 = 대기압 - 진공압

2. 비중, 비중량

1) 비중(specific gravity)
   ① 대기압 하에서 어떤 물질의 밀도와 4℃에서 물의 밀도와의 비로 정의한다.
   ② $s = \dfrac{\gamma_m}{\gamma_w} = \dfrac{\rho_m}{\rho_w}$ [ρ_w, γ_w : 4℃ 물의 밀도 또는 비중량 / ρ_m, γ_m : 대상물질의 밀도 또는 비중량]
   ③ 비중은 고체와 액체의 경우 물(4℃)과 비교, 기체의 경우에는 공기와 비교한다.

2) 비중량(specific weight)
   ① 단위체적당 중량으로 정의한다.
   ② 비중량(γ ; kg/m³) = $\dfrac{G(kg)}{V(m^3)}$ [G : 중량, V : 체적]

STEP 02 온도(temperature)

물질의 뜨겁고 차가운 정도를 수치로 나타내는 척도를 말한다.

1. 섭씨온도와 화씨온도

1) 섭씨온도(℃) : 대기압(1atm : 0.1MPa) 상태에서 순수한 물의 빙점을 0℃, 비점을 100℃로 하여 두 점 사이를 100등분 한 것

2) 화씨온도(℉) : 대기압(1atm : 0.1MPa) 상태에서 순수한 물의 빙점을 32℉, 비점을 212℉로 하여 두 점 사이를 180등분 한 것

3) 섭씨온도와 화씨온도와의 관계
   ① ℃ = $\dfrac{5}{9}$ × (℉ - 32)
   ② ℉ = $\dfrac{9}{5}$ × ℃ + 32

2. 절대온도(absolute temperature)

① 분자 운동이 정지하는 상태의 온도(-273.15℃, -459.67℉)를 설대 0도로 기준한 온도
② 캘빈온도(K) = t℃ + 273.15 (섭씨온도의 절대온도)
③ 랜킨온도(R) = t℉ + 459.67 (화씨온도의 절대온도)

3. 각 온도의 관계 : 0℃ = 32℉ = 273.15K = 491.67R

STEP 03 열량(quantity of heat)

어떤 물질의 열 이동 과정에서 Gkg의 물질을 온도 △t 만큼 상승 시키는데 필요한 열량을 말한다.

1. 단위

1) 1kcal : 표준대기압(0℃, 1atm) 하에서 순수한 물 1kg을 14.5℃에서 15.5℃로 온도 1℃ 높이는데 필요한 열량

2) 1Btu : 표준대기압(0℃, 1atm) 상태에서 순수한 물 1lb를 온도 1℉ 상승시키는데 필요한 열량

3) 1Chu : 표준대기압(0℃, 1atm) 상태에서 순수한 물 1lb를 온도 1℃ 상승 시키는데 필요한 열량

2. 열량단위의 관계

열량단위	kcal	Btu	Chu	kJ
1kcal	1	3.968	2.205	4.187
1Btu	0.252	1	0.556	1.055
1Chu	0.454	1.8	1	1.899
kJ	0.23885	0.94787	0.52657	1

3. 구분

1) 현열
   ① 물질의 상태변화 없이 온도변화에 필요한 열량으로 정의한다.
   ② Q = G · C · △T(kcal)
   (G : 질량(kg), C : 비열(kcal/kg℃), △T : 온도차(℃ : $t_1 - t_2$))

2) 잠열 : 물질의 온도변화 없이 상태변화에 필요한 열량으로 정의한다.
   ① 융해잠열(r) : 0℃의 얼음 1kg을 0℃의 물로 변화시키는데 필요한 열량(80 kcal/kg)
   ② 증발잠열(γ) : 100℃의 포화수 1kg을 100℃의 건포화증기로 변화 시키는데 필요한 열량(538.8 kcal/kg)
   ③ 계산식 : Q = G · γ(kcal/kg)

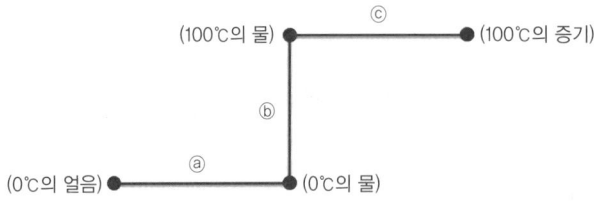

여기서, ⓐ 융해잠열 과정, ⓑ 현열 과정, ⓒ 증발잠열 과정

4. 증기 엔탈피(전열량)

① 0℃의 물 1kg을 100℃의 건포화증기로 변화 시키는데 소요되는 총열량(kcal/kg)
② 증기 엔탈피 = 현열 + 잠열 = 포화수 엔탈피 + 증발잠열(kcal/kg)

5. 비열과 열용량

1) 비열(specific heat)

① 비열이란 어떤 물질 1kg을 온도 1℃ 상승시키는데 필요한 열량으로 물질마다 다르며, 온도에 따라 변한다.(kcal/kg℃)
② 물질의 비열

물질	비열(kcal/kg℃)	물질	비열(kcal/kg℃)
물	1	공기	0.31
얼음	0.5	수은	0.033
증기	0.46	수소(H_2)	3.39

2) 비열비(K)

① 정적비열(C_V) : 일정 체적 상태에서의 비열
② 정압비열(C_P) : 일정 압력 상태에서의 비열
③ 비열비(k) : 정적비열과 정압비열의 비
④ $k = \dfrac{C_P}{C_V} > 1 \quad \therefore C_P > C_V$

3) 열용량(kcal/℃)

① 어떤 물질을 온도 1℃ 상승 시키는데 필요한 열량
② 열용량(kcal/℃) = 질량(kg) × 비열(kcal/kg℃)

STEP 04 증기(steam)

액체가 기화열을 흡수하여 기체 상태로 변화한 것을 말한다.

1. 구분

1) 포화증기 : 포화온도 하에서 발생한 증기
  ① 습포화증기 : 증기가 발생하는 과정, 증기와 액체가 공존하는 상태
    ㉮ 건조도(χ) : 0 < χ < 1 범위의 증기
    ㉯ 보일러에서 발생하는 증기는 대부분 습포화증기이다.
  ② 건포화증기 : 수분이 포함되지 않은 증기, 액체가 모두 증기가 된 상태
    ㉮ 건조도(χ) : $\chi = 1$ 인 상태의 증기
    ㉯ 건조도(χ) : 습증기 전 질량 중 증기가 차지하는 질량비

2) 과열증기
① 발생포화증기의 압력변화 없이 온도만 높인 증기
② 과열도 : 과열증기온도와 포화증기온도와의 차

2. 임계점
① 액체와 기체의 상태구별이 없는 점으로, 액체가 증발현상 없이 기체로 변화하는 상태점
② 물의 임계압력 : $225.65 kg/cm^2$
③ 물의 임계온도 : $374.15℃$
④ 증발잠열 : 0kcal/kg

3. 엔탈피(h)
① 어떤 상태의 유체가 단위중량당(1kg) 보유하는 총열량(kcal/kg)
② 습포화증기 엔탈피(h_x) : 포화수 엔탈피(h') + 증발열(r) × 건조도(x)
③ 건포화증기 엔탈피(h") : 포화수 엔탈피(h') + 증발열(r)

> **참고** 대기압(0.1MPa) 상태에서
> - 포화수 엔탈피 : 100kcal/kg
> - 물의 증발잠열 : 539kcal/kg
> - 포화증기 엔탈피 : 639kcal/kg

4. 증기의 일반성질과 압력 관계
1) 증기의 일반성질(1atm 상태에서)

ⓐ	ⓑ	ⓒ	ⓓ	ⓔ
물(액체)	포화수	습증기	건포화증기	과열증기
100℃ 이하	100℃	100℃	100℃	100℃ 이상
x = 0	x = 0	0〈x〈1	x = 1	x = 1

ⓐ : 포화온도 이하의 압축액
ⓑ : 포화 온도에 도달한 압축액(증발이 시작되기 직전의 압축액)
ⓒ : 액체와 증기가 공존하는 상태
ⓓ : 액체가 모두 증기가 된 상태
ⓔ : 포화온도 이상의 증기(과열도 : 과열증기온도 − 건포화증기)

2) 증기압력이 높아지는 경우
① 포화온도가 상승한다.
② 포화수 엔탈피가 증가한다.
③ 증발잠열은 감소한다.
④ 증기 엔탈피는 증가 후 감소한다.
⑤ 포화수가 증대한다.
⑥ 포화수의 비중이 작아진다.

STEP 05 기체의 성질

1. 보일의 법칙(Boyle's law)
① 온도가 일정할 때, 일정기체의 부피는 압력에 반비례한다.
② $T = $ 일정, $PV = P_1V_1$ (T : 절대온도, P : 압력, V : 부피)

2. 샬의 법칙(Charle's law)
① 압력이 일정할 때, 일정기체의 부피는 절대온도에 비례한다.
② $P = $ 일정, $\dfrac{V}{T} = \dfrac{V_1}{T_1}$

3. 보일·샬의 법칙(Boyle and Charle's law)
① 일정기체의 부피는 압력에 반비례 하고, 절대온도에 비례한다.
② $\dfrac{PV}{T} = \dfrac{P_1V_1}{T_1}$

STEP 06 열역학 법칙

1. 열역학 제0법칙
① 각기 다른 온도를 지닌 두 물체가 열평형(온도차가 없어진다. $\Delta t = 0℃$)이 된 상태를 나타낸 법칙. 즉, 열은 고온에서 저온으로 서로 평형상태가 될 때까지 열 이동이 계속된다.
② $Q_1 = Q_2$ (Q_1 : 고온 물체의 열, $Q_2 = $ 저온 물체의 열)
③ $G_1 \cdot C_1 \cdot (t_1 - t) = G_2 \cdot C_2 \cdot (t - t_2)$
여기서, t_1 : 고온물질의 온도(℃), t_2 : 저온물질의 온도(℃), t : 평균온도(℃)

2. 열역학 제1법칙
① 열과 일은 에너지의 한 형태이며 열은 일로, 일은 열로 변환시킬 수 있다는 것으로 에너지 보존 법칙이 성립함 을 의미한다.(가역변화)
② 열 → 일 : 열의 일당량 − $1 \text{ kcal} = 427 \text{kg} \cdot \text{m}$
③ 일 → 열 : 일의 열당량 − $1 \text{ kg} \cdot \text{m} = \dfrac{1}{427} \text{kcal}$

> **참고** 동력(power)
> • $1 \text{kWH} = 102 \text{kgf} \cdot \text{m/sec} = 860 \text{kcal}$
> • $1 \text{PS} = 75 \text{kgf} \cdot \text{m/sec} = 632.3 \text{kcal/h}$

3. 열역학 제2법칙

① 일은 열로 전환이 용이하지만, 열은 일로 전환에 손실열이 발생한다.
② 저온체의 열은 외부 도움없이 고온체로 열 이동을 할 수 없다.

STEP 07 열 전달(thermal transfer)

물질과 물질의 온도차로 인하여 열이 이동하는 현상으로 전도, 대류, 복사 등으로 분류된다.

1. 전도

① 어떤 물질을 통해 열이 전달되는 현상
② 푸우리에 법칙 : 두 면 사이를 흐르는 열량(Q)은 단면적(F)과 두 면 간의 온도차($t_1 - t_2$) 및 시간에 비례하고, 두 면 사이의 거리(두께) : ℓ (m)에 반비례한다.

$$Q = \frac{\lambda \times F \times (T_1 - T_2)}{\ell} \text{ (kcal/h)}$$

여기서, λ : 열전도율(kcal/mh℃), F : 면적(m²), ℓ : 두께(m), T_1 : 고온면의 온도(℃), T_2 : 저온면의 온도(℃)

2. 대류

① 밀도(비중량)차에 의한 열 이동을 말한다.
② 뉴우톤의 냉각법칙 : 고온벽이 온도가 다른 유체와 접촉하고 있을 때 유체의 유동이 생기면서 열이 이동하는 현상을 말한다.

$$Q = \alpha \times F \times (t_1 - t_2)(\text{kcal/h})$$

여기서, α : 열전달율(kcal/m²h℃), F : 면적(m²), t_1 : 고온벽면의 온도(℃), t_2 : 벽에 접하는 유체 온도(℃)

3. 복사

① 대류나 전도는 물질이 있는 경우에만 열 이동이 가능 하지만 복사는 물질이 없는 상태에서 열이 전달된다.
② 스테판 볼츠만의 법칙 : 완전흑체의 단위 표면적에서 단위시간에 복사되는 에너지는 절대온도(T)의 4승에 비례한다.

 물질의 열전도
- 열전도가 큰 순서 : 고체 〉액체 〉기체
- 보온재 : 독립기포의 다공질성으로 가볍고, 열전도율이 적은 재질을 말한다.
- 보온재의 열전도율이 증가되는 원인.
  - 표면온도가 높아질 때
  - 보온재의 비중이 증가할 때
  - 흡습성 및 흡수성이 클 때

※ 압력기준 포화 증기표

압력 kg/cm²	포화온도 ℃	비체적 m²/kg		엔탈피 kcal/kg			엔트로피 kcal/kg○K	
		v'	v"	h'	h"	γ=h"−h'	s'	s"
0.01	6.700	0.0010001	131.6	6.73	600.1	593.4	0.0243	2.1446
0.02	17.202	0.0010013	68.25	17.24	604.7	587.4	0.0611	2.0843
0.03	23.771	0.0010027	46.50	23.79	607.5	583.7	0.0835	2.0495
0.04	28.641	0.0010040	35.43	28.65	609.6	581.0	0.0997	2.0248
0.05	32.55	0.0010052	28.70	32.55	611.3	578.8	0.1126	2.0058
0.06	35.82	0.0010064	24.17	35.81	612.7	576.9	0.1233	1.9904
0.07	38.66	0.0010074	20.90	38.64	613.9	575.3	0.1324	1.9773
0.08	41.16	0.0010083	18.43	41.14	615.0	573.9	0.1404	1.9661
0.09	43.41	0.0010093	16.50	43.38	616.0	572.6	0.1474	1.9561
0.10	45.45	0.0010101	14.94	45.41	616.8	571.4	0.1538	1.9473
0.12	49.05	0.0010117	12.58	49.00	618.4	569.4	0.1650	1.9320
0.14	52.17	0.0010131	10.89	52.12	619.6	567.5	0.1747	1.9192
0.16	54.93	0.0010144	9.602	54.87	620.8	565.9	0.1832	1.9081
0.18	57.41	0.0010157	8.597	57.35	621.8	564.5	0.1907	1.8983
0.20	59.66	0.0010169	7.787	59.60	622.7	563.1	0.1974	1.8895
0.22	61.73	0.0010180	7.121	61.67	623.6	562.0	0.2036	1.8817
0.24	63.65	0.0010191	6.562	63.59	624.4	560.8	0.2094	1.8746
0.26	65.43	0.0010201	6.088	65.37	625.2	559.8	0.2147	1.8619
0.28	67.10	0.0010211	5.678	67.03	625.8	558.8	0.2196	1.8619
0.30	68.67	0.0010220	5.323	68.60	626.5	557.9	0.2241	1.8561
0.4	75.41	0.0010261	4.065	75.35	629.2	553.9	0.2437	1.8328
0.5	80.86	0.0010296	3.299	80.81	631.4	550.6	0.2592	1.8145
0.6	85.45	0.0010327	2.781	85.41	633.2	547.8	0.2721	1.7997
0.7	89.45	0.0010355	2.408	89.43	634.8	545.4	0.2832	1.7872
0.8	92.99	0.0010381	2.124	92.98	636.2	543.2	0.2930	1.7764
0.9	96.18	0.0010405	1.903	96.19	637.4	541.2	0.3017	1.7670
1.0	99.09	0.0010428	1.725	99.12	638.5	539.4	0.3096	1.7586
1.03323	100.00	0.0010435	1.673	100.04	638.8	538.8	0.3120	1.7559
1.1	101.76	0.0010448	1.578	101.81	639.5	537.7	0.3168	1.7509
1.2	104.25	0.0010468	1.454	104.32	640.4	536.1	0.3234	1.7440
1.3	106.56	0.0010486	1.350	106.65	641.3	534.6	0.3296	1.7376
1.4	108.74	0.0010505	1.259	108.86	642.1	533.2	0.3355	1.7317
1.5	110.79	0.0010523	1.180	110.92	642.8	531.9	0.3408	1.7262
1.6	112.73	0.0010538	1.110	112.89	643.5	530.7	0.3459	1.7211
1.8	116.33	0.0010570	0.9953	116.53	644.8	528.3	0.3553	1.7117
2.0	119.62	0.0010600	0.9018	119.86	646.0	526.1	0.3638	1.7033
2.2	122.64	0.0010627	0.8249	122.92	647.0	524.1	0.3715	1.6957
2.4	125.46	0.0010653	0.7603	125.84	648.0	522.2	0.3788	1.6888

압력 kg/cm²	포화온도 ℃	비체적 m²/kg		엔탈피 kcal/kg			엔트로피 kcal/kg○K	
		v'	v"	h'	h"	γ=h"-h'	s'	s"
2.6	128.08	0.0010679	0.7054	128.45	648.9	520.4	0.3854	1.6824
2.8	130.55	0.0010702	0.6581	130.98	649.7	518.7	0.3917	1.6765
3.0	132.88	0.0010725	0.6170	133.36	650.5	517.1	0.3975	1.6710
4	142.92	0.0010828	0.4709	143.63	653.7	510.0	0.4225	1.6482
5	151.11	0.0010918	0.3818	152.04	656.1	504.1	0.4425	1.6305
6	158.08	0.0010998	0.3215	159.25	658.1	498.8	0.4592	1.6158
7	164.17	0.0011070	0.2779	165.60	659.7	494.1	0.4737	1.0034
8	169.61	0.0011179	0.2449	171.26	661.0	489.8	0.4866	1.5927
9	174.53	0.0011202	0.2191	176.45	662.2	485.8	0.4981	1.5831
10	179.04	0.0011262	0.1981	181.19	663.2	482.0	0.5086	1.5745
11	183.20	0.0011318	0.1806	185.55	664.1	478.5	0.5182	1.5667
12	187.08	0.0011373	0.1662	189.67	664.8	475.2	0.5271	1.5596
13	190.71	0.0011425	0.1540	193.53	665.5	472.0	0.5353	1.5528
14	194.13	0.0011476	0.1436	197.18	666.1	468.9	0.5430	1.5466
15	197.36	0.0011524	0.1344	200.63	666.6	466.0	0.5504	1.5408
16	200.43	0.4511571	0.1263	203.96	667.1	463.1	0.5574	1.5353
17	203.36	0.0011618	0.1190	207.10	667.5	460.4	0.5640	1.5302
18	206.15	0.0011662	0.1126	210.14	667.9	457.7	0.5703	1.5253
19	208.82	0.0011706	0.1067	213.04	668.2	455.1	0.5763	1.5206
20	211.38	0.0011749	0.1015	215.82	668.5	452.7	0.5820	1.5161
22	216.23	0.0011832	0.09249	221.12	668.9	447.8	0.5927	1.5077
24	220.75	0.0011914	0.08490	226.13	669.3	443.1	0.6027	1.5000
26	224.98	0.0011992	0.07843	230.82	669.5	438.7	0.6120	1.4927
28	228.97	0.0012067	0.07285	235.27	669.7	434.4	0.6208	1.4859
30	232.75	0.0012141	0.06800	239.51	669.7	430.2	0.6292	1.4795
32	236.34	0.0012215	0.06373	243.65	669.7	426.1	0.6370	1.4734
34	239.76	0.0012286	0.05996	247.43	669.7	422.2	0.6446	1.4677
36	243.03	0.0012356	0.05658	251.20	669.5	418.3	0.6517	1.4622
38	246.16	0.0012425	0.05354	254.77	669.4	414.6	0.6586	1.4569
40	249.17	0.0012492	0.05079	258.25	669.2	410.9	0.6652	1.4518
42	252.07	0.0012560	0.04830	261.64	668.9	407.3	0.6716	1.4469
44	254.86	0.0012626	0.04603	264.93	668.7	403.7	0.6776	1.4422
46	257.56	0.0012693	0.04394	268.08	668.3	400.3	0.6835	1.4376
48	260.17	0.0012760	0.04202	271.16	668.0	396.8	0.8892	1.4322
50	262.70	0.0012826	0.04026	274.15	667.6	393.5	0.6947	1.4288
55	268.69	0.0012986	0.03640	281.37	666.5	385.2	0.7078	1.4088
60	274.29	0.0013147	0.03312	288.24	665.3	377.0	0.7201	1.4088
65	279.54	0.0013306	0.03036	294.73	663.9	369.2	0.7316	1.3995
70	284.48	0.0013466	0.02795	300.93	662.4	361.5	0.7426	1.3907

압력 kg/cm²	포화온도 ℃	비체적 m²/kg		엔탈피 kcal/kg			엔트로피 kcal/kg○K	
		v'	v"	h'	h"	γ = h"−h'	s'	s"
80	293.62	0.0013786	0.02404	312.65	659.1	346.4	0.7627	1.3740
90	301.91	0.0014114	0.02095	323.51	655.4	331.9	0.7812	1.3583
100	309.53	0.0014452	0.01845	333.84	651.3	317.5	0.7985	1.3434
110	316.57	0.0014801	0.01640	343.62	647.0	303.4	0.8147	1.3289
120	323.14	0.0015176	0.01465	353.44	642.2	288.7	0.8305	1.3148
130	329.29	0.0015568	0.01315	362.83	637.0	274.2	0.8456	1.3008
140	335.08	0.0015994	0.01185	372.21	631.5	259.3	0.8604	1.2868
150	340.55	0.0016461	0.01068	381.6	625.4	243.8	0.8751	1.2725
160	345.74	0.0016975	0.009629	391.2	618.8	227.6	0.8900	1.2577
170	350.66	0.001755	0.008687	400.6	611.3	210.7	0.9047	1.2424
180	355.35	0.001820	0.007800	410.6	602.8	192.2	0.9200	1.2259
190	359.82	0.001903	0.006967	421.4	593.3	171.9	0.9363	1.2079
200	364.00	0.002004	0.00616	433.0	582.0	140.0	0.9540	1.1878
210	368.16	0.002141	0.00537	446.1	567.8	121.7	0.9739	1.1638
220	372.04	0.002385	0.00449	464.3	548.1	83.8	1.0011	1.1310
225.65	374.15	0.00318	0.00318	505.6	505.6	0	1.0642	1.0642

제01절_ 열 및 증기(기초 열역학)
출제예상문제

01 섭씨온도 -40℃는 화씨온도로 몇 °F에 해당되는가?
① -8°F ② -40°F
③ -72°F ④ -92°F

> °F = $\frac{9}{5}$ × ℃ + 32 = $\frac{9}{5}$ × (-40) + 32 = -40°F

02 다음 중 10℃의 물 1kg을 90℃로 가열할 때 해당되는 열량은?
① 80cal ② 800cal
③ 80kcal ④ 8kcal

> Q = G × C × ΔT = 1 × 1 × (90-10) = 80kcal

03 비열 C, 체적 V, 비중 γ인 물질의 열용량은 다음 어느 것으로 표시되는가?
① $\frac{V}{\gamma \cdot C}$ ② $V \cdot \gamma \cdot C$
③ $\frac{V}{C}$ ④ $\frac{\gamma \cdot C}{V}$

> 열용량 = kcal/℃, 비열(C) = kcal/kg℃,
> 체적(V) = m³, 비중(γ) = kg/m³
> ∴ 열용량(kcal/℃) = kcal/kg℃ × m³ × kg/m³

04 0.1MPa(1kg/cm²) 상태에서의 증기 전열량은?
① 100kcal/kg
② 539kcal/kg
③ 600kcal/kg
④ 639kcal/kg

> 0.1MPa 상태에서 포화수 엔탈피 : 100 kcal/kg, 증발잠열 : 539 kcal/kg 이므로 증기 전열량(엔탈피) = 포화수 엔탈피 + 증발잠열 = 639(kcal/kg) = 100 + 539

05 1표준기압을 나타낸 것으로 적당하지 않은 것은?
① 1atm
② 1 kg/cm²
③ 10.332 mH₂O
④ 101325 N/m²

> 1 표준기압 = 1atm = 1.0332kg/cm² = 760mmHg = 10.332mH₂O = 14.7psi = 101325 N/m²

06 1BTU 의 값을 kcal로 환산하면 얼마인가?
① 0.4536kcal
② 0.252kcal
③ 1.8kcal
④ 2.4kcal

> 1kcal = 3.9668BTU, 1BTU = $\frac{1}{3.968}$ kcal = 0.252kcal

07 1J는 몇 cal의 열량에 해당하는가?
① 4.2cal
② 0.24cal
③ 2.4cal
④ 0.42cal

> 1cal = 4.186J, 1J = $\frac{9}{4.186}$ cal = 0.239cal

08 다음 중 게이지압력의 정확한 표현은?
① 게이지압력 = 절대압력 - 진공압
② 게이지압력 = 대기압 + 절대압력
③ 게이지압력 = 절대압력 - 대기압
④ 게이지압력 = 대기압 - 절대압력

> 절대압력 = 게이지압력 + 대기압

정답 01 ② 02 ③ 03 ② 04 ④ 05 ② 06 ② 07 ② 08 ③

09 일의 열당량을 A로 표시할 때 다음 중 바르게 표현한 것은?

① 1/427　　② 427
③ 539　　　④ 1/273

🔍 $1kg \cdot m = \frac{1}{427}$ kcal의 열을 발생한다.
　일의 열당량을 A로 표시하고 단위는 kcal/kg·m로 표시한다.

10 이상기체의 부피가 절대온도에 비례하려면 다음 어떠한 조건이 필요한가?

① 부피가 일정하다.
② 압력이 일정하다.
③ 밀도가 일정하다.
④ 온도가 일정하다.

🔍 샬의 법칙 : 압력이 일정한 조건하에서 기체의 부피는 절대온도에 비례한다.

11 1atm 하에서 100℃ 습포화증기엔탈피(kcal/kg)는?(단, 증기의 건조도는 0.98로 한다.)

① 373　　② 639
③ 539　　④ 628

🔍 • 건포화증기엔탈피 = 포화수엔탈피+증발열 = 100+539
　　　　　　　　　　= 639kcal/kg
　• 습포화증기엔탈피 = 포화수엔탈피+증발열×건조도
　　　　　　　　　　= 100+(539×0.98) = 628.2kcal/kg

12 습포화증기를 교축하면 어떤 증기가 되는가?

① 습포화증기　② 건포화증기
③ 과열증기　　④ 포화증기

🔍 습증기를 교축하면 과열증기가 된다.

13 열의 이동 방법에는 전도·대류·복사로 분류된다. 다음 설명 중 틀린 것은?

① 전도·대류는 열전달 매체가 필요하다.
② 열전달속도가 가장 빠른 것은 복사열전달이다.
③ 대류에 의한 열전달은 정지된 공기층에서 가장 크다.
④ 보온벽 내부에 은백색 도금을 하는 이유는 복사열을 차단하기 위한 방법이다.

🔍 열의 이동방법
　• 전도 : 어떤 물질(매질)을 통한 열의 이동
　• 대류 : 비중량차에 의한 열이동
　• 복사 : 어떤 물질(매질)을 통하지 않는 열의 직접 이동
　∴ 비중량차를 이용한 대류열전달은 정지된 공기층에서 열이동이 가장 적다.

14 열전도에 적용되는 퓨리에의 법칙 설명 중 틀린 것은?

① 두 면 사이에 흐르는 열량은 물체의 단면적에 비례한다.
② 두 면 사이에 흐르는 열량은 두 면 사이의 온도차에 비례한다.
③ 두 면 사이에 흐르는 열량은 시간에 비례한다.
④ 두 면 사이에 흐르는 열량은 두 면 사이의 거리에 비례한다.

🔍 퓨리에의 법칙
　두 면 사이를 흐르는 열량(Q)은 단면적(F)와 두 면간의 온도차 (T_1-T_2) 및 시간(t)에 비례하며 두 면 사이의 거리 ℓ(m)에 반비례한다.
　$Q = \dfrac{\lambda \cdot F \cdot (T_1-T_2)}{\ell}$ (kcal/h)

15 다음 증기에 관한 사항 중 옳지 않는 설명은?

① 과열증기는 포화증기를 가열한 증기이다.
② 습포화증기는 건포화증기보다 엔탈피 값이 적다.
③ 과열증기는 보일러에서 처음 생긴 증기이다.
④ 과열증기는 건포화증기보다 온도가 높다.

🔍 보일러에서 처음 발생한 증기 : 건조도가 0.97~0.98인 습포화증기가 발생한다.

16 대기압 하에서 빙점은 랜킨온도(R)로 몇 도인가?

① 273.15　　② 373.15
③ 459.67　　④ 491.67

🔍 빙점 : 0℃ = 32℉ = 273.15K = 491.67R

17 단위 중량당 물체가 가지는 열량은?

① 엔트로피
② 발열량
③ 엔탈피
④ 비열

> 엔탈피 : 어떤 물질 1kg이 가지고 있는 총열량(kcal/kg)

18 다음 물질 중 비열이 가장 큰 것은?

① 얼음
② 공기
③ 알콜
④ 물

> 각 물질의 비열 값(kcal/kg℃) : 수소(3.4) 〉 물(1) 〉 알콜(0.6) 〉 얼음(0.5) 〉 공기(0.24)

19 고온의 물체로부터 나온 열이 도중의 물체를 거치지 않고 직접 다른 물체로 이동하는 현상은?

① 대류
② 전도
③ 복사
④ 증발

> 열의 이동방법
> • 전도 : 매질을 통한 열 이동
> • 대류 : 비중량차(밀도차)에 의한 열이동
> • 복사 : 매질을 통하지 않고 열이 직접 이동하는 방법

20 천연가스의 비중이 약 0.64 라고 표시 되었을 때, 비중의 기준은?

① 물의 무게
② 공기의 무게
③ 배기가스의 무게
④ 수증기의 무게

> 비중
> • 고체 및 액체 : 물의 무게와 비교
> • 기체 : 공기의 무게와 비교

21 물질의 상(相)은 변화시키지 않고 온도를 높이는데 사용되는 열은?

① 발열
② 전열
③ 현열
④ 잠열

> 잠열 : 온도는 변화시키지 않고 상태변화에 사용되는 열

22 어떤 물질 1g의 온도를 1℃ 높이는 데 소요되는 열량은?

① 열용량
② 비열
③ 현열
④ 엔탈피

> • 열용량 : 어떤 물질을 온도 1℃ 높이는 데 소요되는 열량 (kcal/℃)
> • 열용량 = 비열 × 질량

23 증기의 성질에 관한 설명으로 틀린 것은?

① 포화온도 이상으로 가열된 증기를 과열증기라고 한다.
② 건포화증기를 포화압력의 2배로 유지하고 가열하면 증기온도는 상승하고 비체적은 감소한다.
③ 과열증기의 온도와 그 압력 하에서 포화온도와의 차를 과열도라 한다.
④ 과열증기는 과열도가 높을수록 그 성질이 이상기체에 가까워진다.

> 기체의 부피는 절대온도에 비례한다.

24 어떤 물질 500g을 20℃에서 50℃까지 올리는 데 3000cal의 열량이 필요하였다 이 물질의 비열(cal/g℃)은?

① 0.1
② 0.2
③ 1
④ 5

> $C = \dfrac{kcal}{kg \times ℃} = \dfrac{3000}{500 \times (50-20)} = 0.2$

정답 17 ③ 18 ④ 19 ③ 20 ② 21 ③ 22 ② 23 ② 24 ②

25 증기의 압력이 높아질 때 나타나는 현상 중 틀린 것은?

① 포화온도 상승
② 증발열 감소
③ 증기의 잠열 감소
④ 전열량 감소

🔍 증기압력이 높아지면
- 포화온도는 증가한다.
- 포화수엔탈피는 증가한다.
- 증발잠열은 감소한다.
- 증기 전열량은 증가 후 감소한다.

26 온도에 대한 설명으로 틀린 것은?

① 냉온(冷溫)의 정도를 표시하는 척도이다.
② 화씨온도는 물의 빙점과 비점 사이를 100등분한 온도이다.
③ 절대온도(K)와 섭씨온도(℃)의 차이는 약 273도이다.
④ 섭씨온도차 1도는 화씨온도차 1.8도와 같다.

🔍 화씨온도 : 빙점과 비점 사이를 180등분한 온도이다.

27 화씨온도 5℉를 절대온도(K)로 환산하면?

① 258 K
② 303 K
③ 314 K
④ 459.8 K

🔍 $K = t℃ + 273.15$, $t℃ = \frac{5}{9}(℉-32) = \frac{5}{9}(5-32) = -15℃$ 이므로
∴ $K = -15 + 273 = 258$

28 15도 칼로리는 표준 대기압 하에서 어떻게 정의된 것인가?

① 순수 1kg을 15℃로부터 1℃ 올리는데 필요한 열량
② 순수 1kg을 14.5℃로부터 15.5℃ 올리는데 필요한 열량
③ 순수 1lb을 15℃로부터 1℃ 올리는데 요하는 열량
④ 순수 1kg을 0℃로부터 100℃까지 올리는데 필요한 열량의 1/100

🔍 15도 칼로리 : 표준 대기압 상태에서 순수 1kg을 14.5℃에서 15.5℃로 온도 1℃ 올리는데 필요한 열량

29 무게 1파운드(Lb), 온도 14.5℃의 순수한 물을 15.5℃까지 높이는데 필요한 열량을 1로 하는 열 단위는?

① kcal
② BTU
③ CHU
④ Joule

🔍
- 1kcal : 순수 1kg을 온도 1℃ 높이는데 필요한 열량
- 1BTU : 순수 1Lb를 온도 1℉ 높이는데 필요한 열량

30 물체의 정압비열과 정적비열과의 비열비 값은?

① 항상 1보다 적다.
② 항상 1보다 크다.
③ 항상 0이다.
④ 1보다 클 수도 작을 수도 있다.

🔍 비열비(K) = $\frac{C_P(정압비열)}{C_V(정적비열)}$ 〉 1, ∴ $C_P > C_V$

31 건포화증기의 엔탈피와 포화수의 엔탈피의 차는?

① 융해의 잠열
② 증발 잠열
③ 액체의 현열
④ 승화열

🔍 건포화증기 엔탈피 = 포화수 엔탈피 + 증발잠열

32 증기의 건조도가 0이라 하면 무엇을 말하는가?

① 포화수
② 건포화증기
③ 과열증기
④ 습증기

🔍
- 건조도(x) = 1 : 건포화증기
- 건조도(x) = 0 : 포화수
- 0 〈 건조도(x) 〈 1 : 습포화증기

33 100℃의 물 15kg을 같은 온도의 증기로 변화시키는데 필요한 열량은?

① 15kcal
② 100kcal
③ 1500kcal
④ 8085kcal

🔍 증발잠열 : 100℃의 물을 같은 온도의 증기로 변화 시키는데 필요한 열량(539 kcal/kg)
∴ 15 × 539 = 8085kcal

정답 25 ④ 26 ② 27 ① 28 ② 29 ③ 30 ② 31 ② 32 ① 33 ④

34 물의 임계점에 대한 설명으로 옳은 것은?

① 포화온도에 도달하여 포화증기가 왕성하게 발생할 때의 온도이다.
② 습 포화증기에서 과열증기로 바뀔 때의 온도이다.
③ 증발 현상을 일으키지 않고 바로 물이 증기로 변화할 때의 압력 또는 온도이다.
④ 건 포화증기에서 과열증기로 변화할 때의 온도이다.

🔍 임계점일 때
압력 : 225.65kg/cm², 온도 : 374.15℃, 증발잠열 : 0kcal/kg

35 50kW 용량의 전기 온수보일러에 대하여 용량을 kcal/h로 나타내면 얼마인가?

① 43,000
② 48,000
③ 50,000
④ 81,000

🔍 1kWh = 860kcal이므로 50kW = 50×860 = 43,000kcal/h

36 공기 1kg당 함유되어 있는 수증기의 중량은?

① 상대습도
② 포화습도
③ 불쾌지수
④ 절대습도

🔍 • 절대습도 : 공기 1kg당 함유되어 있는 수증기의 중량
• 상대습도 : 공기 중 수증기량을 백분율(%)로 표시

37 이상기체에서 압력을 일정하게 유지하고 온도를 상승시켰을 경우 부피는 어떻게 되는가?

① 감소한다.
② 증가한다.
③ 일정하다.
④ 관계없다.

🔍 샬의 법칙 : 압력이 일정할 때 기체의 부피는 절대온도에 비례한다.

38 물체의 상태변화에서 고체에서 곧바로 기체로 변화하는 것은?

① 승화
② 액화
③ 기화
④ 응고

🔍 • 승화 : 고체가 기체로 변하는 현상
• 기화 : 액체가 기체로 변하는 현상
• 액화 : 기체가 액체로 변하는 현상
• 응고 : 액체가 고체로 변하는 현상
• 융해 : 고체가 액체로 변하는 현상

39 열전도율이 다른 여러 층의 매체를 대상으로 정상상태에서 고온측으로부터 저온측으로 열이 이동할 때의 평균 열통과율을 의미하는 것은?

① 엔탈피
② 열복사율
③ 열관류율
④ 열용량

🔍 열관류율 : 고체면을 통해 유체에서 유체로의 열 이동으로 일명 열통과율이라고도 한다.(단위 : kcal/m²h℃)

40 10℃의 물 400kg과 90℃의 더운물 100kg을 혼합하면 몇 ℃의 물이 되는가?

① 26℃
② 36℃
③ 54℃
④ 78℃

🔍 $G_1 \times C_1 \times (T_1 - T) = G_2 \times C_2 \times (T - T_2)$

$\therefore T = \dfrac{G_1 \cdot C_1 \cdot T_1 + G_2 \cdot C_2 \cdot T_2}{G_1 \cdot C_1 + G_2 \cdot C_2}$

$= \dfrac{100 \times 1 \times 90 + 400 \times 1 \times 10}{100 \times 1 + 400 \times 1} = 26$

41 표준대기압 상태에서 0℃ 물 1kg이 100℃ 증기로 만드는데 필요한 열량은 몇 kcal인가?(단, 물의 비열은 1kcal/kg·℃이고, 증발잠열은 539 kcal/kg 이다.)

① 100
② 500
③ 539
④ 639

🔍 • 표준대기압 상태에서 포화증기 엔탈피 : 639 kcal/kg
• 포화증기 엔탈피 = 포화수엔탈피 + 증발잠열

정답 34 ③ 35 ① 36 ④ 37 ② 38 ① 39 ③ 40 ① 41 ④

42 섭씨온도(℃), 화씨온도(℉), 캘빈온도(K), 랭킨온도 (R)와의 관계식으로 옳은 것은?

① ℃ = 1.8 × (℉ − 32)

② ℉ = $\dfrac{(℃ + 32)}{1.8}$

③ K = $\dfrac{5}{9}$ × °R

④ °R = K × $\dfrac{5}{9}$

43 다음 중 열전도율의 단위로 맞는 것은?

① kcal/m · h · ℃
② kcal/m² · h · ℃
③ kcal/h · ℃
④ kcal/kg℃

🔍 보기 중 ②항은 열관류율, 열통과율, 열전달율의 단위이며, ④항은 비열의 단위이다.

44 진공도가 700mmHg이면 절대압력으로 약 몇 kg/cm² 인가?

① 0.97
② 0.08
③ 0.11
④ 0.57

🔍 절대압력 = 대기압 − 진공압
1atm = 1.0332kg/cm² = 760mmHg
∴ kg/cm² = $\dfrac{760 - 700}{760}$ × 1.0332
= 0.0815kg/cm²

45 액체의 비중은 무엇을 기준으로 하는가?

① 수은
② 알콜
③ 물
④ 공기

🔍 액체 및 고체의 비중 : 4℃의 물과 비교

46 50kcal의 열량을 전부 일로 변화 시켰다면 몇 kg−m의 일을 할 수 있는가?

① 13650
② 21350
③ 31600
④ 43000

🔍 1kcal = 427kg − m에서
∴ 50 × 427 = 21350kg − m

정답 42 ③ 43 ① 44 ② 45 ③ 46 ②

SECTION 02 보일러의 종류 및 특징

Craftsman Energy Management

STEP 01 보일러의 개요

보일러란 밀폐된 용기(원통형)에 물을 공급하여 연료의 연소열(고온의 연소가스)로 가열하여 대기압 이상의 증기 또는 온수를 발생하는 장치로 정의할 수 있다.

> **참고** 압력용기를 원통형으로 하는 이유는 용기 내의 압력이 균등하게 작용하여 압력에 견디는 힘이 강해진다. 즉 재료의 강도상 유리하기 때문이다.

1. 보일러의 분류

대분류	중분류	소분류
원통형	입형	입형횡관, 입형다관, 코크란 보일러
	횡형	• 노통 : 코르니쉬, 란카샤 • 연관 : 횡연관식, 케와니, 기관차 • 노통연관 : 스코치, 하우덴 존슨
수관식	자연순환식	바브코크, 쓰네기찌, 다꾸마, 2동D형
	강제순환식	베록스, 라몬트
	관류	벤슨, 슐저, 소형관류보일러
주철제	–	주철제 섹셔널 보일러
특수보일러	특수 열매체	수은, 다우삼, 모빌섬, 카네크롤, 세큐리티
	폐열	리히, 하이네
	간접가열	슈미트, 레프러

2. 보일러 용량 및 효율

1) 표시방법
   ① 증기 보일러 : 시간당 증발량 (kg/h)
   ② 온수 보일러 : 시간당 발생열량 (kcal/h)

2) 증기 보일러의 용량
   ① 증기 보일러의 용량은 정격부하 상태에서의 단위 시간당 증발량으로 표시한다. 이때의 증발량을 상당증발량 이라 하고, 100℃의 포화수를 100℃의 건포화증기로 발생한 증기를 말한다.

② 상당 증발량(G_e) = $\dfrac{G_a \times (h_1 - h_2)}{539}$ (kg/h)

(G_a : 실제 증발량 (kg/h), h_1 : 증기 엔탈피 (kcal/kg), h_2 : 급수 엔탈피 (kcal/kg))

3) 보일러 효율

① 보일러 효율은 연소실에 공급된 연료가 완전연소 할 때 발생한 열량과 드럼내의 물이 흡수하여 증기를 발생할 때 이용된 열량과의 비를 말한다.

② 보일러 효율(η) = $\dfrac{\text{유효열}}{\text{입열(공급열)}} \times 100(\%)$

$$\eta = \dfrac{G_a \times (h_1 - h_2)}{Gf \times H_\ell} \times 100(\%)$$

(G_f : 시간당 연료사용량(kg/h), H_ℓ : 연료의 저위발열량(kcal/kg))

③ 보일러 효율을 높게 하기 위한 조치
  ㉮ 보일러의 전열면적을 넓게 한다.
  ㉯ 증발량을 많게 한다.
  ㉰ 연소에 적은 과잉공기를 사용한다.
  ㉱ 물 순환이 빠르게 한다.
  ㉲ 열손실을 적게 한다.
  ㉳ 스케일, 그을음 등을 제거하여 전열을 좋게 한다.

4) 보일러의 용어

① 전열면적 : 한쪽 면에 연소가스가 닿고 반대쪽 면에 물이 닿을 때, 연소가스가 닿는 면적.(전열면적과 열효율은 비례한다.)
② 최고사용압력 : 보일러 구조상 사용 가능한 최고의 압력(게이지 압력)
③ 안전저수면 : 보일러 운전 중 유지하지 않으면 안 되는 최저수면(수면계의 유리판 하단부)
  ㉮ 노통 연관식 보일러, 노통 기준 : 노통 상부에서 100mm 높이
  ㉯ 노통 연관식 보일러, 연관 기준 : 상부연관에서 75mm 높이
④ 상용수위 : 보일러 운전 중 유지하는 수면(수면계의 중심부 : 1/2)

STEP 02 보일러의 3대 구성요소

보일러는 기관본체, 연소장치, 부속장치로 구성되어 있다.

1. 기관본체

① 기관을 형성하는 본체로서 물을 저장하여 증기로 발생하는 동(드럼) 또는 수관군을 말하며 구조에 따라 원통형 보일러와 수관식 보일러로 구분된다.

② 원통형 보일러 : 설치된 드럼(동체)이 크고 전열면적이 작아 구조상 고압, 대용량 보일러로 부적당하다.
③ 수관식 보일러 : 적은 드럼과 다수의 수관으로 구성되고 전열면적이 넓어 구조상 고압, 대용량에 적합하다.

2. 연소장치

① 기관본체에 열을 공급하기 위해 연료를 연소시키기 위한 장치로서 버너, 연소실, 연도, 연돌 등으로 구성된다.
② 연소실 : 연료를 연소시키는 공간으로 위치에 따라 내분식 보일러와 외분식 보일러로 구분된다.

내분식 보일러	외분식 보일러
㉠ 연소실이 동체 내부에 설치된 보일러이다. ㉡ 노내 복사열의 흡수가 좋다. ㉢ 연소실 내의 온도가 낮다. ㉣ 연소실의 크기에 제한을 받는다. ㉤ 역화의 위험이 크다.	㉠ 연소실이 동체 외부에 설치된 보일러이다. ㉡ 연소실의 설계 및 개조가 용이하다. ㉢ 연소실 내의 온도가 높다. ㉣ 연료의 선택범위가 넓다. ㉤ 노내 복사열의 흡수가 적다.

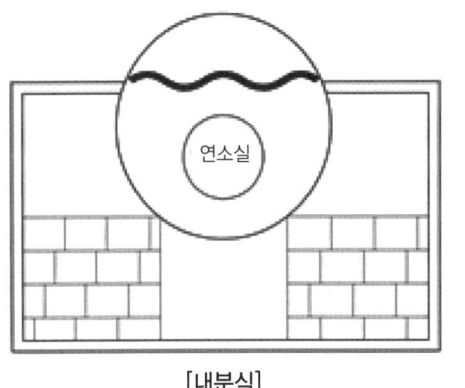
[내분식]

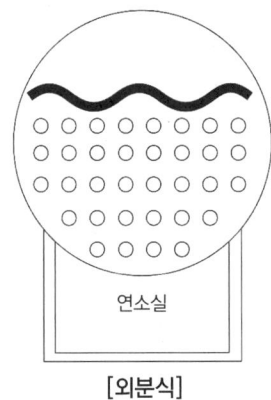
[외분식]

3. 부속장치

보일러를 안전하고, 효율적으로 운전·관리하기 위한 장치로 다음의 장치들로 구성된다.

1) 안전장치

① 보일러의 사고를 방지하고 안전운전을 위한 장치
② 종류 : 안전밸브, 증기압력제한기, 저수위경보기, 가용전, 화염검출기, 방폭문

2) 계측장치

① 보일러의 연료사용량, 증기사용량 및 압력, 온도, 수위 등을 시각적으로 측정하기 위한 장치
② 종류 : 압력계, 수면계(액면계), 온도계, 유량계, 가스분석기 등

3) 급수장치
    ① 보일러에 급수를 하기 위한 일련의 부속장치
    ② 종류 : 보충수 탱크, 경수연화장치, 급수탱크, 급수펌프, 급수량계, 인젝터, 체크밸브, 급수정지밸브, 급수내관 등

4) 급유장치(연소보조장치)
    ① 보일러 연료인 기름(중유)을 공급하기 위한 부속장치
    ② 종류 : 메인탱크, 이송펌프, 서비스탱크, 오일프리히터, 여과기, 급유량계, 급유펌프, 전자밸브 등

5) 송기장치
    ① 보일러에서 발생된 증기를 열사용처까지 안전하고 효율적으로 공급하기 위한 장치
    ② 종류 : 기수분리기, 주 증기밸브, 감압밸브, 증기헤드, 증기트랩, 신축이음 등

6) 분출장치
    ① 농축된 관수를 배출하여 내부부식을 방지하기 위한 장치
    ② 종류 : 수면분출장치, 수저분출장치 등

7) 폐열회수장치
    ① 연돌로 배출되는 배기가스의 폐열을 회수하는 장치
    ② 종류 : 과열기, 재열기, 절탄기, 공기예열기 등

8) 기타 장치
    ① 매연제거장치(슈트블로워) : 스팀쇼킹법, 워터쇼킹법, 워싱법 등
    ② 통풍 및 집진장치 : 자연통풍, 강제통풍 및 건식집진장치, 습식집진장치, 전기식집진장치 등
    ③ 자동제어장치 : 피드백 제어, 시퀸스 제어, 인터록 제어 등

STEP 03 보일러의 구조 및 특징

1. 원통형 보일러

보일러 본체가 큰 동으로 구성되어 구조가 간단하고, 동체 내부의 2/3~4/5 정도 물이 차지하는 수부이고, 나머지는 증기부로 되어 있다. 종류로는 입형 보일러, 노통 보일러, 연관 보일러, 노통·연관식 보일러 등이 있다.

1) 특징
    ① 보유수량이 많아 부하변동에 따른 압력변동이 적으나, 파열사고 시 재해가 크고 급수요에 적응이 곤란하다.
    ② 구조가 간단하여 청소 및 점검이 용이하며 수질에 대한 영향이 적다.
    ③ 동체가 크기 때문에 구조상 고압, 대용량에 부적당하다.
    ④ 내분식 보일러로서 복사열의 흡수가 좋다.

2) 맨홀

① 동 내부에 사람이 출입하여 청소 및 점검을 하기 위한 구멍으로 타원형과 원형으로 설치한다.

② 타원형

㉮ 장축 : 375mm 이상

㉯ 단축 : 275mm 이상

③ 원형: 지름 375mm 이상

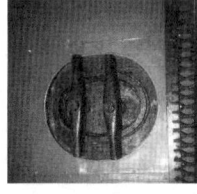

[맨홀]

> **참고** 타원형 맨홀의 설치
> • 타원형 맨홀을 설치할 경우 장축은 동의 원주방향으로, 단축은 동의 길이 방향으로 설치한다.
> • 이유 : 원주방향의 응력과 길이방향의 응력은 2:1로 응력(강도)이 원주방향이 2배 크기 때문이다.

3) 버팀(stay, 보강재)

① 보일러의 평·경판과 같이 압력에 약한 부분을 보강하여 변형을 방지하기 위한 재질을 보강재라 한다.

② 종류 : 가젯트 버팀, 나사 버팀, 관 버팀, 막대 버팀, 행거 버팀, 도그 버팀 등이 있다

③ 가젯트 버팀 : 경판과 동판을 연결하여 경판을 보강하는 보강재

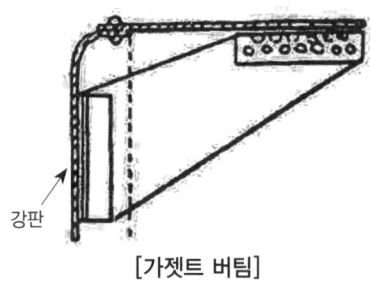

[가젯트 버팀]

4) 입형 보일러

① 기관본체를 수직으로 설치한 소용량 보일러로 입형횡관식, 입형다관식, 코크란 등이 있다.

② 특징

㉮ 소형으로 이동이 쉽다.

㉯ 구조가 간단하고, 취급이 용이하다.

㉰ 전열면적이 적다.

㉱ 내부청소가 까다롭다.

㉲ 습증기 발생이 심하다.

③ 횡관(갤로웨이관)의 설치이점

㉮ 관수의 순환을 좋게 한다.

㉯ 전열면적이 증가된다.

㉰ 화실벽을 보강한다.

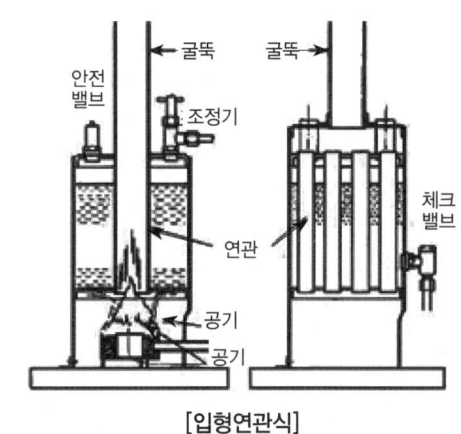

[입형연관식]

5) 횡형 보일러

① 노통 보일러
- ㉮ 종류
  - ㉠ 노통 1개 : 코르니시 보일러(전열면적 : $\pi DL m^2$)
  - ㉡ 노통 2개 : 랭커셔 보일러(전열면적 : $4DL m^2$)
- ㉯ 특징
  - ㉠ 보유수량이 많다.
  - ㉡ 구조가 간단하다.
  - ㉢ 동체가 크다.
  - ㉣ 내분식 보일러이다.
- ㉰ 노통의 부착 방법 : 관수의 순환을 좋게 하기 위해 편심 부착한다.
- ㉱ 노통의 종류 및 장점

평형 노통	파형 노통
• 제작이 용이하다. • 청소가 쉽다. • 통풍저항이 적다.	• 열에 대한 신축조절이 용이하다. • 전열면적이 넓다. • 외압에 대한 강도가 높다.

- ㉲ 안전 저수면 : 노통 상부에서 100mm 높이
- ㉳ 브리징 스페이스 : 경판에 강도를 높이기 위한 버팀과 노통 사이의 간격, 탄성 공간으로 약 230mm
- ㉴ 아담슨 죠인트 : 평형 노통에 신축을 조절하기 위한 이음

② 연관 보일러 : 노통 대신 다수의 연관을 설치하여 전열면적을 넓게 하고, 열효율을 높인 보일러
- ㉮ 종류 : 횡연관식, 기관차, 케와니 등
  - ㉠ 횡연관식 보일러 : 외분식 보일러로 연소실 열부하가 높고, 노내온도가 높다. 동저부가 국부과열에 의해 팽출이 발생할 우려가 있다.
  - ㉡ 기관차 보일러 : 내분식 보일러로 기관차를 움직이는 이동형 보일러 2-pass형 보일러로 열효율이 노통 보일러에 비해 높다.
  - ㉢ 케와니 보일러 : 기관차 모양의 보일러로 육지에 설치한 보일러이다.
- ㉯ 연관의 고정방법 : 연관 끝을 경판에 확관시켜 접속하는 방법으로 연관과 버팀의 역할을 동시에 할 수 있도록 고정한다.

③ 노통 연관식 보일러
- ㉮ 특징
  - ㉠ 노통 보일러와 연관 보일러의 장점을 조합한 혼식 보일러이며, 내분식 보일러이다.
  - ㉡ 중앙하부에 파형노통을 설치하고, 상부와 좌, 우 측면에 연관군이 길이방향으로 설치된 3-pass형으로 전열면적이 넓고, 소형 고효율화의 콤팩트한 구조로 되어 제작과 취급이 용이하다.
- ㉯ 종류 : 스코치, 하우덴 죤슨, 노통연관 팩케이지형 보일러 등

㉓ 장점
  ㉠ 형체에 비해 전열면적이 넓고 열효율이 높다.(80~90%)
  ㉡ 증발량이 많고 증기 발생에 소요시간이 짧다.
  ㉢ 보유수량이 많아 부하변동에 따른 압력 변화가 적다.
  ㉣ 내분식으로 복사열의 흡수가 좋다.
㉔ 단점
  ㉠ 구조상 고압, 대용량으로 부적당하다.
  ㉡ 역화의 위험성이 크고 파열 시 재해가 크다.

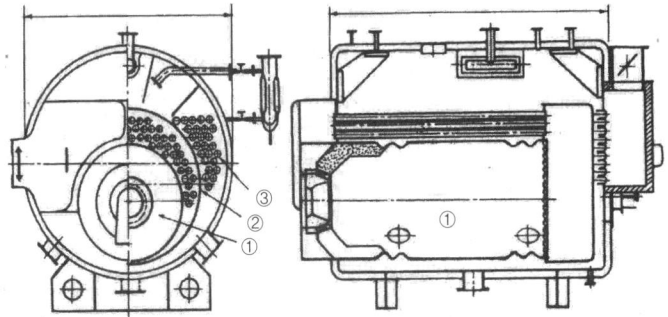

① 연소실 ② 제1연관군 ③ 제2연관군

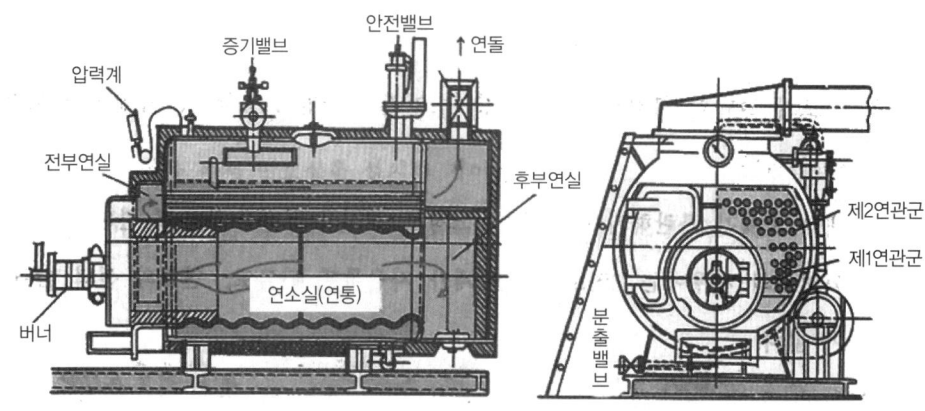

[노통 연관식 보일러]

ⓒ 구조가 복잡하여 청소나 점검이 어렵다.
　　　ⓓ 내분식으로 연소실의 크기가 제한을 받는다.
　　㉤ 구조 설명
　　　㉠ 연관 : 관 내부에 흐르는 연소가스로 관 외부의 물을 가열하는 관
　　　㉡ 파형 노통 : 주름이 형성된 노통(연소실)으로, 열에 대한 신축조절이 용이하고, 전열면적이 넓고, 외압에 대한 강도가 높으나, 통풍저항이 크다.
　　㉥ 스코치 보일러 : 선박용 보일러로 동체의 크기에 따라 연소실(노통)을 1~4개 정도 설치하여 많은 동력을 얻어내는 형식으로 물순환이 불안정하고, 청소가 어렵다.
　　㉦ 하우덴 죤슨 보일러 : 스코치 보일러를 개량한 형식으로 구조가 간단하고 물의 순환이 양호하다.
　　　㉠ 사용압력 : 20 kg/cm^2
　　　㉡ 400℃ 정도의 과열증기를 발생

2. 수관식 보일러

다수의 수관과 작은 드럼으로 구성되어 고압 대용량보일러에 적합하고, 드럼의 유무에 따라 드럼 보일러와 관류 보일러로 대별된다.

1) 장점 및 단점
　① 장점
　　㉮ 작은 드럼과 다수의 관으로 구성되어 구조상 고압 보일러로 사용된다.
　　㉯ 보유수량에 비해 전열면적이 크므로 증발이 빠르고, 효율이 높다.(90% 이상)
　　㉰ 증발량이 많아 대용량 보일러에 적합하다.
　　㉱ 보유수량이 적어 파열사고 시 피해가 적다.
　　㉲ 연소실을 자유로이 크게 할 수 있어 연소상태가 좋고 연료에 따라 연소방식을 채택할 수 있다.
　　㉳ 가동시간이 짧아 급 수요에 적응이 쉽다.
　② 단점
　　㉮ 보유수량이 적어 부하변동에 따른 압력 및 수위변화가 심하다.
　　㉯ 구조가 복잡하여 청소, 점검이 어렵다.
　　㉰ 스케일에 의한 장애가 크므로 양질의 급수를 필요로 한다.
　　㉱ 보유수량에 비해 증발이 심하며 기수공발(캐리오버)현상이 발생되기 쉽다.
　　㉲ 제작비가 비싸다.

2) 자연 순환 보일러

보일러수의 순환을 순환펌프 없이 물과 기수 혼합물의 비중량 차에 의한 방법으로 충분한 순환력을 얻기 위해서는 비중량차를 크게 해야 한다. 종류로는 경사관식(직관식), 2동D형 수관식, 야로우 등이 있다.

　① 경사관식 보일러
　　㉮ 바브코크 보일러 : 경사각도 15°인 단동형 관모음식 보일러
　　㉯ 쓰네끼지 보일러 : 경사각도 30°인 2동형 보일러

㉰ 다쿠마 보일러 : 경사각도 45°인 2동형 보일러로 이중 강수관, 집수기 등이 설치되어 있다.

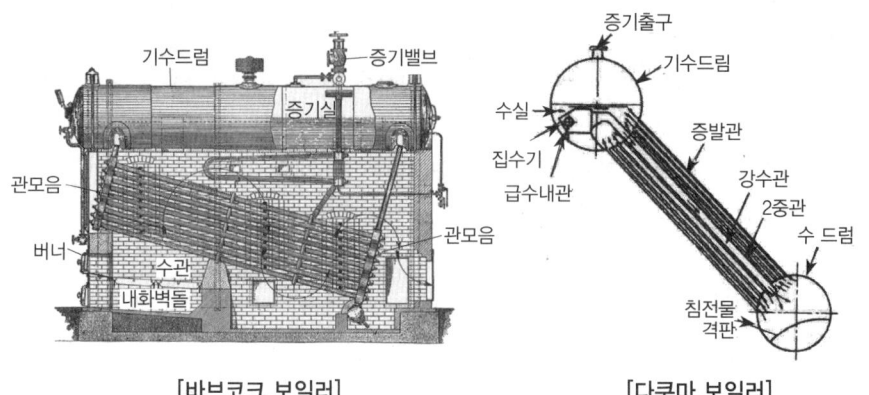

[바브코크 보일러]   [다쿠마 보일러]

> **참고** 자연 순환 보일러에서 관수의 순환력을 증가시키기 위한 방법
> • 강수관을 연소가스에 직접 닿지 않게 하여 비중량 차이를 크게 한다.(이중 강수관 설치)
> • 보일러의 높이를 높게 하여 같은 비중량 차이에서도 강수관과 상승관에 의한 압력차를 크게 한다.
> • 관경을 크게 하여 마찰저항을 적게 한다.
> • 관을 가능한 한 직선 또는 경사지게 배관하여 유동저항을 감소시킨다.

② 2동 D형 수관식 보일러 : 2개의 드럼과 다수의 수관을 D자형으로 배열된 자연순환식 수관 보일러이다
  ㉮ 구성 : 기수드럼, 물드럼, 강수관, 상승관(승수관), 수냉로벽 등
  ㉯ 수냉로벽 : 수관보일러에서 연소실의 벽, 바닥, 천정의 표면에 많은 수관을 울타리 모양으로 배치하여 기수드럼과 물 드럼에 접속한 수관군을 말하며 설치시 다음과 같은 이점이 있다.
    ㉠ 연소실 내의 복사열을 흡수하여 열효율을 높인다.
    ㉡ 전열면적이 증가되어 증발량이 많아진다.
    ㉢ 내화벽을 보호하고 보일러의 전체 하중이 감소한다.

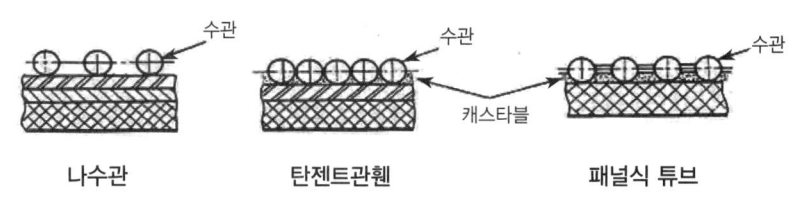

나수관   탄젠트관휀   패널식 튜브

[수냉로벽의 종류]

  ㉰ 전열면적(f, m^2)

구 분	구하는 식	비고
나수관	$f = \pi D \ell n (m^2)$	• D : 수관의 외경(m)
탄젠트관	$f = \dfrac{\pi D}{2} \ell n (m^2)$	• ℓ : 수관의 길이(m)
휀 패널식 튜브	$f = \dfrac{\pi D}{2} + (b-D) \ell n (m^2)$	• n : 수관의 개수 • b : 수관의 피치(m)

[2동 D형 수관식 보일러]

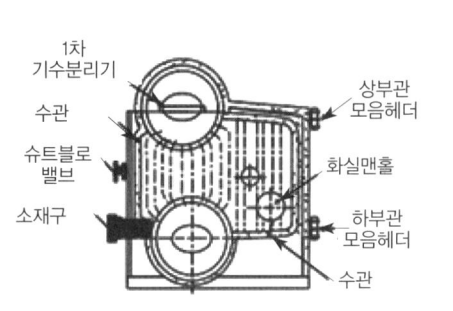
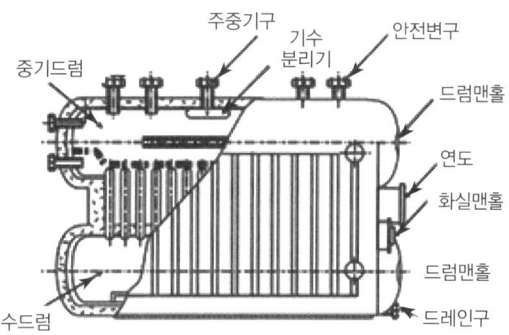

[2동 D형 수관식 보일러]

3) 강제 순환 보일러

보일러 압력이 높아지면 포화수와 포화증기의 비중량차가 작아져서 기포 정체현상을 일으켜 자연순환 만으로는 관수의 순환을 충분히 행할 수가 없다. 또한 고온의 연소가스에 의해 과열이나 철과 증기에 직접 접촉에 의한 증기부식이 발생되기 쉬우므로 순환펌프를 설치하여 강제적으로 순환시켜 주는 형식의 보일러이다.

① 특징
   ㉮ 형상이나 배관의 설치가 자유롭다.
   ㉯ 기동시간이 짧다.
   ㉰ 수관의 관경을 적게, 두께를 얇게 할 수 있어 전열에 좋다.
   ㉱ 설비비 및 유지비가 많이 든다.
② 종류 : 베록스 보일러, 라몬트 보일러 등

 참고 베록스 보일러의 특징
• 0.2~0.3MPa의 압력으로 가압연소를 한다.
• 연소가스 속도가 200~300m/sec로 빠르다.
• 전열이 매우 좋다.

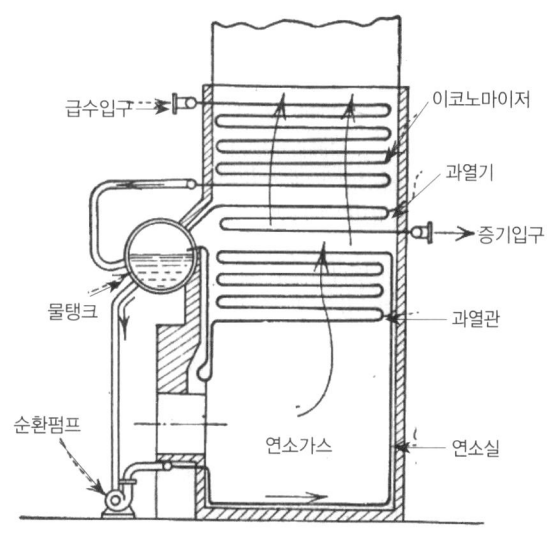

[강제순환식 보일러]

4) 관류 보일러

드럼 없이 긴 관만으로 이루어진 보일러로 펌프에 의해 압입된 급수가 긴 관을 1회 통과 할 동안 절탄기를 거쳐 예열된 후, 증발, 과열의 순서로 과열되어 관 출구에서 필요한 과열증기가 발생하는 보일러이다.

① 종류 : 벤슨 보일러, 슐져 보일러 등
② 특징
   ㉮ 드럼이 없어 초고압 보일러에 적합하다.
   ㉯ 드럼이 없어 순환비가 1 이다.
   ㉰ 수관의 배치가 자유롭다.
   ㉱ 증발이 빠르다.
   ㉲ 자동연소제어가 필요하다.
   ㉳ 수질의 영향을 많이 받는다.
   ㉴ 부하변동에 따른 압력 및 수위변화가 크다.
③ 관류보일러의 급수처리 : 순환비가 1 이고, 전열면의 열부하가 높아 급수처리를 철저히 해야 한다.

[소형 관류 보일러]

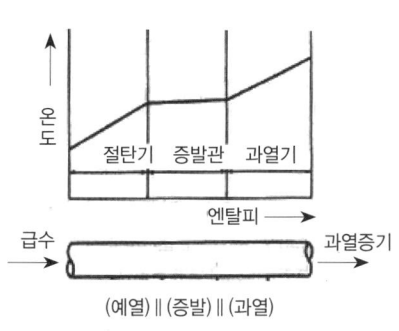
[관류 보일러의 증발과정]

> **참고** 벤슨 보일러
> 다수의 수관을 병렬로 배치한 관류 보일러의 가장 대표적인 초고압용 보일러이며 증발관 배열은 상승군 하강관형, 미앤더형, 스파이럴형 등이 있다.

3. 주철제 보일러(섹션보일러)

1) 주철제 보일러의 개요
   ① 용도 : 난방용 저압 보일러
   ② 종류
      ㉮ 증기보일러 : 최고사용압력 $1kg/cm^2$(0.1MPa) 이하에 사용한다.
      ㉯ 온수보일러 : 온수온도 1~0℃ 이하에 사용한다.

③ 장점
  ㉮ 조립식 보일러로서 운반·반입이 용이하고, 용량조절이 쉽다.
  ㉯ 사고 시 피해가 적다.
  ㉰ 내식성(내열성)이 우수하다.
④ 단점
  ㉮ 고압·대용량에 부적당하다.
  ㉯ 주물제로 청소가 곤란하다.
  ㉰ 열팽창에 의한 부동팽창으로 균열이 발생한다.
  ㉱ 취성이 크고, 충격에 약하다.

2) 섹션의 조립방법
  ① 전후조합
  ② 좌우조합
  ③ 맞세움 전후조합 등

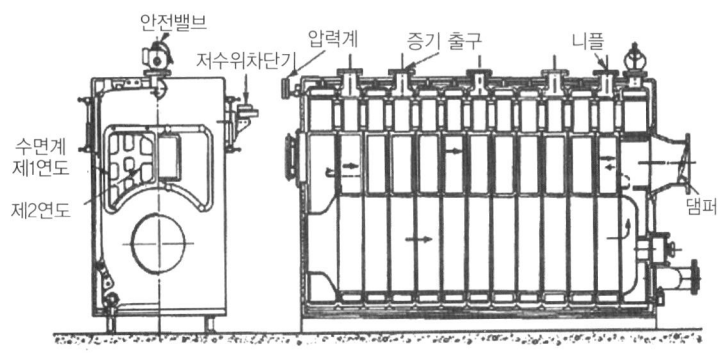

[주철제 보일러]

3) 방열기의 설치
  ① 방열량
    ㉮ 증기 방열기 : 방열량은 650kcal/m²h
    ㉯ 온수 방열기 : 방열량은 450kcal/m²h
  ② 종류 : 주형, 벽걸이형, 길드형, 관형, 대류형
  ③ 설치위치 : 외기와 접한 창문 아래(벽과의 간격 50~60mm)
  ④ 난방부하(kcal/h) : 난방에 필요한 열량
    kcal/h = kcal/m²h × m² (난방부하 = 방열량 × 방열기 면적)

> **참고** 난방부하 계산
> 문제] 온수난방에서 방열기 면적 50m² 이면 난방부하(kcal/h)는?
> 해설] 온수 방열기의 방열량은 450kcal/m²h 이므로,
>   ∴ 난방부하 = 450 × 50 = 22,500(kcal/h)

4. 특수보일러

1) 특수열매체(유체) 보일러
   ① 물 대신 특수한 유체를 가열하여 낮은 압력에서도 고온의 포화증기 또는 고온의 액을 얻을 수 있는 보일러이다.
   ② 인화성 증기를 분출하기 때문에 밀폐식 구조의 안전밸브를 부착한다.
   ③ 유체(열매체)의 종류 : 다우삼, 수은(Hg), 카네크롤, 모빌썸, 세큐리티

2) 폐열 보일러
   ① 가열로, 용해로, 소성 공장, 디젤 기관 등에서 배출되는 고온의 배기가스를 이용하여 증기를 발생시키는 보일러이다.
   ② 종류 : 하이네 보일러, 리 보일러

3) 특수연료 보일러
   ① 일반적인 연료 이외의 폐품성 물질을 연료로 사용하는 보일러를 말한다.
   ② 종류 : 바크 보일러, 버개스 보일러

4) 간접가열 보일러
   ① 1차 증발 장치에는 완벽하게 급수 처리된 물을 공급하여 과열증기를 만든 후, 2차 증발 장치로 보내 급수 처리되지 않은 물과 열 교환시켜 증기를 발생시키고, 과열증기는 응축되어 다시 1차 증발 장치로 되돌려지는 구조의 보일러를 말한다.
   ② 종류 : 슈미트 보일러, 레후러 보일러

STEP 04 보일러 열정산

1. 열정산의 목적 및 기준

1) 열정산의 목적
   보일러 열정산은 열수지(heat balance)라고도 하며 보일러 내의 열 흐름을 측정하여 입열과 출열 등 각 항목의 열의 분포를 정산하는 것으로 열손실을 줄이고, 열효율을 향상시키고, 열관리를 위한 자료를 수집하여, 보일러 운전조건을 개선하는데 목적이 있다.

2) 열정산의 기준
   ① 기준온도는 외기온도로 한다.
   ② 정상조업상태에 있어서 2시간 이상의 운전결과에 따른다.(측정시간은 매 10분마다 시행한다)
   ③ 시험부하는 정격부하로 하고 필요에 따라 3/4, 1/2, 1/4 등으로 시행한다.
   ④ 시험용 보일러는 다른 보일러와 무관한 상태에서 시행한다.
   ⑤ 연료의 발열량은 고위 발열량으로 한다.
   ⑥ 연료의 단위는 고체 및 액체연료는 1kg으로, 기체연료는 $1Nm^3$으로 표시한다.

⑦ 증기의 건도는 실측치로 하되 그러하지 않는 경우 강철제 보일러는 98%, 주철제 보일러는 97%로 한다.
⑧ 압력 변동은 7% 이내로 한다.

2. 측정방법

1) 연료사용량 및 연료온도 측정
   ① 연료사용량 측정
      ㉮ 액체연료 : 체적식 유량계로 측정하고 유량계의 오차는 1.0% 범위 내 이어야 한다. 측정값은 비중을 곱하여 중량으로 환산한다.
      $$(\ell \times \frac{kg}{\ell} = kg)$$
      ㉯ 기체연료 : 체적식 또는 오리피스 유량계로 측정하고 오차는 1.6% 범위 내 이어야 한다. 측정값은 표준상태(0℃, 1ata)의 용량 Nm^3으로 환산한다.
   ② 연료온도 : 유량계 입구에서 측정한 온도로 한다.

2) 급수량 및 급수온도 측정
   ① 급수량 측정 : 중량탱크식 또는 용적탱크식으로 측정하거나 체적식 유량계로 측정한다. 유량계의 오차는 1.0% 범위 내 이어야 한다.
      ㉮ 급수량(kg/h) = $\frac{실측\ 급수량(\ell/h)}{측정온도에서\ 급수의\ 비체적(\ell/kg)}$
      ㉯ 급수온도는 급수예열기 입구에서 측정하며 급수예열기가 없는 경우 보일러 몸체의 입구에서 측정한다.
   ② 급수온도 : 보일러 입구에서 측정한다. 절탄기가 있는 경우 절탄기 전에서 측정한다. 만약 인젝터를 사용하고 있다면 입구에서 측정한다.

3) 공기량 및 공기온도 측정
   ① 공기량 측정 : 연료 및 연소가스의 조성으로 산출하는 것을 원칙으로 한다.
   ② 공기온도 : 공기예열기 전, 후에서 측정한다.

4) 발생증기량 및 증기압력, 증기온도 측정
   ① 발생증기량 측정 : 발생 증기량은 급수량으로 산정한다. 단, 발생증기의 일부를 연료가열, 공기예열기에 사용하는 경우 또는 보일러수를 분출한 경우 그 양을 측정하여 급수량에서 뺀다.
   ② 증기압력 : 포화증기의 압력은 보일러 출구의 압력으로 브로돈관식 압력계로 한다.
      ㉮ 관류 보일러는 기수분리기 최종출구에서 측정한다.
      ㉯ 증기보일러의 시험압력은 최고사용압력의 80% 이상을 원칙으로 한다.
   ③ 증기온도 : 과열기가 있는 경우 과열기 출구에서의 증기온도로 한다.

5) 배기가스의 온도 측정
   ① 보일러 전열면 최종 출구에서 측정한다. 공기예열기가 있는 경우 공기예열기 출구에서 측정한다.
   ② 배기가스의 압력은 보일러 전열면 최종 출구에서 측정한다.
   ③ 배기가스 시료채취는 급수예열기 또는 공기예열기가 있는 경우 그 출구에서 채취한다.

6) 보일러의 소음
  ① 보일러 측면 1.5m 떨어진 곳의 1.2m 높이에서의 측정값으로 95dB 이하이어야 한다.
  ② 송풍기의 소음은 정면에서 1.5m 떨어진 곳에서 측정값으로 95dB 이하이어야 한다.

3. 보일러 내의 열흐름(입열 및 출열)

보일러에는 외부로부터 설비 내로 들어오는 열(입열)과 설비 내에서 외부로 나가는 열(출열)로 구분된다.

> 입열 = 출열(유효열 + 손실열)

1) 입열과 출열
  ① 입열
    ㉮ 연료의 발열량
    ㉯ 연료의 현열
    ㉰ 공기의 현열
    ㉱ 노내 분입 증기열(자기 순환열)
  ② 출열
    ㉮ 유효열 : 발생증기의 보유열
    ㉯ 손실열
      ㉠ 배기가스에 의한 손실열
      ㉡ 불완전연소에 의한 손실열
      ㉢ 미연소분에 의한 손실열
      ㉣ 전열 및 방열에 의한 손실열

2) 입열 계산
  ① 연료의 발열량 : 연료 1kg 또는 $1Nm^3$ 이 완전연소시 발생하는 총열량으로 입열 중 가장 크다.
    ㉮ $H_h = 8100C + 34000(H - \frac{O}{8}) + 2500S$ kcal/kg
    ㉯ $H_\ell = H_h - 600 \times (9H + W)$ kcal/kg
      여기서, H_h : 고위발열량(kcal/kg), H_ℓ : 저위발열량(kcal/kg)
        C : 탄소(%), H : 수소(%), S : 황(%), W : 수분(%)
  ② 연료의 현열
    ㉮ 연료 $1kg(1Nm^3)$이 보유하는 열량
    ㉯ 연료의 현열 = $G_f \times C_f \times (t_f - t_o)$ kcal/kg
      여기서, G_f : 사용 연료 $1kg(1Nm^3)$, C_f : 연료의 비열(kcal/kg, $kcal/Nm^3$)
        t_f : 연료의 예열온도(℃), t_o : 외기온도(℃)
  ③ 공기의 현열
    ㉮ 연소용 공기가 외부의 열원에 의해 외기온도 이상으로 가열된 경우 연소용 공기가 보유하는 열량

㉯ 공기의 현열 = $A \times C_a \times (t_a - t_o)$ kcal/kg

여기서, A : 연료 1kg(1Nm³) 연소시 필요한 실제 공기량(Nm³/kg)

C_a : 연료의 비열(kcal/kg℃, kcal/Nm³℃)

t_a : 연료의 예열온도(℃), t_o : 외기온도(℃)

④ 노내분입 증기열

㉮ 외부 열원에 의해 연소 시 노내로 분입되는 증기가 보유하는 열량

㉯ 노내 분입 증기열 = $G_w \times (h_w - h_o)$ kcal/kg

여기서, G_w : 연료 1kg 연소시 분입 증기량(kg/kg)

h_w : 분입증기의 엔탈피(kcal/kg)

h_o : 외기온도에서 증기엔탈피(kcal/kg)

3) 출열 계산

① 발생증기 보유열

㉮ 보일러 내의 물이 증기발생에 흡수된 열

㉯ 발생증기 보유열 = $G_s \times (h'' - h')$ kcal/kg

여기서, G_s : 연료 1kg 당 증기 발생량(kg/kg)

h'' : 증기엔탈피(kcal/kg)

h' : 급수엔탈피(kcal/kg)

② 배기가스의 열손실

㉮ 연돌로 배출되는 배기가스가 보유하는 열량으로 보일러 열손실 중 가장 크다.

㉯ 배기가스의 열손실 = $G_g \times C_g \times (t_g - t_o)$ kcal/kg

여기서, G_g : 연료 1kg 당 배기가스량(Nm³/kg)

C_g : 배기가스의 비열(kcal/Nm³℃)

t_g : 배기가스 온도(℃), t_o : 외기온도(℃)

③ 불완전연소에 의한 열손실

㉮ 불완전연소에 의한 배기가스 중 CO 1Nm³ 당 열손실

㉯ 불완전연소에 의한 열손실 = $G' \times CO(\%) \times 3035$ kcal/kg

여기서, G' : 연료 1kg 연소시 건 배기가스량(Nm³/kg)

$CO + \dfrac{1}{2} O_2 \rightarrow CO_2 + 3035 \text{kcal/Nm}^3$

④ 미연분에 의한 열손실

㉮ 연료 1kg 연소시 미연탄재 중 미연소분에 의한 열손실

㉯ 미연분에 의한 열손실 = $8100 \times \dfrac{A \cdot C}{1 - C_a}$ kcal/kg

여기서, 8100kcal/kg : 탄소(C) 1kg 당 발열량(kcal/kg)

A, C : 연료 1kg 중 회분과 탄소(kg)

C_a : 연료 1kg 중 미연 탄소분(kg)

4. 성능 계산

1) 보일러 효율

① 입출열법

㉮ $\eta = \dfrac{Q_a}{Q_m} \times 100(\%)$

여기서, Q_m : 입열(kcal/kg) Q_a : 유효열(kcal/kg)

㉯ $\eta = \dfrac{G_a \times (h_1 - h_2)}{G_f \times H_h} \times 100(\%)$

여기서, G_a : 매시 실제증발량(kg/h), h_1 : 증기 엔탈피(kcal/kg)
h_2 : 급수 엔탈피(kcal/kg), G_f : 시간당 연료사용량(kg/h)
H_h : 연료의 고위발열량 (kcal/kg)

② 손실열법

$\eta = \dfrac{\text{입열} - \text{손실열 합계}}{\text{입열}} \times 100(\%) = \left(1 - \dfrac{\text{손실열 합계}}{\text{입열}}\right) \times 100(\%)$

2) 연소효율

$\eta = \dfrac{H_e}{H_\ell} \times 100(\%)$

여기서 H_e : 실제연소열량(kcal/kg)

$H_e = H_\ell - (\text{미연분에 의한 열손실} + \text{불완전연소에 의한 열손실})$

3) 전열효율

$\eta = \dfrac{Q_a}{H_e} \times 100(\%)$

4) 보일러 부하율

보일러 부하율 $= \dfrac{G_a}{G_m} \times 100(\%)$

여기서, G_a : 매시 실제증발량(kg/h)
G_m : 보일러 최대연속 증발량(정격용량)(kg/h)

5) 증발 배수

증발 배수 $= \dfrac{G_a}{G_f} \times 100(\%)$

여기서, G_a : 매시 실제증발량(kg/h), G_f : 시간당 연료사용량(kg/h)

6) 상당증발량

$G_e = \dfrac{G_a \times (h_1 - h_2)}{539}$ (kg/h)

7) 보일러 마력

① 보일러 마력 : 매 시간당 상당증발량을 15.65kg을 발생하는 보일러 능력
② 1 보일러 마력 : 상당증발량을 15.65kg/h 발생, 열량으로 환산하면 8435kcal/h

$$보일러\ 마력 = \frac{상당증발량}{15.65} = \frac{G_a \times (h_1 - h_2)}{539 \times 15.65}$$

8) 전열면

① 전열면의 증발율 = $\dfrac{매시실제증발량(kg/h)}{전열면적(m^2)}$ (kg/m²h)

② 전열면의 상당(환산)증발율 = $\dfrac{상당증발량(kg/h)}{전열면적(m^2)}$ (kg/m²h)

③ 전열면의 열부하율(열발생율) = $\dfrac{실제증발량(kg/h) \times (h_1 - h_2)}{전열면적(m^2)}$ (kcal/m²h)

9) 연소실 열발생률

$$연소실\ 열발생률 = \frac{연료사용량(kg/h) \times 연료의\ 발열량(kcal/kg)}{연소실의\ 용적(m^3)}\ (kcal/m^3h)$$

$$= \frac{연료사용량(kg/h) \times 입열합계(kcal/kg)}{연소실의\ 용적(m^3)}\ (kcal/m^3h)$$

제02절_ 보일러의 종류 및 특징
출제예상문제

01 보일러를 본체 구조에 따라 분류할 때 해당되지 않는 것은?

① 온수 보일러
② 수관 보일러
③ 원통 보일러
④ 관류 보일러

> 본체구조에 따라 원통형 보일러와 수관보일러로 구분하며, 수관식 보일러는 자연순환식, 강제순환식, 관류 보일러로 다시 구분한다.

02 각종 보일러에 대한 특징 설명으로 옳은 것은?

① 노통 보일러는 내부청소가 힘들고 고장이 자주 생겨 수명이 짧다.
② 원통형 보일러는 본체 구조가 간단한 형식으로 파열시 피해가 크다.
③ 수관 보일러는 전열면적이 작아 소용량 보일러에 적합하다.
④ 코르니시 및 랭카셔 보일러의 노통이 2개 이상이다.

> • 노통보일러는 구조가 간단하여 내부청소가 쉽고 수명이 길다.
> • 수관식 보일러는 전열면적이 넓고 대용량에 적합하다.
> • 코르니시 보일러는 노통 1개, 랭카셔 보일러는 노통 2개이다.

03 외분식 보일러와 내분식 보일러의 연소실 비교 시 틀린 것은?

① 외분식은 저질연료의 연소에 부적합하다.
② 외분식은 연소실의 온도가 높다.
③ 외분식은 연료의 선택이 자유롭다.
④ 내분식은 방사열의 흡수가 좋다.

> 외분식 : 저질연료의 연소에 적합하여 연료의 선택범위가 넓다.

04 보일러 본체에서 수부가 클 경우의 설명으로 틀린 것은?

① 부하 변동에 대한 압력 변화가 크다.
② 증기 발생시간이 길어진다.
③ 열효율이 낮아진다.
④ 보유 수량이 많으므로 파열시 피해가 크다.

> 보유수량이 많으면 부하변동에 대한 압력변화가 적은 반면 사고 시 피해가 크다.

05 입형 보일러의 설명으로 옳은 것은?

① 건증기를 얻기 쉽다.
② 검사 및 청소가 용이하다.
③ 열효율이 좋다.
④ 설치면적이 적어도 된다.

> 입형보일러 : 소용량 보일러로 운반이 용이하고, 설치면적이 적다.

06 케와니 보일러 또는 스코치 보일러는 어떤 형식의 보일러인가?

① 원통형 보일러   ② 노통 보일러
③ 입형 보일러   ④ 관류 보일러

> 원통형 보일러 : 입형 보일러, 노통보일러, 연관식 보일러(케와니), 노통연관식 보일러(스코치) 등이 있다.

07 열매체 보일러의 특징에 관한 설명으로 잘못된 것은?

① 저압에서 고온을 얻을 수 있다.
② 열매체는 동파의 위험이 없다.
③ 안전밸브는 개방식을 사용한다.
④ 부식이 잘 되지 않으므로 내용연수가 길다.

> 열매체 보일러 : 인화성 증기를 분출하므로 밀폐식구조의 안전밸브를 사용한다.

정답 01 ① 02 ② 03 ① 04 ① 05 ④ 06 ① 07 ③

08 주철제 보일러의 안전상 단점인 것은?

① 열 및 부식에 약하다.
② 부동팽창이나 충격에 약하다.
③ 용량을 임의로 가감할 수 있다.
④ 복잡한 설계 제작이 불가능하다.

🔍 주철제 보일러 : 내식성은 우수하나, 충격에 약하고 부동팽창으로 균열이 발생한다.

09 노통 연관식 보일러의 특징으로 잘못 설명된 것은?

① 전열면적이 넓어 노통 보일러 보다 효율이 높다.
② 패키지형으로 할 수 있으나 내부청소는 곤란하다.
③ 노통에 의한 내분식으로 열손실이 적다.
④ 증발속도가 빠르므로 스케일 부착이 어렵다.

🔍 노통연관식 보일러 : 증발속도가 빨라지면 스케일 부착이 쉽다.

10 열의 신축에 따른 응력을 흡수하기 위하여 아담슨 조인트를 사용하고 물의 순환과 보강을 위한 갤로웨이관을 설치하는 보일러는?

① 노통 보일러
② 연관 보일러
③ 수관 보일러
④ 관류 보일러

🔍 노통 보일러 : 아담슨조인트 또는 갤로웨이관을 설치하여 노통의 신축 조절 및 보강을 한다.

11 파형 노통 보일러의 특징을 설명한 것으로 옳은 것은?

① 공작이 용이하다.
② 내, 외면의 청소가 용이하다.
③ 평형 노통보다 전열면적이 크다.
④ 평형 노통보다 외압에 대한 강도가 적다.

🔍 파형 노통 보일러의 특징
• 신축조절이 용이하다.
• 전열면적이 넓다.
• 외압에 대한 강도가 높다.

12 보일러의 성능을 향상시키기 위하여 지켜야 할 사항이 아닌 것은?

① 과잉공기를 가급적 많게 한다.
② 전열면의 그을음을 주기적으로 제거한다.
③ 증기나 온수의 누출을 방지한다.
④ 외부공기의 누입을 방지한다.

🔍 연소에 과잉공기를 적게 사용하면 : 배기가스에 의한 열손실이 적어지고 열효율이 높아 진다.

13 강제 순환식 보일러에서 순환비를 구하는 식으로 옳은 것은?

① 발생 증기량 / 공급수량
② 순환수량 / 발생 증기량
③ 발생 증기량 / 연료사용량
④ 연료사용량 / 실제 증발량

🔍 순환비(= $\frac{순환수량}{발생증기량}$)
= 1인 보일러 : 관류보일러

14 하우덴 죤슨 보일러의 설명으로 틀린 것은 어느 것인가?

① 스코치 보일러를 개량한 것이다.
② 연소실속에 많은 수관을 연결하여 물의 순환을 촉진한다.
③ 전열면적이 감소되어 증기발생이 다소 늦다.
④ 무게가 가볍고 연소실의 고장이 적다.

🔍 하우덴죤슨 보일러 : 노통연관식 보일러로 구조상 수관이 없다.

15 다음 중 간접가열 보일러는 어느 것인가?

① 슈미트 보일러
② 라몽트 보일러
③ 바브콕크 보일러
④ 스코치 보일러

🔍 간접가열 보일러 : 특수 보일러로 슈미트와 레후러 보일러가 있다.

정답 08 ② 09 ④ 10 ① 11 ③ 12 ① 13 ② 14 ② 15 ①

16 노통의 강도를 보강하고 보일러수의 순환을 양호하게 하며 전열면적의 증대를 꾀하기 위해 설치되는 것은?

① 아담슨 조인트
② 가젯트 스테이
③ 겔로웨이 관
④ 브리징 스페이스

> • 아담슨 죠인트 : 노통의 신축조절
> • 가젯트 스테이 : 경판의 보강
> • 브리징 스페이스 : 경판의 탄성공간

17 보일러 스케일의 영향이 아닌 것은?

① 전열면의 과열
② 포밍의 발생
③ 연료의 손실
④ 물 순환의 저하

> 스케일(염류 = 관석)의 영향
> • 전열면의 과열
> • 연료 소비량 증가
> • 열효율 저하
> • 물 순환 저하

18 특수 열매체 보일러의 열매체로 사용되지 않는 것은?

① 다우삼 ② 수은
③ 아세틸라이드 ④ 카네크롤

> 열매체의 종류 : 다우삼, 카네크롤, 모빌, 썸, 수은, 세큐리티 등

19 강제 순환식 수관보일러의 특징 설명으로 옳은 것은?

① 수관의 배치가 자유롭고 설계가 쉽다.
② 보일러 제작이 용이하다.
③ 온도상승에 따른 물의 비중차로 순환된다.
④ 순환펌프가 필요 없다.

> 강제순환식 보일러 : 보일러수를 순환펌프에의한 순환방식으로 관경을 적게 할 수 있고 수관의 배치가 자유롭다.
> • 종류 : 베록스 보일러, 라몽트 보일러

20 노통의 강도를 크게 하기 위하여 어떤 방법을 사용하는가?

① 아담슨 이음을 한다.
② 파형 노통을 사용한다.
③ 평형 노통을 사용한다.
④ 겔로웨이관을 설치한다.

> 파형노통 : 노통의 신축을 조절하고 외압에 대한 강도를 높게 한다.

21 수관보일러에 있어서 강제 순환식으로 하는 이유는?

① 관경이 적고 보유수량이 많기 때문이다.
② 보일러 드럼이 1개이기 때문이다.
③ 고압에서 포화수와 포화증기의 비중차가 작기 때문이다.
④ 보일러 드럼이 상부에 위치하기 때문이다.

> 강제 순환식 : 압력이 높아지면 포화수와 포화증기의 비중차가 적어져서 물의 순환이 나빠진다.

22 구조가 간단하고 취급이 용이하며 수부가 크고 부하변동에 따른 증기압력의 변동이 작으나 폭발시 재해가 큰 보일러는?

① 수관식 보일러 ② 원통형 보일러
③ 복사보일러 ④ 관류보일러

> 원통형 보일러 : 보유수량이 많아 부하변동에 대한 적응이 쉬우나, 사고 시 피해가 크다.

23 보일러 물의 순환력을 크게 하기 위한 설명으로 가장 적합한 것은?

① 관경을 가능한 한 크게 한다.
② 수관을 평형으로 한다.
③ 재열기를 부착한다.
④ 승수관을 연소가스로 가열되지 않게 한다.

> 물의 순환을 좋게 하기 위한 방법
> • 수관을 경사지게 설치한다.
> • 수관의 관경을 크게 한다.
> • 강수관은 연소가스의 접촉을 피한다.(이중 강수관을 설치한다.)

정답 16 ③ 17 ② 18 ③ 19 ① 20 ② 21 ③ 22 ② 23 ①

24 다음 중 저압용 보일러에 적합한 것은?

① 코르니쉬 보일러
② 입형 보일러
③ 주철제 보일러
④ 레푸러 보일러

🔍 • 주철제 보일러 : 저압용 난방 보일러
• 입형 보일러 : 소용량 보일러

25 보일러의 용량을 표시하는 방법이 아닌 것은?

① 보일러 마력　② 전열면적
③ 난방부하　　④ 증발량

🔍 증기보일러 용량 : 매 시간당 증발량(kg/h)

26 어떤 보일러의 실제 증발량이 30t/h이고 보일러 본체의 전열면적이 300m²일 때 이 보일러의 전열면 증발율은 몇 kg/m²h 인가?

① 10　　　② 150
③ 100　　④ 1000

🔍 전열면의 증발율 = $\frac{실제증발량(kg/h)}{전열면적(m^2)}$

= $\frac{30000}{300}$ = 100kg/m²h

27 코르니쉬 보일러의 노통 길이가 4500mm이고 외경이 3000mm, 두께가 10mm일 때 전열면적은 약 몇 m² 인가?

① 54.0　　② 45.7
③ 46.4　　④ 42.4

🔍 코르니시 보일러의 전열면적(F)
F = πDℓ
F = 3.14×3×4.5 = 42.39m²

28 보일러의 실제 증발 열량을 기준 증발 열량인 539kcal/kg으로 환산한 것으로 일명 정격용량이라고도 하는 것은?

① 상당 증발량　② 연소량
③ 엔탈피　　　④ 연료의 소비량

🔍 상당증발량

= $\frac{실제증발량(증기엔탈피-급수엔탈피)}{539}$ (kg/h)

29 30마력(P.S)인 기관이 1시간 동안 행한 일량을 열량으로 환산하면 약 몇 kcal/h 인가?(단, 이 과정에서 행한 일량은 모두 열량으로 변환된다고 가정한다.)

① 14360　　② 15240
③ 18970　　④ 20402

🔍 30×632.3 = 18969 kcal/h
(1 PS = 632.3 kcal/h)

30 연관식 보일러의 특징 설명으로 틀린 것은?

① 전열면이 크고 효율은 노통 보일러보다 좋다.
② 증기발생 시간이 빠르다.
③ 연료의 선택범위가 좁다.
④ 연료의 연소상태가 양호하다.

🔍 횡연관식 보일러 : 외분식 보일러로 휘발분이 많은 저질탄연소에도 용이하여 연료 선택범위가 넓다.

31 주로 보일러 경판의 강도를 보강하기 위하여 3각형모양의 평판을 경판과 동판에 비스듬히 부착시킨 버팀은?

① 거싯 버팀　② 나사 버팀
③ 경사 버팀　④ 시렁 버팀

🔍 거싯 버팀(=가젯트 버팀) : 경판과 동판을 연결하여 경판을 보강한다.

32 입형 보일러에서 횡관을 설치하는 목적과 무관한 것은?

① 물 순환을 좋게 한다.
② 연소를 촉진시킨다.
③ 전열면적을 증가시킨다.
④ 화실벽을 보강한다.

🔍 횡관(겔로웨이관)의 단점 : 통풍저항이 증가하여 연소상태가 불량해 진다.

정답 24 ③　25 ③　26 ③　27 ④　28 ①　29 ③　30 ③　31 ①　32 ②

33 수관보일러의 물 순환방법 중 보일러수를 가열함으로써 생기는 비중량의 차에 의한 순환력으로 순환시키는 방식은?

① 관류식 ② 화격자식
③ 자연 순환식 ④ 강제 순환식

> 자연 순환식 : 순환펌프 없이 비중량 차에의한 자연 대류현상을 이용한 순환방식

34 수관식 보일러 중에서 곡관식 보일러는?

① 다쿠마 보일러 ② 야로우 보일러
③ 스터링 보일러 ④ 가르베 보일러

> 곡관식 보일러 : 스터링 보일러

35 수관식 보일러에 해당되는 것은?

① 스코치 보일러 ② 바브콕 보일러
③ 코크란 보일러 ④ 케와니 보일러

> 바브콕 : 경사각도 15도 인 경사관식 수관 보일러

36 보일러 분류의 기준이 될 수 없는 것은?

① 보일러 본체의 구조
② 물의 순환 방식
③ 가열 방식
④ 통풍 방식

> • 본체의 구조에 따라 : 원통형, 수관식
> • 물의 순환방식 : 자연순환식, 강제순환식
> • 가열방식 : 직접가열식, 간접가열식

37 원통형 보일러가 수관식 보일러보다 고압으로 할 수 없는 이유 중 가장 타당한 것은?

① 동판의 두께가 얇기 때문에
② 보유수량이 많기 때문에
③ 전열면적이 적기 때문에
④ 둥의 지름이 크기 때문에

> 동체가 크다 : 구조상 고압용으로 부적합하다.

38 노통 보일러의 단점 설명으로 틀린 것은?

① 보일러 파열이 일어날 경우 위험성이 크다.
② 보일러 내부의 청소와 점검이 곤란하고 고장이 잦다.
③ 상용압력을 크게 할 수 없다.
④ 가동 후 증기 발생까지 시간이 많이 소요된다.

> 노통 보일러 : 구조가 간단하고 청소가 쉽다.

39 원통 보일러로서 노통이 2개인 보일러는?

① 케와니 보일러 ② 코르니시 보일러
③ 스코치 보일러 ④ 랭커셔 보일러

> 노통보일러 – 노통 1개 : 코르니쉬 보일러
> 노통 2개 : 랭커셔 보일러

40 다음 보일러 중 노통 연관식 보일러는?

① 코르니시 보일러
② 랭커셔 보일러
③ 스코치 보일러
④ 다쿠마 보일러

> • 코르니시, 랭커셔 : 노통 보일러
> • 다쿠마 : 경사관식 수관보일러

41 수관식 보일러와 관계없는 것은?

① 승수관 ② 강수관
③ 연관 ④ 기수 분리기

> 연관 : 원통형 보일러 중 연관식 보일러의 구조로 관내 연소가스로 관 외부의 물을 가열시키는 관

42 연관 최고부보다 노통 윗면이 높은 노통연관 보일러의 최저수위(안전저수면)의 위치는?

① 노통 최고부 위 100 mm
② 노통 최고부 위 75 mm
③ 연관 최고부 위 100 mm
④ 연관 최고부 위 75 mm

정답 33 ③ 34 ③ 35 ② 36 ④ 37 ④ 38 ② 39 ④ 40 ③ 41 ③ 42 ①

🔍 안전저수면 : 보일러 운전 중 유지해야 되는 최저수면
• 노통기준 : 100mm 높이.
• 연관기준 : 75mm 높이

43 노통 보일러의 노통과 가셋트 스테이 사이의 공간으로 브리징 스페이스는 몇 mm 이상의 간격을 주어야 하는가?(경판의 두께는 13mm 이하로 한다.)

① 80   ② 130
③ 180   ④ 230

🔍 리징 스페이스 : 경판의 탄성공간으로 버팀의 하단부와 노통과 약 230mm 정도의 간격

44 보일러 구조에 대한 설명 중 잘못된 것은?

① 노통 접합부는 아담슨 죠인트로 연결하여 열에 의한 신축을 흡수한다.
② 코르니시 보일러는 노통을 편심으로 설치하여 보일러수의 순환이 잘 되도록 한다.
③ 겔로웨이관은 전열면을 증대하고 강도를 보강한다.
④ 강수관의 내부는 열가스가 통과하여 보일러수 순환을 증진한다.

🔍 강수관 : 내부에 물이 내려가는 관으로 연소가스가 직접 닿지 않게 한다.

45 주철제 보일러인 섹셔널 보일러의 일반적인 조합방법이 아닌 것은?

① 전후조합   ② 좌우조합
③ 맞세움 조합   ④ 상하조합

🔍 섹션의 연결방법 : 전후조합, 좌우조합, 맞세움 조합 등

46 보일러 열정산을 하는 목적과 관계없는 것은?

① 열설비의 성능을 파악할 수 있다.
② 열의 손실을 파악하여 조업방법을 개선할 수 있다.
③ 연료의 성분을 알 수 있다.
④ 노의 개축, 축로의 자료로 이용할 수 있다.

🔍 열정산 : 열의 흐름을 측정하여 열설비의 성능을 파악하고 조업방법을 개선하기 위해

47 열정산의 기준에 대한 설명으로 틀린 것은?

① 시험부하는 원칙적으로 정격부하로 한다.
② 기준온도는 시험 시의 외기온도로 한다.
③ 연료의 발열량은 원칙적으로 사용연료의 저위 발열량으로 한다.
④ 열정산은 다른 설비와 무관한 상태로 한다.

🔍 연료의 발열량 : 고위발열량으로 한다.

48 보일러의 열손실에 해당되지 않는 것은?

① 불완전 연소에 의한 손실
② 미연소 연료에 의한 손실
③ 과잉공기에 의한 손실
④ 연료의 현열에 의한 손실

🔍 연료의 현열 : 입열(공급열)

49 증기보일러 용량을 나타내는 일반적인 단위로 가장 옳은 것은?

① Ton/day
② Ton/h
③ kg/min
④ kg/sec

🔍 증기보일러의 용량 : 매시간당 증발량(kg/h, ton/h)

50 온수보일러의 용량을 나타내는 단위로 가장 적합한 것은?

① 단위시간당 발열량(kcal/h)
② 단위시간당 온수공급량(kg/h)
③ 전열면적(m^2)
④ 단위시간당 연료사용량(kg/h)

🔍 온수보일러의 용량 : 매시간당 발생열량(kcal/h)

정답 43 ④ 44 ④ 45 ④ 46 ③ 47 ③ 48 ④ 49 ② 50 ①

51 1보일러 마력이란?

① 0℃의 물 539kg을 1시간에 100℃의 증기로 바꿀 수 있는 능력이다.
② 100℃의 물 539kg을 1시간에 같은 온도의 증기로 바꿀 수 있는 능력이다.
③ 100℃의 물 15.65kg을 1시간에 같은 온도의 증기로 바꿀 수 있는 능력이다.
④ 0℃의 물 15.65kg을 1시간에 100℃의 증기로 바꿀 수 있는 능력이다.

- 1 보일러 마력 : 매시간당 15.65 kg의 상당 증발량을 발생하는 능력(열량 : 8435 kcal/h)
- 상당증발량 : 100℃의 포화수를 100℃의 건포화증기로 변화된 증기

52 보일러 가동 시 일반적으로 열손실이 가장 큰 것은?

① 배기가스에 의한 열손실
② 미연 탄소분에 의한 열손실
③ 복사 및 전도에 의한 열손실
④ 발생증기 보유 열손실

- 출열 중 가장 큰 값 : 유효열(발생증기 보유열)

53 보일러 효율을 구하는 옳은 식은?

① 연소효율/전열효율
② 전열효율/연소효율
③ 증발량/연료소모량
④ 연소효율×전열효율

- 연소효율 = $\dfrac{\text{연료의 연소열량}}{\text{연료의 저위발열량}} \times 100$
- 전열효율 = $\dfrac{\text{증기발생에 이용된 열}}{\text{연료의 연소열량}} \times 100$

54 증기 보일러의 효율이 83%, 연료소비량은 35kg/h, 연료의 저위발열량은 9800kcal/kg이다. 손실열량은 몇 kcal/h 인가?

① 58310 kcal/h ② 24870 kcal/h
③ 48750 kcal/h ④ 284690 kcal/h

- 손실열 = (1−0.83)×35×9800 = 58310 kcal/h
- 유효열 = η×연료사용량×연료발열량 (kcal/h)

55 매시간 160kg의 연료를 연소시켜 1878kg/h 증기를 발생시키는 보일러의 효율은? (단, 연료의 발열량은 10,000kcal/kg, 증기엔탈피는 740 kcal/kg, 급수엔탈피는 20kcal/kg이다.)

① 84.5% ② 74.5%
③ 64.5% ④ 54.5%

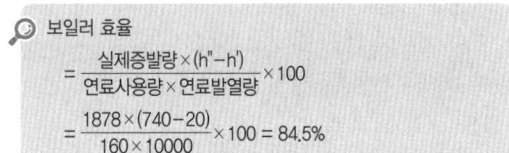

보일러 효율
= $\dfrac{\text{실제증발량} \times (h''-h')}{\text{연료사용량} \times \text{연료발열량}} \times 100$
= $\dfrac{1878 \times (740-20)}{160 \times 10000} \times 100 = 84.5\%$

56 전열면적 25m²인 입형 연관보일러를 4시간 가동한 결과 4,000kg의 증기가 발생하였다. 이 보일러의 증발율은 몇 kg/m²h인가?

① 1,000
② 160
③ 100
④ 40

- 증발율 = $\dfrac{\text{매시 실제증발량(kg/h)}}{\text{전열면적(m}^2\text{)}}$
= $\dfrac{4000}{25 \times 4} = 40 \text{kg/m}^2\text{h}$

57 보일러 효율이 85%, 실제증발량이 5000kg/h 이고, 발생증기의 엔탈피 656kcal/kg, 급수온도 56℃, 연료 저위발열량이 9750kcal/kg 일 때 연료소비량은?

① 298 kg/h ② 362 kg/h
③ 392 kg/h ④ 421 kg/h

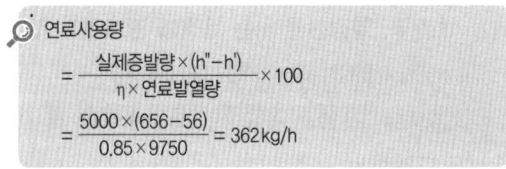

연료사용량
= $\dfrac{\text{실제증발량} \times (h''-h')}{\eta \times \text{연료발열량}} \times 100$
= $\dfrac{5000 \times (656-56)}{0.85 \times 9750} = 362 \text{kg/h}$

정답 51 ③ 52 ① 53 ④ 54 ① 55 ① 56 ④ 57 ②

58 증기 보일러의 효율식을 바르게 나타낸 것은?

① 효율(%) = $\dfrac{상당증발량 \times 538.8}{연료소비량 \times 연료의\ 저위발열량} \times 100$

② 효율(%) = $\dfrac{증기소비량 \times 538.8}{연료소비량 \times 연료의\ 비중} \times 100$

③ 효율(%) = $\dfrac{급수량 \times 538.8}{연료소비량 \times 연료의\ 고위발열량} \times 100$

④ 효율(%) = $\dfrac{급수사용량}{증기발열량} \times 100$

🔍 효율(%) = $\dfrac{실제증발량 \times (증기엔탈피 - 급수엔탈피)}{연료소비량 \times 연료의\ 저위발열량} \times 100$

상당증발량 × 539 = 실제증발량(증기엔탈피 − 급수엔탈피)

---

59 급수 온도 26℃의 물을 공급받아 엔탈피 665 kcal/kg인 증기를 6,000kg/h 발생시키는 보일러의 상당증발량은?

① 7,113 kg/h
② 6,169 kg/h
③ 7,325 kg/h
④ 6,920 kg/h

🔍 상당증발량
= $\dfrac{실제증발량 \times (h'' - h')}{539} \times 100$
= $\dfrac{6000 \times (665 - 26)}{539}$ = 7113 kg/h

---

60 보일러 증발계수를 옳게 설명한 것은?

① 실제증발량을 539로 나눈 값이다.
② 상당증발량을 실제증발량으로 나눈 값이다.
③ 상당증발량을 539로 나눈 값이다.
④ 실제증발량을 상당증발량으로 나눈 값이다.

🔍 증발계수 = $\dfrac{증기엔탈피 - 급수엔탈피}{539}$
= $\dfrac{상당\ 증발량}{실제\ 증발량}$

---

61 보일러 연소실의 열부하를 Q(kcal/m³·h)로 할 때 옳게 나타낸 식은?(단, V : 연소실 체적(m³), Gf : 연료의 연소량(kg/h), H_ℓ : 연료의 저위발열량(kcal/kg))

① Q = $\dfrac{V \cdot H_\ell}{G_f}$

② Q = $\dfrac{H_\ell}{V \cdot G_f}$

③ Q = $\dfrac{V \cdot G_f}{H_\ell}$

④ Q = $\dfrac{H_\ell \cdot G_f}{V}$

🔍 연소실 열부하
= $\dfrac{연료사용량 \times 연료의\ 저위발열량}{연소실의\ 체적}$ (kcal/m³·h)

---

62 상당증발량이 6000kg/h, 연료 소비량이 400kg/h인 보일러의 효율은 약 몇 %인가?(단, 연료의 저위발열량은 9700kcal/kg 이다.)

① 81.3 %
② 83.4 %
③ 85.8 %
④ 79.2 %

🔍 효율 = $\dfrac{상당증발량 \times 539}{연료사용량 \times 연료발열량} \times 100$
= $\dfrac{6000 \times 539}{400 \times 9700} \times 100$ = 83.4%

---

63 발열량 9800kcal/kg인 연료 15kg을 연소시켜 엔탈피 635kcal/kg인 증기 200kg을 발생시켰다면 열손실은 몇 kcal인가?(단, 급수온도는 25℃이다)

① 16000
② 25000
③ 37500
④ 52500

🔍 입열 − 유효열 = 손실열에서
15 × 9800 − 200 × (635 − 25) = 25000 kcal

정답 58 ① 59 ① 60 ② 61 ④ 62 ② 63 ②

64 증기발생을 위해 쓰인 열량과 보일러에 공급된 열량과의 비를 무엇이라 하는가?

① 전열면의 열부하
② 보일러 효율
③ 증발계수
④ 증발배수

🔍 보일러 효율 = $\dfrac{유효열}{입열(공급열)} \times 100(\%)$

65 연료 1kg 의 발열량이 6800kcal/kg이다 이 열이 전부 일로 전환된다고 가정할 때 시간당 30kg의 연료가 소비된다면 발생동력은 몇 마력(ps)인가?

① 157
② 203
③ 323
④ 425

🔍 마력(ps) = $\dfrac{30 \times 6800}{632.3}$ = 322.6ps
1ps = 632.3 kcal/h

66 보일러의 전열효율(%)을 구하는 옳은 식은?

① $\dfrac{증기발생에 이용된 열}{보일러실에 공급된 열} \times 100$
② $\dfrac{증기발생에 이용된 열}{연료의 연소열량} \times 100$
③ $\dfrac{연료의 연소열량}{연료의 저위발열량} \times 100$
④ $\dfrac{연료의 연소열량}{증기발생에 이용된 열} \times 100$

🔍 ① : 열 효율, ③ : 연소효율

67 열정산 시 급수량의 오차는 몇 % 이내로 하는가?

① 1 %
② 5 %
③ 7 %
④ 10 %

68 보일러 열정산에서 출열 항목인 것은?

① 사용연료 발열량
② 연료의 현열
③ 공기의 현열
④ 배기가스의 보유열

🔍 입열
• 연료의 발열량
• 연료의 현열
• 공기의 현열
• 노내분입 증기열

69 엔탈피가 635kcal/kg 인 증기를 시간당 100kg 발생하는 보일러의 보일러 마력은?(단, 보일러 급수온도는 25℃ 이다)

① 7.2
② 10.3
③ 11.4
④ 13.6

🔍 보일러 마력
= $\dfrac{실제증발량 \times (h''-h')}{539 \times 15.65}$
= $\dfrac{100 \times (635-25)}{539 \times 15.65}$ = 7.2

70 어떤 보일러의 실제증발량이 3500kg/h, 증기 엔탈피가 670kcal/kg, 급수엔탈피가 20kcal/h, 연료사용량이 200 kg/h 이었다. 증발배수(kg/kg)는 얼마인가?

① 1.2
② 3.25
③ 17.5
④ 3617

🔍 증발배수 = $\dfrac{3500}{200}$ = 17.5kg/kg

71 어떤 보일러의 매시 연료사용량이 150kg/h 이고, 연소실 체적이 30m³일 때 연소실 열 부하는 몇 kcal/m³·h인가?(단, 연료의 저위 발열량은 9800 kcal/kg이고 공기 및 연료의 현열은 무시한다.)

① 49000 kcal/m³·h
② 50 kcal/m³·h
③ 327 kcal/m³·h
④ 1960 kcal/m³·h

정답 64 ② 65 ③ 66 ② 67 ① 68 ④ 69 ① 70 ③ 71 ①

🔍 연소실 열부하

$$= \frac{연료사용량 \times 연료발열량}{연소실 용적}$$

$$= \frac{150 \times 9800}{30} = 49000 \, kcal/m^3 \cdot h$$

72 다음 중 파형 노통의 종류가 아닌 것은?

① 모리슨형
② 아담슨형
③ 파브스형
④ 브라운형

🔍 • 아담슨 조인트 : 노통의 신축을 조절하기 위한 이음
• 파형노통의 종류 : 모리슨형, 파브스형, 브라운형, 데이튼형, 폭스형, 리즈포지형

73 어떤 고체연료의 저위발열량이 6940 kcal/kg 이고 연소효율이 92% 이라 할 때 이 연료의 단위량의 실제 발열량을 계산하면 약 얼마인가?

① 6385kcal/kg
② 6943kcal/kg
③ 7543kcal/kg
④ 8900kcal/kg

🔍 연소효율 $= \frac{실제연소열}{저위발열량} \times 100$ 에서

∴ 실제 연소열 $= 0.92 \times 6940 = 6385 \, kcal$

74 보일러의 마력을 옳게 나타낸 것은?

① 보일러 마력 = 15.65 × 매시 상당증발량
② 보일러 마력 = 15.65 × 매시 실제증발량
③ 보일러 마력 = 15.65 ÷ 매시 실제증발량
④ 보일러 마력 = 매시 상당증발량 ÷ 15.65

🔍 보일러 마력 $= \frac{상당증발량}{15.65}$

75 육상용 보일러의 열정산 방식에서 환산 증발배수에 대한 설명으로 맞는 것은?

① 증기의 보유열량을 실제연소열로 나눈 값이다.
② 발생 증기엔탈피와 급수엔탈피의 차를 539로 나눈 값이다.
③ 매시 환산 증발량을 매시 연료 소비량으로 나눈 값이다.
④ 매시 환산 증발량을 전열면적으로 나눈 값이다.

🔍 산 증발배수 $= \frac{매시 \, 상당증발량}{매시 \, 연료사용량}$ (kg/kg)

76 보일러 실제 증발량이 7000kg/h이고, 최대 연속 증발량이 8t/h일 때, 이 보일러 부하율은 몇 %인가?

① 80.5%
② 85%
③ 87.5%
④ 90%

🔍 보일러 부하율

$$= \frac{실제증발량}{최대 \, 연속 \, 증발량} \times 100$$

$$= \frac{7000}{8000} \times 100 = 87.5\%$$

77 다음 중 보일러 스테이(stay)의 종류에 해당되지 않는 것은?

① 거시(gusset)스테이
② 바(bar)스테이
③ 튜브(tube)스테이
④ 너트(nut)스테이

🔍 • 스테이(버팀) : 압력에 약한 평경판을 보강 하여 변형을 방지하기 위한 장치.
• 종류 : 거싯(가젯트)버팀, 바(bar)버팀, 튜 브(관)버팀, 행거버팀, 나사버팀, 도그버팀

78 보일러 열정산 시 증기의 건도는 몇 % 이상에서 시험함을 원칙으로 하는가?

① 96%
② 97%
③ 98%
④ 99%

🔍 주철제 보일러의 경우 : 97% 이상

정답 72 ② 73 ① 74 ④ 75 ③ 76 ③ 77 ④ 78 ③

79 연소실의 열부하를 옳게 나타낸 것은?

① $\dfrac{\text{연소실 용적}[m^3]}{\text{연료소비량}[kg/h]} \times (\text{저위발열량} + \text{공기현열} - \text{연료 현열})[kcal/kg]$

② $\dfrac{\text{연소실 용적}[m^3]}{\text{연료소비량}[kg/h]} \times (\text{저위발열량} + \text{공기현열} + \text{연료 현열})[kcal/kg]$

③ $\dfrac{\text{연료소모량}[kg/h]}{\text{연소실 용적}[m^3]} \times (\text{저위발열량} + \text{공기현열} - \text{연료 현열})[kcal/kg]$

④ $\dfrac{\text{연료소모량}[kg/h]}{\text{연소실 용적}[m^3]} \times (\text{저위발열량} + \text{공기현열} + \text{연료 현열})[kcal/kg]$

> 연소실 열부하 = $\dfrac{\text{입열 합계}(kcal/h)}{\text{연소실 용적}(m^3)}$ $(kcal/m^3h)$

80 보일러의 형식을 원통형, 수관식, 특수식 보일러로 구분할 때 원통형 보일러로만 구성되어 있는 것은?

① 코르니시 보일러, 베록스 보일러, 슈미트 보일러
② 코르니시 보일러, 코크란 보일러, 케와니 보일러
③ 스코치 보일러, 벤슨 보일러, 슐쳐 보일러
④ 베록스 보일러, 라몽트 보일러, 슈미트 보일러

> 원통형 보일러
> • 입형 보일러 : 코크란 보일러
> • 노통 보일러 : 코르니시 보일러
> • 연관 보일러 : 케와니 보일러
> • 노통 연관 보일러 : 스코치 보일러

81 보일러 부하가 클 경우 보일러에 미치는 영향으로 관계가 없는 것은?

① 캐리오버가 발생되기 쉽다
② 전열면이 과열된다.
③ 보일러 효율이 낮아진다.
④ 연료 1kg 당 증발량이 커진다.

> 보일러 부하가 커지면
> • 보일러 효율이 저하된다.
> • 연료 1kg당 증발량이 적어진다.
> • 캐리오버가 발생한다.
> • 전열면의 증발량이 증가한다.
> • 매연이 발생한다.
> • 전열면이 과열된다.

정답 79 ④ 80 ② 81 ④

SECTION 03 보일러 부속장치

Craftsman Energy Management

STEP 01 안전장치 및 부속품

① 보일러 운전 중 이상 저수위, 압력초과, 프리퍼지 부족으로 미연가스에 의한 노 내 폭발 등 안전사고를 미연에 방지하기 위해 사용되는 장치

② 종류
   ㉮ 압력초과 방지를 위한 안전장치 : 안전밸브, 증기압력 제한기
   ㉯ 저수위 사고를 방지하기 위한 안전장치 : 저수위 경보기, 가용전
   ㉰ 노내 폭발을 방지하기 위한 안전장치 : 화염 검출기, 방폭문

1. 안전밸브

1) 설치목적
보일러 가동 중 사용압력이 제한압력을 초과할 경우 증기를 분출시켜 압력초과를 방지하기 위해 설치한다.

2) 설치방법
보일러 증기부에 검사가 용이한 곳에 수직으로 직접 부착한다.

3) 설치개수
① 2개 이상을 부착한다.(단, 보일러 전열면적 50m² 이하의 경우 1개를 부착)
② 증기 분출압력의 조정 : 안전밸브를 2개 설치한 경우 1개는 최고사용압력 이하에서, 분출하도록 조정하고, 나머지 1개 는 최고사용압력의 1.03배 초과이내에서 증기를 분출하도록 조정한다.

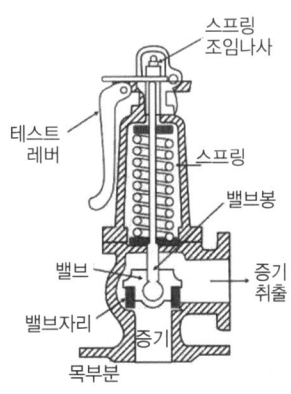

[스프링식 안전밸브]

4) **관경** : 안전밸브의 관경은 25mm 이상으로 한다. 단, 다음의 경우엔 관경을 20mm 이상으로 할 수 있다
   ① 최고사용압력 0.1 MPa 이하의 보일러
   ② 최고사용압력 0.5 MPa 이하로서 동체의 안지름 500mm 이하, 동체의 길이 1000mm하의 것
   ③ 최고사용압력 0.5 MPa 이하로서 전열면적 2m² 이하의 것
   ④ 최대 증발량 5T/h 이하의 관류 보일러
   ⑤ 소용량 보일러

5) **종류** : 스프링식, 지렛대식, 추식, 복합식

6) **스프링식 안전밸브의 종류 및 분출용량**
   ① 저양정식 : 증기분출량(E) = $\dfrac{(1.03P+1) \cdot S \cdot C}{22}$ (kg/h)
   ② 고양정식 : 증기분출량(E) = $\dfrac{(1.03P+1) \cdot S \cdot C}{10}$ (kg/h)
   ③ 전양정식 : 증기분출량(E) = $\dfrac{(1.03P+1) \cdot S \cdot C}{5}$ (kg/h)
   ④ 전량식 : 증기분출량(E) = $\dfrac{(1.03P+1) \cdot A \cdot C}{2.5}$ (kg/h)

   여기서 P : 분출압력(kg/cm²)
   　　　 C : 계수(압력 120 kg/cm² 이하일 때는 1로 한다.)
   　　　 A : 목부단면적(mm²), S : 밸브의 단면적(mm²)

7) **추식 안전밸브**
   ① 추의 중량으로 보일러 분출압력을 조정한다.
   ② 추의 중량(W;kg) = 분출압력(kg/cm²) × 밸브의 단면적(cm²)

8) **안전밸브의 분출시험**
   ① 안전밸브는 밸브와 밸브 시이트의 고착을 방지하기 위해 수동레버에 의한 분출 시험을 1년 2회 정도 실시한다.
   ② 분출 시험압력 : 분출압력의 75% 이상일 때 실시한다.

9) **안전밸브의 증기누설 원인**
   ① 밸브 시이트의 가공 불량
   ② 밸브 시이트에 이물질이 부착된 경우
   ③ 스프링의 장력이 약해졌을 경우

10) **방출밸브**
    ① 온수 보일러의 안전장치이다. 온수온도가 상승하면 온수의 팽창에 따른 팽창압력을 방출하여 보일러 파열사고를 방지하기 위한 장치로서, 방출밸브와 방출관이 있다.
    ② 온수온도 120(393 K)
       ㉮ 초과 : 안전밸브 부착

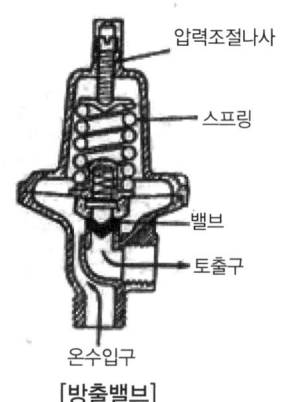

[방출밸브]

㉯ 이하 : 방출밸브 부착
③ 방출밸브 및 안전밸브의 관경 : 20mm 이상으로 한다.
④ 온수보일러의 방출관은 보일러 전열면적에 따라 관경이 결정된다.

전열면적(m²)	방출관의 안지름(mm)
10 미만	25 이상
10~15	30 이상
15~20	40 이상
20 이상	50 이상

2. 증기압력제한기

① 보일러 가동 중 연료공급을 차단하여 보일러 사용압력이 제한압력을 초과하는 것을 방지하기 위한 장치
② 작동 압력설정 : 안전밸브 분출압력보다 약간 낮게 조정한다.

[증기압력 제한기]

[수면계, 수주, 저수위경보기]

3. 저수위경보기

① 보일러 운전 중 이상 저수위가 되었을 때 경보 및 연료공급을 차단하여 보일러 사고를 방지하기 위한 장치
② 설치기준 : 최고사용압력 0.1MPa을 초과하는 증기 보일러에는 다음의 저수위 안전장치를 설치하여야 한다.
   ㉮ 보일러를 안전하게 사용할 수 있는 최저수위(이하 : 안전저수위라 한다.)까지 내려가지 직전에 자동적으로 경보가 울리는 장치
   ㉯ 보일러 수위가 안전저수위까지 내려가는 즉시 연소실내에 연료를 자동적으로 차단하는 장치
③ 경보가 발한 후 50~100초가 경과 되면 자동으로 연료가 차단되는 구조이어야 한다.

④ 종류 : 플로트식(맥도널식), 전극봉식, 열팽창식, 차압식

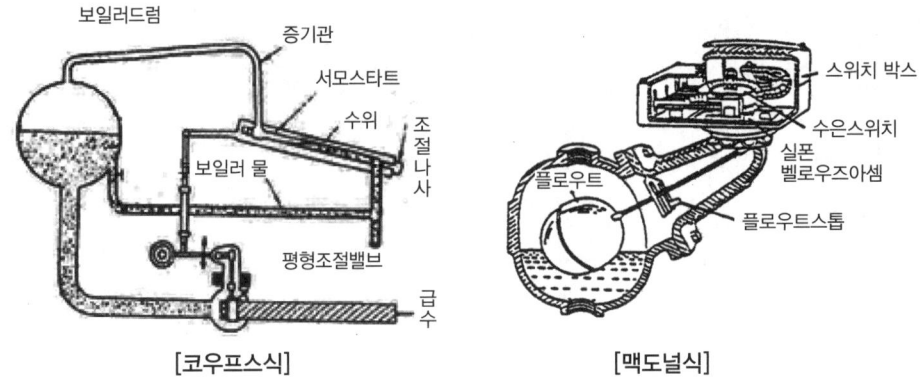

[코우프스식]   [맥도널식]

4. 가용전 (용융마개)

① 노통 상부에 설치하여, 보일러 운전 중 이상 저수위가 되었을 때 플러그가 녹아 전열면이 과열되는 것을 방지하기 위한 장치
② 성분 및 용융온도 : 납 + 주석 (용융온도 : 200℃)

5. 화염검출기

보일러 운전 중 불착화나 실화가 되었을 경우 연료공급을 차단하여 노내에 연료 유입으로 인한 미연가스 폭발사고를 방지하기 위한 안전장치

1) 종류

① 플레임아이
  ㉮ 화염의 발광체를 이용하며, 화염에서 방사되는 빛을 광전관이 흡수하여 화염의 유무를 검출한다.(광학적 성질)
  ㉯ 설치위치 : 버너 주위(윈드박스 상단에 설치)
  ㉰ 플레임아이 주위온도는 60 이상이 되어서는 안된다.

[플레임 아이]

② 플레임로드
  ㉮ 화염의 이온화를 이용하며, 화염 중에 흐르는 전극(이온)을 측정하여 화염의 유무를 검출한다.(전기적 성질)
  ㉯ 설치위치 : 버너에 직접 부착한다.(가스점화에 주로 사용한다)
  ㉰ 전극봉이 화염에 직접 접촉되므로 손상되기 쉽다.(3개월 주기로 점검)
③ 스택스위치
  ㉮ 연도에 감열장치인 바이메탈을 설치하여 배기가스의 온도를 측정하여 화염의 유무를 검출한다.(발열체 : 열적 성질)
  ㉯ 설치위치 : 연도
  ㉰ 동작이 느려 고압, 대용량보일러에 부적당하다.

6. 방폭문

보일러 운전 중 연소실의 미연가스로 인한 노내폭발이 발생하였을 때 폭발압력을 연소실 밖의 안전한 곳으로 배출하기 위한 안전장치
① 설치위치 : 연소실의 후부
② 종류 : 스윙식, 스프링식
③ 노내 폭발의 방지조치 : 프리퍼지 또는 포스트 퍼지를 충분히 한다.
  ㉮ 프리퍼지 : 점화전 통풍
  ㉯ 포스트퍼지 : 소화 후 통풍

[방폭문]

STEP 02 계측장치

보일러에서 발생하는 증기의 압력, 온도와 급수량, 연료공급량 그리고 액면의 높이, 배기가스의 성분 분석 등을 측정하는 압력계, 온도계, 유량계, 수면계, 가스분석계 등의 부속장치

1. 압력계

1) 보일러에서 발생하는 증기압력을 측정하는 장치로 탄성식 압력계를 설치한다. 보일러에는 탄성식 압력계 중 브로돈관식 압력계를 부착한다.
2) **탄성식 압력계** : 브로돈관식, 벨로우즈식, 다이어프램식
3) **설치** : 2개 이상을 사이폰관을 통해 부착한다.
4) **지시범위** : 보일러 최고사용압력의 3배 이하로 하되, 1.5배 이하가 되어서 안된다
5) **크기** : 바깥지름 100mm 이상으로 한다.(단, 다음의 경우엔 60mm 이상으로 할 수 있다.)
  ① 최고사용압력 0.5MPa 이하로서 동체 안지름 500mm 이하, 동체의 길이 1000mm 이하의 것
  ② 최고사용압력 0.5MPa 이하로서 전열면적 $2m^2$ 이하의 것
  ③ 최대증발량 5 이하의 관류 보일러
  ④ 소용량 보일러

6) 압력계의 점검시기
　① 보일러를 가동하기 전
　② 프라이밍, 포밍 발생시
　③ 2개의 압력계 지시가 서로 다를 때
　④ 압력계 지시값이 의심스러울 때

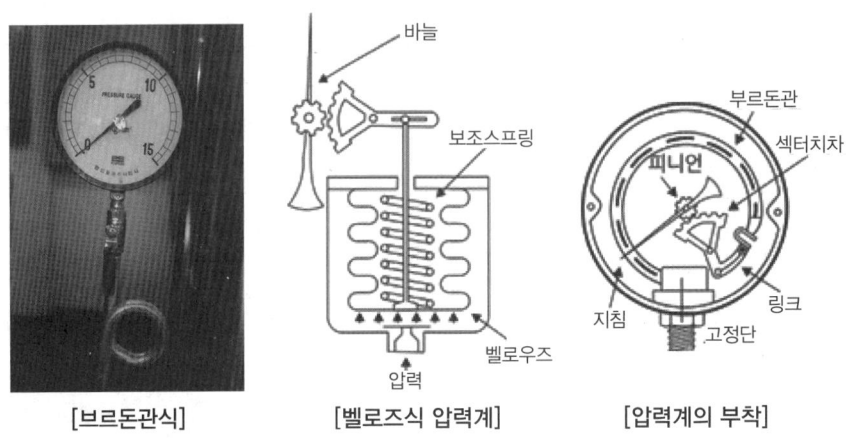

[브르돈관식]　　　[벨로즈식 압력계]　　　[압력계의 부착]

6) 압력계 점검방법
　① 계속 사용 중인 보일러일 때 : 삼방코크를 이용, 압력계 지시가 "0"이 되는가를 확인하는 검사
　② 정지중인 보일러일 때 : 표준 압력계(분동식)와 비교검사

7) 사이폰관
　관내에 응결수가 채워 있는 구조의 관으로 고온의 증기가 브로돈관 내에 직접 침입하지 못하게 함으로써 압력계를 보호하기 위해 설치하며, 관경은 6.5mm 이상이어야 한다.
　① 종류 : 증기온도 210℃
　　㉮ 210℃ 이상 : 지름 12.7mm 이상의 강관을 사용
　　㉯ 210℃ 이하 : 지름 6.5mm 이상의 동관 또는 황동관을 사용

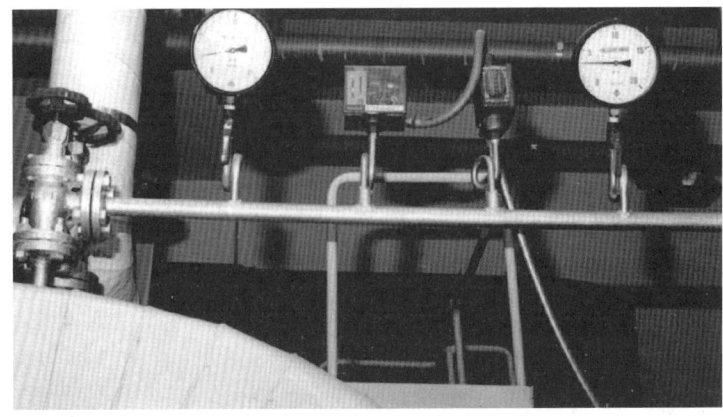

[압력계, 증기압력 제한기, 증기압력 조절기]

② 브로돈관 압력계는 사이폰관을 통하여 부착을 하고, 연락관에 설치된 코크는 핸들이 관의 방향과 동일할 때 열려있는 구조이어야 한다.

[증기압력 제한기]

[증기압력 조절기]

2. 수면계

보일러 드럼내부의 수위를 외부로 연장하여 측정하기 위한 부속장치.

1) 설치방법

① 보일러 안전저수면과 수면계 유리판 하단부를 일치되게 하여 수주에 통해 부착한다.

보일러종별	안전 저수면
입형횡관 보일러	화실 천장판 최고부위 75mm
직립형연관 보일러	화실 관판 최고부위 연관길이 1/3
횡 연관 식	최상단 연관 최고부위 75mm
노통 보일러	노통 최고부 위(플랜지부 제외) 100mm
노통 연관식	• 연관이 높은 경우 최상단 부위 75mm • 노통이 높을 경우 노통 최상단부 100mm 이상

보일러 안전저수면

② 상용수위 : 수면계의 중심선(1/2)를 뜻한다.

2) 설치개수

① 증기 보일러에는 2개 (소형관류보일러, 소용량 보일러는 1개)이상의 유리수면계를 부착한다.(단, 최고사용압력 1MPa 이하로, 동체 안지름 750mm 미만의 경우 수면계 1개와 수면 측정장치를 설치한다. 또한 2개 이상의 원격지시 수면계를 설치한 경우 수면계를 1개로 할 수 있다.)

② 단관식 관류보일러 : 수면계를 부착하지 않는다.

3) 종류

① 유리관식 : 압력 10kg/cm² 이하에 사용
② 평형반사식 : 압력 25kg/cm² 이하에 사용

③ 평형투시식 : 압력 25~75kg/cm² 에 사용
④ 멀티포트식 : 압력 210 kg/cm² 이하에 사용

4) 수면계의 점검시기
① 보일러를 가동하기 직전
② 두개의 수면계 수위가 서로 다를 경우
③ 프라이밍 또는 포밍이 할 때
④ 수면계의 수위가 의심스러울 때
⑤ 수면계 교체 할 때

5) 수면계의 점검방법
① 물콕과 증기콕 을 닫는다.
② 드레인콕을 열어 수면계 내부의 물을 배출한다.
③ 물콕을 열고 확인 후 닫는다.
④ 증기콕을 열고 확인 후 드레인콕을 닫는다.
⑤ 물콕을 서서히 연다.
　㉮ 수면계 파손 시 : 물콕을 먼저 닫는다.
　㉯ 증기 및 물 연락관, 드레인 관의 관경 : 20mm 이상

6) 수주
수면계는 보일러에 직접 연결하지 않고 수면계를 보호하기 위해 수주에 부착한다.
① 기능
　㉮ 수면계 연락관의 막힘을 방지하고,
　㉯ 수면계의 기능이 저하 되지 않도록 하며,
　㉰ 수면계의 보수, 점검, 교체 등을 쉽게 하기 위해 설치한다.
② 재질 : 보일러 최고사용압력 1.6 MPa
　㉮ 1.6 MPa 이하 : 주철제
　㉯ 1.6 MPa 이상 : 주강제
③ 연락관의 관경 : 20mm 이상
④ 연락관의 연결방법
　㉮ 물측 연락관은 보일러 안전저수면 보다 낮게 연결한다.
　㉯ 증기측 연락관은 수면계의 최고수면 보다 높게 연결한다.

[수면계 및 수주]

STEP 03 급수장치

보일러에 필요한 물을 공급하는 장치로 운전 중 부하변화에 따른 수위 및 증기압력을 일정하게 유지하기 위해 연속적으로 급수를 하는 장치로 다음과 같이 구성되어 있다.

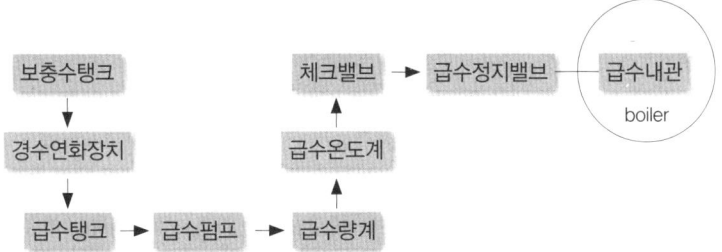

① 보충수 탱크 – ② 경수연화 장치 – ③ 급수탱크 (응축수탱크) – ④ 급수펌프 – ⑤ 급수량계 – ⑥ 인젝터 – ⑦ 급수온도계 – ⑧ 청관제 주입장치 – ⑨ 급수 정지밸브 – ⑩ 급수내관

1. 보충수 탱크

① 보일러에 공급하는 급수 중 부족한 물을 보충하기 위한 물을 저장하는 탱크로 지하수나 하천수, 공업용수 등을 보충수로 사용하고 있다.

② 수중의 불순물 및 장애

㉮ 현탁질 고형물 : 관수의 농축으로 프라이밍, 포밍 발생원인.

㉯ 경도 성분(Ca, Mg 등) : 스케일 생성으로 전열면의 과열 및 열효율저하

㉰ 용존 가스체(O_2, CO_2 등) : 점식(부식)

㉱ 유지분 : 프라이밍, 포밍 발생

2. 경수 연화장치

보충수에 청관제를 투입하여 경수를 연수로 하기 위한 1차 급수처리 방법

1) 수중의 불순물 및 1차 처리방법(관외처리)

① 현탁질 고형물 처리 : 여과법, 침전법, 응집법

② 경도성분 처리 : 석회소다법, 이온교환법, 증류법

③ 용존가스체(O_2, CO_2 등) 처리 : 탈기법, 기폭법

④ 유지분 처리 : 소다 끓이기

㉮ 이온교환법 : 급수 내에 포함되어있는 경도성분인 칼슘이온(Ca^{2+}) 또는 마그네슘 이온(Mg^{2+})성분을 연화하여 슬러지 및 스케일 생성을 방지하는 기능

㉯ 처리공정 : 역세 → 통약(소금물) → 압출 → 세정 → 채수

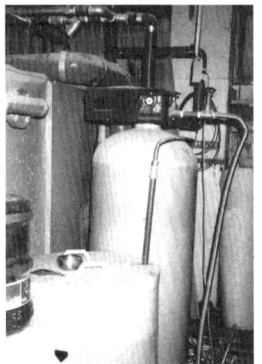

[경수 연화장치]

2) 2차 처리(관내처리)
보일러 내에 청관제를 투입하여 관수 중 경도성분(등)을 제거하여 내부부식, 스케일 생성, 캐리오버 등을 방지하기 위한 처리방법

① 청관제의 종류 : 탄산소다, 가성소다, 인산소다, 암모니아, 히드라진 등

② 청관제 : 수중의 용해고형물(경도성분)을 분리 침전시켜 보일러수 분출시 제거할수 있도록 하고, 스케일의 생성을 억제시키는 약품으로, 경수를 연수화 시키는데 효과가 있다.

㉮ pH 조정제 : 가성소다, 탄산소다 인산소다, 암모니아 등

㈏ 관수연화제 : 관수 중 경도성분을 슬러지화 하여 경질 스케일의 부착을 방지하기 위해 사용되며 약제로 가성소다, 탄산소다, 인산소다 등이 있다.
㈐ 슬러지 조정제 : 슬러지가 전열면에 부착되어 스케일이 생성되는 것을 방지하고, 분출에 의해 슬러지를 배출하기 위해 사용하는 것으로 탄닌, 리그린, 전분 등이 있다.
㈑ 탈산소제 : 아황산소다, 히드라진, 탄닌 등이 사용되며, 아황산소다는 취급이 용이하고 가격이 저렴하고, 히드라진은 $N_2H_4 + O_2 \rightarrow N_2 + 2H_2O$로 반응되어 고형물의 농도를 증가시키지 않아 고압보일러에 적합하다.
㈒ 가성취화 억제제 : 가성취화 현상을 방지하기 위한 약품으로 질산나트륨, 인산나트륨, 탄닌, 리그린 등이 사용된다.

3) 수질의 단위
① p.p.m(중량의 100만분의 1 단위) : 물 1ℓ 중에 불순물이 1mg 함유되었을 때
② p.p.b(중량의 10억분의 1 단위) : 물 1m³중에 불순물이 1mg 함유되었을 때

4) pH(수소이온농도지수)
물의 성질이 산성, 중성, 알칼리성 등을 수치로 나타내는 척도(pH 0~14)
① pH 7 : 중성
② pH 7 이하 : 산성
③ pH 7 이상 : 알칼리성
㈎ 보일러 – 급수 : pH 8~9(약 알칼리), 관수 : pH 10.5~11.8
㈏ 가성취하 : 수산화나트륨의 과다로 알칼리도가 높아져(pH 12 이상) 물과 접촉부인 보일러 동판에 미세한 균열(헤어크랙)이 발생하는 현상

5) 경도 : 수중의 량을 수치로 나타내는 척도
① $CaCO_3$ 경도 : 물 1ℓ 중에 $CaCO_3$ 1mg 함유 시 탄산칼슘 경도 1p.p.m 이라 한다.(100만 분의 1 단위)
② CaO 경도 : 물 100 중에 CaO 1 mg 함유 시 산화칼슘 경도 1도라 한다.(10만 분의 1 단위)
㈎ CaO 경도 10도 이상 : 경수(경도가 높아 보일러수로 사용이 곤란하다.)
㈏ CaO 경도 10도 이하 : 연수(경도가 낮아 보일러수로 사용이 가능하다.)

6) 스케일 및 슬러지
① 스케일 생성원인
스케일은 급수 중에 함유되어 있는 용해고형물(경도성분 :) 성분이 보일러수의 온도상승에 따른 용해도가 감소되어 석출되는 것과, 보일러수의 농축, 관수의물리적, 화학적 작용을 받아서 보일러 내면에 결정을 석출하여 존재하게 된다.
② 칼슘염 스케일
㈎ 황산염 스케일 (주성분 : 황산칼슘)
㈏ 규산염 스케일 (주성분 : 규산칼슘)
㈐ 탄산염 스케일 (주성분 : 탄산칼슘)

③ 구분
   ㉮ 슬러지(관니) : 보일러수 중의 용해고형물(경도성분)이 부착되지 않고 드럼, 헤더 등의 밑바닥에 침전되어 있는 연질의 침전물
   ㉯ 스케일(관석) : 보일러수 중의 용해고용물(경도성분)으로부터 생성되어 관벽, 드럼, 기타 전열면에 부착해서 굳어진 것
   ㉰ 스케일의 장애
      ㉠ 열전달이 나빠진다.
      ㉡ 전열면이 과열된다.
      ㉢ 연료사용량 및 열손실이 증가하여 열효율이 저하된다.
      ㉣ 수관 내에 부착되어 물 순환이 나빠진다.

3. 급수탱크(응축수 탱크)

① 보일러에 공급하기 위한 급수를 저장하는 탱크
② 급수 : 응축수 + 보충수
   ㉮ 보충수 : 지하수, 하천수, 공업용수, 상수도수 등으로 각종 불순물이 포함되어 있는 물
   ㉯ 응축수 : 사용증기가 응축되어 회수된 물로 불순물이 없어 급수로 사용할 경우 다음의 이점이 있다.
      ㉠ 증발이 빠르고 연료소비량이 감소된다.
      ㉡ 열효율이 향상된다.
      ㉢ 급수처리가 필요 없다.
      ㉣ 보일러용수가 절감된다.

4. 급수펌프

보일러에는 항상 단독으로 상용압력에서 보일러의 증발량을 발생하는데 필요한 급수를 할 수 있는 2세트 이상의 급수펌프(인젝터를 포함)를 갖추어야 한다. 다만, 다음의 경우엔 1세트 이상만 설치할 수 있다.

- 전열면적 12m² 이하의 증기 보일러
- 전열면적 14m² 이하의 가스용 온수보일러
- 전열면적 100m² 이하의 관류보일러

1) 펌프의 구비조건

① 작동이 확실하고 보수가 양호할 것
② 저부하에도 효율이 좋고 부하변동에 대응할 수 있을 것
③ 회전식은 고속회전에 안전하고 고온 고압에 견딜 것
④ 병렬운전에 지장이 없을 것

2) 펌프의 종류

① 원심펌프 : 터빈 펌프, 볼류트 펌프
② 왕복식 펌프 : 워싱턴, 웨어, 플런저
③ 인젝터 : 증기압을 이용한 비동력 급수장치
④ 환원기 : 응축수 저장탱크를 보일러 보다 1m 이상 높게 설치하여 증기의 압력과 중력에 의한 수두압을 이용하여 보일러에 급수하는 장치로 소용량 보일러에 사용된다.

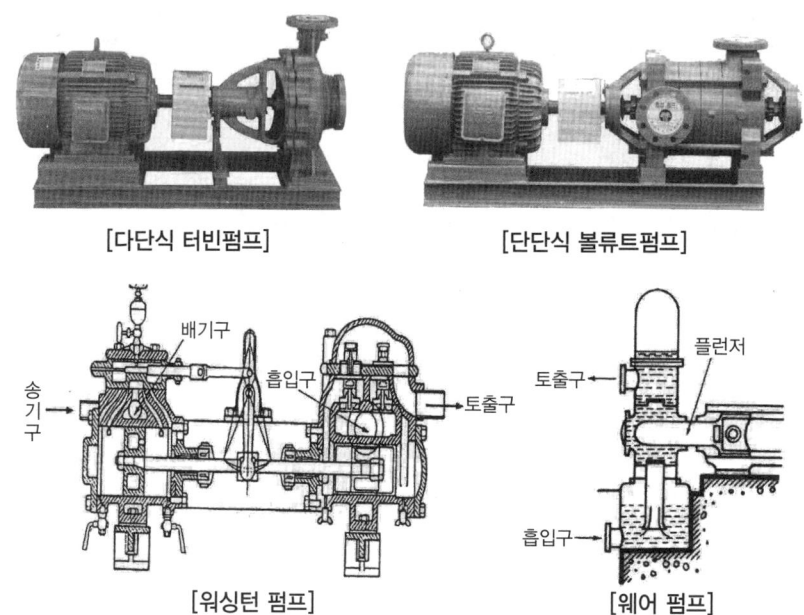

[다단식 터빈펌프]   [단단식 볼류트펌프]

[워싱턴 펌프]   [웨어 펌프]

3) 펌프의 특징

① 볼류트 펌프
  ㉮ 20m 이하의 저양정, 단단식 펌프로 임펠러 외측에 가이드 베인(안내 깃)이 없고, 시동 시 펌프 내에 프라이밍이 필요하다.
  ㉯ 임펠러를 회전, 원심력에 의해 양수한다.
② 터빈 펌프
  ㉮ 20m 이상의 고양정, 다단식 펌프로 센트리퓨걸 펌프의 임펠러 외축에 안내날개가 부착되어 있고, 가동 전에 프라이밍이 필요하다.
  ㉯ 다단식으로 6단까지 가능하며 1단의 수압은 0.2MPa 정도이다.
③ 워싱턴펌프
  증기기관이 펌프에 직접 연결되어 있어 고압 보일러에 사용하는 장치로서 증기실린더와 물실린더 내의 피스톤의 왕복운동에 의해 급수하는 증기압을 이용한 비동력 급수펌프이다.

$$토출압력 = 증기압력 \times \frac{증기실린더단면적(cm^2)}{물실린더단면적(cm^2)} \, (kg)$$

④ 플런져 펌프

동력을 이용하여 플런져의 왕복운동에 의해 양수하는 고압펌프로 사용된다. 플런져 주위로 누설이 적은 특징이 있다.

4) 펌프의 전 양정

펌프가 압력손실 없이 시동되었을 때의 양수되는 물의 높이(H : m)

① 전양정(H) = $H_1 + H_2 + H_3$(m)

여기서, H_1 : 흡입양정(m), H_2 : 토출양정(m), H_3 : 관내 마찰손실수두(m)

㉮ 흡입양정(H_1) : 흡입수면에서 펌프 중심까지의 높이(mH_2O)

㉯ 토출양정(H_2) : 펌프 중심에서 토출 수면까지의 높이(mH_2O)

㉰ 관내 마찰손실수두(H_3) : 관내의 유체에서 발생하는 마찰에 의한 압력손실 값(mH_2O)

$$H_3 = \lambda \times \frac{\ell}{D} \times \frac{V^2}{2g} \ (mH_2O)$$

여기서, λ : 마찰계수, D : 관경(m), ℓ : 관의 길이(m)
g : 중력가속도(9.8/sec^2), V : 유체의 유속(m/sec)

② 급수펌프의 소요동력

$$P.S = \frac{\gamma \times Q \times H}{75 \times \eta} \ (마력)$$

$$kW = \frac{\gamma \times Q \times H}{102 \times \eta} \ (출력)$$

여기서, γ : 유체의 비중량(kg/m^3), Q : 양수량(m^3/sec)
H : 전양정(m), η : 펌프의 효율(%)

③ 캐비테이션(공동현상) : 관내 마찰저항이 크거나, 공기 누입 시 또는 압력저하로 인한 증발로 유체내에 기포가 발생하면 임펠러가 침식이 된다. 또한 양수능력이 낮아지고, 소음, 진동을 발생하는 현상

㉮ 캐비테이션의 발생원인

㉠ 흡입양정이 높은 경우

㉡ 관로내의 온도가 상승되었을 때

㉢ 유속이 빠른 경우

㉣ 흡입관의 마찰저항이 클 때

㉯ 캐비테이션의 방지방법

㉠ 펌프의 설치위치를 낮추거나, 흡입양정을 짧게 한다.

㉡ 흡입관의 관경을 굵게, 굽힘은 적게한다.

㉢ 펌프의 회전수를 낮추어 유속을 느리게 한다.

5. 인젝터

증기압력을 이용한 비동력 급수장치로서, 인젝터 내부의 노즐을 통과하는 증기의 속도 에너지를 압력에너지로 전환하여 보일러에 급수를 하는 예비용 급수장치이다.

1) **구조** : 증기노즐, 혼합노즐, 토출노즐

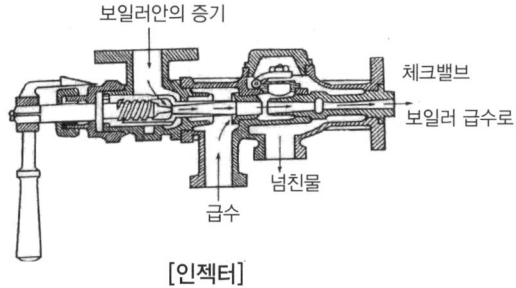

[인젝터]

2) **인젝터의 작동순서**
   ① 작동순서 : ㉠ 토출 밸브 - ㉡ 급수밸브 - ㉢ 증기밸브 - ㉣ 인젝터 핸들
   ② 정지순서 : ㉠ 인젝터 핸들 - ㉡ 증기밸브 - ㉢ 급수밸브 - ㉣ 토출 밸브

3) **장점**
   ① 설치에 장소를 필요로 하지 않는다.
   ② 증기와 혼합되어 급수가 예열된다.
   ③ 구조가 간단하고 취급이 용이하다.
   ④ 소형이며 비동력 장치이다.

4) **단점**
   ① 양수효율이 낮다.
   ② 급수량 조절이 어렵고, 흡입양정이 낮다.

5) **급수 불량 원인**
   ① 증기압력이 낮은 경우(0.2 MPa 이하)
   ② 급수온도가 높은 경우(50℃ 이상)
   ③ 흡입변에 공기가 누입 되었을 경우
   ④ 인젝터 자체가 과열되었을 경우

6. 급수량계

① 형식 : 용적식 유량계(오벌 기어식 유량계)
② 단위 : ℓ, m³
③ 설치상 주의
   ㉮ 바이패스 배관을 하여 설치한다.
   ㉯ 입구에 여과기를 설치한다.

[급수량계]

7. 급수정지밸브 및 체크밸브

보일러 급수관에는 보일러에 인접하여 급수밸브를, 다음에 체크밸브를 설치한다. 다만, 최고사용압력 0.1 MPa 미만의 보일러에는 체크밸브를 생략 할 수 있다.

1) 급수(정지)밸브

   보일러의 급수량을 조절하는 밸브로 앵글밸브, 글로브 밸브 등이 사용된다.
   ① 형식
      ㉮ 앵글밸브 : 유체의 흐름을 90° 전환시키기 위해 사용한다.
      ㉯ 글로브 밸브 : 유량조절용으로 사용한다.
   ② 급수밸브의 크기
      ㉮ 보일러 전열면적 10m² 초과 : 호칭지름 20 이상
      ㉯ 보일러 전열면적 10m² 이하 : 호칭지름 15 이상

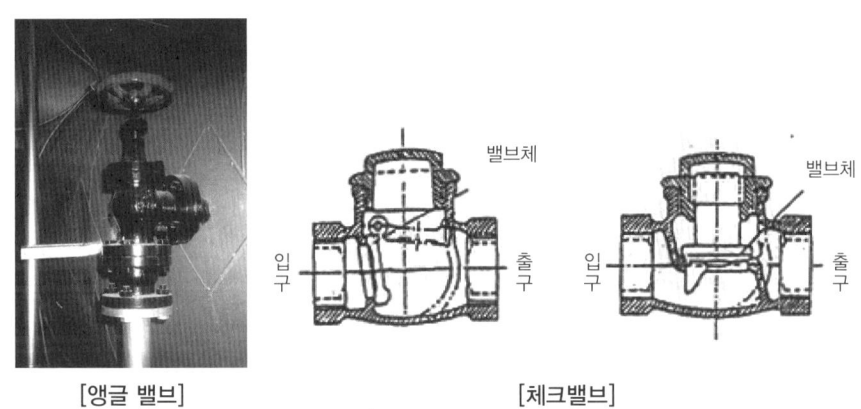

[앵글 밸브]　　　　[체크밸브]

2) 체크밸브

   보일러수의 역류를 방지하기 위하여 사용되는 밸브로서 일명 역지밸브라고도 한다. 종류로 스윙식과 리프트식이 있다.
   ① 스윙식 : 수평, 수직배관에 사용
   ② 리프트식 : 수평배관에 사용

8. 급수내관

보일러 드럼 내부에 설치한 급수를 하기 위한 부속장치로 긴 단관 하부에 여러 개의 소구경을 뚫어 급수를 살포시켜 보일러수와의 혼합을 좋게 하기 위해 설치한다.

1) 설치목적

   ① 동판의 열응력을 적게 하여 부동팽창을 방지한다.
   ② 급수가 예열되는 효과가 있다.

2) 설치위치

보일러 안전저수면 보다 50mm 정도 낮게 설치한다.
① 너무 높으면 : 캐리오버 또는 수격작용의 원인이 된다.
② 너무 낮으면 : 동저부의 냉각 및 보일러수의 순환이 나빠진다.

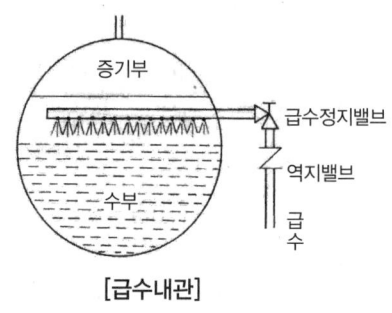

[급수내관]

STEP 04 송기장치

보일러에서 발생된 증기를 열손실 없이 효과적으로 사용처까지 공급하기 위한 부속 장치로 다음과 같이 구성된다.

① 비수방지관 - ② 주증기밸브 - ③ 감압밸브 - ④ 증기헤더 - ⑤ 증기트랩 - ⑥ 신축이음

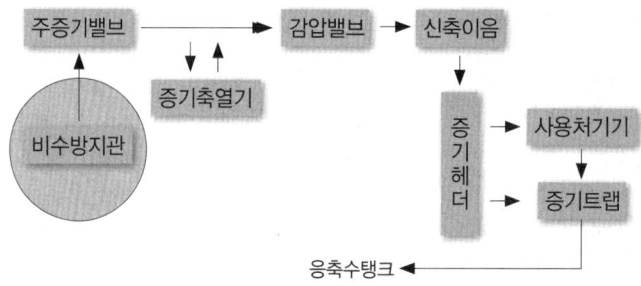

1. 이상증발 시 동반현상

1) 프라이밍, 포밍
① 프라이밍 : 관수의 농축, 급격한 증발 등에 의해 동 수면에서 물방울이 튀어 오르는 현상
② 포밍 : 관수의 농축, 유지분 등에 의해 동 수면에 기포가 덮혀 있는 거품 현상
㉮ 발생원인
㉠ 관수가 농축되었을 때
㉡ 수중에 유지분 및 부유물이 포함되었을 때
㉢ 보일러가 과부하일 때
㉣ 보일러수가 고수위일 때
㉯ 조치방법 : 증기밸브를 닫고 저연소로 전환하면서 수위를 안정시킨다.

2) 캐리오버
① 발생증기 중 물방울이 포함되어 송기되는 현상으로 일명 기수공발이라고도 한다. 기계적 캐리오버와 선택적 캐리오버로 구분된다.
② 발생원인
㉮ 주증기밸브를 급히 개방 하였을 경우
㉯ 보일러수가 농축되었을 때
㉰ 프라이밍, 포밍이 발생하였을 때

㉣ 보일러가 과부하 또는 고수위일 때

3) 수격작용(워터해머)

① 관내의 응축수가 증기의 압력 및 유속증가로 인해 관의 곡관부 등을 강하게 타격하는 현상으로 증기트랩 설치 및 증기관 보온, 또는 경사지게 설치함으로서 방지 할 수 있다.

② 발생원인
　㉮ 증기관내에 응결수가 고여 있는 경우
　㉯ 캐리오버(기수공발)에 의해
　㉰ 급수내관의 설치위치가 높을 경우
　㉱ 주증기밸브를 급개한 경우

2. 증기내관

발생증기 중에 포함된 수분을 분리하여 건 증기를 얻기 위해 설치하는 부속장치로 비수방지관, 기수분리기가 있다.

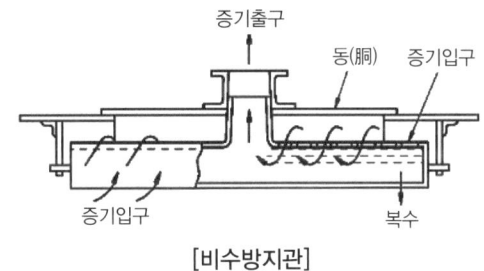

[비수방지관]

1) 종류

① 비수방지관
　㉮ 프라이밍을 방지하여 건증기를 얻기 위한 장치로 원통형 보일러에 설치한다.
　㉯ 관 위쪽에 설치된 적은 구경의 총면적은 주증기관의 면적보다 1.5배 이상이어야 한다.

② 기수분리기
　㉮ 발생증기 중에 포함된 수분을 분리하여 건증기를 얻기 위한 장치로 수관식 보일러나 증기배관 등에 설치한다.
　㉯ 종류
　　㉠ 사이크론식 : 원심력을 이용
　　㉡ 건조 스크린식 : 금속망을 이용
　　㉢ 배플식 : 방향전환을 이용
　　㉣ 장애판식 : 설치된 다수강판을 이용

2) 설치이점

① 관내의 수격작용(워터해머)을 방지한다.
② 관내의 부식을 방지한다.
③ 관내의 마찰저항이 감소한다.

④ 한냉 시 동결을 방지한다.
⑤ 증기의 열손실을 방지한다.

3. 주증기밸브

보일러의 발생증기를 공급 및 차단시키기 위한 밸브로 일명 스톱밸브라고도 한다. 스톱밸브의 호칭압력은 보일러의 최고사용압력 이상이어야 하며 적어도 0.7 MPa(7kgf/cm^2) 이상이어야 한다.

1) 형식 : 앵글밸브

2) 재질
    ① 최고사용압력 1.6 MPa 미만 : 주철제를 사용한다.
    ② 최고사용압력 1.6 MPa 초과 : 주강제를 사용한다.

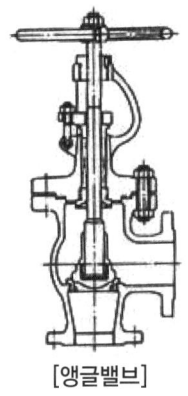
[앵글밸브]

[주증기밸브]

3) 관경 : 65mm 이상의 바깥 나사형 구조
4) 밸브의 작동방법 : 캐리오버 또는 수격작용을 방지하기 위해 서서히 연다.

4. 감압밸브

증기관의 통로를 교축하면 증기의 유량은 일정하고, 증기의 유속 변화로 인한 증기의 압력을 감압한다.

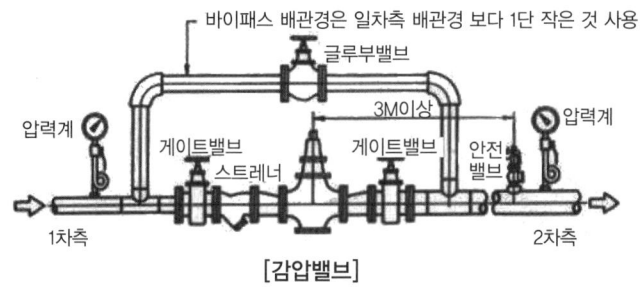
[감압밸브]

1) 설치목적
    고압의 증기를 저압으로 낮추어 저압측의 압력을 일정하게 유지하기 위해 설치한다.

2) 종류
　　① 스프링식
　　② 다이어프램식
　　③ 추식

3) 설치이점
　　① 에너지의 절감 효과
　　② 배관비용의 절감
　　③ 증기의 건조도 향상
　　④ 온도조절 및 생산성 향상

4) 설치상 주의
　　① 바이패스배관으로 시공한다.
　　② 입구 측에 여과기를 부착한다.
　　③ 전·후에 압력계를 부착한다.
　　④ 출구 측에 안전밸브를 부착한다.

> **참고** 출구 측에 안전밸브 설치 이유 : 감압밸브 고장 시 저압 측의 열설비를 보호하기 위해

5. 증기헤드

보일러에서 발생한 증기를 손실을 최소화하고 각 사용처로 균일하게 공급하기 위한 관 모음 장치

1) 설치 이점
　　① 보일러의 증기 발생량을 조절할 수 있다.
　　② 증기의 공급과 정지가 용이하다.
　　③ 증기의 손실을 방지할 수 있다.

2) 크기 : 가장 굵은 증기관의 2배 이상 크게 한다.

[증기헤더]

6. 증기트랩

증기배관 내의 증기는 배출하지 않고 응축수만 자동적으로 배출하여 수격작용을 방지하기 위한 부속 장치

1) 설치이점
   ① 관내의 수격작용을 방지한다.
   ② 관내 부식을 방지한다.
   ③ 관내의 마찰저항을 방지한다.
   ④ 증기의 열손실 및 동결을 방지한다.

2) 구비조건
   ① 내식성, 내마모성, 내구성이 클 것
   ② 마찰저항이 작을 것
   ③ 압력과 유량의 변화에 따른 작동이 확실할 것
   ④ 정지후에도 응축수 배출이 가능할 것
   ⑤ 공기빼기가 가능할 것

[버케트형 증기트랩]

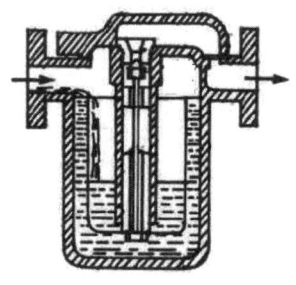
[상향버킷식]

3) 종류
   ① 증기와 응축수의 비중량차를 이용(기계식 트랩) : 플로트식, 버켓식
   ② 증기와 응축수의 온도차를 이용(온도조절식 트랩) : 바이메탈식, 벨로즈식
   ③ 증기의 열역학적 성질을 이용(열역학적 트랩) : 디스크식, 오리피스식

4) 증기트랩의 특성
   ① 플로트식
      ㉮ 응축수를 연속적으로 다량 배출이 가능하다.
      ㉯ 공기배출이 용이하다.
      ㉰ 수격작용에 약하고, 동결의 위험이 있다.
      ㉱ 종류로 레버형과 프리형이 있다.
   ② 버켓식
      ㉮ 종류로 상향식과 하향식이 있다.
      ㉯ 증기주관의 관말트랩으로 많이 사용된다.

㉰ 수격작용에 견디고 과열증기에 사용이 가능하다.
㉱ 공기배출 능력이 부족하다.
③ 바이메탈식
㉮ 동결의 우려가 없고, 배기능력이 우수하다.
㉯ 응축수의 현열을 이용할 수 있다.
㉰ 과열증기에 부적합하다.
㉱ 부하변화에 따른 적응이 어렵다.
④ 벨로즈식
㉮ 방열기에 주로 사용되며 열동식 트랩이라고도 한다.
㉯ 소형으로 다량의 응축수 배출이 가능하다.
㉰ 공기빼기 능력이 우수하다.
㉱ 부식성 물질이나 수격작용에 약하다.
⑤ 디스크식
㉮ 소형으로 구조가 간단하다.
㉯ 수격작용 및 동파에 강하다.
㉰ 과열증기 사용이 가능하다.
㉱ 배압의 허용도가 50% 이하이다.
⑥ 오리피스식
㉮ 과열증기 사용이 가능하다.
㉯ 증기누설의 우려가 있다.
㉰ 배압의 허용도가 30% 정도이다.

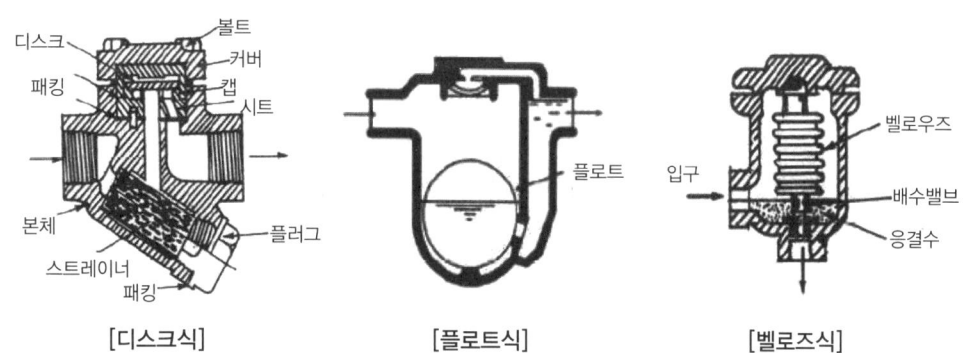

[디스크식] [플로트식] [벨로즈식]

5) 고장원인
① 트랩이 차거워 지는 경우
㉮ 배압이 낮다.   ㉯ 여과기가 막혔다.   ㉰ 밸브의 고장
② 트랩이 뜨거워 지는 경우
㉮ 배압이 높다.   ㉯ 트랩의 용량 부족   ㉰ 밸브에 이물질 혼입

6) 트랩의 고장 · 판정방법
① 점검용 청진기를 이용
② 작동음의 판단
③ 냉각, 가열상태에 의해

7. 신축이음
고온의 증기배관에 발생하는 신축을 조절하여 관의 손상을 방지하기 위해 설치한다.

1) 종류 및 특징
① 루프형(굽은관 조인트)
  ㉮ 옥외의 고압 증기배관에 적합하다.
  ㉯ 신축흡수량이 크고, 응력이 발생한다.
  ㉰ 곡률 반경은 관지름의 6배 정도이다.
② 슬리브형(미끄럼형)
  ㉮ 설치장소를 적게 차지하고 응력발생이 없고, 과열증기에 부적당하다.
  ㉯ 패킹의 마모로 누설의 우려가 있다.
  ㉰ 온수나 저압배관에 사용된다.
  ㉱ 단식과 복식형이 있다.
③ 벨로우즈형(팩레스 신축이음)
  ㉮ 설치에 장소를 많이 차지하지 않고, 응력이 생기지 않는다.
  ㉯ 고압에 부적당하고 누설의 우려가 없다.
  ㉰ 신축흡수량은 슬리브형 보다 적다.
④ 스위블형(스윙식)
  ㉮ 증기 및 온수방열기에서 배관을 수직 분기할 때 2~4개 정도의 엘보를 연결하여 신축을 조절하여 관의 손상을 방지하기 위한 이음방법이다.
  ㉯ 스위블 이음은 엘보우를 이용하므로 압력강하가 크고, 신축량이 클 경우 이음부가 헐거워져 누수의 원인이 된다.

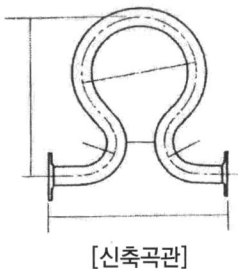
[신축곡관]

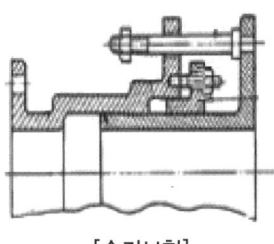
[슬리브형]

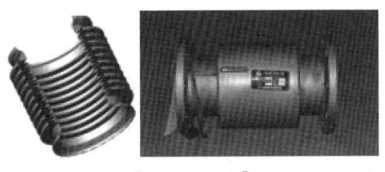

[벨로우즈형]

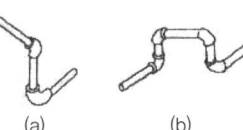
[스위블형]

8. 스팀 어큐뮬레이터(증기축열기)
보일러가 저부하일 때 잉여증기를 저장하여 최대부하일 때 증기를 방출시켜 증기의 과부족이 없도록 공급하기 위한 장치

① 종류
  ㉠ 변압식 : 증기계통에 설치하여 잉여증기를 응축 저장하여 저압증기를 짧은 시간에 다량 발생시켜 공급하는 형식으로, 증기압력이 일정하지 않다.
  ㉡ 정압식 : 급수계통에 설치하여 잉여증기로 예열시킨 고압수로 일정압력하에 연소량 변화 없이 고압증기를 발생 공급하는 형식.
② 저장매체 : 물

STEP 05 급유장치(연소 보조장치)

중유연소에서 연료 저장탱크에서 버너까지 중유를 공급하기 위한 장치로 이송펌프와 급유펌프, 서비스 탱크, 오일프리히터, 급유량계, 전자밸브 등으로 구성되어 있다.

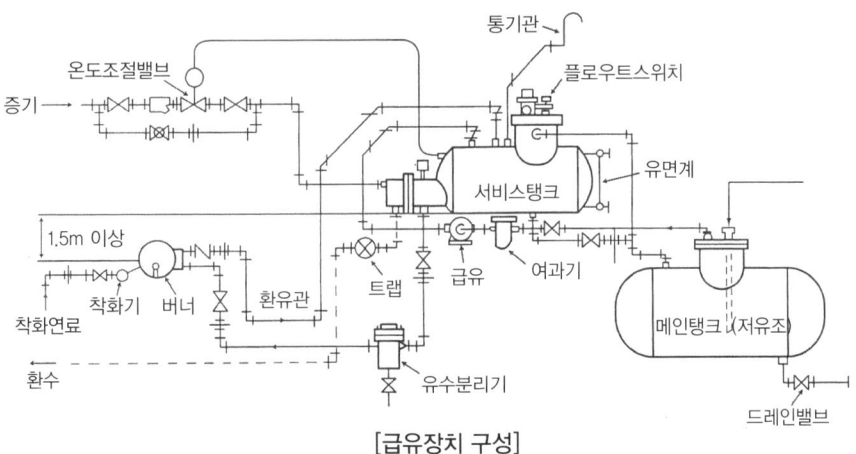

[급유장치 구성]

1) 이송펌프
   ① 메인탱크와 서비스 탱크 사이에 설치하여 기름을 메인탱크에서 서비스탱크로 운반하기 위해 설치한 펌프
   ② 종류 : 기어펌프, 플런져 펌프, 스크류 펌프

2) 서비스탱크
   ① 소량의 중유를 저장하여 연료 교체를 쉽게 하고, 버너에 공급을 쉽게 하기위한 보조 연료저장탱크
   ② 설치위치
      ㉠ 보일러 외측에서 2m 이상 거리에 설치한다.
      ㉡ 버너 중심에서 1.5 이상 높게 설치한다.

③ 예열온도 : 유동성을 좋게 하기 위해 60~70로 예열한다.

[서비스 탱크]

[이송펌프]

3) 급유펌프

서비스 탱크의 기름을 버너에 공급하기 위한 중유 공급펌프
① 형식 : 기어펌프
② 용량 : 버너용량의 1.2~1.5배 정도

4) 오일프리히터

① 중유를 예열하여 점도를 낮추어 무화상태를 좋게 하고 연소 효율을 높이기 위한 장치
② 형식 : 전기식
③ 예열온도 : 80~90

[오일프리히터]

   ㉮ 예열온도가 낮으면
       ㉠ 무화상태의 불량   ㉡ 불완전연소
       ㉢ 카아본이 생성된다.   ㉣ 매연이 발생한다.
   ㉯ 예열온도가 높으면
       ㉠ 기름의 분해   ㉡ 분사각도가 흐트러진다.
       ㉢ 카아본이 생성된다.   ㉣ 맥동연소의 원인이 된다

④ 용량(kWH)

$$kWH = \frac{G \times C(t_1 - t_2)}{860 \times \eta}$$

여기서, G : 매시연료 사용량(kg/h)   C : 연료의 비열(kcal/kg℃)
        t_1 : 예열기 출구온도(℃) t_2 : 예열기 입구온도(℃)
        η : 예열기 효율(%)

5) 급유량계

① 용량 1t/h 이상인 보일러에 대해서는 유량계를 설치하여야 한다.
② 형식 : 오벌기어식

③ 설치방법 : 바이패스 배관으로 시공하고 입구에 여과기를 설치한다.
  ㉮ 여과기 : 관내에 흐르는 기름 중에 포함된 이물질을 제거하여 유량계를 보호하기 위해 설치한다. 여과기는 사용압력의 1.5배 이상의 압력에 견딜 수 있어야 한다.
  ㉯ 여과망의 크기
      ㉠ 송유펌프 입구 : 40 mesh
      ㉡ 공급펌프 입구 : 60 mesh
      ㉢ 버너 입구 : 80 mesh
  ㉰ 종류 : Y형, U형, V형

6) 전자밸브(솔레로이드 밸브)
  ① 보일러 운전 중 이상이 발생하였을 경우 연료공급을 차단하여 사고를 방지하기 위해 설치한다.
  ② 운전 중 이상현상
      ㉮ 이상 저수위
      ㉯ 압력초과
      ㉰ 점화 중 소화(불착화)
      ㉱ 점화전 프리퍼지 불량
  ③ 전자밸브의 연계장치(신호전송장치)
      ㉮ 저수위경보기 : 보일러운전 중 저수위일 경우
      ㉯ 증기압력 제한기 : 사용압력이 제한압력을 초과할 경우
      ㉰ 화염검출기 : 보일러 점화 중 소화가 되었을 때

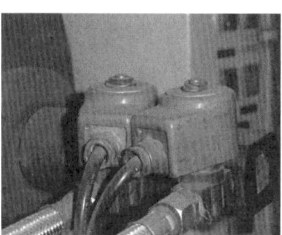

[전자밸브]

STEP 06 가스연료 공급장치

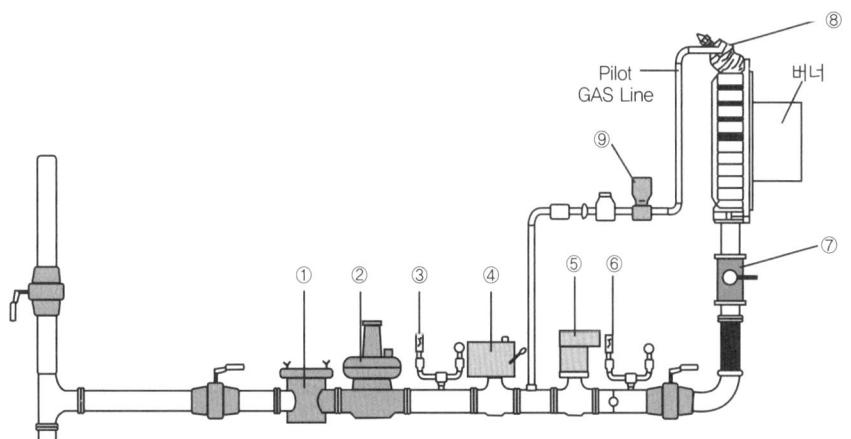

가스연료 공급장치의 구성
① 여과기 - ② 가스압력 조정기 - ③ 가스압력 스위치 - ④ 가스차단밸브 - ⑤ 연료조절밸브 - ⑥ 가스압력 스위치 - ⑦ 가스조절밸브 - ⑧ 착화버너 - ⑨ 전자밸브

1) 여과기

가스압력 조정기 입구에 설치하여 가스 중 이물질을 제거하여 가스압 조정기, 가스차단밸브 등을 보호하기 위해 설치한다.

2) 가스압력 조정기

가스공급 압력을 낮추어 버너 연소압력에 맞도록 일정하게 유지하여 연소상태를 좋게 하기 위한 장치

3) 가스압력 스위치(저압)

가스공급 압력이 소정의 압력 이하로 낮아지면 버너의 가동을 중지시키는 장치

4) 가스차단 밸브

① 보일러 운전 중 이상이 발생하였을 때 가스공급을 자동으로 차단하여 보일러 사고를 방지하기 위한 장치
② 연결장치 : 증기압력제한기, 저수위경보기, 화염검출기

5) 가스조절 밸브

가스유량을 조절하는 장치로 초기점화 및 전체 가스유량을 조절한다.

6) 가스압력 스위치(고압)

역화 등의 이유로 노내압이 소정의 압력 이상으로 상승될 경우 버너의 가동을 중지 시키는 장치

7) 가스조절 밸브(비례제어 밸브)

가스 공급량과 연소용 공기를 일정바율로 조절하는 장치

8) 착화버너

① 일명 파이럿 버너라고도 하며 5000~7000V의 전압을 이용하여 주버너에 점화를 하기 위한 보조버너
② 파이럿 버너 : 내부혼합식으로 적화식 버너, 분젠식 버너, 세미분젠식 버너 등이 있다.

9) 파이롯트 전자밸브

파이롯트 배관의 점화 중 불착화시 가스 공급을 자동으로 차단하는 장치

STEP 07 분출장치

사용 중인 보일러는 계속된 증발로 인해 관수가 농축이 된다. 관수의 농축을 방지하여 불순물에 의해 발생하는 장애를 방지하기 위해 관수를 방출하는 장치로 연속분출과 단속분출이 있다.

1. 종류

1) 수면분출장치
   ① 동수면에 떠있는 부유물, 유지분 등을 제거하여 관수의 농축을 방지하기 위해 설치한다. (연속 취출장치)
   ② 관수의 농도가 일정하게 유지 되며, 배출열의 회수가 가능하다.

2) 수저분출장치
   ① 동저부의 침전물, 슬러지 등을 분출 제거하여 관수의 농축을 방지하기 위해 설치한다. (단속 취출 또는 간헐 취출)
   ② 짧은 시간에 많은 량을 배출할 수 있다.

2. 분출밸브의 크기와 강도

1) **분출관의 크기** : 관경 25mm 이상, 65mm 이하(단, 보일러 전열면적 10m² 이하의 경우 20mm 이상으로 한다.)

2) **강도** : 분출관에는 보일러 가까이에 코크를, 다음에 밸브로 직렬로 설치한다. 이 경우 저압보일러라 할지라도 최소 0.7 MPa 이상에 견딜 수 있어야 한다.

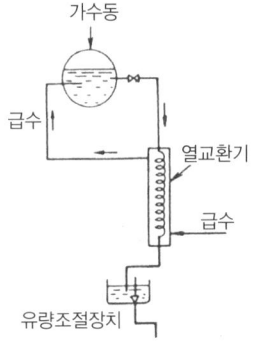

[연속 분출 장치]   [수저 분출장치]

3) 분출 작업시 주의사항
   ① 분출 작업할 때 : 코크를 먼저 열고, 다음에 밸브를 연다.
   ② 분출을 정지할 때 : 밸브를 먼저 닫고, 다음에 코크를 닫는다.
   ③ 분출은 밸브 시이트에 이물질이 부착되는 것을 방지하기 위해 신속하게 하여야 한다.
   ④ 2대의 보일러를 동시에 분출하여서는 안 되고, 분출 작업시 다른 작업을 겸해서는 안된다.
   ⑤ 분출시 2인 1조로 작업을 하며 1인은 수면계를 감시하여 저수위가 되지 않도록 한다.

3. 분출의 목적

① 관수의 농축을 방지하기 위해
② 슬러지분의 배출·제거하기 위해
③ 프라이밍, 포밍을 방지하기 위해
④ 가성취하를 방지하기 위해
⑤ 관수의 조정
⑥ 고수위 방지

4. 분출의 시기

① 다음날 아침 보일러를 가동하기 전
② 보일러 부하가 가장 가벼울 때(보일러 증발량이 가장 적을 때)
③ 프라이밍, 포밍이 발생하는 경우
④ 고수위인 경우
⑤ 관수가 농축되었을 경우

5. 분출량 계산

$$분출량 = \frac{1일\ 급수량(kg) \times 급수중\ 허용농도(ppm)}{관수중\ 허용농도(ppm) - 급수중\ 허용농도(ppm)}\ (kg/day)$$

STEP 08 폐열회수장치

① 보일러 연돌에서 배출되는 배기가스의 손실열을 회수하여 열손실을 적게 하고, 연료 절감 및 열효율을 높이기 위한 장치로 일명 여열장치라고도 한다.
② 종류 : 과열기 - 재열기 - 절탄기 - 공기예열기

1. 과열기

보일러에서 발생된 포화증기를 가열하여 압력은 변함없이 온도만 높인 증기 즉 과열 증기를 얻기 위한 장치

1) 종류
① 전열방식에 따라
㉮ 복사형 과열기 : 연소실에 설치하여 화염의 복사열을 이용하여 과열증기를 발생하는 형식으로 보일러 부하가 증가할수록 과열온도가 저하된다.

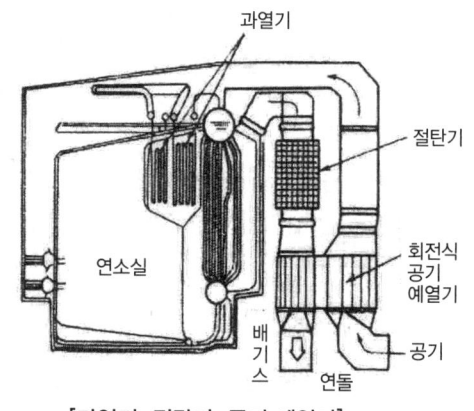

[과열기, 절탄기, 공기 예열기]

㉯ 대류형 과열기 : 연도에 설치에 배기가스의 대류열을 이용하여 과열증기를 발생하는 형식으로 보일러 부하가 증가할수록 과열온도가 증가한다. 일명 접촉형과열기라고도 한다.
㉰ 복사·대류형 과열기 : 연소실과 연도의 중간에 설치하여 화염의 복사열과 배기가스의 대류열을 동시에 이용하는 형식으로 보일러 부하변동에 대해 과열증기의 온도변화는 비교적 균일하다.
② 연소가스의 흐름에 따라
㉮ 병류형 : 연소가스와 증기의 흐름이 동일 방향으로 접촉되는 형식
㉯ 향류형
㉠ 연소가스와 증기의 흐름이 반대 방향으로 접촉되는 형식
㉡ 전열효율은 좋으나 침식이 빠르다.
㉰ 혼류형
㉠ 병류형과 향류형이 혼용된 형식
㉡ 침식을 적게 하고 전열을 좋게 한 형식

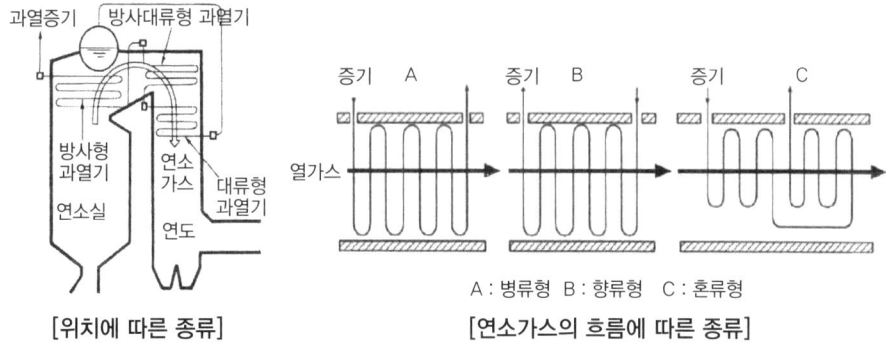

[위치에 따른 종류]   [연소가스의 흐름에 따른 종류]

2) 과열증기의 사용 이점
① 온도가 높아 쉽게 응축되지 않는다.
② 단위중량당 열량이 많고 적은 양으로 많은 일을 할 수 있다.
③ 증기 열기관의 열효율이 증가한다.
④ 수격작용 및 관내 부식을 방지할 수 있다.
⑤ 관내 마찰저항을 감소시킬 수 있다.

3) 과열증기 사용 시 단점
① 온도가 높아 온도조절이 곤란하다.
② 화상의 위험이 있다.
③ 열팽창에 의한 열응력이 발생한다.
④ 전열 및 방열손실이 많다.

4) 과열증기의 온도조절 방법
① 댐퍼를 이용하여 연소가스량을 조절하는 방법
② 과열저감기를 사용하는 방법

③ 연소가스를 재순환시키는 방법
④ 연소실의 화염의 위치를 바꾸는 방법
⑤ 전용 화실을 사용하는 방법

2. 재열기

과열증기가 고압터빈 등에서 열을 방출한 후 온도가 저하하여 팽창된 후 포화온도가 하강한 과열증기를 고온의 열가스나 과열증기로 재차 가열시켜 저온의 과열증기로 만든 후 저압 터빈 등에서 다시 이용하는 장치

3. 절탄기(이코너마이저)

보일러 연도 입구에 설치하여 연돌로 배출되는 배기가스의 손실열을 이용하여 급수를 예열하기 위한 장치로 주철관형과 강관형이 있다.

1) 설치이점
① 연료절감 및 열효율이 높아진다.(5~15% 정도)
② 보일러수와 급수와 온도차가 적어져 동판의 열응력이 감소된다.
③ 급수중 불순물의 일부가 제거된다. (용존 가스체 제거)
④ 급수의 예열로 증발이 빨라진다.

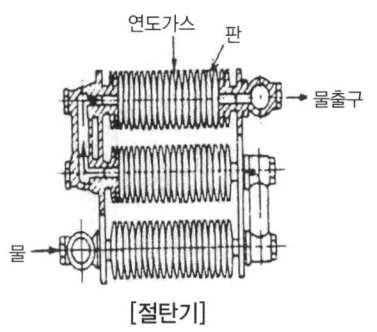

[절탄기]

2) 단점
① 청소가 어려워진다.
② 설치비가 많이 든다.
③ 저온부식이 발생한다.
④ 통풍저항의 증가한다.

> 참고 저온부식 : 연료성분 중 (황분)의 노점에서 발생하는 부식으로 대부분 연도에서 발생된다. (발생온도(노점온도) : 150)

3) 종류
① 주철관형 : 저압용으로 내식, 내마모성이 좋으며 20kg/cm² 이하에 사용한다.
② 핀형 : 관에 원형 핀을 부착한 것으로 40kg/cm² 이하에 사용하며 통풍저항이 크다.
③ 강관형 : 고압용으로 전열이 좋고, 철저한 급수처리로 스케일 부착이 적다.

4) 취급상 주의
① 절탄기 출구의 배기가스 온도는 170 이상 유지한다.(저온부식 방지효과)
② 연도에 연소가스를 보낼 때는 절탄기내의 물의 유무를 먼저 확인한다.
③ 바이패스연도가 있는 경우 절탄기에 물을 공급한 후 댐퍼를 교환하여 절탄기로 연소가스를 보낸다.(연도의 교체)
④ 절탄기가 과열, 부식되지 않도록 유의한다.

4. 공기예열기

보일러의 연도에 설치하여 연돌로 배출되는 배기가스의 손실열을 이용하여 연소용 공기를 예열하기 위한 장치

1) 설치이점

① 노내온도가 높고 연료의 점화가 용이하다.
② 적은 과잉공기로 완전연소가 가능하다.
③ 연소효율, 열효율이 향상된다.(5~10%)
④ 수분이 많은 저질탄 연소에 적합하다.

> 참고
> • 1차 공기 : 무화용 공기 (버너로 유입)
> • 2차 공기 : 연소용 공기 (윈드박스로 유입)

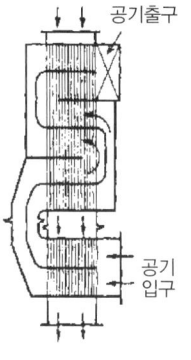

[공기예열기]

2) 단점

① 저온부식이 발생한다.
② 청소가 어려워진다.
③ 통풍저항의 증가한다.
④ 설치비가 많이 든다.

3) 종류

① 전열식 : 금속 전열면을 통해서 배기가스가 보유하는 열을 공기에 전달 예열시키는 형식으로 관형 공기예열기, 판형 공기예열기 등이 있다.
② 재생식(축열식) : 조합된 다수의 금속판에 연소가스와 공기을 교대로 금속판에접촉시켜 공기를 예열하는 형식으로 회전식, 고정식, 이동식 등이 있으며 주로회전식으로 융그스트룸식 공기예열기가 널리 사용되고 있다.
③ 히트 파이프식 : 내부에 물, 알콜 등의 유체를 놓고 진공상태로 밀봉한 파이프(히트 파이프)를 경사지게 설치하여 중간지점에 설치한 격벽을 경계로 한쪽으로 배기가스를, 다른 한쪽으로 공기를 공급하여 공기를 예열하는 형식

4) 취급상 주의

저온부식을 방지할 수 있도록 공기예열기 출구의 배기가스온도를 황산가스의 노점 (150℃) 이상을 유지해야 한다.

STEP 09 통풍장치

연소실내의 연료가 공기와 연소할 때 발생하는 연소 생성물을 연속적으로 배출하여 안정된 연소를 유지하기 위한 연소가스의 흐름을 통풍이라 한다.

① 통풍력 단위 : mmH_2O(=mmAq, kg/m^2)
② $kg/m^2 = kg/m^3 \times m$ (압력 = 비중량 × 높이)

1. 구분

1) 자연통풍
① 연돌에 의한 통풍으로 연돌내에서 발생하는 대류현상에 의해 이루어지는 통풍으로 연돌의 높이, 배기가스의 온도, 외기온도, 습도 등에 영향을 많이 받고 노내압이 부압(-)을 형성한다.
② 배기가스의 속도 : 3~4 m/sec
③ 통풍력 : 15~20 mmH$_2$O

2) 강제통풍
송풍기에 의한 인위적 통풍방법으로 송풍기의 설치위치에 따라 압입통풍, 흡입통풍, 평형통풍 등으로 분류된다.

① 압입통풍 : 연소실 입구에 송풍기를 설치하여 연소실 내에 연소용 공기를 압입하는 방식 가압통풍이라고도 한다.
　㉮ 노내압 : 정(+)압 유지
　㉯ 배기가스속도 : 6~8 m/sec

[압입통풍]

② 흡입통풍 : 연도에 송풍기를 설치하여 연소실내의 연소가스를 강제로 흡인하여 연돌을 통해 배출하는 방식이다.
　㉮ 노내압 : 부(-)압 유지
　㉯ 배기가스속도 : 8~10 m/sec

③ 평형통풍 : 압입통풍과 흡입통풍을 겸한 방법으로 연소실내의 압력조절이 용이하고 열손실이 적다. 설비비가 많이 들고 대용량 보일러에 적용한다.
　㉮ 노내압 : 대기압 유지
　㉯ 배기가스 속도 : 10 m/sec 이상

2. 자연통풍

연돌에 의한 통풍으로 대류현상을 이용하므로 배기가스온도에 의해 발생하는 비중량차와 연돌의 높이에 의해 통풍력을 구할 수 있으며, 통풍력이 크면 통풍과 연소상태는 좋으나 연소율의 증가로 연료소비가 많고 배기가스에 의한 열손실이 많아져 열효율은 저하된다.

1) 통풍력(Z) : $(\gamma_a - \gamma_g) \times H(mmH_2O)$
　여기서, γ_a : 공기의 비중량(kg/m^3)
　　　　　γ_g : 배기가스의 비중량(kg/m^3)
　　　　　H : 연돌의 높이 (m)

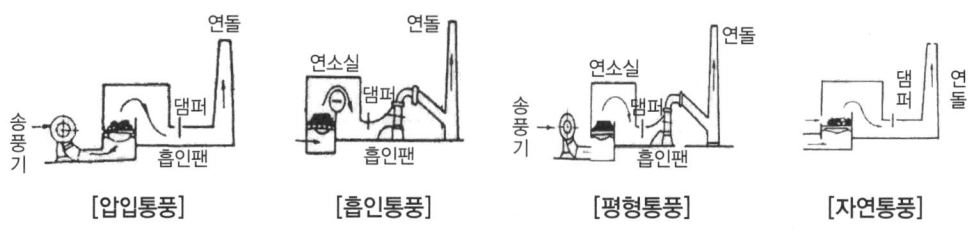

[압입통풍]　　[흡입통풍]　　[평형통풍]　　[자연통풍]

2) 통풍력을 증가되는 조건
　① 연돌의 높이를 높게 한다.
　② 배기가스의 온도를 높게 한다.
　③ 연돌의 단면적을 넓게 한다.
　④ 연도의 길이는 짧게 한다.
　⑤ 외기의 온도가 낮거나, 공기의 습도가 적을 경우

3) 통풍량 조절방법
　① 연도댐퍼의 개도를 조절하는 방법
　② 섹션베인의 각도를 조절하는 방법
　③ 모터의 회전수를 증감하는 방법

4) 통풍력(Z) 계산식
　① 통풍력(Z) = $273 \cdot H \cdot (\frac{\gamma_a}{273+t_a} - \frac{\gamma_g}{273+t_g})$ (mmH$_2$O)........①

　② 통풍력(Z) = $H \cdot (\frac{353}{273+t_a} - \frac{367}{273+t_g})$ (mmH$_2$O).......②

　여기서, H : 연돌의 높이(m), t_a : 공기의 온도(℃), t_g : 배기가스의 온도(℃)
　　　　　γ_g : 배기가스 비중량 (kg/Nm^3), γ_a : 공기의 비중량 (kg/Nm^3)

• γ_a : 표준상태의 공기비중량(kg/Nm^3)(=1.293kg/Nm^3)
• γ_g : 표준상태의 배기가스 비중량(kg/Nm^3)(=1.31~1.34kg/Nm^3)

$$Z = H \times (\frac{273 \times 1.293}{273+t_a} - \frac{273 \times 1.34}{273+t_g}) \text{mmH}_2\text{O}$$

5) 실제 통풍력
　보일러의 실제 통풍력은 연소실, 연도 등의 통풍저항을 받으므로 이론 통풍력의 80% 정도에 해당된다.

6) **통풍손실** : 연소장치의 통풍손실은 설비의 구조에 따라 다르며 보일러의 경우 다음의 사항이 주요 원인이 된다.
　① 연소실, 연도 등에 설치된 장치의 마찰손실(mmH$_2$O)
　② 유로의 방향전환에 의한 손실(mmH$_2$O)
　③ 유로의 단면적 변화에 의한 손실(mmH$_2$O)
　④ 연도의 상하위치의 변화에 따른 압력차(mmH$_2$O)
　⑤ 가스속도에 의한 연도의 마찰손실(mmH$_2$O)

7) **통풍계**
　① 연돌 내의 통풍력을 측정하기 위해 주로 액주식 압력계를 사용한다.
　② 종류 : U 자관식, 경사관식, 링밸런스식

3. 송풍기

팬(Fan) 및 블로어(Blower)의 총칭을 뜻하며 팬은 임펠러의 회전운동에 의하여 압송되며 토출압력 1 mmH$_2$O 미만의 송풍기이며, 블로어(Blower)는 임펠러 와 로터(Roter)의 회전운동에 의하여 기체를 압송하는 것으로 토출압력 1 mmH$_2$O~0.1 MPa 의 송풍기로 구분되며 종류로는 원심식과 축류식이 있다.

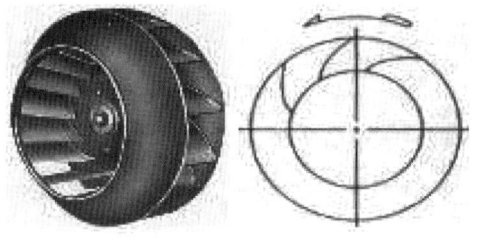

[터보형 선풍기]

1) 종류

① 축류식 : 프로펠러식 송풍기 - 배기용, 환기용 등에 사용된다.

② 원심식

㉮ 터보형 송풍기
  ㉠ 압입통풍에 사용한다.
  ㉡ 8~24개의 후향 날개로 구성되어 있고 풍압이 15~500mmH$_2$O 정도로 비교적 높다.
  ㉢ 구조가 간단하고 효율이 좋다(55~75%).
  ㉣ 풍량에 비해 소비동력이 적다.
  ㉤ 풍압이 높고 대용량에 적합하다.

㉯ 플레이트형 송풍기
  ㉠ 흡입통풍에 사용한다.
  ㉡ 곧은 플레이트를 6~12개 부착한 방사형 날개로 구성되어 있고 풍압은 50~200mmH$_2$O 정도이다. 마모 및 부식에 강하다.
  ㉢ 구조가 견고하고 플레이트의 교체가 쉽다.
  ㉣ 소요동력은 풍량의 증가에 따라 직선적으로 증가한다.
  ㉤ 효율이 50~60%이다.

㉰ 다익형 송풍기
  ㉠ 흡입통풍에 사용한다.
  ㉡ 짧고 많은 전향 날개로 구성되어 있고 풍압은 50~200mmH$_2$O 정도로 비교적 낮다.
  ㉢ 실로코형이라고도 하며 소형이고 경량이다.
  ㉣ 임펠러가 취약하여 고속운전에 부적합하다.
  ㉤ 풍압이 낮고 효율이 50% 정도이다.
  ㉥ 저압용 소형 보일러에 이용된다.

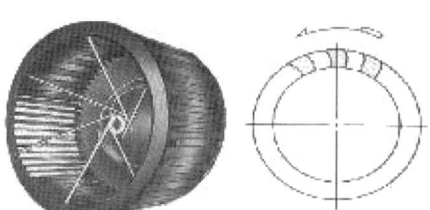

[다익형 송풍기]

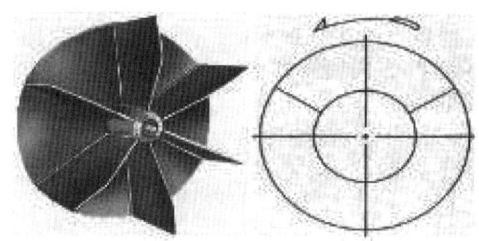

[플레이트형 송풍기]

2) 송풍기의 용량

송풍기의 용량은 동력(출력)과 마력으로 표시되며 다음 계산식에서 구한다.

$$\text{출력(kW)} = \frac{P \times V}{102 \times 60 \times \eta} \quad\quad \text{마력(P.S)} = \frac{P \times V}{75 \times 60 \times \eta}$$

여기서, P : 풍압(mmH$_2$O), V : 송풍량(m^3/min),
η : 송풍기의 효율

3) 송풍기의 보정

원심형 송풍기는 그 회전수가 증가함에 따라 송풍량(m^3/min)은 1승에 비례하고, 풍압(mmH$_2$O)은 2승에 비례하고, 마력 및 출력은 3승에 비례한다.

① 송풍량(m^3/min) = $V_1 \times \left(\dfrac{R'}{R}\right)^1$

② 풍압(mmH$_2$O) = $P_1 \times \left(\dfrac{R'}{R}\right)^2$

③ 마력(P.S) 또는 출력(kW) = $P.S_1$.(kW$_1$) $\times \left(\dfrac{R'}{R}\right)^3$

여기서, R : 변화전 모터의 회전수(R.P.m),
R' : 변화후 모터의 회전수(R.P.m)
$V_1, P_1, P.S_1,$ (kW$_1$) : 변화전 송풍기의 송풍량, 풍압, 마력(출력)

 철금속 가열로 설치검사기준에서 송풍기의 용량은 정격부하에서 필요한 이론공기량의140%를 공급할 수 있는 용량 이하이어야 한다.

4. 댐퍼

1) 설치목적
① 공기량을 조절한다.
② 배기가스량을 조절한다.
③ 통풍력을 조절한다
④ 연도를 교체한다.(주연도, 부연도)

2) 종류
① 공기댐퍼
㉮ 1차 공기댐퍼
㉠ 버너에 설치
㉡ 연료를 무화시키는데 필요한 공기를 조절하기 위해 설치한다.
㉯ 2차 공기댐퍼
㉠ 닥트출구(윈드박스 입구)에 설치
㉡ 무화된 연료를 연소시키는데 필요한 공기를 조절하기 위해 설치한다.

[공기닥트 및 공기댐퍼]

② 연도댐퍼 – 배기가스 댐퍼 (연도에 설치)
　㉮ 설치목적
　　㉠ 배기가스량을 가감하여 통풍력을 조절한다.
　　㉡ 연도의 교체를 위해(주연도와 부연도)
　　㉢ 가스흐름을 차단한다.
　㉯ 형상에 따른 종류 : 다익형, 버터플라이형, 스필리티형 등이 있다.

5. 연도

① 연소가스 또는 배기가스가 통과하는 보일러와 연돌을 연결하는 통로로 가스의 누출, 지하수의 침입이 방지되는 구조이어야 한다.
② 설치방법
　㉮ 길이는 짧게, 굴곡부는 적게 하여 통풍저항을 적게 한다.
　㉯ 배기가스의 분석을 위한 가스채취구멍을 설치한다.
　㉰ 보일러 전열면 최종출구에는 배기가스온도계를 설치한다.
　㉱ 배기가스량을 조절할 수 있는 댐퍼를 설치하고 내부청소 및 검사가용이하도록 맨홀 또는 청소구를 설치한다.
　㉲ 보일러 본체 출구(연도 입구) 1m 이내의 위치에 배기가스온도 상한스위치를 설치하여 배기가스온도가 설정온도 이상이 되면 연료공급 을 차단하도록 한다.

6. 연돌

연돌의 크기는 상부단면적에 따라 결정한다. 단면적이 너무 작으면 마찰저항이 증가 하고, 너무 크면 연돌내에 찬공기의 침입으로 통풍력이 저하되므로 배기가스의 유속 및 온도 또는 연료사용량에 따라 적당한 크기의 연돌을 설치하여야 한다.

$$\text{상부 단면적(F)} = \frac{G \times (1 + 0.0037 \times t_g)}{3600 \times V} \; (m^2)$$

여기서, G : 배기가스량(Nm³/h), t_g : 배기가스의 온도(℃), V : 배기가스의 속도(m/sec)

STEP 10 　매연분출 및 집진장치

1. 매연 측정장치

① 연료가 연소할 때 공급되는 공기가 부족하면 불완전연소가 되고 배기가스 중 일산화탄소(CO), 아황산가스(SO_2), 질산화물(NOx), 그을음, 분진 등의 매연이 발생한다.
② 매연발생 원인
　㉮ 공급 공기량이 부족할 때

㉯ 무리한 연소를 할 때
㉰ 연료와 공기의 혼합이 불량일 때
㉱ 취급자의 기술이 미숙할 경우
㉲ 연소실의 온도가 낮거나, 용적이 작을 때

1) 링겔만 매연 농도표

① 링겔만 매연 농도표는 격자모양(가로, 세로 10mm)의 흑선이 매연농도에 따라 굵어지며, 이 굵기의 면적을 연기색과 비교하여 매연농도를 측정한다.

② 설치목적

연돌로 배출되는 연기의 색을 측정하여 공기량을 조절하고 연소상태를 좋게 하기위해 매연농도를 측정한다.

③ 종류 : NO.0~NO.5 (6종류)

번호	농도	연기색	번호	농도	연기색
0	0%	무색	3	60%	엷은흑색
1	20%	엷은회색	4	80%	흑색
2	40%	회색	5	100%	암흑색

[매연의 농도 연기의 색]

④ 매연(배기가스)의 색과 공기량 및 연소상태

노내의 화염색	내 용	공기량	배기가스량	농도표
오렌지색(등색)	화염이 안정하고 양호하다.	적정량	회백색	NO. 1
휘백색	노내가 밝고 구석 부분이 잘 보인다.	과 잉	백색 또는 무색	NO. 0
암적색	노내가 어둡다.	부족	흑색 또는 암흑색	NO. 4~NO. 5

⑤ 매연농도 측정방법

측정자와 연돌과 30~40m 떨어진 거리를 두고 그 사이 16m 거리에 매연 농도표를 설치하여 연돌 상단 30~45cm 높이의 배출가스의 농도를 관측하여 농도표와 비교하여 매연농도를 측정한다. 이 때 측정자는 태양을 등지고 측정하여야 한다.

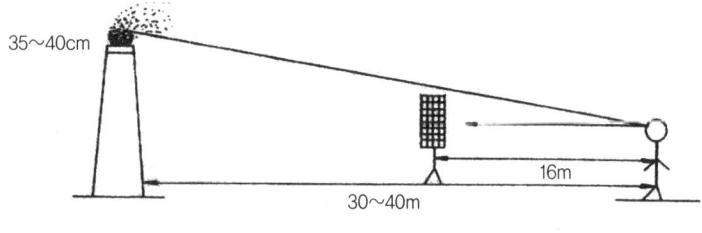

[링겔만 측정방법]

⑥ 매연 농도율 계산

$$매연농도율 = \frac{20 \times 총\ 매연농도값}{측정시간(분)}(\%)$$

⑦ 적정 매연농도 : 보일러 운전 중 적정 매연농도는 링겔만 매연농도 NO. 1 이하를 기준 한다. NO. 1일 때의 연기색은 엷은 회색으로 매연 농도율 20%, 화염색은 오렌지색을 유지한다. 또한 정상운전 상태에서 매연 농도는 NO. 2 이하로 유지하여야 한다.

2) 바스카라치 스모그 테스터(여과식 매연 농도계)

연도에서 배기가스를 여과지에 흡입하여 포집된 흑도에 의해 매연농도를 측정하는 방법으로, 매연농도는 농도번호가 10종으로 구분되며 정상 운전 중인 보일러의 경우 스케일 번호 4 이하가 되어야 한다.

2. 매연 분출장치(슈트 블로워)

1) **설치목적** : 고압의 증기 또는 공기를 분사하여 수관식 보일러의 전열면(수관외면)에 부착된 그을음 등을 제거하여 전열효율을 좋게 하고 연료절감 및 열효율을 높이기 위해 설치한다.

2) **매연 취출시기**
   ① 연료소비량이 증가할 때
   ② 배기가스온도가 상승한 경우
   ③ 통풍력이 저하될 때
   ④ 연소관리 상황이 현저하게 차이가 있을 때

3) **매연 취출 후의 기대효과**
   ① 연료소비량 감소
   ② 배기가스온도 저하로 열손실 감소
   ③ 전열효율 및 열효율 향상
   ④ 통풍력의 증가

 수관식 보일러의 수관에는 수관외면에 그을음, 수관 내면에 스케일이 부착 하여 전열을 방해한다.
- 그을음 : 열가스와 접촉하는 수관 외부에 부착(전열저하 및 배기가스에 의한 열손실 증가)
- 스케일 : 물과 접촉되는 수관 내부에 부착(전열저하 및 전열면의 과열)

4) **종류**
   ① 롱 레트랙터블형(삽입형) : 보일러의 과열기 등 고온 전열면에 사용되며 고온 연소가스 통로에 사용할 경우에만 넣어두고, 사용하지 않을 때는 빼두는 형식
   ② 쇼트 레트랙터블형(건형) : 보일러 연소노벽 등에 부착된 찌꺼기를 제거하는데 적합하며, 짧은 분사관이 전·후진으로 작동하는 방법으로 미분탄 보일러 등 재가 많은 보일러에 효과적이다.
   ③ 로터리형(회전형) : 정치회전식이며, 절탄기 등 저온 전열면에 사용되고 자동식과 수동식이 있다. 분사각도는 360° 이내에서 조정할 수 있다.

④ 공기예열기 크리너형 : 공기예열기에 사용되는 형식으로 자동식과 수동식이 있다.

5) 매연 취출시 주의사항
① 슈트 블로워는 보일러 부하가 가벼울 때 실시한다.(작업이 끝난 후에 는 실시하지 않는다)
② 슈트 블로워를 할 경우 댐퍼를 만개하여 통풍력을 크게 한다.
③ 슈트 블로워 전에 장치내의 응축수를 미리 배출한다.
④ 슈트 블로워시 한 곳에 오래 머물지 않게 한다.

3. 집진장치

1) 설치목적
연돌로 배출되는 배기가스 중에 포함된 분진, 그을음, 비산회 등을 제거하여 주변의 환경오염, 대기오염 등을 방지하기 위해 설치한다.

2) 선택 시 고려사항
① 분진의 입도, 분진의 량 및 비중
② 집진기의 경제성 및 효율
③ 사용연료의 종류와 연소방법
④ 배기가스의 량, 온도 및 습도
⑤ 가스의 성질 및 압력손실

3) 종류
배기가스 중 매연을 처리하는 장치로 포집입자의 크기에 따라 장치를 선정하며, 미세한 입자는 전기식, 여과식, 세정식 등을 사용하고, 입자가 큰 경우 중력식, 관성력식, 원심력식 등이 사용된다.
① 건식 집진장치
㉮ 중력 집진장치
㉠ 중력 침강식, 다단 침강식
㉡ 입자가 크고 비중이 무거운 분진을 함유한 배기가스를 집진실 내로 유도하여 분진의 중력을 이용 자연 침강시키는 방법으로 규조가 간단하고, 함진량이 많은 가스를 처리하는 경우 1차 집진장치로 적합하다. 집진실의 높이가 낮고 길이가 길수록 집진율이 높다.
㉯ 관성력 집진장치
㉠ 충돌식, 반전식
㉡ 함진가스를 집진기 내의 방해판에 충돌시키거나 열가스의 흐름을 반전시켜 급격한 기류의 방향전환을 주어 관성력에 의하여 포집하는 방식으로 고온가스의 처리가 가능하다.
㉰ 원심력 집진 장치
㉠ 사이크론식, 멀티크론식
㉡ 함진가스를 선회시켜 원심력에 의해 미립자는 하강하고 가스는 상승하면서 분진을 분리시키는 방법으로 함진가스의 마찰로 인한 집진기의마모가 발생하기 쉽다.

㉔ 여과 집진장치
  ㉠ 백 필터
  ㉡ 분진이 포함된 가스를 여과포(테프론, 양모, 글라스울 등)에 통과시켜 분진을 여과분리 시키는 방법으로 여과재는 매연의 성상에 따라 내열성, 내알칼리성, 내산성, 흡습성 및 기계적 강도를 고려하여 선택한다.
  ㉢ 종류 : 평판식, 원통식, 역기류 분사식
  ㉣ 특징
    • 집진효율이 높고 설비비가 적게 든다.
    • 여과속도를 느리게 하면 미세한 입자를 포집할 수 있다.
    • 100℃ 이상 고온가스나 습한가스에는 부적당하다.

집진원리	집진형식	집진방식	집진입자(μ)	집진율(%)	입력손실(mmH$_2$O)	비고
중력 집진	중력침강식 다단침강식	건식	20~1000	40~60	10~15	
관성력 집진	충돌식 반전식	건식	20~100	50~70	30~80	
원심력 집진	시이클론식 멀티클론식	건식	3~100	70~95	100~150	
세정식 집진	유수식 가압수식 회전식	습식	0.1~100	80~95	300~400	
여과식 집진	백 필터식	건식	0.1~20	90~99	100~200	
전기식 집진	코트넬식	전기식	0.05~20	90~99.9	10~20	

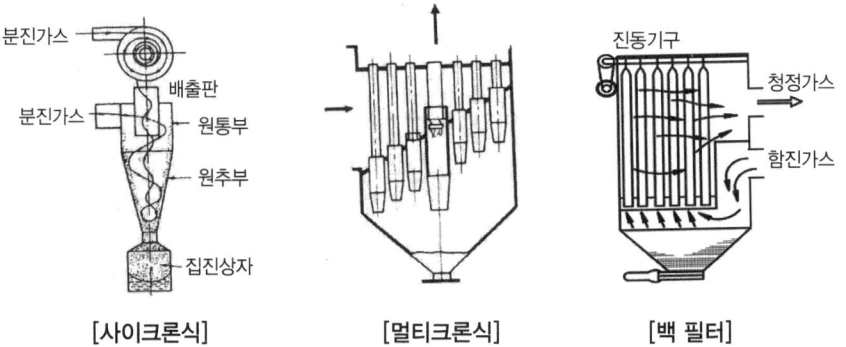

[사이크론식]　　　[멀티크론식]　　　[백 필터]

② 습식(세정식) 집진장치
  함진가스를 세정액 또는 액막에 충동시키거나 접촉시켜 분진을 포집하는 집진장치로 유수식, 가압수식, 회전식 등의 종류가 있다.
  ㉮ 유수식 : 장치내에 일정량의 물 또는 액체가 보유되어 있는 상태에서 함진가스를 고속으로 통과시켜 매연을 처리하는 방식으로 세정액의 소비가 적으며, 종류로 로타리형, 임펠러형, 전류형 등이 있다.

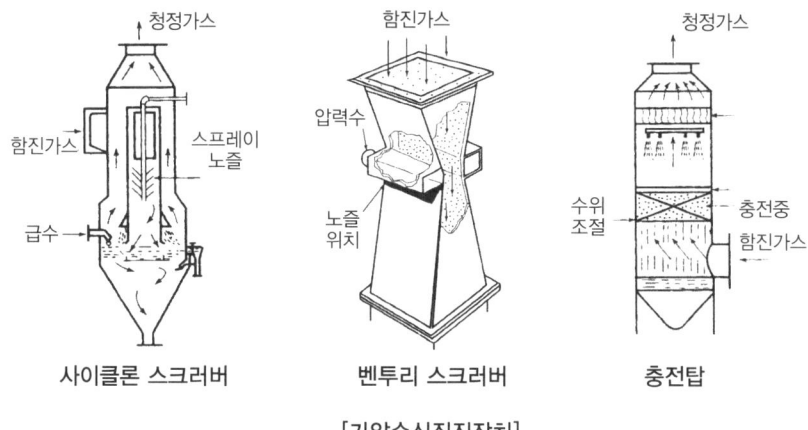

사이클론 스크러버   벤투리 스크러버   충전탑

[가압수식집진장치]

 ㉮ 가압수식 : 물 또는 세정액을 가압 분사시켜 매연을 처리하는 방식으로 종류로 사이크론 스크 레버, 벤튜리 스크레버, 제트 스크레버, 충진탑 등이 있다.

 ㉯ 회전식 : 임펠러의 회전을 이용하여 세정액을 분산시켜 매연을 처리하는 방식으로 종류로 충 격식 스크레버, 타이젠 와셔 등이 있다.

③ 전기식 집진장치

 ㉮ 고압의 전압(30000~100000V)을 이용하여 배기가스 중 분진 등을 분리 제거하는 형식으로 집 진입자가 0.05μ~20μ 정도로 집진효율이 높고(90~99%), 가스의 유속이 1~3m.sec 이며 압 력손실이 적다.(10~20 mmH$_2$O) 종류로 코트렐식이 있다.

 ㉯ 구성장치

  ㉠ 방전극 : 코로나 방전을 일으킨다.

  ㉡ 집진판 : 분진을 포집한다.

  ㉢ 추타장치 : 포집된 분진을 제거한다.

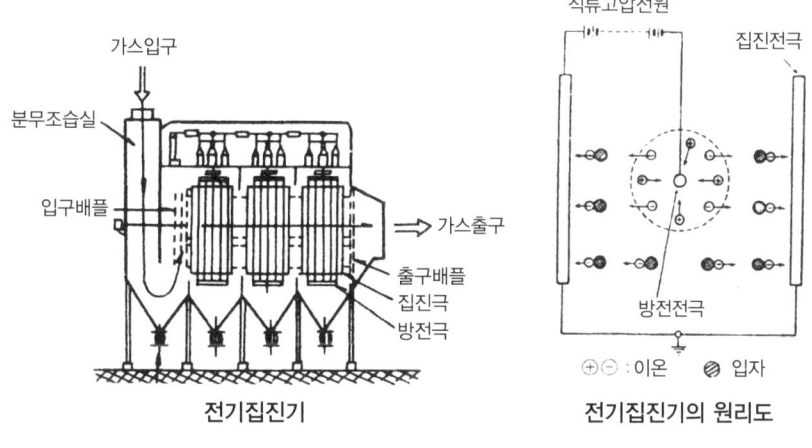

전기집진기   전기집진기의 원리도

[전기식 집진장치]

STEP 11 보일러 자동제어

자동제어란 어떤 목적에 맞도록 대상으로 되어 있는 것에 필요한 조작을 가하여 목적에 일치되도록 하는 조작으로 방법에 따라 시퀀스 제어와 피드백 제어로 구분된다.

1. 자동제어의 목적
① 보일러를 보다 안전하고 효율적으로 운전하기 위해
② 제품의 균일화, 품질의 향상을 위해
③ 조업조건의 개선으로 작업능률의 향상을 위해
④ 연료비 및 인건비가 절약된다.

2. 구분
① 시퀀스 제어
  ㉮ 각 제어단계가 미리 정해진 순서에 따라 제어를 진행하는 제어
  ㉯ 연소제어 : 점, 소화 순서
② 피드백제어
  ㉮ 결과(입력)에 따라 원인(출력)을 가감하여 결과에 맞도록 수정을 반복하는 제어
  ㉯ 급수제어, 온도 제어, 노내압 제어 등

3. 피드백제어의 구성

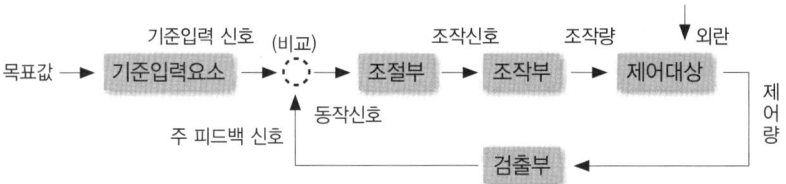

1) **자동제어의 3대 구성요소** : 검출부, 조절부, 조작부
   ① 검출부 : 압력, 온도, 유량 등의 제어량을 검출하여 이 값을 공기압, 전기 등의 신호로 변환시켜 비교부에 전송한다.
   ② 조절부 : 동작신호를 바탕으로 제어에 필요한 조작신호를 만들어 내어 조작부에 보내는 부분
   ③ 조작부 : 조절부로부터의 신호를 조작량으로 바꾸어 제어대상에 작용하는 부분

2) **자동제어의 동작순서**
   검출 – 비교 – 조절(판단) – 조작

3) **자동제어의 신호전달방법**
   ① 공기압식 : 전송거리 100m 정도이다.
     ㉮ 장점 : 배관이 용이하고 위험성이 없다.
     ㉯ 관로의 저항으로 인해 전송이 지연될 수 있다.

② 유압식 : 전송거리 300m이다.
  ㉮ 장점 : 전송지연이 적고 응답이 빠르다. 조작력이 크고 조작속도가 빠르다.
  ㉯ 단점 : 인화의 위험이 있고 유압원이 있다.
③ 전기식 : 전송거리 수 km까지 가능하다.
  ㉮ 장점 : 전송거리가 길고 전송 지연시간이 적다. 복잡한 신호에 적합하다.
  ㉯ 단점 : 취급에 기술을 요하고 방폭시설이 필요하다. 습도 등 보수에 주의를 요한다.

4) 피드백 제어의 블록선도
① 목표치 : 제어계에서 제어량의 목표가 되는 값으로 외부에서 주어지는 설정값을 말한다.
② 기준입력 : 목표치가 설정부에 의하여 변화된 입력요소를 말하는데 목표치는 주 피드백 신호와 비교하기 위해서 주피드백 신호와 같은 종류의 신호로 변환한다.
③ 비교부 : 검출부에서 검출된 제어량과 목표치를 비교하는 부분으로 그 오차를 제어편차라 한다.
④ 피드백 량 : 기준입력과 비교하기 위해서 제어량과 일정한 관계가 있는 양을 피드백 시켜 주는데 이 양을 피드백 양이라 한다.
⑤ 제어량 : 제어되는 양으로서 측정하여 피드백시켜 기준입력과 비교된다.
⑥ 동작신호 : 기준입력과 피드백 양을 비교하여 생기는 제어편차량의 신호를 말한다.
⑦ 외란 : 제어계의 상태에 영향을 주는 외적 작용(조작량 이외의 양이다)
  • 탱크 주위의 온도, 가스 유출량, 가스 공급압, 가스공급온도 등

5) 자동제어의 동작
① 연속동작
  ㉮ 비례동작(P 동작) : 조작량의 출력변화가 편차에 비례하는 동작으로 동작신호에 의해 조작량이 정해지므로 잔류편차(off-set)가 발생하며 외란이 큰 제어계에는 부적당하고 부하변화가 적은 프로세스의 제어에 이용된다.
  ㉯ 적분동작(I 동작) : 조작량이 동작신호의 적분값에 비례하는 동작으로 오프셋(off-set, 잔류편차)가 제거된다. 일반적으로 진동하는 경향이 있고 제어의 안정성이 떨어진다.
  ㉰ 미분동작(D 동작) : 제어편차가 검출될 때 편차가 변화하는 속도에 비례해서 조작량을 가감하는 조절(정정)동작이다. 진동에 제거되어 빨리 안정되고 출력이 제어편차의 시간변화에 비례한다.
② 불연속 동작 : 제어동작이 불연속적으로 일어나는 동작으로 2위치동작, 다위치동작 등이 있다.
  ㉮ On-ff 동작(2위치 동작) : 불연속 동작 중 가장 간단한 동작으로 조작량에 제어편차에 의해서 두 개의 값이 어느 편인가를 선택하는 동작으로 어느 목표값을 경계로 그 출력이 만족하여 나오는 동작.
  ㉯ 다위치동작 : 동작신호의 크기에 따라서 제어장치의 조작량이 3개 이상의 정해진 값 중 하나를 취하는 제어동작으로 2위치동작보다 세분된 제어라 할 수 있다.

4. 자동제어의 종류

목표값에 따른 분류
① 정치제어 : 목표값이 시간적으로 변화하지 않고 일정하게 유지하는 경우의 제어
② 추치제어 : 목표값이 시간적으로 변화하는 경우의 제어로 측정제어라고도 한다.
　㉮ 추종제어 : 목표치가 시간에 따라 임의로 변화할 때의 제어
　㉯ 프로그램제어 : 목표값의 변화방법이 미리 정해진 순서에 의해 변화되는 제어
　㉰ 비율제어 : 2개 이상의 링 사이에 일정비율관계로 변화 조절되는 제어 – 유량비 제어
③ 캐스케이트제어 : 2개의 제어계를 조합하여 1차 제어장치가 제어량을 측정하여 제어명령을 발하고, 2차 제어장치가 이 명령을 바탕으로 제어량을 조절하는 제어방식

5. 보일러 자동제어

보일러자동제어(A,B,C)	제어량	조작량
자동연소제어(A.C.C)	증기압력	연료량, 공기량
	노내압력	연소가스량
급수제어(F.W.C)	드럼수위	급수량
증기온도제어(S.T.C)	과열증기온도	전열량

① 열팽창식 자동 수위제어 장치
코프스식 : 계속사용 중인 보일러에 부하변화가 발생하면 드럼 내부의 수위가 변하므로 급수량을 조절하여 일정수위를 유지하고 안전하고 효율적인 운전을 하기 위한 제어장치로 기울어진 금속관(바이메탈)의 열팽창을 이용한 방법으로, 단요소식, 2요소식, 3요소식 등이 있다.
　㉮ 단요소식 : 수위를 검출하여 급수량을 조절하는 방식으로 수위제어방식 중 가장 간단한 방법으로 부하변화가 적은 중, 소형보일러에 사용되며 취급 및 보수가 용이하다.

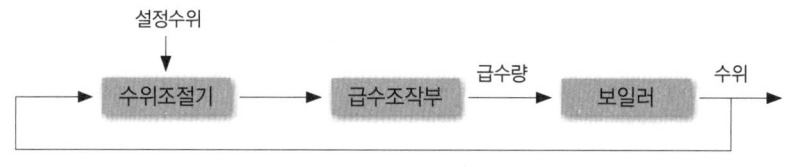

[단요소식 도표]

　㉯ 2요소식 : 수위와 증기유량을 검출하여 급수량을 조절하는 방식으로 부하변동에 의한 수위변화가 심한 수관식보일러에 사용되며 조작에 따른 잔류 편차를 줄이는 방식이다.

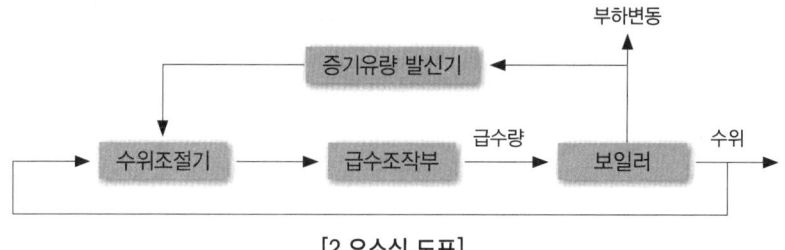

[2 요소식 도표]

㈐ 3요소식 : 수위와 증기유량 및 급수유량을 검출하여 급수량을 조절하는 방식으로 부하변동이 심한 고온, 고압, 대용량 수관식 보일러에 사용되며 구조가 복잡하다.

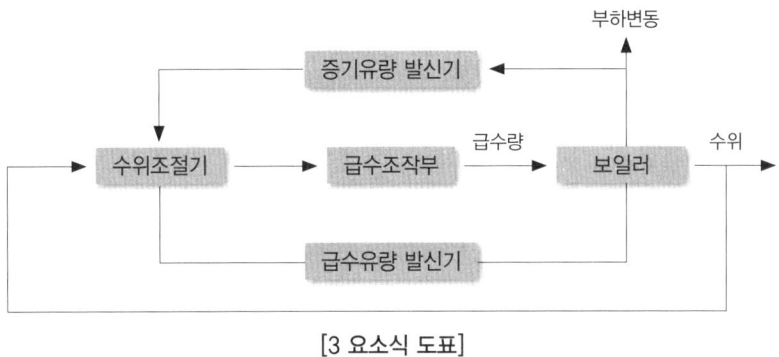

[3 요소식 도표]

6. 인터록 제어

① 어떤 조건이 충족될 때까지 다음 동작을 멈추게 하는 동작으로 보일러에서는 보일러 운전 중 어떤 조건이 충족되지 않으면 연료공급을 차단시키는 전자밸브(솔레노이드밸브:Solenoid Valve)의 동작을 말한다.

② 종류

㈎ 압력초과 인터록 : 증기압력이 제한압력을 초과할 경우 전자밸브를 작동, 연료를 차단한다.

㈏ 저수위 인터록 : 보일러 수위가 이상감수(저수위)가 될 경우 전자밸브를 작동, 연료를 차단한다.

㈐ 불착화 인터록 : 보일러 운전 중 실화가 될 경우 전자밸브를 작동, 노내에 연료 공급을 차단한다.

㈑ 저연소 인터록 : 운전 중 연소상태가 불량으로 유량조절밸브를 조절하여 저연소 상태로 조절되지 않으면 전자밸브를 작동, 연료공급을 차단하여 연소가 중단된다.

㈒ 프리퍼지 인터록 : 점화전 송풍기가 작동되지 않으면 전자밸브가 작동, 연료 공급을 차단하여 점화가 되지 않는다.

제03절_ 보일러 부속장치
출제예상문제

01 보일러 안전밸브에 대한 설명으로 틀린 것은?

① 안전밸브는 밸브 축을 수평으로 부착한다.
② 지레대식 안전밸브는 추의 이동으로 증기의 취출압력을 조정한다.
③ 스프링 안전밸브는 스프링의 신축 압력으로 증기의 취출압력을 조절한다.
④ 고압 대용량 보일러에는 스프링 안전밸브가 적합하다.

> 안전밸브 : 증기부에 수직으로 검사가 용이 한 곳에 직접 부착한다.

02 증기보일러에는 2개 이상의 안전밸브를 설치하도록 되어 있으나 전열면적 몇 m² 이하의 증기보일러에서는 1개 이상의 안전밸브를 설치하면 되는가?

① 20m²   ② 30m²
③ 40m²   ④ 50m²

> 전열면적 50m²
> • 이하 : 1개 이상 부착
> • 초과 : 2개 이상 부착

03 보일러의 안전밸브의 분출면적은 고압일수록 저압일 때 보다는?

① 좁아야 한다.   ② 넓어야 한다.
③ 일정하다.   ④ 무관하다.

> 안전밸브 : 보일러의 압력이 고압일수록 관경을 적게 하여야 압력조절이 쉽다.

04 다음 중 안전밸브의 크기를 호칭지름 25A 이상으로 해야 하는 강철제 보일러는?

① 최대증발량 4T/h인 관류 보일러
② 최고사용압력 0.4MPa, 동체의 내경 400mm, 동체의 길이 800mm인 보일러
③ 최고사용압력 0.6MPa, 전열면적 5m²인 보일러
④ 최고사용압력 0.08MPa인 보일러

> 관경을 20A 이상으로 할 수 있는 경우
> • 최고사용압력 0.1MPa 이하인 보일러
> • 최고사용압력 0.5MPa이하, 동체의 내경 500mm 이하, 동체의 길이 1000mm 이하인 보일러
> • 최고사용압력 0.5MPa 이하, 전열면적 2m² 이하인 보일러
> • 최대증발량 5T/h 이하의 관류 보일러
> • 소용량 보일러

05 온수보일러 운전 중 갑자기 소화되었을 때 작동하는 안전장치는?

① 수위 경보기   ② 폭발문
③ 화염 검출기   ④ 리세트 버튼

> 화염검출기
> 운전 중 불착화 또는 실화시 연료공급을 차단하는 장치하여 노내폭발을 방지하기 위한 안전장치

06 플레임 아이에 대하여 옳은 것은?

① 연도의 가스 온도로 화염의 유무를 검출한다.
② 화염의 도전성을 이용하여 화염의 유무를 검출 한다
③ 화염에서 나오는 방사광을 전기신호로 변환해서 화염유무를 검출한다.
④ 화염의 이온화 현상을 이용해 화염의 유무를 검출한다.

> • 플레임아이 : 발광체(광학적 성질)를 이용
> • 플레임로드 : 이온화(전기적 성질)를 이용
> • 스택스위치 : 발열체(열적 성질)를 이용

07 고저수위 경보기의 종류 중 플로트의 위치 변위에 따라 수은스위치를 작동시켜 경보를 발하는 것은?

① 기계식 경보기

정답 01 ① 02 ④ 03 ① 04 ③ 05 ③ 06 ③

② 자석식 경보기
③ 전극식 경보기
④ 맥도널식 경보기

🔍 맥도널식 경보기 : 플로트의 변위에 따른 수은 스위치의 기울기에 의해 ON-Off로 작동하는 안전장치

08 증기압력이 조정압력에 도달하면 자동으로 접점을 단락시켜 전자밸브를 닫아 연료를 차단하는 장치는?

① 고·저수위 경보장치
② 압력제한기
③ 화염검출기
④ 방출밸브

🔍 증기압력제한기 : 사용압력이 제한압력을 초과할 경우 연료공급을 차단하는 안전장치

09 보일러 부속설비에 해당되지 않는 것은?

① 방열장치   ② 급수장치
③ 안전장치   ④ 통풍장치

🔍 방열장치 : 난방장치에 필요한 장치.

10 보일러 급수장치의 급수원리를 설명한 것으로 틀린 것은?

① 환원기 : 수두압과 증기압력을 이용한 급수장치
② 인젝터 : 보일러의 증기 에너지를 이용한 급수장치
③ 워싱턴펌프 : 전기모터에 의해 왕복동으로 작동하는 피스톤을 이용한 급수장치
④ 회전펌프 : 날개의 회전에 의한 원심력을 이용한 급수장치

🔍 워싱턴펌프 : 증기압을 이용한 비동력 왕복식 급수펌프

11 보일러 급수장치인 인젝터의 기능이 떨어지는 경우는?

① 급수의 온도가 너무 높을 때

② 인젝터 본체가 냉각되어 있을 때
③ 증기의 건조도가 너무 높을 때
④ 증기의 온도가 너무 높을 때

🔍 인젝터의 기능 저하되는 원인
  • 증기압력이 낮을 때
  • 급수온도가 높을 때
  • 인젝터에 공기가 누입된 경우

12 보일러 급수장치의 일종인 인젝터의 특징을 틀리게 설명한 것은?

① 설치에 넓은 장소를 요하지 않는다.
② 급수 예열 효과가 있다.
③ 자체로서의 양수 효율이 높다.
④ 가격이 저렴하다.

🔍 인젝터 : 양수효율이 낮고, 급수조절이 곤란하다.

13 플런저 펌프의 특징 설명으로 잘못된 것은?

① 보일러에서 발생된 증기압을 이용하며, 고압용으로 적합하다.
② 비교적 고점도의 액체 수송용으로 적합하다.
③ 유체의 흐름에 맥동을 가져온다.
④ 토출량과 토출압력의 조절이 어렵다.

🔍 플런저 펌프 : 고압용에 적합하고 토출량 및 토출압력의 조절이 용이하다.

14 보일러의 급수내관에 대한 설명 중 틀린 것은?

① 열응력 팽창에 대한 관의 신축작용을 방지한다.
② 급수를 산포시켜 보일러 동체의 부동 팽창을 방지한다.
③ 급수가 급수내관을 통과하면서 예열된다.
④ 안전저수위의 약 50 mm 정도 아래 위치에 설치한다.

🔍 급수내관 : 급수를 산포시켜 보일러수와 혼합을 좋게 하고 동판에 부동팽창을 방지한다.

정답 ▶ 07 ④ 08 ② 09 ① 10 ③ 11 ① 12 ③ 13 ④ 14 ①

15 0℃, 1기압 하에서 펌프로 올릴 수 있는 물의 이론상 높이는?

① 약 7.5 m
② 약 8.8 m
③ 약 62.4 m
④ 약 10 m

> 펌프의 – 이론양정 : 10mH₂O, 실제양정 : 6~7mH₂O

16 보일러 급수장치를 옳게 설명한 것은?

① 인젝터는 급수온도가 낮을 때는 사용하지 못한다.
② 워싱턴 펌프는 모터의 동력을 요한다.
③ 응축수 탱크는 급수탱크로 사용하지 않는다.
④ 급수내관은 안전저수위보다 약간 낮은 곳에 설치한다.

> 급수내관 : 보일러 안전저수면 보다 50mm 낮게 설치

17 상온의 물을 양수하는 펌프의 송출량이 0.5m³/s 이고 전양정이 20m인 펌프의 축동력은 약 몇 kW 인가? (단, 펌프의 효율은 70%이다.)

① 70kW
② 140kW
③ 210kW
④ 280kW

> 펌프의 동력(kWH)
> $= \dfrac{1000 \times 0.5 \times 20}{102 \times 0.7} = 140\text{kWH}$

18 기동할 때 반드시 프라이밍(priming)을 해주어야 하는 펌프는?

① 원심 펌프　② 피스턴 펌프
③ 워싱턴 펌프　④ 플런져 펌프

> 프라이밍 : 원심펌프에 가동하기 전 펌프(임펠러)에 물을 채우는 작업

19 증기보일러의 송기장치에 속하지 않는 것은?

① 스팀헤드
② 기수분리기
③ 급수내관
④ 주증기 밸브

> 급수내관 : 보일러수와 급수와 혼합을 좋게 하기 위해 설치하는 급수장치

20 수관보일러에서 기수분리기를 설치하는 목적은?

① 발생된 증기의 건조도를 높이기 위하여
② 폐증기를 회수하여 재사용하기 위하여
③ 보일러에 녹아 있는 불순물을 제거하기 위하여
④ 과열증기의 순환을 되도록 빨리 하기 위하여

> 기수분리기 : 증기 중 수분을 제거하여 건조도가 높은 증기를 얻기 위한 장치

21 감압밸브의 설치목적과 관계없는 것은?

① 고압 증기를 저압 증기로 전환
② 저압측의 압력을 일정하게 유지
③ 부하 변동에 따른 증기의 소비량 감소
④ 장치 내의 응축수 제거

> 감압밸브 : 고압증기를 낮추어 저압측의 압력을 일정하게 유지하기 위해 설치한다. 증기소비량이 감소되고 건조도가 높아진다.

22 감압밸브를 설치할 때 고압측에 부착하는 장치가 아닌 것은?

① 정지 밸브
② 안전밸브
③ 압력계
④ 여과기

> 감압밸브 : 입구에 여과기를 설치하고, 출구측에 안전밸브를 설치한다.

정답　15 ④　16 ④　17 ②　18 ①　19 ③　20 ①　21 ④　22 ②

23 증기트랩이 갖추어야 할 조건으로 틀린 것은?

① 마찰저항이 클 것
② 유압, 유량이 변해도 작동이 확실할 것
③ 증기가 배출되지 않을 것
④ 내구력이 클 것

🔍 증기트랩 : 증기관 내의 마찰저항이 적고, 내구력이 클 것.

24 버킷 트랩은 어떤 종류의 트랩인가?

① 열역학적 트랩
② 온도조절 트랩
③ 금속팽창형 트랩
④ 기계적 트랩

🔍
• 열역학적 트랩 : 디스크식, 오리피스식
• 온도조절 트랩 : 바이메탈식, 벨로우즈식
• 기계적 트랩 : 플로트식, 버킷식

25 증기헤드에 관한 설명으로 틀린 것은?

① 증기의 급 수요에 응할 수 있다
② 원통보일러에는 필요가 없다.
③ 증기의 과부족을 일부 해소한다.
④ 증기의 공급량을 조절한다.

🔍 증기헤드 : 보일러의 발생증기를 각 사용처에 공급하기 위한 주요 부속장치.

26 2개 이상의 엘보를 사용하여 나사부의 회전에 의해 배관의 신축을 흡수하는 것으로, 나사 이음부가 헐거워져 누설의 우려가 있는 신축 조인트는?

① 루프형
② 스위블형
③ 슬리브형
④ 벨로즈형

🔍 스위블형 : 방열기 입구에 설치하는 2~4개의 엘보를 이용한 신축이음.

27 일명 실로폰 트랩이라고도 부르며, 밸브작동은 간헐적이고, 저압용 방열기나 관말트랩용으로 사용되는 트랩은?

① 열동식 트랩
② 버킷식 트랩
③ 플로트식 트랩
④ 충격식 트랩

🔍 방열기트랩 : 응축수의 온도를 이용한 열동식 증기트랩

28 보일러 증기 트랩의 고장탐지 방법이 아닌 것은?

① 점검용 청진기 사용
② 작동음으로 판단
③ 냉각, 가열 상태로 파악
④ 보일러 부하변동 상태로 파악

🔍 고장탐지 방법 : 가열, 냉각상태에 의해, 작동음에 의해, 점검용 청진기에 의해

29 보일러의 긴급연료 차단밸브(전자밸브)를 작동시키는 연결장치가 아닌 것은?

① 압력차단 스위치
② 오일 프리히터
③ 저수위 경보기
④ 화염 검출기

🔍
• 전자밸브 : 운전 중 긴급한 상황이 발생하였을 때 연료공급을 자동으로 차단하는 장치
• 연결 장치 : 저수위경보기, 화염검출기, 증기압력제한기

30 오일예열기의 역할과 특징 설명으로 잘못된 것은?

① 기름을 과열하여 연소 효율을 높인다.
② 기름의 점도를 낮추어 준다.
③ 전기나 증기 등의 매체를 이용한다.
④ 전기식은 증기시에 비하여 온도제어가 용이하다.

🔍 오일프리히터 : 중유를 80~100°C로 예열 하여 점도를 낮추어 무화를 좋게 한다.

정답 ▶ 23 ① 24 ④ 25 ② 26 ② 27 ① 28 ④ 29 ② 30 ①

31 비수방지관에 뚫는 구멍의 전체면적은 주증기관의 단면적과 비교하여 몇 배 이상이 되어야 하는가?

① 0.5 배
② 1 배
③ 1.25 배
④ 1.5 배

🔍 비수방지관 : 비수(프라이밍)현상을 방지하여 건증기를 얻기 위한 장치

32 왕복식 펌프에 해당되지 않는 것은?

① 피스턴 펌프
② 플런저 펌프
③ 터빈 펌프
④ 워싱턴 펌프

🔍 터빈펌프 : 원심펌프

33 축열기(Steam accumulator)를 설치했을 경우에 대한 설명으로 틀린 것은?

① 보일러 출구의 증기측에 설치하는 변압식과 보일러 입구 급수측에 설치하는 정압식이 있다.
② 보일러 용량 부족으로 인한 증기의 과부족을 해소할 수 있다.
③ 연료 소비량을 감소시킨다.
④ 부하변동에 대한 압력변동이 발생한다.

🔍 증기 축열기 : 저부하시 잉여증기를 저장하여, 최대부하시 사용하는 장치로 보일러 용량 부족 현상 해소와 부하변동에 대한 압력 변화가 적은 장점이 있다.

34 증기보일러의 각 증기 분출구에 설치하는 밸브는?

① 안전밸브   ② 앵글밸브
③ 방출밸브   ④ 스톱밸브

🔍 스톱밸브 : 증기밸브

35 원심펌프의 특징이 잘못 설명된 것은?

① 처음 가동시 펌프에 물을 가득 채워야 한다.
② 왕복식 펌프보다 고양정을 얻을 수 있다.
③ 맥동이 없고, 흡입, 토출밸브가 있다.
④ 용량에 비해 설치면적이 적고 소형이다.

🔍 왕복식 펌프 : 고압펌프로 양정이 큰 경우에 적합하다.

36 보일러 캐리오버의 방지대책으로 틀린 것은?

① 수면의 비정상적인 상승을 방지한다.
② 압력을 규정압력보다 낮추어 증기를 방출한다.
③ 부하의 급격한 변동을 억제한다.
④ 보일러수의 염소이온과 유지분 등의 유입을 억제한다.

🔍 증기압력이 규정압력 보다 낮으면 : 비등현상이 심하게 발생하여 캐리오버의 원인이 된다.

37 증기보일러에 설치하는 유리수면계는 2개 이상이어야 하는데 1개만 설치해도 되는 경우는?

① 소형 관류보일러
② 최고사용압력 0.1 MPa 미만의 보일러
③ 전열면적 $50m^2$ 이하의 관류보일러
④ 1개 이상의 원격지시 수면계를 설치한 보일러

🔍 수면계를 1개 이상 설치할 수 있는 경우
 • 최고사용압력 1 MPa 이하로, 동체 안지름 750mm 미만인 보일러
 • 2개 이상의 원격지시 수면계를 설치한 경우
 • 소용량 보일러 및 소형관류 보일러

38 보일러에서 포밍의 발생 원인이 아닌 것은?

① 보일러수중에 가스분이 많이 포함되어 있을 때
② 보일러수가 너무 농축 되었을 때
③ 수위가 너무 높을 때
④ 보일러수중에 유지분이나 부유물이 다량 함유 될 때

🔍 용존가스체 : 점식(부식)의 원인

정답 31 ④ 32 ③ 33 ④ 34 ④ 35 ② 36 ② 37 ① 38 ①

39 버킷 트랩을 사용하여 응축수를 위로 배출하려면 트랩출구에 어떤 밸브를 설치하는가?

① 앵글밸브　② 게이트 밸브
③ 글로브 밸브　④ 체크 밸브

🔍 체크밸브 : 유체의 역류를 방지하기 위한 밸브

40 증기배관에서 증기트랩의 작동이 원활하지 못하여 응축수가 제거되지 않을 때 나타나는 현상이 아닌 것은?

① 가열효과가 떨어지고 가열시간이 짧아진다.
② 수격현상을 일으켜 설비와 배관을 손상시킨다.
③ 증기관과 설비의 내부부식 또는 재질의 노화를 촉진시킨다.
④ 증기 잠열을 이용하지 못하므로 에너지 손실이 크다.

🔍 관내에 응축수가 존재하면 : 가열시간이 길어지고 가열효과가 떨어진다.

41 안전밸브를 부착하지 않는 곳은?

① 보일러 본체　② 절탄기 출구
③ 과열기 출구　④ 재열기 입구

🔍 절탄기 : 급수 예열장치로 증기 분출장치인 안전밸브는 설치하지 않음.

42 3 kWh 의 전열기로 80kg 의 중유를 10℃에서 80℃로 예열할 때 소요시간은?(단, 중유의 비열 0.45, 전열기의 효율은 80 %)

① 약 39 분
② 약 1시간 13 분
③ 약 2시간 18 분
④ 약 3 시간

🔍 예열시간(h)
$= \dfrac{80 \times 0.45 \times (80-10)}{3 \times 860 \times 0.8} = 1.22$시간 $= 1$시간 13분

43 수관식 보일러에 설치하는 기수분리기의 종류가 아닌 것은?

① 스크레버형
② 사이크론형
③ 배플형
④ 벨로우즈형

🔍 기수분리기의 종류 : 사이크론식, 스크린식, 배플식, 스크레버식(장애판식)

44 펌프의 공동현상(캐비테이션)이 발생할 때의 설명으로 잘못된 것은?

① 양정이 상승한다.
② 부식이 발생한다.
③ 운전불능이 되기도 한다.
④ 소음, 진동이 발생한다.

🔍 캐비테이션이 발생하면 : 임펠러가 침식되고, 소음·진동이 발생하며, 양수능력 및 흡입양정이 저하된다.

45 중유의 가열온도가 너무 높을 때의 영향 중 맞는 것은?

① 무화불량
② 검댕, 분진 발생
③ 불길이 한곳으로 쏠림
④ 분무상태가 고르지 못함

🔍 예열온도가 높으면 : 기름의 분해, 분무상태 불량 및 분무각도가 흐트러진다.

46 보일러의 급수온도 측정위치에 관한 것 중 틀린 것은?

① 절탄기가 있는 경우 입구의 온도를 측정한다.
② 인젝터 사용 시는 입구의 온도를 측정한다.
③ 보일러 입구온도를 측정한다.
④ 급수펌프 입구온도를 측정한다.

🔍 급수온도의 측정 : 보일러 입구

정답 ▶ 39 ④　40 ①　41 ②　42 ②　43 ④　44 ①　45 ④　46 ④

47 다음 중 탄성식 압력계가 아닌 것은?

① 브로돈관식　　② 다이어프램식
③ 환상평형식　　④ 벨로우즈식

> 탄성식 압력계 : 브로돈관식, 벨로우즈식, 다이어프램식

48 다음 중 보일러 안전장치가 아닌 것은?

① 방폭문　　② 화염 검출기
③ 수면계　　④ 윈드박스

> 윈드박스 : 연소용 공기와 버너에서 분사된 연료와 혼합을 좋게 하는 보염장치.

49 안전밸브로부터 증기가 누설되는 경우가 아닌 것은?

① 밸브의 디스크 지름이 증기압에 비하여 너무 작다.
② 밸브 시트를 균등하게 누르고 있지 않다.
③ 밸브 스프링의 장력이 감쇄되었다.
④ 밸브 시트에 이물질이 부착되어 있다.

> 안전밸브의 지름이 적으면 : 분출압력이 낮아져 작동불량의 원인이 된다.

50 화염검출기 기능불량과 대책을 연결한 것으로 잘못된 것은?

① 집광렌즈의 오염 - 분리 후 청소
② 증폭시의 노후 - 교체
③ 동력선의 영향 - 검출회로와 동력선의 분리
④ 점화전극의 고전압이 프레임 로드에 흐를 때 - 전극과 불꽃 사이를 넓게 분리

> 프레임 로드에 고전압이 흐를 때 : 전극과 불꽃 사이를 좁게 한다.

51 기름연소의 경우 공기량이 많을 때 화염의 색깔로 옳은 것은?

① 휘백색이다.　　② 붉은색이다.
③ 암적색이다.　　④ 오렌지색이다.

> 공기부족 : 암적색, 적정공기 : 오렌지색

52 화염의 전기 전도성을 이용한 화염 검출기의 명칭은?

① 스택 스위치
② 플레임 아이
③ 플레임 로드
④ 광전관

> 플레임 로드 : 이온화(전기전도성)를 이용
> • 플레임 아이 : 발광체(광학적 성질 이용)
> • 스택 스위치 : 발열체(열적 성질 이용)

53 보일러 자동 급수조절장치의 작동기구와 관계가 없는 것은?

① 플로트의 상하운동을 이용
② 금속관의 열에 의한 신축을 이용
③ 전기저항을 이용
④ 전극을 이용

> 자동급수조절장치 : 플로트식(부자식), 열팽창식, 전극봉식

54 보일러에서 자동조작 장치로 사용되지 않는 것은?

① 전동밸브　　② 댐퍼
③ 안전밸브　　④ 전자개폐기

> 안전밸브 : 스프링의 탄성을 이용

55 온도 120℃ 이하의 온수발생 보일러에 부착하는 안전장치는?

① 팽창탱크
② 방출밸브
③ 안전밸브
④ 온도- 연소제어장치

> 온도-연소제어장치 : 열매체보일러 및 사용
> 온도가 393 K(120 ℃) 이상인 온수발생 보일러에는 작동유체의 온도가 최고사용온도를 초과하지 않도록 온도-연소제어장치를 설치해야 한다.

정답 47 ③　48 ④　49 ①　50 ④　51 ①　52 ③　53 ③　54 ③　55 ④

56 노내 미연가스 폭발을 대비한 안전사항으로 옳은 것은?

① 방폭문을 설치한다.
② 그을음을 제거한다.
③ 화염 검출기를 설치한다.
④ 연돌높이를 높게 한다.

🔍 화염 검출기 : 노내 폭발을 방지하기 위한 안전장치

57 액상식 열매체보일러에 설치하는 방출밸브의 지름은 몇 mm 이상으로 하는가?

① 20
② 25
③ 30
④ 40

🔍 액상식 열매체보일러 및 온수보일러 온수온도 120℃ 이하 : 방출밸브를 부착한다(관경 20mm 이상)

58 보일러 화염검출기 중 화염의 검출이 느려 버너 분사 정지에 수 십초가 걸리므로 주로 소용량 보일러에 사용되는 것은?

① 플레임 로드
② 스택 스위치
③ 플레임 아이
④ 광전관식 검출기

🔍 스택스위치 : 연도에 설치하며, 연료차단의 동작이 느려 대용량에 부적당하다.

59 증기 보일러에 설치하는 압력계의 최고 눈금은 보일러 제한 압력의 몇 배 능력을 지닌 것을 설치 하는가?

① 0.5~1.0 배
② 1.0~1.5 배
③ 1.5~3.0 배
④ 2.5~4.0 배

🔍 압력계의 지시범위 : 최고사용압력의 1.5~3배

60 수면계의 수면이 불안정한 원인 중 옳은 것은?

① 고수위인 경우
② 비수가 발생한 경우
③ 급수가 되지 않은 경우
④ 분출관에서 누수가 생길 경우

🔍 수면계 수위 : 프라이밍 발생시 수위가 불안정하게 요동한다.

61 보일러에 온도계를 설치해야 할 위치가 아닌 것은?

① 절탄기가 있는 경우 절탄기 입구 및 출구
② 보일러 본체의 급수입구
③ 버너 급유입구
④ 과열기가 있는 경우 과열기 입구

🔍 과열기 출구 : 과열증기 온도계 부착

62 원통 보일러의 연소실, 화실 천정판이나 노통 상부에 붙여서 수위가 저하되면 플러그가 녹아 화력을 줄이는 안전장치는?

① 용해전
② 폭발구
③ 안전밸브
④ 방출밸브

🔍 용해전 = 가용마개 : 납과 주석의 합금

63 보일러 설치검사 기준상 안전밸브 작동시험 시 안전밸브가 1개 설치된 경우 밸브의 분출(작동)압력은?

① 상용압력 이하
② 최고사용압력 이하
③ 최고사용압력의 1.03배 이하
④ 최고사용압력의 1.06배 이하

🔍 1개의 안전밸브를 설치한 경우 분출압력 : 최고사용압력이하로 조정한다.

정답 56 ① 57 ① 58 ② 59 ③ 60 ② 61 ④ 62 ① 63 ②

64 유리 수면계를 부착하지 않아도 되는 보일러는?

① 소용량 보일러
② 단관식 관류 보일러
③ 주철제 보일러
④ 소형 관류 보일러

🔍 소용량 보일러 및 소형 관류보일러 : 수면계를 1개 이상 부착한다.

65 보일러 정상운전 시 수면계에 나타나는 수위의 위치는?

① 수면계의 최상위
② 수면계의 하단부
③ 수면계의 중앙
④ 수면계의 1/3

🔍 상용수위 : 수면계의 중앙(수면계의 1/2)

66 증기보일러에 압력계를 부착하는 경우 증기온도가 몇 도 이상이면 압력계로 가는 증기관을 황동관 또는 동관으로 해서는 안 되는가?

① 210 k
② 373 k
③ 393 k
④ 483 k

🔍 증기온도 210℃(483 k) 초과 : 지름 12.7mm 이상의 강관을 사용한다.

67 보일러의 가성취화는 무엇이 원인이 되어 발생하는가?

① 염화나트륨
② 수산화나트륨
③ 염화마그네슘
④ 탄산마그네슘

🔍 가성취화 : 청관제인 수산화나트륨을 과잉 사용할 경우 알칼리도가 상승하여 가성취화 가 발생한다.

68 보일러의 급수처리 방법이 아닌 것은?

① 화학적 처리
② 물리적 처리
③ 전기적 처리
④ 기계적 처리

🔍 급수처리방법 : 전기적 처리, 기계적 처리, 화학적 처리

69 보일러 급수 중의 용존 고형물의 제거방법이 아닌 것은?

① 이온교환법
② 증류법
③ 기폭법
④ 약품처리법

🔍 기폭법 : 용존 가스체 제거방법

70 보일러수의 관내처리 방법인 청관제의 투입에서 청관제의 기능이 아닌 것은?

① pH, 알칼리도 조정
② 가성취화 억제
③ 현탁성 부유물 제거
④ 슬러지 조정

🔍 현탁성 부유물 제거 : 침강법, 여과법, 응집법

71 보일러 급수처리 중 협잡물(현탁물)의 제거법이 아닌 것은?

① 침강법
② 증류법
③ 응집법
④ 여과법

🔍 증류법 : 용존 고형물(경도성분)을 처리하는 방법으로 비경제적이다.

72 저압 보일러에서 보일러 관수의 용존산소를 처리할 목적으로 사용되는 약품은?

① 탄닌
② 황산나트륨
③ 인산나트륨
④ 전분

🔍 탈산소제 : 탄닌, 아황산소다, 히드라진

73 보일러 관석(스케일) 중 고온에서 석출 되어 주로 증발관에 부착되기 쉬운 성분은?

① 황산칼슘
② 탄산칼슘
③ 황산마그네슘
④ 규산나트륨

🔍 황산칼슘 : 고온에서 용해도가 감소하여 석출되는 성분으로 증발관에서 생성이 쉽다.

정답 ▶ 64 ② 65 ③ 66 ④ 67 ② 68 ② 69 ③ 70 ③ 71 ② 72 ② 73 ①

74 신설보일러는 제조 때 내부에 부착한 유지나 페인트 등을 제거하기 위하여 어떤 약품을 넣고 끓이는가?

① 질산나트륨
② 탄산나트륨
③ 수산화나트륨
④ 염화칼슘

🔍 소다끓이기 : 동내면에 부착된 유지분을 제거 하기 위해 탄산나트륨을 첨가하여 끓이는 방법.

75 수질이 산성인지 알칼리성인지를 알 수 있으며 용액 중의 수소이온농도를 나타내는 것은?

① pH
② 경도
③ ppm
④ 알칼리도

🔍 경도 : 스케일의 원인

76 보일러 급수의 독일경도 1도를 옳게 설명한 것은?

① 물 100℃ 속에 산화칼슘(CaO)이 1mg 포함된 경우
② 물 1000℃ 속에 산화칼슘(CaO)이 1mg 포함된 경우
③ 물 100℃ 속에 탄산칼슘($CaCO_3$)이 1mg 포함된 경우
④ 물 1000℃ 속에 탄산칼슘($CaCO_3$)이 1mg 포함 경우

🔍 독일경도 1도 : 물 100℃ 중에 이 1mg 포함된 경우로 10만분의 1단위

77 보일러 급수 중 용해물질 처리방법이 아닌 것은?

① 증류법
② 기폭법
③ 응집법
④ 이온교환법

🔍 응집법 : 급수 중 부유·현탁질 고형분을 처리하는 방법

78 보일러 급수펌프인 터빈펌프의 일반적인 특징이 아닌 것은?

① 효율이 높고 안정된 성능을 얻을 수 있다.
② 구조가 간단하고 취급이 용이하므로 보수, 관리가 편리하다.
③ 토출 시 흐름이 고르고 운전상태가 조용하다.
④ 저속회전에 적합하며 소형이면서 경량이다.

🔍 터빈펌프 : 임펠러에 안내 깃(가이드 베인) 이 부착되어 있고, 고속회전에 적합하다.

79 증기트랩을 기계식 트랩, 온도조절식 트랩, 열역학적 트랩으로 구분할 때 온도조절식 트랩에 해당하는 것은?

① 버켓 트랩
② 플로트 트랩
③ 열동식 트랩
④ 디스크형 트랩

🔍
• 기계식 : 플로트식, 버켓식
• 온도조절식 : 바이메탈식, 벨로즈식(열동식)
• 열역학적 성질 : 디스크식, 오리피스식

80 급수탱크의 설치에 대한 설명 중 틀린 것은?

① 급수탱크를 지하에 설치하는 경우에는 지하수, 하수, 침출수 등이 유입되지 않도록 한다.
② 급수탱크의 크기는 용도에 따라 1~2 시간 정도 급수를 공급할 수 있는 크기로 한다.
③ 급수탱크는 얼지 않도록 보온 등 방호조치를 하여야 한다.
④ 탈기기가 없는 시스템의 경우 급수에 공기 용입 우려로 인해 가열장치를 설치해서는 안 된다.

🔍 탈기기가 없는 경우 : 적절한 급수온도를 유지하기 위해 가열장치가 필요하다.

정답 74 ② 75 ① 76 ① 77 ③ 78 ④ 79 ③ 80 ④

81 급수탱크의 수위조절기에서 전극형 만의 특징에 해당하는 것은?

① 기계적으로 작동이 확실하다.
② 내식성이 강하다.
③ 수면의 유동에서도 영향을 받는다.
④ On-Off의 스팬이 긴 경우는 적합하지 않다.

> 수위조절기의 종류
> • 플로트식 : 기계적으로 작동이 확실하다.
> • 부력형 : 내식성이 강하다.
> • 수은 스위치 : 수면의 유동에서도 영향을 받는다.
> • 전극형 : On-Off의 스팬이 긴 경우는 적합 하지 않다.

82 안전밸브의 수동시험은 최고사용압력의 몇 % 이상의 압력으로 행하는가?

① 50%
② 55%
③ 65%
④ 75%

> 안전밸브의 수동시험 : 분출압력의 75% 이상 일 때 실시한다.

83 연료유 탱크에 가열장치를 설치한 경우에 대한 설명으로 틀린 것은?

① 열원에는 증기, 온수, 전기 등을 사용한다.
② 전열식 가열장치에 있어서는 직접식 또는 저항 밀봉 피복식의 구조로 한다.
③ 온수, 증기 등의 열매체가 동절기에 동결 할 우려가 있는 경우에는 동결을 방지하는 조치를 취해야 한다.
④ 연료유 탱크의 기름 취출구 등에 온도계를 설치하여야 한다.

> 전열식 가열장치는 간접식 또는 저항 밀봉 피복식의 구조로 한다.

84 배관 이음 중 슬리브형 신축이음에 관한 설명으로 틀린 것은?

① 슬리브 파이프를 이음쇠 본체측과 슬라이드 시킴으로써 신축을 흡수하는 이음 방식이다.
② 신축 흡수율이 크고 신축으로 인한 응력 발생이 적다.
③ 배관의 곡선부분이 있어도 그 비틀림을 슬리브에서 흡수하므로 파손의 우려가 적다.
④ 장기간 사용 시에는 패킹의 마모로 인한 누설이 우려된다.

> 슬리브형 신축이음
> • 배관에 곡선부분이 있으면 비틀림이 발생하 여 파손의 우려가 크다.
> • 구조상 과열증기에 부적합하다.
> • 신축 흡수율이 크고 신축으로 인한 응력 발생이 적다.

85 서비스 탱크는 자연압에 의하여 유류연료가 잘 공급될 수 있도록 버너보다 몇 m 이상 높은 장소에 설치하여야 하는가?

① 0.5m
② 0.8m
③ 1.0m
④ 1.2m

> 서비스 탱크의 설치방법
> • 보일러 외측에서 2m 이상 거리에 설치한다.
> • 버너 중심에서 1.2~1.5m 이상 높게 설치한다.

86 보일러의 증기압력 상승시의 운전관리에 관한 일반적 주의사항으로 거리가 먼 것은?

① 보일러에 불을 붙일 때는 어떠한 이유가 있어도 급격한 연소를 시켜서는 안 된다.
② 급격한 연소는 보일러 본체의 부동팽창을 일으켜 보일러와 벽돌 쌓은 접촉부에 틈을 증가시키고 벽돌사이에 벌어짐이 생길 수 있다.
③ 특히 추철제 보일러는 급냉 급열시에 쉽게 갈라질 수 있다.
④ 찬물을 가열할 경우에는 일반적으로 최저 20분~30분 정도로 천천히 가열한다.

> 찬물을 가열할 경우에는 일반적으로 최저 1~2 시간 정도로 천천히 가열한다.

87 보일러의 유류배관의 일반사항에 대한 설명으로 틀린 것은?

① 유류배관은 최대 공급압력 및 사용온도에 견디어야 한다.
② 유류배관은 나사이음을 원칙으로 한다.
③ 유류배관에는 유류가 새는 것을 방지하기 위해 부식방지 등의 조치를 한다.

 81 ④ 82 ④ 83 ② 84 ③ 85 ④ 86 ④ 87 ②

④ 유류배관은 모든 부분의 점검 및 보수할 수 있는 구조로 하는 것이 바람직하다.

🔍 유류배관은 용접이음을 원칙으로 한다.

88 스프링식 안전밸브에서 저양정식인 경우는?

① 밸브의 양정이 밸브시트 구경의 1/7 이상 1/5 미만인 것
② 밸브의 양정이 밸브시트 구경의 1/15 이상 1/7 미만인 것
③ 밸브의 양정이 밸브시트 구경의 1/40 이상 1/15 미만인 것
④ 밸브의 양정이 밸브시트 구경의 1/45 이상 1/40 미만인 것

🔍 • 저양정식 : 밸브의 양정이 밸브시트 구경의 1/40 이상 1/15 미만인 것.
• 고양정식 : 밸브의 양정이 밸브시트 구경의 1/15 이상 1/7 미만인 것.
• 전양정식 : 밸브의 양정이 밸브시트 구경의 1/7 이상인 것

89 증기 보일러에서 압력계 부착방법에 대한 설명으로 틀린 것은?

① 압력계의 콕은 그 핸들을 수직인 증기관과 동일 방향에 놓은 경우에 열려 있어야 한다.
② 압력계에는 안지름 12.7mm 이상의 사이펀관 또는 동등한 작용을 하는 장치를 설치한다.
③ 압력계는 원칙적으로 보일러의 증기실에 눈금판의 눈금이 잘 보이는 위치에 부착한다.
④ 증기온도가 483K(210℃)를 넘을 때에는 황동관 또는 동관을 사용하여서는 안된다.

🔍 사이펀의 관경 : 6.5mm 이상
• 증기온도 210℃ 이상 : 12.7mm 이상의 강관을 사용
• 증기온도 210℃ 이하 : 6.5mm 이상의 동관을 사용

90 보일러에서 사용하는 급유펌프에 대한 일반적인 설명으로 틀린 것은?

① 급유펌프는 점성을 가진 기름을 이송하므로 기어펌프나 스크루펌프 등을 주로 사용한다.

② 급유탱크에서 버너까지 연료를 공급하는 펌프를 수송펌프(supply pump)라 한다.
③ 급유펌프의 용량은 서비스 탱크를 1시간 내에 급유할 수 있는 것으로 한다.
④ 펌프 구동용 전동기는 작동유의 정도를 고려하여 30% 정도 여유를 주어 선정한다.

🔍 • 급유펌프 : 서비스탱크의 연료를 버너에 공급하기 위한 펌프.
• 종류 : 기어 펌프, 플런져 펌프, 스크류 펌프

91 회전이음, 지블이음이라고도 하며, 주로 증기 및 온수난방용 배관에 설치하는 신축이음 방식은?

① 벨로스형   ② 스위블형
③ 슬리브형   ④ 루프형

🔍 스위블형 신축이음 : 증기 및 온수방열기의 입구 배관에 설치하여 엘보의 회전운동으로 신축을 조절한다.

92 보일러 수처리에서 순환계통 외처리에 관한 설명으로 틀린 것은?

① 탁수를 침전지에 넣어서 침강 분리시키는 방법은 침전법이다.
② 증류법은 경제적이며 양호한 급수를 얻을 수 있어 많이 사용한다.
③ 여과법은 침전속도가 느린 경우 주로 사용하며 여과기 내로 급수를 통과시켜 여과한다.
④ 침전이나 여과로 분리가 잘 되지 않는 미세한 입자들에 대해서는 응집법을 사용하는 것이 좋다.

🔍 증류법 : 증발기로 물을 증류하여 용해고형 물을 처리하는 방법으로 비경제적이다.

93 보일러 급수처리의 목적으로 거리가 먼 것은?

① 스케일의 생성 방지
② 점식 등의 내면 부식 방지
③ 캐리오버의 발생 방지
④ 황분 등에 의한 저온부식 방지

🔍 저온부식 : 연료성분 중 황분에 의한 외부 부식

정답 88 ③ 89 ② 90 ② 91 ② 92 ② 93 ④

94 보일러에서 C중유를 사용할 경우 중유예열장치로 예열할 때 적정 예열 범위는?

① 40℃~45℃   ② 80℃~105℃
③ 130℃~160℃   ④ 200℃~250℃

> 중유의 예열온도 : 80℃~100℃
> 중유의 예열온도가 너무 높거나, 너무 낮으면 탄화물이 생성하여 무화 불량의 원인이 된다.

95 다음 부품 중 전후에 바이패스를 설치해서는 안 되는 부품은?

① 급수관
② 연료차단밸브
③ 감압밸브
④ 유류배관의 유량계

> 연료차단밸브(전자밸브) : 보일러의 위급시 연료공급을 차단하는 밸브로 버너 입구에 직접 설치한다.

96 다음 중 자동연료차단장치가 작동되는 경우로 거리가 먼 것은?

① 버너가 연소상태가 아닌 경우(인터록이 작동한 상태)
② 증기압력이 설정압력보다 높은 경우
③ 송풍기 팬이 가동할 때
④ 관류보일러에 급수가 부족한 경우

> 자동연료차단장치가 작동되는 경우
> • 압력이 설정압력을 초과한 경우
> • 보일러가 저수위인 경우
> • 보일러 가동 중 불착화 또는 실화인 경우
> • 송풍기 팬이 가동되지 않은 경우

97 유류 보일러 시스템에서 중유를 사용할 때 흡입측의 여과망 눈 크기로 적합한 것은?

① 1~10 mesh   ② 20~60 mesh
③ 100~150 mesh   ④ 300~500 mesh

> 공급펌프의 흡입측 여과망의 크기
> • 중유 : 20~60 mesh, 경유 : 80~120 mesh
> • 토출측 – 중유 : 60~120 mesh
>   – 경유 : 100~250 mesh

98 보일러 내처리로 사용된 약제 중 가성취화 방지, 탈산소, 슬러지 조정 등의 작용을 하는 것은?

① 수산화나트륨
② 암모니아
③ 탄닌
④ 고급지방산 폴리알콜

> 탄닌 : 급수처리 중 가성취화 방지, 탈산소, 슬러지 조정 등에 사용되는 청관제

99 열사용기자재 검사기준에 따라 전열면적 12m² 인 보일러의 급수밸브의 크기는 호칭 몇 A 이상이어야 하는가?

① 15   ② 20
③ 25   ④ 32

> 급수밸브의 크기
> • 전열면적 10m² 이하 : 호칭 15A 이상
> • 전열면적 10m² 초과 : 호칭 20A 이상

100 비중의 차를 이용하여 작동하는 증기트랩은?

① 플로트식
② 디스크식
③ 벨로즈식
④ 오리피스식

> 비중량 차에 의한 증기트랩(기계식 증기트랩) : 플로트식, 버켓식

101 보일러 설치 검사기준상 급수장치를 필요로 하는 보일러에는 주펌프 및 보조펌프세트를 갖춘 급수 장치가 있어야 하는데 다음 중 보조펌프세트를 생략할 수 있는 보일러는?

① 전열면적 50m²의 관류 보일러
② 전열면적 30m²의 강철제 증기 보일러
③ 전열면적 20m²의 가스용 온수 보일러
④ 전열면적 40m²의 주철제 증기 보일러

> 보조펌프 세트를 생략할 수 있는 경우
> • 전열면적 12m² 이하의 강철제 보일러
> • 전열면적 14m² 이하의 가스용 온수보일러
> • 전열면적 100m² 이하의 관류 보일러

정답 94 ④ 95 ② 96 ③ 97 ② 98 ③ 99 ② 100 ① 101 ①

102 거싯 스테이를 가장 필요로 하는 경판은?

① 접시형 경판
② 구형 경판
③ 오목접시형 경판
④ 평형 경판

🔍 증기압력에 대한 응력이 낮은 평 경판에만 스테이(버팀)를 사용한다.

103 보일러 안전 저수면에 대한 설명으로 맞는 것은?

① 보일러 장치 중 항상 유지되는 수면
② 보일러 사용 중 유지해야 할 최저의 수면
③ 보일러 사용 중 항상 유지되는 수면
④ 보일러 사용 중 유지해야 할 최고의 수면

🔍 안전 저수면 : 보일러 사용 중 유지해야 할 최저의 수면으로 수면계의 하단부를 말한다.

104 다음 중 스케일의 생성형태를 맞게 설명한 것은?

① 규산칼슘 스케일은 실리카가 많은 급수 또는 칼슘의 제거가 불완전한 경우 생성된다.
② 황산칼슘 스케일은 pH 조정제의 투입으로 pH가 상승되는 경우 생성된다.
③ 탄산칼슘 스케일은 경도성분 중 Mg 성분의 제거가 불충분한 경우 생성된다.
④ 중탄산칼슘은 저온에서 탄산가스를 분리하여 황산칼슘 등과 결합하면 경질의 스케일이 생성된다.

🔍 ・ 황산칼슘 스케일 : pH가 상승되지 않는 경우 생성된다.
・ 탄산칼슘 스케일 : 경도성분 중 성분의 제거가 불충분한 경우 생성된다.
・ 중탄산칼슘 : 연질스케일로 부착된다.

105 열역학적 트랩으로 수격작용에 강하고 과열증기에도 사용할 수 있는 증기트랩은?

① 버킷 트랩
② 디스크 트랩
③ 벨로스 트랩
④ 바이메탈식 트랩

🔍 열역학적 트랩 : 디스크식, 오리피스식

106 노통, 연소실, 연관 등이 과열이 되면 그 부분의 강도가 저하되는데 이것이 심한 경우에는 보일러의 압력에 못 견디어 안쪽으로 오므라드는 현상은?

① 팽출
② 라미네이션
③ 압궤
④ 블리스터

🔍 ・ 압궤 : 과열 등으로 외압에 의해 안으로 오그라드는 현상으로 주로 노통에 발생한다.
・ 팽출 : 과열 등으로 내압에 의해 밖으로 부풀어 오르는 현상으로 수관에 발생한다.

107 스케일의 종류와 성질을 설명한 것으로 틀린 것은?

① 중탄산칼슘은 급수에 용존되어 있는 염류 중에 슬러지를 생성하는 주된 성분이다.
② 중탄산칼슘의 용해도는 온도가 올라갈수록 떨어지기 때문에 높은 온도에서 석출된다.
③ 황산칼슘은 주로 증발판에서 스케일화 되기 쉽다.
④ 중탄산마그네슘은 보일러 수중에서 열분해하여 탄산마그네슘이 된다.

🔍 중탄산칼슘 : 중탄산칼슘의 용해도는 온도가 올라갈수록 증가하기 때문에 낮은 온도에서 석출된다.

108 하이리미트 콘트롤이라고도 불리며 자동온도조절기의 하나로 고온차단용, 저온차단용, 순환펌프 작동용으로 사용되는 것은?

① 프로텍터 릴레이
② 콤비네이션 릴레이
③ 스택 릴레이
④ 아쿠아 스탯

🔍 ・ 아쿠아 스탯 : 순환펌프 작동용 제어장치
・ 프로텍터 릴레이 : 오일버너 작동용 제어장치
・ 콤비네이션 릴레이 : 프로텍터 릴레이 와 아쿠아 스탯의 기능을 합한 제어장치

 102 ④ 103 ② 104 ① 105 ② 106 ③ 107 ② 108 ④

109 보일러설치기술규격에서 보일러 가스누설 경보기의 구조에 대한 기준 설명으로 틀린 것은?

① 충분한 강도를 가지며 취급과 정비가 용이할 것
② 검지부가 다점식인 경우에는 경보가 울릴 때 경보부에서 가스의 검지장소를 알 수 있는 구조이어야 할 것
③ 경보기의 경보부의 검지부는 반드시 일체형일 것
④ 경보는 램프의 점등 또는 점멸과 동시에 경보를 울리는 것일 것

🔍 가스누설 경보기의 구조 : 경보기의 경보부 와 검지부는 분리하여 설치할 수 있는 것

110 급유장치 중 하나인 서비스 탱크의 부속설비에 해당하지 않는 것은?

① 가열장치
② 유면계
③ 솔레노이드 밸브
④ 오버플로우 관

🔍 솔레노이드 밸브(전자밸브) : 버너 입구에 설치하여 보일러가 위급할 때 연료공급을 자동으로 차단하는 밸브

111 보일러 분출장치로서 연속 분출장치에 해당되는 것은?

① 수면 분출장치　② 수저 분출장치
③ 수중 분출장치　④ 압력 분출장치

🔍 • 수면분출 : 연속분출
　• 수저분출 : 단속(간헐)분출

112 보일러수를 분출하는 경우가 아닌 것은?

① 보일러수가 농축되었을 때
② 보일러 수면에 부유물이 많을 때
③ 보일러 동 내면에 유지분이 부착되었을 때
④ 보일러 수저에 슬러지가 퇴적하였을 때

🔍 소다분 : 신설 보일러의 동 내면에 부착된 유지분을 제거하기 위해 탄산소다를 첨가 하여 2~3일간 끓이는 방법

113 보일러 효율을 증대시키기 위한 부속장치 중 일반적으로 증발관 바로 다음에 배치되는 것은?

① 재열기
② 절탄기
③ 공기 예열기
④ 과열기

🔍 폐열회수장치의 설치순서
과열기 – 재열기 – 절탄기 – 공기예열기

114 연도 내의 연소가스로 보일러 급수를 예열하는 장치는?

① 재열기　② 과열기
③ 절탄기　④ 예열기

🔍 절탄기 : 연돌로 배출되는 배기가스의 손실열 을 이용 급수를 예열하는 장치(연도에 설치)

115 연소가스와의 접촉으로 가열되는 형식으로 대류열을 이용한 과열기는?

① 복사과열기
② 연소과열기
③ 복사대류과열기
④ 접촉과열기

🔍 대류형 과열기(접촉 과열기)
연도에 설치 하여 배기가스 손실열 이용한 형식.

116 증기와 열가스 흐름의 방향이 서로 반대인 과열기의 형식은?

① 병류형　② 향류형
③ 혼류형　④ 역류형

🔍 병류형 : 증기와 연소가스의 흐름이 동일한 방향인 것

117 과열증기의 장점을 설명한 것으로 틀린 것은?

① 관내 부식 및 수격작용을 방지할 수 있다.
② 적은 증기로 많은 열을 얻을 수 있다.
③ 관내 마찰저항을 감소시킬 수 있다.
④ 가열 표면의 온도를 일정하게 유지할 수 있다.

 109 ③　110 ③　111 ①　112 ③　113 ④　114 ③　115 ④　116 ②　117 ④

🔍 과열증기 : 수분이 없는 증기로 관내의 수격 작용 및 부식방지가 가능하나 온도 조절이 어렵다.

118 보일러 발생 증기의 온도 조절방법이 아닌 것은?

① 과열 저감기에 의한 방법
② 연소실 내의 화염 위치를 조절하는 방법
③ 열가스 유량을 공기로 조절하는 방법
④ 열가스 통로에 설치한 댐퍼로 조절하는 방법

🔍 과열증기의 온도 조절방법
• 댐퍼를 조절하여 연소가스량을 조절하는 방법
• 과열 저감기에 의한 방법
• 연소실 내의 화염 위치를 조절하는 방법
• 독립된 연소실을 이용하는 방법

119 공기예열기에 대한 설명으로 옳지 못한 것은?

① 보일러의 열효율을 향상시킨다.
② 적은 공기비로 연소시킬 수 있다.
③ 연소실의 온도가 높아진다.
④ 통풍저항이 작아진다.

🔍 공기예열기의 단점 : 통풍저항이 증가, 저온 부식이 발생, 청소 곤란

120 보일러 통풍에 관한 설명으로 잘못된 것은?

① 강제통풍에는 압입통풍, 흡입통풍 및 평형통풍 등이 있다.
② 강제 통풍방식은 연료가 완전연소 되므로 별도의 집진장치가 필요 없다.
③ 자연통풍은 굴뚝 높이와 연소가스의 온도에 따라 일정한 한도를 갖는다.
④ 연소실 입구에 송풍기, 굴뚝에 배풍기를 각각 설치한 형태의 강제통풍 방식을 평형통풍 방식 이라 한다.

🔍 집진장치 : 대기오염을 방지하기 위해 배기가스 중 매연을제거 하여 장치

121 보일러의 통풍력에 대한 설명 중 틀린 것은?

① 배기가스의 온도가 높을수록 통풍력은 커진다.
② 외기 온도가 높을수록 통풍력은 커진다.
③ 연돌의 단면적이 클수록 통풍력은 커진다.
④ 연돌이 높을수록 통풍력은 커진다.

🔍 외기온도가 높아지면 : 배기가스온도와 온도차가 적어져 비중량차가 작아지고 통풍력이 저하된다.

122 보일러 통풍방식 중 노내압이 부압이 걸리는 방식은?

① 압입 통풍
② 평형 통풍
③ 자연 통풍
④ 흡인 통풍

🔍 • 압입통풍 : 정압
• 평형통풍 : 대기압

123 자연통풍의 원리로서 가장 옳은 것은?

① 기체는 가열되면 비중이 증가하고 무거워진다.
② 기체는 가열되면 그 체적이 증대되고 가벼워진다.
③ 기체는 가열되면 그 체적이 감소되고 무거워진다.
④ 기체는 가열되면 밀도가 증가하고 가벼워진다.

🔍 자연통풍 : 대류현상을 이용한 통풍으로 온도가 높아지면 기체의 부피는 증가하고 비중은 가벼워진다.

124 보일러 통풍방식 중 강제 압입통풍 방식의 장점을 틀리게 설명한 것은?

① 가압 연소가 되므로 연소율이 높다.
② 완전 연소로 동력 소비가 적다.
③ 고부하 연소가 가능하다.
④ 노내가 정압이 유지되므로 연소가 쉽다.

🔍 압입통풍 : 노 내압이 정압이 되고 통풍저항이 크므로 동력소비가 크다.

정답 118 ③ 119 ④ 120 ② 121 ② 122 ④ 123 ② 124 ②

125 함진 배기가스를 액방울이나 액막에 충돌시켜 매진을 포집 분리하는 집진장치는?

① 중력식 집진장치
② 관성분리식 집진장치
③ 원심력식 집진장치
④ 세정식 집진장치

> 세정식(습식 집진장치) : 분진가스에 수분 또는 증기를 분사하여 분진을 포집하는 방법

126 보일러 전열면의 외측에 부착되는 그을음이나 재를 불어내는 장치는?

① 슈트 블로워
② 어큐무레이터
③ 기수 분리기
④ 사이클론 분리기

> 슈트 블로워 : 전열면에 부착된 그을음(매연)을 제거하여 전열을 좋게 하는 장치로 댐퍼를 만개하고 통풍력을 강하게 한다.

127 결과가 원인이 되어 제어단계를 진행하는 제어 장치로서 블록선도가 폐회로로 구성되는 자동 제어는?

① 피드백 제어
② 시퀀스 제어
③ 인터록
④ 다변수 제어

> 피드백 제어 : 결과에 따라 원인을 가감하는 제어방식으로 폐회로로 구성된 형식

128 피드백(feed back)제어계의 제어량에 대한 희망치로 제어계의 밖에서 주어지는 값은?

① 제어량　② 검출량
③ 목표치　④ 조작량

129 피드백 자동제어에서 동작신호를 받아서 제어계가 정해진 동작을 하는데 필요한 신호를 만들어 조작부에 보내는 부분은?

① 검출부　② 조절부
③ 비교부　④ 제어부

> 조절부 : 동작신호를 받아 조작신호로 전환하여 조작부로 보내는 부분

130 자동제어장치 조절기의 에너지 공급원에 따른 분류에 속하지 않는 것은?

① 전기식
② 공기식
③ 유압식
④ 기계식

> • 신호전달방법 : 전기식, 유압식, 공기압식
> • 신호 전송거리
>   – 전기식 : 수 km 까지
>   – 유압식 : 300m 정도
>   – 공기압식 : 100m 정도

131 제어장치의 제어동작 종류에 해당되지 않는 것은?

① 비례 동작
② 온, 오프 동작
③ 비례적분 동작
④ 반응 동작

> • 연속동작 : 비례동작, 미분동작, 적분동작
> • 불연속동작 : 온 오프 동작

132 자동제어 형태에서 잔류편차가 형성되는 동작은?

① 온, 오프 동작
② 비례 동작
③ 적분 동작
④ 미분 동작

> 비례동작 : 잔류편차에 비례하는 동작

133 보일러 자동제어의 종류가 아닌 것은?

① 온도 제어　② 급수 제어
③ 연소 제어　④ 위치 제어

> 보일러 자동제어 : 자동연소제어, 급수제어, 증기온도제어

 125 ④ 126 ① 127 ① 128 ③ 129 ② 130 ④ 131 ④ 132 ② 133 ④

134 보일러 자동제어에서 자동 연소제어는?

① A·C·C
② A·B·C
③ F·W·C
④ S·T·C

- A·B·C : 보일러 자동제어
- F·W·C : 급수제어
- S·T·C : 증기온도제어

135 보일러 급수자동제어 방식 중 2요소식이란 어떤 양을 검출하여 급수량을 조절하는 것인가?

① 급수유량과 수위
② 급수유량과 노내압력
③ 수위와 노내온도
④ 수위와 증기유량

- 1요소식 : 수위
- 2요소식 : 수위, 증기량
- 3요소식의 검출요소 : 수위, 증기량, 급수량

136 코프스식 자동급수조절장치는 어떤 것을 이용한 것인가?

① 공기의 열팽창
② 금속관의 열팽창
③ 액체의 열팽창
④ 증기압력의 변화

- 코프스식 : 금속관의 열팽창을 이용한 자동 급수제어장치

137 가정용 온수보일러의 자동제어장치로서, 보일러 본체에 부착하여 버너의 주 안전 제어장치로 사용 되며, 고온차단, 저온점화, 순환펌프 회로가 한 개의 제어기로 만들어진 것은?

① 스택릴레이
② 인터널 서모스탯
③ 프로텍터 릴레이
④ 컴비네이션 릴레이

- 컴비네이션 릴레이 : 버너와 순환펌프를 조합하여 사용하는 온수보일러의 자동제어 장치

138 자동제어의 신호전달방식에서 유압전송의 장점은?

① 전송 지연이 적고 응답이 빠르다.
② 위험성이 없다.
③ 전송거리가 가장 길고 조작력이 강하다.
④ 배관이 용이하다.

- 전기식 : 전송거리가 수 km 로 가장 길다.

139 보일러 자동제어의 인터록(interlock) 종류가 아닌 것은?

① 저연소 인터록
② 압력초과 인터록
③ 저수위 인터록
④ 증기온도 인터록

- 인터록의 종류 : 저수위 인터록, 압력초과 인터록, 불착화 인터록, 저연소 인터록, 프리퍼지 인터록

140 미리 정해진 순서에 따라 순차적으로 제어의 각 단계가 진행되는 제어방식으로 작동명령이 타이머나 릴레이에 의해서 수행되는 제어는?

① 시퀀스 제어
② 피드백 제어
③ 프로그램 제어
④ 캐스케이드 제어

- 시퀀스 제어 : 각 제어동작이 순차적으로 진행되는 제어로 보일러의 점화 및 소화동작에 적용된다.

141 보일러 급수제어의 제어되는 대상과 조작하는 량으로 옳은 것은?

① 제어되는 대상 : 급수량, 조작하는 량 : 보일러 수위
② 제어되는 대상 : 보일러 수위, 조작하는 량 : 급수량
③ 제어되는 대상 : 증기량, 조작하는 대상 : 연료량
④ 제어되는 대상 : 연료량, 조작하는 량 : 급수량

- 급수제어
  - 제어량 : 보일러 수위
  - 조작량 : 급수량

정답 134 ① 135 ④ 136 ② 137 ④ 138 ① 139 ④ 140 ① 141 ②

142 다음의 자동제어에 관한 설명으로 틀린 것은?
① 편차는 목표치와 측정치와의 차이다.
② 외란이란 제어계의 상태를 교란시키는 외적 작용이다.
③ 온도를 제어하는 경우에는 비례동작만으로도 가능하다.
④ 신호전달 방법에는 공기압식, 유압식, 전기식으로 분류할 수 있다.

> 연속동작
> 단독으로 사용시 오차가 발생하므로 2가지 이상의 동작을 조합하여 사용한다.

143 보일러수의 일부를 분출하고 있을 때 특히 주의하여야 할 사항은?
① 압력계의 눈금지시
② 안전밸브의 상태
③ 취출밸브의 개도
④ 수면계의 수위

> 분출작업의 주의사항 ; 분출시 안전저수면 이하로 분출하지 않도록 수면계 수위를 확인한다.

144 절탄기에 열가스를 보낼 때 가장 주의할 점은?
① 급수온도
② 연소가스의 온도
③ 절탄기 내의 물의 움직임
④ 유리 수면계의 물의 움직임

> 절탄기의 과열에 의한 열응력 방지하기 위해 절탄기 내의 물의 움직임을 미리 확인한다.

145 다음은 절탄기를 사용할 때의 장점을 나열한 것이다. 옳지 않은 것은?
① 보일러의 증발능력이 향상된다.
② 급수 중 불순물의 일부가 제거된다.
③ 증기의 건도가 향상된다.
④ 급수와 보일러수와의 온도차가 적어져 동판에 열응력이 생기지 않는다.

> 절탄기 : 급수 예열장치

146 공기예열기의 종류에 속하지 않는 것은?
① 전열식   ② 재생식
③ 증기식   ④ 방사식

> 공기예열기의 종류
> 전열식, 재생식, 히트 파이프식

147 자동연소제어의 조작량에 해당되지 않는 것은?
① 연소가스량
② 증기공급량
③ 연료공급량
④ 공기공급량

> • 자동연소제어의 제어량 : 증기압력, 노내압력
> • 자동연소제어의 조작량 : 연료량, 공기량, 연소가스량

148 피드백 자동제어 장치의 검출부에 대한 설명으로 옳은 것은?
① 조작신호를 조작부에 보내는 부분
② 제어량을 검출하여 기준입력과 비교할 수 있도록 신호를 나타내는 부분
③ 동작신호를 만들어 조절부로 보내는 부분
④ 실제로 제어대상에 대하여 작용을 걸어오는 부분

> 검출부 : 주 피드백신호를 발생하여 기준 입력과 비교하는 부분

149 보일러 청관제의 역할과 관계가 없는 것은?
① 관수의 연화   ② 관수의 pH 조절
③ 가성취화 방지 ④ 스케일 제거

> 스케일 제거 : 성분에 따라 유기산 또는 무기산을 이용하는 화학적 세관으로 제거한다.

150 피드백 자동제어 회로에서 외란이 발생한 경우 1차적으로 피드백 신호를 발생시켜 주는 부분은?
① 조절부   ② 조작부
③ 검출부   ④ 비교부

> 검출부 : 주 피드백신호를 발생하여 기준 입력과 비교하는 부분

 142 ③ 143 ④ 144 ③ 145 ④ 146 ④ 147 ② 148 ② 149 ④ 150 ③

151 보일러의 점화, 소화를 하기위한 자동제어 조작은 어떤 제어방식을 이용하는 것이 좋은가?

① 피드백 제어
② 시퀀스 제어
③ 인터록 제어
④ 캐스케이트 제어

🔍 시퀀스 제어 : 각 제어동작이 미리 정해진 순서에 의해 진행되는 제어

152 다음은 스케일 및 슬러지의 장애에 대하여 기술한 것이다 틀린 것은?

① 보일러를 연결하는 코크, 밸브, 기타의 작은 구멍을 막히게 한다.
② 스케일 성분의 성질에 따라서 보일러 강판을 부식시킨다.
③ 연관의 내면에 부착하면 물의 순환이 저하된다.
④ 보일러 강판이나 수관 등의 과열의 원인이 된다.

🔍 스케일 : 전열면 과열, 연료소비량 증대 및 물의순환을 나쁘게 한다.

153 제어동작 중에서 편차의 비례속도에 비례하여 제어동작을 하는 것은?

① 비례동작
② 2위치동작
③ 적분동작
④ 미분동작

🔍 • 비례동작 : 제어편차에 비례하는 동작
• 적분동작 : 재어편차를 제거하는 동작

154 보일러 연소 자동제어를 하는 경우 연소공기량은 어느 값에 따라 주로 조절되는가?

① 연료 공급량
② 발생증기 온도
③ 발생 증기량
④ 급수 공급량

🔍 저동 연소제어 : 연료량과 공기량을 조작하여 증기압력을 조절하는 제어.

155 제어동작 중 제어편차의 시간적분에 비례한 속도로 조작량을 가감하는 것으로 잔류편차가 남지 않는 것은?

① 2위치동작
② 비례동작
③ 미분동작
④ 적분동작

🔍 적분동작 : 제어편차를 제거하는 동작

156 보일러에서 통풍력을 표시하는 수주(水柱)의 단위는?

① mmHg
② kg/cm^2
③ MPa
④ mmAq

🔍 통풍력 단위 : mmH_2O = mmAq = kg/m^2

157 집진장치 선정을 위하여 검토하여야 할 사항과 거리가 가장 먼 것은?

① 매연의 입도
② 매연의 성분
③ 매연의 보유열량
④ 설치 및 운전 경비

🔍 집진장치의 선택시 고려사항
• 설치장소
• 매연성분
• 매연의 입도
• 설비 및 관리보수경비
• 가스 및 수분의 온도
• 집진효율

158 배기가스 중 산소의 농도를 측정할 때 기전력을 이용하여 분석하는 계측기기는?

① 연소식 O_2계
② 자기식 O_2계
③ 세레믹 O_2계
④ 밀도식 O_2계

🔍 • 자기식 O_2 계 : O_2의 자기성질(자화율)을 이용한 물리적 가스분석기
• 밀도식 CO_2 계 : CO_2의 비중(무게)에 의해 CO_2를 측정하는 물리적 가스분석기
• 세레믹 O_2 계 : O_2의 기전력을 이용한 물리적 가스분석기
• 연소식 O_2 계 : 연소반응에 의한 O_2 소비량 측정하는 화학적 가스분석기

정답 151 ② 152 ② 153 ④ 154 ① 155 ④ 156 ④ 157 ③ 158 ③

159 어떤 원심형 송풍기의 회전수가 2500rpm일 때 송풍량이 150m³/min 이었다. 회전수를 3000rpm으로 증가시키면 송풍량은?

① 216 m³/min
② 259.2 m³/min
③ 180 m³/min
④ 125 m³/min

> 송풍량 = $150 \times \frac{2500}{3000}$ = 125 m³/min
> • 송풍량은 모터 회전수 변화의 1승에 비례 한다.

160 다음 중에서 가장 작은 분진을 포집할 수 있는 집진장치는 어느 것인가?

① 사이크론식
② 여과 집진장치
③ 벤튜리 스크러버
④ 코트렐 집진기

> 코트넬 : 전기식 집진장치로 가장 미세입자 (0.5μm)를 제거에 적합하다.

161 슈트 블로워 사용 시 주의사항으로 틀린 것은?

① 저부하(50% 이하)일 때 슈트 블로워를 사용해야 한다.
② 보일러 정지 시 슈트 블로우 작업을 하지 않는다.
③ 분출 시에는 유인통풍을 증가 시킨다.
④ 분출 전에 분출기 내부의 드레인을 제거한다.

> 슈트 불로워 : 보일러 부하가 가벼울 때(50% 이하)나 소화 후에는 사용하지 않는다.

162 보일러 댐퍼의 설치목적과 무관한 것은?

① 통풍력을 조절한다.
② 가스의 흐름을 차단한다.
③ 연료공급량을 조절한다.
④ 주연도와 부연도가 있을 때 가스 흐름을 전환한다.

> 댐퍼 : 공기량과 연소가스량 및 통풍력을 조절하고 연도를 교체하기 위한 장치

163 절탄기에 대한 설명 중 옳은 것은?

① 절탄기에 설치방식은 혼합식과 분배식이 있다.
② 절탄기의 급수예열온도는 포화온도 이상으로 한다.
③ 연료의 절약과 증발량의 감소 및 열효율을 감소 시킨다.
④ 급수와 보일러수의 온도차 감소로 열응력을 줄여 준다.

> 절탄기
> 급수의 예열장치로 연료절감 및 열효율을 높게 하고 온도차로 인한 열응력을 감소시킨다.

164 연소 시작 시 부속설비 관리에서 급수예열기에 대한 설명으로 틀린 것은?

① 바이패스 연도가 있는 경우에는 연소가스를 바이패스 시켜 물이 급수예열기 내를 유통하게 한 후 연소가스를 급수예열기 연도에 보낸다.
② 댐퍼 조작은 급수예열기 연도의 입구 댐퍼를 먼저 연 다음에 출구 댐퍼를 열고 최후에 바이패스 연도댐퍼를 닫는다.
③ 바이패스 연도가 없는 경우 순환관을 이용하여 급수예열기 내의 물을 유통시켜 급수예열기 내부에 증기가 발생하지 않도록 주의한다.
④ 순환관이 없는 경우는 보일러에 급수하면서 적량의 보일러수 분출을 실시하여 급수예열기 내의 물을 정체시키지 않도록 한다.

> 절탄기 설치 시 댐퍼 조작방법
> 절탄기 출구 댐퍼를 먼저 연 다음에 입구 댐퍼를 연다. 최후에 바이패스 연도댐퍼를 닫는다.

정답 159 ④ 160 ④ 161 ① 162 ③ 163 ④ 164 ②

165 보기에서 설명한 송풍기의 종류는?

> - 경향 날개형이며 6~12매의 철판제 직선날개를 보스에서 방사한 스포우크에 리벳죔을 한 것이며, 측판이 있는 임펠러와 측판이 없는 것이 있다.
> - 구조가 견고하며 내마모성이 크고 날개를 바꾸기도 쉬우며 회진이 많은 가스의 흡출통풍기, 미분탄 장치의 배탄기 등에 사용된다.

① 터보송풍기
② 다익송풍기
③ 축류송풍기
④ 플레이트송풍기

🔍 원심 송풍기의 종류
• 터보형 : 후향 날개형으로 압입통풍에 사용
• 다익형 : 전향 날개형으로 흡입통풍에 사용
• 플래이트형 : 방사형 날개로 흡입통풍에 사용

166 급수예열기(절탄기, economizer)의 형식 및 구조에 대한 설명으로 틀린 것은?

① 설치 방식에 따라 부속식과 집중식으로 분류된다.
② 급수의 가열도에 따라 증발식과 비증발식으로 구분하며, 일반적으로 증발식을 많이 사용한다.
③ 평관급수예열기는 부착하기 쉬운 먼지를 함유하는 배기가스에서도 사용할 수 있지만 설치공간이 넓어야 한다.
④ 핀 튜브 급수예열기를 사용할 경우 배기가스의 먼지 성상에 주의할 필요가 있다.

🔍 절탄기
급수의 가열도에 따라 증발식과 비증발식으로 구분하며, 일반적으로 비증발식을 많이 사용한다.

167 링겔만 농도표는 무엇을 계측하는데 사용되는가?

① 배출가스의 매연 농도
② 중유 중의 유황 농도
③ 미분탄의 입도
④ 보일러 수의 고형물 농도

🔍 링겔만 농도표 : 배기가스의 매연농도를 측정하여 연소상태를 좋게 하는 장치이다.

168 보일러의 인터록 제어 중 송풍기 작동 유무와 관련이 가장 큰 것은?

① 저수위 인터록
② 불착화 인터록
③ 저연소 인터록
④ 프리퍼지 인터록

🔍 프리 퍼지 : 점화전 통풍으로 송풍기에 의해 작동된다.

169 철금속가열로 설치검사 기준에서 다음 괄호 안에 들어갈 항목으로 옳은 것은?

> 송풍기의 용량은 정격부하에서 필요한 이론공기량의 ( )를 공급할 수 있는 용량 이하이어야 한다.

① 80%
② 100%
③ 120%
④ 140%

170 세정식 집진장치 중 하나인 회전식 집진장치의 특징에 관한 설명으로 틀린 것은?

① 기동부분이 작고 구조가 간단하다.
② 세정용수가 적게 들며, 급수 배관을 따로 설치 할 필요가 없으므로 설치공간이 적게 든다.
③ 집진물을 회수할 때 탈수, 여과, 건조 등을 수행할 수 있는 별도의 장치가 필요하다.
④ 비교적 큰 압력손실을 견딜 수 있다.

🔍 회전식 집진장치의 특징
• 기동부분이 작고 구조 및 조작이 간단하다.
• 비교적 큰 압력손실을 견딜 수 있다.
• 가연성 함진가스의 세성에도 용이하다.
• 세정용수가 많이 들며, 급수 배관 및 오수 처리설비를 갖추어야 한다.

정답 165 ④ 166 ② 167 ① 168 ④ 169 ④ 170 ②

171 다음 중 과열기에 관한 설명으로 틀린 것은?

① 연소방식에 따라 직접연소식과 간접연소식으로 구분된다.
② 전열방식에 따라 복사형, 대류형, 양자병용형으로 구분된다.
③ 복사형 과열기는 관열관을 연소실내 또는 노벽에 설치하여 복사열을 이용하는 방식이다.
④ 과열기는 일반적으로 직접연소식이 널리 사용 된다.

🔍 **과열기**
연소방식에 따라 직접연소식과 간접연소식으로 구분되며, 연소가스 통로에 설치하는 간접연소식을 널리 사용한다.

172 댐퍼에서 형상에 따른 분류가 아닌 것은?

① 터보형 댐퍼
② 버터플라이 댐퍼
③ 시로코형 댐퍼
④ 스플리트 댐퍼

🔍 **형상에 따른 댐퍼의 종류**
버터플라이형, 시로코형, 스플리트형

173 1차 제어장치가 제어명령을 하고 2차 제어장치가 1차 명령을 바탕으로 제어량을 조절하는 측정 제어는?

① 케스케이드제어
② 추종제어
③ 프로그램제어
④ 배율제어

🔍 **케스케이드제어**
1차 제어장치가 제어명령을 하고 2차 제어장치가 1차 명령을 바탕으로 제어량을 조절하는 제어방식

174 공기예열기는 금속판을 일정시간 동안 연소가스에 접촉시켜 열을 흡수시키고 또 공기를 접촉시켜 열을 회수한 다음 방출하는 재생식이 있는데 이러한 재생식의 방법이 아닌 것은?

① 전도식   ② 회전식
③ 고정식   ④ 이동식

🔍 **재생식(융그스트룸식)공기예열기의 종류**
회전식, 고정식, 이동식

175 관성력식 집진법을 올바르게 설명한 것은?

① 분진가스에 선회운동을 주어 분진을 분리한다.
② 분진가스를 양모, 유리섬유 등에 통과시켜 분진을 분리한다.
③ 분진가스를 세정액에 충돌시켜 분진을 분리한다.
④ 분진가스를 방해 판에 충돌시켜 분진을 분리한다.

🔍 • 원심력식 : 분진가스에 선회운동을 주어 분진을 분리한다.
• 여과식 : 분진가스를 양모, 유리섬유 등에 통과시켜 분진을 분리한다.
• 세정식 : 분진가스를 세정액에 충돌시켜 분진을 분리한다

176 보일러 그을음 제거 장치인 슈트블로워의 분사 형식이 아닌 것은?

① 모래분사
② 물 분사
③ 공기분사
④ 증기분사

🔍 **슈트블로워의 분사매체에 따른 종류**
증기분사식, 공기분사식, 물 분사식

177 다음 보일러의 부속장치 중 설명이 잘못된 것은?

① 재열기 : 보일러에서 발생된 증기로 급수를 예열시켜주는 장치
② 공기예열기 : 연소가스의 여열 등으로 연소용 공기를 예열하는 장치
③ 과열기 : 포화증기를 가열하여 압력은 일정하게 유지하면서 증기의 온도를 높이는 장치
④ 절탄기 : 폐열가스를 이용하여 보일러에 급수되는 물을 예열하는 장치

🔍 **재열기**
터빈출구에서 저압의 포화증기를 저압의 과열증기로 만드는 장치

정답 171 ④ 172 ① 173 ① 174 ① 175 ④ 176 ① 177 ①

178 통풍기를 크게 원심식과 축류식으로 구분할 때 축류식에서 주로 사용되는 풍향 조절방식은?

① 회전수를 변화시켜 풍향을 조절한다.
② 댐퍼를 조절하여 풍향을 조절한다.
③ 흡입 베인의 개도에 의해 풍향을 조절한다.
④ 날개를 동익가변시켜 풍향을 조절한다.

🔍 풍량 조절방법
• 축류식 : 날개의 동익가변에 의해
• 원심식 : 모터 회전수의 변화에 의해, 댐퍼의 개도에 의해, 흡입 베인의 각도에 의해 조절한다.

179 어떤 보일러 수의 불순물 허용농도가 400 ppm 이고, 1일 급수량이 5000ℓ 일 때 이 보일러의 1일 분출량은 약 몇 ℓ 인가? (단, 급수 중의 불순물 농도는 50ppm 이고, 응축수는 회수하지 않는다.)

① 688
② 714
③ 785
④ 828

🔍 분출량
$$= \frac{급수량 \times 급수\ 중\ 허용농도}{관수\ 중\ 허용농도 - 급수\ 중\ 허용농도}$$
$$= \frac{5000 \times 50}{400 - 50} = 714.3 ℓ$$

180 통풍압력을 2배로 높이려면 원심형 송풍기의 회전수를 몇 배로 높여야 하는가?

① 1   ② $\sqrt{2}$
③ 2   ④ 4

🔍 송풍기의 풍압은 회전수 변화의 2승에 비례 한다.
즉, $P' = P \times (\frac{\gamma'}{\gamma})^2$ 이다.

181 매연분출장치 중에서 롱 레트랙터블(Long Retrac table)형의 주요 사용 장소에 대해 올바르게 설명한 것은?

① 보일러의 고온부인 과열기나 고온의 열가스 통로 부분에 사용한다.
② 보일러의 연소실 노벽 등에 부착하여 타고 남은 찌꺼기를 제거한다.
③ 보일러 전열면, 절탄기 등에 사용하며 자동식 과 수동식이 있다.
④ 관형의 공기예열기에 사용되며 원격조작이 가능하다.

🔍 • 롱 레트랙터블 : 과열기 등 고온 전열면에 사용한다.
• 쇼트 레트랙터블 : 보일러의 연소실 노벽 등에 사용한다.
• 로타리형(회전형) : 절탄기 등 저온 전열면 에 사용한다.

182 보일러에서 사용하는 분출관 및 분출밸브 등에 대한 설명으로 틀린 것은?

① 보일러 아랫부분에는 분출관과 분출밸브 또는 분출콕크를 설치해야 한다.(관류보일러는 제외)
② 2개 이상의 보일러를 같이 사용할 경우 분출관은 공동으로 사용해야 한다.
③ 분출밸브의 크기는 호칭지름 25mm 이상의 것이어야 한다.(전열면적 10m² 이하의 보일러는 호칭지름 20mm 이상)
④ 최고사용압력 0.7MPa 이상의 보일러의 분출관에는 분출밸브 2개 또는 분출밸브의 분출콕크를 직렬로 갖추어야 한다.

🔍 2개 이상의 보일러를 같이 사용할 경우 분출관은 공동으로 사용하면 않된다.

SECTION 04 연료, 연소 및 연소장치

Craftsman Energy Management

STEP 01 연료

공기 중에서 용이하게 연소하고 발생한 연소열을 경제적으로 이용할 수 있는 물질을 연료라 하고, 고체연료, 액체연료, 기체연료 등으로 구분한다.

1. 연료의 구비조건

① 공기 중에서 연소가 잘되고 발열량이 클 것
② 구입이 용이하고 가격이 저렴할 것
③ 운반, 저장, 취급이 용이할 것
④ 사용에 위험성이 적을 것
⑤ 연소 시 유해성분이 적고 대기오염이 적을 것

2. 연료의 조성 및 영향

1) **연료의 성분** : C(탄소), H(수소), S(황), O(산소), N(질소), A(회분), W(수분) 등
   ① 주성분 : C(탄소), H(수소), O(산소)
   ② 가연성분 : C(탄소), H(수소), S(황)

2) **연료에 미치는 영향**
   ① 탄소(C) : 연료의 주성분으로 연소 시 발열량을 높게 하고 연료의 판정 기준이 된다.
   ② 수소(H) : 연료의 주성분으로 연소 시 발열량이 높고 고위발열량과 저위발열량을 구분하는 성분이다.
   ③ 황(S) : 연료 중 가연성분으로 중유에 소량(1~4%)이 되어 보일러의 저온부식 및 대기오염의 원인이 되는 성분이다.
   ④ 산소(O) : 함유량은 적으나 연료 중 탄소나 수소와 반응하여 발열량을 저하시킨다.
   ⑤ 질소(N) : 연소시 암모니아화 되어 흡열반응으로 발열량이 감소된다.
   ⑥ 회분(A) : 고체연료에 많으며 무회성분으로 발열량을 저하시킨다.
   ⑦ 수분(W) : 연료의 점화를 방해하고 증발잠열로 인한 열손실이 크고 고위발열량과 저위발열량을 구분하는 성분

3) **연료의 분석**
   ① 공업분석
      ㉮ 고체연료의 성분을 분석하는 방법으로 수분, 회분, 휘발분 등은 직접 그 량을 정량하고 고정탄소는 산술적으로 그 량을 항습 베이스로 분석하는 방법

④ 고정탄소 = 100 − [수분(%) + 회분(%) + 휘발분(%)]
② 원소분석
㉮ 연료의 성분을 화학적 원소로 분석하는 방법으로 각 성분을 중량비로 표시하여 무수 베이스로 분석하는 방법
㉯ 분석성분 : C(탄소), H(수소), S(황), O(산소), N(질소), P(인) 등 6성분

(4) 연료의 분류
① 고체연료
㉮ 천연연료 : 석탄, 목재
㉯ 인공연료 : 코크스, 목탄
② 액체연료
㉮ 천연연료 : 원유
㉯ 인공연료 : 휘발유, 등유, 경유, 중유
③ 기체연려
㉮ 천연연료
㉠ 석유계 : 유전가스
㉡ 석탄계 : 탄전가스
㉯ 인공가스
㉠ 석유계 : 액화석유가스, 오일가스
㉡ 석탄계 : 석탄가스, 수성가스, 발생로가스, 고로가스

STEP 02 연료의 종류

1. 고체연료

고체연료는 석탄, 목재 등 1차 연료(천연연료)와 미분탄, 코크스, 목탄 등 2차 연료(가공연료)로 구분된다.

1) 장점
① 저장 시 노천야적이 가능하다.
② 연소 시 인화폭발의 위험성이 적다.
③ 가격이 저렴하고 구입이 용이하다.

2) 단점
① 점·소화가 곤란하고 연소조절이 어렵다.
② 연소 시 매연발생이 많고, 대기오염이 심하다.
③ 연소에 많은 공기가 필요하다.
④ 재처리가 곤란하다.

3) 석탄의 분류

석탄은 지상의 식물이 지하에 매몰되어 지압, 지열 등의 작용으로 열분해를 일으켜 탄화된 연료로 연료비, 점결성, 탄화도, 입도, 발열량, 산지별 등에 의해 분류된다.

① 연료비

㉮ 고정탄소와 휘발분과의 비로서 연료의 구분의 기준이 된다.

㉯ 연료비 = $\dfrac{고정탄소}{휘발분}$

- 고정탄소 : 연소시 발열량이 높게 하고, 파란 단염을 형성한다.
- 휘발분 : 연소시 점화를 쉽게 하고 붉은 장염을 형성하며 매연발생이 심하다.

② 점결성 (= 코크스화성)

석탄을 가열하면 휘발분이 방출되고 300~400℃에서 용해, 연화되어 500~600℃ 부근에서 굳어지는 성질을 점결성, 코크스화성이라 한다.

구분	연료 비	고정탄소(%)	휘발분(%)	점결성
무연탄	12 이상	90 이상	3~7	비 점결성
반 무연탄	12~7	85~90	9~13	비 점결성
반 역청탄	7~4	75~85	14~19	약 점결성
고도 역청탄	4~1.8	65~75	27~35	강 점결성
저도 역청탄	1.8~1	50~65	35~52	약 점결성
갈탄	1 이하	50 이하	50 이상	비 점결성

석탄의 분류

③ 탄화도

㉮ 지하에 매몰된 식물의 탄소화 작용이 활발하게 진행되어 탄소량이 증가하는 석탄화의 진행 정도를 의미한다.

㉯ 탄화도가 높으면
  ㉠ 고정탄소가 증가하여 발열량이 증가한다.
  ㉡ 연료비가 증가하고, 착화온도가 높아진다.
  ㉢ 수분과 휘발분이 저하되고, 점결성이 감소한다.

④ 입도

㉮ 석탄의 입자를 크기 정도로 표시한다.

㉯ 석탄의 입도에 따라 괴탄(50mm 이상), 중괴탄(25~50mm), 분탄(25mm 이하), 미분탄(3mm 이하)으로 분류된다.

⑤ 석탄의 저장방법

㉮ 종류별로 노천야적을 한다.(저장높이 2~4m 정도, 저장기간 30일 이내)

㉯ 탄층내의 온도를 60℃ 이하로 유지한다.

㉰ 풍화 및 자연발화를 방지한다.

⑥ 풍화현상 : 석탄이 공기 중 산소와 산화반응을 일으켜 변질되는 현상으로
　　　㉮ 분탄이 되기 쉽고
　　　㉯ 휘발분과 점결성이 감소되고,
　　　㉰ 발열량이 저하된다.
　　　㉱ 발생원인
　　　　　㉠ 수분이 많을수록　　　　　㉡ 신탄일수록
　　　　　㉢ 입자가 적을수록　　　　　㉣ 휘발분이 많을수록
　　　　　㉤ 외기온도가 높을수록
　　⑦ 연료의 인수 : 석탄 중 습분, 공업분석 성분, 발열량, 입도 등을 측정하여 확인 후 인수한다.

2. 미분탄

석탄을 150mesh 이하로 분쇄하여 미립자화 한 고체연료
① 장점
　㉮ 버너연소로 적은 과잉공기로 완전연소가 가능하다.
　㉯ 연소조절이 자유롭고, 자동제어가 용이하다.
　㉰ 연료의 점화 및 소화가 용이하다.
　㉱ 연료의 선택범위가 넓다.
　㉲ 화력발전소 등 대규모 설비에 적합하다.
② 단점
　㉮ 노내 온도가 높고 내화재의 손상이 발생한다.
　㉯ 비산회의 발생으로 대기오염의 원인이 된다.
　㉰ 대기오염 방지를 위한 집진장치가 필요하다.
　㉱ 설비비 및 유지비가 많이 든다.
③ 분쇄기의 종류 : 원심력식(롤밀), 중력식(볼밀), 충격식(해머밀), 스프링식(로드셀밀) 등

3. 액체 연료

액체연료는 석유계와 석탄계로 구분되며 액체연료의 대부분은 석유계로 원유를 증류과정을 통해 비점에 따라 순수한 각 성분의 휘발유, 등유, 경유, 중유 순으로 분류시켜 순수연료를 얻어내며, 보일러 연료로 경유나 중유가 주로 사용된다.

1) 액체연료의 분류

① 경질유 : 휘발유, 등유, 경유
② 중질유 : 중유

액체 연료	발열량(kcal/kg)	가연 성분	비점온도(℃)	용도
휘발유	11000~11500	C,H	20~200	가솔린 엔진용
등유	10500~11000	C,H	150~250	석유엔진, 주방난방
경유	10300~11000	C,H	200~350	디젤 엔진용, 보일러용
중유	9500~10000	C,H,S	300~350	보일러 공업용

2) 액체연료의 특성

① 경유
  ㉮ 원유를 증류 과정에서 비점 350℃ 이내에서 분리, 추출되는 석유계 탄화수소물질이다
  ㉯ 경유는 점도가 낮고 유황 함유량이 적어 예열이 필요 없고 저온부식 및 매연발생이 적다. 중·대형보일러의 점화용이나, 소용량 보일러의 연료로 사용된다.
    ㉠ 비점 : 200~350℃
    ㉡ 인화점 : 50~70℃
    ㉢ 착화점 : 257℃
    ㉣ 비중 : 0.82~0.84
    ㉤ 발열량 : 10300~11000 kcal/kg

② 중유
  ㉮ 원유를 증류 과정에서 비점 350℃ 이상에서 분리, 추출되는 석유계 탄화수소 물질로 점도가 높고 보일러용 연료로 사용한다.
  ㉯ 중유는 점도가 높아 유동성 및 무화상태가 나빠 관수송이 곤란하고, 불완전 연소가 되기쉽다. 그래서 중유는 예열을 하여 점도를 낮추어 사용한다.
    ㉠ 비점 : 300~350℃
    ㉡ 인화점 : 60~120℃
    ㉢ 착화점 : 530~580℃
    ㉣ 비중 : 0.86~1 이하
    ㉤ 발열량 : 9750~10300 kcal/kg

③ 중유의 조성 : 탄소(C) : 83~87%, 수소(H) : 10~20%, 황(S) : 1~4%, 산소(O) : 1~2%

④ 중유의 분류
  ㉮ 점도에 따라 : A급, B급, C급의 3 등급으로 구분한다.
  ㉯ 정제과정에 따라 : 직류중유(A급 중유)와 분해중유(B, C급 중유)로 구분된다.
  ㉰ 황분의 함유량에 따라 : A급 중유(1, 2호), B급 중유, C급 중유(1, 2, 3, 4호)의 7종으로 구분된다.

⑤ 중유의 첨가제
  ㉮ 연소 촉진제 : 분무를 순조롭게 한다.
  ㉯ 슬러지 분산제 : 슬러지 생성을 방지한다.
  ㉰ 회분 개질제 : 회분의 융점을 높여 고온부식을 방지한다.
  ㉱ 탈수제 : 중유 중 수분을 분리 제거한다.
  ㉲ 유동점강하제 : 유동점을 낮추어 유동성을 좋게 한다.

⑥ 중유의 무화
  ㉮ 중유는 무화 연소방식으로 무화입경이 적을수록 연소가 양호해 진다. 양호한 무화상태를 유지하기 위해 중유는 80~90℃의 예열온도가 필요하다.
  ㉯ 중유의 무화 목적
    ㉠ 중유의 단위중량당 표면적을 넓게 하기 위해
    ㉡ 공기와의 혼합을 좋게 하기 위해

ⓒ 적은 과잉공기로 완전연소를 하기 위해
　　ⓔ 연소효율 및 열효율을 높이기 위해
⑦ 중유연소에 미치는 영향
　㉮ 저온부식 : 연료 중의 황(S)성분이 원인으로 황산가스의 노점(150℃) 이하에서 발생하는 부식으로 대부분 연도에서 발생한다.

$$S + O_2 = SO_2(아황산가스)$$
$$SO_2 + \frac{1}{2}O_2 = SO_3(무수황산)$$
$$SO_3 + H_2O = H_2SO_4(황산가스)$$

　㉯ 저온부식 방지책
　　㉠ 연료 중 황분을 제거한다.
　　㉡ 연소에 적정공기를 공급한다.(과잉공기를 적게)
　　㉢ 배기가스온도를 황산가스의 노점보다 높게 한다.(170℃ 이상)
　　㉣ 첨가제를 사용하여 황산가스의 노점을 낮게 한다.
　　㉤ 저온 전열면에 보호피막 및 내식성 재료를 사용한다.

> **참고** 고온부식
> 중유 중에 포함되어 있는 회분 중 바나듐(V)성분이 원인이 되어 고온(600℃ 이상)에서 발생하는 부식이며 고온부식 방지책은 다음과 같다.
> • 연료 중 바나듐을 제거한다.
> • 바나듐의 융점을 올리기 위해 융점 강화제를 사용한다.
> • 전열면 온도를 높지 않게 한다.(600℃ 이상)
> • 고온 전열면에 보호피막 및 내식재료를 사용한다.

3) 액체연료의 장·단점
　① 장점
　　㉮ 품질이 일정하고 단위중량당 발열량이 높다.
　　㉯ 연소효율 및 전열효율이 높아 고온이 유지된다.
　　㉰ 운반, 저장, 취급 및 사용이 편리하며 변질이 적다.
　　㉱ 연소조절 및 연료의 점화, 소화가 용이하다.
　　㉲ 회분, 분진이 적다.
　② 단점
　　㉮ 고온연소에 의한 국부과열을 일으키기 쉽다.
　　㉯ 버너연소로 연소 중에 소음발생이 심하다.
　　㉰ 화재 및 역화의 위험성이 크다.
　　㉱ 황분에 의한 대기오염 및 저온부식이 발생한다.

4) 액체연료의 비중
　① 비중 : 석유제품의 비중은 15℃기름과 4℃의 같은 용적의 물과의 중량비로 중유의 비중은 0.92~0.96정도이며 일반적으로 API도와 보메도로 표시한다.

㉮ API도 = $\dfrac{141.5}{비중(60°F/60°F)} - 131.5$,

비중(60°F/60°F) = $\dfrac{141.5}{API도 + 131.5}$

㉯ 보메도 = $\dfrac{140}{비중(60°F/60°F)} - 130$,

비중(60°F/60°F) = $\dfrac{140}{보메도 + 130}$

② 비중이 증가하면
　㉮ 점도가 증가한다.
　㉯ 탄화수소비(C/H)가 커진다.
　㉰ 발열량이 감소한다.
　㉱ 인화점 및 착화점이 높아진다.
　㉲ 화염의 방사율(휘도)이 커진다.
　㉳ 화염의 전열이 좋아진다.

③ 온도변화에 따른 중유의 비중 및 체적변화 중유는 온도가 높아지면 체적이 증가하고, 비중은 감소한다.

㉮ 중유의 비중감소 : 중유의 비중은 기준온도 15℃(d_{15})에서 온도 1℃ 상승함에 따라 0.0007만큼씩 감소한다.

$$d_t = \dfrac{d_{15}}{1 + 0.0007(t - 15)}$$

여기서, d_t : t℃에서의 중유의 비중, d_{15} : 15℃에서의 중유의 비중

㉯ 중유의 체적팽창 : 중유의 체적은 기준온도 15℃(S_{15})에서 온도 1℃ 상승함에 따라 0.0007만큼씩 팽창한다.

$$S_t = S_{15} \times \{1 + 0.0007(t - 15)\}$$

여기서, S_t : t℃에서의 중유 체적(ℓ), S_{15} : 15℃에서의 중유 체적(ℓ)

㉰ 보정계수(K)에 따른 비중 보정

$$d_t = d_{15} \times k$$

t℃일 때의 용량 보정계수(K)

중유의 비중(15℃)	온도(℃)	용량 보정계수 (K)
1.000~0.966	15~50	1.000 − 0.00063(t℃ − 15)
	50~100	0.978 − 0.0006(t℃ − 50)
0.965~0.851	15~50	1.000 − 0.00071(t℃ − 15)
	50~100	0.975 − 0.00067(t℃ − 50)

㉣ 체적유량의 중량유량으로의 환산

㉠ $\ell \times \dfrac{kg}{\ell}$ = kg(체적유량×비중 = 중량유량)

㉡ 15℃ 체적(ℓ)×15℃ 비중(d_{15}) = kg (중량 유량)

㉢ t℃ 체적(ℓ)× t℃ 비중(d_t) = kg (중량 유량)

5) **탄화수소비($\dfrac{C}{H}$)** : 액체연료의 원소성분 중 수소에 대한 탄소량의 비

① 탄화수소비가 큰 순서 : 중유 〉 경유 〉 등유 〉 휘발유

② 탄화수소비가 증가할수록

㉮ 이론공기비가 증가한다.

㉯ 발열량이 저하된다.

㉰ 화염의 방사율이 증가한다.

㉱ 화염의 열전도율이 증가한다.

㉲ 비중과 점도가 증가한다.

㉳ 착화점과 인화점이 높아진다.

6) **착화점과 인화점**

① 착화점

㉮ 가연물이 주위의 점화원(불씨)없이 그 산화열로 인해 스스로 불이 붙는 최저온도로 발화점이라고도 한다.

㉯ 착화온도의 영향 : 착화온도는 다음의 조건일 때 낮아진다.

㉠ 발열량이 높을수록   ㉡ 분자구조가 복잡할수록

㉢ 산소농도가 짙을수록   ㉣ 압력이 높을수록

② 인화점

㉮ 가연물이 점화원에 의해 불이 붙는 최저온도로 비중과 점도가 클수록 높아진다.

㉯ 인화점 측정방법

㉠ 펜스키 마텐스법 : 밀폐식으로 인화점 50℃ 이상의 석유제품의 인화점을 측정한다.

㉡ 아벨 펜스키법 : 밀폐식으로 인화점 50℃ 이하의 석유제품의 인화점을 측정한다.

㉢ 크레브 랜드식 : 개방식으로 인화점 80℃ 이상의 석유제품의 인화점을 측정한다.

㉣ 타그식 : 겸용으로 인화점 80℃ 이하의 석유제품의 인화점을 측정한다.

7) **점도** : 점성을 나타내는 정도로서 중유의 수송 및 연소상태에 영향을 미치는 중요한 성상으로 점도가 높아지면 비중이 커지고 유동성 및 무화상태가 불량해지므로 적정온도 로 예열하여 점도를 낮추어 주어야 한다.

① 절대점도(Poise) = $\dfrac{질량(g)}{길이(cm) \times 시간(sec)}$ (g/cm·sec)

② 동점도(st) : 절대점도를 그 온도의 밀도로 나눈 값

동점도(st) = $\dfrac{길이(cm)^2}{시간(sec)}$ (cm²/sec)

③ 1센티 스토크스(cst) = 스토크스(st)의 1/100

8) 액체연료의 발열량 측정방법
① 열량계(봄브식)에 의한 방법
② 공업분석에 의한 방법
③ 원소분석에 의한 방법

9) 액체연료의 인수
연료를 인수할 때에는 용적식 유량계를 이용, $K\ell$로 계측하여 인수하되 연료의 온도와 비중을 측정하고 또한 연료내의 수분과 점도 등을 측정한다.

4. 기체 연료

기체연료는 액체연료에 비해 연소가스의 공해물질인 황, 회분 등의 함유량이 없어 최근에는 중소형 보일러에 많이 사용되고 있다. 종류로는 천연가스, LPG, 도시가스 등이 있으며 적은공기로도 완전연소가 되므로 열손실이 적고, 고부하 연소가 가능하며 연소실의 용적을 적게 할 수 있다.

1) 특징
① 장점
  ㉮ 적은 과잉공기로 완전연소가 가능하고 연소효율이 높다.
  ㉯ 청정연료로 회분 및 매연 발생이 없다.
  ㉰ 연소조절이 용이하다.
② 단점
  ㉮ 수송 및 저장이 곤란하다.
  ㉯ 연료비가 비싸다.
  ㉰ 누출되기 쉽고 폭발, 화재의 위험이 크다.

2) 종류
① 천연가스
  천연에서 산출되는 탄화수소를 주성분으로 하는 가연가스로 유전가스와 탄전가스 등이 있고 성상에 따라 건성가스와 습성가스로 구분된다.
  ㉮ 건성가스
    ㉠ 주성분이 대부분 메탄(CH_4)로 액체성분을 생성하지 않는 가스
    ㉡ 발열량 : 9000~9300 $kcal/Nm^3$
  ㉯ 습성가스
    ㉠ 주성분이 프로판(C_3H_8)로 상온, 상압에서 액체성분을 생성하는 가스
    ㉡ 발열량 : 10000~12000 $kcal/Nm^3$
  ㉰ 용도
    ㉠ 화학공업의 원료, 도시가스, 화력 발전용 원료 등
    ㉡ LNG(Liquefied Natural Gas) - 액화천연가스 : 메탄(CH_4) 이 주성분인 천연가스를 초저온(-162℃)으로 냉각하여 무색, 투명하게 액화시킨 연료로 0℃, 0.1MPa에서 1kgf의 가스가 약 $1.4m^3$의 체적이 0.1MPa 에서 -162℃까지 냉각시키면 약 2.4ℓ로 체적이 1/600 정도로 감소되어 대량수송 및 탱크저장이 용이하다.

ⓒ 특징
- 청정연료로 대기 환경오염을 방지할 수 있다.
- 공기보다 가벼워 누출될 경우 대기 중으로 쉽게 확산되어 안정성이 높다.
- 발열량이 비교적 높고(10500~11000 kcal/Nm³) 화염의 조절이 용이하다.
- 적은 과잉공기로 완전연소 가능하고 연소조절이 쉽다.
- 배관수송이 가능하므로 별도의 저장 시설이 필요 없다.
- 주성분 : 메탄(CH_4) 90% + 에탄(C_2H_6) 9%

② LPG(Liquefied Petroleum Gas) - 액화석유가스

석유중에 포함되어 있는 비교적 액화하기 쉬운 프로판, 부탄, 프로필렌, 부틸렌 등과 같은 탄화수소가스로서 무색, 투명하고 무취이므로 누설 시 쉽게 알 수 있도록 에틸메캅탄, 테트 라하이드로 등의 안정되고 내산화성이 우수한 향료를 첨가시킨 액화가스이다.

㉮ 특징
ⓐ 상온, 상압(0.6~0.7MPa)에서 쉽게 액화된다.
ⓑ 수송이나 저장이 편리하고 발열량이 높다(일정압력으로 공급이 가능하고, 공급배관설비가 필요 없다).
ⓒ 황분이 적고 유독성분이 적다.
ⓓ 증발잠열이 크므로(90~100kcal/kg) 냉각제로도 이용이 가능하다.
ⓔ 공기보다 무거워 누설 시 인화폭발의 위험성이 크다.
ⓕ 연소에 많은 공기를 필요로 하고 연소속도가 비교적 느리다.

㉯ 성상
ⓐ 비중 : 1.52~2.0
ⓑ 고위발열량 : 22450 kcal/Nm³
ⓒ 이론공기량 : 28.8 Nm3/Nm³
ⓓ 폭발한계 : 2.0~9.5%
ⓔ 0℃ 0.1MPa 이하에서
- 가스 상태의 비중 - 프로판 : 1.52, 부탄 : 2.0
- 공기보다 무거워 환기구를 아래에 설치한다.
- 액체상태의 비중 - 프로판 : 0.53, 부탄 : 0.6
- 물보다 가벼워 드레인관을 하부에 설치한다.
ⓕ 성분
- 프로판(C_3H_8) : 60~70%
- 부탄(C_4H_{10}) : 20~30%
- 프로필렌(C_3H_6), 부틸렌(C_4H_8) : 10% 정도

㉰ LPG용기 설치 시 주의사항
ⓐ 가능한 한 용기는 옥외에 설치할 것
ⓑ 용기주위 2m 이내에는 화기를 두지 말 것
ⓒ 설치장소는 통풍이 양호하고 직사광선을 받지 않을 것
ⓓ 충전용기는 40℃ 이하의 온도를 유지할 것

ⓑ 습기가 없는 곳에 설치하고 녹슬지 않게 받침대 위에 고정시킬 것
ⓗ 옥외설비로서 금속관과 고무관의 접속부는 호스밴드로 꼭 조일 것
ⓢ 용기 교환 시 화기가 없는 상태에서 밸브 및 콕크를 잠그고 행할 것
ⓞ 용기 교환 후 비눗물 등으로 누설검사를 실시할 것

③ 도시가스

배관을 통하여 다수의 수요자에게 일정압력으로 도시의 일정지역에 공급하는 가스로 원료로 석탄가스, 나프타(NapHtha)분해가스, LPG(액화석유가스), LNG(액화천연가스) 등이 있다.

㉮ 도시가스의 원료

㉠ LNG를 도시가스로 공급하는 방법
- LNG를 기화시켜 도시가스 원료로 사용하는 방법으로 천연가스와 동일하다.
- 청정연료로서 정제설비가 필요없다.
- 초저온(-162℃)액체로 냉열이용이 가능하다.
- 공기보다 가벼워 안정성이 있다.
- 저온 저장설비의 선택 및 취급에 주의가 필요하다.

㉡ LNG에 공기를 희석하여 공급하는 방법 : LNG에 공기를 희석시켜 발열량 15000 kcal/Nm^3 정도로 사용하는 도시가스

㉯ 도시가스 공급시설

공급량을 조절하고 가스 품질 및 압력을 일정하게 유지시키기 위해 저장하는 탱크를 가스 홀더(Gas Holder)라 하고 저압가스 홀더에는 유수식과 무수식으로, 고압가스 홀더에는 원통형과 구형으로 구분된다.

㉠ 유수식 : 물탱크와 가스탱크로 구분되어 있으며 단층식과 다층식이 있다. 가스량에 따라 용적이 변하며 300mmAQ 이하로 저장한다.

㉡ 무수식 : 고정된 원통형탱크 내부에 설치된 상하로 이동하는 피스톤 하부에 가스를 저장하고 저장가스량의 증감에 따라 피스톤이 상하로 움직이는 형식으로 최고 600mmAQ 정도로 저장한다.

㉢ 고압식 : 구형홀더로 도시가스를 압축 저장하여 가스 공급 시 압송설비를 필요로하지 않으며 설치면적을 적게 차지한다. 저장량은 가스압력에 따라 증감한다.

④ 석탄계 기체연료

㉮ 석탄가스 : 석탄을 고온(1000℃)에서 건류시켜 코크스를 제조할 때 얻어지는 기체연료
㉠ 성분 : H_2(51%), CH_4(32%), CO(8%)
㉡ 발열량 : 5000 kcal/m^3

㉯ 발생로가스 : 석탄, 목재 등을 공기 중에 적열상태로 가열하여 불완전연소시켜 얻어진 기체연료
㉠ 성분 : CO(25.5%), H_2(13.2%), N_2(55.3%)
㉡ 발열량 : 1000~1500 kcal/m^3

㉰ 수성가스 : 무연탄을 고온으로 가열하여 수증기에 작용시켜 얻어진 기체연료
㉠ 성분 : H_2(52%), CO_2(38%), N_2(5.3%)
㉡ 발열량 : 2300~2500 kcal/m^3

⑤ 부생가스 : 철을 제조할 때 부산물로 생성되는 가스로 고로가스, 전로가스, 전기로가스, 코크스 로가스 등이 있다.

3) 기체연료의 발열량 측정

기체연료의 발열량 측정방법에는 윤커스식 열량계와 시그마 열량계가 있다.

4) 기체연료 시험방법

기체연료는 많은 성분으로 구성되어 있으며 각 성분을 분석하는 가스분석기 장치에는 화학적 성질을 이용하는 가스분석방법과 물리적 성질을 이용하는 가스분석방법이 있다.

① 연소가스의 분석 목적 : 공기량을 조절하여 연소상태를 좋게 하고 열정산의 자료를 수집 하기 위해 가스분석을 실시한다.

② 여과기의 재료
　㉮ 1차 여과기 : 연도 출구에 설치하며 내열성이 좋은 아란담, 카보란담 등을 사용한다.
　㉯ 2차 여과기 : 분석기 입구에 설치하며 제진성이 좋은 석면, 면, 유리솜 등을 사용한다.

③ 흡수액 및 분석가스
　㉮ 수산화 칼륨(KOH) 30% 수용액 : CO_2 흡수액
　㉯ 알칼리성 피롤카롤 용액 : O_2 흡수액
　㉰ 암모니아성 염화 제1동 용액 : CO 흡수액

④ 각 성분의 계산
　㉮ $CO_2 = \dfrac{\text{KOH 30\% 수용액의 흡수량}}{\text{시료 배기가스량}} \times 100(\%)$
　㉯ $O_2 = \dfrac{\text{알칼리성 피롤카롤의 흡수량}}{\text{시료 배기가스량}} \times 100(\%)$
　㉰ $CO = \dfrac{\text{암모니아성 염화 제1동 용액의 흡수액}}{\text{시료 배기가스량}} \times 100(\%)$
　㉱ $N_2 = 100 - [CO_2(\%) + O_2(\%) + CO(\%)](\%)$

> **참고** 오르자트 가스 분석법 : 오르자트 가스분석장치는 주로 연소가스의 성분을 분석하는 장치로 흡수액을 이용하여 각 성분을 분석하는 화학적 가스분석 방법이다.

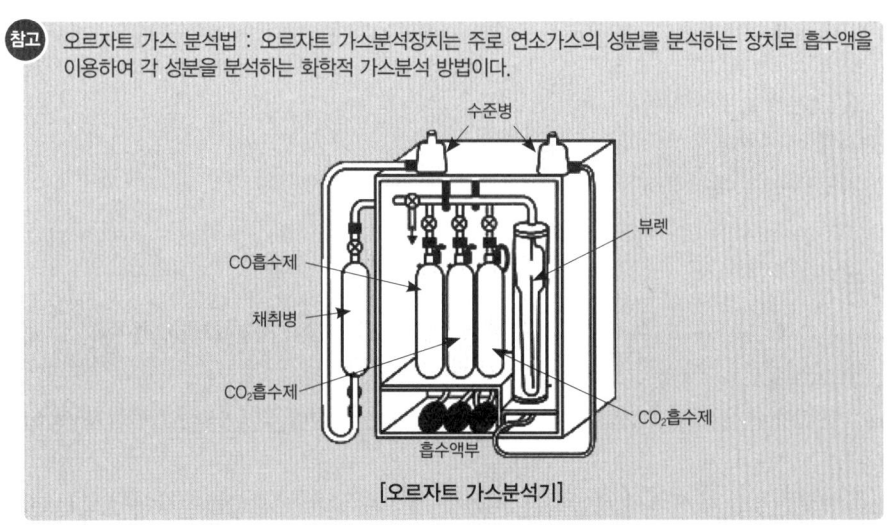

[오르자트 가스분석기]

STEP 03 연소 및 연소계산

① 연소란 가연성 물질이 공기 중의 산소와 산화반응에 의해 빛과 열을 수반하는 현상으로 연소반응은 산화반응이면서 발열반응이어야 한다.
② 연소의 3대조건
　㉮ 가연성분 : 연료성분 중 가연성분은 C, H, S 으로 산소와 화합할 때 발열량이 크고 열전도율이 적어야하며 활성화 에너지가 적을 것
　㉯ 산소공급원 : 가연성분을 산화시키기 위한 산화제 또는 조연제로서 공기를 뜻하며 공기의조성은 다음과 같다.

구 분	산소(%)	질소(%)
중량비(kg)	23.2	76.8
체적비(Nm^3)	21	79

　㉰ 점화원 : 가연물과 산소의 반응에 필요한 활성화 에너지로서 일반적인 화기를 뜻한다.

1. 연소반응

$$C + O_2 \rightarrow CO_2 + 97200 \text{ Kcal/Kmol}$$
$$H + \frac{1}{2}O_2 \rightarrow H_2O + 68400 \text{ Kcal/Kmol}$$
$$S + O_2 \rightarrow SO_2 + 80000 \text{ Kcal/Kmol}$$

2. 완전연소의 조건

① 연소에 적정공기를 공급한다.
② 충분한 연소실용적을 갖춘다.
③ 노내 온도를 고온으로 유지한다.
④ 연료나 공기를 예열한다.
⑤ 연료와 공기의 혼합을 촉진한다.

3. 연소의 종류

① 표면연소 : 연료의 표면이 파란 단염을 발생하면서 연소하는 현상으로 휘발분에 없는 고체 연료 연소 (숯, 코오크스 등)
② 분해연소 : 연료의 연소시 붉고 긴화염을 발생하는 현상으로 휘발분이 있는 고체연료 연소(석탄, 목재, 중유 등)
③ 증발연소 : 액체연료의 액면에서 증발하는 가연성 가스가 공기와 혼합하면서 연소되는 현상(등유, 경유 등 경질유)

④ 확산연소 : 가연성가스를 공기 중에 확산시켜 연소시키는 방식으로 가연성 가스와 공기가별도로 공급되어 연소되는 현상 (기체연료)

4. 연소온도

연료의 연소 시 가연물질이 완전연소 되어 노벽에 의한 방사 열손실이 없다고 가정할 때의 연소실내 화염온도를 이론연소온도라 하며 공기 및 연료의 현열 등을 고려한 경우의 화염온도를 실제연소온도로 구분된다.

1) 연료의 저위발열량은 연소가스량과 연소온도의 곱한 값으로 계산된다.

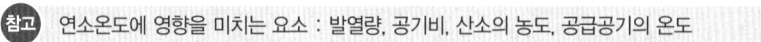

저위발열량(Hℓ) = 연소가스량(Gw)×연소가스비열(Cg)×[연소온도(tr) − 외기온도(ta)]

① 이론 연소온도(t_o) = $\dfrac{\eta \cdot H\ell}{G_w \times C_g} + t_a$

② 실제 연소온도(t_r) = $\dfrac{\eta \cdot H\ell + Q_a + Q_f}{G_w \times C_g} + t_a(℃)$

여기서, η : 연소효율 Q_a : 공기의 현열(kcal/kg) Q_f : 연료의 현열(kcal/kg)

2) 연소온도를 높이려면
① 발열량이 높은 연료사용할 것
② 연료와 공기를 예열하여 공급할 것
③ 연소에 과잉공기를 적게 사용할 것
④ 방사 열손실을 방지할 것
⑤ 연료를 완전연소시킬 것

> **참고** 연소온도에 영향을 미치는 요소 : 발열량, 공기비, 산소의 농도, 공급공기의 온도

5. 발열량 계산

1) 발열량

고체 또는 액체·기체 연료가 연소할 때 발생하는 연소열로 총발열량과 진발열량으로 구분된다. 표시방법(단위)은 아래와 같다.
① 단위
  ㉮ 고체 및 액체의 경우 : kcal/kg
  ㉯ 기체의 경우 : kcal/Nm³
② 총발열량(고위발열량: higher heating value)
  연료를 완전연소한 후 생성되는 수증기가 응축될 때 방출하는 증발열(응축열)을 포함한 발열량으로 열량계로 실측이 가능하다.

③ 진발열량(저위발열량 : lower heating value)
연료가 완전연소한 후 연소과정에서 생성되는 수증기 응축잠열을 회수하지 않고 배출하였을 때의 발열량

④ 발열량의 관계
저위발열량 = 고위발열량 - 수분의 증발열 (kcal/kg 또는 kcal/Nm³)

㉮ 고체, 액체의 경우(H_ℓ)

$H_\ell = H_h - 600(9H + W)$ kcal/kg

$H_h = 8100C + 34200(H - \frac{O}{8}) + 2500S$ (kcal/kg)

$H_\ell = 8100C + 28800(H - \frac{O}{8}) + 2500S - 600(W)$ (kcal/kg)

㉯ 기체연료의 경우(H_ℓ)

$H_\ell = H_h - 400 \times 수분량$ (kcal/Nm³)

$H_h = 3500CO + 3050H_2 + 9530CH_4 + 15280C_2H_4 +$
$\quad = 24730C_3H_8 + 29610C_4H_{10}$ (kcal/Nm³)

$H_\ell = H_h - 480(H_2 + 2CH_4 + 4C_3H_8 + \cdots)$ (kcal/Nm³)

⑤ 발열량 구하는 법
㉮ 원소분석에 의한 방법

㉠ 고체 및 액체연료 : $H_h = 8100C + 34200(H - \frac{O}{8}) + 2500S$ (kcal/kg)

여기서, $(H - \frac{O}{8})$: 유효수소

㉡ 기체연료 : $H_h = 3035CO + 3050H_2 + 9530CH_4 + 15280C_2H_4 + 24370C_3H_8 + 29610C_4H_{10}$ (kcal/Nm³)

㉯ 공업분석에 의한 방법

$$H_h = 97[81F + (96 - aW)(V + W)] \text{ kcal/kg}$$

여기서, F : 고정탄소(kg), W : 수분(kg), V : 휘발분(kg)
a : 수분량에 따른계수 - W〈5% 일 때, a = 650
W≥5% 일 때, a = 500

㉰ 열량계에 의한 방법(봄브식)

$H_h = \dfrac{\text{내통수의 비열(cal/g℃)} \times \text{상승온도(℃)}[\text{내통수량(g)} + \text{수당량(g)}] - \text{발열보정}}{\text{시료량(g)}} \times \dfrac{100}{100 - W}$ (cal/g)

6. 연소 계산

연소계산은 화학방정식에 의하여 계산할 수 있으며 연소에 필요한 산소량, 공기량 및 연소가스량 등을 알기 위한 계산이다.

1) 연소계산에 필요한 각 원소의 분자량

원소명	원소기호	원자량	분자식	분자량
수소	H	1	H_2	2
탄소	C	12	C	12
질소	N	14	N_2	28
산소	O	16	O_2	32
황	S	32	S	32
탄산가스			CO_2	44
아황산가스			SO_2	64
물			H_2O	18
일산화탄소			CO	28
메탄			CH_4	16
에탄			C_2H_6	30
프로판			C_3H_8	44
부탄			C_4H_{10}	58
공기				29

> **참고** 아보가드로의 법칙
> 온도와 압력이 같을 때 서로 다른 기체라 해도 부피가 같으면 같은 수의 분자를 포함한다는 법칙으로 『0℃ 1기압 하에서 모든 기체 1몰(mol)이 차지하는 부피는 22.4ℓ이다.』 (1 mol → 22.4ℓ, 1kmol → 22.4Nm^3)

2) 고체 및 액체 연료의 연소반응식

연소계산은 고체 및 액체연료의 단위중량당(1 kg) 계산을 기준한다.

① 탄소(C)의 연소반응식

	C	+	O_2	→	CO_2	+	97,200[kcal/kmol]
kg	12		32		44		
kmol	1		1		1		
Nm^3	22.4		22.4		22.4		
kg/kg−C	1		2.67		3.67	+	8,100[kcal/kg]
Nm^3/kg−C	1.87		1.87		1.87		

② 수소(H)의 연소반응식

	H_2	+	$\frac{1}{2}O_2$	→	H_2O	+	68,400[kcal/kmol]
kg	2		16		18		
kmol	1		0.5		1		
Nm^3	22.4		11.2		22.4		
kg/kg–H	1		8		9	+	34,200[kcal/kg]
Nm^3/kg–H	11.2		5.6		11.2		

③ 황(S)의 연소반응식

	S	+	O_2	→	SO_2	+	80,000[kcal/kmol]
kg	32		32		64		
kmol	1		1		1		
Nm^3	22.4		22.4		22.4		
kg/kg–S	1		1		2	+	2,500[kcal/kg]
Nm^3/kg–S	0.7		0.7		0.7		

3) 기체연료의 연소 반응식

기체연료의 경우 고체 및 액체연료와는 달리 분자량에 대한 체적에 대하여 계산으로 단위중량 당(1kg), 단위체적당($1Nm^3$)로 기준한다.

① 수소(H_2)의 연소반응식

	H_2	+	$\frac{1}{2}O_2$	→	H_2O	+	57,600[kcal/kmol]
kmol	1		0.5		1		
Nm^3	22.4		11.2		22.4		
kg/kg–H	1		8		9	+	28,800[kcal/kg]
Nm^3/Nm^3–H	1		0.5		1	+	2,570[kcal/Nm^3]

② 일산화탄소(CO)의 연소

	CO	+	$\frac{1}{2}O_2$	→	CO_2	+	68,000[kcal/kmol]
kmol	1		0.5		1		
Nm^3	22.4		11.2		22.4		
Nm^3/Nm^3–CO	1		0.5		1	+	3,035[kcal/Nm^3]

③ 메탄(CH_4)의 연소반응식

	CH_4 +	$2O_2$	→	CO_2 +	$2H_2O$
kmol	1	2		1	2
Nm^3	22.4	44.8		22.4	44.8
kg-CH_4	16	2×22.4		22.4	2×22.4 Nm^3/kg-CH_4로 계산
Nm^3/Nm^3-CH_4	1	2		1	2 + 3,032[$kcal/Nm^3$]

④ 연료별 연소반응식

기체연료	연소 반응식	고발열량(Hh) [$kcal/Nm^3$]	산소량(O_0) [Nm^3/Nm^3]	공기량(A_0) [Nm^3/Nm^3]
수소	$H_2 + \frac{1}{2}O_2 \rightarrow H_2O$	3050	0.5	2.38
일산화탄소	$CO + \frac{1}{2}O_2 \rightarrow CO_2$	3035	0.5	2.38
메탄	$CH_4 + 2O_2 \rightarrow CO_2 + 2H_2O$	9530	2	9.52
아세틸렌	$C_2H_2 + \frac{5}{2}O_2 \rightarrow 2CO_2 + H_2O$	14080	2.5	11.9
에틸렌	$C_2H_4 + 3O_2 \rightarrow 2CO_2 + 2H_2O$	15280	3	14.29
에탄	$C_2H_6 + \frac{7}{2}O_2 \rightarrow 2CO_2 + 3H_2O$	16810	3.5	16.67
프로필렌	$C_3H_6 + \frac{9}{2}O_2 \rightarrow 3CO_2 + 3H_2O$	22380	4.5	21.44
프로판	$C_3H_8 + 5O_2 \rightarrow 3CO_2 + 4H_2O$	24370	5.0	23.82
부틸렌	$C_4H_8 + 6O_2 \rightarrow 4CO_2 + 4H_2O$	30080	6.0	28.59
부탄	$C_4H_{10} + \frac{13}{2}O_2 \rightarrow 4CO_2 + 5H_2O$	32010	6.5	30.97
일반식	$C_mH_n + (m+\frac{n}{4})O_2 \rightarrow mCO_2 + \frac{n}{2}H_2O$		$m+\frac{n}{4}$	$O_0 + \frac{1}{0.21}$

> 참고 열량 단위 환산 : 1 kcal = 4.187 kJ , 1 kWh = 3600 kJ = 860 kcal

4) 공기량 계산

연소 시 가연성분에 공기를 충분히 공급하여 접촉하면 완전연소가 되지만, 부족하면 불완전연소가 되어 매연발생 및 열손실 증가로 보일러 효율이 저하된다.

- C + O_2 → CO_2 + 97200 Kcal/Kmol(C : 12kg)

  12kg 　 32kg 　　　 44kg

  1kg 　 2.667kg 　 3.667kg .... O_2 : 2.667 kg/kg - C

  　　 (22.4Nm^3)　(22.4Nm^3)

  1kg 　 1.867Nm^3 　1.867Nm^3 ...... O_2 : 1.867 Nm^3/kg - C

- $H + \dfrac{1}{2}O_2 \rightarrow H_2O + $ 68400 kcal/kmol(H : 2kgf)

2kg	16kg	18kg
1kg	8kg	9kg .... O_2 : 8 kg/kg − H
	(11.2Nm³)	(22.4Nm³)
1kg	5.6 Nm³	11.2Nm³ .... O_2 : 5.6 Nm³/kg − H

- $S + O_2 \rightarrow SO_2 + $ 80000 kcal/kmol

32kg	32kg	64kg
1kg	1kg	2 kg .... O_2 : 2 kg/kg − S
	(22.4Nm³)	(22.4Nm³)
1kg	0.7 Nm³	0.7 Nm³ .... O_2 : 0.7 Nm³/kg − S

① 이론산소량

연료 단위중량(1 kg)당 완전연소 시키는데 필요한 산소량으로 계산에 의해 이론적으로 얻어진 값

㉮ $O_2 = 2.667C + 8(H - \dfrac{O}{8}) + 1S(kg/kg)$

㉯ $O_2 = 1.867C + 5.6(H - \dfrac{O}{8}) + 0.7S(Nm^3/kg)$

② 이론공기량(A_o)

연료 단위 중량(1 kg)을 완전연소 시키기 위한 최소 공기량으로 이론적 계산에 의해 얻어진값

㉮ $A_o = \dfrac{1}{0.232} \times [2.667C + 8(H - \dfrac{O}{8}) + 1S](kg/kg)$

$= 11.49C + 34.5(H - \dfrac{O}{8}) + 4.31S(kg/kg)$

㉯ $A_o = \dfrac{1}{0.21} \times [1.867C + 5.6(H - \dfrac{O}{8}) + 0.7S](Nm^3/kg)$

$= 8.89C + 26.67(H - \dfrac{O}{8}) + 3.33S(Nm^3/kg)$

③ 과잉공기량

이론공기량 보다 과잉 공급된 공기로 적을수록 좋다.

④ 실제공기량(A)

실제로 연료를 완전연소 시키는데 필요한 공기. 이론공기량만으로는 실제 연소할 경우 완전연소가 곤란하다.

> 실제공기량(A) = 이론공기량(A_o) + 과잉공기량 (Nm³/kg)
> = 공기비(m) × 이론공기량(A_o)(Nm³/kg)

5) 공기비 (과잉 공기계수 : m)

이론공기량에 대한 실제공기량의 비를 공기비 또는 과잉공기계수라 하며 연소에 미치는 영향이 크다.

① $m = \dfrac{\text{실제공기량(A)}}{\text{이론공기량}(A_O)} = \dfrac{A_O + (A - A_O)}{A_O} = 1 + \dfrac{\text{과잉공기량}}{A_O} > 1$

공기비(m)은 항상 1보다 커야 한다. 공기비가 1보다 작을 경우(m<1) 공기부족 현상으로 불완전연소가 된다.

㉮ 과잉공기량 = 실제공기량(A) − 이론공기량(A_O) = $(m-1) \times A_O (Nm^3/kg)$

㉯ 과잉공기율 = $(m-1) \times 100(\%)$

② 완전연소일 경우(배기가스 중에 성분이 없을 경우)

$$m = \dfrac{21}{21 - O_2} = \dfrac{N_2/0.79}{(N_2/0.79) - (3.76 O_2/0.79)} = \dfrac{N_2}{N_2 - 3.76 O_2}$$

③ 불완전연소의 경우(배기가스 중에 CO 성분이 포함된 경우)

④ 탄산가스 최대치(CO_2 max)에 의한 공기비

$$m = \dfrac{CO_2 \text{ max}}{CO_2} \quad m = \dfrac{N_2}{N_2 - 3.76(O_2 - 0.5CO)}$$

⑤ 연료의 공기비(m)

㉮ 석탄 : m = 1.5 이상

㉯ 미분탄 : m = 1.2~1.4,

㉰ 액체 연료 : m = 1.2~1.4

㉱ 기체 연료 : m = 1.1~1.3

- m = 1.2일 때, A_O = 10Nm³/kg이면 과잉공기량은?
  − (1.2 − 1) × 10 = 2Nm³/kg
- m = 1일 때, A_O = 10Nm³/kg이면 과잉공기량은?
  − (1 − 1) × 10 = 0Nm³/kg

⑥ 공기비가 클 때(과잉공기량이 과다하면)

㉮ 휘백색 화염이 발생하고 매연발생이 없다.

㉯ 배기가스량이 증가하여 열손실이 증가한다.

㉰ 연료소비량이 증가하여 열효율이 감소한다.

㉱ 연소온도가 낮아진다.

㉲ 배기가스 중 O_2량이 증가하여 저온부식이 촉진된다.

 배기가스량이 증가하면 − 배기가스 성분 중 CO_2와 CO는 감소하고 O_2는 증가한다.

⑦ 공기비가 작을 때(m < 1)

㉮ 불완전연소에 의한 매연증가

㉯ 미연소 연료에 의한 연료손실 증가

㉰ 미연소에 의한 열손실 증가 및 연소효율 감소

㉱ 미연가스에 의한 폭발사고의 위험성 증가

6) 연소가스량 계산

연료가 공기와 연소하여 연소생성물을 발생하면 공기 중 질소(N_2)와 혼합되어 배기(연소)가스를 형성하게 된다. 연소가스량은 이론공기량에 의해 완전연소 되어 발생하는 이론 연소가스량과 실제공기량에 의 완전연소 되었을 때 발생하는 실제 연소가스량으로 구분된다.

그리고, 연소가스는 대부분 연료 단위 중량당 체적량(Nm^3/kg)연소가스로 사용하므로 체적당(Nm^3) 연소가스량을 구하는 방법을 제시한다.

① 이론 습연소가스량(G_{ow})

연료를 이론공기량에 의해 완전연소시 발생하는 배기(연소)가스량을 이론 연소가스량이라하고 배기가스 중 수분을 포함한 연소가스량을 이론 습연소가스량이라 한다.

$$G_{ow} = (1 - 0.21)A_o + 1.867C + 11.2H + 0.7S + 0.8N + 1.244W\,[Nm^3/kg_{fuel}]$$
$$= 8.89C + 32.27H + 3.33S + 0.8N + 1.244W\,[Nm^3/kg_{fuel}]$$

② 이론 건연소가스량(G_{od})

수분이 포함되지 않은 연소가스를 건연소가스량이라 하여 이론 습연소가스량에서 수분량(W_v)을 뺀 값으로 계산한다.

㉮ $G_{od} = G_{ow} - W_v(11.2H + 1.244W)\,[Nm^3/kg]$

㉯ $G_{od} = (1 - 0.21)A_o + 1.867C + 0.7S + 0.8N\,[Nm^3/kg]$

$$= 8.89C + 21.07(H - \frac{O}{8}) + 3.33S + 0.8N\,[Nm^3/kg]$$

여기서, 연소가스 중 수증기량(W_v) = $\frac{22.4(Nm^3)}{18(kg)}(9H + W)\,[Nm^3/kgfuel]$

③ 실제 습연소가스량(G_w)

연료가 실제공기량에 의해 완전연소시 발생되는 연소가스량으로, 이론 연소가스량에 과잉공기량을 합한 값으로 계산한다.

㉮ $G_w = G_{ow} + (m - 1)A_o\,[Nm^3/kg_{fuel}]$

㉯ $G_w = (m - 0.21)A_o + 1.867C + 11.2H + 0.7S + 0.8N + 1.244W\,[Nm^3/kg_{fuel}]$

④ 실제 건연소가스량(G_d)

연료의 단위 중량(1 kg)을 완전연소 할 때 발생되는 실제 습연소가스량에서 수분량을 뺀 값으로 계산한다.

㉮ $G_d = G_w - W_v(11.2H + 1.244W)\,[Nm^3/kg]$

㉯ $G_d = (m - 0.21)A_o + 1.867C + 0.7S + 0.8N\,[Nm^3/kg_{fuel}]$

7) 탄산가스 최대치(CO_2 max)

연료 성분 중 탄소(C) 는 연소하여 탄산가스(CO_2)가 된다. 탄산가스(CO_2)는 적정공기로 연소가되면 그 량이 증가되지만, 과잉공기가 과다하면 감소한다. 탄산가스 최대치란 연료가 이론공기량에 의해 완전연소 되었을 때 (CO_2)는 최대량이 된다. 이를 이론 건배기(연소)가스에 대한 백분율로 표시한 것을 CO_2 max, [탄산가스 최대치(%)] 라 한다.

① CO_2 max $= \dfrac{CO_2}{G_{od}} \times 100 = \dfrac{1.867C}{G_{od}} \times 100(\%)$

② $CO_2\,max = \dfrac{1.867C}{(1-0.21)A_o + 1.867C + 0.7S + 0.8N} \times 100(\%)$

$\quad\quad\quad\quad\ = \dfrac{1.867C}{8.89C + 21.07(H - \dfrac{O}{8}) + 3.33S + 0.8N} \times 100(\%)$

③ 배기가스 조성에 의한 $CO_2\,max$
  ㉮ 완전연소일 때
  $$CO_2\,max = \dfrac{21 \cdot CO_2}{21 - O_2}(\%) = \dfrac{21}{21 - O_2} \times CO_2(\%) = m \cdot CO_2(\%)$$
  ㉯ 불완전연소일 때
  $$CO_2\,max = \dfrac{21 \cdot (CO_2 + CO)}{21 - O_2 + 0.395CO}(\%)$$

STEP 04 연소방법 및 연소장치

1. 연소방법의 구분

1) 고체연료 연소방법
  ① 화격자 연소방법
    고정 화격자(받침대)위로 고체연료(석탄, 목재 등) 고르게 공급하여 연소시키는 방법으로 수분과 기계분으로 구분된다.
  ② 미분탄 연소방법
    석탄을 150mesh 이하로 분쇄하여 연소실 내에 버너로 1차공기와 분사하여 연소시키는 방법으로 공간연소라고도 한다.
    ㉮ 종류 : U형 연소법, L형 연소법, 우각 연소법, 슬래그탭 연소법
    ㉯ 슬래그탭 연소법 : 1, 2차로(연소실)로 구분되어 1차로에서 미분탄의 단점인 발생 비산회의 80% 정도를 용융 제거함으로서 미연물로 인한 연료 손실을 적게하여 열효율을 높이고 대기오염을 적게한 연소방법
  ③ 유동층 연소
    화격자 와 미분탄연소(공간 연소)을 혼합한 연소방법으로 화격자 하부에서 공기를 강하게 공급하여 화격자 위의 연료 층을 유동층 상태로 형성시켜 연소하는 방법

2) 액체연료 연소방법
  액체연료는 연료의 성상에 따라 증발연소방법과 무화연소방법으로 구분된다.
  ① 증발 연소방법 : 경질유의 연소방법으로 심지식, 포드식, 증발식 연소 등이 있다.
    ㉮ 심지식 : 등유의 연소방법으로 심지의 모세관 현상을 이용하여 증발 연소시키는 방법
    ㉯ 포트식 : 접시형 용기에 기름을 넣어 점화하면 액면에 가연성 가스가 증발하여 공급공기와 혼합 연소되는 방법
    ㉰ 증발식 연소 : 등유, 경유 등의 연소에 적합하며 연소실 내의 방사열에 의해 기화된 가연가스가 송풍기로 공급된 공기와 혼합되어 연소되는 방법

② 무화 연소방법

중질유의 연소방법으로 유압 분무식, 이류체 분무식, 회전 분무식, 충돌 무화식, 진동 무화식, 정전기 무화식 등이 있다.

㉮ 유압 분무식 : 무화매체를 별도로 사용하지 않고 자체의 연료 압력을 이용하여 노즐로 무화시키는 방법

㉯ 이류체 분무식 : 증기 또는 공기 등의 무회매체를 이용하여 무화시키는 방법

㉰ 회전 분무식 : 고속 회전하는 회전체(분무컵)를 이용하여 연료를 비산 무화시키는 방법

㉱ 충돌 무화식 : 연료를 금속판에 고속으로 충돌시켜 무화시키는 방법

㉲ 진동 무화식 : 연료를 초음파를 이용하여 진동 무화시키는 방법

㉳ 정전기 무화식 : 연료에 고압 정전기를 통과시켜 무화시키는 방법

3) 기체연료 연소방법

기체연료 연소방법에는 연료와 공기의 혼합방법에 따라 확산 연소방법과 예혼합 연소방법으로 구분된다.

① 예혼합 연소방법 : 가스와 공기가 버너내에서 미리 혼합되어 분사되는 형식으로 대부분 파이럿버너(점화버너)로 사용된다.

㉮ 종류

㉠ 고압식 버너 : 대기압 이상(정압)인 연소실 내에 미리 혼합한 가스를 $2g/cm^2$ 이상의 압력으로 공급하여 연소시키는 방식

㉡ 저압식 버너 : 연소실의 압력을 대기압 이하(부압)로 유지하고 2차 공기를 흡입가스와 혼합하여 연소시키는 방식

㉢ 송풍식 버너 : 혼합가스를 송풍기로 유입된 연소용 공기를 연소실 내에 가압 공급하여 혼합 연소시키는 방식

㉯ 특징

㉠ 내부혼합식이다.

㉡ 역화의 위험이 크다.

㉢ 화염이 짧다.

㉣ 화염(연소)온도가 높다.

㉤ 연소부하가 높다.

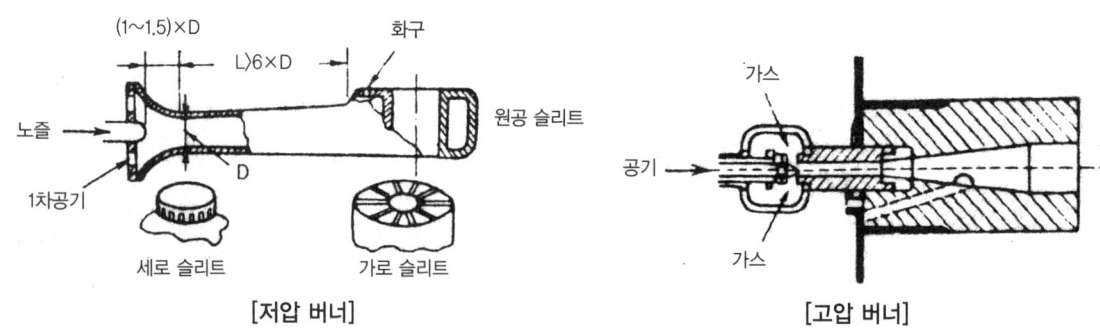

[저압 버너]   [고압 버너]

② 확산 연소방법 : 가스와 공기가 노즐입구에서 혼합되어 연소되는 형식으로 가스용 보일러의 주버너에 사용된다.
㉮ 종류
㉠ 포트형 : 버너 구조가 내화재로 구성되어 가스 및 공기를 고온으로 예열 가능하다. 평로, 유리용융로 등 대형로에 사용된다.
㉡ 버너형 : 선회 날개에 의해 가스와 공기를 혼합하여 연소실에서 확산 연소시키는 방식. 저품위 가스 등에 사용되는 선회형과 천연가스 등에 사용되는 방사형이 있다.
㉯ 특징
㉠ 외부혼합식 이다.
㉡ 화염이 길다.
㉢ 부하에 따른 조작범위가 넓다.
㉣ 가스와 공기의 고온예열이 가능하다.

2. 연료의 연소장치

1) 고체연료 연소장치

① 화격자 연소 : 받침대를 이용한 고체연료 연소방법으로 수분과 기계분으로 구분된다.
㉮ 수분 : 고정화격자에 연료공급을 손으로 직접 투탄하는 소규모 연소방식이다. 상입식으로 점화가 용이하고, 부하변동에 적응이 쉽다.

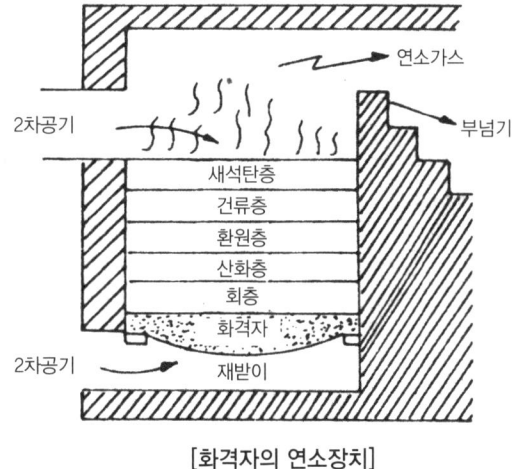

[화격자의 연소장치]

㉯ 기계분(stoker)
㉠ 연료공급을 기계적인 방법으로 투탄히는 자동연소장치로 대규모 연소에 적합한 스토커 연소방식. 연료 공급방법에 따라 상입식, 횡입식, 하입식 등이 있다.
㉡ 종류
• 산포식(상입식)
 - 연료를 기계적인 방법으로 화격자 위로 살포시키는 형식으로 무연탄연소에 적합하다.
 - 연료공급방식 : 회전 날개식, 압축 공기식, 증기 분사식

- 쇄상식(횡입식) : 회전 콘베어 형식의 체인 그레이트 스토커로 점결성이 적고, 회분의 융점이 높은 유연탄연소에 적합하다.
- 계단식(상입식) : 화격자의 경사각도로 30~40°로 경사진 계단모양의 화격자로 진개(쓰레기) 소각로 사용
- 하입식 : 화격자 밑에서 회전하는 스크류에 의해 공급되는 방법으로 클린커 생성이 용이한 구조로 착화온도가 높은 무연탄연소에 부적당하다.

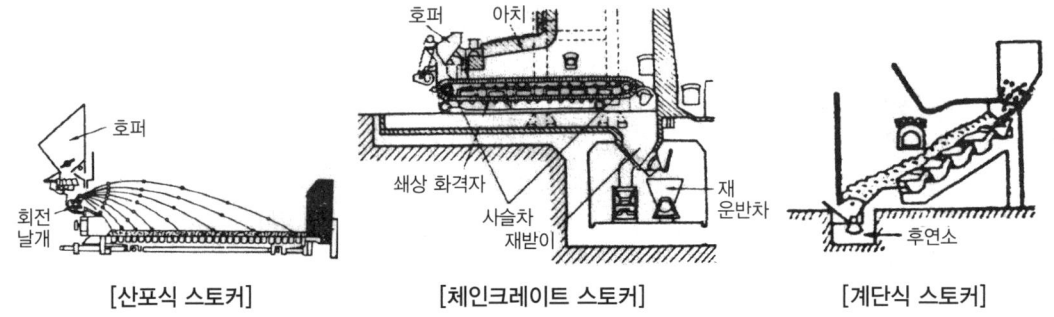

[산포식 스토커]   [체인크레이트 스토커]   [계단식 스토커]

 매화
- 화격자 연소에서 작업이 끝난 후 완전히 불을 끄지 않고 불씨의 일부를 묻어두는 현상
- 이유 : 다음날 점화를 쉽게하기 위해
  - 매화를 할 경우 다음날 아침 분출을 하기 위해 보일러 상용수위보다 약간 높게 급수를 한다.

2) 미분탄 연소장치

석탄을 150메쉬(mesh)이하로 가공하여 1차공기와 혼합하여 연소실에서 버너로 연소하는 방식으로 화력발전소와 같은 대용량 보일러에 사용된다.

① 미분탄 연소의 구성

연료탄 – 쇄탄기 – 철편분리장치 – 건조기 – 분쇄기 – 이송장치 – 버너 또는 저장

② 장점
  ㉮ 공기와의 접촉이 양호하여 적은 공기비로 완전연소 한다.
  ㉯ 점화·소화가 양호하며 연소제어가 가능하다.
  ㉰ 연소속도가 빠르며 고연소가 가능하다.
  ㉱ 연료의 선택범위가 넓고 대용량에 적합하다.
  ㉲ 다른 연료와 혼합 연소가 가능하다.

③ 단점
  ㉮ 다량의 비산회 처리를 위한 집진장치가 필요하다.
  ㉯ 설비 유지비가 많이 든다.
  ㉰ 배관의 마모나 분진에 의한 폭발 우려가 있다.
  ㉱ 대형 연소실이 필요하다.

④ 연소장치의 종류
  ㉮ 편평류 버너 : 화염이 편평하고 길다. 조절범위가 넓다.
  ㉯ 선회류 버너 : 미분탄과 2차 공기가 선회하면서 비산되어 연소하는 방식으로 화염이 짧고 분사각도가 크며 화력발전소와 같은 대규모 설비에 적합하다. 중유와 혼합연소가 가능하다.

⑤ 분쇄기의 종류

튜브밀(중력식), 로울밀(원심력식), 로드셀밀(스프링식), 해머밀(충격식)

3) 액체 연소장치

액체연료는 고체연료와 비교하여 발열량이 크고 연소효율이 높은 연료로, 점도가 높은 중유의 경우 무화연소를 한다.

① 무화연소 : 연료자체에 압력을 가하거나 공기 등의 무화매체를 이용, 연료의 표면적을 넓게하여 연소하는 방식

② 무화의 목적

㉮ 연료의 단위 중량당 표면적을 넓게 한다.

㉯ 공기와의 혼합을 양호하게 한다.

㉰ 적은공기로 완전연소시켜 연소효율을 높인다.

③ 버너의 종류

㉮ 유압분무식

㉠ 연료의 무화매체는 별도로 없이 유압펌프에 의해 연료자체에 압력(0.5~2MPa)으로 노즐로 고속 분출하는 방식

㉡ 특징

- 유량조절범위가 1:2로 좁다.
- 연료분사각도는 40~90°로 넓다.
- 구조가 비교적 간단하고 대용량 보일러에 적합하다.
- 부하변동이 큰 보일러에는 부적당하다.
- 유압이 0.5MPa 이하의 경우 무화가 불량하다.
- 유량은 유압의 평방근에 비례한다.

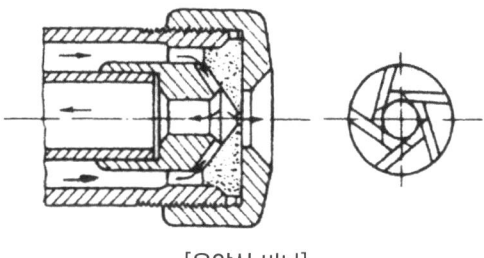

[유압식 버너]

㉯ 이류체 분무식

㉠ 연료의 무화매체로 공기나 증기압을 이용하여 연료를 무화시키는 방식으로 기류체 분무식 이라고도 한다.

㉡ 종류

- 고압공기 분무식 : 유량조절범위가 1:10으로 넓고, 연료 분사각도가 30°로 좁다. 점도가 높은 연료의 무화가 가능하고, 버너의 소음이 크다.
- 저압공기 분무식 : 유량조절범위가 1:5 정도이고, 연료 분사각도는 30~60°이다. 연소의 소비되는 공기량이 많다.

㉰ 회전분무식

㉠ 연료를 분무컵을 고속회전시켜 발생하는 원심력과 버너로 유입되는 1차 공기로 무화시키는 방식

㉡ 특징

- 유량조절범위 1:5로 비교적 넓다.
- 연료분사각도가 40~80°로 넓다.

- 구조가 간단하고 교환이 용이하다.
- 자동화가 쉽다.
- 청소 및 점검이 용이하다.
- 유압이 낮다(0.013~0.015MPa)
- 종류로 직결식(회전수 : 3000~3500rpm)과 V-벨트식(회전수 : 7000~10000rpm)

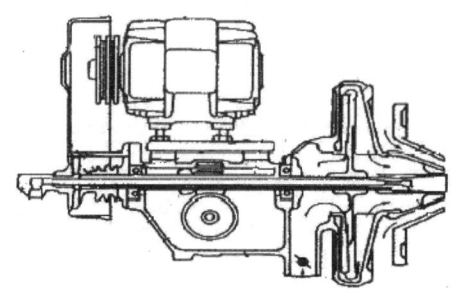

[회전식 분무식 버너]

㉯ 건타입 버너
  ㉠ 무화방법 : 유압과 기류를 병용한 버너(유압 : 0.7MPa 이상)
  ㉡ 버너와 송풍기가 일체형으로 소용량에 적합하다.
  ㉢ 가스와 경유의 겸용이 가능하다.
  ㉣ 소형으로 자동화가 용이하다.

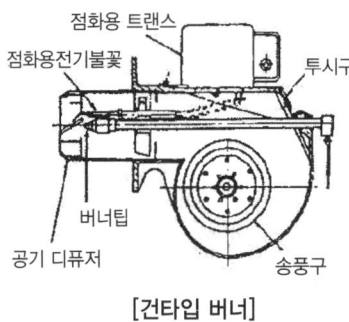

[건타입 버너]

4) 기체연료 연소장치

가스버너의 연소방식은 확산 연소방식과 예혼합 연소방식으로 구분하며 확산 연소방식은 보일러의 주 버너에, 예혼합 연소방식은(파이럿)점화용 버너에 사용된다.

① 가스버너의 구비조건
  ㉮ 고연소나 저연소에서 안정된 연소를 유지할 것
  ㉯ 공연비 조절이 용이하고 점화가 확실할 것
  ㉰ 연소장치와 사용 연료가스와의 특성이 적합할 것
  ㉱ 주버너 입구에는 수동 정지밸브, 온도계, 압력계 등을 설치한다.
  ㉲ 버너의 소음은 85dB 이하이어야 한다.

② 가스버너의 종류
  ㉮ 연소용공기의 공급방식에 따른 분류 유도혼합식과 강제혼합식으로 구분된다.
    ㉠ 유도혼합식
      • 적화식 : 1차공기 없이 2차공기로만 연소시키는 형식으로 화염이 길고 적황색이며 화염 온도가 낮다.
      • 분젠식 : 1차공기와 혼합된 가스를 염공으로 분출하여 연소할 때 부족한 2차공기를 흡입하여 안정된 연소를 유지하는 형식의 버너로, 1차공기를 50% 이상 사용한다.
      • 세미분젠식 : 적화식과 분젠식의 중간 형태의 버너로 1차공기를 40% 이하 사용한다.
      • 전1차 공기식 : 염공을 조절하여 1차공기 전부를 연소용 공기로 사용하여 역화, 리프팅, 엘로우 팁 등 현상을 방지하기 위한 버너 형식

 • 역화 : 화염이 염공 안으로 들어가는 현상으로, 염공이 커졌을 때, 버너의 과열, 1차공기의 과다 흡입 또는 가스압이 낮거나 노즐이 막혔을 때 발생한다.
• 리프팅 : 화염이 버너에서 일정한 간격을 두고 연소되는 현상으로 가스압력이 높거나 분출속도 높을 때 또는 2차공기가 너무 적은 경우 발생하는 현상
• 엘로우 팁 : 1차공기 부족으로 연소할 때 화염이 적황색을 띠는 경우를 말한다.

    ㉡ 강제혼합식
      • 내부혼합식 : 가스와 공기가 버너 내에서 미리 혼합되어 연소되는 형식
      • 외부혼합식 : 분사되는 가스와 연소용 공기가 버너 끝에서 혼합되어 연소되는 형식
      • 부분혼합식 : 가스와 공기가 버너 내에서 일부 혼합된 가스가 분사되어 버너 끝에서 연소용 공기와 혼합되어 연소되는 형식
  ㉯ 운전방식에 따른 분류
    ㉠ 자동 버너 : 버너의 작동을 설정변수에 의해 자동으로 진행되는 버너로 화염감시장치, 점화장치, 연소안전제어장치, 조절장치 등으로 구성되어 있다.
    ㉡ 반자동 버너 : 버너의 동작을 취급자의 수동 조작에 의해 이루어지는 버너로 화염감시장치, 점화장치, 연소안전제어장치, 등으로 구성되어 있다.
③ 보일러용 가스버너의 종류
  ㉮ 외부혼합식 버너 : 연료가스와 연소용 공기가 연소실(노즐입구)에서 혼합되어 연소되는 방식으로 일반 가스 보일러에 적용되는 버너이다.
    ㉠ 센터 화이어형(Center fire) - 통형 가스버너
      일명 건타입 버너라고도 하며 가스연료를 버너중심에 설치한 노즐에서 분출한다. 이 버너의 중심부는 2중관 구조로 되어있고, 기름 버너를 내장하고 있고 기름 버너에서분사되는 외측에 가스가 분출되기 때문에 기름의 분무가 가스 분류에 영향을 받는다. 구조상 기름과 가스를 교체하여 사용하는 혼소버너에 적합한 형식이다. 구조가 간단하고 사용가스 범위가 넓고, 가스공급 압력이 비교적 높은 특징이 있다.
    ㉡ 스트롤 (scroil)형 가스버너
      노즐의 면적을 넓게 한 형식으로 가스공급 압력이 낮거나 저 칼로리 가스연소에 적당하고 대용량 버너에 사용된다. 가스를 스크롤 내에서 선회시켜 분사하여 공기와 확산혼합이 이루어지도록 구성되어 있고, 기름과 가스의 동시 혼소가 가능한 버너이다.

ⓒ 링(Ring) 가스버너
버너타일과 비슷한 링(Ring)모양에 다수의 노즐이 설치된 긴 연료 공급관을 부착하여 보염 효과를 크게 하고, 연료를 균일하게 분사시켜 화염의 안정을 도모한 버너이다. 유류와 가스의 혼합이 용이하여 혼소버너로 적합한 형식으로 천연가스나 도시가스의 연소에 적합하다.
ⓓ 멀티 스폿(Multi-spot)형 가스버너
다분기형 가스버너라고도 하며 노즐부의 수열면적을 적게하여 열분해로 인한 연료의 탄화를 방지하여 LPG용 가스버너에 적합하다.
㉯ 내부혼합식 버너 : 연료가스와 연소용 공기가 버너 내의 혼합기에서 혼합이 이루어져 연소되는 방식으로 가정용 가스보일러나 점화 버너로 사용된다.
ⓐ 파이럿 버너 : 주 버너에 점화를 하기 위한 소형버너로 노즐로 분사되는 가스압에 의해 1차 공기를 흡입하여 혼합기에서 혼합하여 연소하는 버너이다.
ⓑ 분젠식 버너 : 슬로트에서 가스와 1차 공기를 혼합하여 염공으로 분출 연소하는 형식으로 1차 공기의 사용량에 따라 분젠식, 세미분젠식이 있다.

5) 보염 장치

노내에 분사된 연료와 연소용 공기를 혼합하여 연소를 유효하게 하고 화염의 형상과 안정을 도모하기 위해 공기를 적절히 조절하는 장치로 윈드박스, 버너타일, 콤버스터, 보염기(스테 빌라이져) 등이 있다.

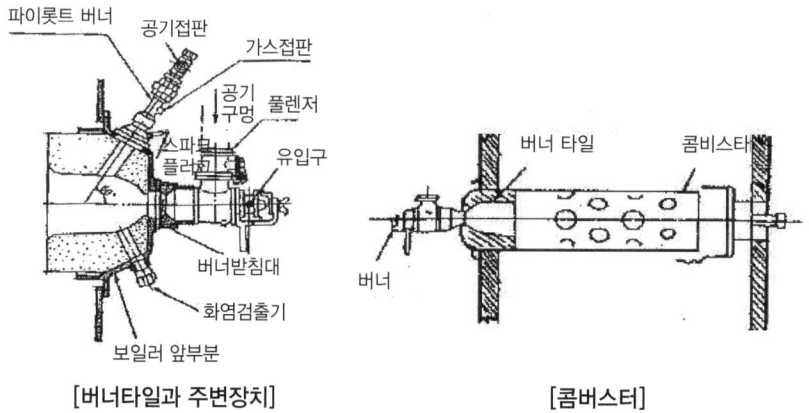

[버너타일과 주변장치]   [콤버스터]

① 윈드 박스(wind box)
버너를 장착하는 벽면에 설치하는 밀폐된 원형상자로서 공기닥트(duct)로 유입된 공기를 분사된 연료와 혼합을 좋게 하기 위한장치이다.
② 버너타일
연소실내 버너입구에 내화재로 경사지게 설치한 부분으로 분사된 연료와 연소용 공기와 혼합하여 점화를 쉽게 하고 화염의 형상조절 및 안정을 위한 장치이다.
③ 콤버스터
연소실의 일부를 구성하는 원통형으로 저온의 연소실 내에서 안정된 연소를 유지하기 위한장치이다.

④ 보염기(스태빌라이져)
공급공기량을 조절하여 착화의 안정 및 화염의 꺼짐을 방지하기 위한 장치이다. 종류로 원추형, 원판형, 선회형 등이 있다.

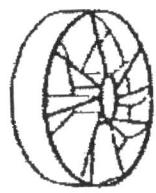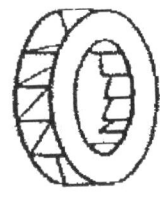
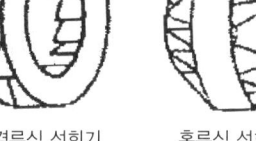

[스테빌라이져 보염기의 종류]

6) 점화장치
보일러의 주버너에 점화를 하기 위한 보조버너로서 점화방법에 따라 직접 점화방식과 파이럿 점화방식이 있으며, 열매에 따라 가스점화와 경유점화가 있다.
① 직접 점화방식
   ㉮ 스파크 플러그(Spark plug)를 이용한 전기착화기로 직접 주버너에 점화하는 방식
   ㉯ 전압
      ㉠ 가스점화 : 5000~7000V
      ㉡ 경유점화 : 10000~15000V
② 파이럿 버너
착화기에 의해 파이롯트 버너에 1차 점화가 되고 다시 주버너에 2차 점화하는 방식, 주버너에 점화가 확인되면 파이럿 버너는 자동 소화된다.

제04절_ 연료, 연소 및 연소장치
출제예상문제

01 석탄과 비교하여 중유의 장점을 설명한 것으로 틀린 것은?
① 이론 공기량으로 완전 연소시킬 수 있다.
② 연소 효율이 높은 연소가 가능하다.
③ 동일한 무게에 비하여 발열량이 크다.
④ 재의 처리가 필요 없고 연소의 조작에 필요한 인력을 줄일 수 있다.

> 이론 공기량
> 이론적으로 연료 1kg을 완전 연소시키는데 필요한 공기량으로 실제로 연료의 연소 시 완전연소가 어려운 공기

02 고정탄소가 많은 연료의 특성으로 옳은 것은?
① 착화성이 나쁘다.
② 화염이 짧다.
③ 연소효과를 나쁘게 한다.
④ 발열량이 감소한다.

> 고정탄소
> 연소 시 파란 단염을 발생하며 발열량이 높다.

03 사용 시 예열이 필요없고 비중이 가장 작은 중유는?
① 타르 중유   ② A 중유
③ B 중유   ④ C 중유

> 중유
> 점도에 따라 A중유, B중유, C중유로 분류되며 A중유는 비중 및 점도가 낮아 예열하지 않고 사용이 가능하다.

04 다음 액체연료 중 탄화수소비가 가장 큰 것은?
① 휘발유   ② 등유
③ 경유   ④ 중유

> 탄화수소 비(C/H)가 증가하면 : 발열량은 감소되지만 화염의 방사율(휘도) 이 증가하여 전열이 좋다.
> • 높은 순서 : 중유 > 경유 > 등유 > 휘발유

05 연료의 인화점에 대한 설명으로 가장 옳은 것은?
① 가연물을 공기 중에서 가열했을 때 외부로부터 점화원 없이 발화하여 연소를 일으키는 최저온도
② 가연성 물질이 공기 중의 산소와 혼합하여 연소할 경우에 필요한 혼합가스의 농도 범위
③ 가연성 액체의 증기 등이 불씨에 의해 붙이 붙은 최저온도
④ 연료의 연소를 계속시키기 위한 온도

> 착화점(발화점)
> 가연물이 점화원 없이 스스로 불이 붙는 최저온도

06 중유의 연소를 개선하기 위한 중유 첨가제의 종류가 아닌 것은?
① 연소촉진제
② 안정제
③ 회분개질제
④ 탈염제

> 중유의 첨가제
> • 연소촉진제 : 분무를 순조롭게 하기 위해
> • 슬럿지 안정제 : 슬럿지의 생성방지
> • 탈수제 : 수분을 분리제거
> • 회분 개질제 : 회분의 융점을 높혀 고온 부식을 방지하기 위해
> • 유동점 강하제 : 유동점을 낮추어 유동성을 좋게 하기 위해

07 중유의 비중이 커지면?
① 무화가 쉽다
② 휘도가 커진다.
③ 방사율이 적어진다.
④ 점도가 감소한다.

> 중유의 비중
> 탄화수소비 및 점도가 커지고 화염의 휘도(방사율)가 증가한다.

정답 01 ① 02 ② 03 ② 04 ④ 05 ③ 06 ④ 07 ②

08 보일러에서 사용되는 연료의 공업분석의 대상이 아닌 것은?

① 고정탄소 ② 수소
③ 수분   ④ 회분

🔍 공업분석 항목
고정탄소, 휘발분, 수분, 회분

09 기체연료인 LPG의 특성에 대한 설명으로 틀린 것은?

① 주성분은 프로판과 부탄이다.
② 발열량이 크고 저장이 용이하다.
③ 누설 시 폭발성이 크다.
④ 공기보다 가볍다.

🔍 LPG(액화석유가스)
주성분은 프로판과 부탄으로 비중이 공기보다 1.5~2배 무겁다.

10 보일러 가스연료인 LNG 또는 LPG 등의 압력을 버너의 앞에서 적절한 압력으로 감압시켜 일정 압력으로 만들어 주는 장치는?

① 기화기   ② 가스홀더
③ 예열기   ④ 정압기

🔍 정압기
가스의 공급압력을 감압시키는 장치로 일정한 연소압력으로 유지한다.

11 연소과정에 대한 설명으로 잘못된 것은?

① 분해 연소하는 물체는 연소초기에 화염을 발생한다.
② 휘발분이 없는 연료는 표면연소를 한다.
③ 탄화도가 높은 고체연료는 증발연소를 한다.
④ 연소속도는 산화반응속도라고 할 수 있다.

🔍 증발연소 : 액체연료

12 탄소 12kg이 완전 연소될 때 필요한 산소량은?

① 8kg   ② 6kg
③ 32kg   ④ 44kg

🔍 $C + O_2 \rightarrow CO_2 + 97200$ kcal/kmol
12kg 32kg 44kg

13 액체연료 연소장치인 회전식 버너, 기류식버너 등에서 1차 공기란?

① 미연가스를 연소시키기 위한 공기
② 자연 통풍으로 흡입되는 공기
③ 연료의 무화에 필요한 공기
④ 무화된 연료의 연소에 필요한 공기

🔍 2차 공기
무화된 연료의 연소에 필요한 공기

14 다음 물질 중 단위 중량당 발열량이 가장 높은 것은?

① 일산화탄소
② 수소
③ 메탄
④ 에틸렌

🔍 ・연료의 저위발열량(H_ℓ : kcal/kg)
・일산화탄소 : 3035, 수소 : 28600
・메탄 : 10500, 에틸렌 : 11360

15 보일러 연소시 과잉공기가 너무 많을 때 나타나는 현상이 아닌 것은?

① 미연분이 남는다.
② 연소온도가 저하된다.
③ 보일러 효율이 저하된다.
④ 배기가스량이 많아진다.

🔍 과잉공기가 많으면
화염이 눈부신 백색을 띠며 매연발생이 없다. 배기가스량이 증가하여 배기가스의 열손실이 증가하고 열효율이 저하된다.

16 다음 기체 중 가연성 기체가 아닌 것은?

① 메탄   ② 프로판
③ 이산화탄소 ④ 부탄

🔍 이산화탄소(CO_2)
연소 생성물로 완전 연소된 가스

17 초음파 버너란 어떤 형식의 버너인가?

① 충격무화방식
② 이유체 무화방식
③ 정전기 무화방식
④ 진동 무화방식

> 🔍 초음파 버너
> 20000Hz 이상의 음파에너지를 이용한 진동연소

18 압력분무식 버너에 대한 설명으로 틀린 것은?

① 구조가 간단하고 소용량 보일러에 적합하다.
② 부하조절범위가 협소하다.
③ 분무각도는 기름의 압력, 점도에 의해서 변화된다.
④ 분무매체는 자체유압만으로 가능하다.

> 🔍 압력분무식 버너
> 자체유압 (0.5 ~ 2 MPa) 으로 무화시키는 버너로 유압이 높아 대용량 보일러에 적합하다.

19 유압식 오일버너의 특징으로 옳은 것은?

① 부하변동이 큰 보일러에 적합하다.
② 유압은 0.5MPa 이하로 유지한다.
③ 유량은 유압의 평방근에 거의 비례한다.
④ 유압이 높아질수록 분사량이 적어진다.

> 🔍 유압분무식 버너
> 유량조절범위가 1:2로 좁아 부하변동이 큰 보일러에 부적합하다.

20 가스용 보일러의 연료 배관에서 배관의 이음부와 전기계량기 및 전기개폐기와의 거리는 몇 cm 이상 유지해야 하는가?

① 15cm   ② 30cm
③ 33cm   ④ 60cm

> 🔍 가스배관
> 배관과 전기계량기 및 전기개폐기의 거리는 60cm이상 유지한다.

21 보일러 가동시 급격한 연소에 의한 장해와 가장 관계없는 것은?

① 전열면의 부동 팽창
② 내화물의 스풀링
③ 수격작용 발생
④ 구루빙이나 균열 초래

> 🔍 수격작용
> 증기관 내의 응축수의 의해 발생되는 물에 의한 강한 타격 현상

22 보일러 외부부식인 고온부식의 방지법으로 옳은 것은?

① 연료 중의 S(황) 성분을 제거한다.
② 전열면의 온도를 설계온도 이상으로 유지한다.
③ 첨가제를 사용하여 회분의 융점을 낮춘다.
④ 연소가스온도를 회분의 융점 이하로 유지한다.

> 🔍 고온부식 방지 : 회분(바나듐)의 융점에서 발생하는 부식으로 융점을 높게 하여야 고온부식을 방지할 수 있다.

23 오일연소장치에서 역화가 발생하는 경우와 가장 무관한 것은?

① 점화시 착화가 지연된 경우
② 점화시 프리퍼지가 부족한 경우
③ 압입통풍이 너무 강한 경우
④ 2차 공기를 과대하게 예열한 경우

> 🔍 역화의 원인
> • 프리퍼지가 부족한 경우
> • 착화가 지연된 경우
> • 연료의 인화점이 낮은 경우
> • 공기보다 연료를 먼저 공급한 경우
> • 압입통풍 너무 강한 경우
> • 흡입통풍이 약한 경우

24 회전분무식 로타리 버너의 특징으로 틀린 것은?

① 유량 조절범위가 1:5 정도이다.
② 유량이 적을수록 무화가 양호하다.
③ 구조가 간단하고 교환이 용이하다.
④ 설비가 간단하고 자동화에 편리하다.

> 🔍 회전분무식 버너
> 연료량, 회전수 및 공기 등이 부족하면 무화가 불량해진다.

 17 ④ 18 ① 19 ③ 20 ④ 21 ③ 22 ④ 23 ④ 24 ②

25 보일러에서 저온부식의 방지법으로 틀린 것은?

① 연료를 전 처리하여 유황분을 제거한다.
② 배기가스의 온도를 노점이하로 유지한다.
③ 전열면 표면에 보호피막을 입힌다.
④ 연료의 연소 시 과잉공기를 적게 한다.

🔍 저온부식 방지
배기가스온도는 노점(150℃) 이상 유지하고, 황산가스의 노점은 낮춘다.

26 보염장치 중 공기와 분무연료와 혼합을 촉진시키는 역할을 하는 것은?

① 보염기
② 컴버스터
③ 윈드박스
④ 버너타일

🔍 • 보염기(스테이 빌라이져) : 공기량을 조절하여 착화의 안정 및 화염이 꺼지지 않도록 보호하는 장치
• 버너타일 : 연소실 입구로 화염의 형상을 조절하고 안정시켜주는 장치

27 다음 중 연료가스가 1차공기의 유입 없이 2차공기에 의해 연소되는 가스용 버너는?

① 적화식 가스버너
② 분젠식 가스버너
③ 세미분젠식 가스버너
④ 저압식 가스버너

🔍 적화식 버너
1차공기 없이 2차공기로만 연소시키는 버너로 역화 위험이 없고 공기량 조절을 조절할 필요가 없다.

28 보일러 오일버너의 선정기준과 무관한 것은?

① 가열조건과 노의 구조에 적합할 것
② 부하변동에 따른 유압조절 범위를 고려할 것
③ 버너용량이 가열용량에 맞을 것
④ 자동제어 경우 버너형식과의 관계를 고려할 것

🔍 버너의 선정기준
부하변동에 따른 유량 조절범위를 고려할 것

29 보일러에서 보염장치를 설치하는 목적이 아닌 것은?

① 연소 화염을 안정시킨다.
② 안정된 착화를 도모한다.
③ 연소가스의 전열을 좋게 한다.
④ 저 공기비 연소를 가능하게 한다.

🔍 • 보염장치 : 착화의 안정 및 화염의 형상조절, 꺼짐 방지 등 화염을 보호하는 장치
• 종류 : 보염기, 버너타일, 윈드박스, 컴버스터

30 과잉공기를 측정하는 것은 여러 가지 방법이 있으나 배기가스 중 무엇을 측정하는 것이 가장 확실한가?

① CO_2
② O_2
③ CO
④ N_2

🔍 과잉공기가 많으면
배기가스량이 증가하고 배기가스 성분 중 O_2가 증가한다.

31 보일러 저온부식의 방지대책에 해당되지 않는 것은?

① 연료 중 황분을 제거한다.
② 연소에 적은공기를 사용한다.
③ 첨가제를 사용하여 황산가스의 노점을 높인다.
④ 전열면을 내식처리 한다.

🔍 저온부식 방지
첨가제를 사용하여 황산가스의 노점을 낮춘다.

32 액체연료의 기화연소방법의 종류가 아닌 것은?

① 포트형
② 심지형
③ 펌프형
④ 웰 프레임형

🔍 기화연소방식
포트식, 심지식(낙차식), 증발식, 웰 프레임식

정답 25 ② 26 ③ 27 ① 28 ② 29 ③ 30 ② 31 ③ 32 ③

33 보일러의 외부부식의 원인이 아닌 것은?

① 청소구멍의 주위에서 누설된다.
② 지면의 습기에 의해
③ 수 중 의 용존가스 의해
④ 연료의 성분에 의해

> 급수 중 용존가스 : 점식의 원인

34 공기비 1.5로 연소시키는 중유연소에서 이론공기량이 10.7 Nm³/kg 일 때 과잉공기량(Nm³/kg)은 얼마인가?

① 5.4 ② 7.1
③ 12.2 ④ 16

> 과잉공기량 = (m−1)×이론공기량
> = (1.5−1)×10.7 = 5.35

35 다음의 가스버너의 종류 중 역화의 위험이 가장 큰 것은?

① 적화식 버너 ② 분젠식 버너
③ 내부 혼합식 버너 ④ 외부 혼합식 버너

> 내부혼합식
> 화염이 짧고 연소온도는 높으나 역화의 위험이 크다.

36 로터리 오일버너의 무화상태와 가장 관계가 깊은 것은?

① 유 압 ② 분무컵의 크기
③ 분무컵의 회전수 ④ 2차 공기량

> 로타리 버너의 무화방법
> 분무컵의 회전 수와 1차공기에 의해 무화 시키는 방식

37 기체연료 연소장치인 확산연소방식의 종류는?

① 고압식과 저압식
② 버너형과 포트형
③ 송풍식과 고압식
④ 혼합형과 회전식

> • 확산연소방식의 종류 : 버너형, 포트형
> • 예혼합 연소방식의 종류 : 고압식, 저압식, 송풍식

38 유압식과 기류식을 병용한 버너로서 소형보일러의 경유 연소용으로 많이 사용되며 송풍기가 버너에 설치된 것은?

① 건타입 버너
② 윌프레임 버너
③ 회전식 버너
④ 비례조절 버너

> 건타입 버너
> 소형으로 자동화가 쉽고, 송풍기가 부착된 형식의 버너

39 기체연료의 특징 설명으로 잘못된 것은?

① 매연발생이 적고 대기오염이 적다.
② 연소의 자동제어에 적합하다.
③ 이론공기량에 가까운 공기로 완전연소가 가능하다.
④ 경제적이고 수송 및 저장이 편리하다.

> 기체연료의 단점
> • 가격이 비싸다.
> • 수송 및 저장이 어렵다.
> • 누설시 폭발 화재의 위험이 있다.

40 연소가스 측정제어 시 연소가스 중 어느 성분이 최대가 되도록 제어하는 것이 좋은가?

① CO ② CO_2
③ NO_2 ④ O_2

> CO_2 max
> 이론공기량에 의해 완전연소시 배기가스 중 CO_2 (완전연소 가스)가 최대가 된다. CO_2 가 많을수록 완전연소로 본다.

41 연소실 안에 카아본이 쌓이는 원인으로 해당 되지 않는 것은?

① 통풍의 부적합
② 분무공기압이 너무 낮다.
③ 분무기류가 벽체에 닿는다.
④ 연소용 공기의 과다

> 카아본
> 액체연료의 무화 불량, 불완전연소 등에 의해 발생하는 탄화물

정답 33 ③ 34 ① 35 ③ 36 ③ 37 ② 38 ① 39 ④ 40 ② 41 ④

42 증발식(기화식) 버너에 가장 적합한 연료는?

① 타일유 ② 중유
③ 경유 ④ 휘발유

🔍 증발연소
액체연료 중 경유, 등유 등이 액 표면이 기화하면서 연소되는 현상

43 연료의 연소 시 산소와 결합하여 열을 발생하는 성분이 아닌 것은?

① 수소 ② 황
③ 탄소 ④ 질소

🔍 가연성분 : 탄소, 수소, 황

44 연료의 고위발열량에서 저위발열량을 뺀 것은?

① 물의 잠열
② 수증기의 열량
③ 수증기의 증기온도
④ 물의 엔탈피

🔍 저위발열량 = 고위발열량 – 수분의 증발열

45 어떤 연료 1[kg]을 연소시키는데 1.84[kg]의 산소가 필요하다면 필요한 공기량은?

① 약 6.5 kg ② 약 7.0 kg
③ 약 8.0 kg ④ 약 11.5 kg

🔍 이론공기량 = $\dfrac{O_2(kg)}{0.232} = \dfrac{1.84}{0.232}$ = 7.9kg

46 어떤 액체연료를 완전 연소시키기 위한 이론공기량이 10.5 Nm³/kg-연료이고, 공기비가 1.4인 경우 실제 공기량은?

① 7.5Nm³/kg-연료
② 14.7Nm³/kg-연료
③ 11.9Nm³/kg-연료
④ 16.0Nm³/kg-연료

🔍 실제공기량 = 공기비 × 이론공기량
          = 1.4 × 10.5 = 14.7 Nm³/kg-연료

47 과잉공기량을 증가시킬 때, 연소가스 중의 성분 함량(백분율)이 증가하는 것은?

① CO_2
② SO_2
③ O_2
④ CO

🔍 과잉공기가 증가하면 : 배기가스 성분 중 O_2는 증가하고, CO_2, SO_2, CO 등은 감소한다.

48 액체연료 연소 보일러에서 화염색을 육안으로 볼 때 적정 공기량인 것은?

① 화염이 오렌지색이고, 노 구석이 약간 보인다.
② 화염이 백색이고 노내 전체가 밝다.
③ 노내 전체가 암적색이다.
④ 화염이 흑색이고 노내가 갈색이다.

🔍 • 공기량 과다 : 화염색이 백색이고, 노내 전체가 밝다. 매연발생이 없다.
• 공기량 부족 : 화염이 암적색이고, 노내가 어둡다, 매연이 발생한다.

49 일반적으로 탄소가 완전 연소할 때의 옳은 연소식은?

① $C+O_2 = CO_2$
② $C_2+1/2O_2 = C_2O$
③ $C+2O = CO_2$
④ $C+1/2O_2 = CO$

🔍 탄소(C)의 완전연소 반응식
$C + O_2 \rightarrow CO_2$ + 97200 kcal/kmol

50 일산화탄소가 완전 연소할 때 일산화탄소, 산소, 연소가스의 이론상 kmol의 비는?

① 1:2:1
② 1:1:1
③ 2:1:1
④ 2:1:2

🔍 $CO + 1/2\ O_2 = CO_2$
1 kmol 0.5 kmol 1 kmol

정답 42 ③ 43 ④ 44 ① 45 ③ 46 ② 47 ③ 48 ① 49 ① 50 ④

51 액체연료 연소에서 연료를 무화시키는 목적의 설명으로 잘못된 것은?

① 주위 공기와 혼합을 고르게 하기 위하여
② 연료의 단위 중량당 표면적을 적게 하기 위하여
③ 연소효율을 향상시키기 위하여
④ 연소실의 열부하를 높게 하기 위하여

> 무화의 목적
> 연료의 단위 중량당 표면적 을 넓게 하여 주위 공기와 혼합을 좋게 하 기 위하여

52 오일버너 종류 중 연료유 자체에 압력을 가하여 노즐을 이용 고속분출, 무화시키는 버너는?

① 건타입 버너
② 로터리 버너
③ 유압식 버너
④ 기류 분무식 버너

> 유압 분무식 버너
> 연료유의 자체유압(0.5~2 MPa)을 이용 무화시키는 형식

53 유압식 버너의 유량(화염의 크기) 조절방법으로 가장 적합한 것은?

① 버너의 2차 공기량 조절
② 공기 압력의 조절
③ 예열온도, 공기압, 유압의 동시 조절
④ 버너 개수의 증감

> 버너의 유령(화염) 조절방법
> • 버너 수 가감   • 버너팁 교환
> • 환류식 버너 사용 • 플런저식 버너사용

54 경유용 기름보일러를 점화할 때 점화용 변압기에서 발생하는 전압은 몇 V 정도인가?

① 3000V
② 7000V
③ 10000V
④ 20000V

> • 점화용 전압 – 가스점화 : 5000~7000V
>   – 경유점화 : 10000~15000V

55 보일러 연소 안정장치의 종류에 속하지 않는 것은?

① 윈드 박스
② 보염기
③ 버너 타일
④ 슈트 블로워

> 보염장치의 종류
> 보염기, 버너타일, 윈드박스, 컴버스터

56 구조가 간단하고, 자동화에 편리하며, 고속으로 회전하는 분무컵으로 연료를 비산, 무화시키는 버너는?

① 건타입 버너
② 압력분무식 버너
③ 기류식 버너
④ 회전분무식 버너

> • 기류식 버너 : 공기나 증기압력을 이용
> • 압력 분무식 버너 : 0.5 MPa 이상의 유압을 이용
> • 건타입 버너 : 유압·기류 분무방식

57 연료의 고위발열량으로부터 저위발열량을 계산할 때 고려하는 연료 중의 성분은?

① 탄소
② 수소
③ 산소
④ 황

> $Hℓ = Hh - 600 \times (9H + W)$ (Kcal/kg)

58 연소에 있어서 환원염이란?

① 과잉 산소가 많이 포함되어 있는 화염
② 공기비가 커서 완전 연소된 상태의 화염
③ 과잉공기가 많아 연소가스가 많은 상태의 화염
④ 산소 부족으로 일산화탄소와 같은 미연분이 포함된 화염

> 환원염
> 공기부족으로 연소성분 중 불완전 연소가스(CO)가 포함된 화염

 51 ② 52 ③ 53 ④ 54 ③ 55 ④ 56 ④ 57 ② 58 ④

59 고위발열량 9,800kcal/kg인 연료 3kg을 연소시킬 때 발생되는 총 저위발열량은 약 몇 kcal인가? (단, 연료 1kg 당 수소(H)분은 15%, 수분은 1%의 비율로 들어있다.)

① 8,984 kcal
② 44,920 kcal
③ 26,952 kcal
④ 25,117 kcal

🔍 $Hl = Hh - 600(9H+W)$ kcal/kg
$[9800 - 600 \times (9 \times 0.15 + 0.01)] \times 3 = 26952$ kcal

60 기체연료의 연소방식을 2가지로 크게 구분하면?

① 화격자 방식과 버너연소 방식
② 확산연소 방식과 예혼합연소 방식
③ 회전분무 방식과 고정분무 방식
④ 기류식과 유압식

🔍 기체연료의 연소방식
확산연소 방식(외부 혼합식)과 예혼합 연소방식(내부혼합식)

61 보일러 자동점화와 가장 관계가 먼 장치는?

① 착화트랜스
② 점화플러그
③ 유량검출기
④ 점화버너

🔍 • 착화트랜스 : 일반전압을 5000~7000V로 승압시키는 장치
• 점화플러그 : 스파크를 일으켜 불꽃을 만드는 장치
• 점화버너 : 주 버너에 점화를 하기위한 보조버너

62 보일러의 기체연료 연소장치에 속하지 않는 것은?

① 건 타입 버너
② 링 타입 버너
③ 어뉴러 타입 버너
④ 회전분무 타입 버너

🔍 회전분무식 버너
액체연료(중유)의 버너

63 연소용 버너 중 2중관으로 구성되어 중심부에서는 유류가 분사되고 외측에는 가스가 분사되는 형태로 유류와 가스를 동시에 연소시킬 수 있는 버너는?

① 통형(Center Fire형) 가스버너
② 링형(Ring형) 가스버너
③ 다분기관형(Multi-Spot형) 가스버너
④ 스크롤형(Scroll형) 가스버너

🔍 통형 가스버너
외부혼합식 버너로 화염이 길고 조절범위가 넓어 주 버너로 주로 사용 된다.

64 기체연료 중 가스보일러용 연료로 사용하기에 적합하고, 발열량이 비교적 좋으며, 석유분해 가스, 액화석유가스, 천연가스 등을 혼합한 것은?

① LPG
② LNG
③ 도시가스
④ 수성가스

🔍 도시가스
천연가스(메탄)를 주성분으로 여러 성분의 혼합가스, 발열량 10000 kcal/Nm³ 정도이다.

65 보일러 가동을 중지한 후 연소실 내에 잔류한 누설가스나 미연소가스를 배출시키는 작업은?

① 페일 세이프(fail safe)
② 풀 프루프(fool proof)
③ 포스트 퍼지(post-purge)
④ 프리 퍼지(pre-purge)

🔍 점화전 통풍
프리 퍼지 · 가동정지 후 통풍 : 포스트 퍼지

66 탄소 1kg이 완전 연소했을 때의 열량은 몇 kcal인가?(단, $C + O_2 \rightarrow CO_2 + 97200$ kcal/kmol)

① 2700
② 7083
③ 8100
④ 97200

🔍 $\dfrac{97200}{12} = 8100$ kcal/kg
C : 1 kmol = 12 kg

67 압력분사식 버너는 중유를 몇 kg/cm² 정도 가압하여 버너로 보내는가?

① 3~4 kg/cm²
② 5~20 kg/cm²
③ 30~45 kg/cm²
④ 50~65 kg/cm²

68 탄소 1 kg을 완전연소 시키는데 필요한 이론 공기량은?

① 8.89 Nm³
② 11.49 Nm³
③ 22.4 Nm³
④ 2.667 Nm³

> $C + O_2 \rightarrow CO_2 + 97200$ kcal/kmol
> 12kg   22.4 Nm³   22.4 Nm³
> $\frac{22.4}{12} = 1.867$, ∴ $\frac{1.867}{0.21} = 8.89$ Nm³

69 연료를 연소시키는데 필요한 실제공기량과 이론공기량의 비 즉, 공기비를 m 이라 할 때 다음 식이 뜻하는 것은?

$$(m-1) \times 100\%$$

① 과잉 공기율
② 과잉 공기량
③ 이론 공기율
④ 실제 공기율

> • 과잉 공기율 : $(m-1) \times 100$ (%)
> • 과잉 공기량 : $(m-1) \times$ 이론공기량 (Nm³)

70 다음 기호를 사용해 보일러 효율을 옳게 나타낸 것은?

> Q_1 : 보일러 내로 공급된 열량
> Q_s : 물을 증기로 변화시키는데 이용된 유효열량
> Q : 보일러 내에 실제로 발생된 열량

① $\frac{Q}{Q_1} \times 100$
② $\frac{Q_s}{Q} \times 100$
③ $\frac{Q_1}{Q_s} \times 100$
④ $\frac{Q_s}{Q_1} \times 100$

> 보일러효율 = $\frac{유효열}{입열(공급열)} \times 100$ (%)

71 연료의 연소속도란?

① 환원속도
② 산화속도
③ 열의 발생속도
④ 착화속도

> 연소반응 = 산화반응

72 보일러 연료를 완전연소 시키기 위한 연소방법 설명으로 잘못된 것은?

① 연료와 연소용 공기를 적당히 예열할 것
② 적량의 공기를 공급하여 연료와 잘 혼합할 것
③ 연소에 충분한 시간을 줄 것
④ 연소실 용적은 되도록 작게 할 것

> 완전연소의 조건
> • 적정한 공기를 공급할 것
> • 연소실 용적을 크게 할 것
> • 노내 온도를 높게 할 것
> • 연료와 공기를 예열할 것

73 보일러실에서 발생한 유류화재의 소화에 가장 적합한 소화기는?

① 분말 소화기
② 포말 소화기
③ 수조부 펌프 소화기
④ 산 알칼리 소화기

> 유류화재
> 화재의 범위가 퍼지지 않게 하고 산소(O_2)를 차단하기 위해 분말 소화기를 사용한다.

74 보일러 고온부식의 원인이 되는 연료 중의 원소 성분은?

① 유황
② 수소
③ 바나듐
④ 인

> • 고온부식 : 연료성분 중 V(바나듐)에 의해
> • 저온부식 : 연료성분 중 S(황)에 의해

정답 67 ② 68 ① 69 ① 70 ④ 71 ② 72 ④ 73 ① 74 ③

75 화재의 등급 구분에서 D급 화재는?

① 금속화재   ② 전기화재
③ 보통화재   ④ 가스화재

> 화재의 등급
> • A급 화재 : 보통화재   • B급 화재 : 유류화재
> • C급 화재 : 전기화재   • D급 화재 : 금속화재

76 보일러 점화단계에서 가스폭발 방지를 위한 대책 중 잘못된 것은?

① 점화전 프리퍼지를 실시한다.
② 인터록이 발생하면 수동으로 점화한다.
③ 점화후 연료 전환은 파일럿 버너를 착화상태로 한다.
④ 갑작스런 연료량 증가는 맥동연소를 일으키므로 피하도록 한다.

> 인터록
> 보일러 운전 중 이상이 발생하면 연료공급을 차단하고, 버너가 동이 정지하는 자동제어장치.

77 기체연료의 연소 형태는?

① 확산연소
② 표면연소
③ 분해연소
④ 증발연소

> • 표면연소 : 코우크스, 목탄
> • 증발연소 : 경유 등 액체연료
> • 분해연소 : 석탄, 목재
> • 확산연소 : 기체연료

78 연료의 연소온도에 가장 큰 영향을 미치는 것은?

① 연료의 발화점
② 연료의 발열량
③ 연료의 인화점
④ 연료의 회분

> 연소온도
> 연료의 발열량이 높고, 적은 과잉 공기로 연소시킬 때, 높아진다.

79 화격자 연소와 비교하여 미분탄 연소의 장점을 잘못 설명한 것은?

① 적은 과잉공기로 완전 연소시킬 수 있다.
② 고온의 예열공기를 사용할 수 있다.
③ 점화 및 소화시 연료의 손실이 적다.
④ 완전연소로 집진장치를 설치할 필요가 없다.

> 미분탄 연소
> 너연소로 자동제어가 용이하여 연소조절이 쉽고, 적은 과잉공기로 완전 연소가 가능하다. 비산회가 많아 대기오염의 원인이 되므로 집진장치가 필요하다.

80 보일러 연소실 내 연소온도를 높이는 방법으로 잘못된 것은?

① 발열량이 높은 연료를 사용한다.
② 연료를 완전 연소시킨다.
③ 비중과 점도가 높은 연료를 사용한다.
④ 연료 및 연소용 공기를 예열한다.

> 연소온도를 높이는 방법
> • 발열량이 높은 연료를 사용한다.
> • 연료를 완전 연소시킨다.
> • 연소에 적은 과잉공기를 사용한다.
> • 연료 및 연소용 공기를 예열한다.

81 액체 연료의 주요 성상이 아닌 것은?

① 비중   ② 점도
③ 부피   ④ 인화점

82 공기비 1.2로 연소시키는 보일러 버너의 실제 연소공기량이 14.3Nm³/kg일 때 이론공기량은?

① 10.2 Nm³/kg
② 11.9 Nm³/kg
③ 15.7 Nm³/kg
④ 24.7 Nm³/kg

> • 공기비(m) = $\dfrac{A(실제공기량)}{A_0(이론공기량)}$ > 1
> • 이론공기량 = $\dfrac{14.3}{1.2}$ = 11.9 Nm³/kg

정답 75 ① 76 ② 77 ① 78 ② 79 ④ 80 ③ 81 ③ 82 ②

83 중유의 종류에는 3가지가 있는데 무엇을 기준으로 구분하는가?

① 비중   ② 점도
③ 인화점 ④ 발열량

> 중유의 종류
> 점도에 따라 A중유, B중유, C중유 등이 있다.

84 어떤 중유의 응고점이 15℃ 이면 중유의 유동점은 몇 ℃ 인가?

① 20℃
② 22℃
③ 17.5℃
④ 19.5℃

> 유동점 = 응고점 + 2.5℃

85 메탄(CH_4)$1Nm^3$ 연소에 소요되는 이론공기량이 $9.52Nm^3$이고, 실제공기량이 $11.43Nm^3$일 때 공기비(m)는 얼마인가?

① 1.5   ② 1.4
③ 1.3   ④ 1.2

> 공기비 = $\frac{실제공기량}{이론공기량}$ = $\frac{11.43}{9.52}$ = 1.2

86 연소의 3대 조건이 아닌 것은?

① 이산화탄소 공급원
② 가연성 물질
③ 산소 공급원
④ 점화원

> 연소의 3대조건
> 가연물, 점화원, 산소공급원

87 보일러의 점화조작 시 주의사항에 대한 설명으로 잘못된 것은?

① 연료가스의 유출속도가 너무 빠르면 역화가 일어나고, 너무 늦으면 실화가 발생하기 쉽다.
② 연료의 예열온도가 낮으면 무화불량, 화염의 편류, 그을음, 분진이 발생하기 쉽다.
③ 유압이 낮으면 점화 및 분사가 불량하고 유압이 높으면 그을음이 축적되기 쉽다.
④ 프리퍼지 시간이 너무 길면 연소실의 냉각을 초래하고, 너무 짧으면 역화를 일으키기 쉽다.

> 연료가스의 유출속도가 너무 빠르면 실화가 발생하고, 너무 늦으면 역화가 발생하기 쉽다.

88 부탄 $1Nm^3$을 완전연소시킬 때 필요한 산소량은?

① $2.5Nm^3$
② $4.5Nm^3$
③ $6.5Nm^3$
④ $8.5Nm^3$

> 부탄의 연소 반응식
> C_4H_{10} + $6.5O_2$ → $4CO_2$ + $5H_2O$
> $1Nm^3$ $6.5Nm^3$ $4Nm^3$ $5Nm^3$

89 연료비가 증가할 때 일어나는 현상이 아닌 것은?

① 고정탄소량 증가
② 연소속도 증가
③ 착화온도 상승
④ 자연발화 방지

> 연료비 = $\frac{고정탄소}{휘발분}$
> 연료비가 증가하면 - 고정탄소가 높아지고 발열량은 증가한다. 또한 착화온도가 높아지고 연소속도가 느려진다.

90 보일러 연료 중 하나인 액체연료의 일반적인 특징에 대한 설명으로 틀린 것은?

① 수송과 저장 및 취급이 용이하다.
② 연료 중의 유황성분이 거의 없어서 기기의 부식이 잘 발생하지 않는다.
③ 연소효율이 높고 연소 조절이 용이하다.
④ 단위 중량당 발열량이 석탄에 비해서 높다.

> 액체연료 : 발열량이 높고 균일하다. 연소 조절이 쉬우나 연료 중에 포함된 유황분에 의한 저온부식이 발생한다. 인화점이 낮아 역화의 위험이 크다.

83 ② 84 ③ 85 ④ 86 ① 87 ① 88 ③ 89 ② 90 ②

91 연도가스 분석결과 탄산가스(CO_2)가 14.2%, 산소(O_2)가 5.4 %로 측정될 때 최고탄산가스량(CO_2max, %)은 약 몇% 인가?

① 18.0%
② 19.1%
③ 12.5%
④ 14.2%

🔍 $CO_2max = \dfrac{21 \times CO_2}{21-O_2} = \dfrac{21 \times 14.2}{21-5.4} = 19.11\%$

92 연소할 때 유효하게 자유로이 연소할 수 있는 수소, 즉 유효수소량(kg)을 구하는 식으로 옳은 것은?[단, H 는 연료 속의 수소량(kg)이고, O 는 연료 속에 포함은 산소량(kg)이다.)

① $H + \dfrac{O}{8}$
② $H - \dfrac{O}{8}$
③ $H + \dfrac{O}{4}$
④ $H + \dfrac{O}{4}$

🔍 유효수소 : 연료 중 전체 거연수소(H)에서 이미 연소된 수소($\dfrac{1}{8} \times O$)를 뺀 연소 가능 한 수소

93 착화를 원활하게 하는 보염기(stabillizer)의 종류가 아닌 것은?

① 축류식 선회기
② 반경류식 선회기
③ 대류식 선회기
④ 혼류식 선회기

🔍 • 보염기의 종류 : 다공판형, 원추형, 선회형
• 선회형의 종류 : 축류식, 반경류식, 혼류식

94 가스연료 연소 시 발생하는 현상 중 엘로우 팁(yeiiow tip)을 올바르게 설명한 것은?

① 불꽃의 색상이 적황색으로 1차공기가 부족한 경우 발생하는 불꽃의 모양
② 비너에서 부상하여 일정한 거리에서 연소하는 불꽃의 모양
③ 가스연소 시 공기량이 부족하여 발생하는 불꽃의 모양
④ 불꽃이 염공에 따라 거꾸로 들어가는 현상

🔍 • 엘로우 팁 : 1차공기가 부족한 경우 불꽃의 색상이 적황색으로 발생하는 현상
• 리프팅 : 버너에서 부상하여 일정한 거리에서 연소하는 불꽃의 모양
• 역화 : 불꽃이 염공에 따라 거꾸로 들어 가는 현상

95 오르자트(orsat)가스분석기로 측정할 수 있는 성분이 아닌 것은?

① 산소(O_2)
② 일산화탄소(CO)
③ 이산화탄소(CO_2)
④ 수소(H_2)

🔍 오르자트 가스분석기
흡수액을 이용하여 $CO_2 - O_2 - CO$ 순으로 가스를 분석하는 장치

96 보일러 연료로 사용되는 LNG의 일반적인 장점이 아닌 것은?

① 수송 및 취급이 용이하다.
② 유독성 물질이 적다.
③ 비중이 공기보다 가벼워서 누출되어도 가스 폭발 의 위험이 적다.
④ 연소범위가 넓어서 특별한 연소기구가 필요치 않다.

🔍 LNG
연소범위가 좁고 특수 연소장치가 필요하다.

97 보일러의 가스폭발 방지대책으로 거리가 먼 것은?

① 점화 시에는 미리 충분한 프리퍼지를 한다.
② 점화전에 중유를 가열하여 필요 정도로 해 둔다.
③ 노내의 예열이나 다른 버너의 화염을 점화원으로 사용하지 않도록 한다.
④ 점화시의 분무량은 당해 버너의 고연소율 상태의 양으로 한다.

🔍 점화시 분무량 : 저연소 상태를 유지한다.

정답 91 ② 92 ② 93 ③ 94 ① 95 ④ 96 ④ 97 ④

98 가스보일러의 점화 시 주의사항으로 틀린 것은?

① 가스가 누설되는지 면밀히 점검허여야 한다.
② 가스압력이 적정하고 안정되어 있는지 점검한다.
③ 착화 후 연소가 불안정할 때에는 즉시 가스공급을 중단한다.
④ 착화가 실패할 경우에는 가스공급을 유지한 채 점화용 파이로트 버너를 꺼야 안전하다.

> 착화 실패 시
> 가스공급을 차단하고 처음단계부터 재 점화를 시도한다.

99 예혼합 연소방식의 설명으로 틀린 것은?

① 가스와 공기의 사전혼합형이다.
② 부하에 따른 연료의 조작범위가 넓다.
③ 화염이 짧고, 고온의 화염을 얻을 수 있다.
④ 연소부가 크고, 역화위험이 크다.

> • 확산연소방식 : 화염이 길고 조작범위가 넓다. 역화위험이 적다.
> • 유량 조절범위가 1:5 정도이다.

100 탄소(C) 1 kg을 완전 연소시켜 모두 이산화탄소(CO_2)로 될 때 필요한 이론적인 산소량은 약 몇 kg 인가?

① 1kg
② 1.867kg
③ 2.667kg
④ 32kg

> C + O_2 → CO_2
> 12kg 32kg   44kg
> 1kg   2.67kg

101 과잉공기량에 관한 설명으로 옳은 것은?

① 과잉공기량 = 실제공기량 × 이론공기량
② 과잉공기량 = 실제공기량 / 이론공기량
③ 과잉공기량 = 실제공기량 + 이론공기량
④ 과잉공기량 = 실제공기량 − 이론공기량

> 실제공기량 = 이론공기량 + 과잉공기량

102 연료유 탱크에 가열장치를 설치한 경우에 대한 설명으로 틀린 것은?

① 열원에는 증기, 온수, 전기 등을 사용한다.
② 전열식 가열장치에 있어서는 직접식 또는 저항 밀봉 피복식의 구조로 한다.
③ 온수, 증기 등의 열매체가 동절기에 동결할 우려가 있는 경우에는 동결을 방지하는 조치를 취해야 한다.
④ 연료유 탱크의 기름 취출구 등에 온도계를 설치하여야 한다.

> 전열식 가열장치는 간접식 또는 저항밀봉피 복식의 구조로 한다.

103 다음 중 확산연소방식에 의한 연소장치에 해당하는 것은?

① 선회형 버너
② 저압 버너
③ 고압 버너
④ 송풍 버너

> 예혼합연소방식 : 고압식, 저압식, 송풍식

104 가스버너에서 종류를 유도혼합식과 강제혼합식으로 구분할 때 유도혼합식에 속하는 것은?

① 슬리트 버너
② 리본 버너
③ 라디언트 튜브 버너
④ 혼소 버너

> 연소용공기의 공급방식에 따른 종류
> • 유도혼합식 – 슬리트 버너
> • 강제혼합식 – 리본버너
> • 라디언트 튜브 버너, 혼소 버너

105 연소방식을 기화연소방식과 무화연소방식으로 구분할 때 일반적으로 무화연소방식을 적용해야 하는 연료는?

① 톨루엔   ② 중유
③ 등유   ④ 경유

> 경유 : 증발연소 중유 : 무화연소

정답 98 ④ 99 ② 100 ③ 101 ④ 102 ② 103 ① 104 ① 105 ②

106 보일러용 가스버너에서 외부혼합형 가스버너의 대표적 형태가 아닌 것은?

① 분젠형
② 스크롤형
③ 센터파이어형
④ 다분기관형

🔍 분젠형 버너
내부혼합형으로 점화용 버너

107 보일러 연소실 열부하의 단위로 맞는 것은?

① kcal/m³h
② kcal/m²
③ kcal/m
④ kcal/kg

🔍 연소실 열부하(kcal/m³h)
$= \dfrac{연료사용량(kg/h) \times 연료발열량(kcal/kg)}{연소실용적(m^3)}$

108 기체연료의 연소방식 중 버너의 연료노즐에서는 연료만을 분출하고 그 주위에서 공기를 별도로 연소실로 분출하여 연료가스와 공기가 혼합하면서 연소하는 방식으로 산업용 보일러의 대부분이 사용하는 방식은?

① 예증발 연소방식
② 심지 연소방식
③ 예혼합 연소방식
④ 확산 연소방식

🔍 확산연소방식
외부혼합식으로 버너 끝에서 노즐로 분사되는 연료에 공기를 흡입하여 혼합 하는 방식
– 보일러의 주버너로 사용한다.

정답 ▶ 106 ① 107 ① 108 ④

CHAPTER 02

Craftsman Energy Management

보일러 안전관리 및 시공

Section 01 보일러 안전관리
Section 02 보일러 시공
Section 03 보일러 배관

SECTION 01 보일러 안전관리

Craftsman Energy Management

STEP 01 보일러 취급관리

1. 보일러 취급관리의 기본사항
① 보일러 운전 중 발생하는 압력초과, 저수위, 노내 가스폭발 등의 사고를 방지하기 위해 올바른 운전기준을 설정하여야 한다.
② 효율적으로 증기를 발생·공급하여 보일러 성능을 극대화시켜 에너지 절감을 도모한다.
③ 연료를 완전연소 시켜 연료를 절감하고, 매연발생을 적게 하여 대기환경오염을 방지할 수 있도록 철저한 연소 관리에 노력한다.
④ 올바른 보일러 운전을 위한 표준값을 정하여 보일러 용량, 사용조건 등에 맞도록 운전·관리함으로서 보일러 수명연장을 위해 노력한다.

2. 사용중인 보일러의 점화전 준비사항
① 수면계 수위를 확인한다.
　㉮ 수면계의 수위가 수면계의 1/2 위치(상용수위)에 있는지 확인한다.
　㉯ 2개의 수면계 수위가 일치하는지 확인한다.
　㉰ 수면계와 수주연락관 차단밸브의 개폐 여부를 확인한다.
② 압력계의 점검
　압력계의 지침을 점검하고 압력이 없을 때 압력계의 지침이 0을 지시하는지 확인한다.
③ 공기방출기는 증기가 발생하기 전까지 열어 놓는다.
④ 분출밸브 및 코크는 기능이 정상인지 점검하고 누수유무를 확인한다.
⑤ 연소실 및 연도의 점검
　연소실 내의 잔류가스를 배출하기 위해 연도의 댐퍼를 만개하여 충분히 환기시킨다. 댐퍼는 연돌에서 가까운 것부터 차례로 연다.
⑥ 연료배관 및 급수배관을 점검한다
　㉮ 유류연소인 경우 탱크 내의 기름량을 점검하고 가스연료의 경우 가스압력을 확인한다.
　㉯ 오일프리히터의 예열온도는 적정온도를 유지하고 연료차단밸브의 개폐상태를 확인한다.
　㉰ 급수탱크의 저수량을 확인하고 급수는 상용수위를 유지한다.
　㉱ 급수온도는 보일러 온도의 ± 30℃를 유지한다.
　㉲ 급수 시에는 보일러 상부드럼 및 과열기의 공기밸브는 열어 둔다.
　㉳ 절탄기 설치시 내부의 공기를 제거하고 물을 가득 채운다.

3. 점화 조작시 주의사항

① 점화순서에 유의하여야 한다. 점화순서가 잘못된 경우 노내폭발 및 역화 등의 사고로 이어질수 있다. 고체연료의 경우 프리퍼지를 충분히 실시한 후 점화를 한다.
② 프리퍼지의 시간(1분~3분)이 너무 길면 연소실이 냉각 되고 너무 짧으면 역화의 위험이 있다.
③ 점화시간이 지연되면 노내폭발 및 역화를 초래한다.
④ 연료가스의 유출속도가 너무 빠르면 실화의 원인이 되고 너무 늦으면 역화가 발생한다.
⑤ 연소실 내의 온도가 낮으면 연료의 확산 불량으로 점화가 잘 이루어지지 않는다.
⑥ 연료의 예열온도가 낮으면 무화불량, 불완전연소, 그을음발생, 화염의 편류, 탄화물 생성 등의 현상이 발생한다.
⑦ 연료의 예열온도가 높으면 기름의 분해, 분무상태 불량, 탄화물 생성 등의 원인이 된다.
⑧ 유압이 낮으면 점화 및 분사불량 상태가 되고 높으면 그을음이 축적된다.

4. 자동 점화방법

① 보일러 자동 점화는 시퀀스 자동제어에 적용되는 점화순서이다.
　　㉠ 기동스위치 작동 ⇨ ㉡ 송풍기 가동 ⇨ ㉢ 연료펌프 가동 ⇨ ㉣ 프리퍼지 ⇨ ㉤ 점화용 버너 점화 ⇨ ㉥ 주 버너 점화 ⇨ ㉦ 저연소 ⇨ ㉧ 고연소
② 정상점화가 되지 않았을 경우 불착화 경보가 울리고 연료공급이 정지된다.
③ 포스트 퍼지를 실시한 후 불착화의 원인을 규명한 다음 재 점화를 시도한다.
④ 기름 보일러의 수동점화
　　㉮ 송풍기를 가동하여 통풍력을 조절한다.
　　㉯ 버너를 가동시킨다.
　　㉰ 점화봉을 버너 선단 10cm 이내 놓는다.
　　㉱ 연료밸브를 열어 착화시킨다.
　　㉲ 5초 이내에 착화되지 않으면 즉시 연료밸브를 닫는다.
　　㉳ 포스트 퍼어지를 실시한 후 재 점화를 시도한다.
⑤ 가스보일러의 점화
　　㉮ 점화전 가스누설유무를 비눗물 등을 사용 점검한다.
　　㉯ 가스압력의 적정도, 안정도 등을 점검한다.
　　㉰ 점화전 연소실 용적의 4배 이상의 공기를 불어넣어 충분한 환기를 한다.
　　㉱ 점화용 불씨는 화력이 큰 것을 사용하여 점화한다.
　　㉲ 점화후 연소가 불안정 할 경우 즉시 연료공급을 차단한다.

5. 증기 발생시의 취급

1) 보일러 점화 후 연소량을 급격히 증가하지 않는다.
　　① 전열면의 부동팽창, 벽돌이음부의 균열 등의 손상이 발생한다.
　　② 절탄기 설치 시 절탄기내의 물의 움직임을 확인한다.

2) 증기압력은 서서히 상승시킨다.
   ① 동체의 국부과열, 부동팽창, 균열 등의 사고를 방지하기 위해 충분한 시간(1~2시간)을 두고 서서히 가열하여 압력을 상승시킨다.
   ② 압력이 오르기 시작할 때 공기빼기 밸브를 닫는다.

3) 증기 공급 시 유의사항
   ① 증기를 공급하기전 증기관의 응축수를 배출한다.
   ② 소량의 증기를 공급하여 증기관을 예열한다.
   ③ 주증기 밸브 서서히 만개하여 캐리오버 및 수격작용이 일어나지 않도록 한다.
   ④ 주증기 밸브를 약간 되돌린다.

4) 증기사용 중 유의사항
   ① 수면계 수위에 변동이 나타나므로 상용수위가 되도록 수위를 감시한다.
   ② 일정압력을 유지할 수 있도록 연소량을 가감한다.
   ③ 수면계, 압력계, 연소상태 등을 수시로 감시한다.
   ④ 프라이밍, 포밍, 캐리오버 등에 유의하여야 한다.

6. 보일러 운전 중 취급사항

1) 정상운전의 기본사항
   ① 보일러의 수위는 상용수위를 유지한다.
   ② 보일러 압력을 일정하게 유지한다.
   ③ 연소조절에 유의한다.

2) 연소조절의 유의점
   ① 무리한 연소를 피한다.
   ② 연소량을 증가시킬 때 공기량을 먼저, 줄일 때는 연료량을 먼저 감소시킨다.
   ③ 연소용 공기량을 조절하여 노내온도가 저하되는 것을 방지한다.
   ④ 적정 통풍압을 유지하고 배기가스온도 및 CO_2(%)등을 측정, 조절한다.

일상 정지	비상 정지
• 연료공급 차단 • 공기공급 차단 • 급수한 후 압력을 저하, 급수펌프 정지 • 주증기 밸브를 닫고, 드레인 밸브 연다. • 댐퍼 닫는다.	• 연료공급 차단 • 공기공급 차단 • 버너모터를 정지한다. • 다른 보일러와 연락을 차단 • 자연냉각 및 사고원인 점검 • 변형유무 확인 후 급수를 한다.

7. 보일러 정지시 취급사항

① 보일러를 정지할 경우 작업종료 시까지 필요한 증기를 남기고 운전을 정지시킨다.
② 보일러 압력, 노 내의 온도는 급하게 내리지 않는다.

③ 보일러는 상용수위보다 약간 높게 급수한 후 급수밸브와 주증기 밸브를 닫고 주 증기관과 증기헤드에 설치된 드레인 밸브를 연다.
④ 연결 보일러가 있는 경우 그 연결 밸브를 닫는다.
⑤ 노 내의 환기를 충분히 실시한 후 댐퍼를 닫는다.
⑥ 버너팁을 청소한다.
⑦ 작업일지에 연소관리 상황을 기록, 보존한다.

8. 보일러 운전 중 고장과 원인

1) 수면계의 수면이 불안정 할 때의 원인
   ① 프라이밍(friming)을 일으키고 있다.
   ② 증기사용량이 많다.
   ③ 관수가 농축되었을 때
   ④ 보일러가 과부하일 때

2) 미연가스에 의한 노내폭발의 원인
   ① 프리퍼지 및 포스트퍼지가 부족한 경우
   ② 실화시 노내로 연료가 누입되었을 경우
   ③ 착화시간이 늦을 경우
   ④ 지나치게 저부하로 운전되었을 경우
   ⑤ 연료내에 수분 또는 공기가 포함할 경우

3) 연소불안정의 원인
   ① 연소용 공기가 부족된 경우
   ② 기름내에 수분이 포함한 경우
   ③ 연료의 공급상태가 불안정할 경우
   ④ 분무컵에 탄화물이 많이 부착할 경우
   ⑤ 기름의 온도가 적정하지 못한 경우
   ⑥ 기름의 점도가 클 경우

4) 점화불량의 원인
   ① 기름이 분산되지 않을 경우
   ② 오일배관에 물이나 슬러지 등이 들어갈 경우
   ③ 기름의 온도가 너무 높거나 낮을 경우
   ④ 유압이 낮을 경우
   ⑤ 1차 공기압력이 과대할 경우

5) 버너화구에 카본이 축적되는 원인
   ① 기름의 점도가 과대할 경우
   ② 기름분사가 불량할 경우
   ③ 유압이 과대할 경우

④ 기름온도가 너무 높을 경우
⑤ 기름공급이 불안정할 경우
⑥ 공기의 공급이 부족할 경우
⑦ 분무가 불균일한 경우

6) 노벽에 카본이 축적되는 원인
① 노벽으로 직접 분무가 될 경우
② 기름의 점도가 과대할 경우
③ 유압이 너무 높을 경우
④ 노내온도가 낮을 경우
⑤ 공기의 공급이 부족할 경우
⑥ 불완전 연소가 될 경우
⑦ 버너팁의 모양 및 위치가 나쁠 경우

7) 맥동연소의 원인
① 기름의 예열온도가 높은 경우
② 기름 중 슬러지, 수분 등이 혼입한 경우
③ 1차 공기압력이 과대한 경우
④ 공기, 기름의 압력 불안정항 경우

9. 매연발생의 원인
① 연소실 온도가 낮은 경우
② 무리한 연소로 연료공급량이 과다한 경우
③ 연소에 공기량이 부족한 경우
④ 연소실의 협소하여 화염이 노벽이나 관군에 부딪히는 경우

10. 보일러 사고
보일러의 사고는 제작상 원인과 취급상 원인으로 구분된다.

1) 제작상 원인
① 래미네이션 : 강판 내부의 기포가 팽창되어 2장의 층으로 분리되는 현상으로 강도저하, 균열, 열전도 저하 등을 초래한다.
② 브리스터 : 강판 내부의 기포가 팽창되어 표면이 부분적으로 부풀어 오르는 현상

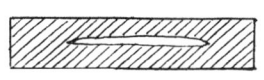
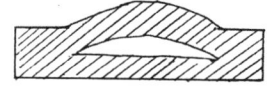

[래미네이션]   [브리스터]

2) **취급상 원인** : 압력초과, 저수위, 미연가스 폭발, 과열, 부식, 역화, 급수처리 불량 등
   ① 압력초과
      ㉮ 보일러 사용압력이 최고사용압력을 초과한 경우로 보일러 파열사고를 초래한다.
      ㉯ 원인
         ㉠ 안전밸브의 밸브가 밸브시이트에 고착된 경우
         ㉡ 안전밸브 스프링 탄성이 너무 과다한 경우
         ㉢ 안전밸브의 분출용량이 과대한 경우
         ㉣ 안전밸브의 조정이 불확실한 경우
   ② 과열
      ㉮ 연소가스의 열이 보일러수의 비점상승 또는 전열저하로 인해 전열면에 축적되는 현상으로 압궤 및 팽출이 발생한다.
      ㉯ 원인
         ㉠ 보일러가 저수위 일 때
         ㉡ 관내에 스케일이 부착되었을 때
         ㉢ 관수의 농축 및 순환이 불량일 때
         ㉣ 보일러가 과부하일 때
      ㉰ 사고발생
         ㉠ 압궤 : 외압에 의해 안으로 오그라드는 현상으로 대부분 노통에서 발생한다.
         ㉡ 팽출 : 내부 압력에 의해 밖으로 부풀어 오르는 현상으로 수관 또는 횡연관 보일러의 동저부에서 발생한다.
      ㉱ 미연가스의 폭발 원인
         ㉠ 연소실내에 미연가스가 있을 때
         ㉡ 점화전에 통풍이 부족한 경우
         ㉢ 연소실내에 연료가 누입될 때
         ㉣ 착화가 늦어졌을 경우
   ④ 역화
      ㉮ 연소실내에서 폭발 등에 의해 화염이 연도로 나가지 못하고 연소실 입구로 분출되는 현상
      ㉯ 발생원인
         ㉠ 미연가스에 의한 노 내 폭발이 발생하였을 때
         ㉡ 착화가 늦어졌을 때
         ㉢ 공기보다 연료를 먼저 공급했을 경우
         ㉣ 연료의 인화점이 낮을 때
         ㉤ 압입통풍이 지나치게 강할 때
         ㉥ 흡입통풍이 지나치게 약할 때

STEP 02 보일러 용수관리 및 보존

보일러에 사용하는 급수의 수질은 보일러의 안전운전과 효율적인 관리에 대단히 중요하므로 수질을 적정하게 개선 조절해야 한다. 수질이 불량하면 보일러 동체 및 관 계통에 스케일(관석)이 발생하고, 부식 또는 증기의 질이 불순하게 되는 등의 현상으로 보일러 수명과 열효율에 영향을 주고, 각종 장애와 사고를 초래하게 되므로 급수처리에 신중한 주의를 해야 한다. 특히 고온, 고압에 사용되는 수관 보일러나 관류 보일러는 급수처리를 하지 않으면 관의 손상이 심하게 발생한다.
일반적으로 천연수는 광물질의 다소에 따라 경수와 연수로 구분되며 경수는 광물질이 많이 포함된 물로 지하수에 많고, 연수는 함유 광물질이 적은 것으로 표면수에 많다.

1. 보일러 용수관리

1) 보일러용 수의 종류
   ① 지하수 : 경도 성분이 다량 함유된 물
   ② 하천수(지표수) : 광물질의 용해량은 적지만 기체 유기물과 협잡물의 함유량이 많다.
   ③ 상수도 수 : 하천수를 침전, 여과, 살균처리 한 것으로 함유 불순물이 적어 저압 보일러에 사용되고 있으나, 살균 처리한 유리염소가 많아 사용 전 처리를 행하는 것이 좋다.
   ④ 공업용수 : 하천수나 지표수를 부유물과 탁도 등을 일부 처리한 물로서 사용전처리가 필요하다.
   ⑤ 응축수 : 증기가 응축된 복수를 말하며 불순물이 거의 없어 보일러 급수로 가장 좋으며 열을 가지고 있기 때문에 사용시 연료의 절약 및 열효율 향상 효과가 있다.

2) 보일러 수중의 불순물
   ① Ca, Mg 등 경도성분 : 탄산염, 인산염, 황산염, 규산염 등 스케일의 원인
   ② 유지분 : 과열, 프라이밍 또는 포밍 등의 원인
   ③ 알칼리분 : 급수계통의 구리(동)제품의 부식, 알칼리 부식의 원인
   ④ 용존가스분 : CO_2, O_2, N_2 등으로 점식의 원인
   ⑤ 산분 : pH의 저하로 전면부식
   ⑥ 미세토 등의 현탁질 고형분 : 관수의 농축, 프라이밍 또는 포밍 등 발생

3) 불순물에 의한 장애
   ① 스케일(관석)
      급수 중에 용해되어 있는 칼슘염, 마그네슘염 및 규산(실리카) 등이 농축되면 단독으로 또는 다른 성분과 결합하여 스케일이 생성된다.
      ㉮ 스케일의 장애
         ㉠ 열전도율(0.2 kcal/mh℃)이 낮아 전열을 감소시킨다.
         ㉡ 연료 소비량이 증가하여 열효율이 저하된다.
         ㉢ 수관 내에 부착하여 관수의 순환을 나쁘게 한다.
         ㉣ 전열면의 과열현상이 발생한다.

㉯ 스케일의 생성원인
　㉠ 기온에 의해 용해도가 낮은 형태로 변화하여 석출되는 경우
　　탄산칼슘($CaCO_3$)이나 탄산마그네슘($MgCO_3$)은 물에 대한 용해도가 매우 낮아 스케일(Scale)이 되기 쉬운데 이들은 원수 중에서 용해도가 높은 중탄산염의 형태로 존재하고 있다가 열을 받게 되면 분해하여 탄산가스(CO_2)를 방출, 용해도가 낮은 탄산염 형태로 석출하여 스케일(Scale)이 된다.
　　"예" $Ca(HCO_3)_2 \rightarrow CaCO_3 + CO_2 \uparrow + H_2O$
　㉡ 온도상승에 따라 용해도가 저하하여 석출되는 경우
　　물의 불순물 중에는 수온에 따라 용해도가 증가하는 물질이 많으나 탄산칼슘($CaCO_3$)이나 황산칼슘($CaSO_4$) 등은 이와 반대로 용해도가 저하하여 전열면에 석출, 부착한다.
　㉢ 농축에 의하여 포화상태로부터 석출되는 경우
　　수온의 상승에 따라 용해도가 증가하는 물질이라도 그 한계를 넘어서 과포화상태가 되면 그 잉여분은 고형물로 석출하여 전열면 등에 부착, 스케일(Scale)이 된다.
　㉣ 알칼리성 용액에서 용해도가 저하하여 석출되는 경우
　　급수의 불순물중 철분은 높은 알칼리성 용액에서는 용해도가 낮기 때문에 알칼리성인 보일러수(pH 10.5~11.8)에서 석출, 전열면에 스케일(Scale)이 부착한다.
　㉤ 이온화 경향이 낮은 물질이 보일러에 유입, 석출되는 경우
　　급수, 복수계통에서 동(銅)이온이 보일러에 유입하면 보일러 구성재료인 철과 이온반응을 일으켜 철을 부식시키고 전열면에 석출, 부착한다.
　㉥ 물에 불용성의 물질이 보일러에 유입하는 경우
　　급수 중에 불순물인 규산(SiO_2) 및 유지분 등은 물에 용해되지 않아 보일러에 유입하면 전열면에 석출, 부착한다.
㉰ 스케일의 종류
　㉠ 탄산칼슘($CaCO_3$)을 주성분으로 하는 스케일
　　가장 일반적인 스케일로서 중탄산칼슘이 열분해하여 용해도가 적은 탄산칼슘을 생성하여 연질 스케일로 드럼 내에 부착한다. 탄산칼슘의 용해도는 온도가 높아질수록 증가하기 때문에 온도가 낮은 부분에서 석출된다.
　㉡ 황산칼슘($CaSO_4$)를 주성분으로 하는 스케일
　　온도가 상승할수록 용해도가 감소되어 대부분 높은 온도에서 석출된다. 보일러 증발관에서 내처리가 불충분할 경우 생성되기 쉽다.
　㉢ 규산칼슘($CaSiO_2$)를 주성분으로 하는 스케일
　　실리카(SiO_2)는 급수 중 칼슘성분과 결합하여 규산칼슘을 생성한다. 실리카 성분이 많은 스케일은 경질 스케일이기 때문에 일반적인 화학처리 방법으로 제기하기 어렵다.
㉱ 스케일의 생성방지
　보일러내의 스케일 부착을 방지하기 위해서는 급수에 청관제를 투입하여 스케일성분을 슬러지로 침전시켜 블로우 다운(Blow down)에 의해 보일러 밖으로 배출 시킨다.

㉮ 스케일 및 기타 물질의 열전도율

스케일 및 기타 물질	열전도율(kcal/m² h℃)
규산염 스케일	0.2~0.4
황산염 스케일	0.5~2.0
탄산염 스케일	0.4~0.6
그을음	0.05~0.1
유지분	0.1
연강	40~50
동	300~350

② 유지 : 프라이밍, 포밍의 발생 원인이 되고, 부유물이나 탄소와 결합하여 슬러지 및 스케일을 생성한다.

③ 부식

㉮ 급수에 의한 부식 : 급수계통에 발생하는 급수의 낮은 pH(pH 7미만) 및 용존산소에 의해 발생하는 부식

㉯ 보일러의 부식 : 운전 중 보일러수의 온도 및 농도가 높아져 보일러 본체에 부식이 쉽게 발생한다.

㉰ 염화마그네슘에 의한 부식 : 염화마그네슘은 고온 전열면에 가수분해 되어 전면부식의 원인이 된다.

$MgCl_2 + 2H_2O \rightarrow Mg(OH)_2 + 2HCl$

㉱ 알칼리에 의한 부식 : 보일러수 중에 수산화나트륨(NaOH)이 증가하면 알칼리도가 높아져 보일러 강판에 미세한 균열이 발생하게 된다.

㉲ 산세척에 의한 부식 : 보일러 내부를 무기산 등으로 세척할 때는 HCl과 같은 강산이 보일러 내부에 유입되므로 산액의 조성, 조작온도 등이 적절치 못할 때 발생하는 부식

④ 캐리오버(Carry Over)

보일러에서 증기가 발생할 때 수중의 불순물과 수분이 증기와 함께 증발하는 현상으로 기계적 캐리오버와 선택적 캐리오버로 구분할 수 있다.

㉮ 구분

㉠ 기계적 캐리오버 : 프라이밍(Priming), 포밍(foaming) 등에 의해 발생되는 캐리오버

㉡ 선택적 캐리오버 : 증기 중에 실리카와 같이 용해성분이 포함되어 증발하는 현상

> **참고** 프라이밍, 포밍의 발생원인
> • 관수의 농축에 의해 발생한다.
> • 관수 중의 유지분에 의해 발생한다.
> • 보일러 부하가 과부하일 때 발생한다.
> • 고수위 일 때 발생한다.

㉯ 캐리오버에 의한 장애
　㉠ 증기관내에 수격작용의 원인이 된다.
　㉡ 증기관내의 부식 및 마찰저항의 증가 등의 원인이 된다.
　㉢ 수면계의 수위가 심하게 요동하여 수위측정이 곤란해진다.
　㉣ 증기관, 수위제어장치, 증기밸브 등에 석출물이 부착되어 작동불량의 원인이 된다.
㉰ 캐리오버의 방지
　㉠ 기수분리기를 설치한다.
　㉡ 드럼내의 수위를 높지 않게 한다.
　㉢ 보일러 부하의 급격한 증가를 방지한다
　㉣ 보일러수 중에 염소이온을 낮게 하고, 유지분의 혼입을 방지한다.

2. 급수처리

보일러의 급수처리는 위치에 따라 관외처리와 관내처리로 구분하고 방법에 따라 기계적 처리, 화학적 처리, 전기적 처리 등으로도 구분한다.

1) 관외처리(1차 처리)

보일러 외부, 급수탱크(응축수탱크)입구에서 보충수 중의 불순물을 처리하는 방법

① 고형 협잡물 처리
　㉮ 침강법 : 물보다 비중이 크고 입경이 큰(0.01mm 이상)협잡물을 아래로 침강시켜 자연 분리시키는 방법
　㉯ 여과법 : 모래, 자갈, 입성활성탄 등의 여과재를 사용한 여과기로 물을 통과시켜 협잡물을 처리하는 방법으로 침강 분리가 어려울 때 사용된다.
　㉰ 응집법 : 침강법이나 여과법으로 분리하기 어려운 미세한 입자나 콜로이드상의 물질을 황산 알루미늄 등의 흡착제로 흡착 결합시켜 침강분리 또는 여과 분리하는 방법

② 용해 고형물(경도성분) 처리
　㉮ 증류법 : 급수를 가열하여 발생하는 증기를 응축시켜 양호한 수질을 얻을 수 있으나 비경제적이다.
　㉯ 이온교환법 : 경수 연화에 가장 많이 사용하는 방법으로 이온교환체의 특정이온과 급수의 이온을 교환하여 처리하는 방법
　㉰ 약품 첨가법(경수연화법) : 보충수에 청관제를 투입하여 경도성분을 분리, 침전시켜 경수를 연수화 시키는 방법으로 경도가 높은 경우 효과가 있다.

③ 용존가스체 처리 : 탈기법, 기폭법
　㉮ 탈기법 : 용존산소(O_2)를 분리 제거하는 장치로, 진공 탈기법과 가열 탈기법으로 구분된다.
　㉯ 기폭법 : 수중의 탄산가스(CO_2) 및 철분(Fe), 망간(Mn)등 금속성분을 제거하는 장치

2) 관내처리(2차 처리)

보일러 내부, 급수 중에 청관제를 투입하여 보일러수 중의 불순물을 처리하여 내부부식, 스케일생성, 캐리오버 등을 방지하기 위한 방법

① 청관제의 종류 : 탄산소다, 인산소다, 가성소다, 암모니아, 히드라진 등

② 청관제의 사용용도에 따른 분류
　㉮ pH 조정제
　　㉠ 부식을 방지하고, 보일러수 중의 경도성분을 불용성으로 만들어 스케일 부착을 방지하기 위해 보일러수 중의 pH를 조절하기 위한 약품
　　㉡ 종류 : 탄산소다(Na_2CO_3), 가성소다(NaOH), 제3인산소다(Na_3PO_4), 암모니아(NH_3), 인산(H_3PO_4) 등
　㉯ 관수의 연화제
　　㉠ 보일러수 중의 경도성분을 슬러지화 하여 스케일의 부착을 방지하기 위한 약품
　　㉡ 종류 : 탄산소다(Na_2CO_3), 인산소다($NaPO_4$), 가성소다(NaOH) 등
　㉰ 탈산소제
　　㉠ 보일러수 중의 용존산소를 환원시키는 성질이 강한 약품
　　㉡ 종류 : 탄닌, 아황산소다(Na_2SO_3), 히드라진(N_2H_4) 등
　㉱ 슬러지 조정제
　　㉠ 슬러지가 전열면에 부착하여 스케일이 생성되는 것을 억제하고, 보일러분출 시 쉽게 분출할 수 있도록 하기 위한 약품
　　㉡ 종류 : 탄닌, 리그린, 전분, 덱스트린 등
　㉲ 가성취화 방지제
　　㉠ 알칼리도를 낮추어 가성취화 현상을 방지하기 위한 약품
　　㉡ 종류 : 질산소다, 인산소다 등
　㉳ 포밍 방지제
　　㉠ 저압 보일러에 사용되면 기포의 파괴하여 거품의 생성을 방지하는 약품
　　㉡ 종류 : 폴리아미드, 프탈산아미드 등
③ 청관제 선정시 주의사항
　㉮ 수질을 정확히 분석한다.
　㉯ 청관제 주요성분 정확히 분석한다.
　㉰ 가열 후 슬러지의 생성을 관찰한다.
　㉱ 수중의 pH변화 및 인산염의 농도를 측정한다.

> **참고** 분출(Blow Down)
> 보일러의 운전시간이 길어지면 보일러수가 농축이 되고 보일러 동저부에 슬러지가 퇴적되어 캐리오버, 내부부식 및 스케일 생성 등의 원인이 되므로 분출(Blow Down)을 실시하여 장애를 방지한다.

3) 급수처리의 목적
① 보일러 내면 부식을 방지한다.
② 스케일 생성 및 고착을 방지한다.
③ 프라이밍과 포밍의 발생을 방지한다.
④ 관수의 농축방지 및 가성취화의 발생을 방지한다.

3. 보일러 부식

보일러 부식에는 드럼내부 또는 관내의 물과 접촉부분에 발생하는 내부부식과 드럼외부 또는 관 외부에 연소가스 또는 습기 등이 접촉에 의해 발생하는 외부부식으로 구분된다.

1) 외부부식
   ① 발생원인
      ㉮ 지면의 습기 및 빗물의 침입 등에 의해
      ㉯ 이음부나 뚜껑장치로부터의 증기나 보일러수의 누설에 의해
      ㉰ 연료성분에 의해(황분 또는 바나듐 등)
   ② 저온부식
      ㉮ 발생원인 : 연료성분 중 S(황)에 의해 150℃(황산가스의 노점)에서 발생한다.

$$S + O_2 \rightarrow SO_2$$
$$SO_2 + \frac{1}{2}O_2 \rightarrow SO_3$$
$$SO_3 + H_2O \rightarrow H_2SO_4$$

   ㉯ 방지방법
      ㉠ 중유를 전처리하여 S(황)을 제거할 것
      ㉡ 과잉공기를 적게 하여 SO_2(아황산가스)의 산화를 방지한다.
      ㉢ 중유에 첨가제를 사용하여 황산가스의 노점을 강하시킨다.
      ㉣ 배기가스온도를 노점이상 유지할 것(170℃ 이상 유지할 것)
      ㉤ 저온 전열면에 내식재료나 보호피막을 사용할 것
   ㉰ 발생위치 : 연도에 설치되어 있는 절탄기, 공기예열기 등 저온 전열면에 발생한다.
   ③ 고온부식
      ㉮ 발생원인
         연료성분 중 회분(V : 바나듐)이 산화하여 V_2O_5(5산화바나듐)이 되어 고온 전열면에 융착(용융점 550~650℃)되어 발생하는 부식
      ㉯ 방지방법
         ㉠ 연료를 전처리 하여 V(바나듐)을 제거할 것
         ㉡ 연료에 첨가제를 사용하여 바나듐의 융점을 상승 시킬 것
         ㉢ 전열면의 표면온도 융점이하로 유지한다.
         ㉣ 고온 전열면에 내식재료나 보호피막을 사용할 것
         ㉤ 발생위치 : 연소실의 수관, 과열기 등 고온 전열면에 발생한다.
   ④ 산화부식 : 금속이 고온의 연소가스에 의해 산화되어 표면에 산화피막이 형성되는 현상

2) 내부부식
   급수처리 불량, 급수 중 불순물 등에 의해 드럼 또는 관 내부 물과 접촉되는 발생되는 부식

① 내부부식의 발생원인
  ㉮ 보일러수에 불순물(유지류, 산류, 탄산가스, 산소 등)이 많은 경우
  ㉯ 보일러수 중에 용존가스체가 포함된 경우
  ㉰ 보일러수의 pH가 낮은 경우
  ㉱ 보일러수의 화학처리가 올바르지 못한 경우
  ㉲ 보일러 휴지 중 보존이 잘못되었을 때
② 내부부식의 종류
  ㉮ 점식(공식, 점형부식) : 보일러수와 접촉부에 발생하는 부식으로 수중의 용존가스(O_2, CO_2 등)에 의한 국부전지 작용에 의해 쌀알 크기의 점 모양 부식이다.
    ㉠ 산소의 농담전지에 의한 부식 : 침전물 내의 물은 산소농도가 낮아 이상형태의 산소농담 전지를 형성하게 되어 양극을 형성하는 강재에 부식을 일으킨다. 이런 형태의 부식을 산소 농담전지에 의한 점식이다.
    ㉡ 점식은 보일러수의 유속이 늦은 경우, 증발이 왕성한 곳, 화염의 접촉으로 인해 고열이 되기 쉬운 곳의 수면부근 등에 발생한다.
    ㉢ 급수를 예열 또는 급수에 탈산제를 사용하면 점식을 방지하는 효과가 있다.
  ㉯ 전면부식
    ㉮ 수중의 염화마그네슘($MgCl_2$)가 용해되어 180℃ 이상에서 가수분해 되어 철을 부식시킨다.

$$MgCl_2 + 2H_2O \rightarrow Mg(OH)_2 + 2HCl$$
$$Fe + 2HCl \rightarrow FeCl_2 + H_2$$

  ㉯ 화염이 심하게 닿는 곳에 많이 발생하며 점식이 진행되어 서로 연결되면서 전면부식이 형성되는 경우도 있다.
  ㉰ 알칼리 부식
    보일러수에 수산화나트륨(NaOH)의 농도가 높아져 알칼리 성분이 농축(pH : 12 이상)되고, 이때 생성된 수산화제1철($Fe(OH)_2$)가 Na_2FeO_2(유리알칼리)로 변하여 알칼리 부식이 발생한다.

$$Fe(OH)_2 + 2NaOH \rightarrow Na_2FeO_2 + 2H_2O$$

> **참고** 가성취화
> 보일러 동판의 리벳 연결부 등이 농축 알칼리 용액의 작용에 의해 취약화 되어 미세한 균열이 발생하는 일종의 부식 형태

  ㉱ 구루빙(grooving : 구식)
    ㉠ 보일러 강제에 화학적 작용에 의해, 또는 점식 및 전면부식의 연속적인 작용에 의해 균열이 발생한다. 이 부분에 집중적으로 응력이 작용하여 팽창과 수축이 반복되어 구상(도랑 모양 : V형, U형)형태의 균열이 부식과 함께 발생하게 된다.
    ㉡ 구루빙이 발생하기 쉬운 곳
      • 응력이 집중되는 보일러수와 접촉하는 곳

- 노통의 플랜지 만곡부
- 가젯트 버팀의 구석 부분
- 접시형 경판의 구석 만곡부
- 경판에 뚫린 급수구멍

③ 내부부식의 방지방법
㉮ 보일러수의 pH를 조절한다.
㉯ 보일러 수중의 용존가스체를 제거한다.
㉰ 급수처리를 하여 관수의 농축을 방지한다.

4. 보일러 청소

보일러의 사용에 따라 물과 접촉되는 드럼 또는 관의 내면에는 스케일이 생성 부착되고, 연소가스가 접촉되는 관의 외면에는 재나 그을음이 부착한다. 이러한 현상은 전열면의 오손 및 과열을 유발시키고 보일러의 효율저하와 수명을 단축하는 결과를 가져온다. 이를 방지하기 위해 주기적으로 청소 관리를 하여야 한다.

1) 보일러 내부에 들어갈 경우의 주의사항
① 맨홀의 뚜껑을 여는 경우 내부압력이 있거나, 진공이 될 경우가 있으므로 특별한 주의가 필요하다.
② 동체내부에는 충분한 환기를 시키고, 필요시에는 강제통풍을 시켜 산소공급을 해야 한다.
③ 다른 보일러와 연결된 경우 증기나 물의 역류를 방지하기 위해 연결을 차단한다.
④ 조명에 사용하는 전등은 안전가드가 붙은 것을 사용하고, 이동용 캡타이어 케이블을 사용하며, 손전등을 사용함이 절대로 안전하다.

2) 연도 내에 들어갈 경우의 주의사항
① 노 또는 연도내의 환기를 위해 댐퍼를 적정하게 열어 놓아야 한다.
② 보일러의 연도가 다른 보일러와 연결되어 있는 경우는 댐퍼를 닫고 연소가스의 역류를 방지 한다.
③ 연도 내에는 가스중독의 위험이 많으므로 외부에 감시인을 세워 내부에 사람이 있다는 표시를 해 둔다.

3) 청소의 목적
① 연료의 절감 및 열효율을 향상시키기 위해
② 사고를 방지하고 사용수명의 연장을 위해
③ 통풍 저항을 방지하기 위해
④ 보일러 부식을 방지하기 위해
⑤ 스키일 등의 장애를 방지하기 위해

4) 청소의 구분
① 외부청소
전열면에 부착된 그을음 등을 제거하여 부식을 방지하고 연도 등의 매연을 제거하여 통풍저항을 방지하고 청결하게 유지하기 위해 주기적으로 실시한다.

㉮ 외부청소의 방법 : 스팀쇼킹법, 워터쇼킹법, 워싱법(pH 8~9의 물), 샌드 블로우법 등
㉯ 외부청소의 목적
  ㉠ 외부부식 방지한다.
  ㉡ 그을음에 의한 전열저하를 방지한다.
  ㉢ 연도내의 매연제거로 통풍저하 방지한다.
  ㉣ 연료절검 및 보일러 열효율 향상시킨다.
  ㉤ 보일러의 수명 연장을 위해
㉰ 외부청소의 시기
  ㉠ 동일부하 상태에서 연료 사용량이 증가할 경우
  ㉡ 배기가스의 온도가 높아졌을 때
  ㉢ 통풍력이 저하된 경우
  ㉣ 연소관리 상황이 현저하게 차이가 있을 때
㉱ 외부청소시 주의사항
  ㉠ 연소실과 연도를 충분히 환기하여 노내를 완전 냉각 후 청소한다.
  ㉡ 슈트 블로우를 사용할 경우 댐퍼를 완전히 열고 연소실에서 연돌방향으로 작업을 진행한다.
  ㉢ 슈트블로우는 사용 전 분출기내의 응축수를 제거한다.
  ㉣ 연관 내면의 그을음 제거는 와이어브러시, 튜브 크리너 등을 이용 제거한다.
  ㉤ 청소가 끝난 후 공기 댐퍼를 만개하여 통풍을 강하게 한다.

② 내부청소
급수처리 불량 등으로 드럼 내부의 스케일 부착, 내면부식 등을 방지하고 보일러를 안전하고 효율적으로 관리, 운전하기 위해 기계적인 방법 또는 화학적인 방법 등으로 처리하는 방법

㉮ 기계적 방법 : 와이어브러시, 스케일해머, 튜브 크리너, 스크레이퍼 등을 이용하는 방법으로 소규모 세관작업에 많이 사용한다.
  ㉠ 연결 보일러 가 있는 경우 증기밸브를 닫고 연락을 차단한다.
  ㉡ 보일러를 서서히 냉각 시킨 후 분출밸브를 열어 내부의 물을 완전 배수시킨다.
  ㉢ 개방하여 공기의 유통을 좋게 하고 유독가스를 충분히 환기시킨다.
  ㉣ 공구를 사용하여 스케일을 제거할 때 강판이나 강관 등에 상처가 나지 않도록 주의한다.
  ㉤ 청소가 끝난 후 물로 세척을 하고 공구가 남지 않았는지 확인한다.

㉯ 화학적 방법
전처리후 보일러 가동시간이 6개월 이상되었거나 스케일의 두께가 1~1.5mm 이상되었을 때 보일러수에 화학약품을 첨가한 세정액을 순환시켜 관내에 부착된 스케일을 효과적으로 분리 제거하는 방법

> **참고** 화학 세관 방법
> 침적법, 서징법, 순환법 등이 있으며 일반적으로 순환법을 많이 사용한다.

  ㉠ 무기산 세관 : 일반적인 산 세관방법으로 관수를 강산성화하여 스케일을 제거하는 방법으로 부식억제제 선정에 주의하여야 한다.
    • 약품의 종류 : 염산, 황산, 인산, 질산 등을 사용한다.

- 물의 온도 : 60±5℃를 유지한다.
- 처리시간 : 최소 4~6시간 이상 실시한다.
- 염산의 농도 : 5~10% 정도 유지한다.

 세관작업에 염산을 사용하는 이유
- 가격이 저렴하고 취급이 용이하다.
- 물에 대한 용해도가 크고 세척이 용이하다.
- 스케일의 용해능력이 크다.
- 부식억제제의 종류가 다양하다.

ⓒ 유기산 세관 : 유기산은 약산으로 중성에 가까워 부식억제제를 사용하지 않는다.
- 약품의 종류 : 구연산, 옥살산, 설파민산 등을 사용한다.
- 물의 온도 : 90±5℃를 유지한다.
- 처리시간 : 최소 4~6시간 이상 실시한다.
- 약품의 농도 : 2~5% 정도 유지한다.

ⓒ 알칼리세관 : 암모니아 세관, 소다 세관으로 관수를 강알칼리화 하여 유지 및 규산염 스케일 제거에 사용한다.
- 약품의 종류 : 암모니아, 탄산소다, 인산소다, 가성소다 등을 사용한다.
- 물의 온도 : 70℃ 정도 유지한다.
- 약품의 농도 : 0.1~0.5% 정도 유지한다.

㉰ 무기산 세관의 공정
㉠ 보일러 내부의 스케일과 부식생성물 등을 산액으로 용해, 분리 시켜 제거하는 산액처리와 중화, 방청처리를 중심으로 하는 일련의 처리공정을 조합시킨 화학세정이며, 다음의 공정에 의해 처리한다.
㉡ 산세관 공정 : 전처리 → 수세 → 산액처리 → 수세 → 중화, 방청처리
- 전처리 : 황산염, 규산염이 주성분인 경질스케일은 염산이나 황산으로 처리하는 산액처리만으로는 쉽게 용해되지 않으므로 가성소다와 불화수소산을 첨가하여 제거하는 과정
- 수세 : 온수를 사용하여 세척하고 폐수가 pH 9 이하가 될 때 까지 계속한다.
- 산액처리 : 염산, 황산, 인산 등을 사용하여 신설 또는 가동 중인 보일러에 부착된 스케일을 제거하는 과정
- 수세 : 산액처리작업이 끝난 후 폐수가 pH5 이상으로 될 때까지 계속한다. 이때 보일러 내에 공기가 들어가지 않도록 주의한다.
- 중화, 방청처리 : 남아있는 산 성분에 의해 부식이 될 수 있으므로 청관제로 중화, 방청을 실시하여 금속표면에 보호피막을 형성시키는 과정
  - 중화, 방청제 : 탄산소다, 가성소다, 인산소다, 암모니아, 히드라진 등
  - 물의 온도 : 80~100℃(24시간 순환시킨다.)
  - pH 유지 : pH 9~10

㉱ 화학세관의 장점
㉠ 부식억제제를 사용하므로 보일러 강판이나 강관의 손상이 적다.
㉡ 세관시간이 짧다.
㉢ 복잡한 구조도 효과적으로 세관할 수 있다.
㉣ 스케일의 성분 분석으로 세관상황을 정확하게 알 수 있다.

⑭ 내부청소의 목적
　　㉠ 스케일로 인한 전열면의 부식 및 전열저하를 방지한다.
　　㉡ 전열을 좋게 하여 전열면의 과열을 방지 한다.
　　㉢ 연료 절감 및 보일러의 열효율을 높인다.
　　㉣ 보일러수의 순환을 좋게 하여 증발을 빠르게 한다.

5. 보일러의 보존

보일러 가동을 일정기간 사용을 중지하여 휴지 중일 때 관리를 잘못하면 오히려 보일러를 가동중일 때 보다 내, 외면에 부식이 쉽게 발생하여 보일러의 수명을 현저하게 단축시킨다. 또한 재가동하여 사용할 경우 부식 등에 의해 운전 중 이상 현상이나 운전 장애 현상이 나타날 수 있으므로 휴지기간 동안 보일러 보존에 특별한 주의를 해야 한다.

1) 보일러 보존 중 주의사항
① 보일러 보존은 보일러의 종류, 보존기간, 설치장소, 보존시 계절 등을 고려하여 올바른 보존 방법을 선택한다.
② 부식은 산화현상이 주원인이므로 드럼 내에 물을 가득 채우거나, 물이 전혀 없게 하여 공기와 물의 접촉을 피하도록 조치한다.
③ 보일러 보존은 휴지기간이 2~3개월 정도 짧은 경우 단기보존법으로 3~6개월 이상일 경우에는 장기보존법으로 선택 보존한다.
④ 보존하기 전에 보일러수에 청관제를 충분히 사용하여 경도성분을 제거함으로서 스케일의 고착을 방지하는 조치를 취한 후 보존한다.
⑤ 부착되어 있는 부속장치에 대해서는 분해 청소를 하여 보존 후 사용에 지장이 없도록 해야한다.
⑥ 보존 중 보일러의 연도는 습기를 방지할 수 있는 조치가 필요하다.

2) 만수 보존법
건조보존이 어려운 경우, 보일러 내부를 충분히 청소한 후 보일러수를 드럼 내부에 충만 시켜 밀폐, 보존하는 단기 보존방법
① 보통 만수 보존법(단기 보존법)
　　양질의 급수(pH 10~11)을 드럼 내에 충만시켜 가성소다(pH 상승제)나 아황산소다(방식제) 등을 첨가하지 않고 밀폐, 보존하는 방법으로 단기 보존 방법으로 분류하며 불시 사용이 곤란하다.
② 소다 만수 보존법(장기 보존법)
　　만수 보존법으로 보일러수에 약제를 첨가하여 드럼 내부에 충만 시켜 밀폐, 보존하는 방법이다. 장기 보존방법 분류하며 불시에 보일러 사용이 가능하다
　　㉮ 첨가 약제 : 가성소다, 탄산소다, 아황산소다, 히드라진, 암모니아 등을 사용한다.
　　　㉠ pH 상승제 : 가성소다를 사용한다.
　　　㉡ 방식제 : 저압 보일러일 경우 아황산소다를, 고압 보일러의 경우 히드라진을 사용한다.
　　㉯ pH 유지 : pH 11 정도
③ 만수보존법
　　단기간(2~3개월)휴지할 경우나 휴지 중 불시에 사용을 대비한 보존방법으로 겨울에는 동결의 위

험이 있으므로 채택하여서는 안된다.
- ㉮ 보일러를 냉각하고 내, 외면을 청소한다.
- ㉯ 양질의 물에 가성소다 300ppm, 아황산소다 100ppm의 상태가 되도록 하여 가득 채워 밀폐하고 약간 예열하여 보존한다.
- ㉰ 보존 중 습윤한 기후가 계속될 때에는 외면에 결로(結露)되기 쉬우므로 잘 건조시켜야 한다.
- ㉱ 보존 후 보일러를 사용하게 될 때에는 보일러수를 배출하고 수세후 내부를 점검하고 부식 발생 유무를 점검한다.

3) 건조 보존법

드럼 내의 관수를 전량 배출 후 완전건조 시킨 보일러 내부에 흡습제 또는 질소가스를 넣고 밀폐, 보존하는 장기 보존방법

① 가열 건조법(단기 보존법)

석회 밀폐 보존법과 같이 완전 건조시킨 보일러 내부에 숯불을 몇 군데 나누어 설치하고 맨홀을 닫아 밀폐 보존하는 방법은 동일하지만 흡습제를 넣지 않고 보존하는 관계로 단기 보존법으로 분류한다.

② 장기 보존법
- ㉮ 석회 밀폐 보존법
  - ㉠ 완전 건조시킨 보일러 내부에 흡습제 및 숯불을 몇 군데 나누어 설치하고 맨홀을 닫아 밀폐보존하는 방법이다.
  - ㉡ 흡습제의 종류 : 생석회, 염화칼슘, 실리카겔, 활성알루미나 등을 사용한다.
- ㉯ 질소가스 봉입 보존법
  고압, 대용량 보일러에 사용되는 건조보존 방법으로 보일러 내부에 질소가스(순도 : 99.5%)를 0.06MPa 정도로 가압, 봉입하여 공기와 치환하여 보존하는 방법이다.
- ㉰ 기화성 부식억제제(V.C.I) 봉입법
  완전 건조시킨 보일러 내부에 백색분말의 V.C.I(기화성 부식 억제제)을 넣고 밀폐 보존하는방법으로 밀봉된 V.C.I(기화성 부식 억제제)는 보일내에 기화, 확산하여 보일러 강재의 방식효과를 얻을 수 있다.

③ 건조 보존법
- ㉮ 휴지기간이 길거나(3~6개월 이상) 겨울에 동결의 위험이 있을 때 보존하는 방법이다.
- ㉯ 보존방법
  - ㉠ 사용 정지한 보일러를 서서히 냉각시킨 후 보일러수를 전부 배출한 후 청소한다.
  - ㉡ 보일러 내부에 스케일 등이 부착된 상태로 보존하게 되면 보존 후 재사용할 때 장애가 발생하므로 스케일을 미리 제거해야 한다.
  - ㉢ 연결 보일러가 있는 경우 연결을 차단하고 보일러 내 외부에 불을 피워 내부를 완전히 건조시킨다.
  - ㉣ 보일러 내에 증기나 물이 새어 들어가지 않도록 증기관, 급수관은 확실하게 외부와 연락을 차단하고 밀폐시킨다.
  - ㉤ 흡습제를 동 내부, 여러 곳에 배치한다.
  - ㉥ 본체 외면은 와이어브러시로 청소한 후 그리스 또는 방청도장을 한다.

6. 부속장치의 취급

1) 안전밸브 취급

① 안전밸브는 매년 1회 계속사용 안전검사 때 분해, 정비한다.
② 설정압력에 도달하여도 분출하지 않으면 분해 정비할 필요가 있으나 두들겨서 밸브 시이트를 상하게 해서는 안된다.
③ 열매체 보일러의 안전밸브는 밀폐식 구조로 하고 배기관 또는 도피관은 열매의 팽창탱크, 또는 저장탱크 등에 연결되어 외기로 취출되지 않도록 해야 한다. 한냉 시 동결방지를 위해 보온한다.
④ 온수보일러의 방출관은 외기에 노출된 부분에는 보온을 실시하고 동결방지에 주의해야 한다. 오버 블로우관의 선단은 물에 잠기지 않고 보이도록 한다.
⑤ 2개 이상의 안전밸브가 있는 경우 조정 분출압력을 단계적으로 분출하도록 한다.
⑥ 수동에 의해 분출시험을 행할 경우에는 분출압력의 75% 이상의 압력에서 시험레버를 작동시켜 시험하고, 다음에 레버를 놓고 자동적으로 급, 폐지시킨다.
⑦ 안전밸브의 고장
　㉮ 증기누설 원인
　　㉠ 밸브 시이트의 가공 불량
　　㉡ 밸브 시이트에 이물질 부착
　　㉢ 스프링의 장력 불균형 등에 의해 발생한다.
　㉯ 작동불량 원인
　　㉠ 밸브의 고착
　　㉡ 스프링의 장력이 강한 경우
　　㉢ 열팽창으로 밸브 각의 밀착, 안전밸브의 분출용량 부족 등에 의해 발생한다.

2) 수면계의 취급

① 수면계는 수위를 비교 측정하여 이상 유무를 판별하기 위해 2개 이상 설치한다.
② 수면계의 연락관에 설치된 콕크는 6개월 주기로 분해 정비한다.
③ 기능시험
　㉮ 보일러 가동하기 전
　㉯ 프라이밍 포밍 발생시
　㉰ 2개의 수면계 수위가 서로 다를 때
　㉱ 수위가 의심스러울 때
　㉲ 수면계 보수 및 교체를 한 경우
④ 수위 조절
　㉮ 수위는 수면계의 중간위치(상용수위)를 기준으로 하여 일정하게 유지하는 것이 좋다. 보일러 운전 중 수위저하는 가장 큰 사고의 원인이 된다.
　㉯ 수면계의 시험은 매일 1~2회 실시해야 하며 그 요령은 다음과 같다.
　　㉠ 증기밸브 및 수측의 밸브를 닫는다.
　　㉡ 드레인 밸브를 열어 수면계내의 물을 취출 한 후 수측의 밸브를 열어 통로를 청소한다.
　　㉢ 수측의 밸브를 닫고, 증기측 밸브를 열어 증기통로로 증기를 보내어 청소한다.
　　㉣ 끝으로 드레인 밸브를 닫고 수측의 밸브를 서서히 연다.

⑤ 수면계는 항상 2조를 완전한 상태로 정비하여 사용하고 양측의 수위가 일치하는 것을 관찰 한다.
⑥ 수면계를 수주관에 장치할 경우는 수주관의 하부에 취출관을 설치하고 수면계의 드레인관은 바닥까지 장치하여 시험하기 쉽게 한다.
⑦ 수면계의 상하코크의 중심이 일치하지 않거나 상하부착에 무리하게 힘을 가하면 파손되기 쉬우므로 주의를 요한다.
⑧ 수면계와 보일러 연락관은 이물질이 끼어 막히는 경우가 있어 사고의 위험이 높다. 따라서 연락관은 청결하게 관리하도록 하고 부착된 밸브의 개폐작동도 항상 점검해야 한다.

3) 압력계의 취급
① 압력계의 시험
㉮ 매년 계속사용 안전검사를 받을 때.(1년 1회)
㉯ 브로돈관에 직접 증기가 들어갔을 때
㉰ 프라이밍, 포밍이 심하게 생겼을 때
㉱ 압력계의 정도가 의심스러울 때
② 사이폰관은 장기간 휴지시에는 사이폰관과 압력계를 떼내어 보관한다.
③ 사이폰관은 관내에 물을 가득 채워 장착한다.
④ 압력계의 앞면을 손끝으로 가볍게 때려 지침의 작동에 이상이 없는가를 확인한다. 압력이 "0"일 때 지침이 정확하게 돌아오지 않고 잔 침이 있는 것은 교체한다.
⑤ 최고사용압력과 상용압력을 적색과 녹색으로 색별 표시를 하여 사용하는 것이 편리하다.
⑥ 압력계의 위치와 보일러의 부착부와 높이 차이가 있을 때는 수두압에 의한 오차를 수정하여야 한다.
⑦ 증기압력의 감시
보일러의 운전 중 압력계의 지시압력에 주의하고, 일정압력이 유지 되도록 적당한 연소조절이 필요하다. 압력에 대한 안전장치는 압력계와 안전밸브이므로 기능이 정확한가 주의해야 한다.
㉮ 압력계 지침의 움직임에 이상이 있을 때는 예비품으로 바꾸어 압력의 정도를 비교, 교체하여야 한다.
㉯ 안전밸브가 작동할 때에는 즉시 압력계의 지침을 보고 설정압력에서 작동하는지 확인한다.

4) 수위 검출기의 취급
수위제어계의 자동 급수조절기 및 저수위 차단기와 경보장치의 수위 검출기는 스케일이나 이물질에 의해 오염되기 쉽고 또 느슨해짐이나, 손모 등에 의해 고장 나기 쉬우므로 1일 1회 이상 적당한 시간적 간격으로 수위를 낮추어 작동시험을 행할 필요가 있다.
또한 수위 검출기의 연락관이 새는 것은 수위검출에 오차가 생기기 쉬우므로 새는 것을 발견하면 즉시 보수하여 완전한 상태로 유지해야 한다.
① 플로트식(부자식)은 6개월마다 수은스위치의 상태를 점검하고 접속 상황이 양호한가를 확인한다. 또 1년에 1회씩 플로트실을 개방하여 청소하고 플로트 및 링크기구의 작동여부를 점검한다.
② 전극식은 3개월마다 전극봉을 샌드페이퍼로 깨끗이 청소한다.

5) 화염검출기의 취급
① 화염검출기의 위치는 불꽃에서의 직사광이 들어오도록 장착하고 주위온도는 60℃ 이상으로 해서는 안된다.
② 유리렌즈는 매주 1회 이상 청소하고, 6개월마다 광전관 전류를 측정하여 감도유지에 힘쓴다.
③ 검출봉(플레임로드)의 엘라멘트는 직접 불꽃에 접하여 오손이 생기기 쉬우므로 1주에 1~2회 점검한다.

6) 분출장치
보일러에 약제를 주입하여 수처리를 하는 경우 간헐 블로우를 1일 1회 이상 실시하여 침전물을 배출시켜야 하며 그 요령은 다음과 같다.
① 분출은 2기의 보일러를 동시에 하지 않으면, 분출작업이 끝날 때까지 자리를 떠나지 말아야 한다.
② 분출은 1일 1회 이상 실시하며, 1일 중 증기발생량이 가장 적은 때를 택해서 시행한다.
③ 분출의 시기는 침전물이 침전되어 있을 때(야간이나 휴지 보일러)는 아침 조업직전에, 연속 가동중인 경우 부하가 가장 가벼울 때 시행하도록 한다.
④ 분출관에는 분출밸브와 코크를 직렬로 설치하고 분출할 때는 코크를 먼저 열어 분출밸브로 조절작용을 하면서 만개시키며, 정지할 경우에는 분출밸브를 먼저 닫고 코크를 나중에 닫는다.
⑤ 분출밸브와 코크는 보일러정비 시 반드시 분해정비하고 밸브 시이트를 연마하여 사용하고, 누출 시는 빨리 교체하여야 한다.
⑥ 분출장치는 매일 1회 취출하여 고착을 방지한다. 보일러수의 취출이 필요하지 않은 경우도 매일 조작하여 기능 확인 및 고착을 방지한다.
⑦ 분출밸브는 2개 이상 직렬로 장치하고 보일러 가까운 위치에 코크, 다음에 밸브를 부착하다.
⑧ 분출관의 선단은 위험이 없는 지하피드나 홈속에 이끌어 보이는 곳에 두는 것이 좋다.

7) 슈트 블로워의 취급
슈트 블로워 장치를 갖고 있는 보일러에서는 전열면 외부에 부착된 그을음 제거의 목적으로 행하며 증기나 압축공기를 사용하며 와이어브러시를 사용하는 경우도 있다.
① 블로워 작업 전에 관내에 응축수(드레인)를 충분히 배제시킨다.
② 슈트 브로워를 하는 시기는 부하가 가벼울 때 시행하며 소화한 직후의 고온 노내에서 해서는 안 된다.
③ 연소실과 연도의 통풍력을 증가시키고, 자동연소 제어장치가 부착된 보일러는 수동으로 바꾼다.
④ 슈트 블로워는 한곳에 너무 오랫동안 하면 좋지 않다.

8) 급수장치 취급
① 급수탱크 및 급수배관
 ㉮ 급수탱크는 탱크내의 저수량을 확인해야 하며 정기적으로 청소하고 급수 중에 유해한 불순물이나 진흙, 모래 등이 혼입되지 않도록 한다.
 ㉯ 응축수 탱크내의 급수온도가 너무 높지 않도록 한다.
 ㉰ 급수정지밸브는 디스크와 밸브 시이트 사이에 이물질이 부착하거나 마모된 경우 고장이 많으므로 분해 정비해야 한다.

㉣ 급수펌프의 전후에는 압력계를 부착하여 급수압력을 점검함에 따라 급수관계의 이상을 발견할 수 있다(특히, 소형 관류보일러와 같이 보유수량이 적은 보일러에서는 급수압력의 관리가 중요하다).

② 급수내관

㉮ 보일러는 보일러 급수관으로 직접 급수되면 국부적으로 냉각하게 되어 좋지 못하므로 급수 내관을 통해 적절한 위치에서 분산 급수하여야 한다.

㉯ 급수내관의 부착위치는 보일러 수위가 안전저수면까지 내려가도 수면상에 나타나지 않도록 안전저수면 보다 약간 아래의 위치에 놓고, 급수내관의 구멍은 수면 밑으로 향하게 한다.

㉰ 급수내관의 구멍은 스케일의 부착으로 막히기 쉬우므로 보일러를 정비하는 경우에는 반드시 떼어 밖에서 청소를 한다.

③ 급수펌프의 취급

㉮ 흡입측의 축 글랜드로 부터 공기가 유입되면 펌프의 기능이 떨어진다. 또한, 패킹을 단단히 조이면 탈 염려가 있으므로 축의 패킹은 겨우 물방울이 떨어지는 정도로 조여 놓는 것이 좋다.

㉯ 베어링이 마모되지 않게 충분히 주유한다.

㉰ 시동 시에는 물받이를 사용하여 펌프내의 공기를 완전히 제거해야 한다.

㉱ 플로트 밸브를 가진 경우는 흡입관을 닫은 채로 펌프로 주수하여 공기를 제거한다.

㉲ 시동 시에는 흡입밸브를 전개하고 모터를 가동시켜 펌프의 회전과 수압을 정상으로 되면 토출밸브를 서서히 연다. 이때 이상이 없는 것을 확인해야 하며, 토출밸브를 닫은 채 오랫동안 운전하면 펌프내의 물 온도가 상승하여 과열을 일으킨다.

㉳ 정지 시에는 토출밸브를 서서히 조여 밀폐하고 모터를 정지시킨다.

④ 인젝터

가동 시에는 인젝터의 토출밸브, 급수관의 급수밸브, 증기관의 증기밸브, 인젝터의 핸들 순으로 동작시키고 정지 시에는 역순으로 한다.

처음에는 일수구로부터 물이 유출되지만 곧 증기가 공급이 되면 점점 혼합노즐의 진공도가 높아져 급수가 시작되어 일수구로부터 유출이 정지되면서 급수가 된다.

> 인젝터의 작동이 불량해지는 원인
> - 흡입관에 공기가 유입되는 경우
> - 증기압력이 낮을 때(0.2MPa 이하)
> - 급수온도가 높을 때(55℃ 이상)
> - 내부노즐에 이물질이 부착되었을 때

⑤ 급수처리장치 취급

㉮ 이온교환에 의한 급수처리장치는 그 용량에 적합한 사이클로 재생을 확실히 실시하지 않으면 안되며, 재생조작이 늦어지지 않도록 유의한다.

㉯ 원수의 탁도에 주의하고 이온교환수지층에 막힘이나 처리능력이 저하되지 않도록 주의한다.

㉰ 수지는 정기적으로 세척하여 매년 1회 수지의 보충(5~10%)의 필요여부를 결정한다.

㉱ 급수탱크에는 항상 충분한 물을 저장하도록 한다. 내부에 먼지나 이물질이 들어가지 않도록 뚜껑을 덮어둔다. 매년 1회 정기적으로 청소를 실시하여 부식을 방지하여야 한다.

9) 자동제어장치 취급
① 전기회로
  ㉮ 전기회로는 단선, 접점의 헐거워짐, 오손 등에 의해 불통이 되는 일이 있으므로 주의해야 된다.
  ㉯ 배선을 분리 정비한 후 조립 시 결선이 틀리지 않도록 주의한다.
  ㉰ 작동용 공기 또는 기름배관에는 작은 관이 사용되므로 관이 찌그러지든가 이물질에 의해 폐쇄, 접속부의 누출유무를 점검해야 한다.
  ㉱ 전기신호 또는 기계적신호를 서로 변환하고 증폭하여 조절하는 부분 및 작동빈도가 높은 조작부는 오손에 의해 기능이 저하하고 부정확하게 되기 쉬우므로 정기적인 점검 및 보수, 조정을 요한다.
② 자동점화장치의 보수
  ㉮ 점화선은 전극 및 절연유리에 그을음, 미연카본이 부착하기 쉬우므로 1주에 1~2회 점검, 청소한다.
  ㉯ 점화용 버너는 주 버너와의 관계위치, 점화용 연료와 공기와의 혼합비율, 공급압력 등에 주의하고 1주에 1~2회 점검, 청소한다.

10) 연소의 조절
완전연소를 위해서는 연료 공급량과 공기량의 비, 즉 공연비를 정확히 조절해야 하며 이를 위해서는 통풍력의 조절이 매우 중요하다. 공기량은 연료 공급량에 따라 적정 비율로 조절하며 공기량이 과다하면 열손실이 증가하고, 공기량이 부족하면 불완전연소를 초래한다.
① 역화를 방지하기 위해 연소량을 늘릴 경우 먼저 공기량을 증가시킨 후 연료공급량을 늘려야 한다.
② 부동팽창 및 벽돌 이음부의 균열 발생을 방지하기 위해 급격한 연소를 피한다.
③ 연소 초 절탄기내의 물의 움직임을 확인한다.

11) 유류연소장치 취급
① 기름탱크 및 배관계통에 새는 곳의 유무에 주의하고, 기름펌프는 매년 1회 분해 점검해야 한다.
② 기름가열기는 온도계 및 자동조절온도계를 장치하도록 한다.
③ 기름가열기에서 증기 또는 온수로 가열하는 것은 부식발생의 염려가 있으므로 매년 점검해야 하며 가열관의 부식은 조기에 보수해야 한다.
④ 스트레이너(여과기)는 병렬로 설치하여 교대로 분해 청소하여야 한다.
⑤ 버너는 정기적으로 분해 청소하여 항상 양호한 상태로 유지하여야 한다. 또 연소장치 정지 시에는 기름누출에 주의해야 한다.
⑥ 버너팁의 형상이나 디저의 상태는 연소에 미치는 영향이 크므로 항상 보수, 점검한다.

STEP 03 보일러 설치 검사기준

1. 용어의 정의

이 기준의 용어는 육상용 강제 보일러의 구조에 따른다.
① 보일러 : 고온의 연소가스에 의하여 증기, 온수 또는 고온의 열매를 발생시키는 장치
  ㉮ 소용량 강철제보일러 : 강철제 보일러중 전열면적이 5m² 이하이고 최고사용압력이 0.35 MPa[3.5 kgf/cm²] 이하인 것
  ㉯ 1종 관류보일러 : 강철제 보일러 중 헤더의 안지름이 150mm 이하이고 전열면적이 5m² 초과, 10m² 이하이며 최고사용압력이 1 MPa[10 kgf/cm²] 이하인 관류보일러. 다만, 그 중 기수분리기를 장치한 것은 기수분리기의 안지름이 300mm 이하이고 그 내용적이 0.07m³ 이하인 것에 한한다.
  ㉰ 소용량 주철제보일러 : 주철제 보일러중 전열면적이 5m² 이하이고 최고사용압력이 0.1 MPa[1 kgf/cm²] 이하인 것
② 보일러 압력(게이지 압력) : 대기압 이상의 압력. 즉, 압력계에 지시되는 압력
③ 설계 압력 : 보일러 및 그 부속품 등의 강도계산에 사용되는 압력으로서 사용압력 및 사용온도와 관련하여 가장 가혹한 조건에서 결정한 압력
④ 사용압력 : 보일러를 실제로 사용할 때의 압력으로서 보통의 상태에 있어서는 보일러의 동체(관류보일러에서는 출구)에서의 압력
⑤ 설계온도(최고사용온도) : 설계압력을 정할 때 설계압력에 대응하여 사용조건으로부터 정해지는 온도

> **참고** 설계온도는 재료의 두께방향으로 계산한 평균온도 이상의 온도로 한다. 다만, 어떠한 경우에도 재료의 표면온도는 그 재료에 대한 사용제한온도 또는 허용응력표에 정해진 온도 범위를 초과해서는 안된다.

⑥ 계산두께 : 계산식에 의하여 산정되는 두께로 부식여유를 포함하지 않은 두께이다.
⑦ 최소두께 : 계산식에 의하여 산정되는 두께이며, 부식여유를 포함한다.
⑧ 실제두께 : 실제로 측정한 두께. 다만, 상거래상 이용되는 공칭두께로부터 한국산업표준에 정해진 두께에 대한 음(-쪽)의 허용차 및 가공여유를 뺀 두께로 대체할 수 있다.
⑨ 전열면적 : 한쪽면이 연소가스에 접촉하고 다른 면이 물(기수 혼합물을 포함한다)에 접촉하는 부분의 면을 연소가스 쪽에서 측정한 면적. 특별히 지정하지 않을 때는 과열기 및 절탄기의 전열면을 제외한다.

2. 보일러 설치장소

1) 옥내설치
   ① 보일러는 불연성물질의 격벽으로 구분된 장소에 설치하여야 한다. 다만, 소형보일러는 반격벽으로 한다.

> **참고** 소형 보일러
> 소용량 강철제보일러, 소용량 주철제보일러, 가스용 온수보일러, 소형 관류 보일러

② 보일러 동체 최상부로부터 천정, 배관 등 보일러 상부에 있는 구조물까지의 거리는 1.2m 이상이어야 한다. 다만, 소형 보일러 및 주철제 보일러의 경우에는 0.6 m 이상으로 할 수 있다.
③ 보일러 동체에서 벽, 배관, 기타 보일러 측부에 있는 구조물까지 거리는 0.45m 이상이어야 한다. 다만, 소형보일러는 0.3 m 이상으로 할 수 있다.
④ 금속제의 굴뚝 또는 연도의 외측으로부터 0.3m 이내에 있는 가연성 물체에 대하여는 금속 이외의 불연성 재료로 피복하여야 한다.
⑤ 연료를 저장할 때에는 보일러 외측으로부터 2m 이상 거리를 두거나 방화격벽을 설치하여야한다. 다만, 소형보일러의 경우에는 1m 이상 거리를 두거나 반격벽으로 할 수 있다.
⑥ 보일러에 설치된 계기들을 육안으로 관찰하는데 지장이 없도록 충분한 조명시설이 있어야 한다.
⑦ 보일러실의 급기구는 보일러 배기가스 닥트의 유효단면적 이상이어야 하고 도시가스를 사용하는 경우에는 환기구를 가능한 한 높이 설치한다.
⑧ 보일러의 연도는 내식성의 재질을 사용하거나, 배가스 중 응축수의 체류를 방지하기 위하여 물 빼기가 가능한 구조이거나 장치를 설치하여야 한다.

2) 옥외설치
① 보일러에 빗물이 스며들지 않도록 케이싱 등의 적절한 방지설비를 하여야 한다.
② 노출된 절연재 또는 래깅 등에는 방수처리(금속커버 또는 페인트 포함)를 하여야 한다.
③ 보일러 외부에 있는 증기관 및 급수관 등이 얼지 않도록 적절한 보호조치를 하여야 한다.
④ 강제 통풍팬의 입구에는 빗물방지 보호판을 설치하여야 한다.

3) 보일러의 설치
① 기초가 약하여 내려앉거나 갈라지지 않아야 한다.
② 강 구조물은 접지되어야 하고 빗물이나 증기에 의하여 부식이 되지 않도록 적절한 보호조치를 하여야 한다.
③ 수관식 보일러의 경우 전열면을 청소할 수 있는 구멍이 있어야 한다. 다만, 전열면의 청소가 용이한 구조인 경우에는 예외로 한다.

> **구멍**
> - 맨홀의 크기는 긴지름 375 mm 이상, 짧은지름 275 mm 이상의 타원형 또는 긴원형 혹은 안지름 375 mm이상의 원형으로 하여야 한다.
> - 청소 또는 검사를 하기 위하여 손을 넣을 필요가 있는 구멍 (이하 손구멍이라 한다)의 크기는 긴지름 90 mm 이상, 짧은지름 70 mm 이상인 타원형이나 또는 지름90 mm 이상인 원형(각형으로 할 때에는 안치수 90 mm 이상)으로 하여야 한다. 또, 검사구멍은 지름 30 mm 이상의 원형으로 하여야 한다.
> - 동체에 타원형의 맨홀을 설치할 때는 그 짧은 지름의 축을 동체 축에 평행하게 둔다.
> - 노통 연관보일러에는 동체 하부 부근에 청소구멍 1개 이상을 동체 옆면의 노통이 보이는 위치에 검사구멍을 좌우에 각 1개(동체의 길이가 3,000 mm를 초과하는 경우에는 각 2개) 이상을 설치해야 한다.

④ 보일러에 설치된 폭발구의 위치가 보일러기사의 작업장소에서 2 m 이내에 있을 때에는 당해 보일러의 폭발가스를 안전한 방향으로 분산시키는 장치를 설치하여야 한다.
⑤ 보일러의 사용압력이 어떠한 경우에도 최고사용압력을 초과할 수 없도록 설치하여야 한다.
⑥ 보일러는 바닥 지지물에 반드시 고정되어야 한다. 소형보일러의 경우는 앵커등을 설치하여 가동 중 보일러의 움직임이 없도록 설치하여야 한다.

4) 보일러의 구조

① 완충폭 (브레이징 스페이스)

노통 보일러에 가셋트 스테이를 부착할 경우 경판과의 부착부 하단과 노통 상부 사이에는 다음 표와 같은 완충폭(브레이징 스페이스)이 있어야 한다.

(단위 : mm)

경판의 두께	완충폭 (브레이징 스페이스)	경판의 두께	완충폭 (브레이징 스페이스)
13 이하	230 이상	19 이하	300 이상
15 이하	260 이상	19 초과	320 이상
17 이하	280 이상		

② 각 부의 최고사용압력

㉮ 보일러의 최고사용압력 이상으로 한다. 다만, 강제 순환보일러 및 관류 보일러에서는 순환 또는 관류를 위하여 각 부에 가해지는 최대 수두압을 보일러의 최고사용압력에 가산한 것 이상으로 한다.

㉯ 어떠한 경우에도 보일러에서는 0.2MPa[2kgf/cm^2] 이상으로 한다. 또, 증기관, 급수관 및 분출관에서는 0.7MPa[7kgf/cm^2] 이상으로 한다.

③ 상용수위

노통연관 보일러 및 수평노통 보일러의 상용수위는 동체 중심선에서부터 동체 반지름의 65% 이하이어야 한다. 이때 상용수위는 수면계 중심선을 말한다.

④ 원통형 헤더의 강도

내면에 압력을 받는 동체, 헤더 등의 원통부 최소두께는 다음 식에 따른다.

㉮ 바깥지름을 기준으로 하는 경우

$$t = \frac{PD_o}{2\sigma_a\eta + 2KP} + \alpha \quad \left\{ t = \frac{PD_o}{200\sigma_a\eta + 2KP} + \alpha \right\}$$

㉯ 안지름을 기준으로 하는 경우

$$t = \frac{PD_i}{2\sigma_a\eta - 2P(1-K)} + \alpha \quad \left\{ t = \frac{PD_i}{200\sigma_a\eta - 2P(1-K)} + \alpha \right\}$$

- t : 원통부의 최소두께(mm)
- P : 최고사용압력(MPa)[kgf/cm^2]
- D_o : 동체의 바깥지름(mm)
- D_i : 동체의 안지름(mm)
- σ_a : 재료의 허용인장응력(N/mm^2)[kgf/mm^2]
- η : 길이방향 이음의 효율 또는 구멍이 있는 부분의 효율. 다만, 구멍과 길이이음 용접부의 용착금속과의 거리가 6mm 이하일 때 또는 길이이음에 구멍이 있을 때는 그 구멍에 영향을 미치는 용접이음의 효율과 구멍이 있는 부분의 효율을 곱한 값으로 한다.
- α : 부식여유로서 1mm 이상으로 한다.
- K : 동체의 증기(온수보일러는 물 또는 열매)온도에 대응하는 것이다.

⑤ 주 증기관

주 증기관에는 적당한 신축장치를 설치하고, 또한 이것을 적당한 위치에 고정하여 보일러의 신축에 의한 응력이 걸리지 않도록 하여야 한다. 또, 증기의 맥동 때문에 보일러에 진동을 일으킬 우려가 있을 경우에는 증기 리시버를 설치해야 한다.

3. 가스용 보일러의 연료배관

1) 배관의 설치
① 배관은 외부에 노출하여 시공하여야 한다. 다만, 동관, 스테인리스 강관, 이음매 없는 내식관은 매몰하여 설치할 수 있다.
② 배관의 이음부와 전기계량기 및 전기개폐기와의 거리는 60cm 이상, 굴뚝, 전기점멸기 및 전기접속기와의 거리는 30cm 이상, 절연전선과의 거리는 10cm 이상, 절연조치를 하지 아니한 전선과의 거리는 30cm 이상의 거리를 유지하여야 한다.

2) 배관의 고정
① 관경이 13mm 미만의 경우 : 1m마다 고정한다.
② 관경 13mm 이상 33mm 미만의 경우 : 2m마다 고정한다.
③ 관경 33mm 이상의 경우 : 3m마다 고정한다.

3) 배관의 접합

배관을 나사접합으로 하는 경우 관용 테이퍼나사로 한다. 배관의 이음쇠가 주조품인 경우에는 가단주철제이거나 주강제품을 사용하여야 한다.

4) 배관의 표시
① 배관은 그 외부에 사용가스명·최고사용압력 및 가스흐름방향을 표시하여야 한다.
② 지상배관은 부식방지 도장 후 표면색상을 황색으로 도색한다.

4. 급수장치

1) 급수장치의 종류

보일러의 급수장치는 주펌프세트 및 보조펌프세트를 갖춘 급수장치가 있어야 한다. 다만, 다음의 보일러 경우에는 보조펌프를 생략할 수 있다.
① 전열면적 12m^2 이하의 보일러
② 전열면적 14m^2 이하의 가스용 온수보일러
③ 전열면적 100m^2 이하의 관류보일러

2) 2개 이상의 보일러에 대한 급수장치

1개의 급수장치로 2개 이상의 보일러에 물을 공급할 경우 이들 보일러를 1개의 보일러로 간주하여 적용 한다.

3) 자동급수조절기

자동급수조절기를 설치할 때에는 필요에 따라 즉시 수동으로 변경할 수 있는 구조이어야 하며, 2개 이상의 보일러에 공통으로 사용하는 자동급수 조절기를 설치하여서는 안된다.

4) 급수밸브의 설치 및 크기
① 급수관에는 보일러에 인접하여 급수밸브와 체크밸브를 설치하여야 한다. 이 경우 급수가 밸브 디스크를 밀어 올리도록 급수밸브를 부착하여야 한다.
② 1조의 밸브디스크와 밸브시트가 급수밸브와 체크밸브의 기능을 겸하고 있어도 별도의 체크밸브를 설치하여야 한다.
③ 최고사용압력 0.1MPa[1kgf/cm²] 미만의 보일러에서는 체크밸브를 생략할 수 있다.
④ 급수밸브 및 체크밸브의 크기는 전열면적 10m² 이하의 보일러에서는 호칭 15A 이상, 전열면적 10m²를 초과하는 보일러에서는 호칭 20A 이상이어야 한다.

5) 급수처리
용량 1 t/h 이상의 증기보일러에는 수질관리를 위한 급수처리 또는 스케일 부착방지나 제거를 위한 시설을 하여야 한다.

5. 안전밸브

보일러에 설치하는 안전밸브의 종류는 스프링 안전밸브로 하며 어떠한 경우에도 밸브 시이트나 본체에서 누설이 없어야 한다.

 안전밸브의 방출관은 단독으로 설치하되, 2개 이상의 방출관을 공동으로 설치하는 경우에 방출관의 크기는 각각의 방출관 분출용량의 합계 이상이어야 한다.

1) 안전밸브의 개수
① 증기보일러에는 2개 이상의 안전밸브를 설치하여야 한다. 다만, 전열면적 50m² 이하의 증기보일러에서는 1개 이상으로 한다.
② 관류보일러의 경우 보일러와 압력방출장치와의 사이에 체크밸브를 설치할 경우 압력방출장치는 2개 이상이어야 한다.
③ 안전밸브의 분출압력은 1개일 경우 최고사용압력 이하, 안전밸브가 2개 이상인 경우 그 중 1개는 최고사용압력 이하 기타는 최고사용압력의 1.03배 이하일 것
④ 발전용 보일러에 부착하는 안전밸브의 분출정지 압력은 분출압력의 0.93배 이상이어야 한다.

2) 안전밸브의 크기
안전밸브의 크기는 호칭지름 25A 이상으로 하여야 한다. 다만, 다음 보일러에서는 호칭지름 20A 이상으로 할 수 있다.
① 최고사용압력 0.1MPa[1kgf/cm²] 이하의 보일러
② 최고사용압력 0.5MPa[5kgf/cm²] 이하의 보일러로 동체의 안지름이 500mm 이하이며, 동체의 길이가 1,000mm 이하의 것
③ 최고사용압력 0.5MPa[5kgf/cm²] 이하의 보일러로 전열면적 2m² 이하의 것
④ 최대증발량 5 t/h 이하의 관류보일러
⑤ 소용량 강철제보일러, 소용량 주철제보일러

3) 밀폐식 안전밸브

인화성증기를 발생하는 열매체 보일러에서는 안전밸브를 밀폐식구조로 하든가 또는 안전밸브로부터의 배기를 보일러실 밖의 안전한 장소에 방출시키도록 한다.

4) 과열기 부착보일러의 안전밸브

① 과열기에는 그 출구에 1개 이상의 안전밸브가 있어야 하며 그 분출용량은 과열기의 온도를 설계온도 이하로 유지하는데 필요한 양 이상이어야 한다.
② 과열기에 부착되는 안전밸브의 분출용량 및 수는 보일러 동체의 안전밸브의 분출용량 및 수에 포함시킬 수 있다. 이 경우 보일러의 동체에 부착하는 안전밸브는 보일러의 최대증발량의 75 % 이상을 분출할 수 있는 것이어야 한다.
③ 과열기의 안전밸브 분출압력은 증발부 안전밸브의 분출압력 이하일 것

5) 온수발생 보일러(액상식 열매체 보일러 포함)의 방출밸브 또는 안전밸브의 크기

① 액상식 열매체 보일러 및 온도 120℃[393 K] 이하의 온수발생 보일러에는 방출밸브를 설치하여야 하며, 그 지름은 20mm 이상으로 한다.
② 온도 120℃[393 K]를 초과하는 온수발생 보일러에는 안전밸브를 설치하여야 하며, 그 크기는 호칭지름 20mm 이상으로 한다.

6) 온수발생 보일러(액상식 열매체 보일러 포함)방출관의 크기

방출관은 보일러의 전열면적에 따라 다음 표의 크기로 하여야 한다.

전열면적(m²)	방출관의 안지름(mm)
10 미만	25 이상
10 이상 15 미만	30 이상
15 이상 20 미만	40 이상
20 이상	50 이상

7) 방출밸브의 작동시험

온수발생 보일러(액상식 열매체 보일러 포함)의 방출밸브는 다음 각 항에 따라 시험하여 보일러의 최고사용압력 이하에서 작동하여야 한다.
① 공급 및 귀환밸브를 닫아 보일러를 난방시스템과 차단한다.
② 팽창탱크에 연결된 관의 밸브를 닫고 탱크의 물을 빼내고 공기 쿠션이 생겼나 확인하여 공기 쿠션이 있을 경우 공기를 배출시킨다. 다만, 가압 팽창탱크는 배수시키지 않으며 분출시험 중 보일러와 차단되어서는 안된다.
③ 보일러의 압력이 방출밸브의 설정압력의 50% 이하로 되도록 방출밸브를 통하여 보일러의 물을 배출시킨다.
④ 보일러수의 압력과 온도가 상승함을 관찰한다.
⑤ 보일러의 최고사용압력 이하에서 작동하는지 관찰한다.

6. 계측 장치

1) 수면계

① 수면계의 개수
   ㉮ 증기보일러에는 2개 이상의 유리 수면계를 보일러내의 수위를 육안으로 확인할 수 있도록 동일한 높이에 나란히 부착하여야 한다.
   ㉯ 최고사용압력 1MPa[10kgf/cm^2] 이하로서 동체안지름이 750mm 미만인 경우에 있어서는 수면계 중 1개는 다른 종류의 수면 측정장치로 할 수 있다.
   ㉰ 2개 이상의 원격지시 수면계를 시설하는 경우에 한하여 유리수면계를 1개 이상으로 할 수 있다.
   ㉱ 소용량 보일러 및 1종 관류보일러는 1개 이상 유리수면계를 설치한다.
   ㉲ 단관식 관류보일러는 유리 수면계를 설치하지 아니할 수 있다.

② 수면계의 구조
   유리수면계는 보일러의 최고사용압력과 그에 상당하는 증기온도에서 원활히 작용하는 기능을 가지며, 상·하에 밸브 또는 코크를 갖추고, 한눈에 그것의 개·폐 여부를 알 수 있는 구조이어야 한다. 다만, 1종 관류보일러에서는 밸브 또는 코크를 갖추지 아니할 수 있다.

③ 수면계의 부착
   유리수면계는 보일러 사용 중 안전한 수위를 나타내도록 다음에 따라 보일러 또는 수주관에 부착한다. 수주관은 2개의 수면계에 대하여 공동으로 할 수 있다.

④ 수주관
   보일러의 수주관은 해당 보일러의 최고사용압력에 견딜 수 있는 것이어야 하고, 수주관에는 호칭지름 20A이상의 분출관을 장치해야 한다.

⑤ 수주관의 연락관
   수주관과 보일러를 연결하는 관은 호칭지름 20A이상으로 다음 조건을 갖추어야 한다.
   ㉮ 물쪽 연락관 및 수주관 내부는 용이하게 청소할 수 있도록 하여야 한다.
   ㉯ 물쪽 연락관을 수주관 또는 보일러에 부착하는 구멍 입구는 수면계가 보이는 최저 수위보다 위에 있어서는 안된다. 그리고 관의 도중에 굽힘(중고 또는 중저)이 없도록 하여야 하며, 부득이 중저 부분을 두는 경우에는 그 부분의 물을 전부 분출할 수 있는 드레인 밸브를 부착하여야 한다.
   ㉰ 증기쪽의 연락관을 수주관 또는 보일러에 부착할 때 그 위치는 수면계가 보이는 최고수위 보다 아래에 있어서는 안된다. 또한 관의 도중에 응축수가 고이지 않도록 하여야 한다.
   ㉱ 연락관에 밸브 또는 코크를 설치할 때는 한 눈에 그것의 개·폐 여부를 확인할 수 있는 구조로 하여야 한다.

2) 압력계

① 압력계의 크기와 눈금
   증기보일러에 부착하는 압력계 눈금판의 바깥지름은 100mm 이상으로 한다. 다만, 다음의 보일러에 부착하는 압력계에 대하여는 60mm 이상으로 할 수 있다.
   ㉮ 최고사용압력 0.5MPa[5kgf/cm^2] 이하이고, 동체의 안지름 500mm 이하 동체의 길이 1,000mm 이하인 보일러

㉰ 최고사용압력 0.5MPa[5kgf/cm²] 이하로서 전열면적 2m² 이하인 보일러
　　　㉱ 최대증발량 5 t/h 이하인 관류보일러
　　　㉲ 소용량 보일러
　② 압력계의 최고눈금
　　보일러의 최고사용압력의 3배 이하로 하되 1.5배보다 작아서는 안된다.
　③ 수위계의 최고눈금
　　온수 보일러의 최고사용압력의 1배 이상 3배 이하로 하여야 한다.
　④ 압력계의 부착방법
　　㉮ 압력계는 원칙적으로 보일러의 증기실에 눈금판의 눈금이 잘 보이는 위치에 부착하고, 얼지 않도록 하여야 한다.
　　㉯ 압력계와 연결된 증기관은 최고사용압력에 견디는 것으로서 그 크기는 황동관 또는 동관을 사용할 때는 안지름 6.5mm 이상, 강관을 사용할 때는 12.7mm 이상이어야 하며, 증기온도가 210℃[483 K]를 초과할 때에는 황동관 또는 동관을 사용하여서는 안된다.
　　㉰ 압력계에는 물을 넣은 안지름 6.5mm 이상의 사이폰관 또는 동등한 작용을 하는 장치를 부착하여 증기가 직접 압력계에 들어가지 않도록 하여야 한다.
　　㉱ 압력계의 코크는 그 핸들을 수직인 증기관과 동일방향에 놓은 경우에 열려 있는 것이어야 하며 코크 대신에 밸브를 사용할 경우에는 한눈으로 개·폐 여부를 알 수가 있는 구조로 하여야 한다.
　　㉲ 압력계와 연결된 증기관의 길이가 3m 이상이며 내부를 충분히 청소할 수 있는 경우에는 보일러의 가까이에 열린 상태에서 봉인된 코크 또는 밸브를 두어도 좋다.
　　㉳ 압력계의 증기관이 길어서 압력계의 위치에 따라 수두압에 따른 영향을 고려할 필요가 있을 경우에는 눈금에 보정을 하여야 한다.
　⑤ 시험용 압력계 부착방법
　　보일러 사용 중에 그 압력계를 시험하기 위하여 시험용 압력계를 부착할 수 있도록 나사의 호칭 $PF\frac{1}{4}$, $PT\frac{1}{4}$ 또는 $PS\frac{1}{4}$의 관용나사를 설치해야 한다.

3) 온도계

보일러에는 아래의 곳에 온도계(바이메탈 온도계)를 설치하여야 한다. 다만, 소용량 보일러 및 가스용 온수보일러는 배기가스온도계만 설치하여도 좋다.
① 급수 입구의 급수온도계
② 버너 급유입구의 급유온도계
③ 절탄기 또는 공기예열기가 설치된 경우에는 각 유체의 전후 온도를 측정할 수 있는 온도계. 다만, 포화증기의 경우에는 압력계로 대신할 수 있다.
④ 보일러 본체 배기가스온도계. 다만 절탄기 또는 공기예열기가 설치된 경우에 의한 온도계가있는 경우에는 생략할 수 있다.
⑤ 과열기 또는 재열기가 있는 경우에는 그 출구 온도계
⑥ 유량계를 통과하는 온도를 측정할 수 있는 온도계

4) 유량계

용량 1 t/h 이상의 보일러에는 다음의 유량계를 설치하여야 한다.
① 급수관에는 적당한 위치에 수량계를 설치하여야 한다.
② 기름보일러에는 연료의 사용량을 측정할 수 있는 유량계를 설치하여야 한다. 다만, 2 t/h 미만의 보일러로써 온수발생보일러 및 난방전용 보일러에는 CO_2 측정장치로 대신할 수 있다.
③ 가스용 보일러에는 가스 사용량을 측정할 수 있는 유량계를 설치하여야 한다. 다만, 가스의 전체 사용량을 측정할 수 있는 유량계를 설치하였을 경우는 각각의 보일러마다 설치된 것으로 본다.
④ 가스용 보일러의 유량계는 화기와 2m 이상의 우회거리를 유지하는 곳에 설치한다.
⑤ 가스용 보일러의 유량계는 전기계량기 및 전기개폐기와의 거리는 60cm 이상, 단열조치를 하지 아니한 굴뚝, 전기점멸기 및 전기접속기와의 거리는 30cm 이상, 절연조치를 하지 아니한 선과의 거리는 15cm 이상 유지 하여야하고, 유량계 앞에 여과기가 있어야 한다.

5) 연소가스 분석기

가스용 보일러 및 용량 5t/h(난방전용은 10t/h)이상인 유류보일러에는 배기가스성분(O_2, CO_2 중 1 성분)을 연속적으로 자동 분석하여 지시하는 계기를 부착한다. 다만, 용량 5t/h(난방전용은 10t/h)미만 인 가스용 보일러로서 배기가스온도 상한스위치를 부착하여 배기가스가 설정온도를 초과하면 연료의 공급을 차단할 수 있는 경우에는 이를 생략할 수 있다.

7. 기타 연소 자동장치

1) 자동 연료차단장치
① 최고사용압력 0.1MPa[1kgf/cm²]를 초과하는 증기보일러에는 다음 각 호의 저수위 안전장치를 설치해야 한다.
　㉮ 보일러의 수위가 안전을 확보할 수 있는 안전수위까지 내려가기 직전에 자동적으로 경보가 울리는 장치
　㉯ 보일러의 수위가 안전수위까지 내려가는 즉시 연소실내에 공급하는 연료를 자동적으로 차단하는 장치
② 열매체보일러 및 사용온도가 120℃[393K] 이상인 온수발생보일러의 온도-연소제어장치를 설치하여야 한다.
③ 최고사용압력이 0.1MPa[1kgf/cm²](수두압의 경우 10m)를 초과하는 주철제 온수보일러에는 온수온도가 115℃[388K]를 초과할 경우 연료공급을 차단하거나 파이로트 연소장치를 설치하여야 한다.
④ 관류보일러 및 가스용 보일러에는 급수가 부족한 경우에 대비하기 위하여 자동적으로 연료의 공급을 차단하는 장치를 갖추어야 한다.
⑤ 유류 및 가스용 보일러는 압력차단 장치를 설치하여야 한다.
⑥ 동체의 과열을 방지하기 위하여 온도를 감지하여 자동적으로 연료공급을 차단할 수 있는 온도상한스위치를 보일러 본체에서 1m 이내인 배기가스출구 또는 동체에 설치하여야 한다.
⑦ 폐열 또는 소각보일러에 대해서는 온도상한스위치를 대신하여 온도를 감지하여 자동적으로 경보를 울리는 장치와 송풍기 가동을 멈추는 장치가 설치되어야 한다.

2) 공기유량 자동조절기능

가스용 보일러 및 용량 5 t/h(난방전용은 10 t/h)이상인 유류보일러에는 공급연료량에 따라 연소용 공기를 자동조절 하는 기능이 있어야 한다.

3) 가스누설 자동 차단장치

가스용 보일러에는 누설되는 가스를 검지하여 경보하며 자동으로 가스의 공급을 차단하는 장치 또는 가스누설 자동차단기를 설치하여야 한다.

4) 압력 조정기

보일러실내에 설치하는 가스용 보일러의 압력조정기는 가스 공급 압력을 낮추어 버너 연소압력에 맞도록 일정압력을 유지할 수 있는 감압장치 기능이어야 한다.

8. 스톱밸브 및 분출밸브

1) 스톱밸브

① 증기의 각 분출구에는 스톱밸브를 갖추어야 한다.
② 맨홀을 가진 보일러가 공통의 주 증기관에 연결될 때에는 각 보일러와 주증기관을 연결하는 증기관에는 2개 이상의 스톱밸브를 설치하여야 하며, 이들 밸브사이에는 충분히 큰 드레인 밸브를 설치하여야 한다
③ 스톱밸브의 호칭압력은 보일러의 최고사용압력 이상이어야 하며 적어도 0.7MPa[7kgf/cm^2] 이상 이어야 한다.
④ 65mm 이상의 증기스톱밸브는 밸브 몸체의 개폐를 한눈에 알 수 있는 것이어야 한다.

2) 분출밸브

① 보일러 아랫부분에는 분출관과 분출밸브 또는 분출코크를 설치해야한다. 다만, 관류 보일러에 대해서는 이를 적용하지 않는다.
② 분출밸브의 크기는 호칭지름 25mm 이상으로 한다. 단, 전열면적이 10m^2 이하인 보일러에서는 호칭지름 20mm 이상으로 할 수 있다.
③ 최고사용압력 0.7MPa[7kgf/cm^2] 이상의 보일러의 분출관에는 분출밸브 2개 또는 분출밸브와 분출코크를 직렬로 갖추어야 한다.
④ 1개의 보일러에 분출관이 2개 이상 있을 경우에는 이것들을 공통의 어미관에 하나로 합쳐서 각각의 분출관에는 1개의 분출밸브 또는 분출코크를, 어미관에는 1개의 분출밸브를 설치하여도 좋다. 이 경우 분출밸브는 닫힌 상태에서 전개하는데 회전축을 적어도 5회전하는 것이어야 한다.
⑤ 2개 이상의 보일러에서 분출관을 공동으로 하여서는 안된다.
⑥ 주철제는 최고사용압력 1.3MPa[13kgf/cm^2] 이하, 흑심가단 주철제는 1.9MPa[19kgf/cm^2] 이하에 사용한다.

9. 운전성능

1) 운전상태
보일러는 운전상태(정격부하 상태를 원칙으로 한다)에서 이상진동과 이상소음이 없고 각종 부분품의 작동이 원활하여야 한다.
① 다음의 압력계들의 작동이 정확하고 이상이 없어야 한다.
  ㉮ 증기드럼 압력계(관류보일러에서는 절탄기입구 압력계)
  ㉯ 과열기출구 압력계(과열기를 사용하는 경우)
  ㉰ 급수 압력계
  ㉱ 노내압계
② 다음의 계기들의 작동이 정확하고 이상이 없어야 한다.
  ㉮ 급수량계
  ㉯ 급유량계
  ㉰ 유리수면계 또는 수면측정장치
  ㉱ 수위계 또는 압력계
  ㉲ 온도계
③ 급수펌프는 다음 사항에 이상이 없고 성능에 지장이 없어야 한다.
  ㉮ 펌프 송출구에서의 송출압력상태
  ㉯ 급수펌프의 누설유무

2) 배기가스 온도
① 유류용 및 가스용 보일러 출구에서의 배기가스 온도는 주위온도와의 차이가 정격용량에 따라 같아야 한다.

보일러 용량 (t/h)	배기가스 온도차(K)[℃]
5이하	300 이하
5 초과 20 이하	250 이하
20 초과	210 이하

② 배기가스온도의 측정위치는 보일러 전열면의 최종출구로 하며 폐열회수장치가 있는 보일러는 그 출구로 한다.
③ 주위 온도는 보일러에 최초로 투입되는 연소용 공기 투입위치의 주위 온도로 하며 투입위치가 실내일 경우는 실내온도, 실외일 경우는 외기온도로 한다.
④ 열매체 보일러의 배기가스 온도는 출구열매 온도와의 차이가 150K[℃] 이하이어야 한다.

3) 외벽의 온도
보일러의 외벽온도는 주위온도보다 30℃[K]를 초과하여서는 안된다.

4) 저수위 안전장치
① 저수위안전장치는 연료차단 전에 경보가 울려야 하며, 경보음은 70dB 이상이어야 한다.
② 온수발생보일러(액상식 열매체 보일러 포함)의 온도 – 연소제어장치는 최고사용온도 이내에서 연료가 차단되어야 한다.

10. 수압시험 방법

1) 수압시험 압력

① 강철제 보일러

㉮ 보일러의 최고사용압력이 0.43 MPa[4.3 kgf/cm²] 이하 : 최고사용압력×2배 다만, 그 시험압력이 0.2 MPa[2 kgf/cm²] 미만인 경우에는 0.2 MPa[2 kgf/cm²]로 한다.

㉯ 보일러의 최고사용압력이 0.43 MPa[4.3 kgf/cm²] 초과 1.5MPa[15 kgf/cm²] 이하 : 최고사용압력×1.3배 + 0.3MPa[3kgf/cm²]

㉰ 보일러의 최고사용압력이 1.5MPa[15 kgf/cm²]를 초과 : 최고사용압력×1.5배

② 주철제 보일러

㉮ 보일러의 최고사용압력이 0.43MPa[4.3kgf/cm²] 이하 : 최고사용압력×2배 다만, 시험압력이 0.2 MPa[2 kgf/cm²] 미만인 경우에는 0.2 MPa[2 kgf/cm²]로 한다.

㉯ 보일러의 최고사용압력이 0.43MPa[4.3kgf/cm²]를 초과 : 최고사용압력×1.3배 + 0.3MPa[3kgf/cm²]

2) 수압시험 방법

① 공기를 빼고 물을 채운 후 천천히 압력을 가하여 규정된 시험수압에 도달된 후 30분이 경과 된 뒤에 검사를 실시하여 검사가 끝날때까지 그 상태를 유지한다.

② 시험수압은 규정된 압력의 6% 이상을 초과하지 않도록 모든 경우에 대한 적절한 제어를 마련하여야 한다.

③ 수압시험에는 2개 이상의 압력계를 사용하여야 하고, 수압시험 중 또는 시험 후에도 물이 얼지 않도록 하여야 한다.

3) 판정기준

수압 및 가스누설시험결과 누설, 갈라짐 또는 압력의 변동등 이상이 없어야 한다. 가스누설검사기의 경우에 있어서는 가스농도가 0.2% 이하에서 작동하는 것을 사용하여 당해 검사기가 작동되지 않아야 한다.

11. 계속사용검사 중 운전성능 검사기준

사용부하에서 다음 해당사항에 대한 검사를 실시하여 적합하여야 한다.

1) 열효율

유류용 증기보일러는 열효율이 을 만족하여야 한다.

용량(t/h)	1 이상 3.5 미만	3.5 이상 6 미만	6 이상 20 미만	20 이상
열효율(%)	75 이상	78 이상	81 이상	84 이상

> **참고** 보일러용량이 MW(kcal/h)로 표시되었을 때에는 0.6978MW(600,000kcal/h)를 1t/h로 환산한다.

2) 가스용 보일러

가스용 보일러의 배기가스 중 일산화탄소(CO)의 이산화탄소(CO_2)에 대한 비는 0.002 이하이어야 한다.

3) 보일러의 성능시험방법

보일러의 성능시험방법은 육용 보일러 열정산 방식 및 다음에 따른다.

① 유종별 비중, 발열량은 다음 도표에 따르되 실측이 가능한 경우 실측치에 따른다.

유종	경유	B-A유	B-B유	B-C유
비 중	0.83	0.86	0.92	0.95
저위발열량	43,116	42,697	41,441	40,814
kJ/kg[kcal/kg]	[10,300]	[10,200]	[9,900]	[9,750]

② 증기건도는 다음에 따르되 실측이 가능한 경우 실측치에 따른다.
   ㉮ 강철제 보일러 : 98% 이상
   ㉯ 주철제 보일러 : 97% 이상

③ 측정은 매 10분마다 실시한다.

④ 수위는 최초 측정시와 최종측정시가 일치하여야 한다.

⑤ 측정기록 및 계산양식은 검사기관에서 따로 정할 수 있으며, 이 계산에 필요한 증기의 물성치, 물의 비중, 연료별 이론공기량, 이론배기가스량, CO_2 최대치 및 중유의 용적보정계수 등은 검사기관에서 지정한 것을 사용한다.

4) 유류보일러로서 증기보일러 이외의 보일러

① 유류보일러로서 증기보일러 이외의 보일러는 배기가스중의 CO_2 용적이 중유의 경우 11.3% 이상, 경유 및 보일러 등유의 경우 9.5% 이상이어야 하며 출구에서의 배기가스온도와 주위온도와의 차는 아래의 표를 만족하여야 한다. 다만, 열매체보일러는 출구 열매유 온도와 차가 150K[℃] 이하이어야 한다.

보일러 용량 (t/h)	배기가스 온도차(K)[℃]
5 이하	315 이하
5 초과 20 이하	275 이하
20 초과	235 이하

② 다음에 해당하는 경우는 운전성능 검사기준에 적용하지 않는다.
   ㉮ 혼소용 보일러
   ㉯ 폐목등 고체연료용 보일러
   ㉰ 공정부생가스 또는 폐가스를 사용하는 보일러

12. 검사의 종류

검사의 종류		적용 대상
제조 검사	용접검사	동체, 경판 및 이와 유사한 부분을 용접으로 제조하는 경우의 검사
	구조검사	강판, 관 또는 주물류를 용접, 확대, 조립, 주조 등에 의하여 제조하는 경우의 검사
설치검사		신설한 경우의 검사(사용연료의 변경에 의하여 검사대상이 아닌 보일러가 검사 대상으로 되는 경우의 검사를 포함한다.)
개조검사		다음 경우의 경우 1. 증기보일러를 온수보일러로 개조 2. 보일러 섹션의 증감에 의한 용량의 변경 3. 동체, 돔, 노통, 연소실, 경판, 천장판, 관판, 관모음 또는 스테이의 변경으로 산업통상부 장관이 정하는 대수리 4. 연료 또는 연소방법의 변경 5. 철금속가열로 산업통상부 장관이 정하는 수리
설치장소 변경검사		설치장소를 변경할 경우의 검사, 다만, 이동식 검사대상 기기는 제외한다.
계속사용검사		1. 안전검사 : 설치검사, 개조검사 또는 설치장소변경검사 또는 재사용검사 후 안전부분에 대한 유효기간을 연장하고자 하는 경우의 검사 2. 운전성능검사 : 다음 각호의 1에 해당하는 기기에 대한 검사로서 설치검사 후 운전성능부문에 대한 유효기간을 연장하고자 하는 경우의 검사 ① 용량이 1t/h(난방용은 5t/h) 이상인 강철제 보일러 및 주철제 보일러 ② 철금속가열로 ③ 재사용검사 : 사용중지후 재사용하고자 하는 경우의 검사

13. 검사의 면제대상범위

검사대상 기기명	대상범위	면제되는 검사
강철제 보일러 주철제 보일러	1. 강철제 보일러 중 전열면적이 5m² 이하이고, 최고사용압력이 0.35MPa 이하인 것 2. 주철제 보일러 3. 1종 관류보일러 4. 온수보일러 중 전열면적이 18m² 이하이고, 최고사용압력이 0.35MPa 이하인 것	용접검사
	주철제 보일러	구조검사
	1. 가스 외의 연료를 사용하는 1종 관류보일러 2. 전열면적 30m² 이하의 유류용 주철제 증기보일러	설치검사
	1. 전열면적 5m² 이하의 증기보일러로서 다음 각 목의 어느 하나에 해당하는 것 ① 대기에 개방된 안지름이 25mm 이상인 증기관이 부착된 것 ② 수두압(水頭壓)이 5m 이하이며 안지름이 25mm 이상인 대기에 개방된 U자형 입관이 보일러의 증기부에 부착된 것 2. 온수보일러로서 다음 각 목의 어느 하나에 해당하는 것 ① 유류·가스 외의 연료를 사용하는 것으로서 전열면적이 30m² 이하인 것 ② 가스 외의 연료를 사용하는 주철제 보일러	계속사용 검사

검사대상 기기명	대상범위	면제되는 검사
소형 온수보일러	가스사용량이 17kg/h(도시가스는 232.6kW)를 초과하는 가스용 소형 온수보일러	제조검사
1종 압력용기 2종 압력용기	1. 용접이음(동체와 플랜지와의 용접이음을 제외한다)이 없는 강관을 동체로 한 헤더 2. 압력용기 중 동체의 두께가 6mm 미만인 것으로서 최고사용압력(MPa)과 내용적(m^3)을 곱한 수치가 0.02 이하(난방용의 경우에는 0.05 이하)인 것 3. 전열교환식인 것으로서 최고사용압력이 0.35MPa 이하이고, 동체의 안지름이 600mm 이하인 것	용접검사
	1. 2종압력용기 및 온수탱크 2. 압력용기 중 동체의 두께가 6mm 미만인 것으로서 최고사용압력(MPa)과 내용적(m^3)을 곱한 수치가 0.02 이하(난방용의 경우에는 0.05 이하)인 것 3. 압력용기 중 동체의 최고사용압력이 0.5MPa 이하인 난방용 압력용기 4. 압력용기 중 동체의 최고사용압력이 0.1MPa 이하인 취사용 압력용기	설치검사 및 계속 사용 검사
철금속 가열로	철금속가열로	제조검사, 계속사용 검사 중 안전검사 및 재사용검사

제01절_ 보일러 안전관리
출제예상문제

01 보일러 취급상의 부주의에 의해 발생하는 사고가 아닌 것은?
① 압력초과   ② 저수위
③ 급수처리 불량   ④ 구조불량

> 제작상 원인
> 재료불량, 강도부족, 구조 및 설계불량, 용접불량 등

02 보일러 파열 사고의 원인과 가장 거리가 먼 것은?
① 저수위 운전   ② 고수위 운전
③ 보일러 압력초과   ④ 구조불량

> 고수위
> 캐리오버로 인한 수격작용의 발생 원인

03 강철제 보일러의 설치에 있어 보일러 동체 최상부로부터 천정, 배관 또는 그 밖의 보일러 동체 상부에 있는 구조물까지의 거리는 얼마 이상인가?
① 0.6m   ② 1m
③ 1.2m   ④ 1.5m

> 소용량 보일러의 경우 : 0.6m 이상

04 보일러를 옥내에 설치하는 경우의 설명으로 잘못 된 것은?
① 보일러에 설치된 계기판을 육안으로 관찰하는데 지장이 없도록 충분한 조명시설이 있어야 한다.
② 보일러 및 보일러에 부설된 금속제의 굴뚝 또는 연도의 외측으로부터 0.3m 이내에 있는 가연성 물체에 대하여는 금속 이외의 불연성 재료로 피복 하여야 한다.
③ 보일러 동체에서 벽, 배관, 기타 보일러 측부에 있는 구조물(검사 및 청소에 지장이 없는 것은 제외)까지 거리는 0.2m 이상이어야 한다.
④ 보일러실은 연소 및 환경을 위치하기에 충분한 급기구 및 환기구가 있어야 한다.

> 보일러 동체에서 벽, 배관, 기타 보일러 측부에 있는 구조물까지 거리 : 0.45 m 이상 단, 소형보일러는 0.3 m 이상으로 한다.

05 보일러에 타원형 맨홀을 만드는 경우 다음 어느 것이 가장 적당한가?
① 장경을 보일러의 길이방향으로 한다.
② 단경을 보일러의 길이방향으로 한다.
③ 장경을 보일러의 길이방향, 원주방향에 관계없다.
④ 단경을 보일러의 원주방향으로 한다.

> 타원형 맨홀
> 보일러의 원주방향과 길이방향의 강도비가 2:1 이므로 장경은 원주방향, 단경은 길이방향으로 설치한다.

06 보일러 전열면적이 10m²를 초과하는 경우 급수밸브 크기는 몇 A 이상으로 하는가?
① 15 A   ② 20 A
③ 30 A   ④ 35 A

> 급수밸브 전열면적 10 m² - 초과 : 20 A 이상
> - 이하 : 15 A 이상

07 온수발생 보일러의 전열면적이 12m² 일 때 방출관의 안지름은 몇 mm 이상으로 하는가?
① 15mm   ② 20mm
③ 30mm   ④ 40mm

> 전열면적에 따른 방출관의 안지름
>
> | 전열면적 (m²) | 방출관의 안지름 (mm) |
> |---|---|
> | 10 미만 | 25 이상 |
> | 10~15 | 30 이상 |
> | 15~20 | 40 이상 |
> | 20 이상 | 50 이상 |

 정답 01 ④ 02 ② 03 ③ 04 ③ 05 ② 06 ② 07 ③

08 열매체 보일러의 배기가스온도는 출구 열매온도와의 차이가 몇 ℃ 이하이어야 하는가?

① 150℃ ② 200℃
③ 250℃ ④ 300℃

09 강철제 증기보일러의 급수장치 설명으로 잘못된 것은?

① 2개 이상의 보일러에 자동급수조절기를 설치하는 경우 공동으로 하여 1개만 설치한다.
② 전열면적 $10m^2$를 초과하는 보일러에서 급수밸브 크기는 20A 이상으로 한다.
③ 급수관에는 보일러에 인접하여 급수밸브와 체크 밸브를 설치한다.
④ 1개의 급수장치로 2개 이상의 보일러에 물을 공급할 경우 1개의 보일러로 간주하여 적용한다.

🔍 자동급수조절기
자동급수조절장치는 저수위 경보 기능이 있어 보일러에는 각각 별도로 설치한다.

10 수면계의 시험회수 및 점검시기에 대한 설명으로 가장 거리가 먼 것은?

① 1일 1회 이상 행한다.
② 2개의 수면계 수위가 다를 때 행한다.
③ 안전밸브가 작동한 다음에 행한다.
④ 수면계 수위가 의심스러울 때 행한다.

🔍 수면계 점검시기
• 보일러 가동직전에 1일 1회 이상 행한다.
• 2개의 수면계 수위가 다를 때 행한다.
• 프라이밍, 포밍 발생 시 행한다.
• 수면계 수위가 의심스러울 때 행한다.

11 보일러의 외부부식 일종인 저온부식의 방지방법으로 잘못된 것은?

① 연료 중 황분을 제거한다.
② 저온의 전열면에 보호피막을 씌운다.
③ 배기가스의 온도를 노점이상 유지한다.
④ 배기가스 중의 CO_2 함유량을 낮추어 준다.

🔍 저온부식 방지
배기가스 성분 중 CO_2 함유량을 높이면, O_2함유량이 감소되어 SO_2의 산화를 방지하여 저온부식을 방지할 수 있다.

12 온도 120℃를 초과하는 온수보일러는 안전밸브를 설치해야 하는데 밸브의 호칭지름은?

① 15mm
② 20mm
③ 25mm
④ 30mm

🔍 온수 120℃ 초과 : 안전밸브 부착
   120℃ 이하 : 방출밸브 부착
• 관경 : 20mm 이상

13 다음의 〈보기〉에서 ( ) 속에 맞는 내용으로만 구성된 것은?

> 안전밸브의 작동시험에서 안전밸브의 분출압력은 1개일 경우 최고사용압력 (㉠), 안전밸브가 2개 이상인 경우 그 중 1개는 최고사용압력 (㉡), 기타는 최고사용압력의 (㉢)배 이하에서 작동되어야 한다.

① ㉠ 이상, ㉡ 이상, ㉢ 0.9
② ㉠ 이하, ㉡ 이상, ㉢ 1.03
③ ㉠ 이하, ㉡ 이하, ㉢ 1.03
④ ㉠ 이하, ㉡ 이하, ㉢ 1.5

🔍 안전밸브의 분출압력
2개 이상 설치한 경우 1개는 최고사용압력 이하에서, 나머지 1개는 최고사용압력의 1.03배 이하에서 분출하도록 조정한다.

14 보일러 용량이 5t/h 이하의 유류용 강제 보일러에 있어서 배기가스온도와 주위온도와의 차이는 몇 ℃ 이하가 되어야 하는가?

① 500℃ ② 400℃
③ 300℃ ④ 200℃

🔍 배기가스온도와 외기온도와의 차
• 용량 5t/h 이하 : 300℃ 이하
• 용량 5~20t/h : 250℃ 이하
• 용량 20t/h 초과 : 210℃ 이하

정답 08 ① 09 ① 10 ③ 11 ④ 12 ② 13 ③ 14 ③

15 보일러를 옥외에 설치할 때 틀린 것은?

① 보일러에는 풍우방지 케이싱 또는 설비를 해야 한다.
② 노출된 절연재 등에는 방수처리를 해야 한다.
③ 증기관 등에는 동파방지설비를 해야 한다.
④ 건물로부터 2m 이상 떨어져 설치해야 한다.

🔍 옥외 설치
보일러를 옥외에 설치할 경우 거리제한을 두지 않는다.

16 보일러수로 적당치 못한 것은?

① 경도가 낮은 연수
② 유지분이 없는 물일 것
③ 약산성, 중성인 물일 것
④ 가스류를 발산시킨 물일 것

🔍 급수
산성의 급수를 사용시 부식이 발생 한다. (급수 = 약 알칼리성)

17 보일러를 비상 정지시키는 경우의 조치방법으로 옳지 못한 것은?

① 압입통풍을 멈춘다.
② 댐퍼를 개방하고 노내가스를 배출한다.
③ 주 증기밸브를 열어 놓는다.
④ 연료공급을 중단한다.

🔍 주증기 밸브를 열어두면 압력저하 및 캐리 오버의 원인이 된다.

18 기름 연소보일러의 수동점화 시 5초 이내에 점화 되지 않으면 어떻게 하는가?

① 연료밸브를 열어 더많은 연료를 공급한다.
② 연료 분무용 공기 또는 증기를 더 많이 분사한다.
③ 불씨를 제거하고 처음 단계부터 재 점화한다.
④ 점화봉은 그대로 두고 프리퍼지를 행한다.

🔍 점화가 지연되면 노 내 폭발 및 역화가 발생한다.

19 증기보일러에서 증기를 송기할 때의 주의사항으로 잘못 설명된 것은?

① 수격작용이 일어나지 않도록 한다.
② 비수발생에 조심한다.
③ 주증기 밸브는 가급적 빨리 개방한다.
④ 부하 측의 압력이 정상적으로 유지되고 있는가를 확인한다.

🔍 주증기밸브 : 캐리오버 및 수격작용을 방지하기 위해 서서히 연다.

20 다음 중 매연발생 원인과 가장 거리가 먼 것은?

① 공기비가 1.0 이상일 때
② 연소실 온도가 현저하게 낮았을 때
③ 공기가 부족한 상태로 연소할 때
④ 화염이 노벽 또는 관군에 부딪혔을 때

🔍 매연발생 원인
공기비가 1.0 이하이면 공기부족으로 불완전연소가 된다.

21 다음 중 급수처리를 보일러 안에서 처리하는 방법은?

① 이온교환 수지법
② 가열에 의한 방법
③ 청관제에 의한 방법
④ 증류법

🔍 관내처리(= 2차 급수처리)
보일러 내에 청관제를 투입하는 방법

22 보일러의 설치·시공 기준상 잘못 설명된 것은?

① 배기가스 온도의 측정위치는 보일러 전열면의 최종출구로 한다.
② 저수위 안전장치는 연료차단 전에 경보가 울려야 한다.
③ 보일러의 외벽온도는 주위온도보다 50℃를 초과 해서는 안된다.
④ 보일러는 운전상태(정격부하 상태를 원칙으로 한다)에서 이상진동과 이상소음이 없어야 한다.

🔍 보일러 외벽온도 : 주위온도보다 30℃를 초과해서는 안된다.

 15 ④ 16 ③ 17 ③ 18 ③ 19 ③ 20 ① 21 ③ 22 ③

23 배기가스온도가 높은 원인이 아닌 것은?

① 연소율이 높다.
② 전열면에 그을음이 붙어 있다.
③ 연소실의 구조가 양호하다.
④ 연도에 재가 쌓였다.

🔍 연소실의 구조가 양호하면 전열면에 열전달이 좋아져 배기가스 온도를 낮추는 효과가 있다.

24 보일러 보존시 건조제로 쓰이는 것이 아닌 것은?

① 생석회
② 염화칼슘
③ 활성알루미나
④ 탄산칼슘

🔍 건조제(흡습제)
생석회, 염화칼슘, 활성 알루미나, 실리카 겔 등

25 보일러 급수에 원수를 사용하였을 때 드럼 내면과 전열면상에 스케일 장애를 일으키는 화학적 주요 성분은?

① 실리카
② 알칼리도 성분
③ 용존가스
④ 전 고형물 성분

🔍 실리카(SiO_2)
경질 스케일인 규산염스케일의 주성분

26 보일러 수면위에 있는 농축수를 분출시키는 장치는?

① 간헐 분출장치
② 배수 분출장치
③ 단속 분출장치
④ 연속 분출장치

🔍 수면분출 = 연속분출
수저분출 = 단속(간헐)분출

27 프로판가스를 완전연소 시킬 때 발생하는 것은?

① CO 및 C_3H_8
② C_4H_{10} 과 CO_2
③ CO_2 및 H_2O
④ CO 와 CO_2

🔍 프로판가스(C_3H_8)의 연소반응식
$C_3H_8 + 5O_2 \rightarrow 3CO_2 + 4H_2O$

28 안전밸브를 1개만 설치해도 되는 증기보일러는?

① 최고사용압력 0.1 MPa 이하의 보일러
② 최고사용업력 1MPa 이하의 보일러
③ 증발량 1t/h 이상 보일러
④ 전열면적 50m^2 이하의 보일러

🔍 전열면적 50m^2 – 초과 : 2개 이상 부착
　　　　　　　　　 – 이하 : 1개 이상 부착

29 보일러부하가 너무 클 경우 영향에 대한 설명으로 잘못된 것은?

① 국부과열이 일어날 우려가 없다
② 보일러 효율이 저하된다.
③ 프라이밍을 일으키기 쉽다.
④ 매연이 생기기 쉽다.

🔍 보일러가 과부하일 때
• 매연발생 및 전열면이 과열된다.
• 보일러 효율이 저하된다.
• 프라이밍을 일으키기 쉽다
• 연료 1kg당 증발량이 감소한다.
• 전열면의 증발량은 증가한다.

30 연소상태가 파동치듯 떨고 화염이 일정하지 않으면서 심하게 변하는 현상을 맥동이라 한다. 그 원인과 관계없는 것은?

① 베인각도의 불일치
② 송풍기의 용량부족
③ 연료유에 수분이 많을 때
④ 연류량에 변화가 있을 때

🔍 맥동 원인 : 송풍기의 용량이 과다할 때

정답 23 ③ 24 ④ 25 ① 26 ④ 27 ③ 28 ④ 29 ① 30 ②

31 보일러 분출을 행하는 시기를 열거하였다 잘못된 것은?

① 불순물이 완전히 침전되었을 때 행한다.
② 불 때기 직전에 행한다.
③ 야간에 쉬는 보일러는 아침 조업직전에 행한다.
④ 연속 사용되는 보일러는 부하가 가장 클 때 행한다.

🔍 분출 : 보일러 부하가 가장 가벼울 때 행한다.

32 기체연료의 특징 설명으로 틀린 것은?

① 적은 과잉공기로 완전연소를 할 수 있다.
② 연소조절 및 점화, 소화가 용이하다.
③ 수송이나 저장이 편리하다.
④ 누출되기 쉽고 폭발위험이 크다.

🔍 기체연료
수송과 저장이 어렵고, 누설시 폭발, 화재의 위험이 크다.

33 보일러의 전열량을 많게 하는 방법이 아닌 것은?

① 연소가스의 유통을 빠르게 하고, 물의 순환을 느리게 한다.
② 전열면에 부착하는 스케일 등을 제거 한다.
③ 연소율을 증가시키기 위해 양질의 연료를 사용한다.
④ 적당한 양의 공기로 연료를 완전연소 시킨다.

🔍 전열량을 좋게 하려면 관내의 연소가스 및 물의 흐름을 빠르게 한다.

34 보일러의 화학세정법으로 일정시간 세정액을 채우고 난 후 재 세정액을 넣고 교반하는 방식은?

① 침적법   ② 서징법
③ 순환법   ④ 수세법

🔍 • 침적법 : 세정액을 채우고 온도를 가하는 방법
• 순환법 : 펌프를 이용 강제로 순환 시키는 방법

35 강철제 보일러의 수압시험 방법에 관한 설명으로 틀린 것은?

① 물을 채운 후 천천히 압력을 가한다.
② 규정된 시험수압에 도달된 후 30분이 경과한 뒤에 검사를 실시한다.
③ 시험수압은 규정된 압력의 10% 이상을 초과하지 않도록 적절한 제어를 마련 한다
④ 수압시험 중 또는 시험 후에도 물이 얼지 않도록 해야 한다.

🔍 수압시험압력은 규정압력의 6% 이상을 초과해서는 안된다.

36 가스용 보일러의 연료배관에는 그 외부에 연료가스에 대한 사항을 표시해야 하는데. 다음 중 표시하지 않아도 되는 것은?

① 사용가스 명   ② 가스 흐름방향
③ 가스의 온도   ④ 최고사용압력

🔍 가스배관
황색배관으로 매몰시공을 원칙으로 하고, 사용가스 명, 가스 흐름방향, 최고사용 압력 등을 표시한다.

37 보일러의 내부부식 중 점식을 일으키는 것은?

① 질소   ② 탄산가스
③ 염화마그네슘   ④ 알칼리

🔍 점식
수중의 용존가스(O_2, CO_2)에 의해 발생하는 점 모양의 부식

38 점화하기 전에 보일러 내에 급수하려고 한다. 주의사항 중 틀린 것은?

① 과열기의 공기밸브를 닫는다.
② 절탄기가 있는 경우 드레인 밸브로 공기를 빼고 물을 채운다.
③ 열매체 보일러인 경우 열매를 넣기 전에 보일러 내에 수분이 없음을 확인한다.
④ 동 상부의 공기밸브를 열어둔다.

🔍 공기밸브 : 급수할 때 열고, 증기가 발생 할 때 닫는다.

정답 31 ④ 32 ③ 33 ① 34 ② 35 ③ 36 ③ 37 ② 38 ①

39 보일러의 내부를 화학 청정할 때 인히비타를 사용하는 이유는?

① 스케일의 용해속도 촉진
② 스케일의 부착방지
③ 보일러 용수의 연화
④ 보일러 강판의 부식억제

🔍 · 인히비타 : 부식억제제.
· 불화수소산 : 용해촉진제

40 보일러 내면의 세정으로 염산을 사용하는 경우 세정액의 처리온도와 처리시간으로 맞는 것은?

① 60± 5℃, 2~4시간
② 60± 5℃, 4~6시간
③ 90± 5℃, 2~4시간
④ 90± 5℃, 4~6시간

🔍 유기산 세관작업
90± 5℃, 4~6시간

41 보일러의 청소에서 유기산 세관에 쓰이는 것은?

① 염산
② 질산
③ 구연산
④ 인산

🔍 유기산
구연산, 옥살산, 설파민산

42 보일러의 만수보전에 사용되는 약품이 아닌 것은?

① 가성소다
② 히드라진
③ 암모니아
④ 염화마그네슘

🔍 · 소다만수보존 : 수중에 청관제를 투입하여 밀폐 보존한다.
· 청관제 : 탄산소다, 인산소다, 암모니아, 히드라진

43 다음 중 역화의 원인에 해당되지 않는 것은?

① 댐퍼를 너무 조인 경우나 흡입통풍이 부족한 경우
② 점화할 때 착화가 늦어졌을 경우
③ 공기보다 연료를 먼저 공급했을 경우
④ 노내가 부압인 경우

🔍 역화 : 노내폭발 등 노내압이 높을 때(정압) 발생한다.

44 보일러의 과열의 원인으로 틀린 것은?

① 분출밸브가 새는 경우
② 스케일의 누적이 많은 경우
③ 수면계의 설치위치가 낮은 경우
④ 안전밸브의 분출량이 부족한 경우

🔍 안전밸브의 분출량 부족 : 압력초과의 원인

45 기체연료 중 천연으로 산출되는 것은?

① 석탄가스
② 유전가스
③ LPG
④ 수성가스

🔍 천연가스 : 탄전가스와 유전가스로 구분된다.

46 수면계의 파손원인이 아닌 것은?

① 외부에서 충격을 받았을 때
② 조임 너트를 무리하게 조인 경우
③ 상, 하부의 축이 일치하지 않은 경우
④ 프라이밍 또는 포밍 현상이 발생한 경우

🔍 프라이밍 발생시 : 수위가 불안정하게 크게 흔들린다.

47 강철제 보일러의 최고 사용 압력이 2 MPa 일 때 수압시험 압력(MPa)은?

① 2
② 2.5
③ 3.0
④ 4.0

🔍 수압시험 : 최고사용압력 1.5 MPa 초과
최고사용압력×1.5 = 2 × 1.5 = 3(MPa)

정답 39 ④ 40 ② 41 ③ 42 ④ 43 ④ 44 ④ 45 ② 46 ④ 47 ③

48 보일러수 중의 경도 성분을 슬러지로 만들기 위하여 보일러수에 첨가하는 것은?

① 가성취화 억제제
② 연화제
③ 슬러지 조정제
④ 탈산소제

> • 관수연화제 : 경도성분을 슬러지화 하기 위해 종류 : 가성소다, 탄산소다, 인산소다
> • 슬러지조정제 : 슬러지가 전열면에 고착되는 것을 방지(종류 : 전분, 탄닌, 리그린)

49 보일러 내부 부식원인과 관계가 없는 것은?

① 보일러수의 pH 저하
② 물속에 함유된 산소의 작용
③ 물속에 함유된 탄산가스의 영향
④ 물속에 함유된 암모니아의 영향

> 암모니아 : 청관제로 스케일 생성을 방지

50 보일러의 운전도중 압력계의 정상 작동을 확인하는 방법으로 가장 타당한 것은?

① 압력계를 달아 표준 압력계와 비교한다.
② 운전을 중단시켜 압력계의 0 점을 확인한다.
③ 삼방콕으로 압력계의 0 점을 확인한다.
④ 두드려서 압력계 바늘의 움직임을 확인한다.

> 삼방콕 : 가동 중인 보일러의 압력계를 점검하기 위한 밸브

51 보일러 급수장치로 주펌프 세트 및 보조펌프 세트를 갖추어야 하는데 주펌프 세트만 있어도 되는 경우는?

① 전열면적 14 m²의 강철제 증기보일러
② 전열면적 10 m²의 관류보일러
③ 전열면적 15 m²의 가스용 온수보일러
④ 전열면적 13 m²의 주철제 증기보일러

> 보조펌프를 생략할 수 있는 경우
> • 전열면적 12 m²의 강철제 및 주철제 증기보일러
> • 전열면적 14 m²의 가스용 온수보일러
> • 전열면적 100 m²의 관류보일러

52 보일러 급수 성분 중 포밍과 관련이 가장 큰 것은?

① pH
② 경도 성분
③ 용존 산소
④ 유지(油脂) 성분

> 유지분 : 프라이밍, 포밍 원인
> • 경도 : 스케일 원인.
> • 용존산소 : 점식의 원인

53 보일러의 고온부식을 방지하는 방법 설명으로 잘못된 것은?

① 연료를 전처리하여 바나듐을 제거한다.
② 과잉공기를 적게 하여 운전한다.
③ 전열면 표면온도가 높아지지 않도록 한다.
④ 황산나트륨을 사용하여 부착물의 상태를 바꾼다.

> 고온부식방지 : 첨가제를 사용하여 회분의 융점을 높인다.

54 보일러의 분출밸브로서 청동제 밸브를 사용하지 않는 이유는?

① 값이 비싸기 때문이다.
② 강도가 약하기 때문이다.
③ 보일러수의 알칼리도가 높기 때문이다.
④ 분출밸브로서 구조가 맞지 않기 때문이다.

> 청동제 : 알칼리성에 부식된다.

55 수관에서 발생하기 쉬운 손상이 아닌 것은?

① 블리스터
② 압궤
③ 팽출
④ 래미네이션

> 압궤 : 과열로 인해 노통에서 발생하는 현상

정답 48 ② 49 ④ 50 ③ 51 ② 52 ④ 53 ④ 54 ③ 55 ②

56 알칼리 세관을 하면 가성취화가 발생하기 쉽다. 이 것을 방지하기 위하여 사용하는 약품으로 가장 적합한 것은?

① 수산화나트륨
② 탄산나트륨
③ 질산나트륨
④ 황산나트륨

- 가성취하 : 수산화나트륨을 많이 사용하면 알 칼리도가 상승하여 발생하는 현상
- 방지 : 질산나트륨, 인산나트륨

57 증기보일러에 설치하는 유리수면계는 2개 이상이어야 하는데 1개만 설치해도 되는 경우는?

① 소형 관류보일러
② 최고사용압력 2MPa(20kg/cm²) 미만의 보일러
③ 동체 안지름 800mm 미만의 보일러
④ 1개 이상의 원격지시 수면계를 설치한 보일러

수면계를 1개 이상 설치할 수 있는 경우
- 최고사용압력 1 MPa 이하로, 동체 안지름 750mm 미만의 보일러
- 2개 이상의 원격지시 수면계를 설치한 보일러
- 소용량 보일러 및 소형 관류보일러

58 보일러 운전 중 팽출이 발생하기 쉬운 곳은?

① 횡형 노통 보일러의 노통
② 입형 보일러의 연소실
③ 횡연관 보일러의 동(drum) 저부
④ 수관 보일러의 연도

팽출
과열에 의해 수관 또는 횡연관 보일러의 동저부에 많이 발생한다.

59 보일러부하의 급변, 수위의 과잉상승 등에 의해 수분이 증기와 분리되지 않는 채로 보일러 수면에서 심하게 솟아오르는 현상은?

① 프라이밍 ② 포 밍
③ 워터해머 ④ 캐리오버

프라이밍
관수의 농축 등으로 수면에서 물방울이 비산되는 현상

60 보일러수의 수질이 불량할 때 보일러에 미치는 장애와 무관한 것은?

① 분출횟수가 많아진다.
② 프라이밍이나 포밍이 발생한다.
③ 수위조절의 곤란 및 수위 감소의 원인이 된다.
④ 분출로 인한 열손실이 많아진다.

수질불량
부식, 관수의 농축, 분출로 인한 열손실 등의 원인이 된다.

61 그림과 같은 안전 표시의 글씨가 백색이다. 바탕색은?

① 적색
② 청색
③ 녹색
④ 황색

안전표시 : 파란색 바탕에 백색 글씨

62 밀폐식 보존법은?

① 건조 보존법
② 만수 보존법
③ 화학적 보존법
④ 습식 보존법

건조 보존법
겨울철에 동파를 방지하고 장기보존을 위한 방법

63 온수보일러에 있어서 연소가스 중 CO/CO_2의 적정비는?

① 0.002 이하
② 0.05 이하
③ 0.1 이하
④ 0.5 이하

가스용보일러
배기가스 중 일산화탄소(CO)의 이산화탄소(CO_2)에 대한 비는 0.002 이하 이어야 한다.

정답 ▶ 56 ③ 57 ① 58 ③ 59 ① 60 ③ 61 ② 62 ① 63 ①

64 연료배관 중 여과기 설치에 대한 설명으로 틀린 것은?

① 여과기 앞에만 압력계를 설치한다.
② 압력계의 눈금 간격은 0.2 kg/cm² 이하의 압력을 판별하도록 한다.
③ 여과기 출, 입구의 압력차가 0.2 kg/cm² 이상 이면 청소를 한다.
④ 여과기 사용압력의 1.5배 이상 압력에 견딜 수 있어야 한다.

> 여과기
> 전, 후에 압력계를 설치한다.

65 보일러 용수관리가 불량한 경우 보일러에 미치는 장해와 무관한 것은?

① 스케일이 생성되거나 고착한다.
② 전열면이 과열되기 쉽다.
③ 연료의 연소 상태가 불량하다.
④ 수면계의 기능을 저하시켜 수위 저하가 되기 쉽다.

> 급수처리
> 내부부식 및 스케일 생성을 방지하고 프라이밍, 포밍을 방지하기 위해 실시하며 연소와 무관하다.

66 보일러를 옥내에 설치하는 경우의 설명으로 잘 못 된 것은?

① 보일러실에 연료를 저장할 때는 보일러 외측으로부터 1m 이상의 거리를 둔다.
② 보일러에 설치된 계기들을 육안으로 관찰 하는데 지장이 없도록 충분한 조명시설이 되어 있어야 한다.
③ 도시가스를 사용하는 경우 환기구를 가능한 한 높이 설치한다.
④ 보일러는 불연성 물질의 격벽으로 구분된 장소에 설치하여야 한다.

> 연료 저장탱크
> 보일러 외측에서 2m 이상의 거리를 둔다.

67 급수의 경도 1°란?

① 물 10cc 속에 광물질 1mg이 포함된 경우
② 물 100cc 속에 광물질 1mg이 포함된 경우
③ 물 100cc 속에 광물질 1g이 포함된 경우
④ 물 1000cc 속에 광물질 1mg이 포함된 경우

> • 경도 1°(도) : 물 100cc 속에 광물질 1mg이 포함된 경우
> • 경도 1 ppm : 물 1000cc(1ℓ)속에 광물질 1mg이 포함된 경우

68 보일러 안전밸브가 작동할 수 있는 경우는?

① 스프링의 지나친 조임이나 하중이 과대한 경우
② 밸브 시트 구경과 밸브 로드와의 사이 간격이 좁아 열팽창 등에 의하여 밸브로드가 밀착한 경우
③ 밸브시트의 구경과 밸브 로드와의 사이의 간격이 커서 밸브 로드가 틀어져 고착된 경우
④ 밸브와 밸브시트 마찰이 나쁜 경우

> 밸브시트의 마찰불량
> 안전밸브의 작동에는 지장은 없지만 증기가 누설된다.

69 보일러 수면계 점검시기로 바르지 못한 것은?

① 보일러 가동 직전
② 2조의 수면계 수위가 다를 때
③ 점화가 시작되었을 때
④ 수위가 의심스러울 때

> 수면계의 점검
> 1일 1회 이상, 보일러 가동 직전에 반드시 실시한다.

70 증기보일러에 압력계를 부착할 때 사이폰 관의 안지름은 몇 mm 이상으로 하는가?

① 5
② 5.5
③ 6.5
④ 12.7

> 사이폰 관
> 내부에 물이 가득 채워져 고온의 증기가 브로돈관 내에 직접 들어가는 것을 방지하는 장치로 안지름 6.5mm 이상의 관이다.

정답 64 ① 65 ③ 66 ① 67 ② 68 ④ 69 ③ 70 ④

71 일반적으로 연수와 경수는 경도 얼마를 기준으로 나누는가?

① 7
② 10
③ 12
④ 14

🔍 • 경도 10도 이상 : 경수
  • 경도 10도 이하 : 연수

72 보일러 전열면 오손방지 대책으로 적합하지 않은 것은?

① 황분이 적은 연료를 사용한다.
② 회분이 적은 연료를 사용한다.
③ 적절한 공기비로 연소시킨다.
④ 회분의 융점을 강화시킨다.

🔍 고온부식 방지 : 회분의 융점을 상승시킨다.

73 만수보존법에 의하여 보일러를 휴관할 경우의 설명으로 잘못된 것은?

① 소량의 청관제를 주입시켜 관수를 알칼리성으로 한다.
② 때때로 보일러수 중의 공기를 배제하는 것이 좋다.
③ 비교적 장기 휴관에 적합하다.
④ 보일러의 최상부까지 물을 채운다.

🔍 만수보존법 : 단기보존방법

74 점화 불량의 원인이 아닌 것은?

① 프리퍼지 과다
② 노즐 막힘
③ 1차 공기압 과다
④ 통풍 불량

🔍 프리 퍼지 : 점화전 통풍

75 보일러 급수처리의 직접적인 목적과 거리가 가장 먼 것은?

① 배관 내의 수격작용을 방지한다.
② 가성취화의 발생을 감소시킨다.
③ 부식 발생을 방지한다.
④ 스케일 생성 및 고착을 방지한다.

🔍 수격작용 : 캐리오버로 인해 관내에 응축수가 발생하여 일어나는 현상

76 보일러 버너를 착화할 때 착화 지연시간이 길면 어떤 현상이 발생하는가?

① 연소가 불안정해진다.
② 불이 꺼진다.
③ 연소가스 폭발이 생긴다.
④ 보일러 운전이 정지된다.

🔍 착화가 지연되면 미연가스에 의한 노내폭발 및 역화가 발생한다.

77 보일러 점화시 역화가 발생하는 경우와 가장 거리가 먼 것은?

① 댐퍼를 너무 조인 경우나 흡입통풍이 부족한 경우
② 압입 통풍이 약할 경우
③ 공기보다 먼저 연료를 공급했을 경우
④ 점화할 때 착화가 늦어졌을 경우

🔍 역화 : 압입통풍이 너무 강한 경우 또는 흡입 통풍이 너무 약할 때

78 노통보일러, 횡연관식 보일러 등에서 발생하는 가마울림의 원인과 거리가 먼 것은?

① 연료 중에 수분이 많은 경우
② 2차 공기를 가열한 경우
③ 연료와 공기의 혼합이 나빠 연소속도가 늦은 경우
④ 연도에 굴곡부가 많은 경우

🔍 가마울림 : 불완전연소에 의해 연도에서 2차 연소가 발생하였을 때 일어나는 현상

정답 71 ② 72 ④ 73 ③ 74 ① 75 ① 76 ③ 77 ② 78 ②

79 배관식 신축이음 중 고압 배관에서 누설의 우려가 가장 큰 것은?

① 루프형
② 벨로즈형
③ 볼 조인트형
④ 스위블형

🔍 스위블형 : 저압증기난방인 방열기에 설치하는 신축이음으로 고압에 부적당하고 증기 누설의 우려가 있다.

80 보일러 운전 개시 후 증기발생이 시작되면 처음 취해야 할 조치는?

① 수위 확인
② 공기빼기 밸브 닫기
③ 연소상태 확인
④ 새는 곳 유무 확인

🔍 공기밸브
급수할 때 열고, 증기가 발생 할 때 닫는다.

81 온수의 사용온도가 120℃ 이상인 온수발생 강철제 보일러에는 온도가 최고 사용온도를 초과하지 않도록 무엇을 설치해야 하는가?

① 온도 - 연소 제어장치
② 안전 장치
③ 공기 유량 자동조절기
④ 압력 조정기

🔍 열매체보일러 및 사용온도가 393 K[120 ℃] 이상인 온수발생 보일러 : 최고사용온도를 초과하지 않도록 온도-연소제어장치를 설치해야 한다.

82 보일러 증기 취출구에 사용되는 주증기 밸브의 일반적인 형식은?

① 앵글 밸브
② 릴리프 밸브
③ 체크 밸브
④ 슬루스 밸브

🔍 주증기 밸브의 형식 : 앵글밸브

83 강철제 또는 주철제 보일러의 용량이 몇 T/h 이상 이면 유량계를 설치해야 하는가?

① 1T/h   ② 1.5T/h
③ 2T/h   ④ 3T/h

🔍 • 1T/h 이상 강철제 보일러 : 유량계 설치
• CO_2 측정장치 : 2t/h 미만의 난방전용 보일러의 경우 유량계 대신 설치한다.

84 이산화탄소, 황화수소 등의 용해가스 및 철분의 제거를 목적으로 보일러 급수를 대기 속에서 분무하여 처리하는 방법은?

① 연화처리   ② 응집법
③ 무상분리   ④ 기폭법

🔍 기폭법
탄산가스(CO_2) 및 철분, 망간 등을 제거한다.

85 보일러 외부를 청소해야 할 필요성이 없는 경우는?

① 통풍력이 증가할 때
② 배기가스 온도의 변화가 있을 때
③ 연료사용량에 비해 전열효율이 저하될 때
④ 연소관리 상황이 현저하게 차가 있을 때

🔍 외부청소의 시기
전열효율이 저하되어 배기가스 온도가 높아지거나 통풍력이 저하되는 경우

86 보일러에 장착된 안전밸브의 증기누설 원인이 아닌 것은?

① 밸브스프링이 지나치게 조여 있을 때
② 밸브와 밸브시트에 마찰이 불량할 때
③ 밸브바이아의 중심이 벗어나 밸브를 누르는 힘이 불균형할 때
④ 밸브와 밸브시트 사이에 이물질이 부착되었을 때

🔍 안전밸브의 작동불량 원인
밸브 스프링이 지나치게 조여 있는 경우

정답 79 ④ 80 ② 81 ① 82 ① 83 ① 84 ④ 85 ① 86 ①

87 장시간 휴지(休止)하고 있던 보일러를 재사용 하려고할 때 점화전 점검 및 정비사항을 열거한 것 중 잘못된 것은?

① 본체 내부의 부식 여부나 정도를 조사하여 필요한 경우 청소를 한다.
② 연도 내 습기찬 부분에 대해서는 부식여부를 확인하고 보수를 요하는 곳을 조사하여 보수한다.
③ 최저사용압력 정도의 수압으로 가압하여 외형적 점검을 확실히 할 수 없는 부분 등의 이상 유무를 조사한다.
④ 연소장치인 버너를 점거하되, 필요한 경우 분해 정비한다.

🔍 수압시험
최고사용압력 이상의 압력으로 높인 후 30분 경과 후 실시한다.

88 안전점검의 목적으로 가장 거리가 먼 것은?

① 종사자의 안전교육
② 결함이나 불안전한 조건의 제거
③ 기계설비 본래의 성능 유지
④ 재해의 사전 예방

89 보일러의 부대장치에 대해 설명한 것으로 맞는 것은?

① 윈드박스는 흡입통풍의 경우에 풍도에서 정압을 동압으로 바꾸어 노 내에 유입시킨다.
② 보염기는 보일러 운전을 정지할 때 소화를 원활 하게 한다.
③ 플레임아이는 연소 중에 발생하는 화염의 빛을 감지부에서 전기적신호로 바꾸어 화염의 유무를 검출한다.
④ 플레임로드는 연소온도에 의하여 화염의 유무를 검출한다.

🔍 • 윈드박스 : 연소용공기와 분사연료와 혼합을 좋게 하기 위한 장치
• 플레임 로드 : 화염의 이온을 검출

90 안전밸브 및 압력방출장치의 크기를 호칭지름 20A 이상으로 할 수 있는 경우는?

① 최고사용압력 5kgf/cm^2 이하인 보일러로 전열 면적 2m^2 이하의 것
② 최고사용압력 7kgf/cm^2 이하인 보일러로 전열 면적 2m^2 이하의 것
③ 최고사용압력 5kgf/cm^2 이하인 보일러로 전열 면적 3m^2 이하의 것
④ 최고사용압력 5kgf/cm^2 이하인 보일러로 전열 면적 5m^2 이하의 것

🔍 안전밸브의 관경을 20mm 으로 할 경우
• 최고사용압력 1kgf/cm^2(0.1 MPa) 이하인 강철제 보일러
• 최고사용압력 5kgf/cm^2 (0.5 MPa)이하인 보일러로 전열면적 2m^2 이하의 것
• 최고사용압력 5kgf/cm^2(0.5 MPA)이하로 동체 안지름 500mm 이하, 동체 길이 1000 mm 이하의 보일러
• 용량 5t/h이하의 관류 보일러
• 소용량 보일러

91 가스보일러 점화 시 착화를 실패한 경우에는 가스공급을 차단하고 점화용 파이로트버너를 끈 후 연소실과 연도체적의 약 몇 배 이상의 공기로 충분히 환기시켜야 하는가?

① 1배
② 2배
③ 3배
④ 4배

🔍 가스점화
가스는 누설시 위험이 크고, 확인이 어려우므로 점화전 연소실 용적의 4배 이상의 공기량으로 충분히 환기를 해야 한다.

92 보일러 설치검사 기준상 저수위안전장치는 연료 차단 전에 경보가 울려야 하는데 이때 경보음은 몇 dB 이상이어야 하는가?

① 40 dB
② 50 dB
③ 60 dB
④ 70 dB

🔍 저수위안전장치
연료차단 전에 경보가 울려야 하고 경보음은 70dB 이상이어야 한다.

정답 87 ③ 88 ① 89 ③ 90 ① 91 ④ 92 ④

93 보일러 내부의 산세정시 주의사항으로 틀린 것은?

① 사전에 스케일 성분분석, 용해시험 후 세정 방법을 검토한다.
② 본체 부착물을 제거한다.
③ 과열기가 있는 부분은 산액 침입을 방지한다.
④ 세관 후 폐액은 완전 알칼리화하여 버린다.

🔍 세관작업 : 폐수는 pH5 이상이 될 때까지 수세를 한다.

94 석유정제과정에서 생성하는 프로판·부탄을 주체로 하는 가스를 압축 액화시킨 가스는?

① LPG   ② CH_4
③ LNG   ④ SNG

🔍 LPG : 액화석유가스로 프로판(60~70%)과 부탄(20~30%)이 주성분으로 공기보다 1.5~2배 무겁다.

95 증기 발생 시의 주의사항으로 옳지 않은 것은?

① 연소 초기에는 수면계의 주시를 철저히 한다.
② 급격한 압력상승이 일어나지 않도록 연소상태를 서서히 조절시킨다.
③ 증기를 송기할 때 과열기의 드레인을 배출시킨다.
④ 증기를 송기할 때 증기관 내의 수격작용을 방지 하기 위하여 응축수 배출을 사후에 실시한다.

🔍 증기 송기 시 : 수격작용을 방지하기 위해 증기를 송기하기 전에 드레인을 배출 한다.

96 분출밸브의 크기와 개수에 대한 설명으로 틀린 것은?

① 정상 시 보유수량 400kg 이하의 강제순환보일러에는 열린 상태에서 전개하는데 회전축을 적어도 3회전 이상 회전을 요하는 분출밸브 1개를 설치하여야 좋다.
② 최고사용압력 $7kgf/cm^2$ 이상의 보일러(이동식 보일러는 제외)의 분출관에는 분출밸브 2개 또는 분출밸브와 분출밸브를 직렬로 갖추어야 한다.
③ 2개 이상의 보일러에서 분출관을 공동으로 하여 서는 안된다. 다만, 개별보일러마다 분출관에 체크밸브를 설치할 경우에는 예외로 한다.
④ 분출밸브의 크기는 전열면적이 $10m^2$ 이하인 보 일러에서는 호칭지름 20A 이상으로 할 수 있다.

🔍 분출밸브
정상 시 보유수량 400 kg이하의 강제 순환 보일러에는 닫힌 상태에서 전개하는데 회전축을 적어도 5회전 이상 회전을 요하는 분출밸브 1개를 설치하여야 좋다.

97 pH가 높으면 보일러 수중의 경도 성분인 (㉮), (㉯) 등의 화합물의 용해도가 감소되기 때문에 스케일 부착이 어렵게 된다. ㉮, ㉯에 들어갈 적당한 용어는?

① ㉮ 망간,   ㉯ 나트륨
② ㉮ 탄닌,   ㉯ 나트륨
③ ㉮ 나트륨, ㉯ 인산
④ ㉮ 칼슘,   ㉯ 마그네슘

🔍 경도성분
수중에 함유된 칼슘(Ca), 마그네슘(Mg)의 량을 나타낸 것으로 스케일의 원인이 된다.

98 다음 중 팽출을 옳게 설명한 것은?

① 2매의 층을 형성하고 있던 보일러 강판이나 강관이 가열 시 외부로 떨어져나가는 현상
② 노통 등이 과열이 되면 그 부분의 강도가 저하되는데 이것이 심한 경우에는 보일러의 압력에 못 견디어 안쪽으로 오므라드는 현상
③ 보일러수 중에 생긴 수산화나트륨이 과도하게 농축되어 부식이 생기는 현상
④ 보일러 동체 등이 과열되면 그 부분의 강도가 저하되는데 이것이 심한 경우에는 보일러의 압력에 못 견디어 바깥쪽으로 부풀어 오르는 현상

🔍 • ②- 압궤
• ③- 가성취화

정답 93 ④ 94 ① 95 ④ 96 ① 97 ④ 98 ④

99 보일러의 분출 사고 시 긴급조치 사항으로 틀린 것은?

① 보일러 부근에 있는 사람들을 우선 안전한 곳으로 긴급히 대피시켜야 한다.
② 연소를 정지시키고 압입통풍기를 정지시킨다.
③ 다른 보일러와 증기관이 연결되어 있는 경우에는 증기밸브를 닫고 증기관 연결을 끊는다.
④ 급수를 정지하여 수위 저하를 막고 보일러의 수위유지에 노력한다.

🔍 분출 사고 시 긴급조치
• 연소를 정지하고 압입통풍기는 정지하고, 연도댐퍼는 전개한다.
• 급수를 계속하여 수위 저하를 막고 보일러의 수위유지에 노력한다.
• 보일러의 자연냉각을 기다려 원인을 조사한다.

100 보일러 내부부식의 발생원인과 관계가 없는 것은?

① 보일러 급수 중에 산소나 탄산가스 등이 있을 때 발생한다.
② 강재의 수축 표면에 녹이 생겨서 국부적으로 전위차가 발생하여 전류가 흐르는 경우 발생한다.
③ 강재 속에 함유된 유황분이 온도상승과 더불어 산화되거나 또는 이외의 원인으로 녹이 생긴 경우 발생한다.
④ 증기나 보일러수 등의 누출로 인한 습기나 수분에 의한 작용으로 발생한다.

🔍 외부부식의 원인
• 연료성분이 의해
• 이음부나 뚜껑장치로부터의 누설에 의해
• 지면의 습기 등에 의해

101 보일러 운전 중 완전연소를 위한 연료량과 공기량 조절방법을 바르게 설명한 것은?

① 연소량을 증가시킬 때 먼저 공기량을 증가시키고 연료량을 증가시킨다.
② 연소량을 증가시킬 때 먼저 연료량을 증가시키고 공기량을 증가시킨다.
③ 연소량을 감소시킬 때는 먼저 공기량을 증가시키고 연료량을 감소시킨다.
④ 연소량을 감소시킬 때는 먼저 연료량을 감소시키고 공기량을 증가시킨다.

🔍 • 연소량을 증가시킬 때 : 공기량을 먼저 증가시키고, 연료량을 증가시킨다.
• 연소량을 감소시킬 때 : 연료량을 먼저 감소시키고, 공기량을 감소시킨다.

102 보일러 휴지 시 사용하는 만수보존법에 대한 설명 중 틀린 것은?

① 만수보존법은 장기 보존을 위한 소다만수보존 법과 단기보존을 위한 보통만수보존법이 있다.
② 소다만수보존법은 보일러 구조상이나 그 외의 이유에 따른 사정으로 인하여 보일러 내를 건조상태로 유지하지 못할 때 주로 사용된다.
③ 만수존법을 여름철에 시행할 경우 고온에 따른 보일러 팽창에 의한 균열이 발생할 수 있으므로 겨울에 시행하는 것이 좋다.
④ 소다만수보존법을 시행하는 경우 먼저 보일러를 냉각시키고 보일러 수를 배출하여 내외부를 철 저히 청소 점검한 후에 알칼리성 물로 채운다.

🔍 만수보존 : 동파의 위험이 있는 겨울철은 피한다.

103 부식에 대한 설명으로 틀린 것은?

① 부식이란 금속이 주위 환경과의 전기화학적 반응에 의하여 열화되는 현상이다.
② 금속과 주위 부식 환경과의 상호작용은 전기적 전하 이동의 관점에서 이해할 수 있다.
③ 부식은 통상적으로 환원이 일어나는 양극반응 (anodic reaction)과 산화가 일어나는 음극반응(cathodic reaction)으로 분리된다.
④ 부식은 기전력이 양인 경우, 즉 Gibbs 자유에너지 변화가 음인 경우 나타나는 자발적인 반응의 결과이다.

🔍 부식 : 산화가 일어나는 양극반응(anodic reaction)과 환원이 일어나는 음극반응(cathodic reaction)으로 분리된다.

104 보일러 수질을 관리하기 위한 이온교환처리장치의 운전공정 순서로 옳은 것은?

① 역세 → 통약 → 압출 → 수세 → 부하
② 역세 → 압출 → 통출 → 수세 → 부하
③ 역세 → 통약 → 수세 → 압출 → 부하
④ 역세 → 수세 → 압출 → 통약 → 부하

> 이온교환처리장치의 운전공정
> 역세 → 통약(재생) → 압출 → 수세 → 부하

105 수트 블로워(soot blower) 사용 시 주의사항으로 잘못된 것은?

① 그을음 제거 회수는 연료의 종류, 부하의 정도, 수트 블로워의 위치, 증기 온도 등의 조건에 따라 다르다.
② 증기분사식 수트 블로워는 증기를 분사하기 전에 배관을 충분하게 예열하면서 응축수를 배출 한다.
③ 한 장소에 장시간 불어대지 않도록 한다.
④ 효율적인 작업을 위해서는 소화한 직후의 고온 연소실에서 사용하는 것이 좋다.

> 수트 블로워 : 소화한 직후 또는 보일러 부하가 50% 이하 일 때는 블로워 작업을 하지 않는다.

106 보일러 내에서 발생하는 스케일의 영향으로 거리가 먼 것은?

① 전열면의 국부과열
② 배기가스 온도 저하
③ 분출장치의 누수
④ 급수펌프의 고장

> 스케일의 영향
> 전열면의 전열 저하로 배기 가스의 온도가 높아지고 열손실이 증가한다.

107 보일러 가동 중 압력과 수위의 감시에 있어서 주의사항에 대한 설명으로 틀린 것은?

① 휴지 중으로 보일러 물이 냉각상태인 보일러를 가동하기 위해서는 압력이 상승할 시점에 필히 수면계 기능 테스트를 한다.

② 수면계가 2개인 보일러는 하나는 주 수면계고 다른 하나는 예비 수면계로 하여 주 수면계가 고장 중인 상태에서는 수리하기 전까지 예비 수면계로 감시한다.
③ 압력 스위치 셋팅 압력에서 보일러가 정지하는지 확인한다.
④ 같은 계통의 다른 압력계와 비교하여 차이가 있는 경우 압력계 뒤쪽을 손가락으로 가볍게 두드려 압력계의 기능을 점검하고 이상이 있을 경우 예비 압력계로 교체한다.

> 수면계 2개 부착
> 서로 비교하여 정확한 수위를 측정하기 위해

108 보일러 운전 정지시의 일반적인 준비사항에 대한 설명으로 틀린 것은?

① 증기의 사용처와 미리 연락을 하여 작업종료 시까지 필요한 증기를 남겨놓고 운전을 정지한다.
② 벽돌 쌓은 부분이 많은 보일러는 벽돌의 여열로 압력이 상승하는 경우가 없는지 확인하고 주증기 밸브를 닫는다.
③ 보일러의 압력을 급하게 내리거나 벽돌 등을 급냉시키지 않는다.
④ 보일러 종료를 대비하여 정상수위보다는 낮게 급수를 해놓는다.

> 보일러 종료 시
> 다음날 분출을 대비하여 정상수위보다 약간 높게 급수를 한다.

109 보일러수의 내처리에서 연화제의 기능에 대한 설명으로 옳은 것은?

① 보일러수의 알칼리를 조절하고 스케일 부착 시 보일러의 부식을 방지한다.
② 보일러수의 경도성분을 불용성의 화합물로 만들어 스케일 부착을 방지한다.
③ 보일러수를 분산, 현탁시켜서 블로우하기 쉽게 하고, 스케일 부착을 방지한다.
④ 급수 중의 가스를 화학적으로 제거하여 보일러의 부식을 방지한다.

104 ① 105 ④ 106 ② 107 ② 108 ④ 109 ②

🔍 연화제의 기능
보일러수의 경도성분을 불용성의 화합물로 만들어 스케일 부착을 방지하는 약제로, 탄산나트륨, 수산화나트륨, 제3인산 나트륨 등이 있다.

110 보일러를 취급할 때 구식(grooving)을 예방하는 대책으로 틀린 것은?

① 증기압력이나 온도 및 연소량 변동은 되도록 크게 한다.
② 보일러의 냉각, 냉열 등과 같은 무리한 일을 삼가 한다.
③ 정확한 수처리를 하여 부식성 유해물을 제거하고, 스케일을 부착시키지 않는다.
④ 보일러 사용상 구식이 발생하기 쉬운 곳에는 되도록 화염이 직접 닿지 않도록 방호 등의 조치를 취한다.

🔍 구식의 예방 : 재질의 피로감에 의해 발생되기 쉬우므로 증기압력이나 온도 변동은 되도록 적게 한다.

111 과열기에 부착되는 안전밸브의 분출용량 및 수는 보일러 몸체와 안전밸브의 분출용량 및 수에 포함 시킬 수 있다. 이 경우 보일러의 몸체에 부착하는 안전밸브는 보일러 최대증발량의 몇 % 이상을 분출할 수 있는 것이어야 하는가?

① 55% ② 65%
③ 75% ④ 85%

🔍 과열기에 안전밸브 설치 시 : 보일러의 동체에 부착하는 안전밸브는 보일러의 최대증발량의 75 % 이상을 분출할 수 있는 것

112 장기 휴지 보일러를 사용하기 위해 연소계통을 점검해야 할 때의 설명으로 틀린 것은?

① 기름탱크의 유량, 가스압력을 확인하여 연료공급에 차질이 생기지 않도록 한다.
② 연료배관은 연료가 누설되지 않은지 점검하고 연료밸브를 열어 놓는다.
③ 연도 댐퍼가 열려있는지 확인하고 이를 잠궈 놓는다.
④ 화염검출기의 오염여부를 확인하고 유리면을 깨끗이 닦는다.

🔍 장기 휴지 보일러의 사용전 준비 사항 : 연도 댐퍼가 잠겨 있는지 확인하고 열어 놓는다.

113 보일러의 점화조작 시 주의사항에 대한 설명으로 틀린 것은?

① 연료가스의 유출속도가 너무 빠르면 실화 등이 일어난다.
② 연소실의 온도가 낮으면 연료의 확산이 양호해서 착화가 잘 된다.
③ 연료의 예열온도가 낮으면 무화불량, 그을음, 분진 등이 발생한다.
④ 점화시간이 늦으면 연소실 내로 연료가 유입되어 역화의 원인이 된다.

🔍 연소실의 온도가 낮으면 연료의 확산이 느려 점화 및 연소상태 불량의 원인이 된다.

114 보일러수 100cc 중에 CaO이 2mg, MgO이 2mg 존재할 경우 독일경도는 얼마인가?

① 2.2°dH ② 3.7°dH
③ 4.8°dH ④ 5.4°dH

🔍 CaO 경도 = $\frac{2+2\times 1.4}{100000}$ = 4.8°dH
• Ca 1mg 당 경도 1도 증가
• Mg 1mg 당 경도 1.4도 증가

115 다음을 보고 보일러를 비상정지 시킬 때의 순서가 올바르게 된 것은?

┌─────────────────────────────┐
㉠ 연소용 공기를 멈춘다.
㉡ 버너의 송풍기 모터를 정지시킨다.
㉢ 이상유무 확인 및 비상사태 원인조사 후 조치한다.
㉣ 압력을 서서히 자연적으로 하강시키며 보일러를 식힌다.
㉤ 연료공급밸브를 잠근다.
└─────────────────────────────┘

① ㉡ → ㉤ → ㉠ → ㉢ → ㉣
② ㉡ → ㉤ → ㉠ → ㉣ → ㉢
③ ㉤ → ㉠ → ㉡ → ㉣ → ㉢
④ ㉤ → ㉣ → ㉠ → ㉡ → ㉢

116 어떤 강철제 증기보일러의 최고사용압력이 5kgf/cm² 일 때 수압시험 압력은?

① 5.0 kgf/cm² ② 7.5 kgf/cm²
③ 9.5 kgf/cm² ④ 11 kgf/cm²

> 최고사용압력 4.3~15kgf/cm² 일 때
> 최고사용압력×1.3+3 kgf/cm²
> = 5×1.3+3 = 9.5 kgf/cm²

117 보일러 수면에서 증발이 격심하여 기포가 비산해서 수적이 증기부에 심하게 튀어 오르는 현상은?

① 프라이밍 ② 포밍
③ 캐리오버 ④ 워터햄머

> 캐리오버(기수공발)
> 발생 증기 중에 물방울이 포함되어 송기되는 현상

118 보일러의 급수처리 중 급수에서 기폭법(기폭장치)으로 제거할 수 없는 것은?

① 탄산가스 ② 황화수소
③ 산소 ④ 망간

> 기폭법 : 탄산가스(황화가스 포함) 및 금속성분(철분, 망간) 등을 제거하는 급수처리 방법

119 보일러 연소장치에서 이상(異狀)소화의 원인으로 가장 거리가 먼 곳은?

① 연료의 압력이 갑자기 떨어지는 경우
② 통풍장치의 고장으로 공기량이 부족한 경우
③ 수분의 혼입이나 통풍에 의한 통풍 교란인 경우
④ 펌프 흡입구에서 급유온도가 상승한 경우

> 급유온도가 낮으면
> 연료 공급압력이 낮아져 이상연소의 원인이 된다.

120 부식의 종류 중 균열을 동반하는 부식에 속하는 것은?

① 점식 ② 틈새부식
③ 수소취하 ④ 탈성분부식

> 수소취화 : 강 표면에 원자 수소의 농도가 높아져 재료가 취화되어 부스러지는 현상으로 인장응력을 받게 되면 응력부식균열이 발생한다.

121 부식억제제의 구비조건에 대한 설명으로 틀린 것은?

① 환경오염방지 기준에 저촉되지 않을 것
② 정지 시에는 부식억제의 효과가 적을 것
③ 스케일(scale) 생성을 조장하지 않을 것
④ 방식피막이 두꺼우며 열전도에 지장이 없을 것

> 부식억제제의 구비조건
> • 환경오염방지 기준에 저촉되지 않을 것
> • 스케일(scale) 생성을 조장하지 않을 것
> • 방식피막이 두꺼우며 열전도에 지장이 없을 것
> • 정지나 유동 시에도 부식억제의 효과가 클 것
> • 저 농도로 부식억제 효과가 클 것

122 검사에 필요한 조치사항에 해당되지 않는 것은?

① 기계적 시험 및 비파괴검사의 준비
② 검사대상기기의 정비 및 수압시험의 준비
③ 안전밸브 및 수면측정 장치의 분해, 정비
④ 조립식인 검사대상기기의 조립

> 검사조치 : 조립식 검사대상기기의 경우 조립을 해체할 것

123 유기물질을 센 물속에 용해시키면 전기적 변화가 일어나 센물속의 광물질이 분리되어 불순물을 간단히 제거하는 방법은?

① 여과법 ② 기폭법
③ 이온 교환법 ④ 전기저항법

> 용해고형물 제거방법
> 증류법, 이온교환법, 약품첨가법

124 보일러의 반자동 제어장치에 사용되는 부품은 어느 것인가?

① 압력차단 스위치 ② 풍압 스위치
③ 압력비례 조절기 ④ 제어 모터

 116 ③ 117 ① 118 ④ 119 ④ 120 ③ 121 ② 122 ④ 123 ③ 124 ①

SECTION 02 보일러 시공

Craftsman Energy Management

STEP 01 난방의 개념

난방이란 동절기에 건축물의 실내를 적정온도로 유지시켜 심신을 편안하게 하고 쾌적감을 높게 하기 위해 알맞는 열량이 공급하여 인체 활동에 적정온도로 유지하기 위한 것으로 난방시설이나 규모에 따라 개별식 난방, 중앙집중식난방, 지역난방 등으로 구분이 되고 난방방식에 따라 직접난방, 간접난방, 복사난방으로 구분하고, 열매체에 따라 증기난방과 온수난방으로 구분한다. 현재 우리나라의 난방방법에는 개별식난방, 중앙집중식난방, 지역난방 등 3가지 난방형식이 공존하고 있다.

1. 난방의 분류

1) 개별난방

   난방이 필요한 한 장소를 난방하기 위해 보일러, 난로, 전기스토브 등을 실내에 설치하여 난방하는 방식이다. 소규모 난방에 적합하고 설치비가 적으나 열손실이 크다

2) 중앙난방

   건물의 지하실 등 특정장소에 설치한 보일러를 열원으로 하여 건물전체, 또는 각 동의 실내를 증기, 온수, 온풍 등의 열매를 이용하여 난방하는 방식이다. 직접난방, 간접난방, 복사난방으로 구분된다.

3) 지역난방

   ① 대규모 난방설비를 설치하여 일정지역 내의 다수 건축물을 난방 하는 방식으로 열효율이 높다. 열매체로 고압증기 또는 고온수를 이용한다.
   ② 분류

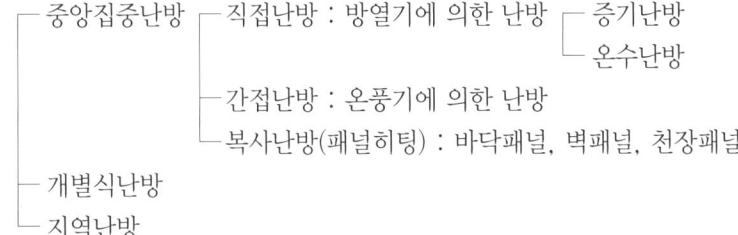

2. 중앙집중 난방

아파트, 빌딩 등과 같이 일정장소에 보일러를 설치하여 증기, 온수 등을 이용하여 건물 전체를 난방하는 대규모 난방방식

1) 증기난방

방열기 내에 공급된 증기가 응축되어 방출되는 증발잠열을 이용하여 실내를 난방하는 형식으로 1000m² 이상의 건물 난방에 적합하다.

① 증기난방의 분류

㉮ 증기압력
  ㉠ 증기압력 1kg/cm² 이상 : 고압 증기난방
  ㉡ 증기압력 1kg/cm² 미만 : 저압 증기난방(보통 0.15~0.35kg/cm² 정도)

㉯ 배관방식
  ㉠ 단관식 : 송수관과 환수관을 동일배관으로 시공
  ㉡ 복관식 : 송수관과 환수관을 분리배관으로 시공

> **참고** 단관식일 경우 동일관내에 증기와 응축수가 역방향으로 흐르기 때문에 난방효과가 떨어지고 수격작용이 발생하기 쉽다. 충분한 난방효과를 얻기 위해 공기빼기밸브를 부착한다.

㉰ 증기공급방식
  ㉠ 상향공급식 : 증기를 위로 공급하면서 각 층에 난방
  ㉡ 하향공급식 : 증기를 아래로 공급하면서 각 층에 난방

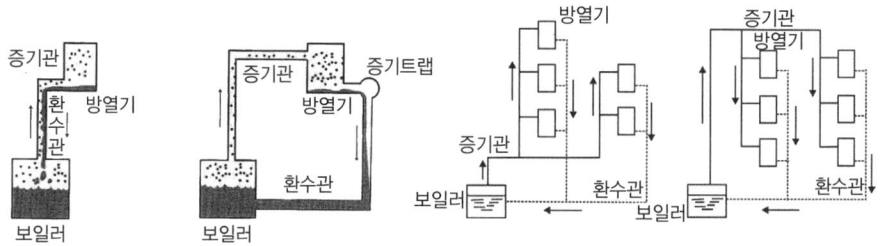

[단관식 배관형태] [복관식 배관형태] [상향 공급방식] [하향 공급방식]

㉱ 응축수 환수방식
  ㉠ 중력환수식 : 응축수의 중력에 의한 자연환수방법으로 소규모난방에 적합하다.
  ㉡ 기계환수식 : 순환펌프에 의한 환수방법으로 공기방출기를 설치한다.
  ㉢ 진공환수식 : 진공펌프에 의한 환수방법으로 공기방출기가 필요없고 대규모 난방에 적합하다.

㉲ 환수관의 배관방식
  ㉠ 건식환수관법 : 환수관을 보일러 기준 수위보다 높게 접속한 형식
  ㉡ 습식환수관법 : 환수관을 보일러 기준 수위보다 낮게 접속한 형식

> **참고** 배관방식에서는 환수관내에 응축수가 체류하기 쉬운 장소에
> • 건식환수관 : 증기 트랩을 설치한다.
> • 습식환수관 : 드레인 밸브를 설치한다.

② 증기난방의 특징
  ㉮ 대규모 난방에 적합하다.
  ㉯ 난방에 소요되는 시간이 짧다.
  ㉰ 방열량이 크므로 방열면적이 작다(관경이 작다).
  ㉱ 수격작용 발생하고 연료소비량이 많다.
③ 응축수 환수방법 시공방법
  ㉮ 중력환수식
    배관내의 응축수를 중력작용에 의해 보일러에 환수되는 자연환수방식으로 소규모 난방, 저압 보일러에 사용된다.
    ㉠ 단관식 : 방열기내의 응축수와 증기가 동일 배관내에 흐르는 방식
    ㉡ 복관식 : 응축수와 증기가 각기 다른 배관에 흐르는 방식

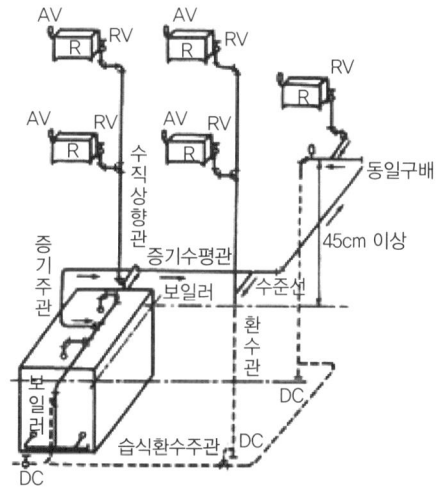

[단관식 중력환수식 증기난방법(상향식)]

  ㉯ 기계환수식
    ㉠ 배관내의 응축수를 응축수 펌프를 이용하여 최하위의 방열기보다 낮은 곳에 설치한 응축수 탱크내의 응축수를 보일러에 강제 환수시키는 방식
    ㉡ 응축수 펌프는 저양정 센추리퓨걸 펌프를 사용하며, 별도의 공기빼기밸브를 설치한다.
  ㉰ 진공환수식
    ㉠ 환수관 내의 응축수와 공기를 환수관말단 보일러 입구에 설치한 진공펌프로 흡입하여 증기의 순환을 빠르게 하는 난방방식이다.
    ㉡ 진공환수식의 특징
      • 증기의 회전이 빠르기 때문에 난방효과가 높고, 대규모 난방에 적합하다.

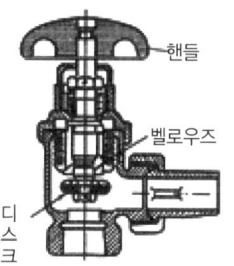

[방열기 밸브]

- 진공펌프를 사용하여 별도의 공기빼기밸브가 필요 없다.
- 방열기밸브를 팩레스밸브를 사용하여 방열기의 방열량을 광범위하게 조절할 수 있다.

㉣ 환수관의 관경을 작게 할 수 있고, 배관내의 진공도가 100~250mmHg 정도이다.

④ 증기난방의 배관 시공

㉮ 리프트 피팅

㉠ 저압증기의 환수주관이 진공펌프의 흡입구보다 낮은 위치에 있을 때 배관이음방법으로 환수관내의 응축수를 이음부 전후에서 형성되는 작은 압력차를 이용하여 끌어올릴수 있도록 한 배관방법

㉡ 리프트관은 주관보다 1~2 정도 작은 치수를 사용한다.

㉢ 리프트 피팅의 1단 높이 : 1.5m 이내로 한다.
리프트 피팅(3단까지 가능)

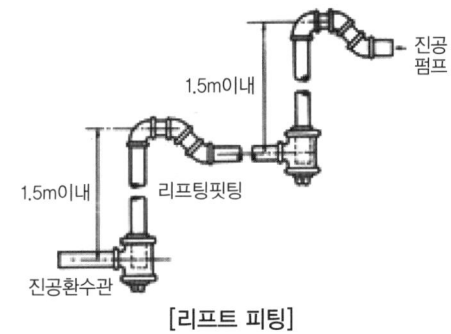

[리프트 피팅]

㉯ 하트포드 배관법

㉠ 저압 증기난방 장치에서 환수주관을 보일러에 직접 연결 하지 않고 증기관과 환수관 사이에 설치한 균형관에 접속 하는 배관방법

㉡ 목적 : 환수관 파손시 보일러수의 역류와 환수 중 이물질의 유입을 방지하기 위해 설치한다.

㉢ 접속위치 : 보일러 표준수위보다 50 mm 낮게 접속하며 보일러 안전저수면보다 약간 높게 한다.

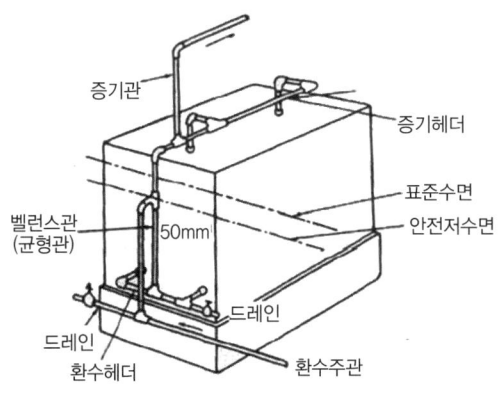

[하트포드 배관법]

㉰ 증기트랩 배관

㉠ 증기주관내의 응축수를 배출하기 위해서 증기주관 끝에 동일지름으로 100mm 이상 내려세워서 열동식 트랩을 설치하고 그 하부를 150mm 이상 연장해서 흙탕 고임부를 만들어 이물질을 제거한 응축수만 건식환수관으로 보내게 한다.

㉡ 증기관내의 증기를 완전히 응축시키기 위해 증기관과 트랩사이에 1.5m 이상 보온피복을 하지 않는 나관(裸管)으로 배관한 냉각레그를 설치한다.

ⓒ 고압증기의 경우 환수관이 높은 곳에 있는 경우 증기트랩 출구쪽에 역지밸브를 설치하여 환수를 배출한다.

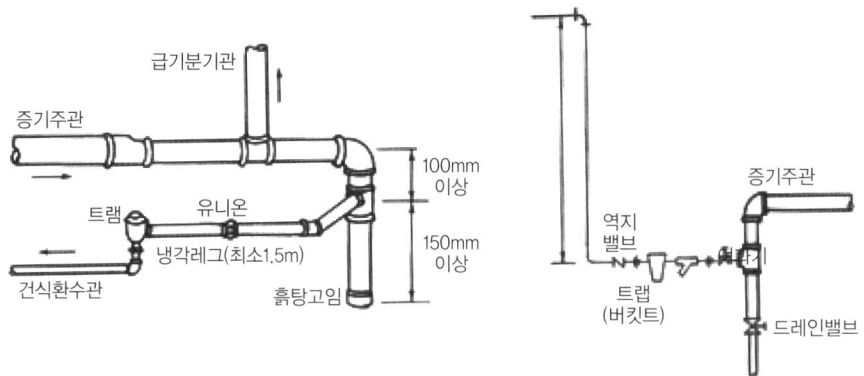

㉴ 감압밸브 주위 배관
감압밸브 저압측의 압력을 감압밸브의 본체(벨로우즈 또는 다이어후램)에 전하는검출부(파일럿배관 : 관경 9~10mm)를 감압밸브로부터 저압측에 3m 이상 떨어진 곳에 설치하고 도중에 코크를 설치한다.

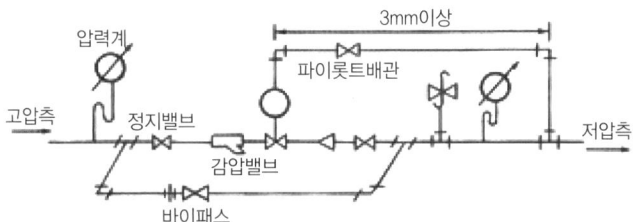

2) 온수난방
온수의 현열을 이용한 방식으로 소규모 건축물의 난방에 적합한 난방방식이다.
① 온수난방의 분류
  ㉮ 온수온도
    ㉠ 온수온도100℃ 이상 : 고온수 난방(밀폐식 팽창탱크 설치)
    ㉡ 온수온도100℃ 이하 : 저온수 난방(개방식 팽창탱크 설치)
  ㉯ 배관방식
    ㉠ 단관식 : 송수관과 환수관을 동일배관으로 시공
    ㉡ 복관식 : 송수관과 환수관을 분리배관으로 시공
  ㉰ 온수순환방법
    ㉠ 중력 순화식 : 온수의 비중량차에 의한 자연순환 방법
    ㉡ 강제 순환식 : 순환펌프에 의한 강제순환 방법
  ㉱ 온수공급방법
    ㉠ 상향 공급식 : 방열관이 보일러보다 높은 경우 시공방법

ⓒ 하향 공급식 : 방열관이 보일러보다 낮은 경우 시공방법

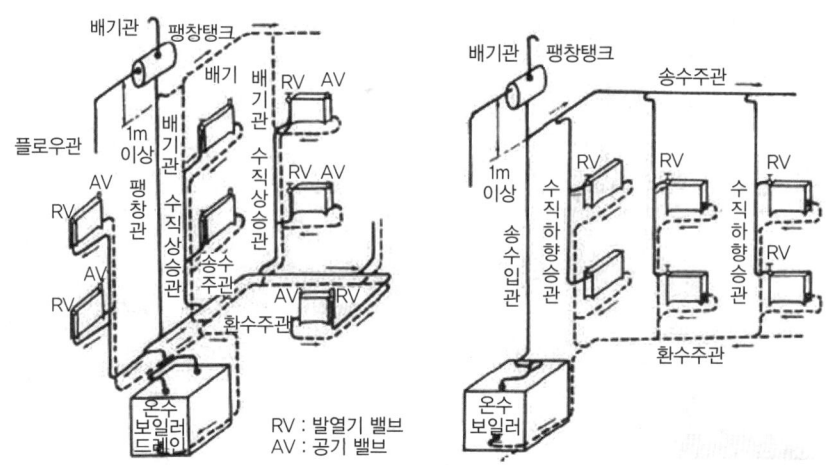

[상향식 온수난방 하향식 온수난방]

② 온수난방의 특징
㉮ 난방부하의 변동에 따른 온도조절이 쉽다.
㉯ 예열시간이 길지만 식는 시간도 길다.
㉰ 방열기 표면온도가 낮아 화상의 위험이 작다.
㉱ 한냉시 동결의 위험이 작다.
㉲ 방열량이 적어 방열면적이 넓다.
㉳ 취급이 용이하고 연료비가 적게 든다.

③ 온수난방 시공방법
㉮ 중력환수식 온수난방
중력환수식은 온수의 대류현상(온수의 밀도차를 이용한 이동현상)에 의한 자연순환방식으로 배관시공에 많은 제약(관경, 관길이, 엘보우, 관부속품의 설치수, 유속 등)이 따르므로 순환압력이 낮다. 방열기의 설치 위치는 보일러보다 높은 위치에 설치하는 방식으로 장치가 간단하고 취급이 용이하여 주택 등 소규모 난방에 적합하다.
㉠ 단관식 중력순환식 : 각 방열기의 송수와 환수가 동일 주관에 연결한 방식으로 순환압력이 낮고 온수온도가 낮아 방열량이 저하되므로 앞으로 갈수록 방열면적이 넓어져야 한다.
ⓒ 복관식 중력환수식 : 각 방열기의 송수와 환수가 각각 다른 관으로 공급되는 방식으로 온도저하로 인한 방열량 저하가 적고 밸브조절에 의해 방열량을 가감할 수 있다.

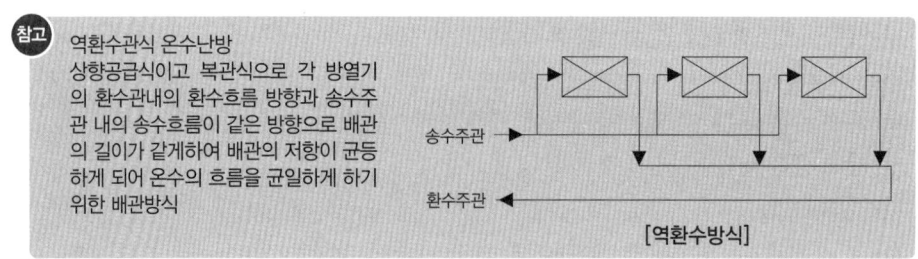

참고
역환수관식 온수난방
상향공급식이고 복관식으로 각 방열기의 환수관내의 환수흐름 방향과 송수주관 내의 송수흐름이 같은 방향으로 배관의 길이가 같게하여 배관의 저항이 균등하게 되어 온수의 흐름을 균일하게 하기 위한 배관방식

[역환수방식]

㉯ 강제순환식 온수난방

　　방열관내의 온수를 순환펌프를 이용하여 강제로 순환시키는 난방방식으로 배관작업이 용이하여 관길이를 길게 하거나 관경을 적게 할 수 있다. 또한 온수의 순환속도를 빠르게 할 수 있어 난방효과가 높고 대규모 난방에 적합하다. 이 경우 방열기높이에 제약을 받지 않는다.

㉰ 동층 온수난방법

　　방열기를 보일러와 동일한 바닥면에 설치하고 순환펌프 없이 온수를 순환시키는 방법으로 소규모 난방에 적합하다. 이 방식에서 지붕밑에 설치한 송수주관은 실내 난방과 무관하다.

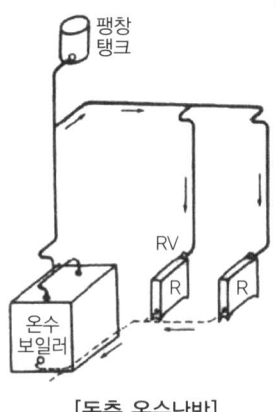

[동층 온수난방]

3) 간접난방

공기가 열기 또는 페네스 등에 의해서 온풍을 만들고 이것을 실내에 송풍하여 난방하는 형식

① 온풍난방

```
┌직접식 ─열풍로
└간접식 ┬유니트히터 - 증기 및 온수가열식
        └공기가열코일 - 증기 및 온수가열식
```

② 특징

　㉮ 열효율이 높고 연료비가 절약된다.
　㉯ 직접난방에 비해 설비비가 싸다.
　㉰ 설치가 간단하고, 보수·관리가 용이하다.
　㉱ 환기가 병용되며 공기청정 및 가습이 가능하다.

4) 복사 난방(패널히팅)

천장, 벽, 바닥 등에 방열관을 묻고 바닥면을 가열면으로 하여 비교적 저온으로 예열하고 가열 표면에서의 복사열에 의해 실내를 난방하는 형식

① 종류

　㉮ 패널의 위치에 따라 : 바닥패널, 벽패널, 천장패널
　㉯ 열매에 따라 : 전기식, 증기식, 온수식
　㉰ 방열관의 배열방식 : 그리드식, 밴드코일식, 달팽이관식

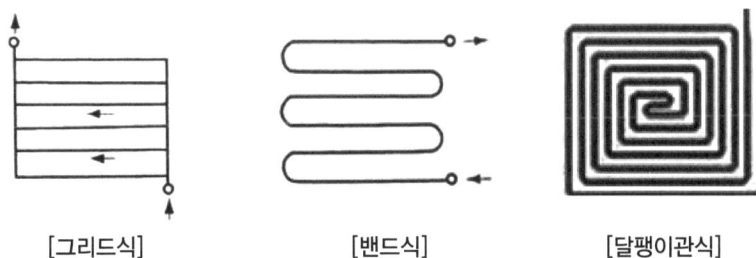

[그리드식]　　　[밴드식]　　　[달팽이관식]

② 특징
　㉮ 실내온도 분포가 균등하여 쾌감도가 높다.
　㉯ 환기에 의한 열손실이 적다.
　㉰ 방열기가 필요하지 않으므로 바닥면의 이용도가 넓다.
　㉱ 동일 방열량의 경우 열손실이 비교적 작다.
　㉲ 단열층이 필요하며 설비비가 비싸다.
　㉳ 매입배관이므로 고장발견이 어렵고, 수리가 불편하다.
　㉴ 외기 변화에 대한 온도 조절이 늦다(어렵다).
③ 온수온돌의 시공층
　㉮ 방열관 : 온돌 속에 온수를 순환시켜 열을 얻기 위하여 매립하는 관으로 관의 1/4이 묻히도록 시멘트 모르타르를 바른다.
　㉯ 자갈층(축열층) : 공기층을 형성하여 방열관으로부터 방출되는 열을 축적시키기 위해 방열관 주위에 골재 등을 충진시키는 층으로 난방효과를 높인다.
　㉰ 단열층 : 방열관으로부터 방출되는 열이 하향으로 손실되는 것을 방지하기 위하여 자갈층 밑을 단열 처리한 층으로 30mm 이상의 보온 단열재를 사용한다.

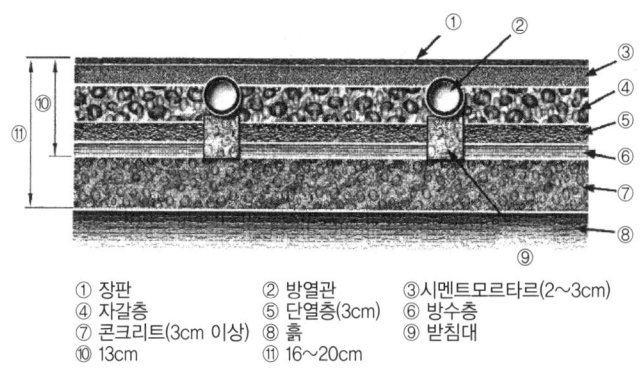

① 장판　② 방열관　③ 시멘트모르타르(2~3cm)
④ 자갈층　⑤ 단열층(3cm)　⑥ 방수층
⑦ 콘크리트(3cm 이상)　⑧ 흙　⑨ 받침대
⑩ 13cm　⑪ 16~20cm

[온수온돌의 시공층 단면도]

④ 시공 순서
　배관 기초공사 → 방수처리 → 단열·보온처리 → 받침재 처리 → 배관작업 → 공기 방출기설치 → 온수보일러설치 → 팽창탱크설치 → 연돌시공 → 수압시험 → 온수순환시험 및 경사조정 → 골재 충진 작업 → 시멘트 몰타르 바르기 → 양생 건조작업

3. 개별식 난방
① 난방 개소마다 개별적으로 보일러, 난로 등을 설치하여 난방하는 소규모 난방방법
② 설비비가 싸고 취급이 간단하고 관로저항이 적고 열손실이 많다.

4. 지역난방
고압의 증기(1~15 kg/cm²) 또는 고온수(100~150℃) 등을 이용하여 일정지역의 다수 건물에 공급하여 난방하는 방식(신도시 등에 적용)

1) 특징
    ① 각 건물에 보일러가 필요없어 건물 내의 유효면적이 넓어진다.
    ② 연료비가 절감되고, 매연 등에 의한 대기오염이 감소된다.
    ③ 합리적인 난방운전으로 열의 낭비를 감소시킬 수 있다.
    ④ 일정지역의 난방설비를 한 곳에 설치하므로 대규모 설비가 필요하다.

2) 열매로 온수를 사용할 경우
    ① 지형의 고·저에 따른 영향이 적다.
    ② 난방부하에 따른 온도조절이 용이하다.
    ③ 배관구배의 영향이 적다.
    ④ 예열부하에 대한 손실이 크다
    ⑤ 관로저항이 크므로 넓은 지역의 난방에 부적당하다.
    ⑥ 배관 설비비가 비싸다.

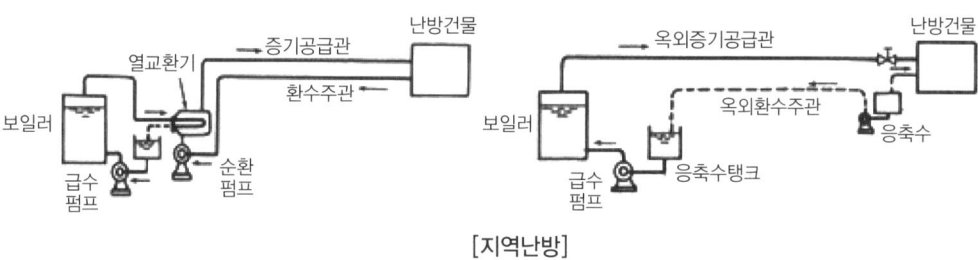

[지역난방]

5. 방열기

증기, 온수 등의 열매를 이용하여 실내공기로 열을 방출하는 난방기기로서 주로 대류난방에 사용되는 직접 난방방법이다.

1) 종류

    주형 방열기, 벽걸이형 방열기, 길드형 방열기, 대류형 방열기, 관형 방열기 등

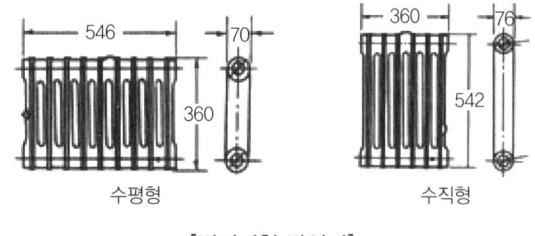

[벽걸이형 방열기]

2) 호칭 및 도시방법
    ① 주형 방열기 : 2주형(Ⅱ), 3주형(Ⅲ), 3세주형(3), 5세주형(5)
    ② 벽걸이형(W) : 가로형(W-H), 세로형(W-V)

③ 도시방법
　㉮ 방열기 쪽수
　㉯ 방열기의 종류(형식)
　㉰ 방열기의 높이(mm)
　㉱ 입구관경(mm)
　⑤ 출구관경(mm)
④ 호칭(종별(형식))
　㉮ 높이(형)×쪽수-주형 : Ⅱ-650×18
　　(2주형-높이 650mm×18쪽)
　㉯ 벽걸이형 : W-V×3(벽걸이-세로형×3쪽)

종별	표시
2주형	Ⅱ
3주형	Ⅲ
3세주형	3C
5세주형	5C
벽걸이(횡형)	W-H
벽걸이(종형)	W-V

3) 설치위치
① 외기와 접한 창문 아래에 설치한다.

> 참고: 찬공기가 직접 실내로 유입되는 것을 방지하고 방열기로부터 복사열을 많게 한다.

② 벽과의 간격 : 50~65mm 정도

4) 방열기 주위의 배관
① 열팽창에 의한 배관의 신축이 방열기에 미치지 않도록 엘보우를 이용한 스위블이음을 한다.
② 방열기 상단에 공기빼기코크를 설치하여 방열기내의 공기를 배출하도록 하여 방열작용을 원활하게 하여 난방효과를 높게 한다.
③ 방열기내의 응축수를 원활하게 배출하고 증기의 손실을 없게 하게 위해 방열기 출구에 열동식 트랩을 설치한다.
④ 방열기에 공급되는 증기 또는 온수의 양을 조절하기 위해 방열기밸브(팩렉스밸브)를 설치하여 방열기 방열량의 조절을 원활하게 한다.

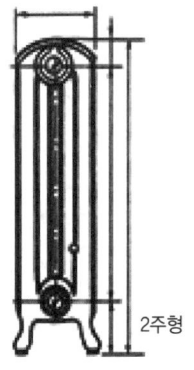
2주형

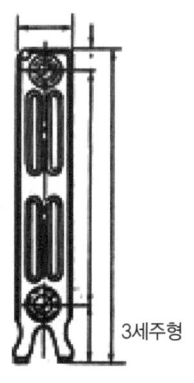
3세주형

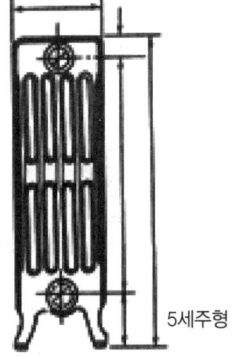
5세주형

[주형 방열기]

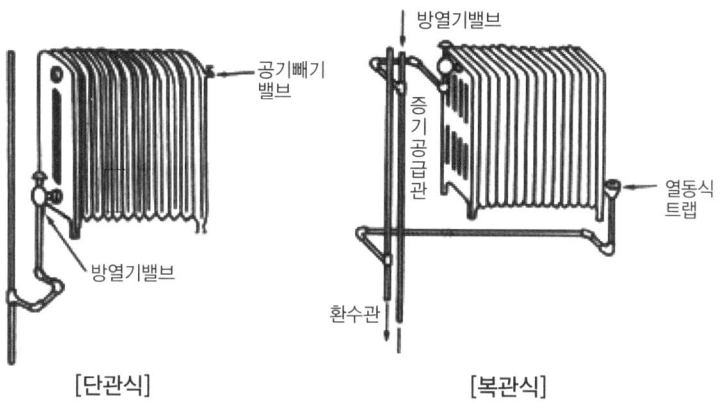

[단관식] [복관식]

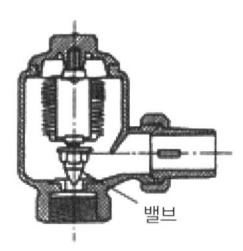

[열동식 트랩] [방열기밸브]

5) 방열량(Hr)

$$Hr = K \times (t_2 - t_1) \text{ kcal/m}^2\text{h}$$

여기서, K : 방열계수   증기 : 7.78kcal/m²h℃ · t_2 : 열매온도(℃)
                  온수 : 7.2kcal/m²h℃ · t_1 : 실내온도(℃)

① 증기방열량 – 650kcal/m²h
  ㉮ 방열계수 : 7.78kcal/m²h℃
  ㉯ 열매온도 : 102℃
  ㉰ 실내온도 : 18.5℃
  ㉱ 표준온도차 : 83.5℃
    방열량(Hr) = 7.78×(102−18.5) = 649.63 ≒ 650 kcal/m²h

② 온수발열량 – 450kcal/m²h
  ㉮ 방열계수 : 7.2 kcal/m²h℃
  ㉯ 열매온도 : 80℃
  ㉰ 실내온도 : 18℃
  ㉱ 표준온도차 : 62℃
    방열량(Hr) = 7.2×(80−18) = 446.4 ≒ 450 kcal/m²h

6) 소요방열면적(ra)

$$ra = \frac{난방부하(kcal/h)}{방열기\ 방열량(kcal/m^2h)}\ (m^2)$$

7) 방열기 소요수

$$소요수 = \frac{방열면적}{방열기\ 1쪽당\ 방열면적} = \frac{난방부하(kcal/h)}{방열량 \times 방열기\ 1쪽당\ 방열면적}$$

8) 방열기내의 응축수량

$$응축수량 = \frac{방열기\ 방열량(kcal/m^2h)}{증발잠열(kcal/kg)}\ (kg/m^2h)$$

STEP 02 온수보일러 설치 시공

1. 적용범위

이 기준은 최고사용압력 3.5kg/cm² 이하로서 전열면적 14m² 이하의 온수보일러(이하 "보일러"라 한다)에 대하여 규정한다. 다만, 시간당 연료사용량 17kg(도시가스의 경우 200,000kcal/h) 이하의 가스용 보일러 및 구멍탄용 보일러는 포함하지 아니한다.

2. 용어의 정의

① 상향순환식 : 송수주관을 상향구배로 하고 방열면을 보일러 설치기준면보다 높게 하여 온수를 순환시키는 배관방식을 말한다.
② 하향순환식 : 송수주관을 하향구배로 하고 온수를 순환시키는 배관방식을 말한다.
③ 송수주관 : 보일러에서 발생된 온수를 방열관 또는 온수탱크에 공급하는 관을 말한다.
④ 환수주관 : 방열관 등을 통과하여 냉각된 온수를 회수하는 관을 말한다.
⑤ 팽창탱크 : 온수의 온도변화에 따른 체적팽창 또는 이상팽창에 의한 압력을 흡수하고 보일러의 부족수를 보충할 수 있는 물을 보유하고 있는 탱크를 말한다.
⑥ 급수탱크 : 팽창탱크에 물이 부족할 때 공급할 수 있는 물을 보유하고 있는 탱크를 말한다.
⑦ 공기방출기 : 순환수 중에 함유된 공기를 외부로 방출하기 위한 장치를 말한다.
⑧ 팽창관 : 보일러 본체 또는 환수주관과 팽창탱크를 연결시켜주는 관을 말한다.

3. 보일러의 설치

① 보일러는 수평으로 설치하여야 한다.
② 보일러는 보일러실 바닥보다 높게 설치하여야 하며 주위에 적당한 공간을 두어 조작, 보수 및 청소가 용이하여야 한다.
③ 수도관 및 $1kg/m^2$ 이상의 수두압이 발생하는 급수관은 보일러에 직접 연결하여서는 안된다.

4. 유류용 보일러의 연소방식

종류	연소방식
압력분무식	연료 또는 공기 등을 가압하여 노즐로부터 분무 연소시키는 것
증발식	연료를 포트 등에서 증발하여 연소시키는 방식의 것
회전무화식	연료를 회전체의 원심력에서 비산시켜 무화하여 연소시키는 것
기화식	연료를 예열하여 기화시켜 노즐로 분무하여 연소시키는 방식의 것
낙차식	낙차에 따라 고정한 심지에 연료를 보내어 연소시키는 방식으로 연료의 흐르는 부피를 변화시켜 화력을 조절하는 것

5. 배관작업

1) 배관형식

① 직렬식
㉮ 배관비용이 저렴하다.
㉯ 관이음쇠가 적게 든다.
㉰ 설비가 간단하다.
㉱ 소규모 난방($10m^2$ 이하)에 적합하다.

② 병렬식
㉮ 배관의 관로저항이 비교적 적다.
㉯ 배관비용이 합리적이다.
㉰ 방열관 1갈래 길이를 15m 이내로 할 수 있다.
㉱ 분리주관식과 인접주관식으로 구분된다.

③ 사다리꼴
㉮ 대량생산이 가능하다.
㉯ 배관의 관로저항이 적다.
㉰ 경사조정이 용이하다.
㉱ 용접이음에 적합하다.
⑤ 복잡한 구조에 적합하다.

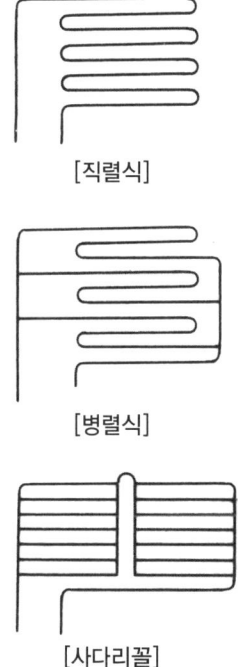

[직렬식]

[병렬식]

[사다리꼴]

6. 순환펌프

① 순환펌프는 보일러 본체, 연도 등에 의한 방열에 의해 영향을 받을 우려가 없을 곳에 설치 하여야 한다.
② 순환펌프에는 바이패스회로를 설치하여야 한다.
③ 순환펌프와 전원콘센트간의 거리는 가능한 한 최소로 하고 누전 등의 위험이 없어야 한다.
④ 순환펌프의 흡입측에는 여과기를 설치하여야 하며 펌프의 양측에는 밸브를 설치하여야 한다.
⑤ 순환펌프는 방출관 및 팽창관의 작용을 폐쇄하거나 차단하여서는 아니되며 환수주관에 설치함을 원칙으로 한다.
⑥ 순환펌프의 모터부분은 수평으로 설치함을 원칙으로 한다.

7. 온수탱크

① 내식성 재료를 사용하거나 내식처리된 온수탱크를 설치하여야 한다.
② KSF2803(보온·보냉공사 시공표준)에 정하는 방법에 따라 보온을 하여야 한다.
③ 100℃의 온수에도 충분히 견딜 수 있는 재료를 사용하여야 한다.
④ 탱크 밑부분에는 물빼기관 또는 물빼기밸브가 있어야 한다.
⑤ 밀폐식 온수 탱크의 경우에는 팽창흡수장치 또는 방출밸브를 설치하여야 한다.

8. 공기방출기 설치

1) 설치목적

　　방열관내에 공기가 있을 경우 관수의 순환을 저해하고 관의 부식원인이 된다. 이를 방지하기 위해 관내의 공기를 방출시키기 위해 설치한다. 배관중에 공기방출기를 설치할 경우 배관의 굴곡부에 설치한다.

2) 종류 : 개방식과 밀폐식이 있다.

3) 설치위치

① 상향식의 경우 환수주관 끝부분, 방열관 중 높은 곳에 설치한다.(개방식의 경우 팽창탱크 수면보다 50cm 이상 높게 한다.)
② 하향식의 경우 팽창탱크와 공기방출기를 겸해서 보일러 바로 위에 설치한다.
③ 밀폐식 공기방출기의 경우 설치위치는 높이에 제한을 받지 않는다.

4) 관경 : 공기방출기의 관경은 호칭지름 15A 이상이어야 한다.

9. 팽창탱크의 설치

1) 설치목적

① 온수온도상승에 따른 이상팽창압력을 흡수한다.
② 부족수를 보충 급수한다.
③ 장치내를 운전중 소정의 압력으로 유지하고 온수온도를 유지한다.

④ 팽창한 온수의 배출을 방지하여 장치의 열경제성을 도모한다
⑤ 장치를 가동하지 않을 경우 일정압력을 유지하여 물의 누설 등에 의한 장애와 공기침입을 방지한다.

2) 종류
① 개방식 : 저온수 난방에 설치한다.
② 밀폐식 : 고온수 난방에 설치한다.(설치는 높이의 제한을 받지 않는다)

3) 설치위치(개방식의 경우)
① 상향식의 경우
온수의 역류를 방지하기 위해 환수주관하단에 U자형으로 하향시켜 배관한다. 최고소 방열관보다 1m 이상 높게 한다.
② 하향식의 경우
공기방출기와 팽창탱크를 겸한 구조로 하여 보일러 바로 위에 설치한다.(이 경우 팽창탱크의 용량은 10% 큰 것이 필요하다.)

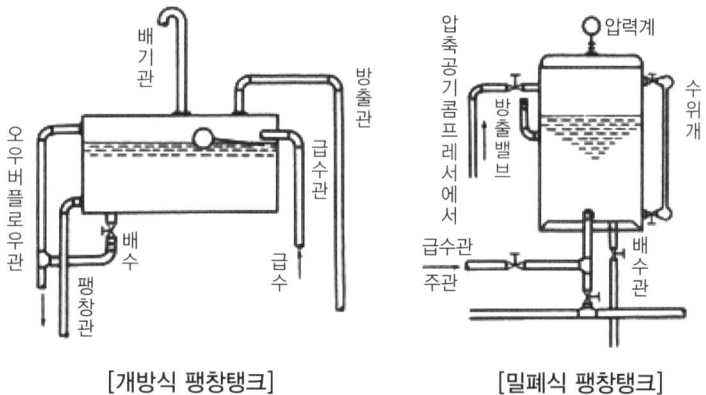

[개방식 팽창탱크]   [밀폐식 팽창탱크]

4) 구비조건
① 100℃ 이상의 온도에 견디는 재질일 것
② 탱크내의 수위는 탱크 높이의 1/3 정도로 한다.
③ 원칙적으로 자동급수가 가능할 것
④ 동결을 방지할 수 있는 조치가 되어있을 것
⑤ 탱크내의 팽창관 돌출부는 바닥면보다 25mm 이상 높게 한다.
⑥ 밀폐식의 경우 배관계통내의 압력이 제한압력 이상으로 되면 자동적으로 과잉수를 배출시킬 수 있도록 방출밸브를 설치하여야 한다.
⑦ 팽창탱크에는 물이 팽창 등에 대비하여 인체, 보일러 및 관련부품에 위해가 발생되지 않도록 일수관(오버플로우관)을 설치하여야 한다.
⑧ 팽창관 및 방출관에는 물 또는 발생증기의 흐름을 차단하는 장치가 있어서는 안된다.
⑨ 팽창관은 가능한 한 굽힘이 없고 어는 것을 방지할 수 있는 조치가 되어 있어야 한다.

5) 용량(V)

① 개방식(V)

$$V = \alpha \times (\frac{1}{\rho_2} - \frac{1}{\rho_1}) \times \upsilon = \alpha \times \Delta \upsilon \; (\ell)$$

여기서, α : 팽창에 따른 계수(2~2.5배), ρ_2 : 가열한 온수의 밀도(kg/ℓ)
ρ_1 : 가열전 물의 밀도(kg/ℓ), υ : 장치내의 전수량(ℓ), $\Delta \upsilon$: 온수팽창량(ℓ)

② 밀폐식(V)

$$V = \frac{\Delta \upsilon}{\frac{P_a}{P_a + 0.1 \times h} - \frac{P_a}{P_t}} \; (\ell)$$

여기서, $\Delta \upsilon$: 온수팽창량(ℓ) P_a : 대기압(=1kg/cm^2)
P_t : 최대허용압력(절대압력 : kg/cm^2)
h : 탱크내 수면에서 배관계 최고소까지 수직거리(m)

10. 연료배관

1) 구분

① 단관식 : 버너의 오일펌프 위치보다 연료탱크가 높은 곳에 있을 때의 배관방식
② 복관식 : 버너의 오일펌프 위치보다 연료탱크가 높거나 낮은 곳에 있을 때의 배관방식

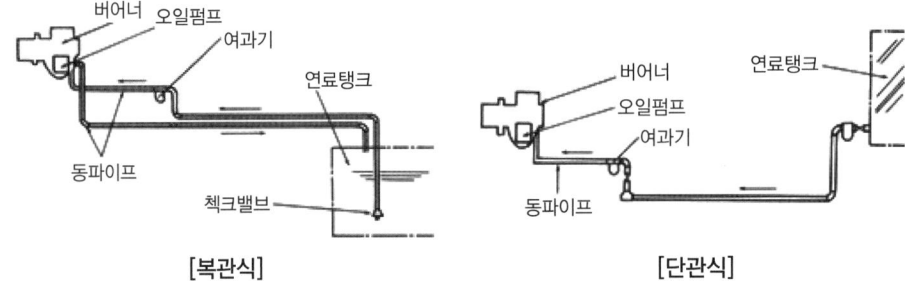

[복관식]   [단관식]

2) 설치상 주의

① 보일러와 연료탱크 사이의 배관에는 기름과 물을 분리할 수 있는 유수분리기가 있어야 하며 유수분리기에는 물빼기 밸브가 있어야 한다.
② 연료탱크와 버너 사이의 배관에는 여과기가 있어야 한다.

11. 연돌시공

1) 높이 : 후방 와류에 의한 역류을 방지하기 위해 지붕면보다 1m 이상 높게 설치한다.
2) 개자리 설치 : 외기의 방향전환에 의한 순간적인 역류를 방지하기 위해 굴뚝지름의 2배 길이로 연돌하단부에 설치한다.

3) 연도 시공
① 굴곡부는 3개소 이내로 하고 1/10 상향기울기(5° 경사)로 설치한다.
② 연도 및 굴뚝의 규격은 보일러 배기가스출구와 접속되는 부분의 유효단면적 이상이어야 한다.

4) 통풍력(Z)

$$Z = H \times \left(\frac{353}{T_1} - \frac{367}{T_2}\right) (mmH_2O)$$

여기서, Z : 이론통풍력(mmH_2O) H : 연돌의 높이(m)
  T_1 : 대기의 절대온도(K) (K = 273+t_a)
  t_a : 대기온도(℃)
  T_2 : 배기가스의 절대온도(K) (K = 273+t_g)
  t_g : 배기가스온도(℃)

12. 온수보일러의 자동제어

1) 프로텍터 릴레이(Protecto relay) – 버너에 부착
① 오일버너의 점화장치로서 난방, 급탕 등의 전용회로에 이용된다.
② 종류
  ㉮ 경유점화방식 : 10,000~15,000V의 전압으로 주버너에 점화하는 방식
  ㉯ 가스점화방식 : 5,000~7,000V의 전압으로 주버너에 점화하는 방식

2) 아쿠아스타트(Aquastat)
① 자동온도조절기로서 고온차단, 저온차단 및 순환펌프 가동용으로 사용된다.
② 종류
  ㉮ 자연순환식 배관용 : 2개 단자식 – 고온차단용
  ㉯ 강제순환식 배관용 : 3개 단자식 – 고온차단 및 순환펌프용
③ 구조 : 감온부, 도압부, 감압부

3) 콤비네이션 릴레이(Combination relay) – 보일러 본체에 부착
콤비네이션 릴레이는 프로텍터 릴레이와 아쿠아스타트의 기능을 합한 장치로서 최저온도(Lo 온도) 이상일 때 순환펌프가 작동되고 최고온도(Hi 온도) 이하에서 버너 작동되어 보일러를 운전하여 온수를 발생한다.

4) 스택 릴레이(Stack relay) – 연도에 부착
① 보일러의 연도 300mm 상단에 설치하며 배기가스의 열에 의해 작동되는 장치이다.
② 바이메탈의 휘어지는 특성을 이용하는 장치로 배기가스 온도가 높으면(280℃ 이상) 사용이 곤란하고 연료사용량 10ℓ/h 이하에 상용된다.

5) 실내온도조절기(Room thermostat)
① 종류
바이메탈 스위치식, 바이메탈머큐리 스위치식, 다이어프램 팽창식
② 설치상 주의점
㉮ 방열기 상단이나 현관 등을 피할 것
㉯ 바닥에서 1.5m 높이에 수직으로 설치할 것
㉰ 직사광선을 피할 것
㉱ 실내온도를 표준으로 유지할 수 있는 곳에 설치할 것

6) 배기가스온도 과열방지기
배기가스온도가 규정온도를 초과할 경우 연료공급을 차단하여 보일러 가동을 정지시켜주는 장치

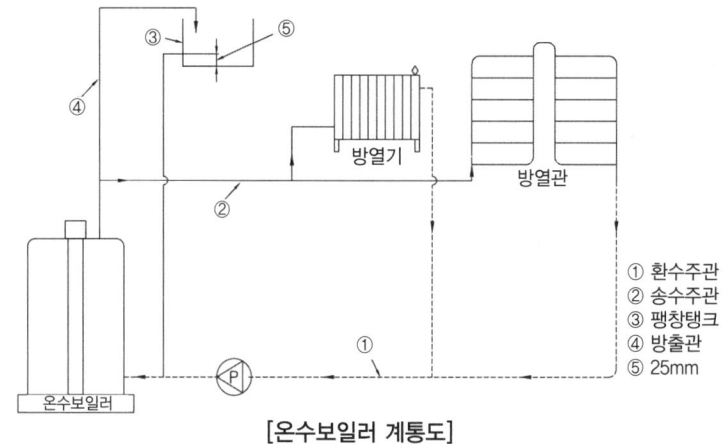

[온수보일러 계통도]

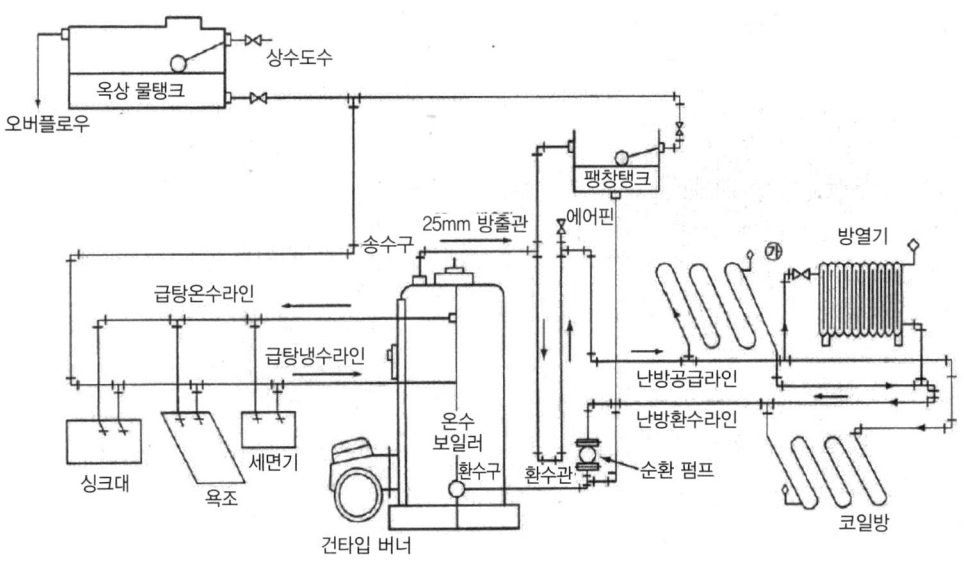

[온수보일러 계통도]

STEP 03 난방부하 계산

난방부하는 주택의 실내 공간에 대해 난방부하를 정확하게 실측하는 것은 불가능하므로 주택의 보온과 외기조건에 따른 손실열량과 온수에 의해 공급되는 열량이 균형을 이루도록 해야 한다. 따라서 다음과 같은 여러 가지 여건을 검토하여 적정수준의 난방에 필요한 열량을 선정해 주어야 한다.
① 건물의 위치 : 건물의 방위에 따른 일사량과 열손실의 관계
② 천장높이 : 바닥에서 천장까지의 간격으로 호흡선의 기준점
③ 건축구조 : 벽, 지붕, 천장, 바닥, 간막이 벽 등의 두께 및 보온 단열상태
④ 주위환경조건 : 벽, 지붕 등의 색상, 주위의 열발생원 존재여부
⑤ 유리창 및 문 : 크기, 위치 및 재료와 사용빈도
⑥ 마루 등의 공간 : 바닥온도 적정여부

1. 난방부하 계산의 적용

온수보일러에서의 용량은 정격출력(정격부하)으로 나타내며, 정격출력은 난방 및 급탕에 필요한 열량과 배관으로부터 손실열, 그리고 보일러나 배관을 사용온도까지 예열에 소비된 열량 등을 합한 값이다. 단위는 kcal/h로 표시한다.

- 상용출력(부하 : kcal/h) = 난방부하(H_1)+급탕부하(H_2)+배관부하(H_3)
- 정격출력(H_m : kcal/h) = 난방부하(H_1)+급탕부하(H_2)+배관부하(H_3)+예열부하(H_4)

1) 난방부하(H_1)

난방에 필요한 열량으로 kcal/h 로 표시한다.

① 방열기 방열량을 이용한 난방부하

$$\text{난방부하}(H_1) = \text{방열량} \times \text{방열면적 (kcal/h)}$$

㉮ 방열기 방열량
  ㉠ 증기방열량 : 650 kcal/m²h
  ㉡ 온수방열량 : 450 kcal/m²h

구분	표준방열량 (kcal/m²h)	방열계수	방열기내 열매온도(℃)	실내온도(℃)	표준온도차(℃)
증기	650	7.78	102	18.5	83.5
온수	450	7.2	80	18	62

㉯ 방열량 계산

$$\text{방열량}(kcal/m^2h) = \text{방열계수} \times (\text{방열기내의 열매온도} - \text{실내온도})$$

㉰ 방열기내의 열매온도(평균온도)

$$\text{평균온도} = \frac{\text{방열기입구온도} + \text{방열기출구온도}}{2} \, (℃)$$

② 현열식을 이용한 난방부하

$$\text{난방부하}(H_1) = G \cdot C \cdot \Delta T \, (kcal/h)$$

여기서, G : 난방수량(kg/h), C : 난방수의 비열(kcal/kg℃)
  ΔT : 송수온도 − 환수온도(℃)

③ 간이식에 의한 난방부하

$$\text{난방부하}(H_1) = \text{열손실지수} \times \text{난방면적} \, (kcal/h)$$

열손실지수는 난방면적 $1m^2$ 당 손실열로 90kcal/h 정도로 본다.

④ 벽체를 통한 손실열을 이용한 난방부하

㉮ 난방부하(H_1)

$$\text{난방부하}(H_1) = K \cdot A \cdot \Delta T \cdot Z \, (kcal/h)$$

여기서, K : 열관류율($kcal/m^2h℃$), A : 벽체의 면적(m^2)
  ΔT : 실내온도와 외기온도의 차(℃), Z : 방위에 따른 계수 1.00~1.20

㉯ 열관류율(K)

$$\cfrac{1}{\cfrac{1}{\text{실내 열전달율}(\alpha_1)} + \cfrac{\text{벽체의 두께}(\ell)}{\text{벽체의 열전도율}(\lambda)} + \cfrac{1}{\text{실내 열전달율}(\alpha_2)}} \, (kcal/m^2h℃)$$

> **참고**
> - 열관류율 (K : $kcal/m^2 \, h℃$)
>
> $$K = \frac{\lambda(\text{열전도율 : kcal/h})}{\ell (\text{두께 : m})} \, (kcal/m^2h℃)$$
>
> $$K = \cfrac{1}{\cfrac{1}{\alpha_1} + \cfrac{\ell}{\lambda} + \cfrac{1}{\alpha_2}}$$
>
> (실내) α_1 ~ λ ~ α_2 (외기)
> ← ℓ →
>
> - 여기서 α_1 : 실내 열전달 ($kcal/m^2h℃$), α_2 : 실외 열전달 ($kcal/m^2h℃$)
> λ : 벽체의 열전도율 ($kcal/mh℃$), ℓ : 벽체의 두께 (m)

2) 급탕부하(H_2)

급탕 및 취사에 필요한 열량으로 kcal/h 로 표시하며 현열 계산식으로 계산한다.

$$\text{급탕부하}(H_2) = G \cdot C \cdot \Delta T \text{ (kcal/h)}$$

여기서, G : 시간당 급탕량(kg/h), C : 급탕수의 비열(kcal/kg℃)
　　　 ΔT : 급탕온도 – 급수온도(℃)

3) 배관부하(H_3)

난방 및 급탕을 목적으로 온수를 배관을 통하여 공급할 경우 배관으로부터 방열손실이 발생되고 이 배관의 열손실을 배관부하라 하고 적을수록 열효율이 높다.

$$\text{배관부하}(H_3) = (H_1 + H_2) \times 0.2 \sim 0.3 \text{ (kcal/h)}$$

4) 예열 부하(시동 부하 : H_4)

냉각된 상태의 보일러 배관 등을 사용온도까지 가열하는데 필요한 열량과 장치 내에 보유하는 물을 가열하는데 필요한 열량과의 합을 말한다.

$$\text{예열부하}(H_4) = \text{상용부하} \times 0.25 \sim 0.45$$
$$= (H_1 + H_2 + H_3) \times 0.25 \sim 0.45 \text{ (kcal/h)}$$

5) 보일러 정격출력(H_m)

① $H_m = H_1 + H_2 + H_3 + H_4$ (kcal/h)

② $H_m = \dfrac{(H_1 + H_2) \cdot (1 + \alpha) \cdot \beta}{K}$ (kcal/h)

여기서, α : 배관부하(방열기부하의 25~35%)
　　　 β : 예열부하(상용부하의 25~45%)
　　　 K : 출력저하계수(0.58~1.00)

6) 예열에 필요한 시간

$$\text{예열시간(hr)} = \dfrac{H_4}{H_m + \dfrac{1}{2}(H_1 + H_3)}$$

제02절_ 보일러 시공
출제예상문제

01 다음 중 중앙집중식 난방방식에 해당되지 않는 것은?
① 복사 난방법　② 개별 난방법
③ 직접 난방법　④ 간접 난방법

🔍 중앙집중식 난방
　직접난방, 간접난방, 복사난방

02 증기난방에서 응축수 환수방법에 따라 분류 한 것 중 해당되지 않는 것은?
① 기계 환수법　② 중력 환수법
③ 복관 환수법　④ 진공 환수법

🔍 응축수 환수방법
　중력환수식, 기계환수식, 진공환수식

03 온수난방방식의 분류방법이 아닌 것은?
① 배관방식
② 응축수 환수방식
③ 온수공급방식
④ 온수온도

🔍 응축수 환수방식
　증기난방 방식

04 고압증기나 고온수를 이용한 난방방식은?
① 개별난방
② 중앙 집중난방
③ 지역난방
④ 직접난방

🔍 지역난방
　열매로 고온수(120~150℃)나 고압증기(1~15kg/cm²)를 이용한 난방방식

05 온수난방 배관에서 역환수관 방식을 채택하는 이유는?
① 온수온도를 높게 하기 위해
② 배관길이를 짧게 하기 위해
③ 배관내의 마찰저항을 적게 하기 위해
④ 온수의 유량분배를 균일하게 하기 위해

🔍 역환수관 방식
　온수의 유량분배를 균일 하게 하기위한 배관방식

06 지역난방의 특징을 열거한 것 중 틀린 것은?
① 각 건물에 보일러를 설치하는 경우에 비해 열효율이 좋아진다.
② 각 건물에 보일러를 설치한 경우에 비해 유효 면적이 증대한다.
③ 설비의 고도화에 따라 도시매연이 감소된다.
④ 온수열매보다 증기열매를 사용하는 경우 관내 저항손실이 크다.

🔍 증기열매
　온수에 비해 관내의 마찰저항이 적어 넓은 지역의 난방에 적합하다.

07 복사난방과 대류난방을 비교할 때 복사난방의 특징으로 잘못된 것은?
① 실내공기온도 분포가 일정하여 쾌감도가 높다.
② 환기에 의한 손실열량이 비교적 크다.
③ 별도의 방열기를 설치하지 않으므로 공간의 이용도가 높다.
④ 천정이나 벽을 가열면으로 하는 경우 시공상 어려움이 있다.

🔍 복사난방 : 패널히팅으로 실내온도 분포가 균일하고 환기에 의한 열손실이 적다.

 정답　01 ②　02 ③　03 ②　04 ③　05 ④　06 ④　07 ②

08 공기의 온도만이 아니고 습도, 청정도 등을 조정할 수 있는 난방방법은?

① 직접 난방법
② 간접 난방법
③ 방사 난방법
④ 패널 난방법

> 간접난방
> 공조기를 이용한 온풍 난방방식

09 온수난방의 특징을 말한 것이다. 잘못된 것은?

① 난방부하의 변동에 따라 방열량 조절이 쉽다.
② 건축물의 높이에 제한을 받는다.
③ 예열시간이 적게 든다.
④ 시설비가 많이 드나 보일러 취급이 쉽다.

> 온수난방
> 증기에 비해 온수의 비열이 크므로 예열의 소요시간이 길다.

10 온수보일러의 순환펌프 설치시공에 관한 설명으로 틀린 것은?

① 순환펌프는 송수주관에 설치함을 원칙으로 한다.
② 순환펌프에는 바이패스 회로를 설치해야 한다.
③ 순환펌프 흡입측에는 여과기를 설치해야 한다.
④ 순환펌프의 모터부분은 수평으로 설치함을 원칙으로 한다.

> 순환펌프
> 보일러입구, 환수주관에 설치한다.

11 유류용 온수보일러란 전열면적 몇 m² 이하이어야 하는가?

① 10m²   ② 12m²
③ 14m²   ④ 18m²

> 온수보일러
> 최고사용압력 0.35 MPa 이하, 전열면적 14m² 이하

12 온수보일러에서 팽창탱크에 연결하는 팽창관의 끝부분은 팽창탱크 바닥면보다 얼마이상 높게 설치해야 하는가?

① 10 mm
② 25 mm
③ 50 mm
④ 100 mm

> 팽창관의 접속
> 팽창관의 막힘을 방지하기 위해 팽창탱크 바닥면보다 25mm 이상 높게 접속한다.

13 다음 중 주철제 방열기에 속하지 않는 것은?

① 3주형
② 5세주형
③ 대류방열기
④ 벽걸이형

> • 주철제 방열기 : 주형 방열기, 벽걸이 방열기
> • 주형 방열기 : 2주형, 3주형, 3세주형, 5세 주형

14 가정용 온수보일러 등에 설치하는 팽창탱크의 기능은?

① 배관 중의 이물질 제거
② 온수순환의 맥동방지
③ 열효율 증대
④ 온수의 가열에 따른 압력증대 방지

> 팽창탱크
> 온수온도가 상승할 때 발생하는 팽창압을 흡수 완화시키기 위해 설치.

15 온수의 순환방법 중 강제순환식의 특징이 아닌 것은?

① 예열시간이 짧다.
② 순환력이 강하다.
③ 배관의 지름이 가늘게 할 수 있다.
④ 소규모 난방장치에 적당하다.

> 강제 순환식 : 대규모 난방에 적용

16 주철제 방열기를 설치할 때 벽과의 간격은?

① 30~40mm   ② 50~60mm
③ 60~70mm   ④ 90~100mm

🔍 방열기의 설치간격
벽과 너무 가까우면 열손실이 많아지고, 간격이 넓으면 바닥면의 이용도 좁아지기 때문에 50~60mm 정도의 간격을 둔다.

17 밀폐식 팽창탱크에 필요 없는 것은?

① 배기관   ② 압력계
③ 안전밸브   ④ 수위계

🔍 배기관
개방식 팽창탱크에 설치하는 공기 방출장치

18 다음 방열기 도시기호 중 벽걸이 세로형 도시기호는?

① W-H   ② W-V
③ W-Ⅱ   ④ W-Ⅲ

🔍 W-H : 벽걸이 가로형

19 온수난방 배관에서 수평주관에 관지름이 다른 관을 접속하여 선 상향구배로 할 때 사용하는 가장 적당한 관 이음쇠는?

① 편심 레듀셔
② 동심 레듀셔
③ 부싱
④ 공기빼기 밸브

🔍 편심 레듀셔
관지름의 줄이개로 중심이 상향구배로 바꾸어 응축소 체류를 적게 하기 위해 사용

20 증기난방 배관에서 진공펌프를 환수관보다 높은 위치에 설치할 때 이용되는 이음 방법은?

① 리프트 이음   ② 하드포트 접속법
③ 스위블 이음   ④ 슬리브 이음

🔍 리프트 이음 : 진공환수식 증기난방의 배관방식으로 1단 높이가 1.5m 이내로 3단까지 가능하다.

21 강제 순환식 온수난방에 대한 설명으로 잘못된 것은?

① 중력 순환식에 비하여 배관의 직경이 커야 한다.
② 순환펌프가 필요하다.
③ 온수를 신속하고 고르게 순환시킬 수 있다.
④ 팽창탱크를 밀폐형으로 할 경우 탱크위치(높이)에 문제가 되지 않는다.

🔍 강제 순환식 : 순환펌프를 이용하므로 관경을 적게 할 수 있다.

22 방열기 입구온도 70℃, 출구온도 55℃, 방열계수 6.8 kcal/m²h℃이고, 실내온도 18℃일 때 이 방열기의 방열량은?

① 162.7 kcal/m²h
② 216.7 kcal/m²h
③ 302.6 kcal/m²h
④ 402.6 kcal/m²h

🔍 방열량 = $6.8 \times (\frac{70+55}{2} - 18)$
= 302.6 kcal/m²h

23 연료배관에서 유류탱크의 연료가 낙차에 의하여 버너 공급되는 배관법은?

① 1관식 배관법
② 2관식 배관법
③ 버너펌프식 배관법
④ 상·하향 공급식

🔍 단관식 : 버너보다 연료탱크가 높게 설치된 낙차급유방식

24 증기난방 설비배관에 관한 설명으로 잘못된 것은?

① 응축수가 중력만으로 보일러에 환수되지 않을 경우 기계 환수식을 이용한다.
② 방열기 설치장소에 제한을 받지 않으며 증기의 순환이 가장 빠른 방식은 진공환수식이다.
③ 환수관을 보일러 수면보다 높게 배관하는 방식을 습식 환수관이라 한다.

정답 16 ② 17 ① 18 ② 19 ① 20 ① 21 ① 22 ③ 23 ① 24 ③

④ 배관이 짧아 시공비는 절약되지만 난방이 불완전한 결점을 가진 것은 단관 중력환수 난방법이다.

🔍 습식 환수관법 : 환수관이 보일러 수면보다 낮게 연결된 방식

25 진공환수식 증기난방에서 환수관내의 진공도는 어느 정도 유지시키는가?

① 50~100 mmHg
② 100~250 mmHg
③ 250~400 mmHg
④ 400~500 mmHg

🔍 진공 환수식
진공도가 100~250mmHg 정도이며, 증기의 순환이 빠르다.

26 중력환수식 증기난방 배관에 관한 설명으로 잘못된 것은?

① 습식 환수관식의 경우 트랩장치를 하지 않아도 된다.
② 단관식의 경우 상, 하향 공급식 모두 끝내림 구배로 한다.
③ 습식 환수관인 경우 환수주관을 보일러 수면보다 높게 설치한다.
④ 건식환수관인 경우 1/200의 끝내림 구배로 보일러실 까지 배관한다.

🔍 건식 환수관법
환수관이 보일러 수면보다 높게 연결된 방식

27 난방부하가 5000 kcal/h 일 때 온수를 열매로 하는 경우 3세주 650 mm의 주형방열기 를 설치 한다면 방열기 소요 수는? (단, 방열기 방열량은 표준으로 하고 3세주 650 mm의 1쪽당 방열량은 0.2m^2이다.)

① 36 쪽
② 46 쪽
③ 56 쪽
④ 66 쪽

🔍 방열기 소요수 = $\frac{5000}{450 \times 0.2}$ = 56

28 방열기 입구 온수온도 80℃, 출구 온수온도 60℃, 실내온도 20℃일 때 방열기 방열량은 몇 kcal/m^2h인가? (단, 온수방열기의 표준온도차는 62℃로 하고, 그 때의 방열량은 450 kcal/m^2h 이다)

① 300
② 363
③ 400
④ 430

🔍 방열량 : 62 : 450 = $(\frac{80+60}{2} - 20)$: χ
χ = 362.9 kcal/m^2h

29 증기난방 설비의 설치 시공법으로 바르게 설명한 것은?

① 증기주관에서 응축수를 건식 환수관에 배출하려면 100 mm 이상 연장해서 드레인 포켓을 설치한다.
② 냉각관은 트랩 앞에서 1.0m 이상 떨어진 곳까지 나관으로 한다.
③ 트랩이나 스트레이너 등의 고장, 수리, 교환 등에 대비하기 위해 균형관을 설치한다.
④ 감압밸브 주위배관 중 파이럿 라인은 보통 감압밸브에서 3m 이상 떨어진 곳의 유체 출구에 접속한다.

🔍 균압관(파이럿 배관)
감압밸브 출구 3m 이상 거리에서 접속한다.

30 증기방열기의 표준방열량은 열매온도(t_1)와 실내 온도(t_2)를 각각 얼마로 했을 때인가?

① t_1 = 80℃, t_2 = 17℃
② t_1 = 80℃, t_2 = 18℃
③ t_1 = 102℃, t_2 = 18.5℃
④ t_1 = 102℃, t_2 = 20℃

31 주철제 방열기의 호칭법은?

① 종별 × 형 - 쪽수
② 쪽수 - 종별 × 형
③ 종별 - 형 × 쪽수
④ 형 - 종별 × 쪽수

정답 25 ② 26 ③ 27 ③ 28 ② 29 ④ 30 ③ 31 ③

32 냉각된 보일러를 운전온도가 될 때까지 가열하는데 필요한 열량은?

① 배관부하
② 난방부하
③ 예열부하
④ 급탕부하

> • 배관부하 : 배관으로부터의 손실열
> • 보일러 정격부하 = 난방부하 + 급탕부하 + 배관부하 + 예열부하

33 난방부하의 손실열량 계산공식 $H_1 = K \cdot A \cdot (t_1 - t_2)$에서 K 가 뜻하는 것은?

① 벽체의 두께
② 열전도율
③ 열관류율
④ 공기층의 열저항

> • K : 열관류율(kcal/m²h℃)
> • A : 벽체의 면적(m²)

34 온수난방에서 상당방열면적 60m²일 때 난방부하는 몇 kcal/h 인가?

① 17500
② 27000
③ 36000
④ 39000

> 난방부하 = 방열량 × 방열면적 = 450 × 60 = 27000 kcal/h

35 두께 25cm, 열전도율 1.5 kcal/mh℃인 콘크리트 벽체의 열관류율(kcal/m²h℃)은?(단, 콘크리트 내,외 표면의 열전달계수는 각각 $α_1$ = 10 kcal/m²h℃, $α_2$ = 20 kcal/ m²h℃ 이다)

① 2.32   ② 3.15
③ 4.87   ④ 5.45

> 열관류율 = $\dfrac{1}{\dfrac{1}{10} + \dfrac{0.25}{1.5} + \dfrac{1}{20}}$ = 3.15

36 두께 15mm, 열전도율 45 kcal/mh℃, 강판의 한쪽 측면의 온도가 150℃, 다른쪽 측면의 온도가 45℃라면 전열면 1m²마다 1시간에 전달되는 열량은?

① 275000 kcal/h
② 315000 kcal/h
③ 420000 kcal/h
④ 525000 kcal/h

> 전열량 = $\dfrac{45}{0.015} × 1 × (150-45)$
> = 315000 kcal/mh

37 장갑을 착용해야 하는 작업은?

① 가스용접작업
② 기계 가공작업
③ 해머 작업
④ 기계톱 작업

> 장갑 착용 금지작업
> 선반작업, 해머작업, 그라인더작업, 기계가공작업, 드릴작업

38 온수난방 설비와 무관한 것은?

① 관말 트랩   ② 팽창탱크
③ 순환펌프   ④ 방열관

> 관말트랩
> 증기난방에서 관내의 응축수를 배출하여 수격작용을 방지하기 위해 설치

39 증기난방에 대한 설명으로 틀린 것은?

① 증기 응축량의 계산은 방열기의 방열량과 공급 증기의 증발 잠열로 산출한다.
② 1 E.D.R 의 증기 응축량은 1.21 kg/m² · h 이다.
③ 방열기에서의 온도차는 81℃를 기준 한다.
④ 증발 잠열은 650kcal/kg으로 계산한다.

> • 증발잠열 = 539 kcal/kg,
> • 증기 방열량 = 650 kcal/m² · h

정답 32 ③ 33 ③ 34 ② 35 ② 36 ② 37 ① 38 ① 39 ④

40 온수난방 설비에서 팽창탱크를 바르게 설명한 것은?
① 고온수 난방설비에는 개방식 팽창탱크를 사용한다.
② 개방식 팽창탱크는 반드시 방열기보다 높은 위치에 설치한다.
③ 밀폐식 팽창탱크에는 일수관, 통기관 등을 설치한다.
④ 팽창관에는 반드시 밸브를 설치한다.

🔍 개방식 팽창탱크
최고 높은 방열관 보다 1m 이상 높게 설치한다.

41 증기 및 온수난방에 대한 설명으로 틀린 것은?
① 증기난방은 주로 열의 전도원리를 이용한 난방이다
② 온수난방은 증기난방보다 실내 분위기가 쾌적하다.
③ 증기난방은 학교나 사무실의 난방에 적합하다.
④ 온수난방은 난방부하의 변동에 따라 온도 조절이 쉽다.

🔍 증기난방
대류열을 이용한 난방방식

42 온수보일러의 송수주관을 최하층에 분기시켜 상부의 방열기로 온수를 공급하는 방식은?
① 상향식
② 하향식
③ 단관식
④ 복관식

🔍 • 상향식 : 온수를 아래에서 위로 공급
• 하향식 : 온수를 위에서 아래로 공급

43 개방식 팽창탱크에서 필요가 없는 것은?
① 배기관   ② 압력계
③ 급수관   ④ 팽창관

🔍 압력계 : 밀폐식 팽창탱크에 설치

44 증기난방 방식에서 팩레스 밸브를 방열기밸브로 사용하는 난방법은?
① 중력 환수식   ② 기계 환수식
③ 진공 환수식   ④ 자연 환수식

🔍 팩레스 밸브 : 진공 환수식 증기난방에서 방열기 밸브로 사용한다.

45 증기난방에서 응축수 펌프의 양수량은 전응축수량의 몇 배로 하는가?
① 1배   ② 2배
③ 3배   ④ 4배

🔍 펌프의 양수량 = 응축수량 × 3

46 지역난방에서 열매가 온수일 때 보다 증기일 경우 유리한 점은?
① 지형의 고저
② 부하에 따른 온도조절
③ 난방의 지역범위
④ 배관의 구배

🔍 열매가 증기일 경우
관내의 마찰저항이 적어 넓은 지역의 난방에 유리하다.

47 보일러 출력 표시에서 E,D,R이란 무슨 뜻인가?
① 증발량
② 유효열량
③ 상당방열면적
④ 복사형

🔍 E,D,R : 보일러 용량을 방열기 면적으로 환산한 것

48 화염 검출기의 일종인 스택릴레이의 안전사용 온도는 몇 ℃ 이하인가?
① 100℃   ② 200℃
③ 280℃   ④ 350℃

🔍 스택 릴레이
연도에 설치한 화염 검출기 연도의 배기가스온도 : 200~300℃

정답 40 ② 41 ① 42 ① 43 ② 44 ③ 45 ③ 46 ③ 47 ③ 48 ③

49 고압증기난방의 사용증기압력은 얼마 정도인가?
① 0.15~0.35kg/cm²
② 0.5~0.8kg/cm²
③ 1~3kg/cm²
④ 5~10kg/cm²

🔍 증기압력 1 kg/cm²
• 초과 : 고압증기난방(1~3kg/cm²)
• 이하 : 저압증기난방(0.15~0.35kg/cm²)

50 온수의 밀도차에 의해 순환되는 자연 순환수두는 수주 몇 mmAq 정도인가?
① 10 mmAq
② 50 mmAq
③ 100 mmAq
④ 200 mmAq

🔍 자연순환식
비중량차에 의한 순환방식으로 적은 압력을 이용하여 관경, 관 길이, 엘보수 등에 영향을 받는다.

51 기계환수식 증기난방법에서 응축수 펌프로 쓰이는 것은?
① 축류형 펌프
② 하이드로 레이터
③ 센트리 퓨걸 펌프
④ 분사펌프

🔍 센트리 퓨걸 펌프 : 날개차를 고속회전 시키는 원심펌프로 터빈 펌프와 볼류트 펌프 등이 있다.

52 다음 배관방식 중에서 사다리꼴식 배관법의 장점 중에서 틀린 것은?
① 용접이음에 적합하다.
② 배관저항이 크다.
③ 구배잡기가 편리하다.
④ 복잡한 구조에 적합하다.

🔍 사다리꼴 : 방열관이 짧아 관로저항이 적고 경사조정이 용이하다.

53 지역난방의 특징을 설명한 것 중 틀린 것은?
① 설비가 길어지므로 배관 손실이 있다.
② 작업인원의 절감으로 인건비를 줄일 수 있다.
③ 시설비가 적게든다.
④ 대기오염의 방지를 효과적으로 시행할 수 있다.

🔍 지역난방 : 한 곳에 설치한 대규모 설비로 일정지역 내의 건축물을 난방 하는 방법

54 온수보일러의 개방식 팽창탱크와 직접 연결되는 것이 아닌 것은?
① 송수주관
② 팽창관
③ 오버 플로우관
④ 방출관

🔍 개방식 팽창탱크의 주위배관
팽창관, 오버 플로우관, 방출관, 배기관, 배수관, 급수관 등

55 방열기의 입구에 설치하여 증기나 온수의 유량을 수동으로 조절하는 밸브는?
① 게이트 밸브
② 글로브 밸브
③ 방열기 밸브
④ 콕 밸브

🔍 방열기 밸브 : 앵글밸브

56 어떤 주택에서 주철제 온수보일러의 전 방열면적이 40m², 급탕량이 50kg/h, 급수온도 20℃, 급탕온도 70℃. 배관의 열손실 20%일 때 이 보일러의 상용출력은?(단, 방열량은 표준방열량으로 한다.)
① 20500 kcal/h
② 24600 kcal/h
③ 28500 kcal/h
④ 34200 kcal/h

🔍 상용부하 = 난방부하 + 급탕부하 + 배관부하(kcal/h)
= [40×450 + 50×1×(70-20)]×1.2
= 24600 kcal/h

57 밀폐식 팽창탱크에 부착되는 관이 아닌 것은?
① 오버 플로우관
② 급수관
③ 배수관
④ 압축공기관

🔍 오버플로우관(일수관)
개방식 팽창탱크에 설치

정답 49 ③ 50 ① 51 ③ 52 ② 53 ③ 54 ① 55 ③ 56 ② 57 ①

58 온수난방의 배관 시공법에서 배관 구배는 관길이 1m에 대하여 몇 mm로 하는가?(단, 배관구배는 1/250로 한다)

① 2 mm
② 4 mm
③ 25 mm
④ 40 mm

🔍 $\frac{1}{250} \times 1000 = 4mm$

59 온수 보일러에서 보일러 본체 또는 환수주관과 팽창탱크를 연결시켜 주는 관은?

① 방출관
② 오버 플로우관
③ 방열관
④ 팽창관

🔍 팽창관
굴곡부를 적게하고, 관 도중을 차단하는 밸브류를 설치하지 않는다.

60 진공환수식 증기난방에 대한 설명으로 잘못된 것은?

① 환수관의 관경을 작게 할 수 있다.
② 환수관의 기울기를 작게 할 수 있다.
③ 증기주관에 순환펌프를 설치한다.
④ 중력식이나 기계식보다 증기의 순환이 빠르다.

🔍 진공환수식
진공펌프를 이용하여 별도의 공기방출기를 설치하지 않는 난방방식

61 증기 난방법의 종류를 중력, 기계, 진공 환수식으로 구분한다면 무엇에 따른 분류인가?

① 응축수 환수 방법
② 환수관 배관방식
③ 증기공급 방법
④ 증기환수 방법

🔍 • 환수관 배관방식 : 건식환수관법, 습식 환수관법
• 증기공급방법 : 상향식, 하향식

62 강제순환식 온수난방 배관의 구배에 관한 설명으로 옳은 것은?

① 구배는 모두 끝내림으로 한다.
② 구배는 모두 끝올림으로 한다.
③ 복귀관만 끝내림 구배로 한다.
④ 구배는 자유롭게 해도 된다.

🔍 강제 순환식
순환펌프를 이용한 난방방법으로 배관구배에 영향을 받지 않는다.

63 난방부하가 5850 kcal/h인 방에 설치하는 온수 발열기의 방열면적은?(방열기의 방열량을 표준방열량으로 한다)

① $13m^2$
② $12m^2$
③ $8.9m^2$
④ $15m^2$

🔍 방열면적 = $\frac{5850}{450}$ = $13m^2$

64 보일러의 중심에서 최상층 방열기의 중심까지 높이가 15m이고 송수온도의 비중량 961kg/m^3, 환수온도의 비중량은 973kg/m^3이다. 자연 순환 수두는 몇 mmH₂O인가?

① 173
② 180
③ 190
④ 197

🔍 자연순환수두 = (973−961)×15 = 180 mmH₂O

65 복관식 연료배관방식에 관한 설명 중 틀린 것은?

① 연료 배관이 급유관과 복귀관으로 되어 있다.
② 버너 펌프에 의한 순환급유 방식이다.
③ 공기가 차면 공기빼기 조작이 어렵다.
④ 연료탱크의 위치는 높이에 관계없다.

🔍 복관식 : 연료탱크의 위치가 버너펌프보다 높거나 낮은 경우의 배관방식으로 급유관과 복귀관이 구분되어 있다.

정답 58 ② 59 ④ 60 ③ 61 ① 62 ④ 63 ① 64 ② 65 ③

66 중력 순환식 온수난방에 관한 설명으로 잘못된 것은?

① 온수의 밀도 차에 의한 자연순환 방식이다.
② 보일러는 최하위의 방열기보다 높은 곳에 설치한다.
③ 소규모일 때 보일러를 방열기와 같은 층에 둘 수 있다.
④ 소형 보일러의 온수 난방법이다.

> 중력 순환식 : 순환펌프가 없이 온수의 중력에 의한 순환방식으로 방열기를 보일러보다 높게 한다.

67 용적 1000ℓ의 온수보일러에 8℃의 물을 급수하여 96℃까지 가열했다면 팽창한 물의 양은?(단, 8℃ 물의 비중 0.99, 96℃ 물의 비중 0.96)

① 31.6ℓ   ② 80.4ℓ
③ 102.4   ④ 120.2ℓ

> 온수팽창량 = ($\frac{1}{0.96}$ - $\frac{1}{0.99}$)×1000 = 31.56ℓ

68 하트포드 배관법에 대한 설명으로 틀린 것은?

① 보일러수의 역류를 방지하기 위한 배관방식이다.
② 안전저수면보다 50mm 낮게 접속한다.
③ 환수 중의 이물질이 혼입되는 것을 방지하는 효과가 있다.
④ 저압증기 난방에서 환수관을 균형관에 접속하는 배관방식이다.

> 하트포드 배관법
> • 환수관을 기준수면보다 50mm 낮게 접속한다
> • 환수관을 안전저수면보다 높게 접속한다.

69 고압증기 난방과 비교한 저압증기 난방의 특징으로 옳은 것은?

① 방열기 온도가 높다.
② 증기의 누설 염려가 많다.
③ 증기의 장거리 수송이 어렵다.
④ 관경이 작고 설비관리가 쉽다.

> 저압증기 난방
> • 증기의 장거리 수송이 어렵다.
> • 방열기 온도가 낮다.
> • 증기의 누설 염려가 적다.
> • 관경이 크고 설비관리가 쉽다.

70 복사난방에서 사용되는 전열의 설명으로 옳지 않은 것은?

① 천정패널은 바닥패널에 비해 시공이 곤란하다.
② 바닥패널은 높은 온도까지 올릴 수 있어서 패널면적이 적어도 된다.
③ 벽패널은 창의 가까운 곳에 설치한다.
④ 바닥패널은 패널의 방사 면이 가구 등에 의해 방해를 받는다.

> 바닥패널 : 높은 온도까지 올릴 수가 없고, 보통 30~35℃ 이하로 유지한다.

71 다음 중 난방부하 계산과 거리가 먼 것은?

① 건물의 벽체에 의한 열손실
② 건물내 에어컨 사용에 의한 열손실
③ 건물의 유리창에 의한 열손실
④ 건물의 천장 및 바닥에 의한 열손실

> 난방부하 설계 시 전열, 조명 등 기타 열발생원에 의한 열량취득과 대기 중의 복사손실에 의한 방열손실 등은 무시될 수 있다.

72 온수난방 배관시공 시 배관의 구배에 관한 설명 중 틀린 것은?

① 온수배관은 공기빼기밸브나 팽창탱크를 향하여 상향구배를 한다.
② 복관중력 환수식의 상향공급식에서는 공급관은 선단 상향구배로, 복귀관은 선단 하향구배로 한다.
③ 일반적으로 배관의 구배는 1/250로 한다.
④ 단관중력 환수식 의 온수주관은 상향구배를 준다.

> 단관중력 환수식 의 온수주관은 하향구배를 준다.

정답   66 ②   67 ①   68 ②   69 ③   70 ②   71 ②   72 ④

73 증기난방의 응축수 환수방식에서 증기트랩이 필요없는 환수방식으로 자연급수를 하기 위하여 환수입하관 내의 수면이 보일러 수면보다 450mm 이상 높아야 하는 환수방식은?

① 진공식 환수방식
② 기계식 환수방식
③ 습식 환수방식
④ 건식 환수방식

🔍 환수관의 연결위치가 보일러 기준수면보다
• 높을 때 : 건식 환수관법(증기트랩 설치)
• 낮을 때 : 습식 환수관법(드레인밸브 설치)

74 복사난방의 분류에 해당되지 않는 것은?

① 온풍 복사난방
② 전열 복사난방
③ 중앙 복사난방
④ 온수 복사난방

🔍 열매에 따른 복사난방의 분류 : 온수식, 증기식, 전기식

75 고온수 난방에 있어 2차측 관의 연결방법의 종류에 포함되지 않는 것은?

① 직결밀폐식 방식   ② 고온수 직결식
③ 열교환 방식   ④ 블리드인 방식

🔍 • 고온수 난방 : 지역난방에 이용된다.
• 2차측 연결방법 : 고온수 직결식, 열교환 방식, 블리드인 방식 등

76 증기난방의 일반적인 배관 설치방법의 설명으로 옳지 않은 것은?

① 증기주관은 흐름방향으로 경사지게 배관되어야 한다.
② 관경을 축소하고자 할 경우 응축수가 체류하지 않도록 동심 레듀셔를 사용해야 한다.
③ 배관이 방향을 바꾸는 곳에는 드레인 포켓을 설치한다.
④ 포화증기 주관은 일정한 간격에서 드레인 되어야 하며, 적정 간격은 보통 30~50m의 간격을 넘지 않아야 한다.

🔍 관경 축소의 경우
편심 레듀셔를 사용하여 선 상향구배로 시공한다.

77 지역난방의 특징이나 장, 단점에 관한 설명으로 옳지 않은 것은?

① 각 건물에 보일러실이나 굴뚝이 필요 없으므로 건물의 유효면적이 넓어진다.
② 온수의 열매체를 사용하는 경우 지형의 고저가 있어도 온수순환펌프에 의해 순환이 가능하다.
③ 증기가 열매체인 경우 0.1~1.5MPa까지 가능 하다.
④ 지역난방에서 온수열매체인 경우 85℃ 수준의 온수가 사용된다.

🔍 지역난방의 열매체
고온수(100~150℃) 또는 고압증기(0.1~1.5MPa)를 이용

78 증기난방에서 증기 공급관의 관말부의 최종 분기 이후에서 트랩에 이르는 배관은 여분의 증기가 충분히 냉각되어 응축될 수 있도록 냉각레그(cooling leg)를 설치하는데 일반적으로 냉각레그의 길이는 몇 m 이상으로 하는가?

① 1.0   ② 1.5
③ 0.5   ④ 2.0

🔍 냉각레그 : 완전한 응축수를 얻기 위해 트랩 입구 1.5m 이상, 보온피복을 제거한 부분

79 기계환수 상향공급식 온수난방에서 송수의 온도가 88℃, 환수의 온도가 68℃이고, 실내의 온도를 20℃로 유지할 경우 방열기의 소요방열면적은 약 얼마인가?(단, 방열기의 방열계수는 7.2kcal/m²h℃, 난방부하는 2800kcal/h로 한다.)

① 5.70m²   ② 6.23m²
③ 6.70m²   ④ 7.23m²

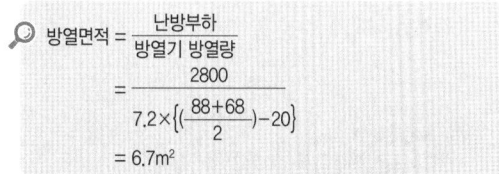

80 온수보일러의 팽창탱크 설치에 관한 설명으로 잘못된 것은?

① 개방식 팽창탱크는 저온수난방 배관에 주로 사용 된다.
② 개방식의 경우 온수난방의 최고 높은 부분보다 최소 1m 이상 높이 설치한다.
③ 강제순환식에서는 송수주관에 연결시킨다.
④ 팽창탱크에 이르는 팽창관에는 원칙적으로 밸브를 설치하지 않는다.

🔍 순환펌프 : 환수주관 끝부분에 설치한다.

81 다음 그림은 감압장치의 바이패스(by-pass)회로이다. (가)부분에 적합한 배관 부속 기호는?

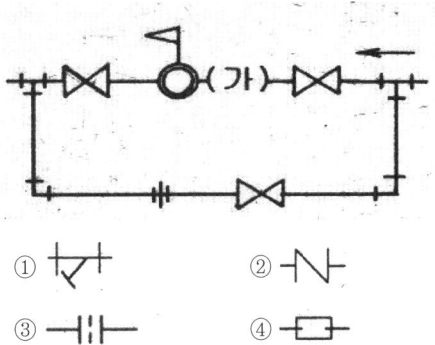

🔍 여과기(스트레이너)
유체 중 이물질을 제거하여 장치의 마모 및 손상을 방지하기 위해 장치의 입구에 설치한다.

82 보온재의 열전도율에 대한 설명으로 옳은 것은?

① 독립기포의 다공질층이 많으면 열전도율은 빨라진다.
② 보온재는 상용온도 범위에서는 온도와 열전도율은 거의 비례한다.
③ 보온재의 밀도가 클수록 열전도율은 작아진다.
④ 보온재가 수분을 흡수하면 열전도율은 작아진다.

🔍 보온재의 열전도율
온도상승, 비중(밀도), 흡습성 등에 비례 한다.

83 단열재, 보온재, 내화물 등을 안전사용온도로 구분할 때 단열재의 안전사용온도는?

① 100~300℃
② 400~700℃
③ 800~1200℃
④ 1300~2000℃

🔍 안전사용온도
• 유기질 보온재 : 100~200℃
• 무기질 보온재 : 250~800℃
• 단열재 : 800~1200℃
• 내화재 : SK 26번(1580℃) 이상

84 공급되는 1차 고온수를 감압하여 직결하는데, 여기에 귀환하는 2차 고온수 일부를 바이패스시켜 합류시킴으로서 고온수의 온도를 낮추어 시스템에 공급하도록 하는 고온수 난방방식을 무엇이라고 하는가?

① 고온수 직결방식
② 블리드인(bleed-in)방식
③ 열 교환방식
④ 캐스케이드(cascade)방식

🔍 고온수 난방
지역난방에 이용되는 방법으로 2차측 연결방법에 따라 고온수 직결식, 열교환 방식, 블리드인 방식 등의 종류가 있다.

정답 80 ③ 81 ① 82 ② 83 ③ 84 ②

SECTION 03 보일러 배관

STEP 01 보일러 배관

1. 관의 종류 및 특징

1) 강관

각종 유체에 가장 많이 사용되는 배관으로 관의 호칭을 mm(A) 또는 inch(B)로 표시한다.

① 종류
- ㉮ 아연(Zn) 도금 상태에 따라 : 백관, 흑관
- ㉯ 재질에 따라 : 탄소강관, 합금강관, 스테인레스강관
- ㉰ 제조 방법에 따라 : 전기저항 용접관, 단접관, 이음매 없는 관

② 특징
- ㉮ 인장강도가 크다.
- ㉯ 내충격성이 크고 굽힘이 용이하다.
- ㉰ 접합 작업이 용이하다.
- ㉱ 가격이 저렴하다.
- ㉲ 부식에 약하다.

③ 스케쥴 번호(SCH.No) : 관의 두께를 표시한다.

$$SCH.No = 10 \times \frac{P}{S}$$

여기서 P : 사용압력(kg/cm^2)
　　　　S : 허용응력(kg/mm^2)
　　　　※ 허용응력 = 인장강도 ÷ 안전율(4)

④ 표시방법 : 백관은 녹색으로, 흑관은 백색으로 표시한다.

```
ⓚ - SPPS - S - H - 2002 - 100A × Sch.40 × 5.5
상표   관종류  제조방법  제조년  호칭방법  스케쥴   길이
```

※ - S - H : 열간가공 이음새 없는 강관

⑤ KS 규격에 의한 강관의 용도별 분류

종류		KS 규격기호	용도
배관용	배관용 탄소강 강관	SPP	사용압력이 낮은(10[kgf/cm²] 이하)증기, 물, 기름, 가스 및 공기 등의 배관용. 호칭지름 15~500A
	압력배관용 탄소강 강관	SPPS	350℃ 이하에서 사용하는 압력 배관용(10~100[kgf/cm²]). 관의 호칭은 호칭 지름과 두께(스케줄 번호)에 의한다. 호칭지름 6~500A, 25종이 있다.
	고압배관용 탄소강 강관	SPPH	350℃ 이하에서 사용압력이 높은 고압 배관용(100[kgf/cm²]이상). 관지름 6~500A 정도이며 25종이 있다.
	고온배관용 탄소강 강관	SpHT	350℃ 이상 온도의 배관용(350~450℃). 관의 호칭은 호칭 지름과 스케줄 번호에 의한다. 호칭 지름 6~500A
	저온 배관용 탄소 강관	SPLT	빙점 이하 특히 저온도 배관용. 호칭 지름 6~500A. 두께는 스케줄 번호로 표시
	배관용 합금강 강관	SPA	주로 고온도의 배관용. 호칭지름 6~500A. 두께는 스케줄 번호로 표시. 증기관, 석유정제용 배관
	배관용 스테인레스 강관	STS×TP	내식용, 내열용 및 고온 배관용. 저온 배관용에도 사용된다. 호칭지름 6~300A. 두께는 스케줄 번호로 표시
	배관용 아크용접 탄소강 강관	SPPY	사용압력 10(kg/cm²)의 낮은 증기, 물, 기름, 가스 및 공기 등의 배관용. 21kg/cm² 이상 수압시험 실시. 호칭지름 350~1,500A이며 22종이 있다.
수도용	수도용 아연 도금 강관	SPPW	정수두 100(m) 이하의 수도로서 주로 급수 배관용. 호칭지름 10~300A
	수도용 도복장 강관	STPW	정수두 100(m) 이하의 수도로서 주로 급수 배관용. 호칭지름 80~1,500A
열전달용	보일러·열교환기용 탄소강 강관	STHB	관의 내외에서 열의 수수를 행함을 목적으로 하는 장소에 사용된다. 보일러의 수관, 연관, 과열관, 공기예열관, 화학공업, 석유공업의 열교환기, 가열로관 등에 사용
	보일러·열교환기용 합금강 강관	STHA	
	보일러·열교환기용 스테인레스 강관	STS×TB	
	저온 열교환기용 강관	STLT	빙점 하의 특히 낮은 온도에서 관의 내외에서 열의 수수를 행하는 열교환기관. 콘덴서관 등에 사용
구조용	일반 구조용 탄소강 강관	SPS	토목, 건축, 철탑, 지주와 기타의 구조물용
	기계 구조용 탄소강 강관	STM	기계, 항공기, 자동차, 자전차 등의 기계 부분품용
	구조용 합금강 강관	STA	항공기, 자동차 기타의 구조물용

2) 스테인레스강의 특징
① 내식성, 내열성이 크다.(염소성분에 강하다)
② 관내 마찰 손실이 작다.
③ 강도가 크고 굽힘 작업이 어렵다.
④ 열전도율이 낮다.
⑤ 배관 작업 시간이 단축된다.

3) 주철관
① 특징
  ㉮ 내식성, 내마모성이 우수하다.
  ㉯ 인장강도 및 충격에 약하다.
  ㉰ 압축강도가 크다.
  ㉱ $10kg/cm^2$ 이하의 저압에 사용된다.
② 용도 : 배수관, 오수관, 광산용 양수관, 통기관, 급수관
③ 종류 : 수도용 수직형 주철관, 수도용 원심력 금형 주철관, 수도용 원심력 사형 주철관, 수도용 원심력 턱타일 주철관, 배수용 주철관

4) 동관
① 특징
  ㉮ 열전도율이 좋다.
  ㉯ 마찰 저항이 적다.
  ㉰ 전연성이 풍부하여 가공이 쉽다.
  ㉱ 동파에 강하다.
  ㉲ 가볍고 외부 충격에 약하다.
  ㉳ 가격이 비싸다.
  ㉴ 알칼리성에 강하나 산성에는 심하게 침식된다.
② 용도 : 열교환기용관, 급수, 급탕용관, 화학 및 냉매용관
③ 종류
  ㉮ 사용용도에 따라
    ㉠ 타프피치동관(TCuP) : 정련구리, 전기전도성이 좋으나 용접성이 나쁘다.
    ㉡ 인탈산동관(DCuP) : 탈산구리(산소 0.01% 이하), 전기 전도성이 적고, 용접성이 좋다.
    ㉢ 무산소동(TCuO) : 순도 99.96%로 전자제품용으로 사용된다. 전기전도성과 용접성이 좋다.
  ㉯ 재질에 따라
    ㉠ 연질(O) : 가장 연하다.
    ㉡ 반연질(OL) : 약간 약하다(연질에 강도성 부여)
    ㉢ 반경질(1/2H) : 약간 강하다(경질에 연성이 부여)
    ㉣ 경질(H) : 가장 강하다.

㈐ 두께에 따라
ㅤㅤ㉠ K : 가장 두껍다.
ㅤㅤ㉡ L : 두껍다.
ㅤㅤ㉢ M : 보통 두껍다.

> **참고** 동관은 KS 기준에 따라 K, L, M형으로 구분된다.
> - K : 의료배관
> - L, M : 냉난방배관, 급배수배관, 가스배관

5) 염화비닐관(P.V.C)의 특징
① 내식성, 내산성, 내알칼리성이 크다.
② 가볍고 관내 마찰 저항이 적다.
③ 가격이 저렴하고 시공이 용이하다.
④ 고온 및 저온에서 강도가 저하된다.
⑤ 외상에 의해 강도가 저하된다.
⑥ 열전도율이 나쁘다.

2. 배관의 재료

1) 관이음 부속품의 종류
① 동일 직경의 관을 직선 이음할 때 : 니플, 소켓, 유니온, 플랜지
② 직경이 다른 관을 직선 이음할 때(관경의 축소) : 레듀셔, 부싱
③ 배관의 방향을 전환할 때 : 엘보, 밴드
④ 관을 도중에서 분기할 때 : 티, 크로스, 가지관(Y티)
⑤ 관 끝을 막을 때 : 플러그, 캡

2) 밸브의 종류
① 글로브 밸브(Globe Valve : 스톱 밸브)
ㅤ㉮ 유체의 흐름이 꺾이므로 관로 저항이 크다.
ㅤ㉯ 유량 조절용으로 적합하다.
ㅤ㉰ 밸브의 개폐가 빠르다.
② 슬루스 밸브(Sluice Value : 게이트 밸브)
ㅤ㉮ 특징
ㅤㅤ㉠ 유체의 흐름이 꺾이지 않아 관내 마찰 저항이 적다.
ㅤㅤ㉡ 관로 개폐(차단)용으로 적합하다.
ㅤㅤ㉢ 밸브의 개폐에 소요 시간이 길다.
ㅤ㉯ 종류 : 웨지 게이트 밸브, 패럴렐 슬라이드 밸브, 더블 디스크 게이트 밸브

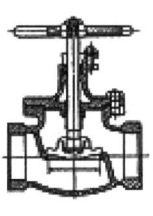
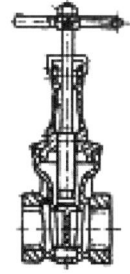

[글로우브 밸브]ㅤㅤ[슬루스 밸브]

③ 첵크 밸브
ㅤ㉮ 유체의 흐름을 한쪽 방향으로만 흐르게 하여 역류를 방지하기 위해 사용된다.
ㅤ㉯ 종류
ㅤㅤ㉠ 스윙식 : 유체에 대한 마찰 저항이 적고 수평, 수직 배관에 사용한다.
ㅤㅤ㉡ 리프트식 : 유체에 대한 마찰 저항이 크고 수평 배관에 사용한다.

④ 앵글 밸브(Angle Valve)

글로우브 밸브와 기능은 같으나 유체의 흐르는 방향을 직각으로 전환할 때 사용한다. 관내 마찰 손실 수두가 크고 개폐 시간이 짧고, 유체의 누설을 방지할 수 있다.

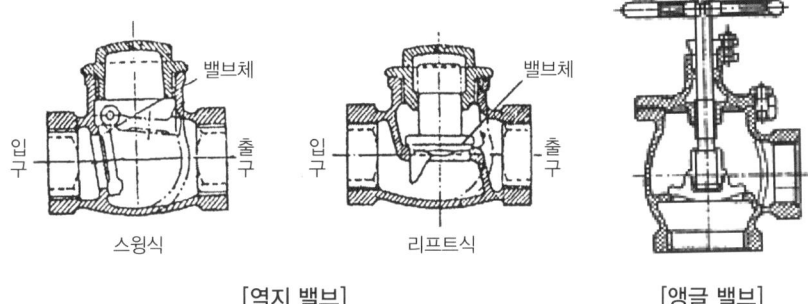

[역지 밸브]   [앵글 밸브]

⑤ 볼 밸브
  ㉮ 구멍이 뚫린 공 모양의 밸브가 있으며, 이것을 회전시킴에 의해 구멍을 막거나 열어, 밸브를 개폐시키는 형식
  ㉯ 특징
    ㉠ 90° 회전으로 유로의 급속한 전개, 전폐가 가능하다.
    ㉡ 유체의 저항이 적다.
    ㉢ 기밀도가 높다.

⑥ 버터플라이 밸브
  ㉮ 록레버식, 웜기어식, 전동식, 공기조작식 등으로 원판이 중심선을 축으로 원판이 회전함에 따라 개폐가 이루어지는 밸브
  ㉯ 특징
    ㉠ 개폐 작용이 간편하다.
    ㉡ 밸브의 작동이 빠르다.
    ㉢ 유체의 완전한 기밀 유지가 어렵다.

3) 배관 지지 재료

① 행거(Hanger) : 배관 하중을 위에서 매달아 지지하는 장치
  ㉮ 리지드 행거(rigid hanger) : 비임에 터언 버클을 연결하여 관을 지지하는 장치로, 수직방향 변위가 없는 곳에 사용한다.
  ㉯ 스프링 행거(Spring hanger) : 배관의 진동을 방지하기 위해 스프링을 이용하여 관을 지지하는 장치로 변위가 적은 곳에 사용한다.
  ㉰ 콘스탄트 행거(Constant hanger) : 배관의 상,하 이동을 허용하면서 관을 지지하는 장치로 중추식과 스프링식이 있으며 변위가 큰 곳에 사용한다.

② 서포트(Support) : 배관 하중을 아래에서 위로 받쳐서 지지하는 장치
  ㉮ 리지드 서포트(Rigid Support) : 강성이큰 비임을 이용한 배관 지지에 사용한다.
  ㉯ 스프링 서포트(Spring Support) : 스프링의 작용으로 관의 상,하 이동을 다소 허용한 배관 지지에 사용한다.

- ⓓ 로울러 서포트(Roller Support) : 관의 축방향을 자유로이 하기 위해 로울러를 이용한 배관 지지에 사용한다.
- ⓔ 파이프 슈우(Pipe Sheo) : 관에 직접 접속하여 지지하는 것으로 수평부, 곡관부를 지지하는데 사용한다.

③ 리스트레인트(Restraint) : 열팽창에 의한 배관의 좌우 상하 이동을 구속하고 제한하는 관 지지 기구이다.
- ㉮ 앵커(anchor) : 배관의 이동 및 회전을 방지하기 위해 지지점 위치에서 완전히 고정하는 장치로 주관에서 분기되어 진동이 심한 곳에 사용한다.
- ㉯ 스토퍼(stopper) : 배관의 일정방향 이동 및 회전을 구속하고 다른 방향은 자유로이 이동하는 지지 기구로 배관에 응력 발생을 방지하기 위해 사용한다.
- ㉰ 가이드(guide) : 배관의 축방향의 이동은 허용하고 관의 회전이나 축과 직각 방향을 구속하는데 사용한다.

④ 브레이스(brace) : 압축기, 펌프 등에서 발생하는 배관계의 진동을 억제하는데 사용한다.
- ㉮ 방진기 : 진동 방지
- ㉯ 완충기 : 분출 반력에 의한 충격 완화

⑤ 배관에 직접 용접하여 관을 지지하는 기구 : 이어, 슈우즈, 리그, 서커트 등

참고 이어(ears) : 보온재 보호용으로 수평 배관에 사용한다.

4) 패킹 재료

① 나사용 패킹
- ㉮ 페인트 : 광명단을 혼합하여 고온의 오일 배관을 제외하고 모든 배관에 사용한다.
- ㉯ 일산화연 : 페인트에 소량의 일산화연을 혼합하여 사용하며 냉매 배관에 적합하다.
- ㉰ 액상 합성수지 : 화학약품에 강하고 내유성이 크며 내열 범위는 $-30℃ \sim 130℃$이다.

② 플랜지 패킹
- ㉮ 고무 패킹
  - ㉠ 천연고무 : 탄성이 우수하고 산, 알칼리에 강하나 열과 기름에 약하다.
  - ㉡ 네오프렌 : 합성고무로서 내열 범위가 $-46℃ \sim 121℃$이며 공기, 기름, 냉매 배관 등에 사용한다.
- ㉯ 합성수지(테프론) 패킹 : 기름에 침식되지 않으며 내열 범위가 $-260 \sim 260℃$로 탄성이 부족하다.
- ㉰ 오일시일 패킹 : 한지를 일정한 두께로 겹쳐 내유 가공한 것으로 내열도는 낮으나 펌프, 기어박스 등에 사용한다.
- ㉱ 석면(아스베스트) 패킹 : $450℃$ 정도의 고온에 사용되는 광물질 패킹제로 증기나 오일배관 등에 적합 하다.
- ㉲ 금속 패킹 : 구리, 납 등 연한 금속이 많이 사용되며 탄성이 적어 관의 팽창, 수축, 진동 등으로 누설되는 경우가 있다.

③ 글랜드 패킹
- ㉮ 석면 각형 패킹 : 석면사를 각형으로 짜서 윤활유를 혼합한 것으로 내열, 내산성이 좋다. 대형 밸브에 사용한다.
- ㉯ 석면 야안 패킹 : 석면사를 꼬와서 만든 것으로 소형 밸브, 수면계의 콕크 등에 사용한다.
- ㉰ 아마존 패킹 : 면포와 내열 고무 콤파운드를 가공 성형한 것으로 압축기의 글랜드용으로 사용한다.
- ㉱ 모올드 패킹 : 석면, 흑연, 수지 등을 배합 성형한 것으로 밸브, 펌프 등 글랜드에 사용한다.

5) 페인트(paint) – 도료
① 광명단 도료 : 연단을 아마인유와 혼합한 것으로 밀착력이 강하고 풍화에 견디며, 녹의 방지를 위한 페인트 밑칠용에 사용한다.
② 합성수지 도료
- ㉮ 프탈산 : 상온에서 자연건조성 재료로 사용한다.
- ㉯ 요소 멜라민 : 내열, 내유, 내수성이 좋고, 베이킹도료로 사용한다.
- ㉰ 염화비닐계 : 내약품성, 내유 및 내산성이 우수하여 금속의 방식 재료에 적합하다.
③ 산화철 도료 : 산화제2철을 보일유나 아마인유에 혼합한 것으로 방청효과는 낮으나, 도막이 부드럽고 값이 싸다.
④ 알루미늄 도료 : 알루미늄 분말에 유성바니스를 혼합한 도료이며, 은분이라고도 한다. 내열성이 좋고(400℃~500℃), 열을 잘 반사시켜 방열기 등에 사용한다.
⑤ 타르 및 아스팔트 : 관의 벽면과 내식성 도막을 만들어 물과 접촉을 방지하기 위해 사용되며 노출시 온도 변화에 따른 균열의 우려가 있다.

6) 보온재료
① 보온재의 구비조건
- ㉮ 열전도율이 작을 것
- ㉯ 독립기포의 다공질성일 것
- ㉰ 비중이 작을 것
- ㉱ 장시간 사용시 변질되지 않을 것
- ㉲ 흡수성이 적을 것
- ㉳ 어느정도 기계적강도가 있을 것

> **참고** 보온재의 열전도율은 비중, 흡습성, 온도상승에 비례하여 변화한다.

② 내화재, 단열재, 보온재
- ㉮ 내화재 : 안전사용온도 1580[℃] 이상에서 견딜 수 있는 무기재료
- ㉯ 내화단열재 : 안전사용온도 1300[℃] 이상에서 내화 단열효과가 있는 것
- ㉰ 단열재 : 안전사용온도 800~1200[℃]에서 단열효과가 있는 것

㉴ 무기질보온재 : 안전사용온도 200~800[℃]에서 보온효과가 있는 것

종류	안전사용온도[℃]	종류	안전사용온도[℃]
탄산마그네슘	250 이하	암면	400~600
유리섬유	300 이하	퍼얼라이트	650 이하
규조토	400~500	실리카	1100 이하
석면	400~500	세라믹화이버	1300 이하

㉮ 유기질보온재 : 100~200[℃]에서 보온효과가 있는 것

종류	안전사용온도[℃]	종류	안전사용온도[℃]
폼류	80 이하	텍스	120 이하
펠트	100 이하	탄화 콜크	130 이하

㉯ 보냉재 : 100[℃] 이하에서 보냉 효과가 있는 것

$$보온효율 : \eta_i = \frac{Q_b - Q_i}{Q_b} \times 100$$

여기서 • Q_b : 나관손실[kcal/h]
　　　• Q_i : 보온 후 손실[kcal/h]

STEP 02 배관 공작

1. 배관 공구 및 기계

1) 강관용 공구 및 기계

① 파이프 절단용 공구 및 기계

㉠ 핵 소잉 머신(hack sawing machine) : 일명 기계톱이라 하고 환봉이나 관을 동력에 의해 톱날이 상하 왕복 운동에 의해 관을 절단하는 기계로서 단단한 재료는 왕복 행정수를 적게, 연한 재료는 왕복 행정수를 많게 한다.

㉡ 고속 숫돌 절단기(커팅 휘일 절단기) : 두께 0.5~3mm 정도의 원판 숫돌을 고속으로 회전시켜 금속 및 비금속 파이프 절단에 사용된다.

㉢ 파이프 가스 절단기 : 80A 이상 대구경 파이프의 절단에 사용되며, 동력을 이용하여 관을 로울러로 회 전시켜 절단 토오치로 절단하는 기계로 수동 식과 자동식이 있다.

㉣ 파이프 커터 : 수동 파이프 절단 공구
　㉠ 1매날 : 1개의 날과 2개의 로울러로 되어 있고, 6A~75A에 주로 사용한다.
　㉡ 3매날 : 3개의 날로 되어 있고, 15A~150A의 대구경 관에 사용한다.

> 참고 링크형 : 주철관 절단용으로 사용한다.

㊽ 쇠톱 : 관의 절단용 공구로 톱날 끼우는 구멍(피팅홀)의 간격에 따라 200mm, 250mm, 300mm 의 3종류가 있다.

> **참고** 톱날의 잇수(1인치 당)
> - 14산 : 연강, 동합금, 주철 경합금 등에 사용
> - 18산 : 경강, 탄소강, 합금강 등에 사용
> - 24산 : 강관, 합금강, 형강 등에 사용
> - 32산 : 얇은 철판, 구조용 강판, 소구경 합금관 등에 사용

② 바이스
  ㉮ 파이프 바이스 : 파이프를 고정시켜 절단, 나사절삭, 조립 및 해체 등 배관 작업에 사용된다.
    ㉠ 크기 : 물릴 수 있는 관경의 최대 크기
    ㉡ 종류 : 고정식과 가반식(현장용)이 있다.
    ㉢ 크기의 표시

호칭치수	호칭 번호	사용 관경	호칭치수	호칭 번호	사용 관경
50	#0	6A~50A	130	#3	6A~115A
80	#1	6A~65A	170	#4	15A~150A
105	#2	6A~90A			

  ㉯ 평바이스
    ㉠ 공작물을 고정시켜 열간 및 냉간 가공을 쉽게 하기 위해 사용된다.
    ㉡ 크기 : 죠우의 너비로 표시한다.
③ 파이프 리이머 : 관의 절단 후 배관 안쪽에 생기는 거스러미를 제거하기 위해 사용한다.
④ 파이프 렌치
  ㉮ 관 접속부의 이음쇠, 밸브 등을 조이고 분해하는데 사용된다.
  ㉯ 크기 : 죠우를 최대로 벌렸을 때의 전길이
  ㉰ 종류 : 조정파이프 렌치, 옵셋 파이프렌치, 스트랩(벨트) 파이프렌치, 체인 파이프렌치

> **참고** 체인식 파이프 렌치 : 200A 이상의 대형관에 사용

⑤ 파이프 나사 절삭기
  ㉮ 수동나사 절삭기 : 관 끝에 나사를 절삭하는 공구로서 오스터형, 리드형, 베이비리드형 등이 있다.
    ㉠ 오스터형 : 4개의 절삭날이 1조로 되어 있고 3개의 조우로 파이프 중심을 조절한다. 15~20A는 14산, 25~150A는 11산으로 한다.
    ㉡ 리드형 : 2의 절삭날(체이스)이 1조로 되어 있고, 4개의 조우로 파이프 중심을 조절한다.

오스터의 종류별 사용 관경

형식	No.	사용 관경	형식	No.	사용 관경
오스터형	112R(102)	8A~32A	리드형	2R4	15A~32A
	114R(104)	15A~50A		2R5	8A~25A
	115R(105)	40A~80A		2R6	8A~32A
	117R(107)	65A~100A		4R	15A~50A

㉰ 동력용 파이프 나사 절삭기 자동 파이프 나사 절삭기로서 오스터형, 호브형, 다이헤드형 등이 있다.
  ㉠ 오스터형 : 동력으로 관을 저속 회전시켜 유효 길이만큼 나사를 절삭한다.
  ㉡ 호브형 : 나사 절삭의 전용기계로서 호브를 100~180rev/min의 저속 회전시켜 어미 나사와 척을 연결, 1회전 1핏치씩 이동한다.
  ㉢ 다이헤드형 : 관용 나사의 체이서(절삭날) 4개가 1조로 되어 있는 다이헤드를 이용한 나사 절삭 전용 기계로 관의 절단, 거스러미 제거 등을 연속 작업할 수 있고, 현장용으로 많이 사용된다.
⑥ 파이프 밴딩 머신
  ㉮ 램식(유압식)
    ㉠ 유압 펌프, 전동기, 램 실린더 등으로 구성된 밴딩기계로서 현장 밴딩용으로 주로 사용된다.
    ㉡ 종류
      • 동력식 : 100A 이하에 사용
      • 수동식 : 50A 이하에 사용
  ㉯ 로터리식 : 굽힘 가공면이 깨끗하며 공장에서 동일 모양을 대량 생산할 때 적합하고, 두께에 관계없이 강관, 스테인레스관, 동관 등을 쉽게 밴딩할 수 있다.

> **참고** 로터리식은 파이프에 모래를 넣는 대신 심봉을 넣고 밴딩을 하며, 곡율 반경은 관경의 2.5배 이상이어야 한다.

2) 동관용 공구
① 플레어 투울 셋 : 동관을 나팔관 모양으로 확관하여 압축 이음(플레어 이음)에 사용한다. 보수 점검 등을 쉽게 하기 위해 관의 분해 및 조립이 요구되는 곳에 사용한다.
② 익스팬더(확관기) : 동관을 소켓 형식의 필요한 크기로 확관하기 위해 사용한다.
③ 사이징 투울 : 동관의 끝부분을 원형으로 정형하기 위해 사용한다.
④ 튜브 벤더 : 동관을 필요한 각도로 구부리는데 사용한다.
⑤ 튜브 캇터 : 동관을 절단하는데 사용한다.
⑥ 리이머 : 동관의 절단 후 관 내에 발생하는 거스러미를 제거하는데 사용한다.
⑦ 토오치 램프 : 동관을 가열하여 납땜 이음, 벤딩 가공 등을 하기 위해 사용한다.

3) 연관용 공구
① 봄볼 : 분기관 접합을 하기 위해 주관에 구멍을 뚫을 때 사용한다.
② 연관용 톱 : 연관을 절단할 때 사용한다.
③ 드레서 : 연관 표면의 산화물을 제거하는데 사용한다.
④ 벤드벤 : 연관을 구부리거나 굽은 관을 펼 때 사용한다.
⑤ 터어핀 : 접합하려는 관 끝을 넓히는데 사용한다.
⑥ 마아레트 : 접합부 주위를 오므리거나 터언핀을 때려 박을 때 사용되는 나무망치이다.

4) 측정 공구

① 자(rule) : 배관 작업 중 직선 길이 측정에 가장 간편하게 많이 사용한다. 종류로는 강철제 곧은자, 접기자, 3~5m 정도의 줄자(콘백스 롤) 등이 있다.
② 수준기 : 배관 배열의 수평, 경사 등을 알기 위해 사용한다.
③ 디바이더(divider) : 제도에서 선을 등분하거나 두점 간의 거리 측정, 원호, 원그리기등에 사용한다.
④ 버니어 캘리퍼스(vernier calipers) : 직선자와 캘리퍼스를 조합한 것으로 길이 측정 이외에 두께, 내경, 외경 등을 측정할 수 있다.
⑤ 마이크로미터(micrometer) : 나사의 핏치를 응용하여 측정물의 외경, 내경, 두께 등을 정확하게 측정하는 측정기로 0.01mm까지 측정이 가능하다.
⑥ 조합자(combination set) : 조합각자에 분도기를 조합한 것으로 0~180° 또는 0~90°까지의 각도를 측정하는데 사용한다.

2. 배관 이음

1) 강관 이음

강관 이음에는 나사 이음, 플랜지 이음, 용접 이음 등으로 구분된다.

① 나사 이음 : 50mm 이하의 관 이음에 사용되며, 관용 테이퍼 나사로 1/16, 나사산 55°로 절삭한다.
  ㉮ 이음쇠의 종류 : 가단주철제관 이음, 강관제 이음, 배수관 이음
  ㉯ 주의사항
    ㉠ 파이프 절단 후 리이머로 거스러미를 제거한다.
    ㉡ 파이프 절삭시 2~3회 나누어 절삭한다.
    ㉢ 광명단, 시일 테이프, 삼 등 사용하여 나사를 조이면 기밀성이 높아진다.
    ㉣ 관 이음쇠의 결합 후 1~2산 정도 남겨놓는다.
  ㉰ 관 길이 산출
    ㉠ 직선 길이 산출

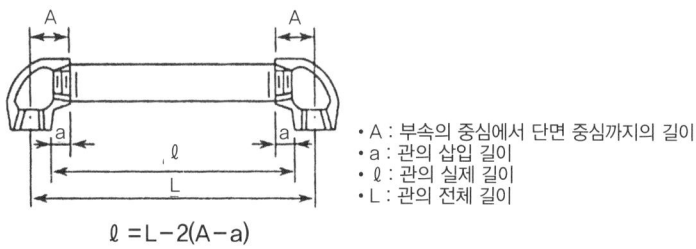

- A : 부속의 중심에서 단면 중심까지의 길이
- a : 관의 삽입 길이
- ℓ : 관의 실제 길이
- L : 관의 전체 길이

$\ell = L - 2(A - a)$

관 지름에 따른 나사가 물리는 최소 길이

관 지름(A)	15	20	25	32	40	50	65	80	100	125
나사가 물리는 최소길이(a)	11	13	15	17	18	20	23	25	28	30

ⓒ 굽힘 길이의 산출

$$\text{곡관부 길이}(\ell) = \text{원둘레} \times \frac{\text{회전각}(\theta)}{360} \text{ (mm)}$$
$$= 2\pi R \times \frac{\theta}{360} \text{ (mm)}$$

ⓒ 굽힘 작업 : 강관의 굽힘 작업에는 수동 굽힘 작업과 기계적 굽힘 작업으로 구분 되며 굽힘 수는 가능한 한 적게 사용한다.
  • 수동 굽힘
    – 냉간 벤딩 : 수동 롤로 벤더를 이용하여 구부린다.
    – 열간 벤딩 : 건조한 모래를 채운 후 토치 램프로 800~900℃ 가열하여 주름이 생기지 않도록 서서히 구부린다. 굽힘 반경(R)은 유체의 저항을 적게하기 위해 관경(D)의 6배 이상으로 한다.
  • 기계적 굽힘 : 로터리식 벤더와 유압식(램식) 벤더에 의한 방법으로 굽힘 각도는 스프링백을 고려하여 조절한다.

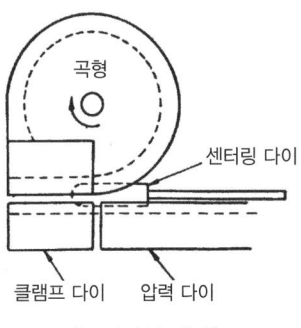
[로터리식 벤더]

벤더에 의한 관 굽힘시 결함과 원인

결함	원인
관이 미끄러진다.	• 관의 고정이 잘못되었다. • 클램프 또는 관에 기름이 묻었다. • 압력형의 조정이 너무 빡빡하다.
관이 파손된다.	• 압력형의 조정이 세고 저항이 크다. • 받침쇠가 너무 나와 있다. • 굽힘 반경이 너무 작다. • 재료에 결함이 있다.
주름이 생긴다.	• 관이 미끄러진다. • 받침쇠가 너무 들어갔다. • 굽힘형의 홈이 관경보다 작다. • 굽힘형의 홈이 관경보다 크다. • 외경에 비하여 두께가 작다. • 굽힘형이 주축에서 빗나가 있다.
관이 타원형이 된다.	• 받침쇠가 너무 들어가 있다. • 받침쇠가 관의 내경의 간격이 크다. • 받침쇠의 모양이 나쁘다. • 재질이 부드럽고, 두께가 얇다.

② 용접 이음
　㉮ 열원에 따라
　　㉠ 가스 용접 : 지름이 적고 두께가 엷은 관에 사용되며 용접속도가 비교적 느리고 관의 변형이 발생한다.
　　㉡ 전기 용접 : 지름이 크고 두꺼운 관에 사용되며 용접 속도가 빠르고 관의 변형이 적게 발생한다. 관의 맞대기, 플랜지, 슬리이브 용접에 사용한다.
　㉯ 용접 방법에 따라
　　㉠ 맞대기 용접 : 관 끝을 직각 30° 경사지게 깎아서 보조물 없이 관과 관을 맞붙여 용접한다.
　　㉡ 슬리이브 용접

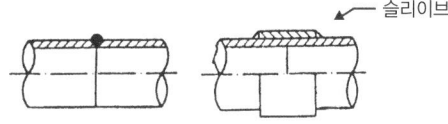

(a) 맞대기 용접　(b) 슬리브 용접

　　　• 관 외부에 슬리이브를 끼워 용접하는 것으로 누수가 없고 관지름의 변화가 없는 경우에 적합하다.
　　　• 슬리이브 길이 : 관경(D) × 1.2~1.7
　㉰ 용접 이음의 특징
　　㉠ 접합부의 감도가 크고, 중량이 가볍다.
　　㉡ 누설의 우려가 없고 유체의 저항 손실이 적다.
　　㉢ 시설·유지비가 절감된다.
　　㉣ 보온, 피복 시공이 용이하다.
　㉱ 용접부의 결함과 원인
　　㉠ 용입 불량 : 용접 속도가 빠를 때, 용접 전류가 낮을 때
　　㉡ 언더 컷 : 용접 속도가 빠르거나, 전류가 높을 때, 아크 길이가 길 때
　　㉢ 오버랩 : 용접 전류가 낮거나 봉의 유지 각도가 불량일 때
　　㉣ 균열 : 모재의 C, Mn, S 등 함량이 많을 때, 전류가 높고 속도가 빠를 때
　　㉤ 슬래그 혼입 : 슬래그 유동성이 좋고 냉각이 용이하거나 제거가 불충분할 때, 또는 봉의 유지 각도가 부적당하거나 운봉 속도가 늦을 때
　　㉥ 기공 : 용접속도가 빠르거나 전류가 높을 때, 용접시 수소, 일산화탄소가 과잉일 때 또는 가재에 기름, 페인트, 녹 등이 부착되어 있을 때
③ 플랜지 이음 : 65mm 이상 대형관에 사용되며 고압 배관이나 밸브, 펌프, 열교환기 등 각종 기기를 접속시킬 때 또는 교환이나 분해가 필요한 곳에 적용된다.
　㉮ 종류 : 나사식, 반피스톤식, 용접식 등
　㉯ 플랜지의 선택 조건 : 플랜지의 재료, 사용압력, 사용온도와 사용유체의 성질 및 가스킷의 종류에 따라 선택한다.

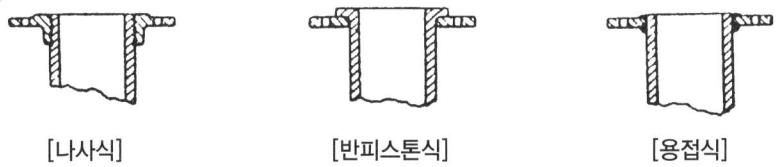

[나사식]　　　[반피스톤식]　　　[용접식]

2) 주철관 이음

주철관은 용접이 어렵고 연장강도가 낮기 때문에 기계적 이음, 플랜지 이음, 소켓 이음 등으로 이음 한다.

① 기계식 이음(매케니컬 조인트 : Mechanical joint)

나사를 사용하지 않고 관을 그대로 삽입하여 패킹, 링, 고무 등을 끼워 접합하는 방법으로 150mm 정도의 수도관에 많이 사용되고 있으며, 부식에 강하고 지진 등 지반의 침하나 다소 굴곡에도 누수하지 않는다. 또한 작업이 간단하며 수중 작업도 용이하다.

② 소켓 이음(Socket joint)

한쪽의 삽입구(spigot)를 다른 쪽의 수구(socket)에 끼워 맞춘 다음 야안(yarn : 마)을 넣고 납을 부어 접합하는 방법이다.

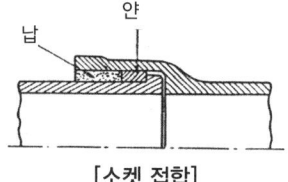

[소켓 접합]

> **참고** 야안(누수방지용)과 납의 양
> • 급수관 : 깊이의 1/3은 야안, 2/3은 납
> • 배수관 : 깊이의 2/3은 야안, 1/3은 납

③ 플랜지 이음(Flange joint)

플랜지로 제조된 주철관을 서로 맞대어 그 틈새에 패킹재료인 고무, 석면, 마, 납 등을 끼우고 볼트, 너트로 조이는 방법이다.

> **참고** • 플랜지는 볼트를 균등하게 조이기 위해 대각선으로 조인다.
> • 패킹의 양면에 그리이스를 발라두면 관을 떼어낼 때 용이하다.

④ 빅토릭 이음(Victoric joint)

가스 배관용으로 고무링과 금속제 칼라로 접합하는 방식으로 압력이 증가할 때마다 고무링이 밀착되어 누수를 방지하는 장점이 있다.

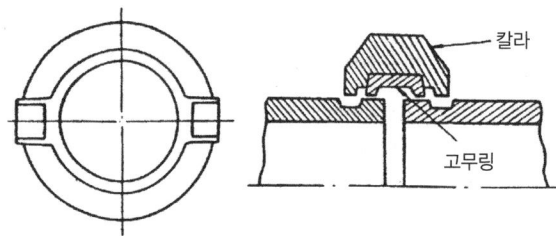

[빅토리 · 커플링]

⑤ 타이튼 이음(tyton joint)

고무링 하나만으로 이음한 형식으로 관의 설치가 간편하고 신속하며 온도 변화에 따른 신축이 자유롭다.

3) 동관 이음

① 플레어 이음(Flare joint)

20mm 이하의 동관을 나팔관 모양으로 넓혀 보수 점검 등 분해, 조립이 필요한 곳에 사용한다. 슬리브 너트와 체결너트를 견고하게 조이는 압축 이음 방법이다.

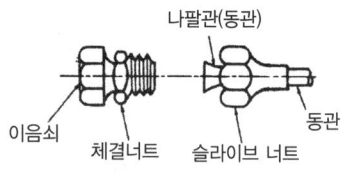

[플레어 이음 = 압축 이음]

② 납땜 이음

수 파이프(Male pipe)를 익스팬더로 소켓용으로 넓힌 암 파이프에 끼워 접합부의 간격을 0.1mm 정도로 하고 접합부 길이는 관경의 1.5배 정도로 하여 납땜이나 와이어 플라스틴을 사용하여 접합한다.

㉮ 연납 용접 : 모세관 현상을 이용한 방법으로 200~300℃로 용접하며 강도가 약하다.
㉯ 경납 용접 : 인동납, 은납 등을 이용하여 동관끼리 산소·아세틸렌 용접이나 산소·수소 용접으로 700~850℃ 접합한다. 강도가 강한 반면 손상의 우려가 있다.
㉰ 플랜지 이음 : 플랜지를 경납땜으로 이음하는 것으로 플랜지 맞춤에 유의해야 한다.
㉱ 용접 이음 : 동관을 수소 용접하여 복사 난방의 방열관 이음에 사용하는 방법으로 건물의 진동 충격 등에 의한 이음부를 보호한다.

STEP 03 배관 도시법

1. 치수 기입법

1) 치수 표시
치수 표시는 숫자만으로 기입하고 단위는 mm로 표시한다.

2) 높이 표시
① EL(Elevaion)
㉮ 배관의 높이를 관의 중심을 기준으로 표시한 것
㉯ 지상에서 200~500mm의 높이를 기준 수평면으로 한 것
② BOP(Bottom of Pipe)
관외경의 아랫면까지의 높이를 기준으로 표시한 것
③ TOP(Top of Pipe)
관외경의 윗면을 기준하여 표시한 것
④ FL(Floor Line)
층의 바닥면을 기준으로 하여 높이를 표시한 것
⑤ GL(Ground Line)
지(地)표면을 기준으로 하여 높이를 표시한 것

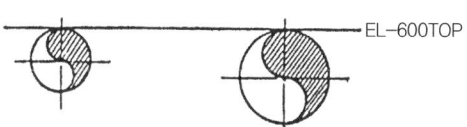

관의 윗면이 기준면보다 600mm 낮은 장소에 있다.

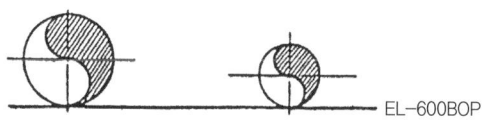

관의 밑면이 기준면보다 600mm 낮은 장소에 있다.

3) 배관 도면 표시법
관은 하나의 실선으로 표시하며, 동일 도면에서 다른 관을 표시할 때는 같은 굵기로 표시한다.

① 유체의 종류, 상태, 목적, 표시 기호 : 관내에 흐르는 유체의 종류, 상태, 목적을 표시할 때는 연출선을 긋고, 그 위에 문자 기호로 도시하는 것을 원칙으로 한다.

유체의 종류	공기	가스	유류	수증기	물
문자 기호	A	G	O	S	W

② 유체의 흐름 방향 : 유체의 흐름 방향을 표시할 때는 화살표로서 나타낸다.
③ 관의 굵기 및 종류
　㉮ 관의 굵기 또는 종류를 표시할 때는 관의 굵기나 종류를 표시하는 문자 또는 기호를 관을 표시하는 선 위에 표시하는 것을 원칙으로 한다.
　㉯ 관의 굵기와 종류를 동시에 표시할 때는 관의 굵기를 표시하는 문자 다음에 관의 종류, 재질을 표시하는 문자 또는 기호를 기입한다.
　㉰ 복잡한 도면의 경우에는 정확성을 위해 지시선을 이용 표시한다.
④ 압력계, 온도계의 표시

명칭	기호	명칭	기호	명칭	기호
계기일반	○	압력계	Ⓟ	온도계	Ⓣ

⑤ 관의 접속 상태

접속상태	실제모양	도시 기호	굽은 상태	실제 모양	도시 기호
접속하지 않을 때		┼┼	파이프 A가 앞쪽으로 수직하게 구부러질 때		⊙
접속하고 있을 때		┼	파이프 B가 뒤쪽으로 수직하게 구부러질 때		○
분기하고 있을 때		┬	파이프 C가 뒤쪽으로 구부러져서 D에 접속될 때		─○

⑥ 관의 입체적 표시

구분	기호
관이 도면에 직각으로 앞쪽을 향해 구부러져 있을 때	─⊙
관이 앞쪽에서 도면 직각으로 뒤쪽을 향해 구부러져 있을 때	─○
관 A가 앞쪽에서 도면 직각으로 구부러져 관 B에 접속할 때	A─◯─B

⑦ 계장용 문자 기호 표시

문자 기호	계측 설비 요소의 형식 또는 기능	문자 기호	계측설비 요소의 형식 또는 기능
A	경보	P	계기에 접속하지 않은 측정점 또는 시료 채취점
C	조절	R	기록(계기)
E	계기에 접속하지 않은 검출기	S	적산
I	지시	V	밸브

⑧ 관 결합 방식의 기호

결합방식	그림기호
일반	—┤—
용접식	—•—
플랜지식	—‖—
접수구방식	—⊃—
유니온식	—╫—

⑨ 밸브 및 계기류의 도시기호(나사이음의 종류)

명칭	기호	명칭	기호
체크 앵글 밸브 (Check Angle Valve)		슬루스 앵글 밸브(수직) (Sluice Angle Valve)	
슬루스 앵글 밸브(수평)		글로브 앵글 밸브(수직) (Glove Angle Valve)	
글로브 앵글 밸브(수평)		체크 밸브(Check Valve)	
콕(Cock)		다이어프램 밸브 (DiapHragm Valve)	
플로트 밸브(Float Valve)		슬루스 밸브 (Sluice Valve)	

명칭	기호	명칭	기호
전동 슬루스 밸브 (Motor Operated Sluice Valve)		글로브 밸브(Giove Valve)	
전동 글로브 밸브		봉합 밸브 (Lock Shield Valve)	
안전 밸브(Safety Valve)		감압 밸브 (Reducing Pressure Valve)	
안전 밸브(스프링식)		안전 밸브(추식)	
일반 콕		삼방 콕	
일반 조작 밸브		전자 밸브	
토출 밸브		공기빼기 밸브	
닫혀있는 일반 밸브		닫혀있는 일반 콕	
온도계		압력계	
글로브 밸브 (Glove Valve)		슬루스 밸브 (Sluice Valve)	
리프트형 체크 밸브 (Lift Type Check Valve)		스윙형 체크 밸브 (Swing Type Check Valve)	
콕(Cock)		삼방 콕	
안전 밸브		배압 밸브	

명칭	기호	명칭	기호
감압 밸브		온도조절 밸브	
압력계		연성 압력계	
공기빼기 밸브			

제03절_ 보일러 배관
출제예상문제

01 강관과 비교한 스텐레스강관의 특징으로 옳은 것은?

① 염소 성분 등에 대하여 내식성이 크다.
② 내열성이 없다.
③ 관 마찰 손실수두가 크다.
④ 강도가 작고 굽힘성이 좋다.

> 🔍 스텐레스 강관의 특징
> • 염소 성분에 내식성이 크고, 내열성이 있다
> • 강도가 크고 굽힘 작업이 곤란하다.
> • 관마찰 손실수두가 작다.
> • 열전도율이 낮다.
> • 물코이음으로 배관 작업 시간이 단축되고 수리 가 비교적 어렵다.

02 고압배관용 탄소강 강관은 사용압력 몇 kg/cm² 이상의 고압배관에 사용되는가?

① 50 kg/cm^2
② 100 kg/cm^2
③ 150 kg/cm^2
④ 200 kg/cm^2

> 🔍 고압배관용 탄소강관(SPPH) : 최고사용압력 100 kg/cm² 이상에 사용

03 압력배관용 탄소강 강관의 KS 규격기호는?

① SPP   ② SPPH
③ SPPS   ④ SPHT

> 🔍 • ① : 배관용 탄소강관
> • ② : 고압 배관용 탄소강관
> • ④ : 고온 배관용 탄소강관

04 다음 강관의 KS규격 기호 중 열전달용 강관의 기호가 아닌 것은?

① STHB   ② SPPH
③ STLT   ④ STHA

> 🔍 열전달용 강관
> • STHB : 보일러, 열교환기용 탄소강 강관
> • STHA : 보일러 열교환기용 합금강 강관
> • STS×TB : 보일러 열교환기용 스텐레스강관

05 XL관으로 온수배관을 할 경우 설명으로 틀린 것은?

① 보통 100℃ 이상의 온수용으로 주로 사용한다.
② 시공이 간단, 용이하다.
③ 시공비용이 저렴하다.
④ 내구성이 있어 장기간 사용이 가능하다.

> 🔍 XL관(고밀도 폴리 에틸렌관) : 시공이 간단하고 비용이 저렴하나 100℃ 이하에 사용한다.

06 배관 재료 선택 시 고려해야 할 사항으로 가장 관계가 없는 것은?

① 관내 유체의 화학적 성질
② 관내 유체의 압력과 온도
③ 배관의 접합 방법
④ 배관의 설치시기

> 🔍 배관 재료 선택 시 고려 사항
> • 유체의 물리, 화학적 성질
> • 유체의 압력고 온도 및 기계적 성질
> • 배관의 접합방법, 지리적 조건, 시공방법 및 수송문제 등

07 압력배관용 탄소강관의 스케쥴 번호를 계산하는 공식은? (단, 사용압력 : P kg/cm², 허용인장응력 : S kg/mm²)

① $100 \times (P/S)$ ② $10 \times (S/P)$
③ $P/(10S)$ ④ $10 \times (P/S)$

> 🔍 스케쥴 번호 $(SCH.NO) = 10 \times \dfrac{\text{사용압력}(kg/cm^2)}{\text{허용인장응력}(kg/mm^2)}$
> • 허용 인장응력(kg/mm^2) = 인장강도$(kg/mm^2) \times \dfrac{1}{4}$

 01 ① 02 ② 03 ③ 04 ② 05 ① 06 ④ 07 ④

08 용접 이음을 했을 때의 특징 설명으로 잘못된 것은?

① 시설 유지 및 관리 등의 비용이 절감된다.
② 보온피복 할 때 돌기부가 없어서 시공이 곤란 하다.
③ 유체 저항의 손실이 적다.
④ 이음부의 강도가 크다.

🔍 보온피복
용접이음을 할 경우 돌기부가 없어 보온시공이 용이하다.

09 배관용 관 이음쇠 중 엘보나 티 등을 폐쇄할 때 사용되는 것은?

① 캡
② 소켓
③ 플러그
④ 부싱

🔍 • 플러그 : 엘보나 티 등 암나사를 폐쇄할 경우에 사용
• 캡 : 관 끝의 수나사를 폐쇄할 경우에 사용

10 배관에서 고장이 생겼을 때 쉽게 분해하기 위해 사용하는 배관 이음쇠는?

① 엘보
② 티
③ 소켓
④ 유니온

🔍 유니온
배관의 분해, 조립을 쉽게 하여 부 속장치의 보수, 점검, 교체 등을 쉽게 하기위한 관 이음쇠

11 다음 공구 중 작업대에 나사를 낼 경우 또는 공작물을 고정시키는 것으로 크기는 조우의 너비로 표시하는 것은?

① 정반
② 바이스
③ 파이프 바이스
④ 파이프 카터

🔍 • 피이프 바이스 : 관의 절단, 나사질, 관이음쇠의 조립 등에 사용되며 고정식, 가반식 있다.
  - 크기 : 물릴수 있는 최대 관경으로 표시.
• 평바이스 : 벤치 바이스라고도 하며 공작물 을 고정시켜 가공하기 위해 사용한다.
  - 크기 : 죠우의 너비 로 표시

12 다음 중 강관의 절단 공구가 아닌 것은?

① 파이프 카터
② 링크형 파이프 카터
③ 체인 파이프 카터
④ 쇠톱

🔍 링크형 파이프 컷터
주철관 전용 절단 공구

13 다음 파이프 절단용 기계 공구 중 가장 빠른 시간 내에 파이프를 절단할 수 있는 것은?

① 포터블 소잉 머신
② 고정식 기계 톱
③ 커팅 휘일 절단기
④ 가스 절단기

🔍 파이프 절단용 기계
• 기계톱(heak sawing machine) : 환봉이나 관을 동력에 의하여 톱날을 왕복운동에 의해 절단한다.
• 고속 숫돌 절단기 : 0.5~3mm 두께의 원판 숫돌을 고속 회전시켜 강관을 절단
• 파이프 가스 절단기 : 관을 로울러로 회전시켜 절단 토오치로 절단한다.

14 동관의 끝부분을 정확한 치수의 원형으로 성형하기 위해 사용하는 공구는?

① 밴드 벤
② 터언핀
③ 사이징 투울
④ 봄보올

🔍 연관용 공구
• 밴드 벤 : 연관에 끼워 관을 구부리거나 펼 때 사용한다.
• 터언 핀 : 연관의 끝부분을 필요한 크기로 넓힐 때 사용한다.
• 봄보올 : 분기관 접합시 주관에 구멍을 따내기 위해 사용한다.

15 다음의 동관 이음쇠 중 한쪽은 나사 이음을 다른 한 쪽은 소켓이음을 할 수 있도록 만들어진 동일 관경의 직선 이음쇠는?

① 플러그(plug)
② 레듀서(reducer)
③ 유니온(union)
④ 아댑터(adapter)

🔍 • CF 아답터 : 한쪽은 암나사 이음을 다른 한 쪽은 소켓이음을 할 수 있도록 만들어진 동일 관경의 직선 이음쇠.
• CM 아답터 : 한쪽은 수나사 이음을 다른 한쪽은 소켓이음을 할 수 있도록 만들어진 동일 관경의 직선 이음쇠.

정답 ▶ 08 ② 09 ③ 10 ④ 11 ② 12 ② 13 ③ 14 ③ 15 ④

16 파이프와 플랜지를 접합하는 방법이 아닌 것은?

① 맞대기 용접 이음
② 나사 이음
③ 슬리브 용접 이음
④ 볼트 이음

🔍 관과 플랜지의 부착 방법 : 용접식, 나사식, 반스톤식

17 지름 20mm 이하의 동관 접합 시공 시 또는 기계의 점검, 보수, 기타 관의 착탈을 쉽게 하기 위하여 이용되는 동관의 접합방법은?

① 플레어 이음
② 유니온 이음
③ 플랜지 이음
④ 사이징 투울

🔍 플레어 이음
일명 압축이음이라고도 하며 관을 나팔관 모양으로 확관하여 분해, 조립을 쉽게 하여 보수, 점검 등을 쉽게 하기 위한 동관 이음방법

18 강관 및 동관에 황동납 용접을 할 때 용제(flux)로서 적당한 것은?

① 붕사
② 염산
③ 염화아연
④ 염화암모늄

🔍 붕사(borax)
가성소다를 중화하여 만든 것으로 납땜, 금속 접합 등에 사용한다.

19 굽힘성이 풍부하고 다소의 굴곡에도 누수가 없으며 작업이 간편하여 수중에서도 용이하게 접합할 수 있는 주철관의 접합법은?

① 소켓접합
② 플랜지 접합
③ 기계적 접합
④ 빅토릭 접합

🔍 • 기계적 접합 : 굽힘성이 풍부하고 스패너 하나로 시공할 수 있어 작업이 간편하며 수중 작업도 가능하다.
• 빅토릭 접합(Victoric joint) : 고무링과 금속제 칼라로 접합하는 방법으로 압력이 증가할 수록 고무링이 밀착되어 누수를 방지하는 장점이 있다.
• 주철관의 이음 : 소켓 접합, 플랜지 접합, 기계적 접합, 빅토릭 접합, 타이톤 접합 등

20 플랜지 용접 접합 방법의 유의 사항 중 적당 하지 못한 것은?

① 볼트의 길이는 고정 후 나사산이 1~2산 남게 한다.
② 플랜지의 위치는 볼트를 고정하기 쉬운 위치에 배관한다.
③ 플랜지의 나사를 조일 때는 균일하게 순차적으로 조인다.
④ 곡관부분은 현장에서 직관부분은 공장에서 용접 한다.

🔍 플랜지 이음
나사를 조일 때는 대각선으로 조인다.

21 강관의 슬리이브 용접 접합에 대한 설명으로 잘못된 것은?

① 분해할 경우가 많을 때 사용한다.
② 상향 용접은 공장에서 하향 용접은 현장에서 하는 것이 능률적이다.
③ 슬리브의 길이는 관경의 1.2~1.7배가 적당하다.
④ 특수 배관용 삽입 용접시 이음쇠를 이용하여 스테인레스강 배관 이음에 접합한다.

🔍 • 슬리브 용접 접합 : 관외부에 슬리브를 끼워 용접하는 것으로 누수의 우려가 없다.
• 슬리브의 길이 : 관경의 1.2~1.7배

22 강관 밴딩의 특징 설명으로 틀린 것은?

① 연결 부속이 필요 없다.
② 곡율반경이 관경의 6배 이상이 되면 관내에서 유체의 저항을 무시한다.
③ 강관의 열간 밴딩은 300℃ 이하에서 한다
④ 피복 작업이 쉽고 강도가 크다.

🔍 열간 밴딩 작업의 온도
• 동관 : 600~700℃
• 강관 : 800~900℃

정답 16 ④ 17 ① 18 ① 19 ③ 20 ③ 21 ① 22 ③

23 다음 강관 밴딩용 기계에 대한 설명 중 잘못된 것은?

① 램식은 가반식으로 현장용으로 적당하다.
② 동일모양의 굽힘을 다량 생산하는데 적당한 것은 로터리식이다.
③ 램식은 관에 모래를 채우는 대신 심봉을 넣고 구부린다.
④ 로터리식은 두께에 관계없이 강관, 동관, 스테인레스관 등도 구부릴 수 있다.

🔍 로터리 밴딩
• 동일모양의 제품을 다량생산에 적합하며 두께에 관계없이 강관
• 동관 스테인레스 강 등의 밴딩에 사용 된다.
• 파이프 내에 심봉을 구부린다.

24 밴더에 의한 작업 중 관이 파손되는 원인이 아닌 것은?

① 굽힘 반지름이 너무 작다.
② 압력의 조정이 세고 저항이 크다.
③ 받침쇠가 너무 나와 있다.
④ 굽힘형의 홈이 관지름 보다 작다.

🔍 관에 주름이 생기는 원인
• 관이 미끄러진다.
• 받침쇠가 너무 들어갔다.
• 굽힘형의 홈이 관경보다 작거나 크다.
• 외경에 비해 두께가 작다.

25 호칭 지름 15A 강관을 반경(R)이 80mm로 90° 각도로 구부릴 때 곡선 길이는?

① 약 90mm
② 약 126mm
③ 약 160mm
④ 약 215mm

🔍 파이프 곡선길이
$= 원둘레(\pi \times D) \times \dfrac{회전각}{360}$
$= 3.14 \times 160 \times \dfrac{90}{360} = 125.6mm$

26 그림과 같이 20A의 관을 이음길이(L) 300mm로 할 때 실제 파이프 절단길이(ℓ)은 얼마로 하면 좋을까? (단, 20A의 90° 엘보우는 중심선에서 단면까지의 길이(A)가 32mm이고 나사가 물리는 최소길이(a)가 13mm이다)

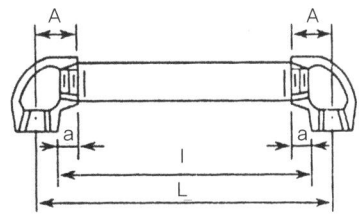

① 252mm
② 262mm
③ 272mm
④ 287mm

🔍 파이프 실제 절단 길이(ℓ)
$= L - 2(A-a) = 300 - 2(32-13) = 262mm$

27 수동 오스타형 나사 절삭기에 대한 설명으로 잘못된 것은?

① 체이스의 이송을 빨리하여 한번에 절삭한다.
② 단번에 깊게 물리지 않는다.
③ 체이스는 보통 4개가 1조로 이루어져 있다.
④ 3개의 가이드(죠우)로 관을 지지한다.

🔍 수동 오스타형 나사 절삭기 : 체이스의 이송은 나사를 확인하면서 서서히 절삭한다.

28 다이헤드식 나사 절삭기로 할 수 없는 작업은?

① 벤딩
② 절단
③ 절삭
④ 리이머

🔍 다이헤드형 동력 나사절삭기 : 관의 절단, 나사가공, 거스러미 제거 등을 연속 직입이 가능한 동력으로 현장에서 많이 사용한다.

29 다음 밸브 중에서 유체의 저항 손실이 가장 큰 밸브는?

① 슬루스 밸브   ② 글로브 밸브
③ 버터 플라이 밸브   ④ 체크 밸브

> 글로브 밸브 : 유체의 방향이 꺾이므로 유체의 압력손실이 크고 유량 조절에 적합한 밸브

30 다음의 도시 기호를 왼쪽부터 차례로 옳게 적은 것은?

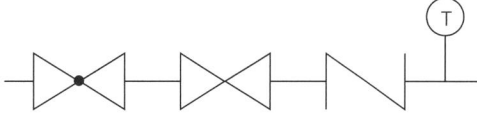

① 글로브밸브, 슬루스밸브, 책크밸브, 압력계
② 슬루스밸브, 글로브밸브, 책크밸브, 온도계
③ 슬루스밸브, 글로브밸브, 책크밸브, 압력계
④ 글로브밸브, 슬루스밸브, 책크밸브, 온도계

31 다음의 방열기 그림에 대한 설명 중 틀린 것은?

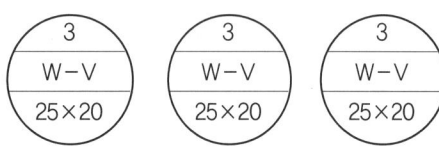

① 3은 섹션수
② W-V는 벽걸이 가로형
③ W-V는 벽걸이 세로형
④ 25×20은 유입측 25mm, 유출측 20mm

> • W-V : 벽걸이 세로형
> • W-H : 벽걸이 가로형

32 다음은 신축이음에 관한 설명이다. 틀린 것은?

① 루프형은 응력을 수반하지만 고압에 적합하고 옥외배관에 사용된다.
② 2개 이상의 엘보를 사용하여 관을 접합하는 이음이 슬리브형 신축이음이다.
③ 벨로즈형은 설치면적이 크지 않고 응력도 생기지 않는다.
④ 슬리브형은 50A 이하의 것은 나사결합식이고, 65A 이상의 것은 플랜지 결합식이다.

> 스위블형 : 엘보를 2~4개 정도 연결하여 엘보의 회전운동으로 신축을 흡수하여 신축량이 클 경우 누수의 우려가 있다.

33 다음 중 주형 방열기의 종류에 포함되지 않는 것은?

① 2주형   ② 3주형
③ 3세주형   ④ 5주형

> 주형(기둥형)방열기의 종류 : 2주형(Ⅱ), 3주형(Ⅲ), 3세주형(3), 5세주형(5)

34 행거(Hanger)는 배관을 지지할 목적에 사용된다. 다음 중 행거의 종류에 속하지 않는 것은?

① 리지드 행거(Rigid hanger)
② 스프링 행거(spring hanger)
③ 콘스탄트 행거(Constant hanger)
④ 써폿트 행거(Supprot hanger)

> • 행거(Hanger) : 배관하중을 위에서 당겨 지지하는 것
> • 종류 : 리지드, 스프링, 콘스탄트

35 다음 중 써폿트의 종류에 해당되지 않는 것은?

① 파이프슈우   ② 로울러
③ 스프링   ④ 브레이스

> • 써폿트(support) : 배관 하중을 아래에서 받쳐 지지하는 기구
> • 종류 : 리지드, 스프링, 로울러, 파이프 슈우

36 리스트레인트(Restraint)란 열팽창에 의한 배관의 움직임을 구속 또는 제한하는 지지기구이다. 종류에 해당되지 않는 것은?

① 브레이스(Brace)   ② 앵커(Anchor)
③ 스톱(Stop)   ④ 가이드(Guide)

> 리스트레인트 : 앵커, 스톱, 가이드 등

정답 29 ② 30 ④ 31 ② 32 ② 33 ④ 34 ④ 35 ④ 36 ①

37 배관의 상하이동을 허용하면서 관지지력을 일정하게 하는 것으로 추를 이용한 중추식 과 스프링을 이용하는 방법에 해당되는 행거는?

① 리지드 행거
② 콘스탄트 행거
③ 터어버클 행거
④ 스프링 행거

🔍 콘스탄트 행거
- 스프링식 : 소형으로 취급이 용이하다
- 추식 : 지렛대를 이용하므로 넓은 공간이 필요하다.

38 다음 중 파이프 이음을 도시한 것 중 잘못 연결된 것은?

① 나사이음 — ┼
② 플랜지 이음 — ╫
③ 용접이음 — ─○─
④ 유니온 이음 — ╫

🔍 • 용접이음 : ─✕─●─
• 납땜이음 : ─○─

39 일반적으로 보온재의 보호를 목적으로 수평배관에 사용되는 관지지 장치는?

① 파이프 슈
② 스커트
③ 러그
④ 이어

🔍 • 지지금속을 관에 직접 용접하는 지지장치 : 이어, 슈우즈, 러그, 서커트
• 이어 : 보온재의 보호를 목적으로 수평배관에 사용한다.

40 다음은 금속패킹에 대한 설명이다. 잘못된 것은?

① 고온 고압의 증기배관에는 철, 구리, 크롬강을 사용된다.
② 냉·온방 배관에는 납, 구리가 사용된다.
③ 탄성이 많아 관의 팽창, 수축, 진동 등으로 누설의 우려가 없다.
④ 금속 패킹은 플랜지 패킹의 대표적이다.

🔍 금속패킹 : 플랜지용 패킹으로 탄성이 적어 팽창, 수축, 진동 등에 의해 누설의 우려가 있다.

41 다음 중 플랜지 패킹(flange packing)이 아닌 것은?

① 천연고무
② 오일시일
③ 화이버
④ 일산화연

🔍 플랜지용 패킹
고무패킹(천연고무, 네오프렌), 섬유패킹(화이버), 오일시일패킹, 합성 수지패킹(테프론), 금속패킹, 석면 패킹 등

42 다음은 테프론에 대한 설명이다. 잘못된 것은?

① 합성수지 제품의 패킹제이다.
② 내열범위는 −260℃~260℃이며 내열 범위가 넓다.
③ 약품이나 기름에도 침식되지 않는다.
④ 탄성이 풍부하며 가스켓으로 매우 유용하다.

🔍 합성수지패킹(테프론) : 플랜지용 패킹으로 −260℃~260℃로 배열 범위가 넓으나 탄성이 부족하다.

43 내열 및 내산성이 좋으며 대형밸브의 글랜드에 사용되는 패킹은?

① 아마존 패킹
② 석면 각형 패킹
③ 모올드 패킹
④ 석면야안 패킹

🔍 • 글랜드 패킹 : 아마존 패킹, 석면각형 패킹, 모올드 패킹, 석면야안 패킹
• 아마존 패킹 : 면포와 내열고무 콤파운드를 가공 성형한 것으로 대형 밸브에 사용
• 석면 각형 패킹 : 내열성, 내산성이 좋고 대형 밸브에 사용
• 석면 야안 패킹 : 수면계의콕, 소형 밸브에 사용
• 모올드 패킹 : 석면, 흑연 수지 등을 배합성형한 것으로 펌프 등에 사용

정답 37 ② 38 ③ 39 ④ 40 ③ 41 ④ 42 ④ 43 ②

44 플랜지 접합시 패킹 양면에 그리스를 바르는 이유로 가장 적합한 것은?

① 관의 부식을 방지하기 위함이다.
② 관과 플랜지의 밀착을 시키기 위한 방법이다.
③ 보수 작업시 관과 패킹을 분리하기 쉽게하기 위한 방법이다.
④ 그리스의 부식으로 인한 방청효과를 갖기 위함이다.

🔍 패킹 양면에 그리스를 바르면 : 플랜지의 해체 작업을 보다 쉽게 할 수 있다.

45 합성 고무 제품으로 내유, 내후, 내산화성이 우수하고 내열도 −16~121℃까지 안정되어 있는 플랜지 패킹은?

① 테프론
② 네오프렌
③ 코르크
④ 오일시일

🔍 네오프렌 패킹 : 합성 고무로서 내산성이 크고, 물, 증기, 기름, 냉매 보관용으로 적당하다.

46 난방용 방열기 등의 외면에 도장하는 도료로서 열을 잘나게 하고 확산하는 것으로 내열성이 400~500℃ 정도인 것은?

① 산화철 도료
② 콜타르
③ 알루미늄 도료
④ 합성수지 도료

🔍 알루미늄 도료 : 은분이라고도 하며 내열성이 400~500℃ 정도로 방청효과가 크다.

47 다음 중 유기질 보온재가 아닌 것은?

① 펠트
② 기포성 수지
③ 규조토
④ 콜크

🔍 유기질 보온재 : 콜크, 펠트, 기포성 수지

48 다음 보온재 중 최고 안전 사용온도가 가장 높은 것은?

① 규산칼슘
② 석면
③ 탄산마그네슘
④ 탄화콜크

🔍 • 안전 사용온도
 • 규산칼슘 : 650℃, 석면 : 450℃
 • 탄산마그네슘 : 250℃, 탄화콜크 : 130℃

49 관의 치수 표시 기호 중 1층의 바닥면을 기준으로 한 높이를 표시하는 기호는?

① GL
② FL
③ EL
④ BL

🔍 • GL : 땅 표면을 기준으로 하여 높이를 표시
 • EL : 관 중심을 기준으로 하여 높이를 표시

50 EL-350 TOP의 설명이 옳은 것은?

① 관의 윗면이 기준면보다 350 높은 장소에 있다.
② 관의 밑면이 기준면보다 350 낮은 장소에 있다.
③ 관의 밑면이 기준면보다 350 높은 장소에 있다.
④ 관의 윗면이 기준면보다 350 낮은 장소에 있다.

🔍 • EL : 관 중심을 기준으로 하여 높이를 표시
 • TOP : 관의 윗면을 기준으로 하여 치수를 표시
 • 350 : 350mm 낮게 +350 : 350mm 높게

51 다음중 볼 밸브의 도시기호는?

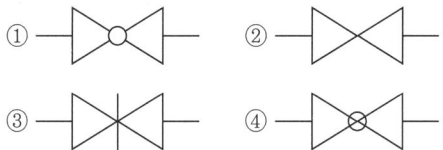

 44 ③ 45 ② 46 ③ 47 ③ 48 ① 49 ② 50 ④ 51 ④

52 다음 파이프의 접속 상태를 나타낸 것 중 설명이 잘못된 것은?

① ────┤● 의 기호는 파이프 A가 앞쪽으로 수직하게 구부러져 이어진 것이다.

② ────┤○ 의 기호는 파이프 B가 뒤쪽으로 수직하게 구부러져 이어진 것이다.

③ ─┤○├── 의 기호는 파이프 C가 뒤쪽으로 구부러져 D에 접속되어 있다.

④ ──┼●── 의 기호는 파이프가 서로 접속되어 있지 않다.

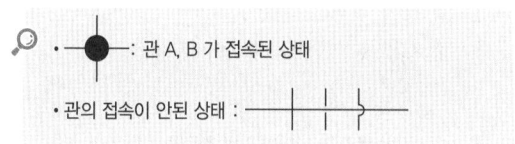

- ●: 관 A, B 가 접속된 상태
- 관의 접속이 안된 상태 : ┤├

53 관내에 흐르는 유체가 물인 것을 나타내는 기호는?

① A   ② G
③ S   ④ W

A : 공기, G : 가스, S : 증기

54 방사난방시 온수관 접합 및 진동이 심한 곳에서 이용되며 동관과 동관끼리 산소, 수소용접 또는 산소, 아세틸렌 용접으로 접합 시공하는 접합법은?

① 연납 용접   ② 경납 용접
③ 플레어 접합   ④ 기계적 접합

산소, 아세틸렌 용접 : 경납 용접으로 700~850℃로 가열하며 압력이 높은 곳에 사용한다.

55 밸브를 여닫이할 때 유체의 방향이 바꾸지 않고 저항이 적어 큰 관에서 완전히 열거나 닫을 때 적합한 밸브는?

① 슬루스 밸브   ② 글로브 밸브
③ 책크 밸브   ④ 콕크

글로브 밸브 : 유체의 방향이 바뀌어 관내 마찰저항이 크다. 유량조절용으로 사용

56 계측설비 중 문자기호에서 조절을 나타내는 기호는?

① A   ② C
③ E   ④ S

A : 경보, S : 적산

57 단열 벽돌을 사용하여 얻을 수 있는 단열효과에 해당되지 않는 것은?

① 열전도도가 낮아진다.
② 축열 용량이 작아진다.
③ 노벽 내외의 온도 구배 높아져 내화물의 내구력을 증가시킨다.
④ 노내의 온도 분포가 균일하게 된다.

단열재의 단열 효과
- 축열 용량이 작아진다.
- 열전도도가 낮아진다.
- 노내온도 분포가 균일하다.
- 내화벽의 온도 구배가 적어져 내구력이 증가된다.

58 다음 중 파이프 나사용 패킹의 종류가 아닌 것은?

① 일산화연
② 액상 합성 수지
③ 광명단 혼합 페인트
④ 모올드 패킹

나사용 패킹 : 액상 합성수지, 일산화 연, 페인트 등

59 벨로스형 신축 이음쇠의 특징에 관한 설명으로 틀린 것은?

① 설치 공간을 넓게 차지하지 않는다.
② 고압 배관에 적당하다.
③ 자체 응력 및 누설이 없다.
④ 벨로스는 부식되지 않는 스테인리스 강

벨로스형 : 고압 및 과열증기에 부적당하다.

정답 52 ④ 53 ④ 54 ② 55 ① 56 ② 57 ③ 58 ④ 59 ②

60 공정금속은 금속의 용융온도보다 낮은 온도에서 용융할 수 있다. 이러한 특성을 이용한 저온 용접의 특징으로 맞지 않는 것은?

① 용접되는 재료의 변질이 없다.
② 용접시 용접 열에 의한 변형이 적다.
③ 용접 시 균열발생이 적다.
④ 조직의 결정이 조대해져 강한 이음이 된다.

> 공정저온용접
> 공정합금(주석61% + 납31%)이 모재의 용융점보다 낮은 온도에서 용해된다. 이를 이용한 용접 방법으로 조직의 결정이 미세하게 되어 강한 이음이 된다.

61 배관시공 시 보온재로 사용되는 석면에 대한 설명으로 가장 옳은 것은?

① 다른 보온재에 비해 단열효과가 낮으며, 800℃ 이하의 파이프나 탱크 등에 사용한다.
② 400℃ 이하의 파이프나 탱크, 노벽 등의 보온재로 적합하며, 400℃를 초과하면 탈수 분해 된다.
③ 열전도율이 작고 300~320℃에서 열분해 되며, 방습 가공한 것은 습기가 많은 곳의 옥외 배관에 사용 한다.
④ 석회석을 주원료로 사용하며 화학적으로 결합시켜 만든 것으로 사용온도는 650℃ 까지 이다.

> 석면 보온재
> 400℃ 이하의 파이프나 탱크, 노벽 등 진동이 있는 곳에 적합하다. 400℃를 초과하면 탈수 분해된다.

62 배관에 나사가공을 하는 동력 나사절삭기의 형식 이 아닌 것은?

① 오스터식
② 호브식
③ 로터리식
④ 다이헤드식

> 동력 나사 절삭기의 종류
> 오스터식, 호브식, 다이헤드식

63 배관을 아래에서 위로 떠받쳐 지지하는 장치 중의 하나로 배관의 굽힘부 등에 관(管)으로 영구히 고정시키는 것은?

① 행거
② 파이프 슈
③ 브레이스
④ 가이드

> • 서포트 : 배관을 밑에서 받쳐 지지하는 기구(종류 : 리지드, 스프링, 롤러, 파이프 슈 등)
> • 파이프 슈 : 배관의 곡관부에 고정하여지는 하는 기구

64 파이프 렌치의 호칭치수는?

① 죠를 최대로 벌렸을 때의 전체길이
② 고정 가능한 최대 관경의 치수
③ 죠를 최대로 벌렸을 때의 죠의 간격
④ 자루를 포함한 전체의 무게

> 호칭치수
> • 파이프 렌치 : 죠우을 최대로 벌렸을 때 전길이
> • 파이프 바이스 : 물릴 수 있는 최대관경의 크기
> • 평 바이스 : 죠우의 너비

65 동관용 공구에 대한 설명으로 잘못된 것은?

① 사이징 툴 : 동관의 끝을 진원으로 교정하는 공구
② 익스팬더 : 동관의 끝을 확관하는 데 사용하는 공구
③ 튜브 커터 : 소구경의 동관을 절단하는 데 사용하는 공구
④ 리머 : 동관에 구멍을 뚫는 데 사용하는 공구

> 리머 : 관내의 거스러미를 제거

66 배관에 사용되는 여러 가지 보온재의 설명 중 틀린 것은?

① 탄산마그네슘 보온재 : 염기성의 탄산마그네슘에 석면을 혼합한 것으로 물반죽을 해서 시공 한다.
② 암면 : 일명 스폰지라고 하는 합성수지로서 다공질 제품으로 만든 폼류 단열재 이다.

정답 60 ④ 61 ② 62 ③ 63 ② 64 ① 65 ④ 66 ②

③ 펠트 : 양모, 우모 등을 이용하여 펠트상으로 제작한 것으로 곡면 등에도 시공 가능하다.
④ 규조토 보온재 : 규조토 분말에 석면 또는 삼여물 등을 혼합하여 물반죽을 해서 시공한다.

🔍 암면 : 안산암에 석회석을 섞어 용융하여 섬유 모양으로 제조한 것으로 안전사용온도가 600℃ 정도이다.

67 열팽창 및 중력에 의한 힘 이외의 외력(진동, 충격)에 의한 배관이동을 제한하는 것은?

① 브레이스(brace)
② 리스트레인트(restraint)
③ 행거(hanger)
④ 서포트(support)

🔍
- 행거 : 배관의 무게를 잡아주는 장치
- 서포트 : 배관의 무게를 밑에서 받쳐주는 장치
- 리스트레인트 : 열팽창에 의한 배관의 측면이동을 구속하는 장치
- 브레이스 : 열팽창, 중력 이외의 진동, 충격에 의한 배관이동을 억제하는 장치

68 파이프 벤딩 머신으로서 현장용으로 많이 사용되며 수동식은 50A, 동력식은 100A 까지 상온에서 밴딩이 가능한 것은?

① 로타리식　　② 다이헤드식
③ 램식　　　　④ 호브식

🔍
- 램식(유압식) : 관경 50A~100A 에 사용되는 현장용으로 상온가공이 가능하다.
- 로타리식 : 모래 대신 심봉을 넣고 벤딩하는 형식으로 두께에 관계없이 강관, 스텐리스 강관, 동관, 황동관 등 벤딩이 가능하다.
- 다이헤드식 및 호브식 : 나사절삭용 전용기 계로 관의 절단, 절삭 및 리머작업이 가능하다.

69 동관 접합 작업과 관계가 없는 것은?

① 익스팬더　　② 사이징 툴
③ 턴 핀　　　　④ 티 뽑기

🔍 턴 핀 : 접합하려는 연관의 끝부분을 필요한 크기로 넓히기 위한 연관용 공구

70 전기용접봉의 피복제의 역할이 아닌 것은?

① 아크를 안정되게 한다.
② 전기 절연작용을 한다.
③ 전기 소모량이 저하된다.
④ 용착금속에 적당한 합금원소를 공급한다.

🔍 피복제의 역할
- 대기 중 산소, 질소 등의 침입을 방지하고 용융금속을 보호
- 아크를 안전하게 한다.
- 용접 금속에 탈산 및 정련작용을 한다.
- 용융금속의 응고 및 냉각속도를 지연시킨다.
- 용접 금속에 적당한 합금원소를 첨가한다.
- 전기 절연작용을 한다.

71 경질 염화비닐관(PVC)용 이음의 특징 설명으로 틀린 것은?

① 녹이나 부식의 염려가 없다.
② 가벼우며 견고하다.
③ 내면이 거칠어 유량이 적다.
④ 배관시공이 손쉽다.

🔍 경질 염화비닐관(PVC)의 특징
- 녹이나 부식의 염려가 없다.
- 가격이 저렴하고, 가볍고 견고하다.
- 내, 외면이 매끄러워 유량이 크며, 오물의 부착이 적다.
- 배관 시공이 용이하다.

72 가스절단에 활용되는 가스로는 프로판 가스와 아세틸렌가스를 들 수 있다. 아세틸렌가스와 비교한 프로판가스의 특징으로 볼 수 없는 것은?

① 절단면이 미세하여 깨끗하다.
② 절단개시까지 시간이 빠르며 중성 불꽃을 만들기 쉽다.
③ 슬랙 제거가 용이하다.
④ 후판 절단 시는 아세틸렌 보다 빠르다.

🔍 가스절단(아세틸렌)의 특징
- 점화하기 쉽다.
- 절단개시까지의 시간이 빠르며, 중성 불꽃을 만들기 쉽다.
- 얇은판 절단 시 프로판보다 절단속도가 빠르다.

73 주철관 접속방법 중 직관을 임의의 길이로 절단하고, 고무로 된 슬리브 커플링을 절단면 양쪽에 끼우고 스텐리스강 커플링 조임 밴드로 조임하는 방법을 사용하는 접속법은?

① 주철관 기계적(Mechnical)이음
② 주철관 타이톤(Tyton)이음
③ 주철관 소켓(Socket)이음
④ 주철관 노허브(No-hub)이음

- 주철관 기계적(Mechnical)이음 : 고무링을 압륜(押輪)으로 죄어 볼트로 체결한 것으로 150mm 이하의 수도관에 사용된다. 기밀성이 좋고, 수중 작업이 가능하며, 수련공이 필요하지 않다.
- 주철관 타이톤(Tyton)이음 : 고무링 하나만으로 이음이 가능하여 이음 과정이 간편하고 신속하다, 온도변화에 따른 신축이 자유롭다.
- 주철관 소켓(Socket)이음 : 연납이음이라고도 하며 건축물의 배수배관 및 지름이 작은 관에 주로 사용된다. 얀(yarn)을 단단히 박아 넣고 납을 한번에 채우는 방법으로 이음 한다.

74 배관공사에 많이 사용하는 도료로서 희생전극이 되어 강관의 부식을 방지하는 전기적 부식작용을 발생하는 도료는?

① 알루미늄도료 ② 산화철도료
③ 고농도 아연도료 ④ 합성수지도료

- 고농도 아연도료 : 핀홀 등에 고인 물에 의해 철 대신 주위의 아연이 대신 부식되어 철을 부식으로 부터 방지하는 전기 부식작용을 행하는 방청도료이다.

75 강관의 접합 방법에 속하지 않는 것은?

① 나사이음 ② 용접이음
③ 플랜지이음 ④ 소켓이음

- 소켓이음 : 동관 용접이음, 주철관 이음

76 보온재 중 흔히 스치로폴이라고도 하며, 체적의 97~98%가 공기로 되어있어 열차단 능력이 우수하고, 내수성도 뛰어난 보온재는?

① 발포 폴리스티렌 ② 경질 우레탄 폼
③ 콜크 ④ 그래스 울

- 발포 폴리스티렌 : 안전사용온도 60℃ 이하의 보냉재로 열차단 능력이 우수하고 내수성이 우수하다.

77 동관의 용접이음은 어떤 현상을 이용하는가?

① 모세관 현상
② 단락 현상
③ 용착 현상
④ 고착 현상

- 동관의 용접이음 : 은납이 틈새를 스며드는 모세관 현상을 이용

78 관을 가열하여 구부릴 때의 작업요령으로 잘못된 것은?

① 파이프 속에 모래를 채우고 양끝을 막는다.
② 내열성이 큰 젖은 모래를 사용한다.
③ 가열 횟수는 되도록 적게 한다.
④ 구부릴 부분을 여러 등분하여 석필로 표시한다.

- 관의 열간밴딩 작업 : 건사(마른모래)를 사용하여 열응력을 방지한다.

79 다음 그림에서 공기빼기 밸브(AV)는 어느 지점에 설치하는 것이 가장 좋은가?

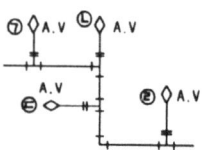

① ㉠ 지점 ② ㉡ 지점
③ ㉢ 지점 ④ ㉣ 지점

- 공기방출기 : 배관내의 공기는 가벼우므로 입상관의 꺾이는 곳에 공기빼기 밸브를 설치하는 것이 공기방출에 가장 효과적이다.

80 배관의 이음도시 중 용접 등의 영구이음 형태를 나타내는 것은?

- ① : 용접이음 ② : 플랜지이음
- ③ : 유니언 ④ : 나사이음

81 금속 특유의 복사열에 대한 반사 특성을 이용하여 보온효과를 얻는 대표적인 금속질 보온재는?

① 알루미늄박 보온재
② 철박 보온재
③ 주석 보온재
④ 스테인리스 보온재

🔍 금속질 보온재 : 알루미늄박, 복사열의 반사 특성을 이용하여 보온효과를 얻는다.

82 무기질 보온재에 대한 설명이다. 잘못된 것은?

① 암면은 석면에 비해 섬유가 거칠어서 부러지기 쉽다.
② 규조토질 보온재는 열전도율이 다른 보온재보다 크며 시공 후 건조시간이 길다.
③ 탄산마그네슘의 안전사용온도는 500℃ 이하이다.
④ 규산칼슘은 압축강도가 크고 내수성, 내구성이 커서 고온 공업용에 많이 쓰인다.

🔍 • 무기질 보온재(고온용 보온재 : 200~800℃에서 보온효과가 있는 재질
• 종류 : 탄산마그네슘(250℃), 그라스 울(300℃), 석면, 규조토, 암면(500℃), 규산칼슘(650℃), 세레믹 화이버(1,000℃)

83 동관의 접합방식 중 슬리브 너트와 체결너트를 사용하는 접합방법은?

① 플레어 접합   ② 플랜지 접합
③ 용접 접합   ④ 납땜 접합

🔍 플레어 접합(압축이음) : 동관을 나팔관 모양으로 확관하여 분해, 조립을 용이하게 하기 위한 너트를 이용한 나사결합 방식

84 다음 중 파이프 절단용 장비에 속하지 않는 것은?

① 포터블 소잉 머신
② 고정식 기계톱
③ 동력용 나사절삭기
④ 커팅 휠 절단기

🔍 동력용 나사절삭기 : 파이프의 자동 나사 절삭 장비

85 연단과 아마인유를 혼합한 방청 도료로서 밀착력이 강하고 도막(塗膜)은 질이 조밀하여 풍화에 잘 견디므로 기계류의 도장 밑칠에 사용되는 도료는?

① 알루미늄 도료
② 광명단 도료
③ 산화철 도료
④ 합성수지 도료

🔍 • 알루미늄 도료 : 은분
• 산화철 도료 : 산화 제 2철에 아마인유를 혼합하여 만든 것으로 녹 방지 효과는 저조하다.
• 합성수지 도료 : 프탈산계, 요소 메라민계, 실리콘 수지계, 염화비닐계 등이 있다.

86 일반적으로 단열재와 보온재, 보냉재는 무엇을 기준으로 하여 구분하는가?

① 압축강도   ② 열전도도
③ 안전사용 온도   ④ 내화도

🔍 단열재, 보온재, 보냉재
• 단열재 : 안전사용온도 800~1200℃에서 단열 효과가 있는 것
• 보온재 : 안전사용온도 200~800℃에서 보온 효과가 있는 것
• 보냉재 : 안전사용온도 100℃ 이하에서 보냉 효과가 있는 것

87 외부공기를 되도록 보온재의 겉쪽에서 차단하여 보온재의 내부나 관 표면의 결로현상을 방지하기 위하여 보온·단열 시공 후 반드시 시행해야 할 작업은?

① 보습   ② 방습
③ 도장   ④ 방청

🔍 보온·단열재
수분을 흡수하면 열전도율이 증가한다.

88 탄산마그네슘 보온재는 염기성 탄산마그네슘에 석면을 몇 % 정도 배합하는가?

① 10%   ② 15%
③ 20%   ④ 25%

🔍 탄산마그네슘 보온재
석면 15%, 탄산마그네슘 85% 배합된 안전사용온도 250℃ 정도인 무기질 보온재이다.

정답 ▶ 81 ① 82 ③ 83 ① 84 ③ 85 ② 86 ③ 87 ② 88 ②

89 가교화 폴리에틸렌관의 특징 설명으로 틀린 것은?

① 보통 100℃ 이상의 온수용으로 주로 사용된다.
② 동파, 녹, 부식이 없고 스케일이 생기지 않는다.
③ 기계적 특성 및 내화학성이 우수하다.
④ 시공 및 운반비가 저렴하여 경제적이다.

> 가교화 폴리에틸렌관 : 온수온돌 난방에 사용 되며 가볍고 시공성이 우수하며, 부식 및 스케일의 생성이 없다.
> • 사용온도 범위 : -40 ~ 95℃

90 가스절단 방법으로 관 재료를 절단할 때 가장 양호한 절단면을 얻을 수 있는 관은?

① 강관
② 동관
③ 주철관
④ 황동관

> 가스절단 : 가스 절단 시 발생하는 산화철의 용융온도가 탄소강보다 낮아 절단이 쉽게 이루어진다.

91 다음과 같은 동관 이음쇠의 올바른 호칭은?

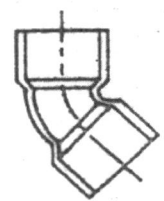

① 45° 엘보 C×C
② 45° 엘보 M×M
③ 45° 엘보 F×F
④ 45° 엘보 T×T

> C × C : 소켓×소켓

92 빔에 턴버클을 연결하여 파이프를 아래 부분을 받쳐 달아 올린 것이며 수직방향에 변위가 없는 곳에 사용하는 것은?

① 리지드 서포트   ② 리지드 행거
③ 스토퍼   ④ 스프링 서포트

> 행거 : 위에서 메달아 관을 지지하는 기구
> • 종류 : 리지드, 스프링, 콘스탄트 등
> • 리지드 : 빔에 턴버클을 연결하여 파이프를 아래 부분을 받쳐 올린 것으로 수직방향에 변위가 없는 곳에 사용하는 것
> • 스프링 행거 : 배관에서 발생하는 진동과 소음을 방지하기 위해 턴 버클 대신 스프링을 사용한 것
> • 콘스탄트 행거 : 배관의 상하 이동을 허용 하면서 배관 지지력을 일정하게 유지한 것

93 동관이음의 납땜에서 경납땜에 속하지 않는 것은?

① 황동납
② 인동납
③ 양은납
④ 주석납

> 경납 땜
> 황동납, 인동납, 은납, 양은납 등

94 금속 개스킷의 사용온도가 고온부터 저온으로 바르게 나열한 것은?

① 주석 → 크롬강 → 납 → 구리
② 크롬강 → 주석 → 구리 → 납
③ 구리 → 납 → 주석 → 크롬강
④ 납 → 주석 → 구리 → 크롬강

> 크롬강 : 650℃, 주석 : 400℃, 구리 : 300℃,
> 모넬메탈 : 250℃, 납 : 200℃

95 직관에서 분기관을 성형 시 사용하는 공구는?

① 티 뽑기
② 사이징 투울
③ 익스팬더
④ 튜브밴더

> 동관용 공구
> • 사이징 툴 : 동관 끝을 원형으로 성형
> • 플레어링 툴 셋 : 동관 끝을 나팔관 모양으로 확관
> • 익스팬더 : 동관 끝을 소켓용으로 확관
> • 튜브밴더 : 동관의 밴딩용 공구
> • 튜브커터 : 동관의 절단용 공구
> • 티뽑기 : 직관에서 분기관을 성형시 사용
> • 리머 : 관 내의 거스러미를 제거

96 체크밸브(check valve)에 관한 설명으로 잘못된 것은?

① 유체의 역류 방지용으로 가용된다.
② 풋형은 펌프 운전 중에 흡입측 배관내 물이 들어가지 않도록 하기 위하여 사용된다.
③ 스윙형은 수직, 수평배관에 모두 사용할 수 있다.
④ 리프트형은 수직배관에만 사용할 수 있다.

🔍 체크밸브
유체의 역류방지용으로 스윙식과 리프트식 있으며, 리프트식은 수평배관에만 사용한다.

97 투영에 의한 배관 등의 표시방법에서 정 투영도가 아래의 기호와 같을 때 상태를 바르게 표현한 것은?

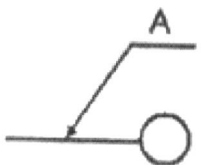

① 관 A가 화면에 직각으로 화면 아래쪽으로 처진 경우
② 관 A가 화면에서 직각으로 앞쪽에 서 있는 경우
③ 관 A가 화면에서 수평으로 앞쪽에 서 있는 경우
④ 관 A가 화면에서 수평으로 아래쪽으로 처진 경우

98 보온재의 표준 두께 결정 시 고려할 사항과 가장 거리가 먼 것은?

① 내용 연수
② 실내, 외 온도
③ 보온재의 열전도율
④ 기공성

🔍 보온재의 표준두께 결정 시 고려사항
• 실내, 외 온도 · 보온재의 열전도율
• 내용 연수 · 시공가격
• 보온재 내부온도

99 루프형 신축이음의 곡관부의 굽힘 반경은?

① R ≧ 2 D
② R ≧ 4 D
③ R ≧ 6 D
④ R ≧ 8 D

🔍 루프형
고압배관에 사용하여 신축량이 크지만 응력이 발생한다. 곡율 반경은 6배 정도로 한다.

100 동관의 경우 배관길이 몇 m 당 1개의 신축이음쇠를 설치하는 것이 좋은가?

① 20 m
② 30 m
③ 40 m
④ 50 m

🔍 신축이음의 간격 - 동관 : 20m 마다, 강관 : 30m 마다

101 유체의 저항이 적고 유로를 급속하게 개폐가 90°회전으로 완전히 되는 것은?

① 앵글밸브
② 글로브 밸브
③ 슬루스 밸브
④ 콕크

🔍 콕크
관로의 전개와 전폐가 90°에서 이루어지는 형식

102 그림과 같은 밸브의 명칭으로 맞는 것은?

① 볼 밸브
② 체크밸브
③ 게이트 밸브
④ 버터플라이 밸브

🔍 게이트 밸브(슬루스 밸브)
관로 개폐용으로 사용

103 이음쇠 안쪽에 내장된 그래브링과 O-링에 의한 삽입식 접합으로 나사 및 용접 이음이 필요 없고 이종관 과의 접합 시 커넥터 및 어댑터를 사용하여 나사이음을 하는 관은?

① 스테인리스강 이음관
② 폴리부틸렌(PB) 이음관
③ 폴리에틸렌(PE) 이음관
④ 열경화성 PVC 이음관

> • 폴리부틸렌(PB)이음관 – 95℃에 사용하며 곡율반경은 관경의 8배정도이고, 신축성이 양호하고, 동결에 의한 파손이 적다. 온돌 난방배관, 식수 및 온수배관, 화학 배관 등에 사용된다.
> • 폴리에틸렌(PE)이음관 – 영하 60℃의 한냉지 배관에 적합하지만, 외부손상을 받기 쉽고 인장강도가 적다.

104 용접부 균열 중 저온균열에 속하는 것은?

① 횡 균열 ② 크레이터 균열
③ 병배 균열 ④ 설퍼 균열

> 저온균열
> 300℃ 이하에서 용접금속의 응고 후 48시간 이내에 발생하기 때문에 Delayed Crack 이라고도 한다
> • 종류 : 횡 균열, 토우균열, 비드 밑 균열

105 정격 2차 전류가 300A이고 정격 사용율이 40%인 용접기에서 180A로 용접할 때 허용사용률은 약 얼마인가?

① 121% ② 111%
③ 101% ④ 91%

> • 허용사용율(%)
> $= \dfrac{(\text{정격 2차 전류})^2}{(\text{실제의 허용 전류})^2} \times \text{정격 사용율(\%)}$
> $= \dfrac{(300)^2}{(180)^2} \times 40 = 111.1\%$

106 열전도율이 극히 낮고, 사용온도는 초저온에서 약 80℃ 전후까지는 보온재로 사용되고, 현장 발포 시 두 가지 액의 화학반응에 의해 생성되므로 숙련된 시공기술 등을 충분히 고려한 후 시공해야 하는 보온재는?

① 블로울 ② 경질 폴리우레탄 폼
③ 세라크울 ④ 글라스 폼

> • 블로울 : 유리면 벌크를 입상화 시킨 것으로 안전사용온도가 500℃ 정도이다.
> • 세라크울 : 2000℃의 고온에서 알루미나 와 실리카를 용융시켜 여기에 공기를 고속 분사하여 섬유화하는 방법으로 만든 것
> • 글라스 폼 : 용융 상태인 유리에 압축공기 또는 증기를 분사시켜 짧은 섬유모양으로 만든 것

107 관 이음쇠의 사용목적에 따른 분류 중 적합하지 않은 것은?

① 관의 방향을 바꿀 때 : 엘보, 벤드
② 관을 도중에서 분기할 때 : 티, 크로스
③ 이경 관을 연결할 때 : 소켓, 유니온
④ 관의 끝을 막을 때 : 캡, 플러그

> 이경관을 연결할 때 : 레듀셔, 부싱

108 보온을 하지 않은 나관에서의 방산열량이 100kcal/m²h이고 석면보온재로 시공한 후의 방산 열량이 50kcal/m²h이었다면 보온효율은 몇 % 인가?

① 75% ② 65%
③ 55% ④ 50%

> 보온효율
> $= \dfrac{\text{나관의 손실열} - \text{보온면의 손실열}}{\text{나관의 손실열}} \times 100$
> $= \dfrac{100-50}{100} \times 100 = 50\%$

109 배관의 구배에 대한 설명으로 바르지 않은 것은?

① 급탕온수 배관에서 열원으로부터 급수관은 일정한 상향구배로 시공한다.
② 배수배관은 일정한 구배로 상향구배 시공한다.
③ 가스배관에서는 드레인 밸브를 설치한 후에 하향구배로 시공한다.
④ 급탕온수 배관에서 환수관은 열원에 향하여 하향구배로 시공한다.

> 배수배관
> 하향배관으로 시공한다.

 103 ② 104 ① 105 ② 106 ② 107 ③ 108 ④ 109 ②

110 가스 절단 시 양호한 절단면을 얻기 위한 조건으로 틀린 것은?

① 드래그가 가능한 한 작을 것
② 절단면 표면의 각이 예리할 것
③ 슬래그 이탈이 양호할 것
④ 절단면이 평활하고 드래그 홈이 높을 것

> 가스 절단 시 양호한 절단면을 얻기 위한 조건
> • 드래그가 가능한 한 작을 것
> • 절단면 표면의 각이 예리할 것
> • 슬래그 이탈이 양호할 것
> • 절단면이 평활하고 드래그 홈이 낮을 것
> • 경제적인 절단이 이루어질 것

111 배관 도면상의 높이치수 기입법에 관한 설명으로 맞는 것은?

① 건물의 바닥면을 기준하여 높이를 표시할 때 FL로 기입한다.
② EL에서 관 외경의 윗면까지를 높이로 표시할 때 BOP로 기입한다.
③ EL에서 관 외경의 밑면까지를 높이로 표시할 때 TOB로 기입한다.
④ 기준면보다 낮을 때는 EL 다음에 (+)부호를 붙이고 치수를 기입한다.

> • TOB : EL에서 관 외경의 윗면까지를 높이로 표시.
> • BOP : EL에서 관 외경의 밑면까지를 높이로 표시.
> • 기준면보다 낮을 때는 EL 다음에 (−)부호를 붙이고 치수를 기입한다.

112 다음 중 교류 아크 용접기에 해당되지 않는 것은?

① 가동 철심형
② 가동 코일형
③ 정류기형
④ 탭 전환형

> 교류 아크 용접기
> 가동 철심형, 가동 코일형, 탭 전환형, 가포

113 가볍고 유연성이 있으며 약 90℃에서 연화하지만 저온에 강하고 영하 60℃에서도 취화하지 않아 한랭지 배관에 적합한 것은?

① 동관
② 스테인리스 주름관
③ XL-PE관
④ 폴리 에틸렌관

> 폴리 에틸렌관
> 저온에 강하여 영하 60℃에서도 취화하지 않아 한랭지 배관에 적합하나 재질이 부드러워 외부에 손상이 쉽고 인장강도가 적다.

114 배관시공 시 보온재로 사용되는 석면에 대한 설명으로 가장 옳은 것은?

① 다른 보온재에 비해 단열효과가 낮으며, 800℃ 이하의 파이프나 탱크 등에 사용한다.
② 400℃ 이하의 파이프나 탱크, 노벽 등의 보온재로 적합하며, 400℃를 초과하면 탈수 분해된다.
③ 열전도율이 작고 300~320℃에서 열분해 되며, 방습 가공한 것은 습기가 많은 곳의 옥외 배관에 사용한다.
④ 석회석을 주원료로 사용하며 화학적으로 결합시켜 만든 것으로 사용온도는 650℃까지이다.

> • 석면 보온재 : 400℃ 이하의 파이프나 탱크, 노벽 등 진동이 있는 곳에 적합하다. 400℃를 초과하면 탈수 분해된다.
> • 루프형 : 고압배관에 사용하여 신축량이 크지만 응력이 발생한다. 곡율 반경은 6배 정도로 한다.

정답 110 ④ 111 ① 112 ③ 113 ④ 114 ②

CHAPTER 03

Craftsman Energy Management

에너지 이용합리화 관계법규

Section 01 에너지관계법규

SECTION 01 에너지관계법규

STEP 01 에너지법

1. 목적
안정적이고 효율적이며 환경친화적인 에너지 수급(需給) 구조를 실현하기 위한 에너지정책 및 에너지 관련 계획의 수립·시행에 관한 기본적인 사항을 정함으로써 국민경제의 지속가능한 발전과 국민의 복리(福利) 향상에 이바지하는 것을 목적으로 한다.

2. 용어의 정의

1) **에너지** : 연료·열 및 전기를 말한다.

2) **연료** : 석유·가스·석탄, 그 밖에 열을 발생하는 열원(熱源)을 말한다.(단, 제품의 원료로 사용되는 것은 제외)

3) **신·재생에너지**
   ① 신에너지 : 석유·석탄·원자력 또는 천연가스가 아닌 에너지로 수소에너지, 연료전지, 석탄을 액화·가스화한 에너지 및 중질잔사유(重質殘渣油)를 가스화한 에너지 등이 해당된다.
   ② 재생에너지 : 햇빛·물·지열(地熱)·강수(降水)·생물유기체 등을 포함하는 재생 가능한 에너지를 변환시켜 이용하는 에너지로서 태양에너지, 풍력, 수력, 해양에너지, 지열에너지, 생물자원을 변환시켜 이용하는 바이오에너지 등이 해당된다.

4) **에너지사용시설** : 에너지를 사용하는 공장·사업장 등의 시설이나 에너지를 전환하여 사용하는 시설을 말한다.

5) **에너지사용자** : 에너지사용시설의 소유자 또는 관리자를 말한다.

6) **에너지공급설비** : 에너지를 생산·전환·수송 또는 저장하기 위하여 설치하는 설비를 말한다.

7) **에너지공급자** : 에너지를 생산·수입·전환·수송·저장 또는 판매하는 사업자를 말한다.

8) **에너지이용권** : 저소득층 등 에너지 이용에서 소외되기 쉬운 계층의 사람이 에너지공급자에게 제시하여 냉방 및 난방 등에 필요한 에너지를 공급받을 수 있도록 일정한 금액이 기재(전자적 또는 자기적 방법에 의한 기록을 포함)된 증표를 말한다.

9) **에너지사용기자재** : 열사용기자재나 그 밖에 에너지를 사용하는 기자재를 말한다.

10) **열사용기자재** : 연료 및 열을 사용하는 기기, 축열식 전기기기와 단열성(斷熱性) 자재로서 산업통상자원부령으로 정하는 것을 말한다.

11) **온실가스**
   ① 저탄소 녹색성장 기본법에 따른 온실가스를 말한다.
   ② 이산화탄소(CO_2), 메탄(CH_4), 아산화질소(N_2O), 수소불화탄소(HFCs), 과불화탄소(PFCs), 육불화황(SF_6) 등으로 적외선 복사열을 흡수하거나 재방출하여 온실효과를 유발하는 대기 중의 가스 상태의 물질을 말한다.

3. 지역에너지계획(지역계획)의 수립

1) **수립 및 시행** : 특별시장·광역시장·특별자치시장·도지사 또는 특별자치도지사(이하 "시·도지사"라 한다.)가 관할 구역의 지역적 특성을 고려하여 5년마다 5년 이상을 계획기간으로 하여 수립·시행

2) **지역계획에 포함될 사항**
   ① 에너지 수급의 추이와 전망에 관한 사항
   ② 에너지의 안정적 공급을 위한 대책에 관한 사항
   ③ 신·재생에너지 등 환경친화적 에너지 사용을 위한 대책에 관한 사항
   ④ 에너지 사용의 합리화와 이를 통한 온실가스의 배출감소를 위한 대책에 관한 사항
   ⑤ 집단에너지공급대상지역으로 지정된 지역의 경우 그 지역의 집단에너지 공급을 위한 대책에 관한 사항
   ⑥ 미활용 에너지원의 개발·사용을 위한 대책에 관한 사항
   ⑦ 그 밖에 에너지시책 및 관련 사업을 위하여 시·도지사가 필요하다고 인정하는 사항

3) **제출** : 지역계획을 수립한 시·도지사는 이를 산업통상자원부장관에게 제출하여야 하며 수립된 지역계획을 변경하였을 때에도 제출

4. 비상시 에너지수급계획(비상계획)의 수립

1) **수립** : 에너지 수급에 중대한 차질이 발생할 경우에 대비하여 산업통상자원부장관이 수립하여 에너지위원회의 심의를 거쳐 확정

2) **비상계획에 포함될 사항**
   ① 국내외 에너지 수급의 추이와 전망에 관한 사항
   ② 비상시 에너지 소비 절감을 위한 대책에 관한 사항
   ③ 비상시 비축(備蓄)에너지의 활용 대책에 관한 사항
   ④ 비상시 에너지의 할당·배급 등 수급조정 대책에 관한 사항
   ⑤ 비상시 에너지 수급 안정을 위한 국제협력 대책에 관한 사항
   ⑥ 비상계획의 효율적 시행을 위한 행정계획에 관한 사항

5. 에너지위원회

1) **구성** : 주요 에너지정책 및 에너지 관련 계획에 관한 사항을 심의하기 위하여 산업통상자원부장관 소속으로 위원장 1명을 포함한 25명 이내의 위원으로 구성(위원장은 산업통상자원부장관)

2) **위원회의 기능**
   ① 에너지기본계획 수립·변경의 사전심의에 관한 사항
   ② 비상계획에 관한 사항
   ③ 국내외 에너지개발에 관한 사항
   ④ 에너지와 관련된 교통 또는 물류에 관련된 계획에 관한 사항
   ⑤ 주요 에너지정책 및 에너지사업의 조정에 관한 사항
   ⑥ 에너지와 관련된 사회적 갈등의 예방 및 해소 방안에 관한 사항
   ⑦ 에너지 관련 예산의 효율적 사용 등에 관한 사항
   ⑧ 원자력 발전정책에 관한 사항
   ⑨ 「기후변화에 관한 국제연합 기본협약」에 대한 대책 중 에너지에 관한 사항
   ⑩ 다른 법률에서 위원회의 심의를 거치도록 한 사항
   ⑪ 그 밖에 에너지에 관련된 주요 정책사항에 관한 것으로서 위원장이 회의에 부치는 사항

6. 에너지기술개발계획

1) **수립 및 시행** : 정부는 10년 이상을 계획기간으로 하는 에너지기술개발계획을 5년마다 수립하고, 이에 따른 연차별 실행계획을 수립·시행(관계 중앙행정기관의 장의 협의와 국가과학기술자문회의의 심의를 거쳐서 수립)

2) **에너지기술개발계획에 포함될 사항**
   ① 에너지의 효율적 사용을 위한 기술개발에 관한 사항
   ② 신·재생에너지 등 환경친화적 에너지에 관련된 기술개발에 관한 사항
   ③ 에너지 사용에 따른 환경오염을 줄이기 위한 기술개발에 관한 사항
   ④ 온실가스 배출을 줄이기 위한 기술개발에 관한 사항
   ⑤ 개발된 에너지기술의 실용화의 촉진에 관한 사항
   ⑥ 국제 에너지기술 협력의 촉진에 관한 사항
   ⑦ 에너지기술에 관련된 인력·정보·시설 등 기술개발자원의 확대 및 효율적 활용에 관한 사항

7. 한국에너지기술평가원

1) **설립 목적** : 에너지기술 개발에 관한 사업의 기획·평가 및 관리 등을 효율적으로 지원하기 위하여 법인으로 설립

2) **평가원의 사업내용**
   ① 에너지기술개발사업의 기획, 평가 및 관리
   ② 에너지기술 분야 전문인력 양성사업의 지원
   ③ 에너지기술 분야의 국제협력 및 국제 공동연구사업의 지원

④ 그 밖에 에너지기술 개발과 관련하여 대통령령으로 정한 다음의 사업
㉮ 에너지기술개발사업의 중장기 기술 기획
㉯ 에너지기술의 수요조사, 동향분석 및 예측
㉰ 에너지기술에 관한 정보·자료의 수집, 분석, 보급 및 지도
㉱ 에너지기술에 관한 정책수립의 지원
㉲ 에너지기술개발사업비의 운용·관리(관계 중앙행정기관의 장이 그 업무를 담당하게 하는 경우만 해당)
㉳ 에너지기술개발사업 결과의 실증연구 및 시범적용
㉴ 에너지기술에 관한 학술, 전시, 교육 및 훈련
㉵ 그 밖에 산업통상자원부장관이 에너지기술 개발과 관련하여 필요하다고 인정하는 사업

8. 에너지이용권

1) 에너지이용권의 수급자
① 다음의 어느 하나에 해당하는 사람이 속한 세대의 세대원으로서 생계급여 수급자 또는 의료급여 수급자
㉮ 65세 이상의 사람
㉯ 영유아
㉰ 장애인
㉱ 임산부
② 그 밖에 경제적·사회적·지리적 제약 등으로 인하여 에너지 이용에 대한 지원이 필요하다고 산업통상자원부장관이 인정하여 고시하는 사람

2) 에너지이용권의 사용
① 에너지이용권을 발급받은 사람은 에너지공급자에게 에너지이용권을 제시하고, 에너지를 공급받을 수 있다.
② 에너지이용권을 제시받은 에너지공급자는 정당한 사유 없이 에너지 공급을 거부할 수 없다.
③ 누구든지 에너지이용권을 판매·대여하거나 부정한 방법으로 사용해서는 아니 된다.
④ 산업통상자원부장관은 이용자가 에너지이용권을 판매·대여하거나 부정한 방법으로 사용한 경우에는 그 에너지이용권을 회수하거나 에너지이용권 기재금액에 상당하는 금액의 전부 또는 일부를 환수할 수 있다.

9. 기타

1) 에너지복지 사업
① 정부는 모든 국민에게 에너지가 보편적으로 공급되도록 하기 위하여 지원사업을 할 수 있다.
② 지원사업 내용
㉮ 에너지이용 소외계층에 대한 에너지의 공급
㉯ 냉방·난방 장치의 보급 등 에너지이용 소외계층에 대한 에너지이용 효율의 개선
㉰ 그 밖에 에너지이용 소외계층의 에너지 이용 관련 복리의 향상에 관한 사항

2) 에너지 관련 통계의 관리 · 공표

① 산업통상자원부장관은 기본계획 및 에너지 관련 시책의 효과적인 수립·시행을 위하여 국내외 에너지 수급에 관한 통계를 작성·분석·관리하며, 관련 법령에 저촉되지 아니하는 범위에서 이를 공표할 수 있다.
② 산업통상자원부장관은 매년 다음 각 호에 따른 통계를 작성·분석하며, 그 결과를 공표할 수 있다.
　㉮ 에너지 사용 및 산업 공정에서 발생하는 온실가스 배출량
　㉯ 에너지이용 소외계층의 에너지 이용현황 등
③ 산업통상자원부장관은 필요하다고 인정하면 다음에 따라 에너지 총조사를 할 수 있다.
　㉮ 에너지 수급에 관한 통계를 작성하는 경우에는 산업통상자원부령으로 정하는 에너지열량 환산기준을 적용하여야 한다.
③ 에너지 총조사는 3년마다 실시하되, 산업통상자원부장관이 필요하다고 인정할 때에는 간이조사를 실시할 수 있다.

STEP 02 에너지이용합리화법

1. 목적

에너지의 수급(需給)을 안정시키고 에너지의 합리적이고 효율적인 이용을 증진하며 에너지소비로 인한 환경피해를 줄임으로써 국민경제의 건전한 발전 및 국민복지의 증진과 지구온난화의 최소화에 이바지함을 목적으로 한다.

2. 정부와 에너지사용자 · 공급자 등의 책무

1) **정부** : 에너지의 수급안정과 합리적이고 효율적인 이용을 도모하고 이를 통한 온실가스의 배출을 줄이기 위한 기본적이고 종합적인 시책을 강구하고 시행할 책무를 진다.

2) **지방자치단체** : 관할 지역의 특성을 고려하여 국가에너지정책의 효과적인 수행과 지역경제의 발전을 도모하기 위한 지역에너지시책을 강구하고 시행할 책무를 진다.

3) **에너지사용자 및 에너지공급자** : 국가나 지방자치단체의 에너지시책에 적극 참여하고 협력하여야 하며, 에너지의 생산·전환·수송·저장·이용 등에서 그 효율을 극대화하고 온실가스의 배출을 줄이도록 노력하여야 한다.

4) **에너지사용기자재와 에너지공급설비를 생산하는 제조업자** : 해당 기자재와 설비의 에너지효율을 높이고 온실가스의 배출을 줄이기 위한 기술의 개발과 도입을 위하여 노력하여야 한다.

5) **국민** : 일상생활에서 에너지를 합리적으로 이용하여 온실가스의 배출을 줄이도록 노력하여야 한다.

3. 에너지이용 합리화를 위한 계획 및 조치

1) 에너지이용 합리화 기본계획
① 산업통상자원부장관은 에너지를 합리적으로 이용하게 하기 위하여 에너지이용 합리화에 관한 기본계획(이하 "기본계획"이라 한다)을 수립하여야 한다.
② 기본계획을 수립하려면 관계 행정기관의 장과 협의한 후 에너지위원회의 심의를 거쳐야 한다.
③ 기본계획에 포함될 사항
- ㉮ 에너지절약형 경제구조로의 전환
- ㉯ 에너지이용효율의 증대
- ㉰ 에너지이용 합리화를 위한 기술개발
- ㉱ 에너지이용 합리화를 위한 홍보 및 교육
- ㉲ 에너지원간 대체(代替)
- ㉳ 열사용기자재의 안전관리
- ㉴ 에너지이용 합리화를 위한 가격예시제(價格豫示制)의 시행에 관한 사항
- ㉵ 에너지의 합리적인 이용을 통한 온실가스의 배출을 줄이기 위한 대책
- ㉶ 그 밖에 에너지이용 합리화를 추진하기 위하여 필요한 사항으로서 산업통상자원부령으로 정하는 사항

2) 에너지이용 합리화 실시계획
① 관계 행정기관의 장과 특별시장·광역시장·도지사 또는 특별자치도지사(이하 "시·도지사"라 한다)는 기본계획에 따라 에너지이용 합리화에 관한 실시계획을 수립하고 시행하여야 한다.
② 관계 행정기관의 장 및 시·도지사는 실시계획과 그 시행 결과를 산업통상자원부장관에게 제출하여야 한다.
③ 산업통상자원부장관은 위원회의 심의를 거쳐 제출된 실시계획을 종합·조정하고 추진상황을 점검·평가하여야 한다.

4. 수급안정을 위한 조치

산업통상자원부장관은 국내외 에너지사정의 변동에 따른 에너지의 수급차질에 대비하기 위하여 대통령령으로 정하는 주요 에너지사용자와 에너지공급자에게 에너지저장시설을 보유하고 에너지를 저장하는 의무를 부과할 수 있다.

1) 에너지저장의무 부과대상자
① 전기사업자
② 도시가스사업자
③ 석탄가공업자
④ 집단에너지사업자
⑤ 연간 2만 석유환산톤(티오이) 이상의 에너지를 사용하는 자

2) 에너지저장의무를 부과할 때 고시할 사항
  ① 대상자
  ② 저장시설의 종류 및 규모
  ③ 저장하여야 할 에너지의 종류 및 저장의무량
  ④ 그 밖에 필요한 사항

3) 수급안정을 위한 조정·명령, 그밖에 필요한 조치 내용
  ① 지역별·주요 수급자별 에너지 할당
  ② 에너지공급설비의 가동 및 조업
  ③ 에너지의 비축과 저장
  ④ 에너지의 도입·수출입 및 위탁가공
  ⑤ 에너지공급자 상호 간의 에너지의 교환 또는 분배 사용
  ⑥ 에너지의 유통시설과 그 사용 및 유통경로
  ⑦ 에너지의 배급
  ⑧ 에너지의 양도·양수의 제한 또는 금지
  ⑨ 에너지사용의 시기·방법 및 에너지사용기자재의 사용 제한 또는 금지 등 대통령령으로 정하는 사항
  ⑩ 그 밖에 에너지수급을 안정시키기 위하여 대통령령으로 정하는 사항

5. 에너지공급자의 수요관리 투자계획

에너지공급자 중 대통령령으로 정하는 에너지공급자는 해당 에너지의 생산·전환·수송·저장 및 이용상의 효율향상, 수요의 절감 및 온실가스배출의 감축 등을 도모하기 위한 연차별 수요관리투자계획(이하 "투자계획"이라 한다)을 수립·시행하여야 한다.

1) 대통령령으로 정하는 에너지공급자
  ① 한국전력공사
  ② 한국가스공사
  ③ 한국지역난방공사

2) 투자계획에 포함될 사항
  ① 장·단기 에너지 수요 전망
  ② 에너지절약 잠재량의 추정 내용
  ③ 수요관리의 목표 및 그 달성 방법
  ④ 그 밖에 수요관리의 촉진을 위하여 필요하다고 인정하는 사항

3) 투자계획의 제출 및 변경
  ① 투자계획은 해당 연도 개시 2개월 전까지, 그 시행 결과는 다음 연도 2월 말까지 산업통상자원부장관에 제출
  ② 제출된 투자계획을 변경하는 경우 그 변경한 날부터 15일 이내에 산업통상자원부장관에게 그 변경된 사항을 제출

6. 에너지사용계획의 협의

사업주관자(일정규모 이상의 에너지를 사용하는 사업을 실시하거나 시설을 설치하려는 자)는 그 사업의 실시와 시설의 설치로 에너지수급에 미칠 영향과 에너지소비로 인한 온실가스(이산화탄소만을 말한다)의 배출에 미칠 영향을 분석하고, 소요에너지의 공급계획 및 에너지의 합리적 사용과 그 평가에 관한 계획(이하 "에너지사용계획"이라 한다)을 수립하여, 그 사업의 실시 또는 시설의 설치 전에 산업통상자원부장관에게 제출하여야 한다.

1) 에너지사용계획을 제출하여야 하는 대상
    ① 다음의 사업을 실시하려는 사업주관자
        ㉮ 도시개발사업
        ㉯ 산업단지개발사업
        ㉰ 에너지개발사업
        ㉱ 항만건설사업
        ㉲ 철도건설사업
        ㉳ 공항건설사업
        ㉴ 관광단지개발사업
        ㉵ 개발촉진지구개발사업 또는 지역종합개발사업
    ② 공공사업주관자
        ㉮ 국가, 지방자치단체, 공공기관
        ㉯ 연간 2천5백 티오이(TOE) 이상의 연료 및 열을 사용하는 시설
        ㉰ 연간 1천만 킬로와트시(kWh) 이상의 전력을 사용하는 시설
    ③ 민간사업주관자
        ㉮ 연간 5천 티오이(TOE) 이상의 연료 및 열을 사용하는 시설
        ㉯ 연간 2천만 킬로와트시(kWh) 이상의 전력을 사용하는 시설

2) 에너지사용계획에 포함될 사항
    ① 사업의 개요
    ② 에너지 수요예측 및 공급계획
    ③ 에너지 수급에 미치게 될 영향 분석
    ④ 에너지 소비가 온실가스(이산화탄소만 해당)의 배출에 미치게 될 영향 분석
    ⑤ 에너지이용 효율 향상 방안
    ⑥ 에너지이용의 합리화를 통한 온실가스(이산화탄소만 해당)의 배출감소 방안
    ⑦ 사후관리계획
    ⑧ 그 밖에 에너지이용 효율 향상을 위하여 필요하다고 산업통상자원부장관이 정하는 사항

> 의견의 청취 및 결과 통보
> 산업통상자원부장관은 에너지사용계획을 제출받은 경우에는 그날부터 30일 이내에 공공사업주관자에게는 그 협의 결과를, 민간사업주관자에게는 그 의견청취 결과를 통보하여야 한다. 다만, 산업통상자원부장관이 필요하다고 인정할 때에는 20일의 범위에서 통보를 연장할 수 있다.

7. 금융·세제상의 지원

정부는 에너지이용을 합리화하고 이를 통하여 온실가스의 배출을 줄이기 위하여 대통령령으로 정하는 에너지절약형 시설투자, 에너지절약형 기자재의 제조·설치·시공, 그 밖에 에너지이용 합리화와 이를 통한 온실가스배출의 감축에 관한 사업과 우수한 에너지절약 활동 및 성과에 대하여 금융상·세제상의 지원, 경제적 인센티브 제공 또는 보조금의 지급, 그 밖에 필요한 지원을 할 수 있다.

1) 에너지절약형 시설투자등
① 노후 보일러 및 산업용 요로(燎爐) 등 에너지다소비 설비의 대체
② 집단에너지사업, 열병합발전사업, 폐열이용사업과 대체연료사용을 위한 시설 및 기기류의 설치
③ 그 밖에 에너지절약 효과 및 보급 필요성이 있다고 산업통상자원부장관이 인정하는 에너지절약형 시설투자, 에너지절약형 기자재의 제조·설치·시공

2) 그 밖에 에너지이용 합리화와 이를 통한 온실가스배출의 감축에 관한 사업
① 에너지원의 연구개발사업
② 에너지이용 합리화 및 이를 통하여 온실가스배출을 줄이기 위한 에너지절약시설 설치 및 에너지기술개발사업
③ 기술용역 및 기술지도사업
④ 에너지 분야에 관한 신기술·지식집약형 기업의 발굴·육성을 위한 지원사업

8. 효율관리기자재의 지정

효율관리기자재란 상당량의 에너지를 소비하는 기자재 또는 에너지관련기자재(에너지를 사용하지 아니하나 그 구조 및 재질에 따라 열손실 방지 등으로 에너지절감에 기여하는 기자재)로서 산업통상자원부령으로 정하는 기자재를 말한다.

1) 효율관리기자재에 대한 고시 사항
① 에너지의 목표소비효율 또는 목표사용량의 기준
② 에너지의 최저소비효율 또는 최대사용량의 기준
③ 에너지의 소비효율 또는 사용량의 표시
④ 에너지의 소비효율 등급기준 및 등급표시
⑤ 에너지의 소비효율 또는 사용량의 측정방법
⑥ 그 밖에 효율관리기자재의 관리에 필요한 사항으로서 산업통상자원부령으로 정하는 사항

2) 제조업자 및 수입업자
① 효율관리시험기관에서 해당 효율관리기자재의 에너지 사용량을 측정받아 에너지소비효율등급 또는 에너지소비효율을 해당 효율관리기자재에 표시하여야 한다.
② 측정결과의 신고
  ㉮ 효율관리시험기관으로부터 에너지 사용량 측정 결과를 통보받은 날 또는 자체측정을 완료한 날부터 각각 90일 이내에 산업통상자원부장관(한국에너지공단에 위임)에게 신고하여야 한다.
  ㉯ 측정 결과 신고는 해당 효율관리기자재의 출고 또는 통관 전에 모델별로 하여야 한다.

③ 광고매체를 이용하여 효율관리기자재의 광고를 하는 경우에는 그 광고내용에 에너지소비효율등급 또는 에너지소비효율을 포함하여야 한다.

3) 효율관리기자재의 사후관리(산업통상자원부장관)
① 효율관리기자재가 고시한 내용에 적합하지 아니하면 그 효율관리기자재의 제조업자·수입업자 또는 판매업자에게 일정한 기간을 정하여 그 시정을 명할 수 있다.
② 효율관리기자재가 최저소비효율기준에 미달하거나 최대사용량기준을 초과하는 경우에는 해당 효율관리기자재의 제조업자·수입업자 또는 판매업자에게 그 생산이나 판매의 금지를 명할 수 있다.
③ 효율관리기자재가 고시한 내용에 적합하지 아니한 경우에는 그 사실을 공표할 수 있다.

9. 에너지절약 전문기업

1) 에너지절약 전문기업 : 제3자로부터 위탁을 받아 다음의 어느 하나에 해당하는 사업을 하는 자로서 산업통상자원부장관에게 등록을 한 자
① 에너지사용시설의 에너지절약을 위한 관리·용역사업
② 에너지절약형 시설투자에 관한 사업
③ 신에너지 및 재생에너지원의 개발 및 보급사업
④ 에너지절약형 시설 및 기자재의 연구개발사업

2) 등록 신청 및 기준
① 에너지절약전문기업으로 등록하려는 자는 장비, 자산 및 기술인력 등의 등록기준을 갖추어 산업통상자원부장관에게 등록을 신청하여야 한다.
② 등록신청 및 변경등록 시 제출서류
㉮ 등록신청서(등록사항 변경시에는 변경등록신청서)
㉯ 사업계획서
㉰ 보유장비명세서 및 기술인력명세서(자격증명서 사본 포함)
㉱ 감정평가업자가 평가한 자산에 대한 감정평가서(개인인 경우만 해당)
㉲ 세무사가 검증한 최근 1년 이내의 대차대조표(법인인 경우만 해당)

3) 에너지절약전문기업의 등록취소 및 지원중단 사유
① 거짓이나 그 밖의 부정한 방법으로 등록을 한 경우
② 거짓이나 그 밖의 부정한 방법으로 금융·세제상의 지원을 받거나 지원받은 자금을 다른 용도로 사용한 경우
③ 에너지절약전문기업으로 등록한 업체가 그 등록의 취소를 신청한 경우
④ 타인에게 자기의 성명이나 상호를 사용하여 사업을 수행하게 하거나 산업통상지원부장관이 에너지절약전문기업에 내준 등록증을 대여한 경우
⑤ 등록기준에 미달하게 된 경우
⑥ 업무에 관한 보고를 하지 아니하거나 거짓으로 보고한 경우 또는 같은 항에 따른 검사를 거부·방해 또는 기피한 경우

⑦ 정당한 사유 없이 등록한 후 3년 이내에 사업을 시작하지 아니하거나 3년 이상 계속하여 사업수행실적이 없는 경우

 에너지절약전문기업의 등록제한
등록이 취소된 에너지절약전문기업은 등록 취소일부터 2년간 에너지절약전문기업의 등록이 제한된다.

10. 에너지다소비사업자

1) **에너지다소비사업자** : 연료·열 및 전력의 연간 사용량의 합계(연간 에너지사용량)가 2천 티오이(TOE) 이상인 자

2) **에너지다소비사업자의 신고**
   ① 에너지다소비사업자는 매년 1월 31일까지 그 에너지사용시설이 있는 지역을 관할하는 시·도지사에게 신고하여야 하며, 신고를 받은 시·도지사는 이를 매년 2월 말일까지 산업통상자원부장관에게 보고하여야 한다.
   ② 신고할 사항
      ㉮ 전년도의 분기별 에너지사용량·제품생산량
      ㉯ 해당 연도의 분기별 에너지사용예정량·제품생산예정량
      ㉰ 에너지사용기자재의 현황
      ㉱ 전년도의 분기별 에너지이용 합리화 실적 및 해당 연도의 분기별 계획
      ㉲ 에너지관리자의 현황

3) **에너지진단**
   ① 에너지다소비사업자는 에너지진단전문기관으로부터 3년 이상의 범위에서 대통령령으로 정하는 기간마다 그 사업장에 대하여 에너지진단을 받아야 한다.
   ② 에너지진단주기

연간 에너지 사용량	에너지 진단 주기
20만 티오이(TOE) 이상	1. 전체진단 : 5년 / 부분진단 : 3년
20만 티오이(TOE) 미만	5년

   ③ 에너지진단 제외대상 사업장
      ㉮ 전기사업자가 설치하는 발전소
      ㉯ 아파트, 연립주택, 다세대주택
      ㉰ 판매시설 중 소유자가 2명 이상이며, 공동 에너지사용설비의 연간 에너지사용량이 2천 티오이(TOE) 미만인 사업장
      ㉱ 일반업무시설 중 오피스텔
      ㉲ 창고
      ㉳ 지식산업센터
      ㉴ 군사시설
      ㉵ 폐기물처리의 용도만으로 설치하는 폐기물처리시설

11. 냉난방온도제한건물

1) 냉난방온도제한건물의 지정
   ① 지정권자 : 산업통상자원부장관
   ② 지정내용 : 냉난방온도의 온도 및 기간을 제한
   ③ 지정대상
      ㉮ 국가 · 지방자치단체 · 공공기관이 자가 업무용으로 사용하는 건물
      ㉯ 에너지다소비사업자의 에너지사용시설 연간 에너지사용량이 2천 티오이(TOE) 이상인 건물 (단, 공장과 공동주택은 제외)

2) 통지 및 고지
   ① 통지 : 관리기관(관리기관의 장) 또는 에너지다소비사업자에게 통지
   ② 고시 : 해당 고시 내용을 고시예정일 7일 이전에 각 통지 대상자에게 예고

3) 냉난방온도의 제한온도 기준
   ① 냉방 : 26℃ 이상(판매시설 및 공항의 경우는 25℃ 이상)
   ② 난방 : 20℃ 이하

4) 냉난방온도의 제한온도를 적용하지 않아도 되는 구역
   ① 의료기관의 실내구역
   ② 식품 등의 품질관리를 위해 냉난방온도의 제한온도 적용이 적절하지 않은 구역
   ③ 숙박시설 중 객실 내부구역
   ④ 그 밖에 관련 법령 또는 국제기준에서 특수성을 인정하거나 건물의 용도상 냉난방온도의 제한온도를 적용하는 것이 적절하지 않다고 산업통상자원부장관이 고시하는 구역

12. 열사용기자재 및 특정열사용기자재의 관리

1) 열사용기자재
   연료 및 열을 사용하는 기기, 축열식 전기기기와 단열성(斷熱性) 자재로서 산업통상자원부령으로 정하는 것

구분	품목명	적용범위
보일러	강철제보일러 주철제보일러	다음 각 호의 어느 하나에 해당하는 것을 말한다. 1. 1종관류보일러 : 강철제보일러중 헤더의 안지름이 150mm 이하이고, 전열면적이 $5m^2$ 초과 $10m^2$이하이며, 최고사용압력이 1MPa 이하인 관류보일러(기수분리기를 장치한 경우에는 기수분리기의 안지름이 300mm 이하이고, 그 내용적이 $0.07m^3$ 이하인 것에 한한다)를 말한다. 2. 2종관류보일러 : 강철제보일러중 헤더의 안지름이 150mm 이하이고, 전열면적이 $5m^2$ 이하이며, 최고사용압력이 1MPa 이하인 관류보일러(기수분리기를 장치한 경우에는 기수분리기의 안지름이 200mm 이하이고, 그 내용적이 $0.02m^3$ 이하인 것에 한한다)를 말한다. 3. 제1호 및 제2호 외에 금속(주철을 포함한다)으로 만든 것. 다만, 소형온수보일러 · 구멍탄용온수보일러 및 축열식전기보일러를 제외한다.

구분	품목명	적용범위
보일러	소형 온수보일러	전열면적이 14m² 이하이며, 최고사용압력이 0.35MPa 이하의 온수를 발생하는 것. 다만, 구멍탄용온수보일러·축열식전기보일러 및 가스사용량이 17kg/h(도시가스는 232.6kW) 이하인 가스용온수보일러를 제외한다.
	구멍탄용 온수보일러	「석탄산업법 시행령」 제2조제2호의 규정에 의한 연탄을 연료로 사용하여 온수를 발생시키는 것으로서 금속제에 한한다.
	축열식 전기보일러	심야전력을 사용하여 온수를 발생시켜 축열조에 저장한 후 난방에 이용하는 것으로서 정격소비전력이 30kW 이하이며, 최고사용압력이 0.35MPa 이하인 것
	캐스케이드 보일러	최고사용압력이 대기압을 초과하는 온수보일러 또는 온수기 2대 이상이 단일 연통으로 연결되어 서로 연동되도록 설치되며, 최대 가스사용량의 합이 17kg/h (도시가스는 232.6kW)를 초과하는 것
	가정용 화목보일러	화목(火木) 등 목재연료를 사용하여 90℃ 이하의 난방수 또는 65℃ 이하의 온수를 발생하는 것으로서 표시 난방출력이 70kW 이하로서 옥외에 설치하는 것
태양열집 열기		태양열집열기
압력 용기	1종압력용기	최고사용압력(MPa)과 내용적(m³)을 곱한 수치가 0.004를 초과하는 다음 각호의 1에 해당하는 것 1. 증기 그 밖의 열매체를 받아들이거나 증기를 발생시켜 고체 또는 액체를 가열하는 기기로서 용기안의 압력이 대기압을 넘는 것 2. 용기안의 화학반응에 의하여 증기를 발생하는 용기로서 용기안의 압력이 대기압을 넘는 것 3. 용기안의 액체의 성분을 분리하기 위하여 해당 액체를 가열하거나 증기를 발생시키는 용기로서 용기안의 압력이 대기압을 넘는 것 4. 용기안의 액체의 온도가 대기압에서의 비점을 넘는 것
	2종압력 용기	최고사용압력이 0.2MPa를 초과하는 기체를 그 안에 보유하는 용기로서 다음 각호의 1에 해당하는 것 1. 내부 부피가 0.04m³ 이상인 것 2. 동체의 안지름이 200mm 이상(증기헤더의 경우에는 동체의 안지름이 300mm 초과)이고, 그 길이가 1천mm 이상인 것
요로	요업요로	연속식유리용융가마·불연속식유리용융가마·유리용융도가니가마·터널가마·도염식가마·셔틀가마·회전가마 및 석회용선가마
	금속요로	용선로·비철금속용융로·금속소둔로·철금속가열로 및 금속균열로

2) 특정열사용기자재

열사용기자재 중 제조, 설치·시공 및 사용에서의 안전관리, 위해방지 또는 에너지이용의 효율관리가 특히 필요하다고 인정되는 것으로서 산업통상자원부령으로 정하는 열사용기자재

구분	품목명	설치·시공범위
보일러	강철제 보일러, 주철제 보일러, 온수보일러, 구멍탄용 온수보일러, 축열식 전기보일러, 캐스케이드 보일러, 가정용 화목보일러	해당 기기의 설치·배관 및 세관
태양열 집열기	태양열 집열기	
압력용기	1종 압력용기, 2종 압력용기	
요업요로	연속식유리용융가마, 불연속식유리용융가마, 유리용융도가니가마, 터널가마, 도염식각가마, 셔틀가마, 회전가마, 석회용선가마	해당 기기의 설치를 위한 시공
금속요로	용선로, 비철금속용융로, 금속소둔로, 철금속가열로, 금속균열로	

13. 검사대상기기

1) 검사대상기기와 적용범위

다음의 검사대상기기 제조업자 또는 검사대상기기설치자는 제조 또는 설치에 관하여 한국에너지공단이사장에게 검사를 받아야 한다.(시·도지사 위임사항)

구분	검사대상기기	적용범위
보일러	강철제 보일러 주철제 보일러	다음의 어느 하나에 해당하는 것은 제외한다. 1. 최고사용압력이 0.1MPa 이하이고, 동체의 안지름이 300mm 이하이며, 길이가 600mm 이하인 것 2. 최고사용압력이 0.1MPa 이하이고, 전열면적이 $5m^2$ 이하인 것 3. 2종 관류보일러 4. 온수를 발생시키는 보일러로서 대기개방형인 것
	소형 온수보일러	가스를 사용하는 것으로서 가스사용량이 17kg/h(도시가스는 232.6kW)를 초과하는 것
	캐스케이드 보일러	316쪽의 표(열사용기자재)에 제시된 캐스케이드 보일러의 적용범위에 따른다.
압력용기	1종 압력용기 2종 압력용기	316쪽의 표(열사용기자재)에 제시된 압력용기의 적용범위에 따른다.
요로	철금속가열로	정격용량이 0.58MW를 초과하는 것

2) 검사대상기기설치자의 범위

① 검사대상기기를 설치하거나 개조하여 사용하려는 자
② 검사대상기기의 설치장소를 변경하여 사용하려는 자
③ 검사대상기기를 사용중지한 후 재사용하려는 자

14. 검사대상기기의 검사

검사대상기기설치자는 검사대상기기를 설치 · 개조 및 설치장소를 변경 또는 사용중지한 후 재사용하고자 하는 자는 검사를 받아야 한다.

1) **검사권자** : 한국에너지공단이사장

2) **검사신청** : 유효기간 만료 10일 전

3) **검사연기** : 당해년도 말까지(9월 1일 이후인 경우 - 4개월 기간 내에)

4) **대상**
   ① 보일러 : 강철제 보일러, 주철제 보일러, 소형 온수보일러, 캐스케이드 보일러
   ② 압력용기 : 1종 압력용기, 2종 압력용기
   ③ 요로 : 철금속가열로(정격용량이 0.58MW를 초과하는 것)

5) 검사대상기기설치자는 다음 각 호에 해당하는 경우에는 15일 이내에 신고하여야 한다.
   ① 검사대상기기를 폐기한 경우
   ② 검사대상기기의 사용을 중지한 경우
   ③ 검사대상기기의 설치자가 변경된 경우

6) **검사에 필요한 조치**
   ① 기계적 시험준비
   ② 비파괴 검사준비
   ③ 검사대상기기 정비
   ④ 수압시험 준비
   ⑤ 안전밸브 및 수면측정장치의 분해 · 정비
   ⑥ 검사대상기기의 피복물 제거
   ⑦ 조립식인 검사대상기기의 조립 · 해체
   ⑧ 운전성능 측정준비

7) **공단의 검사실적** : 다음달 10일까지 시 · 도지사에게 보고

8) **재검사** : 검사에 불합격된 검사대상기기에 대하여 검사, 불합격한 날부터 6월 이내

9) **검사기준** : 한국산업표준에 따른다. 다만, 한국산업표준이 제정되지 아니한 경우에는 산업통상자원부 장관이 정하는 기준에 따른다.

검사의 종류 및 적용대상

검사의 종류		적용대상
제조검사	용접 검사	동체·경판 및 이와 유사한 부분을 용접으로 제조하는 경우의 검사
	구조검사	강판·관 또는 주물류를 용접·확대·조립·주조 등에 따라 제조하는 경우의 검사
설치검사		신설한 경우의 검사(사용연료의 변경에 의하여 검사대상이 아닌 보일러가 검사대상으로 되는 경우의 검사를 포함한다)
개조검사		다음 각 호의 어느 하나에 해당하는 경우의 검사 1. 증기보일러를 온수보일러로 개조하는 경우 2. 보일러 섹션의 증감에 의하여 용량을 변경하는 경우 3. 동체·돔·노통·연소실·경판·천정판·관판·관모음 또는 스테이 의 변경으로서 산업산업통상부장관이 정하여 고시하는 대수리의 경우 4. 연료 또는 연소방법을 변경하는 경우 5. 철금속가열로서 산업통상자원부장관이 정하여 고시하는 경우의 수리
설치장소 변경검사		설치장소를 변경한 경우의 검사. 다만, 이동식 검사대상기기를 제외한다.
재사용검사		사용중지 후 재사용하고자 하는 경우의 검사
계속사용 검사	안전 검사	설치검사·개조검사·설치장소 변경검사 또는 재사용검사 후 안전부문에 대한 유효기간을 연장하고자 하는 경우의 검사
	운전 성능 검사	다음 각 호의 어느 하나에 해당하는 기기에 대한 검사로서 설치검사 후 운전성능부문에 대한 유효기간을 연장하고자 하는 경우의 검사 1. 용량이 1t/h(난방용의 경우에는 5t/h)이상인 강철제보일러 및 주철제보일러 2. 철금속가열로

검사 대상기기의 검사 유효기간

검사의 종류		검사유효기간
설치검사		1. 보일러 : 1년. 다만, 운전성능 부문의 경우에는 3년 1개월로 한다. 2. 캐스케이드 보일러, 압력용기 및 철금속가열로 : 2년
개조검사		1. 보일러 : 1년 2. 캐스케이드 보일러, 압력용기 및 철금속가열로 : 2년
설치장소 변경검사		1. 보일러 : 1년 2. 캐스케이드 보일러, 압력용기 및 철금속가열로 : 2년
재사용검사		1. 보일러 : 1년 2. 캐스케이드 보일러, 압력용기 및 철금속가열로 : 2년
계속사용 검사	안전검사	1. 보일러 : 1년 2. 캐스케이드 보일러 및 압력용기 : 2년
	운전성능검사	1. 보일러 : 1년 2. 철금속가열로 : 2년

검사의 면제대상 범위

검사대상 기기명	대상범위	면제되는 검사
강철제 보일러, 주철제 보일러	1. 강철제 보일러 중 전열면적이 5m² 이하이고, 최고사용압력이 0.35 MPa 이하인 것 2. 주철제 보일러 3. 1종 관류보일러 4. 온수보일러 중 전열면적이 18m² 이하이고, 최고사용압력이 0.35 MPa 이하인 것	용접검사
	주철제 보일러	구조검사
	1. 가스 외의 연료를 사용하는 1종 관류보일러 2. 전열면적 30m² 이하의 유류용 주철제 증기보일러	설치검사

	1. 전열면적 5m² 이하의 증기보일러로서 다음 각 목의 어느 하나에 해당하는 것
	  가. 대기에 개방된 안지름이 25mm 이상인 증기관이 부착된 것
	  나. 수두압(水頭壓)이 5m 이하이며 안지름이 25mm 이상인 대기에 개방된 U자형 입관이 보일러의 증기부에 부착된 것
	2. 온수보일러로서 다음 각 목의 어느 하나에 해당하는 것
	  가. 유류·가스 외의 연료를 사용하는 것으로서 전열면적이 30m² 이하인 것
	  나. 가스 외의 연료를 사용하는 주철제 보일러
		계속사용 검사

소형 온수보일러	가스사용량이 17kg/h(도시가스는 232.6kW)를 초과하는 가스용 소형 온수보일러	제조검사
캐스케이드 보일러	캐스케이드 보일러	제조검사
1종 압력용기, 2종 압력용기	1. 용접이음(동체와 플랜지와의 용접이음은 제외한다)이 없는 강관을 동체로 한 헤더 2. 압력용기 중 동체의 두께가 6mm 미만인 것으로서 최고사용압력(MPa)과 내부 부피(m³)를 곱한 수치가 0.02 이하(난방용의 경우에는 0.05 이하)인 것 3. 전열교환식인 것으로서 최고사용압력이 0.35MPa 이하이고, 동체의 안지름이 600mm 이하인 것	용접검사
	1. 2종 압력용기 및 온수탱크 2. 압력용기 중 동체의 두께가 6mm 미만인 것으로서 최고사용압력(MPa)과 내부 부피(m³)를 곱한 수치가 0.02 이하(난방용의 경우에는 0.05 이하)인 것 3. 압력용기 중 동체의 최고사용압력이 0.5MPa 이하인 난방용 압력용기 4. 압력용기 중 동체의 최고사용압력이 0.1MPa 이하인 취사용 압력용기	설치검사 및 계속 사용검사
철금속가열로	철금속가열로	제조검사, 재사용검사 및 계속사용검사 중 안전검사

15. 검사대상기기관리자의 선임

검사대상기기설치자는 검사대상기기의 안전관리, 위해방지 및 에너지이용의 효율관리를 위하여 검사대상기기관리자를 선임하여야 한다.(미선임 시의 벌칙 : 1천만원 이하의 벌금)

1) **신고** : 한국에너지공단이사장
   ① 해임 또는 퇴직 이전
   ② 신고사유가 발생한 날부터 30일 이내

2) **선임기준** : 1구역마다 1명 이상(1 구역 −한 시야로 볼 수 있는 범위)

3) **검사대상기기관리자의 자격 및 조종범위**

관리자의 자격	관리범위
에너지관리기능장 또는 에너지관리기사	용량이 30t/h를 초과하는 보일러
에너지관리기능장, 에너지관리기사 또는 에너지관리산업기사	용량이 10t/h를 초과하고 30t/h 이하인 보일러
에너지관리기능장, 에너지관리기사, 에너지관리산업기사 또는 에너지관리기능사	용량이 10t/h 이하인 보일러
에너지관리기능장, 에너지관리기사, 에너지관리산업기사, 에너지관리기능사 또는 인정검사대상기기 관리자의 교육을 이수한 자	1. 증기보일러로서 최고사용압력이 1MPa 이하이고, 전열면적이 10m² 이하인 것 2. 온수발생 및 열매체를 가열하는 보일러로서 용량이 581.5킬로와트(kW) 이하인 것 3. 압력용기

※ 비고
1. 온수발생 및 열매체를 가열하는 보일러의 용량은 697.8킬로와트를 1t/h로 본다.
2. 1구역에서 가스 연료를 사용하는 1종 관류보일러의 용량은 이를 구성하는 보일러의 개별 용량을 합산한 값으로 한다.
3. 계속사용검사 중 안전검사를 실시하지 않는 검사대상기기 또는 가스 외의 연료를 사용하는 1종 관류보일러의 경우에는 검사대상기기관리자의 자격에 제한을 두지 아니한다.
4. 가스를 연료로 사용하는 보일러의 검사대상기기관리자의 자격은 위 표에 따른 자격을 가진 사람으로서 산업통상자원부장관이 정하는 관련 교육을 이수한 사람 또는 「도시가스사업법 시행령」 별표 1에 따른 특정가스 사용시설의 안전관리 책임자의 자격을 가진 사람으로 한다.

16. 한국에너지공단

에너지이용 합리화사업을 효율적으로 추진하기 위하여 산업통상자원부장관의 승인을 받아 한국에너지공단을 설립한다.

1) **공단의 사업**
   ① 에너지이용 합리화 및 이를 통한 온실가스의 배출을 줄이기 위한 사업
   ② 에너지기술의 개발·도입·지도 및 보급
   ③ 에너지이용 합리화, 신에너지 및 재생에너지의 개발과 보급, 집단에너지 공급사업을 위한 자금의 융자 및 지원

④ 에너지절약전문기업의 지원사업
⑤ 에너지진단 및 에너지관리지도
⑥ 신에너지 및 재생에너지 개발사업의 촉진
⑦ 에너지관리에 관한 조사 · 연구 · 교육 및 홍보
⑧ 에너지이용 합리화사업을 위한 토지 · 건물 및 시설 등의 취득 · 설치 · 운영 · 대여 및 양도
⑨ 집단에너지사업법에 따른 집단에너지사업의 촉진을 위한 지원 및 관리
⑩ 에너지사용기자재 · 에너지관련기자재의 효율관리 및 열사용기자재의 안전관리
⑪ 사회취약계층의 에너지이용 지원
⑫ 산업통상자원부장관, 시 · 도지사, 그 밖의 기관 등이 위탁하는 에너지이용의 합리화와 온실가스의 배출을 줄이기 위한 사업

2) 공단 : 재단법인

3) 유사명칭의 사용금지
① 공단이 아닌 자는 한국에너지공단 또는 이와 유사한 명칭을 사용하지 못한다.
② 벌칙 : 300만원 이하의 과태료

4) 한국에너지공단의 위탁업무
산업통상자원부장관 또는 시 · 도지사의 업무 중 다음 각 호의 업무를 공단에 위탁한다.
① 효율관리기자재의 측정결과 통보의 접수
② 에너지절약전문기업 등록
③ 에너지 진단기관의 관리 · 감독
④ 검사대상기기의 검사
⑤ 에너지다소비사업자 신고의 접수
⑥ 에너지진단에 따른 에너지관리지도
⑦ 검사대상기기의 폐기 · 사용중지 · 설치자 변경에 대한 신고
⑧ 검사대상기기관리자의 선임 · 해임 또는 퇴직신고
⑨ 대기전력 저감 및 경고표지대상제품의 측정결과 신고의 접수

17. 에너지관리자 등에 대한 교육

1) 실시 : 산업통상자원부장관

2) 에너지관리자에 대한 교육

교육과정	교육기간	교육대상자	교육기관
에너지관리자 기본교육과정	1일	법 제31조제1항제1호부터 제4호까지의 사항에 관한 업무를 담당하는 사람(에너지관리자)으로 신고된 사람	한국에너지공단

3) 시공업의 기술인력 및 검사대상기기관리자에 대한 교육

구분	교육과정	기간	교육대상자	교육기관
시공업의 기술인력	1. 난방시공업 제1종 기술자과정	1일	건설산업기본법시행령 별표 2의 규정에 의한 난방시공업제1종의 기술자로 등록된 자	한국열관리시공협회 및 국토교통부장관의 허가를 받아 설립된 전국보일러설비협회
	2. 난방시공업 제2종·제3종 기술자과정	1일	건설산업기본법시행령 별표 2의 규정에 의한 난방시공업 제2종 또는 난방시공업 제3종의 기술자로 등록된 자	
검사대상 기기 관리자	1. 중·대형 보일러 관리자과정	1일	검사대상기기관리자로 선임된 사람으로서 용량이 1t/h(난방용의 경우에는 5t/h)를 초과하는 강철제 보일러 및 주철제 보일러의 관리자	한국에너지공단 및 산업통상자원부장관의 허가를 받아 설립된 한국에너지기술인협회
	2. 소형보일러·압력용기 관리자과정	1일	검사대상기기관리자로 선임된 사람으로서 위 제1호의 보일러 관리자과정의 대상이 되는 보일러 외의 보일러 및 압력용기의 관리자	

18. 벌칙

1) 2년 이하의 징역 또는 2천만원 이하의 벌금
   ① 에너지저장시설의 보유 또는 저장의무의 부과시 정당한 이유 없이 이를 거부하거나 이행하지 아니한 자
   ② 에너지 수급안정을 위한 조정·명령 등의 조치를 위반한 자
   ③ 공단의 임직원으로 근무하거나 근무하였던 사람이 직무상 알게 된 비밀을 누설하거나 도용한 자

2) 1년 이하의 징역 또는 1천만원 이하의 벌금
   ① 검사대상기기의 검사를 받지 아니한 자
   ② 불합격한 검사대상기기를 사용한 자
   ③ 검사를 받지 않고 검사대상기기를 수입한 자

3) 2천만원 이하의 벌금
   기준미달 효율관리기자재의 생산 또는 판매 금지명령을 위반한 자

4) 1천만원 이하의 벌금
   검사대상기기관리자를 선임하지 아니한 자

5) 500만원 이하의 벌금
   ① 효율관리기자재에 대한 에너지사용량의 측정결과를 신고하지 아니한 자
   ② 대기전력경고표지대상제품에 대한 측정결과를 신고하지 아니한 자
   ③ 대기전력경고표지를 하지 아니한 자
   ④ 대기전력저감우수제품임을 표시하거나 거짓 표시를 한 자
   ⑤ 대기전력저감대상제품의 사후관리와 관련한 시정명령을 정당한 사유 없이 이행하지 아니한 자

⑥ 고효율에너지기자재의 인증을 받지 않고 인증 표시를 한 자

6) 2천만원 이하의 과태료
① 효율관리기자재에 대한 에너지소비효율등급 또는 에너지소비효율을 표시하지 아니하거나 거짓으로 표시를 한 자
② 에너지진단을 받지 아니한 에너지다소비사업자
③ 검사대상기기 사고 시 한국에너지공단에 사고의 일시·내용 등을 통보하지 아니하거나 거짓으로 통보한 자

7) 1천만원 이하의 과태료
① 에너지사용계획을 제출하지 아니하거나 변경하여 제출하지 아니한 자(단, 국가 또는 지방자치단체인 사업주관자는 제외)
② 에너지손실요인의 개선명령을 정당한 사유 없이 이행하지 아니한 자
③ 검사를 거부·방해 또는 기피한 자

8) 500만원 이하의 과태료
에너지소비효율등급 또는 에너지소비효율을 포함되지 아니한 광고를 한 자

9) 300만원 이하의 과태료
① 에너지사용의 제한 또는 금지에 관한 조정·명령, 그 밖에 필요한 조치를 위반한 자
② 정당한 이유 없이 수요관리투자계획과 시행결과를 제출하지 아니한 자
③ 수요관리투자계획을 수정·보완하여 시행하지 아니한 자
④ 에너지사용계획의 검토를 위해 사업주관자에게 요청한 관련 자료의 제출요청을 정당한 이유 없이 거부한 사업주관자
⑤ 에너지사용계획의 사후관리에 따른 이행 여부에 대한 점검이나 실태 파악을 정당한 이유 없이 거부·방해 또는 기피한 사업주관자
⑥ 에너지소비효율 산정에 필요하다고 인정되는 판매에 관한 자료와 효율측정에 관한 자료를 제출하지 아니하거나 거짓으로 자료를 제출한 자
⑦ 정당한 이유 없이 대기전력저감우수제품 또는 고효율에너지기자재를 우선적으로 구매하지 아니한 자
⑧ 에너지다소사업자의 신고를 하지 아니하거나 거짓으로 신고를 한 자
⑨ 냉난방온도의 유지·관리 여부에 대한 점검 및 실태 파악을 정당한 사유 없이 거부·방해 또는 기피한 자
⑩ 냉난방온도의 적합한 유지·관리에 필요한 시정조치명령을 정당한 사유 없이 이행하지 아니한 자
⑪ 검사대상기기관리자를 선임 또는 해임 신고를 하지 아니하거나 거짓으로 신고를 한 자
⑫ 한국에너지공단 또는 이와 유사한 명칭을 사용한 자
⑬ 에너지관리자, 시공업의 기술인력 및 검사대상기기관리자에 대한 교육을 받지 아니한 자 또는 교육을 받게 하지 아니한 자
⑭ 산업통상자원부장관이 명령한 업무에 관한 보고를 하지 아니하거나 거짓으로 보고를 한 자

제01절_ 에너지관계법규
출제예상문제

01 에너지이용합리화법상의 용어 정의 중 옳은 것은?

① 에너지 사용자는 에너지 공급시설의 소유자 또는 관리자이다.
② 에너지는 연료, 열 및 전기이다.
③ 연료는 석유, 석탄 및 핵연료이다.
④ 에너지 공급자는 에너지를 개발 및 판매하는 자이다.

- 에너지 사용자 : 에너지 사용시설의 소유주 및 관리자 = 검사 대상기기 설치자
- 연료에서 제외 되는 것 : 핵연료와 제품의 원료로 사용되는 것
- 에너지 공급자 : 에너지를 생산, 수송, 전환, 수입, 저장 및 판매하는 자

02 에너지사용시설에 해당되지 않는 것은?

① 발전소
② 에너지를 사용하는 공장
③ 경유를 사용하는 가정
④ 에너지를 사용하는 사업장

- 가정 : 소규모의 에너지 사용처

03 에너지 공급설비에 해당되지 않는 것은?

① 에너지를 전환하기 위해 설치하는 설비
② 에너지를 판매하기 위해 설치하는 설비
③ 에너지를 저장하기 위해 설치하는 설비
④ 에너지를 수송하기 위해 설치하는 설비

- 에너지 공급시설
  에너지를 생산, 수송, 전환, 저장하는 시설

04 에너지이용합리화법상 "에너지사용기자재"의 정의로서 옳은 것은?

① 연료 및 열만을 사용하는 기자재
② 에너지를 생산하는데 사용되는 기자재
③ 에너지를 수송, 저장 및 전환하는 기자재
④ 열사용기자재 및 기타에너지를 사용하는 기자재

05 다음의 특정열사용기자재 중 기관에 해당 되는 것은?

① 구멍탄 연소기
② 금속요로
③ 2종 압력용기
④ 태양열 집열기

- 특정열사용기자재 : 기관, 압력용기, 금속 요로, 요업요로 등
- 기관 : 보일러 및 태양열집열기

06 다음 중 에너지 저장의무 부과대상자에 해당되지 않는 경우는?

① 도시가스 사업자
② 전기 사업자
③ 집단 에너지 사업자
④ 10000 TOE/년 이상의 에너지 사용자

- 에너지 저장의무 부과대상자
  20000 TOE/년 이상의 에너지 사용자

07 대통령령이 정하는 기준량 이상의 에너지를 사용하는 자는 에너지이용 합리화법에 따라 신고를 해야 하는데 누구에게 하는가?

① 산업통상자원부장관
② 시·도지사
③ 한국에너지공단이사장
④ 국토교통부장관

- 에너지 다소비 사업자 : 연료, 열 및 전기 사용량 합계가 2000 TOE/년 이상의 에너지 사용자
- 에너지사용량을 매년 1월 31일 까지, 한국에너지공단이사장에게 신고

정답 01 ② 02 ③ 03 ② 04 ④ 05 ④ 06 ④ 07 ③

08 다음 설명 중 틀린 것은?
① 국가기관, 지방자치단체, 정부투자기관은 에너지사용계획을 신고하여야 한다.
② 에너지수급에 중대한 차질이 발생할 경우 에너지사용을 제한 또는 금지할 수 있다.
③ 에너지환산은 석유를 중심으로 환산한 단위를 기준으로 한다.
④ 에너지이용합리화법은 에너지의 효율적인 이용 증진을 목표로 한다.

> 공공사업 주관자 : 국가기관, 지방자치단체, 정부투자기관 등 일정규모이상의 에너지 사용자
> • 공공사업 주관자는 에너지 사용계획을 산업통상자원부장관과 협의 한다.
> • 공공사업 주관자
> • 년간 2500 TOE 이상의 연료 및 열을 사용.
> • 년간 1000만 kWh 이상의 전력을 사용하는 시설을 설치하는 자

09 에너지사용계획 수립대행자에 해당되지 않는 것은?
① 국, 공립 연구기관
② 정부출연 연구기관
③ 대학부설 에너지 관계 연구기관
④ 검사대상기기 검사기관

> • 에너지사용계획 수립대행자의 지정 : 산업통상자원부장관
> • 대상 : 국·공립연구기관, 정부출연 연구 기관, 대학부설 에너지관계연구기관, 에너지절약 전문기업 등

10 열사용 기자재인 축열식 전기보일러는 정격소비 전력이 몇 kWh 이하이고, 최고사용압력은 몇 MPa 이하인가?
① 30, 0.35
② 40, 0.5
③ 50, 0.75
④ 100, 1

> 축열식 전기보일러
> 정격소비전력 30 kWh 이하로, 최고사용압력 0.35 MPa 이하의 전기보일러

11 에너지사용자에 대하여 에너지관리진단을 실시한 결과 에너지손실 요인이 많은 경우 산업통상자원부장관은 어떤 조치를 할 수 있는가?
① 에너지손실 요인의 개선을 명(命)할 수 있다.
② 벌금을 부과할 수 있다.
③ 에너지손실 요인의 시정을 요청할 수 있다.
④ 에너지 사용정지를 명할 수 있다.

> 개선계획의 보고
> 60일 이내 (산업통상자원부장관)

12 산업통상자원부 장관으로부터 시, 도지사에게 그 권한이 위임된 것은?
① 에너지 사용량 신고의 접수
② 집단에너지 공급사업의 승인
③ 효율관리기자재에 대한 측정결과 통보 접수
④ 에너지 절약 전문 기업의 등록

> • 산업통상자원부 장관 → ②
> • 한국에너지공단이사장 → ③, ④

13 에너지절약을 위한 관리·용역과 에너지절약형 시설투자에 관한 사업을 하는 곳은?
① 에너지관리 진단기업
② 에너지절약 전문기업
③ 한국에너지공단
④ 수요관리 전문기업

> 사업내용
> • 에너지사용시설의 에너지절약을 위한 관리·용역사업
> • 에너지절약형 시설투자에 관한 사업
> • 대체에너지원의 개발 및 보급사업
> • 에너지절약형 시설 및 기자재의 연구 개발사업

14 에너지 관리 대상자가 에너지 손실요인 개선명령을 받은 때는 개선명령일 부터 며칠 이내에 개선 계획을 수립하여 제출해야 하는가?
① 20일   ② 30일
③ 50일   ④ 60일

> 개선명령
> 에너지관리지도 결과 10 % 이상의 에너지효율 개선이 인정되는 경우

 08 ① 09 ④ 10 ① 11 ① 12 ① 13 ② 14 ④

15 기본계획에 포함 할 사항 중 틀린 것은?

① 에너지 이용효율의 증대방안
② 에너지 대체계획
③ 에너지 사용기자재의 품질향상 방안
④ 에너지 이용합리화법의 추진에 관한 사항

🔍 기본계획
- 에너지 절약형 경제구조로의 전환
- 에너지 이용효율 증대방안
- 에너지이용합리화를 위한 기술개발
- 에너지이용합리화를 위한 홍보 및 교육
- 에너지 대체계획
- 열사용기자재의 안전관리

16 산업통상자원부장관은 에너지이용합리화 기본계획을 몇 년 마다 수립하는가?

① 1년
② 2년
③ 3년
④ 5년

🔍 기본계획
- 국가 에너지 기본계획 : 5년 마다, 20년 계획으로 산업통상자원부 장관이 수립
- 지역 에너지 기본계획 : 5년 마다, 5년 계획으로 시·도지사가 수립

17 에너지 절약형 시설투자에 해당 되는 것은?

① 에너지설비의 설치를 위한 투자
② 에너지 사용시설의 설치를 위한 시설투자
③ 에너지 사용 노후설비의 개체를 위한 시설투자
④ 에너지 기자재 설치를 위한 시설투자

🔍 에너지 절약형 시설투자 확인신청
: 산업통상자원부장관(협의 : 기획 재정부장관)
- 대상 : 노후된 보일러 및 산업용 요로 등 에너지 다소비 설비의 대체
- 집단에너지사업, 열병합발전사업, 폐열이용사업 및 대체연료 사용을 위한 시설 설치
- 10% 이상의 에너지절약 효과가 있다고 인정되는 에너지절약형 설비 및 기자재의 제조 또는 설치

18 열사용기자재를 제조할 때 실시하는 제조검사에 해당 되는 것은?

① 자체검사 ② 설치검사
③ 안전검사 ④ 구조검사

🔍 제조검사 : 구조검사 및 용접검사

19 검사대상기기의 검사는 누구의 검사를 받아야 하는가?

① 산업통상자원부 장관
② 시, 도지사
③ 시험기관
④ 한국에너지공단이사장

🔍 검사신청 : 유효기간 만료 10일 전, 한국에너지공단이사장에게

20 다음 중 검사를 받아야 되는 보일러는?

① 발전용 보일러
② 철도차량용 보일러
③ 냉동용 보일러
④ 의료사업용 보일러

🔍 검사대상기기에 제외되는 것
- 선박용 보일러
- 기관차 보일러
- 발전용 보일러
- 고압가스법에 적용되는 보일러
- 국내법에 적용되지 않는 수출용 보일러

21 검사대상기기인 보일러의 연료 또는 연소방법을 변경한 경우 받아야 하는 검사는?

① 구조검사 ② 개조검사
③ 계속사용검사 ④ 설치검사

🔍 개조검사
- 증기보일러를 온수보일러로 개조하는 경우
- 보일러 섹션의 증감에 의하여 용량을 변경 하는 경우
- 연료 또는 연소방법을 변경하는 경우
- 철금속가열로서 산업통상자원부 장관이 정하여 고시하는 경우의 수리

정답 ▶ 15 ③ 16 ④ 17 ③ 18 ④ 19 ④ 20 ④ 21 ②

22 시공업자단체의 설립은 누구에게 승인신청을 하는가?

① 국토교통부 장관
② 산업통상자원부 장관
③ 시 · 도지사
④ 한국에너지공단이사장

🔍 시공업자단체의 설립의 승인신청 : 산업통상자원부 장관

23 검사대상기기 중 구조검사가 면제되는 기기는?

① 소형 온수보일러
② 주철제 보일러
③ 1종 압력용기
④ 가스용 온수보일러

🔍 가스용 소형온수보일러 제조검사 면제

24 에너지이용합리화법 시행규칙에서 에너지사용자가 수립하여야 하는 자발적 협약의 이행에 포함 되어야 할 사항이 아닌 것은?

① 에너지의 수요예측 및 공급계획
② 기준 연도의 에너지소비현황
③ 효율향상목표 등의 이행을 위한 투자계획
④ 에너지관리체제 및 관리방법

🔍 자발적 협약의 이행사항
• 기준연도의 에너지소비현황
• 효율향상목표 및 이행방법
• 에너지관리 체제 및 관리방법
• 효율향상목표 등의 이행을 위한 투자계획

25 다음 중 에너지 이용합리화법상 세제, 금융상 지원대상이 아닌 것은?

① 에너지 절약형 시설 투자
② 폐열 이용사업
③ 집단 에너지 사업
④ 에너지 개발 사업

🔍 지원 대상
• 노후된 보일러 및 산업용 요로 등 에너지 다소비 설비의 대체
• 집단에너지사업, 열병합발전사업, 폐열이용 사업과 대체연료 사용을 위한 시설 및 기기류의 설치
• 그 밖에 에너지절약 효과 및 보급 필요성이 있다고 산업통상자원부장관이 인정하는 에너지절약형 시설투자, 에너지절약형 기 자재의 제조 · 설치 · 시공.

26 검사대상기기의 유효기간을 연장하기 위하여 실시하는 검사는?

① 설치검사   ② 구조검사
③ 계속사용검사   ④ 개조검사

🔍 적용범위 : 용량 1t/h(난방용은 5t/h) 이상의 강철제보일러

27 계속사용검사의 적용대상에 해당되는 것은?

① 용량 1t/h 이상인 강철제보일러
② 용량 3t/h 이상인 강철제보일러
③ 용량 3.5t/h 이상인 강철제보일러
④ 용량 5t/h 이상인 강철제보일러

28 다음 중 개조검사에 해당되지 않는 것은?

① 증기보일러를 온수보일러로 개조
② 보일러섹션의 증감에 의한 용량의 변경
③ 노통연관 보일러의 튜브교체
④ 연료 또는 연소방법의 변경

🔍 개조검사
• 증기보일러를 온수보일러로 개조
• 보일러섹션의 증감에 의한 용량의 변경
• 연료 또는 연소방법의 변경

29 산업통상자원부 장관이 간이에너지 총조사를 언제 실시하는가?

① 3년   ② 5년
③ 1년   ④ 수시로

🔍 • 에너지 총조사 : 3년 마다
• 간이에너지 총조사 : 수시로

정답 22 ② 23 ② 24 ① 25 ④ 26 ③ 27 ① 28 ③ 29 ④

30 검사를 받는 자에게 다음의 조치를 하게할 수 있다. 틀린 것은?

① 기계적 시험을 할 수 있도록 준비할 것
② 검사기기를 검사하기 쉽도록 장소를 이동 시킬 것
③ 수압시험을 할 수 있도록 준비할 것
④ 검사대상기기의 피복물을 제거할 것

🔍 검사에 필요한 조치 : ①, ③, ④ 이외에
- 비파괴검사 준비
- 검사대상기기 정비
- 안전밸브 및 수면측정장치의 분해·정비
- 조립식인 검사대상기기의 조립·해체
- 운전성능 측정준비

31 에너지이용합리화법의 목적이 아닌 것은?

① 에너지소비로 인한 환경피해 감소
② 에너지의 수급안정
③ 에너지원의 개발촉진
④ 에너지의 효율적인 이용증진

🔍 에너지이용합리화법의 목적 : ①, ②, ④ 외
- 국민경제의 건전한 발전과 국민복지의 증진
- 지구온난화의 최소화

32 연료, 열 및 전력의 연간사용량 합계가 몇 티·오·이 이상이면 에너지 다소비 사업자가 되는가?

① 5백 티오이
② 1천 티오이
③ 1천 5백 티오이
④ 2천 티오이

🔍 에너지 다소비 사업자
에너지의 연간사용량이 2000티오이 이상의 에너지 사용자

33 다음 중 한국에너지공단이사장에게 위탁된 권한은?

① 에너지관리대상자의 지정
② 검사대상기기의 검사
③ 특정열사용기자재 시공업 등록 말소요청
④ 검사대상기기관리자의 교육

🔍 한국에너지공단의 위탁사항
- 검사대상기기의 검사
- 검사대상기기관리자의 선·해임 신고
- 에너지절약전문기업의 등록신청
- 효율관리기자재의 측정결과 통보
- 에너지사용량 신고

34 에너지 소비효율 관리기자재로 지정된 에너지사용기자재에 대하여 에너지 소비효율 등은 누가 표시하는가?

① 산업통상자원부 장관
② 기자재 제조업자
③ 시·도지사
④ 시험기관

🔍 에너지소비효율 표시 : 제조업자, 수입업자, 판매업자 등

35 효율관리기자재의 에너지 소비효율 또는 사용량 등을 측정하는 기관은?

① 진단기관   ② 시험기관
③ 측정기관   ④ 검사기관

🔍 시험기관의 지정 : 산업통상자원부 장관

36 검사대상기기관리자의 선임, 해임 또는 퇴직에 관한 신고는 신고사유가 발생한 날부터 며칠 이내에 해야 하는가?

① 10일   ② 15일
③ 20일   ④ 30일

🔍 검사대상기기관리자의 선·해임신고
- 해임 이전 또는 사유발생 후 30일 이내
- 신고 : 한국에너지공단이사장

37 검사대상기기관리자 채용기준에 합당한 것은?

① 1구역에 보일러가 2대인 경우 1 명
② 1구역에 부일러가 2대인 경우 2 명
③ 구역과 보일러의 수에 관계없이 1 명
④ 2구역으로서 각 구역에 보일러가 1 대씩일 경우 1명

🔍 1구역 : 한 시야로 볼 수 있는 범위

정답 30 ② 31 ③ 32 ④ 33 ② 34 ② 35 ② 36 ④ 37 ①

38 검사대상기기관리자를 선임하지 아니한 자에 대한 벌칙은?

① 5백만 원 이하의 벌금
② 1천만 원 이하의 벌금
③ 2천만 원 이하의 벌금
④ 1년 이하의 징역 또는 1천만원 이하의 벌금

39 특정열사용기자재 중 기관에 속하지 않는 것은?

① 구멍탄용 온수보일러
② 태양열 집열기
③ 온수보일러
④ 1종 압력용기

🔍 기관 : 보일러 및 태양열집열기

40 정부가 금융세제상의 지원 또는 보조금의 지급 및 기타 행정지원을 할 수 있는 경우가 아닌 것은?

① 에너지 절약형 시설 투자
② 열사용 기자재 수입
③ 열병합 발전 사업을 위한 시설 설치
④ 에너지 절약형 기자재 제조

41 특정열사용기자재 중 설치시공 확인을 받아야 하는 기자재는?

① 1종 압력 용기
② 강철제 증기보일러
③ 열매체 보일러
④ 온수보일러

42 특정열사용기자재의 시공업 등록은 어느 법에 따라 하도록 되어 있는가?

① 주택건설촉진법
② 에너지이용합리화법
③ 건설산업기본법
④ 한국가스공사법

🔍 시공업 : 보일러를 설치 · 시공 · 세관을 하는 업

43 검사에 합격하지 아니한 검사대상기기를 사용한자에 대한 벌칙은?

① 500만원 이하의 벌금
② 1천만원 이하의 벌금
③ 1년 이하의 징역 또는 1천만원 이하의 벌금
④ 2천만원 이하의 벌금

44 특정열사용기자재 중 검사 대상기기의 검사 유효기간이 없는 검사가 아닌 것은?

① 용접 검사
② 개조 검사
③ 구조 검사
④ 설치 검사

🔍 유효기간이 없는 검사
용접 검사, 구조 검사, 개조 검사

45 열사용기자재 중 검사 대상기기의 계속사용검사 신청은 유효기간 만료 며칠 전까지 해야 하는가?

① 10일
② 15일
③ 30일
④ 45일

🔍 신청
• 에너지관리공단 이사장에게
• 유효기간 만료 10일 전

46 검사 대상기기 설치자가 변경된 때에는 신설치자는 변경된 날로부터 며칠 이내에 신고해야 하는가?

① 15일
② 20일
③ 25일
④ 30일

🔍 검사대상기기의 사용중지, 폐기처분, 설치자 변경 : 15일 이내, 한국에너지공단이사장

정답 38 ② 39 ④ 40 ② 41 ④ 42 ③ 43 ③ 44 ④ 45 ① 46 ①

47 소형 온수보일러로서 검사대상기기에 해당하는 것은 가스 사용량이 몇 kg/h를 초과하는 경우인가? (단, 도시가스가 아닌 가스를 연료로 사용하는 경우임)

① 15 kg/h　　② 17 kg/h
③ 20 kg/h　　④ 23 kg/h

🔍 검사대상기기인 소형온수보일러
• 가스사용량 17 kg/h 초과하는 경우
• 도시가스는 232.6 kW를 초과하는 경우

48 최고사용압력이 5kg/cm²이고, 전열면적이 150m²인 강철제 증기보일러를 설치한 경우 어떤 조치를 해야 하는가?

① 확인기관으로부터 설치, 시공확인을 받아야 한다.
② 시험기관으로부터 시험을 받아야 한다.
③ 진단기관으로부터 안전도 및 열효율 측정을 받아야 한다.
④ 검사기관으로부터 설치검사를 받아야 한다.

49 보일러 계속사용검사 중 운전성능 측정은 어떤 부하상태에서 실시하는가?

① 사용부하
② 정격부하
③ 최대부하
④ 저부하

🔍 열정산의 경우 보일러 시험부하
정격부하

50 보일러 설치·시공기준상 보일러용량이 kcal/h로 표시된 경우, 몇 MW 를 1 T/h 로 환산 하는가?

① 0.40 MW
② 0.48 MW
③ 0.58 MW
④ 0.7 MW

🔍 1t/h = 60만 kcal/h = 697.7 kW

51 1년 이하의 징역 또는 1천만원 이하의 벌금에 해당되는 자(者)는?

① 에너지사용의 제한 또는 금지에 관한 조정, 명령 기타 필요한 조치에 위반한 자
② 에너지저장시설의 보유 또는 저장의무 부과 시정당한 이유 없이 이를 거부한 자
③ 검사대상기기의 제조검사, 설치검사 등을 받지 아니한 자
④ 효율관리기자재에 대한 에너지의 소비효율 등을 측정 받지 아니한 제조업자 또는 수입업자

🔍 • ① : 300만 원 이하의 과태료
• ② : 2년 이하의 징역 또는 2000만 원이하의 벌금
• ④ : 500만 원 이하의 벌금

52 제 1종 난방 시공업 등록을 한 자가 시공할 수 없는 것은?

① 온수 보일러
② 태양열 집열기
③ 1종 압력용기
④ 금속요로

🔍 시공업
• 등록신청 : 시·도지사
• 구분
 - 제 1종 시공업 : 보일러, 압력 용기, 태양열집열기 등
 - 제 2종 시공업 : 온수보일러(용량 5만 kcal/h 이하) 및 태양열 집열기
 - 제 3종 시공업 : 요업요로 및 금속요로

53 용량 6만 kcal/h인 온수보일러를 시공할 수 있는 난방 시공업종은?

① 제 1종
② 제 2종
③ 제 3종
④ 제 4종

🔍 용량 5만 kcal/h 이하 : 제 2종 시공업

정답　47 ②　48 ④　49 ①　50 ④　51 ③　52 ④　53 ①

54 특정열사용기자재 중 검사대상기기에 해당되는 것은?

① 온수를 발생시키는 대기 개방형 강철제 보일러
② 축열식 전기보일러
③ 최고사용압력이 0.2 MPa 인 주철제 보일러
④ 가스 사용량이 15 kg/h 인 소형온수보일러

> 특정열사용기자재 중 검사대상기기에서 제외되는 것(주요사항)
> • 강철제 및 주철제 보일러 중 다음의 것
>   − 최고사용압력이 0.1MPa 이하이고, 동체의 안지름이 300mm 이하이며, 길이가 600mm 이하인 것
>   − 최고사용압력이 0.1MPa 이하이고, 전열면적이 5m2 이하인 것
>   − 2종 관류보일러
>   − 온수를 발생시키는 보일러로서 대기개방형인 것
> • 가스사용량이 17kg/h(도시가스는 232.6kW) 이하인 소형 온수보일러
> • 축열식 전기보일러

55 에너지사용량이 대통령령이 정하는 기준량 이상이 되는 에너지 사용자가 매년 1월 31일까지 신고해야 할 사항에 포함되지 않는 것은?

① 전년도의 수지계산서
② 전년도의 제품 생산량
③ 당해연도의 에너지 사용예정량
④ 에너지 사용기자재의 현황

> 신고사항
> • 전년도 에너지사용량 및 제품생산량
> • 당해연도 에너지사용예정량 및 제품생산 예정량
> • 전년도 에너지이용합리화 실적 및 당해연도 계획
> • 열사용기자재의 현황
> • 에너지관리자의 현황

56 검사대상기기에 포함되지 않는 특정열사용기자재는?

① 강철제 보일러
② 태양열 집열기
③ 주철제 보일러
④ 2종 압력용기

> • 태양열 집열기 : 특정열사용기자재에는 포함되지만, 검사대상기기에는 제외 된다
> • 특정 열사용기자재 : 보일러, 태양열 집열기, 압력용기, 금속요로, 요업요로

57 검사대상기기의 계속사용검사 유효기간 만료일이 9월 1일 이후인 경우는 몇 개월의 기간 내에서 이를 연기할 수 있는가?

① 1개월 ② 2개월
③ 3개월 ④ 4개월

> • 검사의 연기 : 1회에 한해서 당해연도 말 까지
> • 9월 1일 이후인 경우 : 4개월 기간내 연기

58 에너지의 최저소비효율기준에 미달하는 효율관리기 자재의 생산 또는 판매금지 명령을 위반한 자에 대한 벌칙은?

① 1년 이하의 징역 또는 1천만원 이하의 벌금
② 1천만원 이하의 벌금
③ 2년 이하의 징역 또는 2천만원 이하의 벌금
④ 2천만원 이하의 벌금

> • 2000만원 이하의 벌금 : 기준미달 기자재의 생산 · 판매금지 위반
> • 2000만원 이하의 과태료 : 에너지관리진단을 받지 아니한 경우

59 에너지 사용자가 에너지절감 목표를 수립하여 정부와 이행 약속을 하는 제도는?

① 에너지절감 이행 협약
② 수요관리 투자협약
③ 자발적 협약
④ 에너지 사용 계획 협약

> 수립계획 항목
> • 협약 체결 전년도의 에너지소비현황
> • 에너지관리체제 및 관리방법
> • 효율향상목표 및 이행방법
> • 효율향상목표 등의 이행을 위한 투자계획

60 에너지이용합리화법상 목표에너지원단위란?

① 에너지를 사용하여 만드는 제품의 단위당 에너지 사용 목표량
② 에너지를 사용하여 만드는 제품의 종류별 년간 에너지사용 목표량
③ 건축물의 총 면적당 에너지사용 목표량
④ 자동차 등의 단위 연료당 목표 주행거리

54 ③ 55 ① 56 ② 57 ④ 58 ④ 59 ③

> **목표에너지원 단위**
> 에너지를 사용하여 만드는 제품의 단위당 에너지사용목표량 또는 건축물의 단위면적당 에너지사용목표량 (산업통상자원부 장관이 고시)

61 특정열사용기자재 시공업의 범주에 포함되지 않는 것은?

① 기자재의 설치
② 기자재의 제조
③ 기자재의 시공
④ 기자재의 세관

> 시공업 : 기자재를 설치, 시공, 세관을 하는 업

62 에너지이용합리화법에서 제3자로부터 위탁을 받아 에너지 사용시설의 에너지 절약을 위한 관리용역사업을 하는자로서 산업통상자원부장관에게 등록을 한 자를 의미하는 용어는?

① 에너지 수요관리 전문기업
② 자발적 협약 전문기업
③ 에너지 절약 전문기업
④ 기술개발 전문기업

> 정부는 제3자로부터 위탁을 받아 다음의 어느 하나에 해당하는 사업을 하는 자로서 산업통상자원부장관에게 등록을 한 자(이하 "에너지절약전문기업"이라 한다)가 에너지절약사업과 이를 통한 온실가스의 배출을 줄이는 사업을 하는 데에 필요한 지원을 할 수 있다.
> • 에너지사용시설의 에너지절약을 위한 관리·용역사업
> • 에너지절약형 시설투자에 관한 사업
> • 그 밖에 대통령령으로 정하는 에너지절약을 위한 사업

63 에너지기본법에서 에너지정책 및 에너지 관련 계획을 수립 시행하기 위한 에너지정책의 기본원칙이 아닌 것은?

① 에너지의 효율적 사용을 위한 기술개발
② 에너지의 안정적인 공급 실현
③ 신재생에너지 등 환경 친화적인 에너지의 생산 및 사용 확대
④ 에너지 저소비형 경제사회구조로의 전환을 위한 에너지 수요관리의 지속적 강화

> **에너지정책의 기본원칙**
> • 에너지의 안정적인 공급실현
> • 신·재생에너지 등 환경친화적인 에너지의 생산 및 사용확대
> • 에너지 저소비형 경제구조로의 전환을 위한 에너지수요관리의 지속적 강화
> • 산업·환경·안보·교통 및 건축 등 에너지 관련 모든 분야에 대한 통합적 고려
> • 에너지산업에 대한 시장경쟁 요소의 도입 확대 및 규제완화 등의 시책 추진
> • 에너지이용의 형평성을 제고하기 위한 노력의 지속적 추진

64 산업통상자원부 장관이 특정열사용기자재를 설치하게 하거나 사용하게 할 수 있는 자가 아닌 것은?

① 지방자치단체
② 정부출자기관
③ 대기업
④ 국, 공립연구기관

> **특정열사용기자재의 보급촉진 대상**
> • 중앙행정기관·지방자치단체 및 그 소속기관
> • 정부 또는 지방자치단체가 출자 또는 출연한 기관
> • 정부투자기관이 출자한 기관
> • 국·공립 연구기관

65 에너지 수급안정을 위한 비상조치에 해당되지 않는 것은?

① 에너지의 비축과 저장
② 에너지 사용의 최소화
③ 에너지 가격의 인하
④ 에너지 판매시설의 확충

> **에너지 수급안정을 위한 비상조치**
> • 지역별·주요 수급자별 에너지 할당
> • 에너지공급설비의 가동 및 조업
> • 에너지의 비축과 저장
> • 에너지의 도입·수출입 및 위탁가공
> • 에너지공급자 상호 간의 에너지의 교환 또는 분배 사용
> • 에너지의 유통시설과 그 사용 및 유통경로
> • 에너지의 배급
> • 에너지의 양도·양수의 제한 또는 금지

66 강철제 또는 주철제 보일러로서 검사대상기기에 해당되는 것은?

① 최고사용압력이 1.5 kg/cm² 이고 동체 안지름이 250mm 인 것
② 온수를 발생시키는 보일러로서 대기개방형인 것
③ 최고사용압력이 1 kg/cm² 이고 전열면적이 0.8m² 인 것
④ 관류보일러로서 전열면적이 6m² 인 것

> 검사대상기기의 제외대상
> • 최고사용압력 0.1 MPa 이하이고, 동체의 안지름이 300mm 이하이며, 길이가 600mm 이하인 것
> • 최고사용압력 0.1MPa 이하이고, 전열면적 5m² 이하인 것
> • 2종 관류보일러
> • 온수를 발생시키는 보일러로서 대기개방형인 것

67 특정열사용기자재 및 설치 시공범위에서 요업요로에 해당하는 것은?

① 용선로   ② 금속 소둔로
③ 철금속 가열로   ④ 회전가마

> 요업요로
> 연속식유리용융가마, 터널가마, 도염식가마, 셔틀가마, 회전가마, 석회용선 가마 등

68 에너지이용합리화법 시행령에서 국가·지방자치 단체 등이 에너지를 효율적으로 이용하고 온실가스의 배출을 줄이기 위하여 추진하여야 하는 필요한 조치의 구체적인 내용이 아닌 것은?

① 지역별·주요 수급자별 에너지 보급
② 에너지절약 및 온실가스배출 감축을 위한 제도·시책의 마련 및 정비
③ 에너지절약 및 온실가스배출 감축 관련 홍보 및 교육
④ 건물 및 수송 부문의 에너지이용합리화 및 온실가스 배출 감축

> 필요 조치
> • 에너지절약 및 온실가스배출 감축을 위한 제도·시책의 마련 및 정비
> • 에너지의 절약 및 온실가스배출 감축 관련 홍보 및 교육
> • 건물 및 수송 부문의 에너지이용 합리화 및 온실가스 배출 감축

69 다음 중 인정 검사대상기기관리자의 교육을 이수한 자가 관리할 수 있는 검사대상기기는?

① 증기보일러로서 최고사용압력이 1.8MPa 이고, 전열면적이 30m² 인 것
② 온수발생 보일러로서 용량이 981.5kW인 것
③ 증기보일러로서 최고사용압력이 1MPa 이고, 전열 면적이 10m² 인 것
④ 온수발생 보일러로서 용량이 685.5kW인 것

> 인정 검사대상기기관리자의 관리범위
> • 증기보일러로서 최고사용압력이 1MPa 이하 이고, 전열면적이 10m² 이하인 것
> • 온수발생 및 열매체를 가열하는 보일러로서 용량이 581.5 킬로와트(kW) 이하인 것
> • 압력용기

70 검사의 면제대상 범위에서 강철제 보일러 중 1종 관류 보일러에 대하여 면제되는 검사는?

① 용접검사   ② 구조검사
③ 계속사용검사   ④ 제조검사

> 검사의 면제범위
> • 1종 관류보일러 : 용접검사
> • 주철제 보일러 : 구조검사
> • 가스용 온수보일러 : 제조검사

71 에너지이용 합리화법상 효율관리 기자재가 아닌 것은?

① 삼상유도 전동기   ② 압력용기
③ 조명기기   ④ 전기냉장고

> 효율관리기자재
> 전기냉방기, 전기냉장고, 전기세탁기, 자동차, 조명기기, 삼상유도전동기 등

72 열사용기자재 관리규칙에 의한 검사대상기기인 보일러의 계속사용검사 중 재사용검사의 유효기간은?

① 1년   ② 1년 6개월
③ 2년   ④ 3년

> 재사용검사, 안전검사, 운전성능검사 등의 유효기간 : 1년

66 ④ 67 ④ 68 ① 69 ③ 70 ① 71 ② 72 ①

73 에너지이용합리화법 시행령상 산업통상자원부 장관은 에너지수급안정을 위한 조치를 하고자 할 때에는 그 사유·기간 및 대상자 등을 정하여 그 조치 예정일 며칠 이전에 예고하여야 하는가?

① 14일
② 10일
③ 7일
④ 5일

🔍 예정일 7일전에 예고 하여야한다.

74 다음 중 대통령으로 정하는 에너지공급자가 수립·시행해야 하는 계획으로 맞는 것은?

① 지역에너지계획
② 에너지이용합리화실시계획
③ 에너지기술개발계획
④ 연차별수요관리투자계획

🔍 대통령으로 정하는 에너지공급자
해당 에너지의 생산·전환·수송·저장 및 이용상의 효율향상, 수요의 절감 및 온실가스배출의 감축 등을 도모하기 위한 연차별 수요관리투자계획을 수립

75 에너지이용합리화법에서 규정하는 열사용 기자재 범위에서 소형온수보일러의 적용범위 기준으로 옳은 것은?

① 전열면적이 7제곱미터 이하이고, 최고사용압력이 0.35 MPa 이하의 온수를 발생하는 것
② 전열면적이 7제곱미터 이하이고, 최고사용압력이 0.7 MPa 이하의 온수를 발생하는 것
③ 전열면적이 14제곱미터 이하이고, 최고사용압력이 0.35 MPa 이하의 온수를 발생하는 것
④ 전열면적이 14제곱미터 이하이고, 최고사용압력이 0.7 MPa 이하의 온수를 발생하는 것

🔍 소형온수보일러의 적용범위는 전열면적이 14m² 이하이며, 최고사용압력이 0.35MPa 이하의 온수를 발생하는 것 이다.

76 보일러 용량이 10t/h를 초과하고 30t/h 이하인 보일러를 관리할 수 있는 관리자의 자격이 아닌 것은?

① 에너지관리기사
② 에너지관리기능장
③ 에너지관리산업기사
④ 에너지관리기능사

🔍 검사대상기기관리자의 선임
• 용량 30t/h 초과 : 에너지관리기능장 또는 에너지관리기사
• 용량 30t/h~10t/h : 에너지관리기능장, 에너지관리기사 또는 에너지관리산업기사사
• 용량 10t/h 이하 : 에너지관리기능장, 에너지관리기사, 에너지관리산업기사 또는 에너지관리기능사

77 에너지다소비사업자가 연간 에너지사용량이 20만 티오이 미만일 경우 에너지진단주기로 맞는 것은?

① 1년　② 2년
③ 4년　④ 5년

🔍 에너지 진단주기

연간 에너지 사용량	에너지 진단주기
20만 티오이 이상	1. 전체진단 : 5년 2. 부분진단 : 3년
20만 티오이 미만	5년

78 에너지법 시행규칙상 "석유환산계수"에 대한 설명으로 맞는 것은?

① "석유환산계수"라 함은 에너지원별 발열량을 1kg=10000kcal로 환산한 값을 말한다.
② "석유환산계수"라 함은 에너지원별 발열량을 1kg=30000kcal로 환산한 값을 말한다.
③ "석유환산계수"라 함은 에너지원별 발열량을 1kg=15000kcal로 환산한 값을 말한다.
④ "석유환산계수"라 함은 에너지원별 발열량을 1kg=20000kcal로 환산한 값을 말한다.

🔍 석유환산기준
원유의 발열량 (1kg =10,000kcal로 환산)을 기준으로 에너지원 및 제품의 발열량을 환산한 값

정답　73 ③　74 ④　75 ③　76 ④　77 ④　78 ①

79 열사용기자재관리규칙에 따라 검사대상기기의 검사 종류 중 운전성능검사 대상이 아닌 것은?

① 철금속가열로
② 용량이 1t/h인 산업용 강철제보일러
③ 용량이 5t/h인 난방용 주철제보일러
④ 용량이 3t/h인 난방용 강철제보일러

> 운전성능 대상
> • 용량이 1t/h(난방용의 경우에는 5t/h) 이상인 강철제 보일러 및 주철제 보일러
> • 철금속가열로

80 열사용기자재 관리규칙상 검사의 면제대상 범위에서 면제되는 검사에 해당되지 않는 것은?

① 용접검사   ② 구조검사
③ 개조검사   ④ 계속사용검사

> 면제되는 검사
> 용접검사, 구조검사, 설치 검사, 계속사용검사, 제조검사

정답 79 ④ 80 ③

CHAPTER
04

Craftsman Energy Management

기출문제

2014년 2회 기출문제

01 어떤 보일러의 시간당 발생증기량을 G_a, 발생증기의 엔탈피를 i_2, 급수엔탈피를 i_1이라 할 때, 다음 식으로 표시되는 값(G_e)은?

$$G_e = \frac{G_a(i_2 - i_1)}{539} \text{ (kg/h)}$$

① 증발률
② 보일러 마력
③ 연소 효율
④ 상당 증발량

> 상당증발량 (kg/h)
> $= \dfrac{\text{실제증발량} \times (\text{증기엔탈피} - \text{급수엔탈피})}{539}$

02 보일러의 자동제어를 제어동작에 따라 구분할 때 연속동작에 해당되는 것은?

① 2위치 동작
② 다위치 동작
③ 비례동작(P 동작)
④ 부동제어 동작

> 자동제어의 제어동작
> • 연속동작 : 비례동작, 적분동작, 미분동작 등
> • 불연속동작 : on-off 동작(2위치 동작)

03 정격압력이 12kgf/cm² 일 때 보일러의 용량이 가장 큰 것은?(단, 급수온도는 10℃, 증기엔탈피는 663.8kcal/kg 이다.)

① 실제 증발량 1200 kg/h
② 상당 증발량 1500 kg/h
③ 정격출력 800000 kcal/h
④ 보일러 100 마력(B-HP)

> ① 실제증발량 1200kg/h
> $= \dfrac{1200 \times (663.8 - 10)}{539 \times 15.65}$
> $= 93$ 보일러마력
> ② 상당 증발량 1500kg/h
> $= \dfrac{1500}{15.65} = 95.84$ 보일러마력
> ③ 정격출력 800000kg/h
> $= \dfrac{800000}{539 \times 15.65} = 94.84$ 보일러마력

04 프라이밍의 발생 원인으로 거리가 먼 것은?

① 보일러 수위가 낮을 때
② 보일러수가 농축되어 있을 때
③ 송기 시 증기밸브를 급개할 때
④ 증발능력에 비하여 보일러수의 표면적이 작을 때

> 프라이밍 발생 원인
> • 보일러 수위가 높을 때
> • 보일러수가 농축되어 있을 때
> • 송기 시 증기밸브를 급개할 때
> • 증발능력에 비해 보일러수의 표면적이 작을 때

05 보일러의 부하율에 대한 설명으로 적합한 것은?

① 보일러의 최대증발량에 대한 실제증발량의 비율
② 증기발생량을 연료소비량으로 나눈 값
③ 보일러에서 증기가 흡수한 총열량을 급수량으로 나눈 값
④ 보일러 전열면 1m²에서 시간당 발생되는 증기 열량

> 보일러 부하율
> $= \dfrac{\text{매시 실제증발량}}{\text{최대 연속 증발량}} \times 100$

06 보일러의 급수장치에서 인젝터의 특징으로 틀린 것은?

① 구조가 간단하고 소형이다.
② 급수량의 조절이 가능하고 급수효율이 높다.
③ 증기와 물이 혼합하여 급수가 예열된다.
④ 인젝터가 과열되면 급수가 곤란하다.

🔍 인젝터의 단점 : 급수조절이 어렵고, 양수 능력이 부족하다.

07 물의 임계압력에서의 잠열은 몇 kcal/kg 인가?

① 539
② 100
③ 0
④ 639

🔍
• 임계압력 : 225.65 kg/cm2
• 임계온도 : 374.15℃
• 증발잠열 : 0 kcal/kg

08 유류 연소시 일반적인 공기비는?

① 0.95~1.1　　② 1.6~1.8
③ 1.2~1.4　　④ 1.8~2.0

🔍 공기비
• 고체연료 : 1.5~2.0
• 액체연료 : 1.2~1.4 (미분탄)
• 기체연료 : 1.1~1.3

09 다음과 같은 특징을 갖고 있는 통풍방식은?

> - 연도의 끝이나 연돌하부에 송풍기를 설치한다.
> - 연도 내의 압력은 대기압보다 낮게 유지한다.
> - 매연이나 부식성이 강한 배기가스가 통과하므로 송풍기의 고장이 자주 발생한다.

① 자연통풍　　② 압입통풍
③ 흡입통풍　　④ 평형통풍

🔍
• 흡입통풍 : 송풍기를 연도에 설치하며 노내압이 부압(-)을 유지한다.
• 압입통풍 : 송풍기를 연소실 입구에 설치하며 노내압이 정압(+)을 유지한다.

10 보일러 열손실이 아닌 것은?

① 방열손실　　② 배기가스 열손실
③ 미연소 손실　　④ 응축수 손실

🔍 보일러 열손실
• 배기가스에 의한 열손실
• 불완전연소에 의한 열손실
• 미연분에 의한 열손실
• 전열 및 방열에 의한 열손실

11 상당증발량 6000 kg/h, 연료 소비량 400 kg/h 인 보일러의 효율은 약 몇 % 인가?(단, 연료의 저위발열량은 9700kcal/kg 이다.)

① 81.3%　　② 83.4%
③ 85.8%　　④ 79.2%

🔍 효율 = $\dfrac{상당증발량 \times 539}{연료사용량 \times 연료발열량} \times 100$

= $\dfrac{6000 \times 539}{400 \times 9700} \times 100 = 83.4\%$

12 다음 중 탄화수소비가 가장 큰 액체연료는?

① 휘발유　　② 등유
③ 경유　　④ 중유

🔍 탄화수소비 : 중유>경유>등유>휘발유

13 무게 80kgf 인 물체를 수직으로 5m 까지 끌어 올리기 위한 일을 열량으로 환산하면 약 몇 kcal 인가?

① 0.94 kcal　　② 0.094 kcal
③ 40 kcal　　④ 400 kcal

🔍 일의 열당량 = $\dfrac{1}{427} \times 80 \times 5 = 0.94$ kcal

14 중유의 연소 상태를 개선하기 위한 첨가제의 종류가 아닌 것은?

① 연소촉진제　　② 회분개질제
③ 탈수제　　④ 슬러지 생성제

🔍 중유 첨가제 : 연소촉진제, 슬러지 안정제, 탈수제, 회분개질제, 유동점강하제 등

15 보일러 폐열회수장치에 대한 설명 중 가장 거리가 먼 것은?

① 공기예열기는 배기가스와 연소용 공기를 열교환하여 연소용 공기를 가열하기 위한 것이다.
② 절탄기는 배기가스의 여열을 이용하여 급수를 예열하는 급수예열기를 말한다.
③ 공기예열기의 형식은 전열방법에 따라 전도식과 재생식, 히트파이프식으로 분류된다.
④ 급수예열기는 설치하지 않아도 되지만 공기예열기는 반드시 설치하여야 한다.

> 폐열회수장치 : 공기예열기보다 절탄기를 설치하는 것이 연료 절감효과가 높다.

16 수관식 보일러의 특징에 관한 설명으로 틀린 것은?

① 구조상 고압 대용량에 적합하다.
② 전열면적을 크게 할 수 있으므로 일반적으로 효율이 높다.
③ 급수 및 보일러수 처리에 주의가 필요하다.
④ 전열면적당 보유수량이 많아 기동에서 소요증기가 발생할 때까지의 시간이 길다.

> 수관식 보일러 : 보유수량에 비해 전열면적이 넓어 증발이 빠르다.

17 화염검출기 기능불량과 대책을 연결한 것으로 잘 못된 것은?

① 집광렌즈 오염 – 분리 후 청소
② 증폭기 노후 – 교체
③ 동력선의 영향 – 검출회로와 동력선 분리
④ 점화전극의 고전압이 프레임 로드에 흐를 때 – 전극과 불꽃 사이를 넓게 분리

> 점화전극의 고전압이 프레임 로드에 흐를 때 – 전극과 불꽃 사이를 좁게 한다.

18 유압분무식 오일버너의 특징에 관한 설명으로 틀린 것은?

① 대용량 버너의 제작이 가능하다.
② 무화 매체가 필요 없다.
③ 유량조절 범위가 넓다.
④ 기름의 점도가 크면 무화가 곤란하다.

> 유압분무식 버너 : 유량조절범위가 1:2로 좁아 부하변동이 큰 보일러에는 부적당하다.

19 노통 연관식 보일러의 특징으로 가장 거리가 먼 것은?

① 내분식으로 열손실이 적다.
② 수관식 보일러에 비해 보유수량이 적어 파열 시 피해가 작다.
③ 원통형 보일러 중에서 효율이 가장 높다.
④ 원통형 보일러 중에서 구조가 복잡한 편이다.

> 노통 연관식 보일러 : 원통형 보일러로 보유 수량이 많아 부하 변동에 대한 적응은 쉬우나 사고 시 피해가 크다.

20 액체연료에서의 무화의 목적으로 틀린 것은?

① 연료와 연소용 공기와의 혼합을 고르게 하기 위해
② 연료의 단위 중량당 표면적을 작게 하기 위해
③ 연소효율을 높이기 위해
④ 연소실 열발생률을 높게 하기 위해

> 무화의 목적 : 연료의 단위 중량당 표면적을 넓게 하여 공기와 혼합을 좋게 하기 위해

21 매연분출장치에서 보일러의 고온부인 과열기나 수관부용으로 고온의 열가스 통로에 사용할 때만 사용되는 매연분출장치는?

① 정치 회전형
② 롱레트랙터블형
③ 쇼트레트랙터블형
④ 이동 회전형

> • 롱레트랙터블형 : 보일러 과열기 등 고온부에 사용하는 매연분출장치
> • 쇼트레트랙터블형 : 보일러 연소노벽 등에 사용하는 매연분출장치

22 보일러의 자동제어에서 연소제어시 조작량과 제어량의 관계가 옳은 것은?

① 공기량 – 수위
② 급수량 – 증기온도
③ 연료량 – 증기압
④ 전열량 – 노내압

- 급수량 – 수위, 전열량 – 증기온도
- 연소가스량 – 노내압

23 다음 보일러 중 수관식 보일러에 해당되는 것은?

① 다쿠마 보일러
② 카네크롤 보일러
③ 스코치 보일러
④ 하우덴 존슨 보일러

- 카네크롤 : 특수 열매체보일러
- 스코치, 하우덴 존슨 : 노통연관식 보일러

24 보일러 화염검출장치의 보수나 점검에 대한 설명 중 틀린 것은?

① 프레임 아이 장치의 주위온도는 50℃ 이상이 되지 않게 한다.
② 광전관식은 유리나 렌즈를 매주 1회 이상 청소하고 강도 유지에 유의한다.
③ 프레임로드는 검출부가 불꽃에 직접 접하므로 소손에 유의하고 자주 청소해 준다.
④ 프레임 아이는 불꽃의 직사광이 들어오면 오작동 하므로 불꽃의 중심을 향하지 않도록 설치한다.

- 프레임 아이 : 오작동을 방지하기 위해 불꽃의 중심을 향하도록 설치한다.

25 열용량에 대한 설명으로 옳은 것은?

① 열용량의 단위는 kcal/g · ℃ 이다.
② 어떤 물질 1g의 온도를 1℃ 올리는데 소요되는 열량이다.
③ 어떤 물질의 비열에 그 물질의 질량을 곱한 값이다.
④ 열용량은 물질의 질량에 관계없이 항상 일정하다.

- 열용량은 물질의 비열에 그 물질의 질량을곱한 값이다. (kcal/℃ = kcal/kg · ℃×kg)

26 일반적으로 보일러 동(드럼) 내부에는 물이 어느 정도로 채워야 하는가?

① $\frac{1}{4} \sim \frac{1}{3}$
② $\frac{1}{6} \sim \frac{1}{5}$
③ $\frac{1}{4} \sim \frac{2}{5}$
④ $\frac{2}{3} \sim \frac{4}{5}$

- 보일러 내의 수부 : 보일러 동체 안지름의 2/3~4/5 정도이다.

27 주철제 보일러의 특징 설명으로 틀린 것은?

① 내열 · 내식성이 우수하다.
② 쪽수의 증감에 따라 용량조절이 용이하다.
③ 재질이 주철이므로 충격에 강하다.
④ 고압 및 대용량에 부적당하다.

- 주철제 보일러 : 내열, 내식성은 우수하나, 충격에 약하고 부동팽창으로 균열의 우려가 있다.

28 다음 중 잠열에 해당되는 것은?

① 기화열
② 생성열
③ 중화열
④ 반응열

- 잠열 : 융해잠열과 증발(기화)잠열이 있다.

29 집진장치 중 집진효율은 높으나 압력손실이 낮은 형식은?

① 전기식 집진장치
② 중력식 집진장치
③ 원심력식 집진장치
④ 세정식 집진장치

- 전기식 집진장치 : 집진효율은 높고 미세입자의 제거가 가능하며 압력손실이 낮다.

30 보일러 연소실 내에서 가스폭발을 일으킨 원인으로 가장 적절한 것은?

① 프리퍼지 부족으로 미연소 가스가 충만 되어 있었다.
② 연도 쪽의 댐퍼가 열려 있었다.
③ 연소용 공기를 다량으로 주입하였다.
④ 연료의 공급이 부족하였다.

🔍 노내의 가스폭발 원인 : 프리퍼지 부족으로 미연소 가스가 충만 되어 있는 경우

31 증기보일러의 캐리오버(carry over)의 발생 원인과 가장 거리가 먼 것은?

① 보일러 부하가 급격하게 증대할 경우
② 증발부의 면적이 불충분할 경우
③ 증기정지 밸브를 급격히 열었을 경우
④ 부유 고형물 및 용해 고형물이 존재하지 않을 경우

🔍 캐리오버(carry over)의 발생 원인
과부하일 때, 증발부의 면적이 좁을 때, 증기 밸브의 급개 시, 관수의 농축 및 고수위일 때

32 보일러의 점화조작 시 주의사항에 대한 설명으로 잘못된 것은?

① 유압이 낮으면 점화 및 분사가 불량하고 유압이 높으면 그을음이 축적되기 쉽다.
② 연료의 예열온도가 낮으면 무화불량, 화염의 편류, 그으름, 분진이 발생하기 쉽다.
③ 연료가스의 유출속도가 너무 빠르면 역화가 일어나고, 너무 늦으면 실화가 발생하기 쉽다.
④ 프리퍼지 시간이 너무 길면 연소실의 냉각을 초래하고, 너무 짧으면 역화를 일으키기 쉽다.

🔍 연료가스의 유출속도가 너무 빠르면 실화가 일어나고, 너무 늦으면 역화가 발생하기 쉽다.

33 보일러 건조보존 시에 사용되는 건조제가 아닌것은?

① 암모니아   ② 생석회
③ 실리카겔   ④ 염화칼슘

🔍 건조제의 종류 : 생석회, 염화칼슘, 실리카 겔, 활성알루미나 등

34 이동 및 회전을 방지하기 위해 지지점 위치에 완전히 고정하는 지지금속으로, 열팽창 신축에 의한 영향이 다른 부분에 미치지 않도록 배관을 분리하여 설치·고정해야 하는 리스트레인트의 종류는?

① 앵커
② 리지드 행거
③ 파이프 슈
④ 브레이스

🔍 리스트레인트의 종류 : 앵커, 스톱, 가이드 등

35 보일러 동체가 국부적으로 과열되는 경우는?

① 고수위로 운전하는 경우
② 보일러 동 내면에 스케일이 형성된 경우
③ 안전밸브의 기능이 불량한 경우
④ 주증기 밸브의 개폐 동작이 불량한 경우

🔍 과열의 원인 : 저수위일 때, 스케일의 부착, 관수의 농축, 관수의 순환불량 등

36 복사난방의 특징에 관한 설명으로 옳지 않은 것은?

① 쾌감도가 높다.
② 고장 발견이 용이하고 시설비가 싸다.
③ 실내공간의 이용률이 높다.
④ 동일 방열량에 대한 열손실이 적다.

🔍 복사난방의 단점 : 온도 조절이 어렵고, 고장 시 보수, 점검이 곤란하고, 시설비가 비싸다.

37 다음 중 보일러 용수관리에서 경도(hardness)와 관련되는 항목으로 가장 적합한 것은?

① Hg, SVI   ② BOD, COD
③ DO, Na   ④ Ca, Mg

🔍 경도 : 수 중의 Ca, Mg 량을 수치로 나타낸 것

38 보일러에서 열효율의 향상대책으로 틀린 것은?

① 열손실을 최대한 억제한다.
② 운전조건을 양호하게 한다.
③ 연소실 내의 온도를 낮춘다.
④ 연소장치에 맞는 연료를 사용한다.

🔍 연소실 내의 온도가 낮으면 : 불완전연소가 되고, 전열이 저하되어 증발이 늦어진다.

39 보일러의 증기관 중 반드시 보온을 해야 하는 곳은?

① 난방하고 있는 실내에 노출된 배관
② 방열기 주위 배관
③ 주증기 공급관
④ 관말 증기트랩장치의 냉각레그

🔍 주증기 공급관 : 보온을 철저하게 하여 응축 수 발생 및 열손실을 방지한다.

40 강철제 증기보일러의 최고사용압력이 2MPa 일 때 수압시험압력은?

① 2MPa
② 2.5MPa
③ 3MPa
④ 4MPa

🔍 최고사용압력 1.6MPa 이상인 경우 최고사용압력×1.5
∴ 2×1.5 = 3MPa

41 난방부하의 발생요인 중 맞지 않는 것은?

① 벽체(외벽, 바닥, 지붕 등)를 통한 손실열
② 극간 풍에 의한 손실열량
③ 외기(환기공기)의 도입애 의한 손실열량
④ 실내조명, 전열기구 등에서 발산하는 열부하

🔍 난방부하 계산 : 진열기구 등에 의해 발생되는 열량은 제외한다.

42 보일러의 수압시험을 하는 주된 목적은?

① 제한압력을 결정하기 위하여
② 열효율을 측정하기 위하여
③ 균열의 여부를 알기 위하여
④ 설계의 양부를 알기 위하여

🔍 수압시험 : 보일러 균열 여부를 알기 위해 최고사용압력보다 높은 압력으로 실시한다.

43 규산칼슘 보온재의 안전사용 최고온도(℃)는?

① 300
② 450
③ 650
④ 850

🔍 무기질 보온재의 안전사용온도
 • 탄산마그네슘 : 250℃
 • 그라스울 : 300℃
 • 석면·규조토·암면 : 500℃
 • 규산칼슘 : 650℃
 • 세레믹화이버 : 1000℃

44 보일러 운전 중 저수위로 인하여 보일러가 과열된 경우의 조치법으로 거리가 먼 것은?

① 연료공급을 중지한다.
② 연소용 공기공급을 중단하고 댐퍼를 전개한다.
③ 보일러가 자연냉각 하는 것을 기다려 원인을 파악한다.
④ 부동 팽창을 방지하기 위해 즉시 급수를 한다.

🔍 저수위일 때 : 과열면에 급수를 하게 되면 열 팽창에 의해 균열 또는 파열의 원인이 된다.

45 보일러 운전 중 1일 1회 이상 실행하거나 상태를 점검해야 하는 것으로 가장 거리가 먼 사항은?

① 안전밸브 작동상태
② 보일러수의 분출 작업
③ 여과기 상태
④ 저수위 안전장치 작동상태

🔍 여과기 청소 : 전 후의 압력차가 0.2kgf/cm² 이상일 때 청소를 한다.

46 강관 배관에서 유체의 흐름방향을 바꾸는데 사용되는 이음쇠는?

① 부싱 ② 리턴 벤드
③ 리듀셔 ④ 소켓

🔍 유체의 흐름방향을 바꾸는데 사용되는 이음쇠 : 엘보, 벤드

47 수면계의 점검순서 중 가장 먼저 해야 하는 사항으로 적당한 것은?

① 드레인 콕을 닫고 물콕을 연다.
② 물콕을 열어 통수관을 확인한다.
③ 물콕 및 증기콕을 닫고 드레인 콕을 연다.
④ 물콕을 닫고 증기콕을 열어 통기관을 확인한다.

🔍 수면계의 점검순서
• 물콕 및 증기콕을 닫고 드레인콕을 연다.
• 물콕을 열어 확인 후 닫는다.
• 증기콕을 열어 확인 후 드레인콕을 닫는다.
• 물콕을 서서히 연다.

48 팽창탱크 내의 물이 넘쳐흐를 때를 대비하여 팽창탱크에 설치하는 관은?

① 배수관 ② 환수관
③ 오버플로우관 ④ 팽창관

🔍 오버 플로우관 : 팽창탱크 내의 물이 넘치기 직전에 물을 안전한 곳으로 배출하기 위한 관

49 배관 중간이나 밸브, 펌프, 열교환기 등의 접속을 위해 사용되는 이음쇠로서 분해, 조립이 필요한 경우에 사용되는 것은?

① 벤드 ② 리듀셔
③ 플랜지 ④ 슬리브

🔍 분해, 조립을 하여 점검, 교체를 쉽게 하기 위한 이음쇠 : 유니언, 플랜지

50 흑체로부터의 복사 전열량은 절대온도의 몇 승에 비례하는가?

① 2승 ② 3승
③ 4승 ④ 5승

🔍 스테판 볼츠만의 법칙 : 완전 흑체로부터의 복사에너지는 절대온도의 4승에 비례한다.

51 환수관의 배관방식에 의한 분류 중 환수주관을 보일러의 표준수위 보다 낮게 배관하여 환수하는 방식은 어떤 배관방식인가?

① 건식 환수 ② 중력 환수
③ 기계 환수 ④ 습식 환수

🔍 • 건식환수관법 : 환수관을 보일러 표준수면 보다 높게 연결한 방법
• 습식환수관법 : 환수관을 보일러 표준수면보다 낮게 연결한 방법

52 세관작업 시 규산염은 염산에 잘 녹지 않으므로 용해 촉진제를 사용하는데 다음 중 어느 것을 사용하는가?

① H_2SO_4 ② HF
③ NH_3 ④ Na_2SO_4

🔍 용해촉진제 : 불화수소산(HF)

53 주철제 보일러의 최고사용압력이 0.3MPa 인 경우 수압시험압력은?

① 0.15 MPa ② 0.30 MPa
③ 0.43 MPa ④ 0.60 MPa

🔍 주철제 보일러의 수압시험 : 최고사용압력 0.43MPa 이하 –
최고사용압력×2
= 0.3 × 2 = 0.6MPa

54 강관 용접접합의 특징에 대한 설명으로 틀린 것은?

① 관내 유체의 저항손실이 적다
② 접합부의 강도가 강하다.
③ 보온피복 시공이 어렵다.
④ 누수의 염려가 적다.

🔍 용접이음 : 이음부의 강도가 강하고, 유체의 저항손실이 적고, 보온시공이 용이하다.

55 에너지이용합리화법상 열사용기자재가 아닌 것은?

① 강철제보일러 ② 구멍탄용 온수보일러
③ 전기순간온수기 ④ 2종 압력용기

🔍 열사용기자재: 보일러, 태양열집열기, 압력용기, 요업요로, 금속요로

56 저탄소 녹색성장 기본법상 온실가스가 아닌 것은?

① 이산화탄소 ② 메탄
③ 수소 ④ 육불화황

🔍 온실가스란 이산화탄소(CO_2), 메탄(CH_4), 아산화질소(N_2O), 수소불화탄소(HFCs), 과불화탄소(PFCs), 육불화황(SF_6) 등으로 적외선 복사열을 흡수하거나 재방출하여 온실효과를 유발하는 대기 중의 가스 상태의 물질을 말한다.

57 에너지법상 에너지 공급설비에 포함되지 않는 것은?

① 에너지 수입설비 ② 에너지 전환설비
③ 에너지 수송설비 ④ 에너지 생산설비

🔍 에너지 공급설비: 에너지를 생산, 저장, 수송, 전환하는 설비

58 온실가스 감축 목표의 설치·관리 및 필요한 조치에 관하여 총괄·조정을 수행하는 자는?

① 환경부장관
② 산업통상자원부장관
③ 국토교통부장관
④ 농림축산식품부장관

🔍 환경부장관은 온실가스 감축 목표의 설정·관리 및 필요한 조치에 관하여 총괄·조정기능을 수행한다.

59 자원을 절약하고, 효율적으로 이용하여 폐기물의 발생을 줄이는 등 자원순환산업을 육성지원하기 위한 다양한 시책에 포함되지 않는 것은?

① 자원의 수급 및 관리
② 유해하거나 재 제조·재활용이 어려운 물질의 사용억제
③ 에너지자원으로 이용되는 목재, 식물, 농산물 등 바이오매스의 수집·활용
④ 친환경 생산체제로의 전환을 위한 기술지원

🔍 자원순환 산업의 육성·지원 시책에 포함사항
• 자원순환 촉진 및 자원생산성 제고 목표설정
• 자원의 수급 및 관리
• 유해하거나 재제조·재활용이 어려운 물질의 사용억제
• 폐기물 발생의 억제 및 재제조·재활용 등 재 자원화
• 에너지자원으로 이용되는 목재, 식물, 농산물 등 바이오매스의 수집·활용
• 자원순환 관련 기술개발 및 산업의 육성
• 자원생산성 향상을 위한 교육훈련·인력양성 등에 관한 사항

60 에너지이용 합리화법 시행규칙에 따른 효율관리기자재에 해당되지 않는 것은?

① 전기냉장고 ② 2종 압력용기
③ 삼상유도전동기 ④ 조명기기

🔍 효율관리기자재
• 전기냉장고
• 전기냉방기
• 전기세탁기
• 조명기기
• 삼상유도전동기
• 자동차

정답 2014년 2회

01 ④	02 ③	03 ④	04 ①	05 ①
06 ②	07 ③	08 ③	09 ③	10 ④
11 ②	12 ④	13 ①	14 ④	15 ⑤
16 ④	17 ④	18 ③	19 ②	20 ④
21 ②	22 ③	23 ①	24 ④	25 ③
26 ④	27 ②	28 ③	29 ①	30 ①
31 ④	32 ③	33 ①	34 ①	35 ②
36 ②	37 ④	38 ③	39 ③	40 ②
41 ④	42 ③	43 ②	44 ④	45 ③
46 ②	47 ③	48 ③	49 ③	50 ②
51 ④	52 ②	53 ④	54 ③	55 ③
56 ③	57 ①	58 ①	59 ④	60 ②

2014년 3회 기출문제

01 연소의 속도에 미치는 인자가 아닌 것은?

① 반응물질의 온도
② 산소의 온도
③ 촉매물질
④ 연료의 발열량

> 연소속도에 영향을 미치는 요소 : 산소농도, 반응물질의 온도, 촉매물질

02 자동제어의 신호전달방법 중 신호전송 시 시간지연이 있으며, 전송거리가 100~150m 정도인 것은?

① 전기식　② 유압식
③ 기계식　④ 공기식

> 자동제어의 신호전달방법
> • 전기식 : 전송거리가 수 km 정도이며 전송 지연이 적다
> • 유압식 : 전송거리가 300m 정도로 전송이 빠르다. 화재의 위험이 있다.
> • 공기압식 : 전송거리가 100m 정도로 전송 지연이 크다.

03 액체연료 중 경질유에 주로 사용하는 기화연소방식의 종류에 해당하지 않는 것은?

① 포트식　② 심지식
③ 증발식　④ 무화식

> • 기화연소방식 : 경질유의 연소방식으로 포트식, 심지식, 증발식 등이 있다.
> • 무화연소방식 : 중질유의 연소방식으로 유압분무식, 이류체분무식, 회전분무식 등이 있다.

04 보일러에 과열기를 설치하여 과열증기를 사용하는 경우의 설명으로 잘못된 것은?

① 과열증기란 포화증기의 온도와 압력을 높인 것이다.
② 과열증기는 포화증기보다 보유열량이 많다.
③ 과열증기를 사용하면 배관부의 마찰저항 및 부식을 감소시킬 수 있다.
④ 과열증기를 사용하면 보일러의 열효율을 증대시킬 수 있다.

> 과열증기 : 포화증기의 압력변화 없이 온도만 높인 증기

05 플로트 트랩은 어떤 종류의 트랩인가?

① 디스크 트랩　② 기계적 트랩
③ 온도조절 트랩　④ 열역학적 트랩

> 기계식 증기 트랩 : 플로트식 버켓식

06 분사관을 이용해 선단에 노즐을 설치하여 청소하는 것으로 주로 고온의 전열면에 사용하는 슈트 블로워(soot blower)의 형식은?

① 롱 레트랙터블형(long retractable)형
② 로타리(rotary)형
③ 건(gun)형
④ 에어히터클리너(air heater cleaner)형

> • 롱 레트랙터블형 : 과열기 등 고온 전열면에 사용하는 슈트 블로워
> • 로타리형 : 절탄기 등 저온 전열면에 사용하는 슈트 블로워
> • 건형 : 보일러 연소노벽이나 전열면에 사용되는 슈트 블로워

07 긴 관의 한 끝에서 압송된 급수가 관을 지나는 동안 차례로 가열, 증발, 과열된 다음 과열증기가 되어 나가는 형식의 보일러는?

① 노통보일러　② 관류보일러
③ 연관보일러　④ 입형보일러

> 관류 보일러 : 드럼 없이 관만으로 구성된 보일러로 벤슨, 슐쳐 보일러 등이 있다.

08 보일러 연소실 내의 미연가스 폭발에 대비하여 설치하는 안전장치는?

① 가용전
② 방출밸브
③ 안전밸브
④ 방폭문

🔍 ・방폭문 : 노내 폭발을 대비해 설치하는 안전 장치
・화염검출기 : 노내 폭발을 방지하기 위해 설치하는 안전장치

09 연료를 연소시키는데 필요한 실제공기량과 이론공기량의 비 즉, 공기비를 m 이라 할 때 다음 식이 뜻하는 것은?

$$(m - 1) \times 100 \%$$

① 과잉 공기율
② 과소 공기율
③ 이론 공기율
④ 실제 공기율

🔍 ・과잉공기율 : $(m - 1) \times 100(\%)$
・과잉공기량 : $(m - 1) \times A_o$

10 보일러의 자동제어 신호전달 방식 중 전달거리가 가장 긴 것은?

① 전기식 ② 유압식
③ 공기식 ④ 수압식

🔍 신호전송거리
・전기식 : 수 km 까지
・유압식 : 300m 정도
・공기압식 : 100m 정도

11 보일러 중에서 관류 보일러에 속하는 것은?

① 코크란 보일러
② 코르니시 보일러
③ 스코치 보일러
④ 슐쳐 보일러

🔍 관류 보일러 : 벤숀 보일러, 슐쳐 보일러

12 보일러 효율이 85%, 실제증발량이 5t/h 이고 발생증기의 엔탈피 656kcal/kg, 급수온도의 엔탈피는 56kcal/kg, 연료의 저위발열량 9750kcal/kg 일 때 연료 소비량은 약 몇 kg/h 인가?

① 316
② 362
③ 389
④ 405

🔍 연료사용량

$$= \frac{실제증발량 \times (증기엔탈피 - 급수엔탈피)}{효율 \times 연료의 발열량}$$

$$= \frac{5000 \times (656 - 56)}{0.85 \times 9750} = 362 kg/h$$

13 물질의 온도 변화에 소요되는 열 즉 물질의 온도를 상승시키는 에너지로 사용되는 열은 무엇인가?

① 잠열
② 증발열
③ 융해열
④ 현열

🔍 ・현열 : 상태변화 없이 온도변화에 필요한 열
・잠열 : 온도변화 없이 상태변화에 필요한 열

14 용적식 유량계가 아닌 것은?

① 로타리형 유량계
② 피토우관식 유량계
③ 루트형 유량계
④ 오벌기어식 유령계

🔍 피토우관 : 유속측정에 의한 유량측정 방법

15 가압수식 집진장치의 종류에 속하는 것은?

① 백필터   ② 세정탑
③ 코트넬   ④ 배플식

🔍 ・세정식(습식)집진장치 : 유수식, 회전식, 가압수식
・가압수식 : 사이크론 스크레버, 벤튜리 스크레버, 충진탑

16 원통형 및 수관식 보일러 구조에 대한 설명으로 틀린 것은?

① 노통 접합부는 아담슨 조인트(Adamson joint)로 연결하여 열에 의한 신축을 흡수한다.
② 코르니시 보일러는 노통을 편심으로 설치하여 보일러수의 순환을 잘 되도록 한다.
③ 겔로웨이관은 전열면을 증대하고 강도를 보강한다.
④ 강수관의 내부는 열가스가 통과하여 보일러수 순환을 증진한다.

> 강수관 : 급수된 물이 하강하는 관

17 열의 일당량 값으로 옳은 것은?

① 427 kg · m/kcal
② 327 kg · m/kcal
③ 273 kg · m/kcal
④ 472 kg · m/kcal

> • 일의 열당량 = $\frac{1}{427}$ kcal/kg · m
> • 열의 일당량 : 427kg · m/kcal

18 보일러 시스템에서 공기예열기 설치 사용 시 특징으로 틀린 것은?

① 연소효율을 높일 수 있다
② 저온부식이 방지된다.
③ 예열공기의 공급으로 불완전연소가 감소된다.
④ 노내의 연소속도를 빠르게 할 수 있다.

> 공기예열기 설치 시 단점
> • 저온부식이 발생한다.
> • 통풍저항이 증가한다.
> • 청소가 어렵다.

19 보일러 연료로 사용되는 LNG의 성분 중 함유량이 가장 많은 것은?

① CH_4
② C_2H_6
③ C_3H_8
④ C_4H_{10}

> LNG(액화천연가스)의 주성분
> 메탄(CH_4 : 90%) + 에탄(C_2H_6 : 10%)

20 공기예열기 설치 시 이점으로 옳지 않은 것은?

① 예열공기의 공급으로 불완전연소가 감소한다.
② 배기가스의 열손실이 증가한다.
③ 저질연료도 연소가 가능하다.
④ 보일러 열효율이 증가한다.

> 공기예열기 : 배기가스 손실열을 이용하여 연소요 공기를 예열하는 장치로 배기가스의 열손실을 회수하여 열효율을 증가시킨다.

21 연료 중 표면 연소하는 것은?

① 목탄 ② 중유
③ 석탄 ④ LPG

> • 표면연소 : 목탄, 코크스
> • 분해연소 : 석탄, 목재
> • 증발연소 : 액체연료(경유)
> • 확산연소 : 기체연료

22 서로 다른 두 종류의 금속판을 하나로 합쳐 온도 차이에 따른 팽창정도가 다른 점을 이용한 온도계는?

① 바이메탈 온도계
② 압력식 온도계
③ 전기저항 온도계
④ 열전대 온도계

> 바이메탈 : 팽창이 다른 두 금속을 맞붙여 열팽창에 의해 휘어지는 특성이 있는 금속

23 일반적으로 효율이 가장 좋은 보일러는?

① 코르니시 보일러 ② 입형 보일러
③ 연관 보일러   ④ 수관 보일러

> 수관 보일러 : 보유수량에 비해 전열면적이 넓어 증발이 빠르고 열효율이 높다.

24 급유장치에서 보일러 가동 중 연소의 소화, 압력 초과 등 이상 현상 발생 시 긴급히 연료를 차단하는 것은?

① 압력조절 스위치
② 압력제한 스위치
③ 감압 밸브
④ 전자 밸브

🔍 전자 밸브 : 보일러 운전 중 압력초과, 저수위, 불착화 및 실화 시 연료공급을 차단시키는 장치

25 급유량계 앞에 설치하는 여과기의 종류가 아닌것은?

① U 형   ② V 형
③ S 형   ④ Y 형

🔍 여과기 : 어떤 장치의 입구에 설치하여 이물질을 제거하여 그 장치를 보호하기 위한 장치로 Y형, U형, V형 등의 종류가 있다.

26 보일러 증기발생량이 5t/h, 발생증기 엔탈피는 650 kcal/kg, 연료사용량 400kg/h, 연료의 저위발열량이 9750kcal/kg 일 때 보일러 효율은 약 몇 % 인가?(단, 급수온도는 20℃ 이다.)

① 78.8%   ② 80.8%
③ 82.4%   ④ 84.2%

🔍 효율
$= \dfrac{실제증발량 \times (증기엔탈피 - 급수엔탈피)}{연료사용량 \times 연료의 발열량} \times 100$
$= \dfrac{5000 \times (650-20)}{400 \times 9750} \times 100 = 80.77\%$

27 보일러 급수배관에서 급수의 역류를 방지하기 위하여 설치하는 밸브는?

① 체크 밸브
② 슬루스 밸브
③ 글로브 밸브
④ 앵글 밸브

🔍 체크 밸브 : 급수배관에 보일러수의 역류를 방지하기 위해 설치하는 밸브로 최고사용압력 0.1MPa 미만인 보일러는 생략할 수 있다.

28 보일러 중 노통 연관식 보일러는?

① 코르니시 보일러   ② 랭커셔 보일러
③ 스코치 보일러   ④ 다쿠마 보일러

🔍 노통연관식 보일러 : 스코치 보일러, 하우 덴 죤슨 보일러

29 수면계의 기능시험 시기로 틀린 것은?

① 보일러를 가동하기 전
② 수위의 움직임이 활발할 때
③ 보일러를 가동하여 압력이 상승하기 시작했을 때
④ 2개 수면계의 수위에 차이를 발견했을 때

30 강관의 스케줄 번호가 나타내는 것은?

① 관의 중심   ② 관의 두께
③ 관의 외경   ④ 관의 외경

🔍 스케줄 번호 = $10 \times \dfrac{사용압력}{허용응력}$ 로 구하면 관의 두께를 결정한다.

31 가정용 온수보일러 등에 설치하는 팽창탱크의 주된 설치목적은 무엇인가?

① 허용압력초과에 따른 안전장치 역할
② 배관 중의 맥동을 방지
③ 배관 중의 이물질을 방지
④ 온수순환을 원활

🔍 팽창탱크 : 온수온도 상승에 따른 팽창압을 흡수·완화시키고, 부족수을 보충 급수하고, 열손실을 방지하는 기능이 있다.

32 난방부하가 15000kcal/h이고, 주철제 증기보일러로 난방 한다면 방열기 소요 방열면적은 약 몇 m² 인가? (단, 방열기의 방열량은 표준 방열량으로 한다.)

① 16   ② 18
③ 20   ④ 23

🔍 방열면적 = $\dfrac{난방부하}{방열량} = \dfrac{15000}{650} = 23m^2$

33 증기난방과 비교한 온수난방의 특징 설명으로 틀린 것은?

① 예열시간이 길다.
② 건물 높이에 제한을 받지 않는다.
③ 난방부하 변동에 따른 온도조절이 용이하다.
④ 실내 쾌감도가 높다.

🔍 온수난방 : 증기난방에 비해 소규모 난방으로 건물 높이에 제한을 받는다.

34 증기보일러에서 송기를 개시할 때 증기밸브를 급히 열면 발생할 수 있는 현상으로 가장 적당한 것은?

① 캐비테이션 현상
② 수격작용
③ 역화
④ 수면계의 파손

🔍 수격작용 : 프라이밍, 포밍 또는 증기밸브의 급개 등에 의한 캐리오버로 의해 발생하는 현상

35 배관의 단열공사를 실시하는 목적에서 가장 거리가 먼 것은 무엇인가?

① 열에 대한 경제성을 높인다.
② 온도조절과 열량을 낮춘다.
③ 온도변화를 제한한다.
④ 화상 및 화재방지를 한다.

🔍 단열공사의 목적 : 온도조절 및 열량을 높인다.

36 보일러의 외처리 방법 중 탈기법에서 제거되는 것은?

① 황화수소
② 수소
③ 망간
④ 산소

🔍 용존가스(O_2, CO_2) 처리방법
 • 탈기법 : O_2 처리
 • 기폭법 : CO_2 처리

37 보일러의 외부부식 발생원인과 관계가 가장 먼 것은?

① 빗물, 지하수 등에 의한 습기나 수분에 의한 작용
② 보일러수 등의 누출로 인한 습기나 수분에 의한 작용
③ 연소가스 속의 부식성 가스(아황산가스 등)에 의한 작용
④ 급수 중에 유지류, 산류, 탄산가스, 산소, 염류 등의 불순물 함유에 의한 작용

🔍 내부부식 : 급수처리 불량으로 발생하는 부식

38 실내의 온도분포가 가장 균등한 난방방식은 무엇인가?

① 온풍 난방 ② 방열기 난방
③ 복사 난방 ④ 온돌 난방

🔍 복사난방 : 환기에 의한 열손실이 적고, 실내 온도 분포가 균등한 난방방식으로 고장 시 보수·점검이 어려운 단점도 있다.

39 관을 아래서 지지하면서 신축을 자유롭게 하는 지지물은 무엇인가?

① 스프링 행거
② 롤러 서포트
③ 콘스탄트 행거
④ 리스트레인트

🔍 • 서포트 : 배관을 밑에서 받혀서 지지하는 것
 • 행거 : 배관을 위에서 매달아 지지하는 것
 • 리스트레인트 : 열팽창에 의한 관의 좌우 이동을 억제하는 것

40 고체 내부에서의 열의 이동 현상으로 물질은 움직이지 않고 열만 이동하는 현상은 무엇인가?

① 전도 ② 전달
③ 대류 ④ 복사

🔍 • 열전도 : 매질을 통한 열 이동으로 벽체 내부에서 외부로의 열이 이동되는 현상
 • 열전달 : 유체에서 고체로, 고체에서 유체로의 열 이동 현상

41 신축이음쇠 종류 중 고온, 고압에 적당하며, 신축에 따른 자체응력이 생기는 결점이 있는 신축 이음쇠는?

① 루프형(loop type)
② 스위블형(swivel type)
③ 벨로스형(bellows type)
④ 슬리브형(sleeve type)

🔍 루프형 : 고압, 옥외배관에 사용되며 신축량이 큰 반면에 응력이 발생한다.

42 난방부하 계산 시 사용되는 용어에 대한 설명 중 틀린 것은?

① 열전도 : 인접한 사이의 열의 이동 현상
② 열관류 : 열이 한 유체에서 벽을 통하여 다른 유체로 전달되는 현상
③ 난방부하 : 방열기가 표준 상태에서 $1m^2$ 당 단위 시간에 방출하는 열량
④ 정격용량 : 보일러 최대 부하상태에서 단위 시간 당 총 발생되는 열량

🔍 • 방열량 : 방열기가 표준 상태에서 $1m^2$ 당 단위 시간에 방출하는 열량($kcal/m^2h$)
• 난방부하 : 건축물 실내의 거주공간에 1시간 당 난방에 필요한 열량($kcal/h$)

43 증기 보일러의 관류밸브에서 보일러와 압력릴리프 밸브와의 사이에 설치할 경우 압력릴리프 밸브는 몇 개 이상 설치하여야 하는가?

① 1개
② 2개
③ 3개
④ 4개

🔍 압력릴리프 밸브 : 2개 이상 설치한다.

44 보일러 설치 · 시공기준상 가스용 보일러의 경우 연료배관 외부에 표시하여야 하는 사항이 아닌 것은?(단, 배관은 지상에 노출된 경우임)

① 사용 가스명   ② 최고 사용압력
③ 가스흐름 방향   ④ 최저 사용온도

🔍 가스배관 외면의 표시사항
• 사용가스 명
• 최고사용압력
• 가스흐름 방향

45 유류연소 수동보일러의 운전정지 내용으로 잘못된 것은?

① 운전정지 직전에 유류예열기의 전원을 차단하고 유류예열기의 온도를 낮춘다.
② 연소실내, 연도를 환기시키고 댐퍼를 닫는다.
③ 보일러 수위를 정상수위보다 조금 낮추고 버너의 운전을 정지한다.
④ 연소실에서 버너를 분리하여 청소를 하고 기름이 누설되는지 확인한다.

🔍 보일러 운전 정지 시 : 다음날 분출을 하기 위해 정상수위보다 약간 높게 급수한다.

46 증기트랩의 종류가 아닌 것은?

① 그리스 트랩
② 열동식 트랩
③ 버켓식 트랩
④ 플로트 트랩

🔍 증기트랩의 종류
• 기계식 : 플로트식, 버켓식
• 온도조절식 : 바이메탈식, 벨로스식(열동식)
• 열역학 성질 : 디스크식, 오리피스식

47 강판 제조시 강괴 속에 함유되어 있는 가스체 등에 의해 강판이 두 장의 층을 형성하는 결함은?

① 라미네이션
② 크랙
③ 브리스터
④ 심 라이트

🔍 • 라미네이션 : 강판 내부의 가스체 등에 의해 강판이 두 장의 층을 형성되는 현상
• 브리스터 : 강판 내부의 가스체 등에 의해강판의 표면이 부풀어 오르는 현상

48 가연가스와 미연가스가 노내에 발생하는 경우가 아닌 것은?

① 심한 불완전연소가 되는 경우
② 점화조작에 실패한 경우
③ 소정의 안전 저연소율 보다 부하를 높여서 연소시킨 경우
④ 연소정지 중에 연료가 노내에 스며든 경우

> 가압연소 : 연소율을 증가시켜 연소부하(온도)를 높여 미연가스 발생을 적게 한다.

49 보일러 급수의 pH로 가장 적합한 것은?

① 4~6   ② 7~9
③ 9~11 ④ 11~13

> • 보일러 급수 : pH 8~9
> • 보일러 관수 : pH 10.5~11.8

50 보일러의 운전정지 시 가장 뒤에 조작하는 작업은?

① 연료의 공급을 정지시킨다.
② 연소용 공기의 공급을 정지시킨다.
③ 댐퍼를 닫는다.
④ 급수펌프를 정지시킨다.

> 보일러 정지 시 : 가장 먼저 연료공급을 정지하고, 가장 나중에 연도 댐퍼를 닫는다.

51 냉동용 배관 결합 방식에 따른 도시방법 중 용접 식을 나타내는 것은?

①    ②
③    ④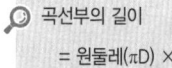

> ① 플랜지, ③ 나사이음, ④ 유니온

52 방열기 설치 시 벽면과의 간격으로 가장 적합한 것은?

① 50mm   ② 80mm
③ 100mm   ④ 150mm

> 벽과의 간격 : 50~60mm
> 벽과의 간격이 너무 좁으면 방열손실이 커지고, 너무 넓으면 바닥면의 이용도가 좁아진다.

53 20A 관을 90°로 구부릴 때 중심곡선의 적당한 길이는 약 몇 mm 인가?(단, 곡률 반지름 R = 100mm 이다.)

① 147   ② 157
③ 167   ④ 177

> 곡선부의 길이
> = 원둘레(πD) × $\dfrac{회전각}{360}$
> = $3.14 \times 200 \times \dfrac{90}{360}$ = 157mm

54 가스절단의 조건에 대한 설명 중 틀린 것은?

① 금속 산화물의 용융온도가 모재의 용융온도 보다 낮을 것
② 모재의 연소온도가 그 용융점 보다 낮을 것
③ 모재의 성분 중 산화를 방해하는 원소가 많을 것
④ 금속 산화물 유동성이 좋으며, 모재로부터 이탈될 수 있을 것

> 가스절단 : 800~900℃로 예열된 강관에 고압의 산소를 불어 내어 연소시키면, 발생된 산화철의 용융점이 모재인 강관보다 낮아 절단이 되므로 모재의 성분 중 산화를 방해하는 원소가 적어야 한다.

55 에너지법에서 사용하는 "에너지"의 정의를 가장 올바르게 나타낸 것은?

① "에너지"라 함은 석유, 가스 등 열을 발생하는 열원을 말한다.
② "에너지"라 함은 제품의 원료로 사용되는 것을 말한다.
③ "에너지"라 함은 태양, 조파, 수력과 같이 일을 만들어 낼 수 있는 힘이나 능력을 말한다.
④ "에너지"라 함은 연료, 열 및 전기를 말한다.

> 에너지 : 연료, 열 및 전기를 말한다.(단, 핵연료 및 제품의 원료로 사용되는 것은 제외한다)

56 신·재생에너지 설비의 설치를 전문으로 하려는자는 자본금·기술인력 등의 신고기준 및 절차에 따라 누구에게 신고를 하여야 하는가?

① 국토교통부 장관
② 환경부장관
③ 고용노동부장관
④ 산업통상자원부장관

🔍 신·재생에너지 설비의 설치를 전문으로 하려는 자의 신고 : 산업통상자원부장관

57 에너지절약 전문기업의 등록은 누구에게 하도록 위탁되어 있는가?

① 산업통상자원부장관
② 한국에너지공단 이사장
③ 시공업자단체의 장
④ 시·도지사

🔍 에너지절약전문기업의 등록신청 : 한국에너지공단 이사장

58 에너지법상 지역에너지계획은 몇년 마다 몇년 이상을 계획기간으로 수립·시행하는가?

① 2년 마다 2년 이상
② 5년 마다 5년 이상
③ 7년 마다 7년 이상
④ 10년 마다 10년 이상

🔍 지역에너지계획 : 5년 마다 5년 계획기간으로 시·도지사가 수립한다.

59 에너지이용 합리화법 시행규칙상 용접검사가 면제될 수 있는 보일러의 대상 범위로 틀린 것은?

① 강철제 보일러 중 전열면적이 $5m^2$ 이하이고, 최고사용압력이 0.35MPa 이하인 것
② 주철제 보일러
③ 제2종 관류 보일러
④ 온수보일러 중 전열면적 $18m^2$ 이하이고, 최고사용압력이 0.35MPa 이하인 것

🔍 용접검사 면제대상 범위
• 강철제 보일러 중 전열면적이 $5m^2$ 이하이고, 최고사용압력이 0.35MPa 이하인 것
• 주철제 보일러
• 1종 관류보일러
• 온수보일러 중 전열면적이 $18m^2$ 이하이고, 최고사용압력이 0.35MPa 이하인 것

60 에너지법에 따르면 정부는 에너지기술개발계획을 수립하여야 한다. 이에 대해 옳은 것은?

① 5년 이상을 계획기간으로 하는 에너지기술개발계획을 5년마다 수립하여야 한다.
② 5년 이상을 계획기간으로 하는 에너지기술개발계획을 1년마다 수립하여야 한다.
③ 10년 이상을 계획기간으로 하는 에너지기술개발계획을 10년마다 수립하여야 한다.
④ 10년 이상을 계획기간으로 하는 에너지기술개발계획을 5년마다 수립하여야 한다.

🔍 정부는 10년 이상을 계획기간으로 하는 에너지기술개발계획을 5년마다 수립하고, 이에 따른 연차별 실행계획을 수립·시행(관계 중앙행정기관의 장의 협의와 국가과학기술자문회의의 심의를 거쳐서 수립)하여야 한다.

정답 2014년 3회

01 ④	02 ④	03 ④	04 ①	05 ②
06 ①	07 ②	08 ④	09 ①	10 ①
11 ④	12 ②	13 ④	14 ②	15 ④
16 ④	17 ①	18 ②	19 ①	20 ②
21 ①	22 ①	23 ④	24 ④	25 ③
26 ②	27 ①	28 ③	29 ②	30 ②
31 ①	32 ④	33 ②	34 ②	35 ②
36 ④	37 ④	38 ②	39 ②	40 ①
41 ①	42 ③	43 ②	44 ④	45 ②
46 ①	47 ①	48 ③	49 ②	50 ③
51 ②	52 ①	53 ②	54 ③	55 ④
56 ④	57 ②	58 ②	59 ③	60 ④

2014년 4회 기출문제

01 보일러의 여열을 이용하여 증기보일러의 효율을 높이기 위한 부속장치로 맞는 것은?

① 버너, 댐퍼, 송풍기
② 절탄기, 공기예열기, 과열기
③ 수면계, 압력계, 안전밸브
④ 인젝터, 저수위경보장치, 집진장치

> 폐열회수장치 : 과열기, 재열기, 절탄기, 공기예열기 등

02 스팀 헤더(steam header)에 관한 설명으로 틀린 것은?

① 보일러 주증기관과 부하측 증기관 사이에 설치한다.
② 송기 및 정지가 편리하다.
③ 불필요한 장소에 송기하기 때문에 열손실이 증가한다.
④ 증기의 과부족을 일부 해소할 수 있다.

> 증기헤더 : 불필요한 장소에 증기 공급을 차단하여 열손실이 감소된다.

03 보일러 기관 작동을 저지시키는 인터록 제어에 속하지 않는 것은?

① 저수위 인터록
② 저압력 인터록
③ 저연소 인터록
④ 프리퍼지 인터록

> 인터록의 종류 : 저수위 인터록, 압력초과 인터록, 불착화 인터록, 저연소 인터록, 프리퍼지 인터록

04 다음 중 특수보일러에 속하는 것은?

① 벤슨 보일러
② 슐쳐 보일러
③ 소형관류 보일러
④ 슈미트 보일러

> 특수보일러 : 간접가열 보일러 – 슈미트 보일러, 레후러 보일러

05 보일러 연소실이나 연도에서 화염의 유무를 검출하는 장치가 아닌 것은?

① 스테빌라이져
② 플레임 로드
③ 플레임 아이
④ 스택 스위치

> 화염검출기 : 플레임 아이, 플레임 로드, 스택 스위치

06 수관식 보일러의 특징에 대한 설명으로 틀린 것은?

① 전열면적이 커서 증기의 발생이 빠르다.
② 구조가 간단하여 청소, 검사, 수리 등이 용이하다.
③ 철저한 급수처리가 요구된다.
④ 보일러수의 순환이 빠르고 효율이 좋다.

> 수관식 보일러 : 구조가 복잡하여 청소, 검, 수리 등이 곤란하다.

07 연소가스와 대기의 온도가 각각 250℃, 30℃이고, 연돌의 높이가 50m일 때 이론 통풍력은 약 얼마인가? (단, 연소가스와 대기의 비중량은 각각 1.35kg/Nm³, 1.25kg/Nm³ 이다.)

① 21.08 mmAq
② 23.12 mmAq
③ 25.02 mmAq
④ 27.36 mmAq

> 이론통풍력
> $= (\dfrac{273 \times 1.25}{273+30} - \dfrac{273 \times 1.35}{273+250}) \times 50$
> $= 21.077$ mmAq

08 사이클론 집진기의 집진율을 증가시키기 위한 방법으로 틀린 것은?

① 사이클론의 내면을 거칠게 처리한다.
② 블로우다운 방식을 사용한다.
③ 사이클론 입구의 속도를 크게 한다.
④ 분진박스와 모양은 적당한 크기와 형상으로 한다.

🔍 사이클론 집진기 : 사이클론의 내면은 유체의 난류를 피하기 위해 매끄럽게 처리하여야 한다.

09 건포화증기의 엔탈피와 포화수의 엔탈피의 차는?

① 비열
② 잠열
③ 현열
④ 액체열

🔍 건포화증기 엔탈피 = 포화수 엔탈피 + 증발잠열

10 보일러에서 발생하는 증기를 이용하여 급수하는 장치는?

① 슬러지(sludge)
② 인젝터(injector)
③ 콕(cock)
④ 트랩(trap)

🔍 인젝터 : 증기압을 이용한 비동력 급수장치

11 연관식 보일러의 특징으로 틀린 것은?

① 동일 용량인 노통 보일러에 비해 설치면적이 적다.
② 전열면적이 커서 증기발생이 빠르다.
③ 외분식은 연료선택 범위가 좁다.
④ 양질의 급수가 필요하다.

🔍 연관식 보일러 : 외분식 보일러는 저질탄 연소에도 용이하므로 연료선택 범위가 상대적으로 넓다.

12 보일러의 수위제어에 영향을 미치는 요인 중에서 보일러 수위제어시스템으로 제어할 수 없는 것은?

① 급수온도
② 급수량
③ 수위검출
④ 증기량 검출

🔍 3 요소식 자동급수제어장치의 검출요소 : 수위, 증기량, 급수량

13 슈트블로워(soot blower)사용 시 주의사항으로 거리가 먼 것은?

① 한 곳으로 집중하여 사용하지 말것
② 분출기 내의 응축수를 배출시킨 후 사용할 것
③ 보일러 가동을 정지 후 사용할 것
④ 연도내 배풍기를 사용하여 유인통풍을 증가시킬 것

🔍 슈트 블로워 : 보일러 부하가 50% 이하이거나 소화 후에는 사용하지 않는다.

14 보일러의 과열 원인으로 적당하지 않은 것은?

① 보일러수의 순환이 좋은 경우
② 보일러내에 스케일이 부착된 경우
③ 보일러내에 유지분이 부착된 경우
④ 국부적으로 심하게 복사열을 받는 경우

🔍 과열의 원인 : 관내에 스케일 부착, 저수위, 과부하, 물 순환이 나쁜 경우 등에 해당된다.

15 오일 버너의 화염이 불안정한 원인과 가장 무관한 것은?

① 분무 유압이 비교적 높을 경우
② 연료 중에 슬러지 등의 협잡물이 들어있을 경우
③ 무화용 공기량이 적절치 않을 경우
④ 연소용 공기의 과다로 노내 온도가 저하될 경우

🔍 화염이 불안정한 원인 : 연료 중 협잡물의 혼입, 무화용 공기의 부족, 노내온도 저하, 무화불량 등

16 열전도에 적용되는 퓨리에의 법칙 설명 중 틀린것은?

① 두면 사이에 흐르는 열량은 물체의 단면적에 비례한다.
② 두면 사이에 흐르는 열량은 두면 사이의 온도차에 비례한다.
③ 두면 사이에 흐르는 열량은 시간에 비례한다.
④ 두면 사이에 흐르는 열량은 두면 사이의 거리에 비례한다.

> 열전도에 의한 손실열
> - $\frac{\lambda}{\ell} \times A \times (t_1 - t_2)$ kcal/h
> - 두면 사이에 흐르는 열량은 단면적, 두면 사이의 온도차, 시간 등에 비례하고, 두면 사이의 거리에 반비례 한다.

17 최근 난방 또는 급탕용으로 사용되는 진공 온수보일러에 대한 설명 중 틀린 것은?

① 열매수의 온도는 운전 시 100℃ 이하이다.
② 운전 시 열매수의 급수는 불필요하다.
③ 본체의 안전장치로서 용해전, 온도퓨즈, 안전밸브 등을 구비한다.
④ 추기장치는 내부에서 발생하는 비응축가스 등을 외부로 배출시킨다.

> 안전밸브 : 증기 보일러의 안전장치

18 보일러에서 실제증발량(kg/h)을 연료소모량(kg/h)으로 나눈 값은?

① 증발 배수
② 전열면 증발량
③ 연소실 열부하
④ 상당 증발량

> 증발배수 = $\frac{실제증발량}{연료사용량}$ (kg/kg-연료)

19 보일러 제어에서 자동연소제어에 해당하는 약호는?

① A.C.C
② A.B.C
③ S.T.C
④ F.W.C

> - A.B.C : 보일러 자동제어
> - S.T.C : 증기 온도제어
> - F.W.C : 급수제어

20 프로판(C_3H_8) 1kg이 완전연소 하는 경우 필요한 이론 산소량은 약 몇 Nm^3 인가?

① 3.47
② 2.55
③ 1.25
④ 1.50

> 프로판가스의 연소 반응식
> C_3H_8 + $5O_2$ → $3CO_2$ + $4H_2O$
> 44 kg   5×22.4 Nm^3
> ∴ 이론 산소량 = $\frac{5 \times 22.4}{44}$
> = 2.55 Nm^3/kg

21 고체연료와 비교하여 액체연료 사용 시 장점을 잘못 설명한 것은?

① 인화의 위험성이 없으며 역화가 발생하지 않는다.
② 그을음이 적게 발생하고 연소효율도 높다.
③ 품질이 비교적 균일하며 발열량이 크다.
④ 저장 중 변질이 적다.

> 액체연료 : 고체연료에 비해 인화점이 낮고 역화위험이 크다.

22 고압, 중압 보일러 급수용 및 고양정 급수용으로 쓰이는 것으로 임펠러와 안내날개가 있는 펌프는?

① 볼류트 펌프
② 터빈 펌프
③ 워싱턴 펌프
④ 웨어 펌프

> 원심펌프
> - 터빈펌프 : 안내 날개가 있다.
> - 볼류트 펌프 : 안내 날개가 없다.

23 증기압력이 높아질 때 감소되는 것은?

① 포화온도
② 증발잠열
③ 포화수 엔탈피
④ 포화증기 엔탈피

> 증기압력이 높아지면 : 포화온도와 포화수 엔탈피는 증기하고, 증발잠열은 감소하고, 포화 증기 엔탈피는 증가 후 감소한다.

24 노통 보일러에서 아담슨 조인트를 하는 목적은?

① 노통 제작을 쉽게 하기 위해서
② 재료를 절감하기 위해서
③ 열에 의한 신축을 조절하기 위해서
④ 물 순환을 촉진하기 위해서

🔍 아담슨 조인트 : 노통에 신축을 조절하기 위한 이음

25 다음 중 압력계의 종류가 아닌 것은?

① 부르돈관식 압력계
② 벨로즈식 압력계
③ 유니버셜 압력계
④ 다이어프램 압력계

🔍 탄성식 압력계의 종류 : 부르돈관식 압력계, 벨로즈식 압력계, 다이어프램식 압력계

26 500W의 전열기로서 2kg의 물을 18℃로부터 100℃까지 가열하는 데 소요되는 시간은 얼마인가?(단, 전열기 효율은 100%로 가정한다.)

① 약 10분
② 약 16분
③ 약 20분
④ 약 23분

🔍 $kWH = \dfrac{G \cdot C \cdot (t_1 - t_2)}{860 \times \eta}$

$H = \dfrac{2 \times 1 \times (100-18)}{0.5 \times 860 \times 1} = 0.381$

∴ $0.381 \times 60 = 22.88$ 분

27 랭커셔 보일러는 어디에 속하는가?

① 관류 보일러
② 연관 보일러
③ 수관 보일러
④ 노통 보일러

🔍 노통 보일러
• 코르니시 보일러 : 노통 1개
• 랭커셔 보일러 : 노통 2개

28 액체연료 연소에서 무화의 목적이 아닌 것은?

① 단위 중량당 표면적을 크게 한다.
② 연소효율을 향상시킨다.
③ 주위공기와 혼합을 좋게 한다.
④ 연소실 열부하를 낮게 한다.

🔍 무화의 목적 : 연소실 열 부하를 높게 한다.

29 보일러에서 기체연료의 연소방식으로 가장 적당한 것은?

① 화격자연소
② 확산연소
③ 증발연소
④ 분해연소

🔍 기체연료 연소방법 : 확산연소와 예혼합연소 방식이 있다.

30 단관 중력 환수식 온수난방에서 방열기 입구 반대편 상부에 부착하는 밸브는?

① 방열기 밸브
② 온도조절 밸브
③ 공기빼기 밸브
④ 배니 밸브

🔍 방열기 : 출구 상단에 공기방출기를 설치하고 입구에 방열기 밸브를 설치한다.

31 보일러 슈트 블로워를 사용하여 그을음 제거 작업을 하는 경우의 주의사항으로 가장 옳은 것은?

① 가급적 부하가 높을 때 실시한다.
② 보일러를 소화한 직후에 실시한다.
③ 흡출 통풍을 감소시킨 후 실시한다.
④ 작업 전에 분출기 내부의 드레인을 충분히 제거한다.

🔍 슈트 블로워
• 보일러를 소화한 후나 부하가 50% 이하일 때는 실시하지 않는다.
• 작업 전에 분출기 내부의 드레인을 충분히 제거하고 흡출 통풍을 감소시킨 후 실시한다.

32 보일러 내부에 아연판을 매다는 가장 큰 이유는?

① 기수공발을 방지하기 위하여
② 보일러 판의 부식을 방지하기 위하여
③ 스케일 생성을 방지하기 위하여
④ 프라이밍을 방지하기 위하여

🔍 내부에 아연판을 매다는 이유 : 보일러 동판의 부식을 방지하기 위하여

33 보일러 수(水) 중의 경도성분을 슬러지로 만들기위하여 사용하는 청관제는?

① 가성취화 억제제   ② 연화제
③ 슬러지 조정제   ④ 탈산소제

🔍 연화제 : 경도성분을 슬러지로 만들기 위하여 사용하는 청관제로 탄산소다, 가성소다, 인 산소다 등이 있다.

34 보일러 내면의 산세정 시 염산을 사용하는 경우 세정액의 처리온도와 처리시간으로 가장 적합한것은?

① 60±5℃, 1~2 시간
② 60±5℃, 4~6 시간
③ 90±5℃, 1~2 시간
④ 90±5℃, 4~6 시간

🔍 • 무기산 세관 – 처리온도 : 60±5℃
　　　　　　　처리시간 : 4~6 시간
• 유기산 세관 – 처리온도 : 90±5℃
　　　　　　　처리시간 : 4~6 시간

35 다른 보온재에 비해서 단열효과가 낮으며 500℃ 이하의 파이프, 탱크, 노벽 등에 사용하는 것은?

① 규조토   ② 암면
③ 그라스 울   ④ 펠트

🔍 • 규조토 : 다른 보온재에 비해서 단열효과가 낮으며 약간 두껍게 시공하는 보온재로 500℃ 이하의 파이프, 탱크, 노벽 등에 사용된다.
• 암면 : 안산암, 현무암, 석회석 등을 원료로 하여 용융·압축·가공한 것으로 400~500℃ 이하의 닥트, 탱크 등에 사용되는 보온재

36 점화전 댐퍼를 열고 노내와 연도에 체류하고 있는 가연성가스를 송풍기로 취출시키는 작업은?

① 분출   ② 송풍
③ 프리퍼지   ④ 포스트퍼지

🔍 • 점화전 통풍 : 프리 퍼지
• 소화 후 통풍 : 포스트 퍼지

37 건물을 구성하는 구조체 즉 바닥, 벽 등에 난방용 코일을 묻고 열매체를 통과시켜 난방을 하는 것은?

① 대류난방   ② 복사난방
③ 간접난방   ④ 전도난방

🔍 복사난방 : 패널히팅이라고도 하며 바닥, 벽 등에 난방용 코일을 묻고 열매체를 통과시켜 난방을 하는 방식

38 배관의 높이를 관의 중심을 기준으로 표시한 기호는?

① TOP   ② GL
③ BOP   ④ EL

🔍 • GL : 배관의 높이를 땅(地)표면을 기준으로 표시한 기호
• TOP : 배관의 높이를 관의 윗면을 기준으로 표시한 기호
• BOP : 배관의 높이를 관의 아랫면을 기준으로 표시한 기호

39 보일러의 열효율 향상과 관계가 없는 것은?

① 공기예열기를 설치하여 연소용 공기를 예열한다.
② 절탄기를 설치하여 급수를 예열한다.
③ 가능한 한 과잉공기를 줄인다.
④ 급수펌프로는 원심펌프를 사용한다.

🔍 열효율을 높이는 방법 : 폐열회수장치(절탄기, 공기예열기 등)를 설치하거나 과잉공기를 적게 사용하여 열손실을 줄이는 방법

40 보일러 급수성분 중 포밍과 관련이 가장 큰 것은?

① pH   ② 경도 성분
③ 용존 산소   ④ 유지 성분

🔍 프라이밍, 포밍의 원인 : 관수의 농축, 수중의 유지분, 고수위, 과부하 등에 의해.
• 스케일의 원인 : 경도 성분
• 점식(부식) 원인 : 용존 산소

41 보일러에서 역화의 발생 원인이 아닌 것은?

① 점화 시 착화가 지연되었을 경우
② 연료보다 공기를 먼저 공급한 경우
③ 연료 밸브를 과대하게 급히 열었을 경우
④ 프리퍼지가 부족할 경우

🔍 역화의 원인 : 공기보다 연료를 먼저 공급한 경우

42 보일러 유리 수면계의 유리파손 원인과 무관한 것은?

① 유리관 상하 콕의 중심이 일치하지 않을 때
② 유리가 알칼리 부식 등에 의해 노화되었을 때
③ 유리관 상하 콕의 너트를 너무 조였을 때
④ 증기의 압력을 갑자기 올렸을 때

🔍 수면계의 유리파손 원인과 무관한 것
• 증기의 압력을 갑자기 올렸을 때
• 수위가 너무 높은 경우
• 프라이밍 포밍이 발생하였을 때

43 가정용 온수보일러 등에 설치하는 팽창탱크의 주된 기능은?

① 배관 중의 이물질 제거
② 온수 순환의 맥동 방지
③ 열효율의 증대
④ 온수의 가열에 따른 체적팽창 흡수

🔍 팽창탱크 기능 : 온수온도 상승에 따른 팽창압을 흡수하고, 부족수를 보충 급수하고, 팽창된 물을 저장하여 열손실을 방지한다.

44 지역난방의 특징을 설명한 것 중 틀린 것은?

① 설비가 길어지므로 배관 손실이 있다
② 초기 시설 투자비가 높다
③ 개개 건물의 공간을 많이 차지한다.
④ 대기오염의 방지를 효과적으로 할 수 있다.

🔍 지역난방 : 각 건물에 보일러가 없어 건물의 유효면적이 넓어진다.

45 증기보일러에 설치하는 유리수면계는 2개 이상이어야 하는데 1개만 설치해도 되는 경우는?

① 소형관류보일러
② 최고사용압력 2 MPa 미만의 보일러
③ 동체 안지름 800mm 미만의 보일러
④ 1개 이상의 원격지시 수면계를 설치한 보일러

🔍 수면계를 1개로 할 수 있는 경우
• 최고사용압력 1 MPa 미만으로 동체 안지름 750mm 미만의 보일러
• 2개 이상의 원격지시 수면계를 설치한 보일러
• 소용량 보일러
• 소형관류보일러

46 진공 환수식 증기난방에서 리프트 피팅이란?

① 저압환수관이 진공펌프의 흡입구보다 낮은 위치에 있을 때 적용되는 이음방법이다.
② 방열기보다 낮은 곳에 환수주관이 설치된 경우 적용되는 이음방법이다.
③ 진공펌프가 환수주관과 같은 위치에 있을 때 적용되는 이음방법이다.
④ 방열기와 환수주관의 위치가 같은 때 적용되는 이음방법이다.

🔍 리프트 피팅
• 환수관보다 진공펌프를 높게 설치하여 적은 힘으로 응축수를 흡상시키기 위한 이음방법이다.
• 1단 높이 : 1.5m 이내

47 보일러에서 분출 사고 시 긴급조치 사항으로 틀린 것은?

① 연도 댐퍼를 전개한다.
② 연소를 정지시킨다.
③ 압입 통풍기를 가동시킨다.
④ 급수를 계속하여 수위의 저하를 막고 보일러의 수위유지에 노력한다.

🔍 분출 사고 시 긴급조치 사항 : 연소를 정지 하고, 압입 통풍을 정지한다.

48 유리솜 또는 암면의 용도와 관계없는 것은?

① 보온재 ② 보냉재
③ 단열재 ④ 방습재

🔍 • 단열재, 보온재, 보냉재 : 안전사용온도로 구분한다.
• 고온용 보온재 : 유리솜, 암면

49 호칭지름 20A인 강관을 그림과 같이 배관할 때 엘보 사이의 파이프의 절단 길이는?(단, 20A 엘보의 끝단에서 중심까지 거리는 32mm이고, 파이프의 물림 길이는 13mm 이다.)?

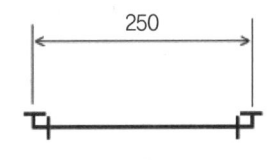

① 210mm ② 212mm
③ 214mm ④ 216mm

🔍 250 − 2×(32 − 13) = 212mm

50 보온재 중 흔히 스치로폴이라고도 하며, 체적의 97~98%가 기공으로 되어있어 열 차단 능력이 우수하고, 내수성도 뛰어난 보온재는?

① 폴리스티렌 폼 ② 경질 우레탄 폼
③ 코르크 ④ 그라스 울

🔍 폴리스티렌 폼 : 스치로폴, 발포폴리스티렌 이라고도 하며 체적의 98%가 공기이고 나머지 2%가 수지인 자원 절약형 소재이고, 흡수 성이 거의 없고 열 차단성이 우수한 보온재로 아이스 박스 등에 사용되나 재활용이 되지 않는다.

51 방열기의 표준 방열량에 대한 설명으로 틀린 것은?

① 증기의 경우, 게이지 압력 1kg/㎠, 온도 80℃로 공급하는 것이다.
② 증기 공급시의 표준 방열량은 650 kcal /m²h 이다.
③ 실내온도는 증기일 경우 21℃, 온수 18℃ 정도이다.
④ 온수 공급시의 표준 방열량은 450kcal/ m²h 이다.

🔍 방열기의 표준 방열량
• 증기온도 : 102℃
• 온수온도 : 80℃

52 증기난방의 분류에서 응축수 환수방식에 해당하는 것은?

① 고압식 ② 상향 공급식
③ 기계 환수식 ④ 단관식

🔍 응축수 환수방법 : 중력환수식, 기계환수식, 진공환수식 등

53 어떤 거실의 난방부하가 5000kcal/h이고, 주철제 온수 방열기로 난방할 때 필요한 방열기 쪽수는?(단, 방열기 1쪽당 방열면적은 0.26m² 이고 방열량은 표준방열량으로 한다.)

① 11쪽 ② 21쪽
③ 30쪽 ④ 43쪽

🔍 방열기 소요수 = $\dfrac{5000}{450 \times 0.26}$ = 42.7

54 온수난방 배관 시공법의 설명으로 잘못된 것은?

① 온수난방은 보통 1/250 이상의 끝올림 구배를 주는 것이 이상적이다
② 수평 배관에서 관경을 바꿀 때는 편심 레듀셔를 사용하는 것이 좋다
③ 지관이 주관 아래로 분기 될 때는 45°이상 끝내림 구배로 배관한다.
④ 팽창탱크에 이르는 팽창관에는 조정용 밸브를 단다.

🔍 팽창관 : 관의 도중을 차단하는 밸브 등은 설치하지 않는다.

55 에너지이용합리화법상 에너지의 최저소비효율기준에 미달하는 효율관리기자재의 생산 또는 판매 금지 명령을 위반한 자에 대한 벌칙 기준은?

① 1년 이하의 징역 또는 1천만원 이하의 벌금
② 1천만원 이하의 벌금
③ 2년 이하의 징역 또는 2천만원 이하의 벌금

④ 2천만원 이하의 벌금

🔍 기준미달 기자재의 생산 및 판매금지 위반 : 2천만원 이하의 벌금

56 다음은 저탄소 녹색성장 기본법에 명시된 용어의 뜻이다. ( )안에 알맞은 것은?

> 온실가스란 (㉠), 메탄, 아산화질소, 수소불화탄소, 과불화탄소, 육불화황 및 그밖에 대통령령으로 정하는 것으로 (㉡) 복사열을 흡수하거나 재방출하여 온실효과를 유발하는 대기 중의 가스 상태의 물질을 말한다.

① ㉠ 일산화탄소, ㉡ 자외선
② ㉠ 일산화탄소, ㉡ 적외선
③ ㉠ 이산화탄소, ㉡ 자외선
④ ㉠ 이산화탄소, ㉡ 적외선

🔍 온실가스란 이산화탄소(CO_2), 메탄(CH_4), 아산화질소(N_2O), 수소불화탄소(HFCs), 과불화탄소(PFCs), 육불화황(SF_6) 등으로 적외선 복사열을 흡수하거나 재방출하여 온실효과를 유발하는 대기 중의 가스 상태의 물질을 말한다.

57 특정열사용기자재 중 산업통상자원부령으로 정하는 검사대상기기를 폐기한 경우에는 폐기한 날부터 며칠 이내에 폐기신고서를 제출해야 하는가?

① 7일 이내에   ② 10일 이내에
③ 15일 이내에   ④ 30일 이내에

🔍 검사대상기기의 폐기 또는 사용중지 및 설치자 변경 시 15일 이내에 신고한다.

58 특정열사용기자재 중 산업통상자원부령으로 정하는 검사대상기기의 계속사용검사 신청서는 검사 유효기간 만료 며칠 전까지 제출해야 하는가?

① 10일 전까지   ② 15일 전까지
③ 20일 전까지   ④ 30일 전까지

🔍 계속사용검사 신청 : 유효기간 만료 10일전, 한국에너지공단 이사장에게 제출한다.

59 화석연료에 대한 의존도를 낮추고 청정에너지의 사용 및 보급을 확대하여 녹색기술 연구개발, 탄소흡수원 확충 등을 통하여 온실가스를 적정수준 이하로 줄이는 것에 대한 정의로 옳은 것은?

① 녹색성장   ② 저탄소
③ 기후변화   ④ 자원순환

60 에너지이용합리화법상의 목표에너지원단위를 가장 옳게 설명한 것은?

① 에너지를 사용하여 만드는 제품의 단위당 폐연료 사용량
② 에너지를 사용하여 만드는 제품의 연간 폐열 사용량
③ 에너지를 사용하여 만드는 제품의 단위당 에너지 사용 목표량
④ 에너지를 사용하여 만드는 제품의 연간 폐열 에너지 사용 목표량

🔍 목표에너지원단위
• 에너지를 사용하여 만드는 제품의 단위당 에너지사용 목표량
• 수립 : 산업통상자원부장관

정답 2014년 4회

01 ②	02 ③	03 ②	04 ④	05 ①
06 ②	07 ①	08 ①	09 ②	10 ②
11 ③	12 ①	13 ③	14 ①	15 ①
16 ④	17 ③	18 ①	19 ①	20 ②
21 ①	22 ②	23 ②	24 ③	25 ②
26 ④	27 ④	28 ④	29 ②	30 ③
31 ④	32 ②	33 ②	34 ②	35 ①
36 ③	37 ②	38 ④	39 ④	40 ④
41 ②	42 ④	43 ②	44 ④	45 ①
46 ①	47 ③	48 ④	49 ②	50 ①
51 ①	52 ③	53 ②	54 ④	55 ④
56 ④	57 ③	58 ①	59 ②	60 ③

2015년 1회 기출문제

01 액체 연료 연소장치에서 보염장치(공기조절장치)의 구성요소가 아닌 것은?

① 바람상자 ② 보염기
③ 버너 팁 ④ 버너타일

> 보염장치 : 윈드박스(바람상자), 버너타일, 콤버스터, 보염기(스태빌라이저) 등

02 증기난방시공에서 관말 증기 트랩 장치의 냉각래그(cooling leg) 길이는 일반적으로 몇 m 이상으로 해주어야 하는가?

① 0.7m ② 1.0m
③ 1.5m ④ 2.5m

> 냉각래그 : 증기난방에서 응축수를 배출하기 위해 트랩입구 1.5m 이상 보온피복을 제거하여 나관으로 만든 부분

03 드럼 없이 초임계압력 하에서 증기를 발생시키는 강제순환 보일러는?

① 특수 열매체 보일러
② 2중 증발 보일러
③ 연관 보일러
④ 관류 보일러

> 관류보일러 : 드럼없이 관만으로 구성된 초고압용 보일러로 벤슨 보일러와 슐쳐 보일러가 있다.

04 증발량 3500kgf/h 인 보일러의 증기 엔탈피가 640kcal/kg이고, 급수온도는 20℃ 이다. 이 보일러의 상당 증발량은 얼마인가?

① 약 3786kgf/h ② 약 4156kgf/h
③ 약 2760kgf/h ④ 약 4026kgf/h

> 상당증발량
> $= \dfrac{\text{실제증발량} \times (h'' - h)}{539}$
> $= \dfrac{3500 \times (640 - 20)}{539} = 4026 \text{kg/h}$

05 보일러의 상당증발량을 옳게 설명한 것은?

① 일정 온도의 보일러수가 최종의 증발상태에서 증기가 되었을 때의 중량
② 시간당 증발된 보일러수의 중량
③ 보일러에서 단위시간에 발생하는 증기 또는 온수의 보유량
④ 시간당 실제증발량이 흡수한 전열량을 온도 100℃의 포화수를 100℃의 증기로 바꿀 때의 열량으로 나눈 값

> 상당증발량 : 100℃의 포화수를 100℃의 포화증기로 발생시킨 증기

06 수관식 보일러의 일반적인 특징에 관한 설명으로 틀린 것은?

① 구조상 고압 대용량에 적합하다.
② 전열면적을 크게 할 수 있으므로 일반적으로 열효율이 좋다.
③ 부하변동에 따른 압력이나 수위의 변동이 적으므로 제어가 편리하다.
④ 급수 및 보일러수 처리에 주의가 필요하며 특히 고압보일러에서는 엄격한 수질관리가 필요하다.

> 수관식 보일러 : 보유수량이 적어 부하변동에 따른 수위 및 압력변화가 크다.

07 증기의 압력을 높일 때 변화하는 현상으로 틀린 것은?

① 현열이 증대한다.
② 증발 잠열이 증대한다.
③ 증기의 비체적이 증대한다.
④ 포화수 온도가 높아진다.

🔍 증기의 압력이 높을 때 현열은 증가하고, 잠열은 감소한다.

08 증기보일러의 압력계 부착에 대한 설명으로 틀린 것은?

① 압력계와 연결된 관의 크기는 강관을 사용할 때에는 안지름이 6.5mm 이상이어야 한다.
② 압력계는 눈금판의 눈금이 잘 보이는 위치에 부착하고 얼지 않도록 하여야 한다.
③ 압력계는 사이폰관 또는 동등한 작용을 하는 장치가 부착되어야 한다.
④ 압력계의 콕크는 그 핸들을 수직인 관과 동일 방향에 놓은 경우에 열려 있는 것이어야 한다.

🔍 압력계와 연결된 관의 크기 : 증기온도 210℃ 초과 시 12.7mm 이상의 강관을 사용하고, 210℃ 이하인 경우 6.5mm 이상의 동관을 사용하여야 한다.

09 분출밸브의 최고사용압력은 보일러 최고사용압력의 몇 배 이상 이어야 하는가?

① 0.5배
② 1.0배
③ 1.25배
④ 2.0배

🔍 분출밸브의 강도는 최소 0.7MPa 이상이거나 최고사용압력의 1.25배 이상이어야 한다.

10 게이지 압력이 1.57MPa이고 대기압이 0.103MPa일 때 절대압력은 몇 MPa인가?

① 1.467
② 1.673
③ 1.783
④ 2.008

🔍 절대압력 = 게이지압력 + 대기압
= 1.57 + 0.103 = 1.673 MPa

11 증기 또는 온수 보일러로써 여러 개의 섹션(section)을 조합하여 제작하는 보일러는?

① 열매체 보일러
② 강철제 보일러
③ 관류 보일러
④ 주철제 보일러

🔍 주철제 보일러(섹션 보일러) : 저압용 난방 보일러

12 연소용 공기를 노의 앞에서 불어 넣으므로 공기가 차고 깨끗하며 송풍기의 고장이 적고 점검 수리가 용이한 보일러의 강제통풍 방식은?

① 압입통풍
② 흡입통풍
③ 자연통풍
④ 수직통풍

🔍 압입통풍 : 송풍기를 연소실 입구에 설치하여 고장이 적고, 연소용 공기를 불어 넣는 방식으로 노내압이 정압을 유지한다.

13 액면계 중 직접식 액면계에 속하는 것은?

① 압력식
② 방사선식
③ 초음파식
④ 유리관식

🔍 액면계
• 직접식 : 유리관식, 검척식, 부자식, 편위식
• 간접식 : 압력식, 초음파식, 방사선식

14 보일러 자동제어 신호전달 방식 중 공기압 신호 전송의 특징 설명으로 틀린 것은?

① 배관이 용이하고 보존이 비교적 쉽다.
② 내열성이 우수하나 압축성이므로 신호전달에 지연이 된다.
③ 신호전달 거리가 100~150m 정도이다.
④ 온도제어 등에 부적합하고 위험이 크다.

🔍 공기압식 : 전송거리가 100~150m 정도로 전송 지연시간이 길고, 배관이 용이하며 위험성이 적다.

15 보일러 자동제어의 급수제어(F.W.C)에서 조작량은?

① 공기량
② 연료량
③ 전열량
④ 급수량

> 급수제어(FWC)
> • 제어량 : 보일러 수위
> • 조작량 : 급수량

16 연료유 탱크에 가열장치를 설치한 경우에 대한 설명으로 틀린 것은?

① 열원에는 증기, 온수, 전기 등을 사용한다.
② 전열식 가열장치에 있어서는 직접식 또는 저항밀봉 피복식의 구조로 한다.
③ 온수, 증기 등의 열매체가 동절기에 동결할 우려가 있는 경우에는 동결을 방지하는 조치를 취해야 한다.
④ 연료유 탱크의 기름 취출구 등에 온도계를 설치하여야 한다.

> 가열장치는 전면가열식과 부분가열식이 있다.

17 분진가스를 방해판 등에 충돌시키거나 급격한 방향전환 등에 의해 매연을 분리 포집하는 집진방법은?

① 중력식
② 여과식
③ 관성력식
④ 유수식

> 건식 집진장치의 종류
> • 원심력식 : 함진가스를 선회 운동시켜 매진의 원심력을 이용하여 분리
> • 여과식 : 함진가스를 여과재에 통과시켜 매진을 분리
> • 중력식 : 집진실내에 함진가스를 도입하고 매진 자체의 중력에 의해 자연 침강시켜 분리하는 형식
> • 관성력식 : 분진가스를 방해판 등에 충돌시키거나 급격한 방향전환에 의해 매연을 분리 포집하는 집진장치

18 보일러 연료 중에서 고체연료를 원소 분석하였을 때 일반적인 주성분은?(단, 중량 %를 기준으로 한 주성분을 구한다.)

① 탄소   ② 산소
③ 수소   ④ 질소

> 연료의 원소분석 : 탄소, 수소, 황, 산소, 질소, 인 등 6 항목으로 주성분은 탄소(84%), 수소(11%), 황(4%)으로 구성된다.

19 보일러에 사용되는 열교환기 중 배기가스의 폐열을 이용하는 교환기가 아닌 것은?

① 절탄기
② 공기예열기
③ 방열기
④ 과열기

> 보일러의 폐열회수장치(열교환기)의 종류 : 과열기, 절탄기, 공기예열기 등

20 보일러 본체에서 수부가 클 경우의 설명으로 틀린 것은?

① 부하 변동에 대한 압력 변화가 크다.
② 증기 발생시간이 길어진다.
③ 열효율이 낮아진다.
④ 보유 수량이 많으므로 파열시 피해가 크다.

> 보일러의 수부가 크면 보유수량이 많아 부하변동에 의한 압력 변화가 적고, 사고시 피해가 크다.

21 매시간 1500kg의 연료를 연소시켜서 시간당 11000kg의 증기를 발생시키는 보일러의 효율은 약 몇 %인가?(단, 연료의 발열량은 6000kcal/kg, 발생증기의 엔탈피는 742kcal/kg, 급수의 엔탈피는 20kcal/kg이다.)

① 88%   ② 80%
③ 78%   ④ 70%

> $\eta = \dfrac{11000 \times (742-20)}{1500 \times 6000} \times 100$
> $= 88.2\%$

22 육용 보일러 열정산의 조건과 관련된 설명 중 틀린 것은?

① 전기에너지는 1kW당 860 kcal/h로 환산한다.
② 보일러 효율 산정 방식은 입·출열법과 열 손실법으로 실시한다.
③ 열정산 시험시의 연료 단위량은, 액체 및 고체연료의 경우 1kg에 대하여 열정산을 한다.
④ 보일러의 열정산은 원칙적으로 정격부하 이하에서 정상 상태로 3시간 이상의 운전 결과에 따라 한다.

🔍 열정산시 보일러 가동시간은 2시간 이상으로 한다.

23 가스용 보일러의 연소방식 중에서 연료와 공기를 각각 연소실에 공급하여 연소실에서 연료와 공기가 혼합 되면서 연소하는 방식은?

① 확산연소식
② 예혼합연소식
③ 복열혼합연소식
④ 부분예혼합연소식

🔍 기체연료 연소방법
• 확산연소방법 : 외부혼합식으로 연료와 공기가 각각 공급하여 연소실에서 혼합 연소시키는 방법
• 예혼합연소방법 : 내부혼합식으로 연료와 공기를 버너내의 혼합기에서 혼합 연소시키는 방법

24 안전밸브의 종류가 아닌 것은?

① 레버 안전밸브 ② 추 안전밸브
③ 스프링 안전밸브 ④ 핀 안전밸브

🔍 안전밸브의 종류 : 스프링식, 지렛대식(레버식), 추식 등

25 보일러 급수예열기를 사용할 때의 장점을 설명한 것으로 틀린 것은?

① 보일러의 증발능력이 향상된다.
② 급수 중 불순물의 일부가 제거된다.
③ 증기의 건도가 향상된다.
④ 급수와 보일러수와의 온도 차이가 적어 열응력 발생을 방지한다.

🔍 급수예열 효과 : 증발이 빨라지고, 열응력이 감소되고, 불순물의 일부를 제거하는 효과

26 다음 중 수관식 보일러에 속하는 것은?

① 기관차 보일러
② 코르니쉬 보일러
③ 다쿠마 보일러
④ 랑카샤 보일러

🔍 보일러 분류
• 수관식 보일러 : 바브콕크, 다쿠마 등
• 원통형 보일러 : 코크란, 코르니시, 랑카샤, 기관차, 스코치 등

27 물의 임계압력은 약 몇 kgf/cm² 인가?

① 175.23
② 225.65
③ 374.15
④ 539.75

🔍 • 임계압력 : 225.65kg/cm²
• 임계온도 : 374.15℃

28 액화석유가스(LPG)의 특징에 대한 설명 중 틀린 것은?

① 유황분이 없으며 유독성분도 없다.
② 공기보다 비중이 무거워 누설시 낮은 곳에 고여 인화 및 폭발성이 크다.
③ 연소시 액화천연가스(LNG)보다 소량의 공기로 연소한다.
④ 발열량이 크고 저장이 용이하다.

🔍 액화석유가스(LPG) : 연소시 액화천연가스(LNG)보다 분자구조가 복잡하여 발열량이 높고, 다량의 공기로 연소한다.

29 보일러 피드백제어에서 동작신호를 받아 규정된 동작을 하기위해 조작신호를 만들어 조작부에 보내는 부분은?

① 조절부 ② 제어부
③ 비교부 ④ 검출부

- 조절부 : 동작신호를 조작신호로 전환시켜 조작부로 보내는 부분
- 검출부 : 설정값과 비교하기 위해 주 피드백 신호를 만드는 부분

30 보일러에서 발생한 증기 또는 온수를 건물의 각 실내에 설치된 방열기에 보내어 난방하는 방식은?

① 복사난방법 ② 간접난방법
③ 온풍난방법 ④ 직접난방법

- 직접난방법 : 방열기를 이용한 난방방법
- 간접난방법 : 온풍기, 공조기를 이용한 난방방법
- 복사난방 : 방열관을 바닥, 벽 등에 묻어 놓고 하는 패널히팅

31 상용 보일러의 점화전 준비사항과 관련이 없는 것은?

① 압력계 지침의 위치를 점검한다.
② 분출밸브 및 분출콕크를 조작해서 그 기능이 정상인지 확인한다.
③ 연소장치에서 연료배관, 연료펌프 등의 개폐 상태를 확인한다.
④ 연료의 발열량을 확인하고, 성분을 점검한다.

- 연료의 발열량 및 성분확인 : 연료의 구입·인수 시 점검 항목

32 경납 땜의 종류가 아닌 것은?

① 황동납 ② 인동납
③ 은납   ④ 주석-납

- 경납 땜 : 황동납, 인동납, 은납, 양은납 등으로 용융점이 700~800℃ 이다.
- 연납 땜 : 주석-납의 합금으로 용융점이 200℃ 정도이다.

33 보일러 점화 전 자동제어장치의 점검에 대한 설명이 아닌 것은?

① 수위를 올리고 내려서 수위검출기 기능을 시험하고, 설정된 수위 상한 및 하한에서 정확하게 급수펌프가 기동, 정지하는지 확인한다.
② 저수탱크 내의 저수량을 점검하고 충분한 수량인 것을 확인한다.
③ 저수위경보기가 정상작동 하는 것을 확인한다.
④ 인터록계통의 제한기는 이상이 없는지 확인한다.

- 급수장치 점검사항 : 저수탱크 내의 저수량을 점검, 확인한다.

34 보일러수 중에 함유된 산소에 의해서 생기는 부식의 형태는?

① 점식
② 가성취화
③ 그루빙
④ 전면부식

- 점식 : 용존가스체(O_2, CO_2)에 의한 부식

35 땅속 또는 지상에 배관하여 압력상태 또는 무압력 상태에서 물의 수송 등에 주로 사용되는 덕 타일 주철관을 무엇이라 부르는가?

① 회주철관
② 구상흑연 주철관
③ 모르타르 주철관
④ 사형 주철관

- 구상흑연 주철관 : 덕타일 주철관이라 하며 강도와 인성이 있고 내식성 풍부하다.

36 보일러 운전정지의 순서를 바르게 나열한 것은?

가. 댐퍼를 닫는다.
나. 공기의 공급을 정지한다.
다. 급수 후 급수펌프를 정지한다.
라. 연료의 공급을 정지한다.

① 가 → 나 → 다 → 라
② 가 → 라 → 나 → 다
③ 라 → 가 → 나 → 다
④ 라 → 나 → 다 → 가

- 보일러 정지순서 : 가장 먼저 연료공급을 차단하고, 가장 나중에 연도댐퍼를 닫는다.

37 보일러 점화 시 역화가 발생하는 경우와 가장 거리가 먼 것은?

① 댐퍼를 너무 조인 경우나 흡입통풍이 부족할 경우
② 적정 공기비로 점화한 경우
③ 공기보다 먼저 연료를 공급했을 경우
④ 점화할 때 착화가 늦어졌을 경우

🔍 역화 : 공기부족으로 불완전연소 되어 노내에 미연가스가 충만된 경우

38 다음 보온재 중 안전사용온도가 가장 높은 것은?

① 펠트
② 암면
③ 글라스 울
④ 세라믹 화이버

🔍 안전사용온도
• 펠트 : 100℃
• 글라스 울 : 300℃
• 암면 : 500℃
• 세라믹 화이버 : 800℃

39 보일러의 계속사용검사기준에서 사용 중 검사에 대한 설명으로 거리가 먼 것은?

① 보일러 지지대의 균열, 내려앉음, 지지부재의 변형 또는 파손 등 보일러의 설치상태에 이상이 없어야 한다.
② 보일러와 접속된 배관, 밸브 등 각종 이음부에는 누기, 누수가 없어야 한다.
③ 연소실 내부가 충분히 청소된 상태이어야 하고, 축로의 변형 및 이탈이 없어야 한다.
④ 보일러 동체는 보온 및 케이싱이 분해되어 있어야 하며, 손상이 약간 있는 것은 사용해도 관계가 없다.

🔍 사용 중 검사 : 보일러 동체는 보온과 케이싱이 되어 있어야 하며, 손상이 없어야 한다.

40 어떤 건물의 소요 난방부하가 45000kcal/h이다. 주철제 방열기로 증기난방을 한다면 약 몇 쪽(section)의 방열기를 설치해야 하는가?(단, 표준방열량으로 계산하며, 주철제 방열기의 쪽당 방열면적은 0.24m²이다.)

① 156쪽
② 254쪽
③ 289쪽
④ 315쪽

🔍 방열기 소요수
$= \dfrac{\text{난방부하}}{\text{방열량} \times 1\text{쪽당 방열면적}} = \dfrac{45000}{650 \times 0.24} = 288.5$

41 주철제 방열기를 설치할 때 벽과의 간격은 약 몇 mm 정도로 하는 것이 좋은가?

① 10 ~ 30
② 50 ~ 60
③ 70 ~ 80
④ 90 ~ 100

🔍 벽과의 간격 : 50~60mm

42 벨로즈형 신축이음쇠에 대한 설명으로 틀린 것은?

① 설치 공간을 넓게 차지하지 않는다.
② 고온, 고압 배관의 옥내배관에 적당하다.
③ 일명 팩레스(packless)신축이음쇠 라고도 한다.
④ 벨로우즈는 부식되지 않는 스테인리스, 청동 제품 등을 사용한다.

🔍 벨로즈형 : 설치에 장소를 크게 차지하지 않고 응력발생은 없으나, 고온 고압배관에 부적당하다.

43 배관의 이동 및 회전을 방지하기 위해 지지점 위치에 완전히 고정시키는 장치는?

① 앵커   ② 써포트
③ 브레이스   ④ 행거

- 앵커 : 리스트레인트의 일종으로 열팽창에 의한 관의 신축을 억제하기 위한 관지지 기구
- 써포트 : 밑에서 받쳐서 관을 지지하는 기구
- 행거 : 위에서 매달아 관을 지지하는 기구

44 보일러수 속에 유지류, 부유물 등의 농도가 높아 지면 드럼수면에 거품이 발생하고, 또한 거품이 증가하여 드럼의 증기실에 확대되는 현상은?

① 포밍
② 프라이밍
③ 워터 해머링
④ 프리퍼지

- 포밍 : 거품현상
- 프라이밍 : 비수현상

45 동관 끝을 원형으로 정형하기 위해 사용하는 공구는?

① 사이징 툴 ② 익스펜더
③ 리머 ④ 튜브밴더

- 사이징 툴 : 동관 끝을 원형으로 정형하기 위한 공구
- 익스펜더 : 동관 끝을 소켓용으로 확관하기 위한 공구
- 리머 : 관내의 거스러미를 제거하기 위한 공구

46 보일러 산세정의 순서로 옳은 것은?

① 전처리 → 산액처리 → 수세 → 중화방청 → 수세
② 전처리 → 수세 → 산액처리 → 수세 → 중화방청
③ 산액처리 → 수세 → 전처리 → 중화방청 → 수세
④ 산액처리 → 전처리 → 수세 → 중화방청 → 수세

47 방열기내 온수의 평균온도 80℃, 실내온도 18℃, 방열계수 7.2 kcal/m²h℃ 인 경우 방열기 방열량은 얼마인가?

① 346.4kcal/m² · h
② 446.4kcal/m² · h
③ 519kcal/m² · h
④ 560kcal/m² · h

- 방열량
 = 방열계수×(열매평균온도−실내온도)
 = 7.2×(80−18) = 446.4kcal/m² · h

48 온수난방 배관 시공법에 대한 설명 중 틀린 것은?

① 배관구배는 일반적으로 1/250 이상으로 한다.
② 배관 중에 공기가 모이지 않게 배관한다.
③ 온수관의 수평배관에서 관경을 바꿀 때는 편심이음쇠를 사용한다.
④ 지관이 주관 아래로 분기될 때는 90° 이상으로 끝올림 구배를 한다.

- 지관 시공법 : 지관이 주관 아래로 분기될 때는 45° 이상으로 내림 구배를 한다.

49 단열재를 사용하여 얻을 수 있는 효과에 해당되지 않는 것은?

① 축열용량이 작아진다.
② 열전도율이 작아진다.
③ 노 내의 온도분포가 균일하게 된다.
④ 스폴링 현상을 증가시킨다.

- 스폴링 : 열팽창 등에 의해 벽돌의 일부가 떨어져 나가는 현상으로 단열재를 사용하면 온도 차가 적어져 스폴링이 감소한다.

50 보일러 사고 원인 중 취급상의 원인이 아닌 것은?

① 부속장치 미비
② 최고 사용압력의 초과
③ 저수위로 인한 보일러의 과열
④ 습기나 연소가스 속의 부식성 가스로 인한 부식

- 사고원인 중 제작상 원인 : 재료불량, 강도 부족, 구조 및 설계 불량, 용접불량, 부속 장치 미비 등

51 보일러에서 라미네이션(lamination)이란?

① 보일러 본체나 수관 등이 사용 중에 내부에서 2장의 층을 형성하는 것
② 보일러 강판이 화염에 닿아 볼록 튀어나오는 것
③ 보일러 동에 작용하는 응력의 불균일로 동의 일부가 함몰된 것
④ 보일러 강판이 화염에 접촉하여 점식된 것

> • 라미네이션 : 보일러 강판이 내부의 기포에 의해 2장의 층을 형성하는 것
> • 브리스터 : 강판 내부의 기포가 팽창하여 볼록 튀어 나오는 것

52 보일러 설치 · 시공기준상 가스용 보일러의 연료배관 시 배관의 이음부와 전기계량기 및 전기개폐기와의 유지 거리는 얼마인가?(단, 용접 이음매는 제외한다.)

① 15cm 이상   ② 30cm 이상
③ 45cm 이상   ④ 60cm 이상

> 가스배관의 시공 : 배관의 이음부와 전기계량기 및 전기개폐기와는 60cm 이상 유지한다.

53 증기난방방식을 응축수환수법에 의해 분류하였을 때 해당되지 않는 것은?

① 중력환수식
② 고압환수식
③ 기계환수식
④ 진공환수식

> 응축수환수법에 의해 분류 : 중력환수식, 기계환수식, 진공환수식 등

54 보일러 과열의 원인 중 하나인 저수위의 발생원인으로 거리가 먼 것은?

① 분출밸브의 이상으로 보일러수가 누설
② 급수장치가 증발능력에 비해 과소한 경우
③ 증기 토출량이 과소한 경우
④ 수면계의 막힘이나 고장

> 저수위 : 물 부족현상으로 증발량이 과다할 때 발생한다.

55 에너지이용합리화법상 에너지를 사용하여 만드는 제품의 단위당 에너지사용목표량 또는 건축물의 단위면적당 에너지사용목표량을 정하여 고시하는 자는?

① 산업통상자원부장관
② 한국에너지공단 이사장
③ 시 · 도지사
④ 고용노동부장관

> 목표 에너지원단위 : 에너지를 사용하여 만드는 제품의 단위당 에너지사용목표량 또는 건축물의 단위면적당 에너지사용목표량으로 산업통상자원부장관이 고시

56 에너지다소비사업자가 매년 1월31일까지 신고해야 할 사항에 포함되지 않는 것은?

① 전년도의 분기별 에너지사용량 · 제품생산량
② 해당 연도의 분기별 에너지사용예정량 · 제품생산예정량
③ 에너지사용기자재의 현황
④ 전년도의 분기별 에너지 절감량

> 신고사항
> • 전년도의 에너지사용량 · 제품생산량
> • 전년도의 분기별 에너지사용량 · 제품생산량
> • 해당 연도의 분기별 에너지사용예정량 · 제품생산예정량
> • 에너지사용기자재의 현황
> • 전년도의 분기별 에너지이용 합리화 실적 및 해당 연도의 분기별 계획
> • 에너지관리자의 현황

57 정부는 국가전략을 효율적 · 체계적으로 이행하기 위하여 몇 년마다 저탄소 녹색성장 국가전략 5개년 계획을 수립하는가?

① 2년
② 3년
③ 4년
④ 5년

> 저탄소 녹색성장 국가전략 : 5년마다, 5년계획 기간으로 수립

58 에너지이용합리화법상 대기전력경고표지를 하지 아니한 자에 대한 벌칙은?

① 2년 이하의 징역 또는 2천만원 이하의 벌금
② 1년 이하의 징역 또는 1천만원 이하의 벌금
③ 5백만원 이하의 벌금
④ 1천만원 이하의 벌금

> 5백만원 이하의 벌금
> • 효율관리기자재에 대한 에너지사용량의 측정결과를 신고하지 아니한 자
> • 대기전력경고표지대상제품에 대한 측정결과를 신고하지 아니한 자
> • 대기전력경고표지를 하지 아니한 자
> • 대기전력저감우수제품임을 표시하거나 거짓 표시를 한 자
> • 대기전력저감대상제품의 사후관리와 관련한 시정명령을 정당한 사유 없이 이행하지 아니한 자
> • 고효율에너지기자재의 인증을 받지 않고 인증 표시를 한 자

59 에너지이용 합리화법상 에너지이용 합리화에 관한 기본계획을 수립하여야 하는 자는?

① 대통령
② 산업통상자원부장관
③ 시 · 도지사
④ 한국에너지공단 이사장

> 산업통상자원부장관은 에너지를 합리적으로 이용하게 하기 위하여 에너지이용 합리화에 관한 기본계획(이하 "기본계획"이라 한다)을 수립하여야 한다.

60 에너지이용합리화법에서 정한 검사에 합격되지 아니한 검사대상기기를 사용한 자에 대한 벌칙은?

① 1년 이하의 징역 또는 1천만원 이하의 벌금
② 2년 이하의 징역 또는 2천만원 이하의 벌금
③ 3년 이하의 징역 또는 3천만원 이하의 벌금
④ 4년 이하의 징역 또는 4천만원 이하의 벌금

> 1년 이하의 징역 또는 1천만원 이하의 벌금
> • 검사대상기기의 검사를 받지 아니한 자
> • 불합격한 검사대상기기를 사용한 자
> • 검사를 받지 않고 검사대상기기를 수입한 자

정답 2015년 1회				
01 ③	02 ③	03 ④	04 ④	05 ④
06 ③	07 ②	08 ①	09 ③	10 ②
11 ④	12 ①	13 ④	14 ④	15 ④
16 ②	17 ③	18 ①	19 ③	20 ①
21 ①	22 ④	23 ①	24 ④	25 ③
26 ③	27 ②	28 ③	29 ①	30 ④
31 ④	32 ④	33 ②	34 ①	35 ②
36 ④	37 ②	38 ④	39 ④	40 ③
41 ②	42 ②	43 ①	44 ①	45 ①
46 ②	47 ②	48 ④	49 ④	50 ①
51 ①	52 ④	53 ②	54 ③	55 ①
56 ④	57 ④	58 ③	59 ②	60 ①

2015년 2회 기출문제

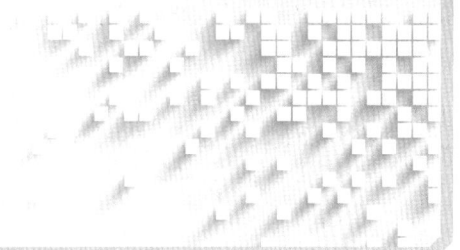

01 노통연관식 보일러에서 노통을 한쪽으로 편심시켜 부착하는 이유로 가장 타당한 것은?

① 전열면적을 크게 하기 위해서
② 통풍력의 증대를 위해서
③ 노통의 열 신축과 강도를 보강하기 위해서
④ 보일러수를 원활하게 순환하기 위해서

🔍 노통의 편심부착 이유 : 보일러수의 순환을 좋게 하기 위해

02 스프링식 안전밸브에서 전양정식의 설명으로 옳은 것은?

① 밸브의 양정이 밸브시트 구경의 1/40~1/15 미만인 것
② 밸브의 양정이 밸브시트 구경의 1/15~1/7 미만인 것
③ 밸브의 양정이 밸브시트 구경의 1/7 이상인 것
④ 밸브시트 증기통로 면적은 목 부분 면적의 1.05배 이상인 것

🔍 스프링식 안전밸브
• 저양정식 : 밸브의 양정이 밸브시트 구경의 1/40~1/15 미만인 것
• 고양정식 : 밸브의 양정이 밸브시트 구경의 1/15~1/7 미만인 것
• 전양정식 : 밸브의 양정이 밸브시트 구경의 1/7 이상인 것
• 전량식 : 밸브시트 증기통로 면적은 목부분 면적의 1.15배 이상인 것

03 2차 연소의 방지대책으로 적합하지 않은 것은?

① 연도의 가스포켓이 되는 부분을 없앨 것
② 연소실 내에서 완전연소 시킬 것
③ 2차 공기온도를 낮추어 공급할 것
④ 통풍조절을 잘할 것

🔍 2차 연소 : 불완전연소 또는 미연성분 등에 의해 연도나 연돌에서 재 연소되는 현상

04 보기에서 설명한 송풍기의 종류는?

> ㉮ 방사상 날개형이며 6~12매의 철판제 직선날개를 보스에서 방사한 스포우크에 리벳죔을 한 것이며, 측판이 있는 임펠러와 측판이 없는 것이 있다.
> ㉯ 구조가 견고하며 내마모성이 크고 날개를 바꾸기도 쉬우며 분진이 많은 가스의 흡출통풍기, 미분탄 장치의 배탄기 등에 사용된다.

① 터보 송풍기
② 다익 송풍기
③ 축류 송풍기
④ 플레이트 송풍기

🔍 원심형 송풍기의 종류
• 터보형 : 후향날개형
• 다익형 : 전향날개형
• 플레이트형 : 방사형 날개형

05 연도에서 폐열회수장치의 설치순서가 옳은 것은?

① 재열기 → 절탄기 → 공기예열기 → 과열기
② 과열기 → 재열기 → 절탄기 → 공기예열기
③ 공기예열기 → 과열기 → 절탄기 → 재열기
④ 절탄기 → 과열기 → 공기예열기 → 재열기

🔍 폐열회수장치의 설치순서
• 과열기 → 재열기 → 절탄기 → 공기예열기
• 과열기 : 대부분 연소실에 설치하여 노내 복사열을 이용한다.
• 절탄기, 공기예열기 : 주로 연도에 설치하며 배기가스 손실열을 이용한다.

06 수관식 보일러 종류에 해당되지 않는 것은?

① 코르니시 보일러   ② 슐쳐 보일러
③ 다쿠마 보일러   ④ 라몬트 보일러

🔍 코르니시 보일러 : 노통 보일러 = 원통형 보일러

07 탄소(C) 1kmol 이 완전 연소하여 탄산가스(CO_2)가 될 때, 발생하는 열량은 몇 kcal 인가?

① 29200
② 57600
③ 68600
④ 97200

🔍 $C + O_2 \rightarrow CO_2 + 97200 kcal/kmol$

08 일반적으로 보일러의 열손실 중에서 가장 큰 것은?

① 불완전연소에 의한 손실
② 배기가스에 의한 손실
③ 보일러 본체 벽에서의 복사, 전도에 의한 손실
④ 그을음에 의한 손실

🔍 보일러 열손실에서 가장 큰 것은 배기가스에 의한 열손실이며, 입열 중 가장 큰 것은 연료의 발열량이다.

09 압력이 일정할 때 과열증기에 대한 설명으로 가장 적절한 것은?

① 습포화 증기에 열을 가해 온도를 높인 증기
② 건포화 증기에 압력을 높인 증기
③ 습포화 증기에 과열도를 높인 증기
④ 건포화 증기에 열을 가해 온도를 높인 증기

🔍 과열증기 : 건포화증기에 열을 가해 압력변화 없이 온도만 높인 증기

10 기름예열기에 대한 설명 중 옳은 것은?

① 가열온도가 낮으면 기름분해와 분무상태가 불량하고 분사각도가 나빠진다.
② 가열온도가 높으면 불길이 한 쪽으로 치우쳐 그을음, 분진이 일어나도 무화상태가 나빠진다.
③ 서비스탱크에서 점도가 떨어진 기름을 무화에 적당한 온도로 가열시키는 장치이다.
④ 기름예열기에서의 가열온도는 인화점보다 약간 높게 한다.

🔍 • 오일프리히터(기름예열기) : 중유를 예열하여 유동성을 좋게 하고 무화상태를 양호하게 하기 위한 장치
• 예열온도가 낮으면 : 불길이 한 쪽으로 치우쳐 그을음, 분진이 일어나도 무화상태가 나빠진다.
• 예열온도가 높으면 : 기름이 분해되고 분사각도가 흐트러진다.

11 보일러의 자동제어 중 제어동작이 연속동작에 해당하지 않는 것은?

① 비례동작
② 적분동작
③ 미분동작
④ 다위치 동작

🔍 • 연속동작 : 비례동작, 적분동작, 미분동작
• 불연속동작 : on-off 동작(2위치 동작)

12 바이패스(by-pass)관에 설치해서는 안 되는 부품은?

① 플로트 트랩
② 연료차단밸브
③ 감압밸브
④ 유류배관의 유량계

🔍 연료차단밸브(전자밸브) : 긴급시 연료공급을 차단하는 장치로 바이패스 직렬배관으로 설치한다.

13 다음 중 압력의 단위가 아닌 것은?

① mmHg
② bar
③ N/m^2
④ $kg \cdot m/s$

🔍 $kg \cdot m/s$: 일의 단위

14 보일러에 부착하는 압력계에 대한 설명으로 옳은 것은?

① 최대증발량 10t/h 이하인 관류보일러에 부착하는 압력계는 눈금판의 바깥지름을 50mm 이상으로 할 수 있다.
② 부착하는 압력계의 최고눈금은 보일러의 최고사용압력의 1.5배 이하의 것을 사용한다.
③ 증기보일러에 부착하는 압력계 눈금판의 바깥지름은 80mm 이상의 크기로 한다.
④ 압력계를 보호하기 위하여 물을 넣은 안지름 6.5mm 이상의 사이폰관 또는 동등한 장치를 부착하여야 한다.

🔍 보일러의 압력계
• 크기 : 바깥지름 100mm 이상
• 지시범위 : 최고사용압력×1.5~3배
• 사이폰관의 관경 : 6.5mm 이상

15 수트 블로워 사용에 관한 주의사항으로 틀린 것은?

① 분출기 내의 응축수를 배출시킨 후 사용할 것
② 그을음 불어내기를 할 때는 통풍력을 크게 할 것
③ 원활한 분출을 위해 분출하기 전 연도 내 배풍기를 사용하지 말 것
④ 한 곳에 집중적으로 사용하여 전열면에 무리를 가하지 말 것

🔍 분출하기 전 연도 내 배풍기를 사용하여 유인통풍을 증가하여야 한다.

16 수관 보일러의 특징에 대한 설명으로 틀린 것은?

① 자연순환식은 고압이 될수록 물과의 비중차가 적어 순환력이 낮아진다.
② 증발량이 크고 수부가 커서 부하변동에 따른 압력변화가 적으며 효율이 좋다.
③ 용량에 비해 설치면적이 적으며 과열기, 공기예열기 등 설치와 운반이 쉽다.
④ 구조상 고압 대용량에 적합하며 연소실의 크기를 임의로 할 수 있어 연소상태가 좋다.

🔍 수관 보일러 : 수부가 적어 부하변동에 따른 수위 및 압력변화가 크다.

17 연통에서 배기되는 가스량이 2500kg/h 이고, 배기가스 온도가 230℃, 가스의 평균비열이 0.31kcal/kg℃, 외기온도가 18℃ 이면, 배기가스에 의한 손실열량은?

① 164300 kcal/h
② 174300 kcal/h
③ 184300 kcal/h
④ 194300 kcal/h

🔍 배가스의 손실열
= 배기가스량×배기 가스의 비열×(배기가스온도 − 외기온도)
= 2500×0.31×(230 − 18)
= 164300 kcal/h

18 보일러 집진장치의 형식과 종류를 짝지은 것 중 틀린 것은?

① 가압수식 − 제트 스크러버
② 여과식 − 충격식 스크러버
③ 원심력식 − 사이클론
④ 전기식 − 코트넬

🔍 여과식 : 백 필터, 원통식, 평판식, 역기류 분사형 등

19 연소효율이 95%, 전열효율이 85%인 보일러의 효율은 약 몇 % 인가?

① 90
② 81
③ 70
④ 61

🔍 열효율 = 연소효율×전열효율
= 0.95×0.85×100 = 80.75%

20 소형연소기를 실내에 설치하는 경우, 급배기통을 전용 챔버 내에 접속하여 자연통기력에 의해 급배기 하는 방식은?

① 강제배기식
② 강제급배기식
③ 자연급배기식
④ 옥외급배기식

🔍 급배기 방식의 구분
• CF 방식(자연배기식) : 자연 통기력에 의해 연소용 공기를 공급하고, 배기가스를 배출하는 방식
• FE 방식(강제배기식) : 실내 공기를 유입, 연소 후 배기가스를 배기 팬에 의해 강제 배출시키는 방식
• FF 방식(강제 급배기식) : 외부 공기의 유입과 배기가스배출을 팬을 이용 강제로 이루어지는 방식

21 가스버너 연소방식 중 예혼합 연소방식이 아닌 것은?

① 저압버너
② 포트형 버너
③ 고압버너
④ 송풍버너

🔍 • 예혼합 연소방식 : 저압버너, 고압버너, 송풍버너 등
• 확산연소방식 : 버너형, 포트형 등

22 전열면적이 25m²인 연관보일러를 8시간 가동시킨 결과 4000kgf의 증기가 발생하였다면, 이 보일러의 전열면의 증발율은 몇 kgf/m²·h 인가?

① 20
② 30
③ 40
④ 50

🔍 전열면의 증발율 = 시간당 증발량 / 전열면적
= $\frac{4000}{8 \times 25}$ = 20kgf/m²h

23 물을 가열하여 압력을 높이면 어느 지점에서 액체, 기체 상태의 구별이 없어지고 증발 잠열이 0kcal/kg 이된다. 이점을 무엇이라 하는가?

① 임계점 ② 삼중점
③ 비등점 ④ 압력점

🔍 • 임계점 : 액체(물)가 증발현상 없이 기체로 변하는 상태 점
• 임계압력 : 225.65 kg/cm²
• 임계온도 : 374.15℃
• 증발잠열 : 0 kcal/kg

24 증기난방과 비교한 온수난방의 특징에 대한 설명으로 틀린 것은?

① 가열시간은 길지만 잘 식지 않으므로 동결의 우려가 적다.
② 난방부하의 변동에 따라 온도조절이 용이하다.
③ 취급이 용이하고 표면의 온도가 낮아 화상의 염려가 없다.
④ 방열기에는 증기트랩을 반드시 부착해야 한다.

🔍 증기트랩 : 증기난방 설비장치 로 관내 응축수를 배출하여 수격작용을 방지하는 장치

25 외기온도 20℃, 배기가스온도 200℃이고, 연돌 높이가 20m일 때 통풍력은 약 몇 mmAq 인가?

① 5.5
② 7.2
③ 9.2
④ 12.2

🔍 통풍력
= $355 \times (\frac{1}{273+ta} - \frac{1}{273+tg}) \times H$
= $355 \times (\frac{1}{273+20} - \frac{1}{273+200}) \times H$
= 9.22mmAq

26 과잉공기량에 대한 설명으로 옳은 것은?

① 실제공기량 × 이론공기량
② 실제공기량 / 이론공기량
③ 실제공기량 + 이론공기량
④ 실제공기량 – 이론공기량

🔍 실제공기량 = 이론공기량 + 과잉공기량

27 다음 그림은 인젝터의 단면을 나타낸 것이다. C부의 명칭은?

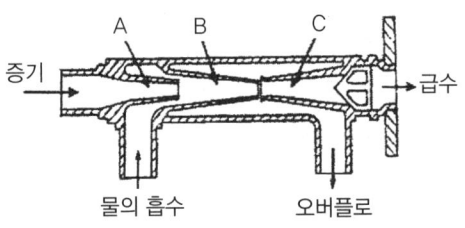

① 증기노즐 ② 혼합노즐
③ 분출노즐 ④ 고압노즐

🔍 A : 증기노즐, B : 혼합노즐, C : 토출(분출)노즐

28 증기축열기(steam accumulator)dp 대한 설명으로 옳은 것은?

① 송기압력을 일정하게 유지하기 위한 장치
② 보일러 출력을 증가시키는 장치
③ 보일러에서 온수를 저장하는 장치
④ 증기를 저장하여 과부하시에 증기를 방출하는 장치

🔍 증기축열기 : 저부하시 잉여증기를 저장하여 최대부하 시 증기를 공급하기 위한 장치

29 물체의 온도를 변화시키지 않고 상(相) 변화를 일으키는데 만 사용하는 용어는?

① 감열 ② 비열
③ 현열 ④ 잠열

🔍 • 잠열 : 온도변화 없이 상태변화에 필요한 열
• 현열 : 상태변화 없이 온도변화에 필요한 열

30 고체벽의 한 쪽에 있는 고온 유체로부터 이 벽을 통과하는 다른 쪽에 있는 저온의 유체로 흐르는 열의 이동을 의미하는 용어는?

① 열관류 ② 현열
③ 잠열 ④ 전열량

- 열관류 : 벽체를 통한 유체에서 유체로의 열 이동(kcal/m²·h℃)
- 열전달 : 유체에서 고체로, 고체에서 유체로의 열 이동(kcal/m²·h℃)

31 호칭지름 15A의 강관을 각도 90도로 구부릴 때 곡선부의 길이는 약 몇 mm 인가?(단, 곡선부의 반지름은 90mm 로 한다)

① 141.4 ② 145.5
③ 150.2 ④ 155.3

곡선부의 길이 = 원둘레 × $\dfrac{회전각}{360}$
= $3.14 \times 180 \times \dfrac{90}{360}$
= 141.3 mm

32 보일러의 점화 조작시 주의사항으로 틀린 것은?

① 연료가스의 유출속도가 너무 빠르면 실화 등이 일어나고 너무 늦으면 역화가 발생한다.
② 연소실의 온도가 낮으면 연료의 확산이 불량해지며 착화가 잘 안된다.
③ 연료의 예열온도가 낮으면 무화불량, 화염의 편류, 그을음, 분진이 발생한다.
④ 유압이 낮으면 점화 및 분사가 양호하고 높으면 그을음이 없어진다.

유압이 높으면 그을음이 축적되고, 낮으면 점화 및 분사가 불량해진다.

33 온수난방에서 상당방열면직이 45m² 일 때 난방부하는?(단, 방열기의 방열량은 표준방열량으로 한다)

① 16450 kcal/h ② 18500 kcal/h
③ 19450 kcal/h ④ 20250 kcal/h

난방부하 = 방열량 × 방열면적
= 450 × 45 = 20250 kcal/h

34 보일러 사고에서 제작상의 원인이 아닌 것은?

① 구조불량 ② 재료불량
③ 캐리오버 ④ 용접불량

제작상 원인 : 재료불량, 강도부족, 구조 및 설계불량, 용접불량 등

35 주철제 벽걸이 방열기의 호칭방법은?

① W – 형 × 쪽수
② 종별 – 치수 × 쪽수
③ 종별 – 쪽수 × 형
④ 치수 – 종별 × 쪽수

방열기의 호칭방법 : 종별 – 형 × 쪽수

36 증기난방에서 응축수의 환수방법에 따른 분류 중 증기의 순환과 응축수의 배출이 빠르며, 방열량도 광범위하게 조절할 수 있어서 대규모 난방에서 많이 채택하는 방식은?

① 진공 환수식 증기난방
② 복관 중력 환수식 증기난방
③ 기계 환수식 증기난방
④ 단관 중력 환수식 증기난방

진공 환수식 : 증기난방의 응축수 환수방법으로 배관 내의 진공도가 100~250mmHg 정도이며 증기의 순환이 빠르고, 방열량 조절이 광범위하고 대규모 난방에 적합하다.

37 저탕식 급탕설비에서 급탕의 온도를 일정하게 유지시키기 위해서 가스나 전기를 공급 또는 정지하는 것은?

① 사일렌서 ② 순환펌프
③ 가열코일 ④ 서머스탯

- 서머스탯 : 탱크 내의 온도를 일정하게 유지하기 위해 증기 공급량을 조절하는 장치
- 사일렌서 : 직접 증기를 이용하여 가열하는 급탕설비에는 소음이 많아 소음기(사일렌서)를 사용한다.

38 파이프 벤더에 의한 구부림 작업 시 관에 주름이 생기는 원인으로 가장 옳은 것은?

① 압력조정이 세고 저항이 크다.
② 굽힘 반지름이 너무 작다.
③ 받침쇠가 너무 나와 있다.
④ 바깥지름에 비하여 두께가 너무 얇다.

> 주름이 생기는 원인
> • 관이 미끄러진다.
> • 받침쇠가 너무 들어갔다
> • 굽힘형의 홈이 관경보다 크거나 작다.
> • 바깥지름에 비하여 두께가 너무 얇다.

39 보일러 급수의 수질이 불량할 때 보일러에 미치는 장애와 관계가 없는 것은?

① 보일러 내부의 부식이 발생된다.
② 라미네이션 현상이 발생한다.
③ 프라이밍이나 포밍이 발생한다.
④ 보일러 등 내부에 슬러지가 퇴적된다.

> 라미네이션 : 재료불량에 의한 사고로 강판 내부가 기포에 의해 2장의 층으로 분리되는 현상

40 보일러의 정상 운전시 수면계에 나타나는 수위의 위치로 가장 적당한 것은?

① 수면계의 최상위
② 수면계의 최하위
③ 수면계의 중간
④ 수면계 하부의 1/3 위치

> 상용수위 : 보일러 운전 중 유지하는 기준 수위로 수면계의 1/2 위치를 말한다.

41 유류 연소 자동점화 보일러의 점화순서상 화염검출기 작동 후 다음 단계는?

① 공기댐퍼 열림   ② 전자밸브 열림
③ 노내압 조정   ④ 노내 환기

> 화염검출기 : 운전 중 불착화나 실화(失火)시 전자밸브에 의해 연료공급을 차단하는 안전장치

42 보일러 내처리제에서 가성취화 방지에 사용되는 약제가 아닌 것은?

① 인산나트륨   ② 질산나트륨
③ 탄닌   ④ 암모니아

> 가성취화 방지약품 : 인산나트륨, 질산나트륨, 탄닌, 리그린 등

43 연관 최고부보다 노통 윗면이 높은 노통연관보일러의 최저수위(안전저수위)의 위치는?

① 노통 최고부 위 100mm
② 노통 최고부 위 75mm
③ 연관 최고부 위 100mm
④ 연관 최고부 위 75mm

> • 노통 기준 : 노통 최고부 위 100mm
> • 연관 기준 : 연관 최고부 위 75mm

44 보일러의 외부 검사에 해당되는 것은?

① 스케일, 슬러지 상태 검사
② 노벽 상태 검사
③ 배관의 누설 상태 검사
④ 연소실의 열 집중 현상 검사

> 보일러 외부 검사 : 연도, 배관 등의 이상 상태 확인

45 보일러 강판이나 강관을 제조할 때 재질 내부에 가스체 등이 함유되어 두 장의 층을 형성하고 있는 상태의 흠은?

① 블리스터   ② 팽출
③ 압궤   ④ 라미네이션

> • 라미네이션 : 강판 내부의 기포에 의해 2장의 층으로 분리되는 현상
> • 블리스터 : 강판 내부의 기포에 의해 표면이 팽창되는 현상

46 오일프리히터의 종류에 속하지 않는 것은?

① 증기식   ② 직화식
③ 온수식   ④ 전기식

> 오일프리히터 : 전기식, 증기식, 온수식

47 보일러의 과열 원인과 무관한 것은?

① 보일러수의 순환이 불량할 경우
② 스케일 누적이 많은 경우
③ 저수위로 운전할 경우
④ 1차 공기량의 공급이 부족할 경우

🔍 과열 원인
 • 보일러수의 순환이 불량할 경우
 • 관내 스케일 부착이 많은 경우
 • 저수위로 운전할 경우
 • 과부하인 경우
 • 관수의 농축으로 인한 비점상승

48 증기난방 배관시공 시 환수관이 문 또는 보와 교차할 때 이용되는 배관형식으로 위로는 공기, 아래로는 응축수를 유통시킬 수 있도록 시공하는 배관은?

① 루프형 배관
② 리프트 피팅 배관
③ 하트포트 배관
④ 냉각 배관

🔍 루프형 배관 : 환수관이 문 또는 보와 교차할 때, 위를 루프형으로 하여 공기를 통과시키고, 아래로는 응축수를 유통시킬 수 있도록 시공하는 배관형식

49 강철제 증기보일러의 최고사용압력이 0.4 MPa인 경우 수압시험 압력은?

① 0.16 MPa
② 0.2 MPa
③ 0.8 MPa
④ 1.2 MPa

🔍 최고사용압력 0.43 MPa 이하인 경우 최고사용압력×2배이므로, 0.4×2 = 0.8 MPa

50 질소봉입 방법으로 보일러 보존시 보일러 내부에 질소가스의 봉입압력(MPa)으로 적합한 것은?

① 0.02　② 0.03
③ 0.06　④ 0.08

🔍 장기보존법 : 질소가스 봉입법, 봉입압력 0.06 MPa

51 보일러 급수 중 Fe, Mn, CO_2 를 많이 함유하고 있는 경우의 급수처리 방법으로 가장 적합한 것은?

① 분사법
② 기폭법
③ 침강법
④ 가열법

🔍 • 기폭법 : 수 중의 CO_2 및 금속성분(Fe, Mn) 등을 처리하는 방법
 • 탈기법 : 수 중의 용존산소(O_2) 처리방법
 • 현탁질 고형분 처리방법 : 여과법, 침강법, 응집법 등

52 증기난방에서 방열기와 벽면과의 적합한 간격(mm)은?

① 30~40
② 50~60
③ 80~100
④ 100~120

🔍 방열기 설치방법 : 외기와 접한 창문아래에 벽과 50~60mm 정도의 간격을 두고 설치한다.

53 다음 중 보온재의 종류가 아닌 것은?

① 코르크
② 규조토
③ 프탈산수지도료
④ 기포성 수지

🔍 도료 : 도장면의 미관, 방식, 방열, 방습 등 특별한 목적으로 사용하는 것

54 다음 보온재 중 안전사용(최고)온도가 가장 높은 것은?

① 탄산마그네슘 물반죽 보온재
② 규산칼슘 보온판
③ 경질 폼라버 보온통
④ 글라스올 블랭킷

🔍 안전사용온도
 • 규산칼슘 보온판 : 650℃
 • 탄산마그네슘 물반죽 보온재 : 250℃
 • 글라스올 블랭킷 : 300℃
 • 경질 폼라버 보온통 : 80℃

55 에너지법상 에너지위원회의 당연직 위원이 아닌 사람은?

① 외교부차관
② 과학기술정보통신부차관
③ 기획재정부차관
④ 고용노동부차관

> 에너지위원회의 구성 : 위원장은 산업통상자원부장관이며, 당연직 위원은 대통령령에 따라 기획재정부차관, 과학기술정보통신부차관, 외교부차관, 환경부차관, 국토교통부차관이다.

56 에너지이용 합리화법상 검사대상기기 설치자가 검사대상기기관리자를 선임하지 않았을 때의 벌칙은?

① 1년 이하의 징역 또는 2천만원 이하의 벌금
② 1년 이하의 징역 또는 5백만원 이하의 벌금
③ 1천만원 이하의 벌금
④ 5백만원 이하의 벌금

> 검사대상기기관리자를 선임하지 아니한 자 : 1천만원 이상의 벌금

57 에너지이용 합리화법상 산업통상자원부장관이 에너지다소비사업자에게 개선명령을 할 수 있는 경우는 에너지관리 지도 결과 몇 % 이상 에너지 효율개선이 기대되는 경우인가?

① 2%   ② 3%
③ 5%   ④ 10%

> 개선명령 : 10% 이상 에너지 효율개선이 기대되는 경우 산업통상자원부장관이 명한다.

58 에너지이용 합리화법상 에너지사용자와 에너지공급자의 책무로 맞는 것은?

① 에너지의 생산, 이용 등에서의 그 효율을 극소화
② 온실가스배출을 줄이기 위한 노력
③ 기자재의 에너지효율을 높이기 위한 기술개발
④ 지역경제발전을 위한 시책 강구

> 에너지사용자 및 에너지공급자의 책무 : 국가나 지방자치단체의 에너지시책에 적극 참여하고 협력하여야 하며, 에너지의 생산·전환·수송·저장·이용 등에서 그 효율을 극대화하고 온실가스의 배출을 줄이도록 노력하여야 한다.

59 에너지이용 합리화법상 평균에너지소비효율에 대하여 총량적인 에너지효율의 개선이 특히 필요하다고 인정되는 기자재는?

① 승용자동차   ② 강철제보일러
③ 1종압력용기   ④ 축열식 전기보일러

> • 평균효율관리 기자재 : 승용자동차
> • 지정 : 산업통상자원부장관

60 에너지이용 합리화법에 따라 에너지 진단을 면제 또는 에너지진단주기를 연장 받으려는 자가 제출해야 하는 첨부서류에 해당하지 않는 것은?

① 보유한 효율관리기자재 자료
② 중소기업임을 확인할 수 있는 서류
③ 에너지절약 유공자 표창 사본
④ 친에너지형 설비 설치를 확인할 수 있는 서류

> 에너지 진단을 면제 또는 에너지진단주기 연장을 위한 서류
> • 에너지절약 유공자 표창 사본
> • 중소기업임을 확인할 수 있는 서류(에너지절약 이행실적 우수사업자)
> • 친에너지형 설비 설치를 확인할 수 있는 서류

정답 2015년 2회

01 ④	02 ③	03 ③	04 ④	05 ②
06 ①	07 ④	08 ②	09 ④	10 ③
11 ④	12 ②	13 ④	14 ④	15 ③
16 ②	17 ①	18 ④	19 ②	20 ③
21 ②	22 ①	23 ①	24 ④	25 ③
26 ④	27 ④	28 ④	29 ④	30 ①
31 ①	32 ④	33 ④	34 ③	35 ①
36 ①	37 ④	38 ④	39 ②	40 ③
41 ②	42 ④	43 ①	44 ③	45 ④
46 ①	47 ④	48 ①	49 ③	50 ③
51 ②	52 ②	53 ③	54 ④	55 ④
56 ③	57 ④	58 ②	59 ①	60 ①

2015년 3회 기출문제

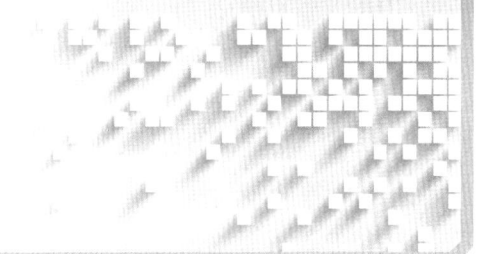

01 보일러에서 배출되는 배기가스의 여열을 이용하여 급수를 예열하는 장치는?

① 과열기　　② 재열기
③ 절탄기　　④ 공기예열기

> 절탄기 : 연도에 설치하여 배기가스의 손실열을 이용하여 급수를 예열하는 장치

02 목표 값이 시간에 따라 임의로 변화되는 것은?

① 비율제어
② 추종제어
③ 프로그램 제어
④ 캐스케이트 제어

> • 추종제어 : 목표값이 임의로 변하는 제어
> • 프로그램 제어 : 목표값이 미리 정해진 순서에 의해 변화되는 제어
> • 캐스케이트 제어 : 단계적으로 변화되는 목표값을 제어하는 형식

03 보일러 부속품 중 안전장치에 속하는 것은?

① 감압밸브　　② 주증기 밸브
③ 가용전　　　④ 유량계

> 가용전 : 노통 상부에 설치하여 저수위 일 때 전열면의 과열을 방지하기 위한 안전장치

04 케비테이션의 발생 원인이 아닌 것은?

① 흡입양정이 지나치게 클 때
② 흡입관의 저항이 작은 경우
③ 유량의 속도가 빠른 경우
④ 관로 내의 온도가 상승되었을 때

> 캐비테이션 : 관내 마찰저항이 큰 경우에 발생하는 현상으로 양수능력이 저하되고, 소음, 진동이 발생한다.

05 다음 중 연료의 연소온도에 가장 큰 영향을 미치는 것은?

① 발화점　　② 공기비
③ 인화점　　④ 회분

> 연소온도 : 연료의 발열량이 클 때, 연소에 적은 과잉공기를 사용하여 완전연소시킬 때 높아진다.

06 수소 15%, 수분 0.5%인 경우 중유의 고위발열량이 10000 kcal/kg이다. 이 중유의 저위발열량은 몇 kcal/kg 인가?

① 8795　　② 8984
③ 9085　　④ 9187

> 저위발열량
> = 고위발열량 − 600×(9H+W)
> = 10000−600×(9×0.15+0.005)
> = 9187kcal/kg

07 부르돈관 압력계를 부착할 때 사용되는 사이펀관 속에 넣는 물질은?

① 수은　　② 증기
③ 공기　　④ 물

> 사이폰 관 : 관내에 물을 가득 채워, 고온의 증기가 브로돈관 내에 직접 들어가는 것을 방지

08 집진장치의 종류 중 건식집진장치의 종류가 아닌 것은?

① 가압수식 집진기
② 중력식 집진기
③ 관성력식 집진기
④ 원심력식 집진기

> 가압수식 : 습식(세정식) 집진장치로 사이크론 스크레버, 벤튜리 스크레버, 충진탑 등이 있다.

09 수관식 보일러에 속하지 않는 것은?

① 입형 보일러　② 자연 순환식
③ 강제 순환식　④ 관류식

> 입형 보일러 : 원통형 보일러

10 공기예열기의 종류에 속하지 않는 것은?

① 전열식　② 재생식
③ 증기식　④ 방사식

> 공기예열기 : 전열방식에 따라 전열식, 재생식, 히트파이프식 등이 있고, 열매에 따라 전기식, 증기식, 가스식 등이 있다.

11 비접촉식 온도계의 종류가 아닌 것은?

① 광전관식 온도계
② 방사 온도계
③ 광고 온도계
④ 열전대 온도계

> 온도계의 분류
> • 접촉식 온도계 : 유리제, 압력식, 저항식, 열전대 온도계 등이 있다.
> • 비접촉식 온도계 : 방사, 광고, 광전관식, 색 온도계 등이 있다.

12 보일러의 전열면적이 클 때의 설명으로 틀린 것은?

① 증발량이 많다.　② 예열이 빠르다.
③ 용량이 적다.　④ 효율이 높다.

> 전열면적이 크면 예열이 빠르고, 증발량이 많아져 용량이 커지고, 효율이 높아진다.

13 보일러 연도에 설치하는 댐퍼의 설치 목적과 관계가 없는 것은?

① 매연 및 그을음의 제거
② 통풍력 조절
③ 연소가스의 흐름 차단
④ 주연도와 부연도가 있을 때 가스의 흐름을 전환

> 연도 댐퍼 : 배기가스량 및 통풍력을 조절하고, 가스흐름을 차단하고, 연도를 교체하는데 효과적이다.

14 통풍력을 증가시키는 방법으로 옳은 것은?

① 연도는 짧고, 연돌은 낮게 설치한다.
② 연도는 길고, 연돌의 단면적을 적게 설치한다.
③ 배기가스의 온도는 낮춘다.
④ 연도는 짧고, 굴곡부는 적게 한다.

> 통풍력은 연돌의 높이가 높을 때, 배기가스 온도가 높을 때, 연돌의 단면적이 클 때, 연도의 길이가 짧고, 굴곡부가 적을 때 증가한다.

15 연료의 연소에서 환원염이란?

① 산소 부족으로 인한 화염이다.
② 공기비가 너무 클 때의 화염이다.
③ 산소가 많이 포함된 화염이다.
④ 연료를 완전 연소시킬 때의 화염이다.

> • 환원염 : 불완전 연소로 화염 중에 CO가 포함된 화염
> • 산화염 : 연소에 공기가 많이 사용하여 화염 중 O_2가 포함된 화염

16 보일러 화염 유무를 검출하는 스택 스위치에 대한 설명으로 틀린 것은?

① 화염의 발열 현상을 이용한 것이다.
② 구조가 간단하다.
③ 버너 용량이 큰 곳에 사용된다.
④ 바이메탈의 신축작용으로 화염 유무를 검출한다.

> 스택 스위치 : 연도에 설치하여 화염의 발광제를 이용한 검출기로 동작이 느려 대용량 보일러에 부적당하다.

17 3요소식 보일러 급수제어 방식에서 검출하는 3요소는?

① 수위, 증기유량, 급수유량
② 수위, 공기압, 수압
③ 수위, 연료량, 공기량
④ 수위, 연료량, 수압

> 3요소식 자동급수제어장치의 검출요소 : 수위, 증기량, 급수량

18 대형 보일러인 경우에 송풍기가 작동되지 않으면 전자밸브가 열리지 않고, 점화를 저지하는 인터록의 종류는?

① 저연소 인터록
② 압력초과 인터록
③ 프리퍼지 인터록
④ 불착화 인터록

🔍 프리 퍼지 인터록 : 점화전 통풍(프리 퍼지)으로 송풍기에 의해 작동

19 수위의 부력에 의한 플로트 위치에 따라 연결된 수은 스위치로 작동하는 형식으로, 중·소형보일러에 가장 많이 사용하는 저수위 경보장치의 형식은?

① 기계식 ② 전극식
③ 자석식 ④ 맥도널식

🔍 맥도널식(플로트식) : 수위 변화에 따른 부자의 변위에 의해 수은 스위치를 On-off로 작동시키는 저수위 경보장치

20 증기의 발생이 활발해지면 증기와 함께 물방울이 같이 비산하여 증기관으로 취출되는데, 이때 드럼 내에 증기 취출구에 부착하여 증기 속에 포함된 수분 취출을 방지해주는 관은?

① 워터실링관
② 주증기관
③ 베이퍼록 방지관
④ 비수방지관

🔍 비수방지관 : 증기관 입구에 설치하여 관의 위쪽에 설치된 여러 개의 소구경 구멍을 통해 프라이밍을 방지하여 수분과 증기를 분리하는 장치

21 증기의 과열도를 옳게 표현한 것은?

① 과열도 = 포화증기온도 − 과열증기온도
② 과열도 = 포화증기온도 − 압축수의 온도
③ 과열도 = 과열증기온도 − 압축수의 온도
④ 과열도 = 과열증기온도 − 포화증기온도

🔍 과열도 : 과열증기온도와 포화증기온도와의 차

22 어떤 액체 연료를 완전 연소시키기 위한 이론공기량이 10.5 Nm³/kg 이고, 공기비가 1.4 인 경우 실제 공기량은?

① 7.5 Nm³/kg   ② 11.9 Nm³/kg
③ 14.7 Nm³/kg ④ 16.0 Nm³/kg

🔍 실제 공기량
= 이론 공기량 + 과잉 공기량
= 공기비 × 이론 공기량
= 1.4 × 10.5 = 14.7 Nm³/kg

23 파형노통 보일러의 특징을 설명한 것으로 옳은 것은?

① 제작이 용이하다.
② 내·외면의 청소가 용이하다.
③ 평형노통 보다 전열면적이 크다.
④ 평형노통 보다 외압에 대하여 강도가 적다.

🔍 파형 노통 : 주름이 있는 노통으로 신축 조절이 용이하고, 전열면적이 넓고, 강도가 높다.

24 보일러에 과열기를 설치할 때 일어나는 장점으로 틀린 것은?

① 증기관 내의 마찰저항을 감소시킬 수 있다.
② 증기기관의 이론적 열효율을 높일 수 있다.
③ 같은 압력의 포화증기에 비해 보유열량이 많은 증기를 얻을 수 있다.
④ 연소가스의 저항으로 압력손실을 줄일 수 있다.

🔍 과열기 : 연소가스의 저항으로 압력손실이 크다.

25 슈트 블로워 사용 시 주의사항으로 틀린 것은?

① 부하가 50% 이하인 경우에 사용한다.
② 보일러 정지 시 슈트 블로워 작업을 하지 않는다.
③ 분출 시에는 유인 통풍을 증가시킨다.
④ 분출기 내의 응축수를 배출시킨 후 사용한다.

🔍 슈트 블로워 : 보일러 부하가 50% 이하인 경우나, 정지 시에는 사용하지 않는다.

26 후향 날개 형식으로 보일러의 압입송풍에 많이 사용되는 송풍기는?

① 다익형 송풍기
② 축류형 송풍기
③ 터보형 송풍기
④ 플레이트형 송풍기

🔍 원심 송풍기
• 터보형 : 후향날개 형식
• 다익형 : 전향날개 형식
• 플레이트형 : 방사날개 형식

27 연료의 가연성분이 아닌 것은?

① N ② C
③ H ④ S

🔍 연료 성분 중 가연성분 : C, H, S

28 효율이 82%인 보일러로 발열량 9800 kcal/kg의 연료를 15kg 연소시키는 경우의 손실열량은?

① 80360 kcal ② 32500 kcal
③ 26460 kcal ④ 120540 kcal

🔍 손실열량 = (1 − 효율)×입열
= (1 − 0.82)×15×9800 = 26460 kcal/h

29 보일러 연소용 공기조절장치 중 착화를 원활하게 하고 화염의 안정을 도모하는 장치는?

① 윈드박스(Wind Box)
② 보염기(Stabilizer)
③ 버너타일(Burner tile)
④ 플레임 아이(Flame eye)

🔍 보염기 : 공급 공기량을 조절하여 점화를 쉽게 하고 화염을 안정 시켜주는 장치.

30 증기난방 설비에서 배관 구배를 부여하는 가장 큰 이유는 무엇인가?

① 증기의 흐름을 빠르게 하기 위해서
② 응축수의 체류를 방지하기 위해서
③ 보일러수의 누수를 막기 위하여
④ 증기와 응축수의 흐름마찰을 줄이기 위해서

🔍 증기난방에서 배관에 구배를 주는 이유는 응축수의 체류를 방지하여 수격작용을 방지하고 마찰저항을 줄이기 위한 것이다.

31 보일러 배관 중에 신축이음을 하는 목적으로 가장 적합한 것은?

① 증기소의 이물질을 제거하기 위하여
② 열팽창에 의한 관의 파열을 막기 위하여
③ 보일러수의 누수를 막기 위하여
④ 증기속의 수분을 분리하기 위하여

🔍 열팽창에 의한 관의 신축을 조절하여 손상을 방지하기 위하여 신축이음을 한다.

32 팽창탱크에 대한 설명으로 옳은 것은?

① 개방식 팽창탱크는 주로 고온수 난방에서 사용한다.
② 팽창관에는 방열관에 부착하는 크기의 밸브를 설치한다.
③ 밀폐형 팽창탱크에는 수면계를 구비한다.
④ 밀폐형 팽창탱크는 개방식 팽창탱크에 비하여 적어도 된다.

🔍 팽창탱크 : 고온수 난방에는 밀폐식 팽창 탱크를 설치하며, 압력계, 방출밸브, 수위계, 압축공기주입관, 급수관, 배수관 등을 설치한다.

33 온수난방의 특징 중 틀린 것은?

① 실내 예열시간이 짧지만 쉽게 냉각되지 않는다.
② 난방부하 변동에 따른 온도조절이 쉽다.
③ 단독주택 또는 소규모 건물에 적용된다.
④ 보일러 취급이 비교적 쉽다.

🔍 온수난방 : 비열이 커서 예열시간이 길고, 식는 시간도 길어 쉽게 냉각되지 않는다.

34 다음 중 주형 방열기의 종류로 거리가 먼 것은?

① 1 주형
② 2 주형
③ 3 세주형
④ 5 세주형

🔍 주형 방열기의 종류 : 2 주형, 3 주형, 3 세주형, 5 세주형 등

35 보일러 점화 시 역화의 원인과 관계가 없는 것은?

① 착화가 지연될 경우
② 점화원을 사용할 경우
③ 프리퍼지가 부족할 경우
④ 연료 공급밸브를 급개하여 다량으로 분무한 경우

🔍 역화의 원인
 • 점화가 늦어졌을 때
 • 프리퍼지가 부족할 때
 • 연료의 인화점이 낮을 때
 • 공기보다 연료를 먼저 공급했을 때
 • 압입통풍이 너무 강할 때
 • 흡입통풍이 너무 부족할 때

36 압력계로 연결하는 증기관을 황동관이나 동관을 사용할 경우, 증기온도는 약 몇 ℃ 이하 인가?

① 210℃   ② 260℃
③ 310℃   ④ 360℃

🔍 사이폰 관
 • 증기온도 210℃ 이상 : 12.7mm 이상의 강관 사용
 • 증기온도 210℃ 이하 : 6.5mm 이상의 동관 사용

37 보일러를 비상 정지시키는 경우의 일반적인 조치사항으로 거리가 먼 것은?

① 압력을 자연히 떨어지게 기다린다.
② 주증기 스톱밸브를 열어 놓는다.
③ 연소공기의 공급을 멈춘다.
④ 연료 공급을 중단한다.

🔍 보일러 비상 정지 시 : 증기밸브를 닫고 캐리오버를 방지한다.

38 금속 특유의 복사열에 대한 특성을 이용한 대표적인 금속질 보온재는?

① 세라믹 화이버
② 실리카 화이버
③ 알루미늄 박
④ 규산칼슘

🔍 금속질 보온재 : 알루미늄 박으로 복사열의 반사특성을 이용 보온효과를 얻는다.

39 기포성 수지에 대한 설명으로 틀린 것은?

① 열전도율이 낮고 가볍다.
② 불에 잘 타며 보온성 및 보냉성은 좋지 않다.
③ 흡수성은 좋지 않으나 굽힘성은 풍부하다.
④ 합성수지 또는 고무질 재료를 사용하여 다공질 제품으로 만든 것이다.

🔍 기포성 수지 : 탄성이 있고 불에 잘 타지 않으며 보온성, 보냉성이 좋다.

40 온수 보일러의 순환펌프 설치 방법으로 옳은 것은?

① 순환펌프는 모터부분은 수평으로 설치한다.
② 순환펌프는 보일러 본체에 설치한다.
③ 순환펌프는 송수주관에 설치한다.
④ 공기빼기 장치가 없는 순환펌프는 체크밸브를 설치한다.

🔍 순환펌프 설치방법 : 보일러 입구, 환수 주관 끝 부분에 설치한다.

41 보일러 가동 시 매연 발생의 원인과 가장 거리가 먼 것은?

① 연소실 과열
② 연소실 용적의 과소
③ 연료 중의 불순물 혼입
④ 연소용 공기의 공급 부족

🔍 매연발생의 원인 : 노내 온도가 낮거나, 공기부족, 연소실이 협소할 때 등 불완전 연소가 발생할 경우

42 중유 연소시 보일러 저온부식의 방지대책으로 거리가 먼 것은?

① 저온의 전열면에 내식재료를 사용한다.
② 첨가제를 사용하여 황산가스의 노점을 높여준다.
③ 공기예열기 및 급수예열장치 등에 보호피막을 한다.
④ 배기가스 중의 산소함유량을 낮추어 아황산가스의 산화를 방지한다.

> 저온부식 방지 : 첨가제를 사용하여 황산가스의 노점을 낮춘다.

43 물의 온도가 393K를 초과하는 온수발생 보일러에는 크기가 몇 mm 이상인 안전밸브를 설치하여야 하는가?

① 5   ② 10
③ 15   ④ 20

> 온수온도 210℃(393K)를 초과하는 경우 관경 20mm 이상의 안전밸브를 설치하여야 한다.

44 보일러 부식에 관련된 설명 중 틀린 것은?

① 점식은 국부전지의 작용에 의해서 일어난다.
② 수용액 중에서 부식 문제를 일으키는 주요인은 용존산소, 용존가스 등이다.
③ 중유 연소 시 중유 중에 바나듐이 포함되어 있으면 바나듐 산화물에 의한 고온부식이 발생한다.
④ 가성취화는 고온에서 알칼리에 의한 부식 현상을 말하며, 보일러 내부 전체에 걸쳐 균일하게 발생한다.

> 가성취화 : 농축 알칼리에 의해 리벳 이음 부근에 발생하는 미세한 균열 현상

45 증기난방의 중력 환수식에서 단관식의 경우 배관 기울기로 적당한 것은?

① 1/100~1/200 정도의 순 기울기
② 1/200~1/300 정도의 순 기울기
③ 1/300~1/400 정도의 순 기울기
④ 1/400~1/500 정도의 순 기울기

> 배관의 경사도
> • 증기난방 : 1/200
> • 온수난방 : 1/250

46 보일러 용량 결정에 포함될 사항으로 거리가 먼 것은?

① 난방부하
② 급탕부하
③ 배관부하
④ 연료부하

> 온수보일러의 정격부하 = 난방부하+급탕부하+배관부하+예열부하

47 온수난방 배관에서 수평주관에 지름이 다른 관을 접속하여 연결할 때 적합한 관 이음쇠는?

① 유니온
② 편심 리듀서
③ 부싱
④ 니플

> 편심 리듀서 : 온수난방에서 수평주관에 지름이 다른 관을 접속하여 선 상향구배로 할 경우의 관 이음쇠로 공기의 체류를 방지하고, 온수의 순환을 좋게 하기 위해 사용한다.

48 온수순환 방식 의한 분류 중에서 순환이 자유롭고 신속하며, 방열기의 위치가 낮아도 순환이 가능한 방법은?

① 중력 순환식
② 강제 순환식
③ 단관식 순환식
④ 복관식 순환식

> 강제 순환식 : 순환펌프에 의한 순환방식으로 온수의 순환이 자유롭고 신속하다.

49 온수보일러 개방식 팽창탱크 설치시 주의사항으로 틀린 것은?

① 팽창탱크에는 상부에 통기구멍을 설치한다.
② 팽창탱크 내부의 수위를 알 수 있는 구조이어야 한다.
③ 탱크에 연결되는 팽창 흡수관은 팽창탱크 바닥면과 같게 배관해야 한다.
④ 팽창탱크의 높이는 최고 부위 방열관보다 1m 이상 높은 곳에 설치한다.

> 개방식 팽창탱크 : 팽창관은 팽창탱크와 연결 시 탱크 바닥면보다 25mm 이상 높게 접속한다.

50 열팽창에 의한 배관의 이동을 구속 또는 제한하는 배관 지지구인 레스트레인트(restraint)의 종류가 아닌 것은?

① 가이드　　② 앵커
③ 스토퍼　　④ 행거

> 레스트레인트의 종류로는 가이드, 앵커, 스토퍼가 있으며, 행거는 위에서 매달아 관을 지지하는 기구이다.

51 보통 온수식 난방에서 온수의 온도는?

① 65~70℃　　② 75~80℃
③ 85~90℃　　④ 95~100℃

> 온수온도 100℃ 이상을 고온수 난방, 100℃ 이하를 저온수 난방이라 하며, 보통 온수식 난방에서 온수의 온도는 85~90℃이다.

52 장시간 사용을 중지하고 있던 보일러의 점화 준비에서, 부속장치 조작 및 시동으로 틀린 것은?

① 댐퍼는 굴뚝에서 가까운 것부터 차례로 연다.
② 통풍장치의 댐퍼 개폐도가 적당한지 확인한다.
③ 흡입통풍기가 설치된 경우는 가볍게 운전한다.
④ 절탄기나 과열기에 바이패스가 설치된 경우는 바이패스 댐퍼를 닫는다.

> 절탄기나 과열기에 바이패스가 설치된 경우 : 바이패스 댐퍼를 먼저 열고 절탄기 내의 물의 흐름을 확인한다.

53 응축수 환수방식 중 중력환수 방식으로 환수가 불가능한 경우, 응축수를 별도의 응축수 탱크에 모으고 펌프 등을 이용하여 보일러에 급수를 행하는 방식은?

① 복관 환수식　　② 부력 환수식
③ 진공 환수식　　④ 기계 환수식

> 응축수 환수방법에는 중력 환수식, 기계 환수식, 진공 환수식 등이 있으며, 중력 환수식은 순환펌프가 없고, 기계 환수식에는 순환펌프가 있다.

54 무기질 보온재에 해당되는 것은?

① 암면　　② 펠트
③ 코르크　　④ 기포성 수지

> 유기질 보온재 : 펠트, 코르크, 기포성 수지

55 에너지이용 합리화법상 효율관리기자재의 에너지소비효율 등급 또는 에너지소비효율을 효율관리시험기관에서 측정 받아 해당 효율관리기자재에 표시하여야 하는 자는?

① 효율관리기자재의 제조업자 또는 시공업자
② 효율관리기자재의 제조업자 또는 수입업자
③ 효율관리기자재의 시공업자 또는 판매업자
④ 효율관리기자재의 시공업자 또는 수입업자

> 제조업자 또는 수입업자 : 효율관리시험기관에서 해당 효율관리기자재의 에너지 사용량을 측정받아 에너지소비효율등급 또는 에너지소비효율을 해당 효율관리기자재에 표시하여야 한다.

56 저탄소 녹색성장 기본법상 녹색성장위원회의 심의사항이 아닌 것은?

① 지방자치단체의 저탄소 녹색성장의 기본방향에 관한 사항
② 녹색성장국가전략의 수립·변경·시행에 관한 사항
③ 기후변화대응 기본계획, 에너지기본계획 및 지속가능발전 기본계획에 관한 사항
④ 저탄소 녹색성장을 위한 재원의 배분방향 및 효율적 사용에 관한 사항

🔍 녹색성장위원회의 심의사항
- 녹색성장국가전략의 수립·변경·시행에 관한 사항
- 기후변화대응 기본계획, 에너지기본계획 및 지속가능발전 기본계획에 관한 사항
- 저탄소 녹색성장을 위한 재원의 배분방향 및 효율적 사용에 관한 사항
- 저탄소 녹색성장과 관련된 국제협상·국제협력, 교육·홍보, 인력양성 및 기반구축 등에 관한 사항
- 저탄소 녹색성장과 관련된 기업 등의 고충조사, 처리, 시정권고 또는 의견표명

57 에너지법상 "에너지 사용자"의 정의로 옳은 것은?

① 에너지 보급 계획을 세우는 자
② 에너지를 생산, 수입하는 자
③ 에너지사용시설의 소유자 또는 관리자
④ 에너지를 저장, 판매하는 자

🔍
- 에너지사용자 : 에너지사용시설의 소유자 또는 관리자
- 에너지공급자 : 에너지를 생산·수입·전환·수송·저장 또는 판매하는 사업자

58 에너지이용 합리화법규상 냉난방온도제한 건물에 냉난방 제한온도를 적용할 때의 기준으로 옳은 것은? (단, 판매시설 및 공항의 경우는 제외한다)

① 냉방 : 24℃ 이상, 난방 : 18℃ 이하
② 냉방 : 24℃ 이상, 난방 : 20℃ 이하
③ 냉방 : 26℃ 이상, 난방 : 18℃ 이하
④ 냉방 : 26℃ 이상, 난방 : 20℃ 이하

🔍 냉난방온도의 제한온도 기준
- 냉방 : 26℃ 이상(판매시설 및 공항의 경우는 25℃ 이상)
- 난방 : 20℃ 이하

59 다음 ( )에 알맞은 것은?

에너지법령상 에너지 총조사는 (A)마다 실시하되, (B)이 필요하다고 인정할 때에는 간이조사를 실시할 수 있다.

① A : 2년, B : 행정안전부장관
② A : 2년, B : 교육부장관
③ A : 3년, B : 산업통상자원부장관
④ A : 3년, B : 고용노동부장관

🔍 에너지 총조사는 3년마다 실시하되, 산업통상자원부장관이 필요하다고 인정할 때에는 간이조사를 실시할 수 있다.

60 에너지이용 합리화법상 검사대상기기설치자가 시·도지사에게 신고하여야 하는 경우가 아닌 것은?

① 검사대상기기를 정비한 경우
② 검사대상기기를 폐기한 경우
③ 검사대상기기의 사용을 중지한 경우
④ 검사대상기기의 설치자가 변경된 경우

🔍 검사대상기기설치자는 검사대상기기를 폐기, 사용 중지, 설치자가 변경된 경우 15일 이내에 신고한다.

정답 2015년 3회

01 ③	02 ②	03 ③	04 ②	05 ②
06 ④	07 ④	08 ①	09 ①	10 ④
11 ④	12 ③	13 ①	14 ④	15 ①
16 ③	17 ①	18 ③	19 ④	20 ④
21 ④	22 ③	23 ③	24 ②	25 ①
26 ③	27 ①	28 ③	29 ②	30 ②
31 ②	32 ③	33 ①	34 ①	35 ②
36 ①	37 ②	38 ③	39 ①	40 ①
41 ①	42 ②	43 ④	44 ④	45 ①
46 ④	47 ②	48 ①	49 ③	50 ④
51 ③	52 ④	53 ④	54 ①	55 ②
56 ①	57 ③	58 ④	59 ③	60 ①

2015년 4회 기출문제

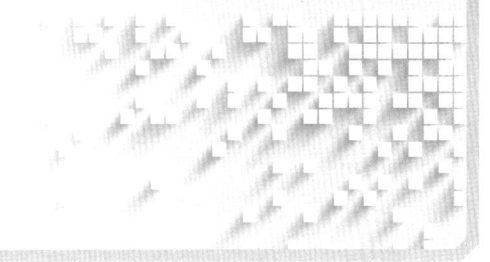

01 중유의 성상을 개선하기 위한 첨가제 중 분무를 순조롭게 하기 위하여 사용하는 것은?

① 연소촉진제　② 슬러지 분산제
③ 회분 개질제　④ 탈수제

🔍
- 연소촉진제 : 중유의 분무상태를 양호하게 하여 연소상태를 좋게 하기 위한 첨가제
- 슬러지 분산제 : 슬러지 생성을 방지하기 위해
- 회분 개질제 : 회분의 융점을 높여 고운부식을 방지하기 위해

02 천연가스의 비중이 약 0.64라고 표시되었을 때, 비중의 기준은?

① 물　② 공기
③ 배기가스　④ 수증기

🔍 비중
- 고체, 액체 : 물과 비교
- 기체 : 공기와 비교

03 30마력(ps)인 기관이 1시간 동안 행한 일량을 열량으로 환산하면 약 몇 kcal 인가?

① 14360　② 15240
③ 18970　④ 20402

🔍 1ps = 632.3 kcal/h이므로
30마력(ps) = 30×632.3 = 18969 kcal/h

04 프로판(propane) 가스의 연소식은 다음과 같다. 프로판 가스 10kg을 완전 연소시키는데 필요한 이론산소량은?

$$C_3H_8 + 5O_2 \rightarrow 3CO_2 + 4H_2O$$

① 약 11.6 Nm^3　② 약 13.8 Nm^3
③ 약 22.4 Nm^3　④ 약 25.5 Nm^3

🔍
C_3H_8 + $5O_2$ → $3CO_2$ + $4H_2O$
1kmol　　5kmol
44kg　　5×22.4Nm^3
1kg　　2.545Nm^3
∴10×2.545 = 25.45Nm^3

05 화염검출기 종류 중 화염의 이온화를 이용한 것으로 가스 점화 버너에 주로 사용하는 것은?

① 플레임 아이
② 스택스위치
③ 광도전 셀
④ 프레임 로드

🔍 화염검출기의 종류
- 플레임 아이 : 화염의 빛을 이용(발광체)
- 프레임 로드 : 화염의 이온화를 이용
- 스택스위치 : 화염의 열을 이용(발열체)

06 수위경보기의 종류 중 플로트의 위치변위에 따라 수은 스위치 또는 마이크로 스위치를 작동시켜 경보를 울리는 것은?

① 기계식 경보기
② 자석식 경보기
③ 전극식 경보기
④ 맥도널식 경보기

🔍 플로트식 = 부자식 = 맥도널식

07 보일러 열정산을 설명한 것으로 옳은 것은?

① 입열과 출열은 반드시 같아야 한다.
② 방열손실로 인하여 입열이 항상 크다.
③ 열효율 증대장치로 인하여 출열이 항상 크다.
④ 연소효율이 따라 입열과 출열은 다르다.

🔍 열정산 시 입열과 출열은 항상 같다.

08 보일러 액체연료 연소장치인 버너의 형식별 종류에 해당되지 않는 것은?

① 고압기류식
② 왕복식
③ 유압분무식
④ 회전식

> 액체연료(중유)의 버너 종류
> • 유압분무식 : 0.5~2MPa의 자체 유압을 이용하여 무화시키는 버너
> • 고압기류식 : 공기나 증기를 매체로 하여 무화시키는 버너
> • 회전분무식 : 분무컵의 회전을 이용하여 무화시키는 버너

09 매시간 425kg의 연료를 연소시켜 4800kg/h의 증기를 발생시키는 보일러의 효율은 약 얼마인가?(단, 연료의 발열량 : 9750 kcal/kg, 증기엔탈피 : 676 kcal/kg, 급수온도 : 20℃)

① 76% ② 81%
③ 85% ④ 90%

> $\eta = \dfrac{\text{실제 증발량} \times (\text{증기 엔탈피} - \text{급수 엔탈피})}{\text{연료 사용량} \times \text{연료 발열량}} \times 100$
> $= \dfrac{4800 \times (676-20)}{425 \times 9750} \times 100 = 75\%$

10 함진가스에 선회운동을 주어 분진입자에 작용하는 원심력에 의하여 입자를 분리하는 집진장치로 가장 적합한 것은?

① 백필터식 집진기
② 사이클론식 집진기
③ 전기식 집진기
④ 관성력식 집진기

> • 원심집진장치 : 사이클론식, 멀티클론식
> • 여과집진장치 : 백필터식
> • 전기식 집진장치 : 코트넬식

11 다음 중 1 보일러 마력에 대한 설명으로 옳은 것은?

① 0℃의 물 539kg을 1시간에 100℃의 증기로 바꿀 수 있는 능력이다.
② 100℃의 물 539kg을 1시간에 같은 온도의 증기로 바꿀 수 있는 능력이다.
③ 100℃의 물 15.65kg을 1시간에 같은 온도의 증기로 바꿀 수 있는 능력이다.
④ 0℃의 물 15.65kg을 1시간에 100℃의 증기로 바꿀 수 있는 능력이다.

> • 1 보일러 마력 : 시간당 15.65kg의 상당증발량을 발생하는 보일러 능력
> • 상당증발량 : 100℃의 포화수를 100℃의 건포화증기로 증발시키는 것을 기준으로 하여 환산한 것

12 연료성분 중 가연 성분이 아닌 것은?

① C
② H
③ S
④ O

> 연료성분 중 가연성분 : C, H, S

13 보일러 급수내관의 설치 위치로 옳은 것은?

① 보일러의 기준수위와 일치되게 설치한다.
② 보일러의 상용수위보다 50mm 정도 높게 설치한다.
③ 보일러의 안전저수위보다 50mm 정도 높게 설치한다.
④ 보일러의 안전저수위보다 50mm 정도 낮게 설치한다.

> 급수내관 : 보일러의 안전저수위보다 50mm 정도 낮게 설치한다.

14 보일러 배기가스의 자연 통풍력을 증가시키는 방법으로 틀린 것은?

① 연도의 길이를 짧게 한다.
② 배기가스 온도를 낮춘다.
③ 연돌의 높이를 증가시킨다.
④ 연돌의 단면적을 크게 한다.

> 자연 통풍력을 증가시키는 방법
> • 배기가스 온도를 높게 한다.
> • 연돌의 높이를 높게 한다.
> • 연돌의 단면적을 넓게 한다.
> • 연도의 길이를 짧게 한다.

15 증기의 건조도(χ) 설명이 옳은 것은?

① 습증기 전체 질량 중 액체가 차지하는 질량비를 말한다.
② 습증기 전체 질량 중 증기가 차지하는 질량비를 말한다.
③ 액체가 차지하는 전체 질량 중 습증기가 차지하는 질량비를 말한다.
④ 증기가 차지하는 전체 질량 중 습증기가 차지하는 질량비를 말한다.

🔍 건조도(χ) : 습증기 전체 질량 중 증기가 차지하는 질량비

16 다음 중 저양정식 안전밸브의 단면적 계산식은?

① $A = \dfrac{22 \cdot E}{1.03P+1}$
② $A = \dfrac{10 \cdot E}{1.03P+1}$
③ $A = \dfrac{5 \cdot E}{1.03P+1}$
④ $A = \dfrac{2.5 \cdot E}{1.03P+1}$

🔍 ① 저양정식, ② 고양정식, ③ 전양정식, ④ 전량식

17 입형 보일러에 대한 설명으로 거리가 먼 것은?

① 보일러 동을 수직으로 세워 설치한 것이다.
② 구조가 간단하고, 설비비가 적게 든다.
③ 내부청소 및 수리나 검사가 불편하다.
④ 열효율이 높고 부하능력이 크다.

🔍 입형 보일러 : 보유수량에 비해 전열면적이 적어 증발이 느리고 열효율이 낮다.

18 보일러용 가스버너 중 외부혼합식에 속하지 않는 것은?

① 파이럿 버너 ② 센터화이어형 버너
③ 링형 버너 ④ 멀티스폿형 버너

🔍 파이럿 버너 : 내부혼합식으로 점화용 버너

19 보일러 부속장치인 증기 과열기를 설치위치에 따라 분류할 때, 해당되지 않는 것은?

① 복사식
② 전도식
③ 접촉식
④ 복사접촉식

🔍 설치위치에 따른 과열기의 종류
• 복사식 : 연소실 내에 설치
• 접촉식 : 연도 내에 설치
• 복사접촉식 : 연소실과 연도 중간위치에 설치

20 가스 연소용 보일러의 안전장치가 아닌 것은?

① 가용마개 ② 화염 검출기
③ 이젝터 ④ 방폭문

🔍 이젝터 : 공기 분사 장치

21 보일러에서 제어해야할 요소에 해당되지 않는 것은?

① 급수제어
② 연소제어
③ 증기온도 제어
④ 전열면 제어

🔍 보일러 자동제어 : 자동연소제어, 급수제어, 증기온도제어 등

22 관류보일러의 특징에 대한 설명으로 틀린 것은?

① 철저한 급수처리가 필요하다.
② 임계압력 이상의 고압에 적당하다.
③ 순환비가 1이므로 드럼이 필요하다.
④ 증기의 가동발생 시간이 매우 짧다.

🔍 관류 보일러 : 드럼이 없어 순환비가 1인 초고압용 보일러

23 보일러 전열면 $1m^2$ 당 1시간에 발생되는 실제증발량은 무엇인가?

① 전열면의 증발율 ② 전열면의 출력
③ 전열면의 효율 ④ 상당증발 효율

🔍 전열면의 증발률 = 매시 실제증발량 / 전열면적
= 전열면 1m² 당 1시간에 발생되는 실제증발량

24 50kg의 -10℃ 얼음을 100℃의 증기로 만드는데 소요되는 열량은 몇 kcal 인가?(단, 물과 얼음의 비열은 각각 1 kcal/kg℃, 0.5 kcal/kg℃로 한다.)

① 36200
② 36450
③ 37200
④ 37450

🔍 소요열량 = 50×(0.5×10+80+1×100+539) = 36200kcal

25 피드 백 자동제어에서 동작신호를 받아서 제어계가 정해진 동작을 하는데 필요한 신호를 만들어 조작부로 보내는 부분은?

① 검출부
② 제어부
③ 비교부
④ 조절부

🔍 • 조절부 : 동작신호를 조작신호로 전환하여 조작부로 보내는 부분
• 조작부 : 조작신호를 조작량으로 전환하여 제어대상에 보내는 부분
• 검출부 : 설정값과 비교하기 위해 주피드백 신호를 만드는 부분

26 중유 보일러의 연소 보조 장치에 속하지 않는 것은?

① 여과기
② 인젝터
③ 화염검출기
④ 오일 프리히터

🔍 인젝터 : 증기압을 이용한 급수장치

27 보일러 분출의 목적으로 틀린 것은?

① 불순물로 인한 보일러수의 농축을 방지한다.
② 포밍이나 프라이밍의 생성을 좋게 한다.
③ 전열면에 스케일 생성을 방지한다.
④ 관수의 순환을 좋게 한다.

🔍 분출 : 관수의 농축을 방지하여 프라이밍, 포밍을 방지한다.

28 캐리오버로 인하여 나타날 수 있는 결과로 거리가 먼 것은?

① 수격작용
② 프라이밍
③ 열효율 저하
④ 배관의 부식

🔍 캐리오버 : 프라이밍, 포밍 등에 의해 발생증기 중에 물방울이 포함되어 송기되는 현상

29 입형 보일러의 특징으로 거리가 먼 것은?

① 보일러 효율이 높다.
② 수리나 검사가 불편하다.
③ 구조 및 설치가 간단하다.
④ 전열면적이 적고 소용량이다.

🔍 입형 보일러 : 전열면적이 적어 증발량이 적고 열효율이 낮다.

30 기름연소 보일러의 점화시 역화 원인에 해당되지 않는 것은?

① 연도의 개도가 너무 좁은 경우
② 착화지연 시간이 너무 길 경우
③ 연료의 공급밸브를 필요이상 급개 하여 다량으로 분무한 경우
④ 점화원을 가동하기 전에 연료를 분무해 버린 경우

31 관속에 흐르는 유체의 종류를 나타내는 기호 중 증기를 나타내는 것은?

① S
② W
③ O
④ A

🔍 S 증기, W 물, O 기름, A 공기

32 보일러 청관제 중 보일러수의 연화제로 사용되지 않는 것은?

① 수산화나트륨
② 탄산나트륨
③ 인산나트륨
④ 황산나트륨

🔍 연화제 : 탄산나트륨, 인산나트륨, 수산화나트륨 등

33 어떤 방의 온수난방에서 소요되는 열량이 시간당 21000 kcal 이고, 송수온도가 85℃ 이며, 환수온도가 25℃ 라면, 온수의 순환량은?

① 324 kg/h
② 350 kg/h
③ 398 kg/h
④ 423 kg/h

🔍 난방부하 = 난방수량×난방수 비열×(송수온도−환수온도)
∴ 온수 순환량 = $\frac{21000}{1 \times (85-25)}$ = 350kg/h

34 보일러에 사용되는 안전밸브 및 압력방출장치 크기를 20A 이상으로 할 수 있는 보일러가 아닌 것은?

① 소용량 강철제 보일러
② 최대 증발량 5t/h 이하의 관류 보일러
③ 최고사용압력 1MPa(10kgf/cm²) 이하의 보일러로 전열면적 5m² 이하의 것
④ 최고사용압력 0.1MPa(1kgf/cm²) 이하의 보일러

🔍 관경을 20A 이상으로 할 수 있는 경우 : 최고사용압력 0.5MPa(5kgf/cm²) 이하의 보일러로 전열면적 2m² 이하의 것

35 배관계의 식별표시는 물질의 종류에 따라 달리한다. 물질과 식별색의 연결이 틀린 것은?

① 물 : 파랑
② 기름 : 연한 주황
③ 증기 : 어두운 빨강
④ 가스 : 연한 노랑

🔍 물 : 파랑, 증기 : 빨강, 공기 : 백색, 가스 : 노랑, 기름 : 주황, 전기 : 연주황

36 다음 보온재 중 안전사용온도가 가장 낮은 것은?

① 우모펠트
② 암면
③ 석면
④ 규조토

🔍 보온재의 안전사용온도
• 우모펠트 : 100℃
• 암면 : 400~500℃
• 석면 : 400~500℃
• 규조토 : 400~500℃

37 주증기관에서 증기의 건도를 향상 시키는 방법으로 적당하지 않은 것은?

① 가압하여 증기의 압력을 높인다.
② 드레인 포켓을 설치한다.
③ 증기 공간 내에 공기를 제거 한다.
④ 기수분리기를 사용한다.

🔍 감압하여 증기의 압력을 낮출 경우 : 증기의 건도가 향상되고, 증발잠열이 증가하여 에너지 절감 효과를 얻을 수 있다.

38 보일러 기수공발(carry over)의 원인이 아닌 것은?

① 보일러의 증발능력에 비하여 보일러수의 표면적이 너무 넓다.
② 보일러의 수위가 높아지거나 송기시 증기밸브를 급개 하였다
③ 보일러수 중의 가성소다, 인산소다, 유지분 등의 함유비율이 많았다.
④ 부유 고형물이나 용해 고형물이 많이 존재 하였다.

🔍 보일러수의 표면적이 넓으면 수위의 안정으로 프라이밍, 포밍을 방지할 수 있다.

39 동관의 끝을 나팔 모양으로 만드는데 사용하는 공구는?

① 사이징 툴
② 익스팬더
③ 플레어링 툴
④ 파이프 커터

- 동관용 공구
  - 사이징 툴 : 동관 끝을 원형으로 정형하는 공구
  - 익스팬더 : 동관 끝을 소켓용으로 확관시키는 공구
  - 플레어링 툴 : 동관의 끝을 나팔 모양으로 만드는데 사용하는 공구

40 보일러 분출 시의 유의사항 중 틀린 것은?

① 분출 도중 다른 작업을 하지 말 것
② 안전저수면 이하로 분출하지 말 것
③ 2대 이상의 보일러를 동시에 분출하지 말 것
④ 계속 운전 중인 보일러는 부하가 가장 클 때 할 것

- 분출 : 계속 운전 중인 보일러는 부하가 가장 가벼울 때 실시한다.

41 난방부하 계산 시 고려해야 할 사항으로 거리가 먼 것은?

① 유리창 및 창문의 크기
② 현관 등의 공간
③ 연료의 발열량
④ 건물의 위치

- 난방부하 = 벽체의 열관류율×벽체의 면적×(실내온도 − 외기온도)×방위계수(kcal/h)

42 보일러에서 수압시험을 하는 목적으로 틀린 것은?

① 분출 증기압력을 측정하기 위하여
② 각 종 덮개를 장치한 후 기밀도를 확인하기 위하여
③ 수리한 경우 그 부분의 강도나 이상 유무를 판단하기 위하여
④ 구조상 내부검사를 하기 어려운 곳에는 그 상태를 판단하기 위하여

- 수압시험은 이음부의 기밀도 및 이상 유무를 판단하기 위하여 시행한다.

43 온수난방법 중 고온수 난방에 사용되는 온수의 온도는?

① 100℃ 이상
② 80℃~90℃
③ 60℃~70℃
④ 40℃~60℃

- 온수온도 100℃ 이상을 고온수 난방, 100℃ 이하를 저온수 난방이라 하며, 보통 온수식 난방에서 온수의 온도는 85~90℃이다.

44 온수방열기의 공기빼기 밸브의 위치로 적당한 것은?

① 방열기 상부
② 방열기 중부
③ 방열기 하부
④ 방열기 최하단부

- 공기 빼기밸브 : 방열기 출구 상단에 설치하여 공기를 방출하여 온수의 흐름을 좋게 한다.

45 관의 방향을 바꾸거나 분기할 때 사용되는 이음쇠가 아닌 것은?

① 벤드
② 크로스
③ 엘보
④ 니플

- 니플 : 동일 직경의 관을 직선이음에 사용하는 관 이음쇠

46 보일러 운전이 끝난 후 노내와 연도에 체류하고 있는 가연성 가스를 배출시키는 작업은?

① 페일 세이프(fail safe)
② 풀 프루프(fool proof)
③ 포스트 퍼지(post-purge)
④ 프리 퍼지(pre-purge)

- 포스트 퍼지 : 작업 종료(소화) 후 통풍
- 프리퍼지 : 점화 전 통풍

47 온도 조절식 트랩으로 응축수와 함께 저온의 공기도 통과시키는 특성이 있으며, 진공 환수식 증기배관의 방열기 트랩이나 관말트랩으로 사용되는 것은?

① 버킷 트랩
② 열동식 트랩
③ 플로트 트랩
④ 매니폴드 트랩

- 열동식 트랩 : 온도조절을 이용하는 벨로즈로 방열기트랩으로 주로 사용

48 온수난방의 특징에 대한 설명으로 틀린 것은?

① 실내의 쾌감도가 좋다.
② 온도 조절이 용이하다.
③ 화상의 우려가 적다.
④ 예열시간이 짧다.

🔍 온수난방 : 비열이 크므로 예열시간이 길고 식는 시간도 길다.

49 고온 배관용 탄소 강관의 KS 기호는?

① SPHT
② SPLT
③ SPPS
④ SPA

🔍
- SPLT : 저온 배관용 탄소강관
- SPPS : 압력 배관용 탄소강관
- SPA : 배관용 합금 강관

50 보일러 수위에 대한 설명으로 옳은 것은?

① 항상 상용수위를 유지한다.
② 증기 사용량이 적을 때는 수위를 높게 유지한다.
③ 증기 사용량이 많을 때는 수위를 얕게 유지한다.
④ 증기 압력이 높을 때는 수위를 높게 유지한다.

🔍 상용수위 : 보일러 운전 중 유지하는 수위로 수면계의 1/2 위치

51 급수펌프에서 송출량이 $10m^3/min$ 이고, 전양정이 8m 일 때, 펌프의 소요마력은?(단, 펌프의 효율은 75% 이다)

① 15.6 PS
② 17.8 PS
③ 23.7 PS
④ 31.6 PS

🔍 $ps = \dfrac{\gamma \cdot Q \cdot H}{75 \times \eta} = \dfrac{1000 \times 10 \times 8}{75 \times 60 \times 0.75} = 23.7ps$

52 증기난방 배관에 대한 설명 중 옳은 것은?

① 건식환수식이란 환수주관이 보일러의 표준수위보다 낮은 위치에 배관되고, 응축수가 환수주관의 하부를 따라 흐르는 것을 말한다.
② 습식환수식이란 환수주관이 보일러의 표준수위보다 높은 위치에 배관되는 것은 말한다.
③ 건식 환수식에서는 증기트랩을 설치하고, 습식환수식에서는 공기빼기 밸브나 에어포켓을 설치한다.
④ 단관식 배관은 복관식 배관보다 배관의 길이가 길고 관경이 작다.

🔍 환수관의 접속방법에 따른 분류
- 건식환수식 : 환수주관이 보일러의 표준수위보다 높은 위치에 배관되고, 증기트랩을 설치하여 응축수를 배출한다.
- 습식환수식 : 환수주관이 보일러의 표준수위보다 낮은 위치에 배관되고, 드레인 밸브를 설치한다.

53 사용 중인 보일러의 점화 전 주의사항으로 틀린 것은?

① 연료계통을 점검한다.
② 각 밸브의 개폐 상태를 확인한다.
③ 댐퍼를 닫고 프리퍼지를 한다.
④ 수면계 수위를 확인한다.

🔍 프리퍼지 : 댐퍼를 열고 점화하기 전 실시하는 통풍

54 다음 중 보일러의 안전장치에 해당되지 않는 것은?

① 방출밸브
② 방폭문
③ 화염검출기
④ 감압밸브

🔍 감압밸브 : 고압의 증기를 저압으로 낮추어 저압측의 압력을 일정하게 유지하는 송기장치

55 에너지이용 합리화법에 따른 열사용기자재 중 소형온수 보일러의 적용범위로 옳은 것은?

① 전열면적 $24m^2$ 이하이며, 최고사용압력이 0.5MPa 이하의 온수를 발생하는 보일러
② 전열면적 $14m^2$ 이하이며, 최고사용압력이 0.35MPa 이하의 온수를 발생하는 보일러

③ 전열면적 20m² 이하인 온수 보일러
④ 최고사용압력이 0.8MPa 이하의 온수를 발생하는 보일러

> 소형온수 보일러 : 전열면적 14m² 이하로, 최고사용압력이 0.35MPa 이하의 온수 보일러

56 에너지이용 합리화법상 목표에너지원 단위란?

① 에너지를 사용하여 만드는 제품의 종류별 연간 에너지사용목표량
② 에너지를 사용하여 만드는 제품의 단위당 에너지사용목표량
③ 건축물의 총 면적당 에너지사용목표량
④ 자동차 등의 단위연료 당 목표주행거리

> 목표에너지원 단위 : 에너지를 사용하여 만드는 제품의 단위당 에너지 사용목표량으로 산업통상자원부장관이 수립한다.

57 저탄소 녹색성장 기본법령상 관리업체는 해당 연도 온실가스 배출량 및 에너지 소비량에 관한 명세서를 작성하고, 이에 대한 관장기관에게 전자적 방식으로 언제까지 제출하여야 하는가?

① 해당연도 12월 31일 까지
② 해당연도 1월 31일 까지
③ 해당연도 3월 31일 까지
④ 해당연도 6월 30일 까지

> 온실가스 배출량 및 에너지 소비량 명세서 : 해당연도 3월 31일 까지 관장기관에게 제출

58 에너지이용 합리화법 시행령에서 에너지다소비사업자라 함은 연료·열 및 전력의 연간 사용량 합계가 얼마 이상인 경우인가?

① 5백 티오이   ② 1천 티오이
③ 1천5백 티오이   ④ 2천 티오이

> 에너지다소비 사업자 : 연료·열 및 전력의 연간 사용량 합계가 2천 티오이 이상인 에너지사용자

59 에너지이용 합리화법상 에너지소비효율 등급 또는 에너지 소비효율을 해당 효율관리기자재에 표시할 수 있도록 효율관리 기자재의 에너지 사용량을 측정하는 기관은?

① 효율관리 진단기관   ② 효율관리 전문기관
③ 효율관리 표준기관   ④ 효율관리 시험기관

> 효율관리 기자재의 에너지 사용량 측정기관 : 산업통상자원부장관이 지정하는 효율관리 시험기관

60 에너지이용 합리화법상 법을 위반하여 검사대상기기 관리자를 선임하지 아니한 자에 대한 벌칙 기준으로 옳은 것은?

① 2년 이하의 징역 또는 2천만원 이하의 벌금
② 2천만원 이하의 벌금
③ 1천만원 이하의 벌금
④ 500만원 이하의 벌금

> · 검사대상기기관리자를 선임하지 아니한 경우 : 1천만원 이하의 벌금
> · 기준미달 기자재의 생산 및 판매금지 위반 : 2천만원 이하의 벌금
> · 에너지 저장의무를 정당한 사유 없이 이행 하지 아니한 경우 : 2년 이하의 징역 또는 2천만원 이하의 벌금

정답 2015년 4회

01 ①	02 ②	03 ③	04 ④	05 ④
06 ④	07 ①	08 ②	09 ①	10 ②
11 ③	12 ④	13 ④	14 ②	15 ②
16 ①	17 ④	18 ①	19 ②	20 ③
21 ④	22 ③	23 ①	24 ②	25 ④
26 ②	27 ②	28 ②	29 ①	30 ①
31 ①	32 ④	33 ②	34 ③	35 ②
36 ①	37 ①	38 ①	39 ①	40 ④
41 ③	42 ①	43 ①	44 ①	45 ④
46 ③	47 ②	48 ④	49 ①	50 ①
51 ③	52 ③	53 ①	54 ④	55 ②
56 ②	57 ③	58 ④	59 ④	60 ③

2016년 1회 기출문제

01 증기트랩이 갖추어야 할 조건에 대한 설명으로 틀린 것은?

① 마찰저항이 클 것
② 동작이 확실할 것
③ 내식, 내마모성이 있을 것
④ 응축수를 연속적으로 배출할 수 있을 것

🔍 증기트랩 : 마찰저항이 적고 동작이 확실하고 내식, 내마모성일 것

02 보일러의 수위제어 검출방식의 종류로 가장 거리가 먼 것은?

① 피스톤식   ② 전극식
③ 플로트식   ④ 열팽창관식

🔍 수위검출방식(저수위경보기)의 종류 : 플로트식(부자식), 전극식, 열팽창식, 차압식

03 중유의 첨가제 중 슬러지의 생성방지제 역할을 하는 것은?

① 회분개질제   ② 탈수제
③ 연소촉진제   ④ 안정제

🔍 안정제(슬러지의 생성방지제)
• 회분개질제 : 회분의 융점을 높혀 고온부식을 방지
• 탈수제 : 수분을 분리 제거
• 연소촉진제 : 분무상태를 양호하게 하기 위해

04 일반적으로 보일러의 상용수위는 수면계의 어느 위치와 일치시키는가?

① 수면계의 최상단부
② 수면계의 2/3위치
③ 수면계의 1/2위치
④ 수면계의 최하단부

🔍 • 보일러의 상용수위 : 수면계의 1/2
• 안전저수면 : 수면계의 유리판 하단부

05 다음은 증기보일러를 성능시험하고 결과를 산출하였다. 보일러 효율은?

• 급수온도 : 20℃
• 연료의 저위 발열량 : 10000kcal/Nm³
• 발생증기의 엔탈피 : 650kcal/kg
• 연료 사용량 : 75kg/h
• 증기 발생량 : 1000kg/h

① 78%   ② 80%
③ 82%   ④ 84%

🔍 $\eta = \dfrac{1000 \times (650-20)}{75 \times 10000} \times 100 = 84\%$

06 어떤 물질 500kg을 20℃에서 50℃로 올리는데 3000kcal의 열량이 필요하였다. 이 물질의 비열은?

① 0.1 kcal/kg·℃
② 0.2 kcal/kg·℃
③ 0.3 kcal/kg·℃
④ 0.4 kcal/kg·℃

🔍 비열 = $\dfrac{kcal}{kg \cdot ℃} = \dfrac{3000}{500 \times (50-20)} = 0.2$

07 동작유체의 상태변화에서 에너지의 이동이 없는 변화는?

① 등온변화   ② 정적변화
③ 정압변화   ④ 단열변화

🔍 단열변화 : 에너지의 이동이 없는 변화

08 보일러 유류연료 연소 시에 가스폭발이 발생하는 원인이 아닌 것은?

① 연소 도중에 실화되었을 때
② 프리퍼지 시간이 너무 길어졌을 때
③ 소화 후에 연료가 흘러들어 갔을 때
④ 점화가 잘 안되는데 계속 급유했을 때

> 프리퍼지 시간이 짧으면 노내폭발 및 역화가 일어나고, 너무 길면 연소실이 냉각된다.

09 보일러 연소장치와 가장 거리가 먼 것은?

① 스테이
② 버너
③ 연도
④ 화격자

> 스테이 : 압력에 약한 경판 등을 보강하기 위한 보강재

10 보일러 1마력에 대한 표시로 옳은 것은?

① 전열면적 10 m^2
② 상당증발량 15.65 kg/h
③ 전열면적 8 ft^2
④ 상당증발량 30.6 lb/h

> 1보일러 마력
> • 상당증발량 : 15.65 kg/h
> • 열량 : 8435 kcal/h

11 보일러 드럼 없이 초임계 압력 이상에서 고압증기를 발생시키는 보일러는?

① 복사 보일러
② 관류 보일러
③ 수관 보일러
④ 노통연관 보일러

> 관류 보일러 : 드럼 없이 관만으로 구성된 초고압용 보일러

12 과열증기에서 과열도는 무엇인가?

① 과열증기의 압력과 포화증기의 압력 차이다.
② 과열증기온도와 포화증기온도와의 차이다.
③ 과열증기온도에 증발열을 합한 것이다.
④ 과열증기온도에 증발열을 뺀 것이다.

> 과열도 : 과열증기온도와 포화증기온도와의 차

13 절탄기에 대한 설명으로 옳은 것은?

① 연소용 공기를 예열하는 장치이다.
② 보일러의 급수를 예열하는 장치이다.
③ 보일러용 연료를 예열하는 장치이다.
④ 연소용 공기와 보일러 급수를 예열하는 장치이다.

> 절탄기 : 연도에 설치하여 배기가스의 손실 열을 이용하여 급수를 예열하는 장치

14 왕복동식 펌프가 아닌 것은?

① 플런저 펌프
② 피스톤 펌프
③ 터빈 펌프
④ 다이어프램 펌프

> 터빈 펌프 : 안내 깃이 있는 원심펌프

15 수위 자동제어 장치에서 수위와 증기유량을 동시에 검출하여 급수밸브의 개도가 조절되도록 한 제어방식은?

① 단요소식
② 2요소식
③ 3요소식
④ 모듈식

> • 단요소식 : 수위를 검출
> • 2요소식 : 수위와 증기량을 검출
> • 3요소식 : 수위, 증기량과 급수량을 검출

16 세정식 집진장치 중 하나인 회전식 집진장치의 특징에 관한 설명으로 가장 거리가 먼 것은?

① 구조가 대체로 간단하고 조작이 쉽다.
② 급수 배관을 따로 설치할 필요가 없으므로 설치공간이 적게 든다.
③ 집진물을 회수할 때 탈수, 여과, 건조 등을 수행할 수 있는 별도의 장치가 필요하다.
④ 비교적 큰 압력손실을 견딜 수 있다.

🔍 회전식 : 습식(세정식)이므로 급수배관을 설치하여 탈수, 여과, 건조 등의 별도의 장치가 필요하다.

17 보일러 사용 시 이상 저수위의 원인이 아닌 것은?

① 증기 취출량이 과대한 경우
② 보일러 연결부에서 누출이 되는 경우
③ 급수장치가 증발능력에 비해 과소한 경우
④ 급수탱크 내 급수량이 많은 경우

🔍 이상 저수위의 원인 : 급수탱크 내 급수량이 부족한 경우

18 자동제어의 신호전달 방법에서 공기압식의 특징으로 옳은 것은?

① 전송 시 시간지연이 생긴다.
② 배관이 용이하지 않고 보존이 어렵다.
③ 신호전달 거리가 유압식에 비하여 길다.
④ 온도제어 등에 적합하고 화재의 위험이 많다.

🔍 공기압식 : 신호전달 거리가 유압식에 비하여 짧고, 전송 시 시간지연이 생긴다.

19 자연통풍 방식에서 통풍력이 증가되는 경우가 아닌 것은?

① 연돌의 높이가 낮은 경우
② 연돌의 단면적이 큰 경우
③ 연도의 굴곡수가 적은 경우
④ 배기가스의 온도가 높은 경우

🔍 통풍력이 증가되는 경우 : 연돌의 높이가 높은 경우

20 가스용 보일러 설비 주위에 설치해야 할 계측기 및 안전장치와 무관한 것은?

① 급기 가스 온도계
② 가스 사용량 측정 유량계
③ 연료 공급 자동차단장치
④ 가스 누설 자동차단장치

🔍 배기가스 온도계 설치 : 전열면 최종 출구

21 어떤 보일러의 증발량이 40t/h이고, 보일러 본체의 전열면적이 580m²일 때 이 보일러의 증발률은?

① $14 kg/m^2 \cdot h$
② $44 kg/m^2 \cdot h$
③ $57 kg/m^2 \cdot h$
④ $69 kg/m^2 \cdot h$

🔍 보일러의 증발률 = $\dfrac{\text{매시 실제 증발량}}{\text{전열면적}}$
= $\dfrac{40000}{580}$ = 68.8

22 연소 시 공기비가 작을 때 나타나는 현상으로 틀린 것은?

① 불완전연소가 되기 쉽다.
② 미연소가스에 의한 가스 폭발이 일어나기 쉽다.
③ 미연소가스에 의한 열손실이 증가될 수 있다.
④ 배기가스 중 NO 및 NO_2의 발생량이 많아진다.

🔍 공기비가 작을 때 = 배기가스 중 O_2 및 NO_2의 발생량이 적어진다.

23 제어장치에서 인터록(inter lock)이란?

① 정해진 순서에 따라 차례로 동작이 진행되는 것
② 구비조건에 맞지 않을 때 작동을 정지시키는 것
③ 증기압력의 연료량, 공기량을 조절하는 것
④ 제어량과 목표치를 비교하여 동작시키는 것

🔍 ① 시퀀스 제어, ④ 피드백 제어

24 액체 연료의 주요 성상으로 가장 거리가 먼 것은?

① 비중　　② 점도
③ 부피　　④ 인화점

🔍 부피 : 연료의 측정량을 나타내는 것

25 연소가스 성분 중 인체에 미치는 독성이 가장 적은 것은?

① SO_2　　② NO_2
③ CO_2　　④ CO

26 열정산의 방법에서 입열 항목에 속하지 않는 것은?

① 발생증기의 흡수열
② 연료의 연소열
③ 연료의 현열
④ 공기의 현열

🔍 발생증기의 흡수열 : 출열 중 유효열

27 증기과열기의 열 가스 흐름방식 분류 중 증기와 연소가스의 흐름이 반대방향으로 지나면서 열교환이 되는 방식은?

① 병류형
② 혼류형
③ 향류형
④ 복사대류형

🔍 연소가스의 흐름에 따른 종류
• 병류형 : 증기와 연소가스의 흐름이 동일방향으로 접촉
• 향류형 : 증기와 연소가스의 흐름이 반대방향으로 접촉
• 혼류형 : 병류형 + 향류형

28 유류용 온수보일러에서 버너가 정지하고 리셋버튼이 돌출하는 경우는?

① 연통의 길이가 너무 길다.
② 연소용 공기량이 부적당하다.
③ 오일 배관 내의 공기가 빠지지 않고 있다.
④ 실내 온도조절기의 설정온도가 실내 온도보다 낮다.

29 다음 열효율 증대장치 중에서 고온부식이 잘 일어나는 장치는?

① 공기예열기　　② 과열기
③ 증발전열면　　④ 절탄기

🔍 • 과열기 : 연소실에 주로 설치되어 고온의 연소열을 이용하므로 고온부식이 발생한다.
• 절탄기, 공기예열기 : 연도에 설치하여 배기가스온도를 낮게 하여 저온부식이 발생한다.

30 증기보일러의 기타 부속장치가 아닌 것은?

① 비수방지관
② 기수분리기
③ 팽창탱크
④ 급수내관

🔍 팽창탱크 : 온수보일러의 팽창수를 저장하는 안전장치

31 온수난방에서 방열기내 온수의 평균온도가 82℃, 실내온도가 18℃이고, 방열기의 방열계수가 6.8kcal/$m^2 \cdot h \cdot ℃$인 경우 방열기의 방열량은?

① 650.9kcal/$m^2 \cdot h$
② 557.6kcal/$m^2 \cdot h$
③ 450.7kcal/$m^2 \cdot h$
④ 435.2kcal/$m^2 \cdot h$

🔍 방열량 = 6.8×(82−18) = 435.2

32 증기난방에서 저압증기 환수관이 진공펌프의 흡입구보다 낮은 위치에 있을 때 응축수를 원활히 끌어올리기 위해 설치하는 것은?

① 하트포드 접속(hartford connection)
② 플래시 레그(flash leg)
③ 리프트 피팅(lift fitting)
④ 냉각관(cooling leg)

🔍 • 리프트 피팅 : 진공환수식에서 환수주관 보다 높게 분기하여 펌프를 설치하여 적은 힘으로 응축수를 끌어올리기 위한 배관방식
• 1단 높이 : 1.5m 이내

33 온수보일러에 팽창탱크를 설치하는 주된 이유로 옳은 것은?

① 물의 온도 상승에 따른 체적팽창에 의한 보일러의 파손을 막기 위한 것이다.
② 배관 중의 이물질을 제거하여 연료의 흐름을 원활히 하기 위한 것이다.
③ 온수 순환펌프에 의한 맥동 및 캐비테이션을 방지하기 위한 것이다.
④ 보일러, 배관, 방열기 내에 발생한 스케일 및 슬러지를 제거하기 위한 것이다.

🔍 팽창탱크 : 물의 온도 상승에 따른 체적팽창압력을 흡수, 완화하고 부족수를 보충 급수하기 위해 설치

34 포밍, 플라이밍의 방지 대책으로 부적합한 것은?

① 정상 수위로 운전할 것
② 급격한 과연소를 하지 않을 것
③ 주증기 밸브를 천천히 개방할 것
④ 수저 또는 수면 분출을 하지 말 것

🔍 포밍, 플라이밍의 원인 및 방지 : 관수의 농축에 의한 현상이므로 분출을 하여 농축을 방지한다.

35 보일러 급수처리 방법 중 5000ppm 이하의 고형물 농도에서는 비경제적이므로 사용하지 않고, 선박용 보일러에 사용하는 급수를 얻을 때 주로 사용하는 방법은?

① 증류법   ② 가열법
③ 여과법   ④ 이온교환법

🔍 증류법 : 증발기로 물을 증류하여 용존 고형물을 처리하는 방법으로 5000ppm 이하의 고형물 농도에서는 비경제적이므로 사용하지 않는다.

36 보일러 설치·시공 기준상 유류보일러의 용량이 시간당 몇 톤 이상이면 공급 연료량에 따라 연소용 공기를 자동 조절하는 기능이 있어야 하는가?(단, 난방 보일러인 경우이다.)

① 1t/h   ② 3t/h
③ 5t/h   ④ 10t/h

🔍 공기량 자동조절기능 : 용량 5t/h(난방전용은 10t/h)이상의 유류보일러에 설치

37 온도 25℃의 급수를 공급받아 엔탈피가 725kcal/kg의 증기를 1시간당 2310kg을 발생시키는 보일러의 상당 증발량은?

① 1500kg/h
② 3000kg/h
③ 4500kg/h
④ 6000kg/h

🔍 상당증발량 = $\dfrac{2310 \times (725-25)}{539}$ = 3000

38 다음 중 가스관의 누설검사 시 사용하는 물질로 가장 적합한 것은?

① 소금물   ② 증류수
③ 비눗물   ④ 기름

🔍 가스누설 시험 : 비눗물을 사용

39 중력순환식 온수난방법에 관한 설명으로 틀린 것은?

① 소규모 주택에 이용된다.
② 온수의 밀도차에 의해 온수가 순환한다.
③ 자연순환이므로 관경을 작게 하여도 된다.
④ 보일러는 최하위 방열기보다 더 낮은 곳에 설치한다.

🔍 자연(중력)순환식 : 관경을 작게 하면 마찰 저항이 증가하여 물 순환이 나빠진다.

40 보일러를 장기간 사용하지 않고 보존하는 방법으로 가장 적당한 것은?

① 물을 가득 채워 보존한다.
② 배수하고 물이 없는 상태로 보존한다.
③ 1개월에 1회씩 급수를 공급 교환한다.
④ 건조 후 생석회 등을 넣고 밀봉하여 보존한다.

🔍 장기보존 : 석회밀폐건조법, 질소가스봉입법, 소다만수보존법 등

41 진공환수식 증기 난방장치의 리프트 이음 시 1단 흡상 높이는 최고 몇 m 이하로 하는가?

① 1.0　　② 1.5
③ 2.0　　④ 2.5

> 리프트 이음 시 1단 높이는 1.5m 이내로 3단까지 가능하다.

42 보일러드럼 및 대형헤더가 없고 지름이 작은 전열관을 사용하는 관류보일러의 순환비는?

① 4　　② 3
③ 2　　④ 1

> • 관류보일러 : 순환비가 1인 보일러로 벤슨 보일러와 슐처 보일러가 있다.
> • 순환비 = 순환수량/발생증기량

43 연료의 연소 시, 이론 공기량에 대한 실제공기량의 비 즉, 공기비(m)의 일반적인 값으로 옳은 것은?

① m = 1
② m < 1
③ m < 0
④ m > 1

> • 공기비(m) = 실제공기량/이론공기량
> • m < 1 이면 : 공기부족으로 불완전연소를 초래

44 가스보일러에서 가스폭발의 예방을 위한 유의사항으로 틀린 것은?

① 가스압력이 적당하고 안정되어 있는지 점검한다.
② 화로 및 굴뚝의 통풍, 환기를 완벽하게 하는 것이 필요하다.
③ 점화용 가스의 종류는 가급적 화력이 낮은 것을 사용한다.
④ 착화 후 연소가 불안정할 때는 즉시 가스공급을 중단한다.

> 점화 : 화력이 강한 것으로 빠르게 해야 한다.

45 온수난방설비에서 온수, 온도차에 의한 비중력차로 순환하는 방식으로 단독주택이나 소규모 난방에 사용되는 난방방식은?

① 강제순환식 난방
② 하향순환식 난방
③ 자연순환식 난방
④ 상향순환식 난방

> 자연순환식 난방 : 순환펌프 없이 비중량 차(대류현상)를 이용한 소규모 난방

46 압축기 진동과 서징, 관의 수격작용, 지진 등에서 발생하는 진동을 억제하기 위해 사용되는 지지장치는?

① 벤드벤　　② 플랩 밸브
③ 그랜드 패킹　　④ 브레이스

> 브레이스 : 펌프, 압축기 등의 진동 또는 충격을 흡수 완화시키는 장치

47 보일러 사고의 원인 중 제작상의 원인에 해당되지 않는 것은?

① 구조의 불량
② 강도부족
③ 재료의 불량
④ 압력초과

> 취급상 원인 : 압력초과, 저수위, 불착화 및 노내폭발, 역화, 부식 등

48 열팽창에 대한 신축이 방열기에 영향을 미치지 않도록 주로 증기 및 온수난방용 배관에 사용되며, 2개 이상의 엘보를 사용하는 신축 이음은?

① 벨로즈 이음
② 루프형 이음
③ 슬리브 이음
④ 스위블 이음

> 스위블 이음 : 방열기 입구에 설치하며 2~4개의 엘보를 연결하여 신축을 조절하는 장치

49 보일러수 내처리 방법으로 용도에 따른 청관제로 틀린 것은?

① 탈산소제 - 염산, 알콜
② 연화제 - 탄산소다, 인산소다
③ 슬러지 조정제 - 탄닌, 리그닌
④ pH 조정제 - 인산소다, 암모니아

🔍 탈산소제 : 히드라진, 아황산소다, 탄닌 등

50 하트포드 접속법(hart-ford connection)을 사용하는 난방방식은?

① 저압 증기난방
② 고압 증기난방
③ 저온 온수난방
④ 고온 온수난방

🔍 하트포드 접속법 : 저압 증기난방에서의 접속법으로, 환수관을 균형관에 접속하여 환수관 파손시 보일러 수의 역류를 방지하기 위한 배관법

51 난방부하를 구성하는 인자에 속하는 것은?

① 관류 열손실
② 환기에 의한 취득열량
③ 유리창으로 통한 취득 열량
④ 벽, 지붕 등을 통한 취득열량

🔍 난방부하 = 열관류율×벽체면적×(실내온도 - 외기온도)

52 증기관이나 온수관 등에 대한 단열로서 불필요한 방열을 방지하고 인체에 화상을 입히는 위험방지 또는 실내공기의 이상온도 상승방지 등을 목적으로 하는 것은?

① 방로
② 보냉
③ 방한
④ 보온

53 보일러 급수 중의 용존(용해) 고형물을 처리하는 방법으로 부적합한 것은?

① 증류법
② 응집법
③ 약품 첨가법
④ 이온 교환법

🔍 현탁질 고형물 처리방법 : 여과법, 침강법, 응집법

54 증기보일러에는 2개 이상의 안전밸브를 설치하여야 하는 반면에 1개 이상으로 설치 가능한 보일러의 최대 전열면적은?

① $50m^2$
② $60m^2$
③ $70m^2$
④ $80m^2$

🔍 전열면적
• $50m^2$ 미만 : 1개 이상 부착
• $50m^2$ 초과 : 2개 이상 부착

55 에너지이용합리화법상 에너지진단기관의 지정기준은 누구의 령으로 정하는가?

① 대통령
② 시·도지사
③ 시공업자단체장
④ 산업통상자원부장관

🔍 에너지진단기관의 지정기준은 대통령령으로 정하고, 진단기관의 지정절차와 그 밖에 필요한 사항은 산업통상자원부령으로 정한다.

56 에너지법에서 정한 지역에너지계획을 수립·시행하여야 하는 자는?

① 행정안전부장관
② 산업통상자원부장관
③ 한국에너지공단 이사장
④ 특별시장·광역시장·도지사 또는 특별자치도지사

🔍 지역에너지계획 : 시·도지사가 5년 마다 5년 계획기간으로 수립한다.

57 열사용기자재 중 온수를 발생하는 소형온수보일러의 적용범위로 옳은 것은?

① 전열면적 $12m^2$ 이하, 최고사용압력 0.25MPa 이하의 온수를 발생하는 것
② 전열면적 $14m^2$ 이하, 최고사용압력 0.25MPa 이하의 온수를 발생하는 것
③ 전열면적 $12m^2$ 이하, 최고사용압력 0.35MPa 이하의 온수를 발생하는 것
④ 전열면적 $14m^2$ 이하, 최고사용압력 0.35MPa 이하의 온수를 발생하는 것

> 소형온수보일러의 적용범위 : 전열면적 $14m^2$ 이하, 최고사용압력 0.35MPa 이하의 온수를 발생하는 것

58 효율관리기자재가 최저소비효율기준에 미달하거나 최대사용량기준을 초과하는 경우 제조·수입·판매업자에게 어떠한 조치를 명할 수 있는가?

① 생산 또는 판매금지
② 제조 또는 설치금지
③ 생산 또는 세관금지
④ 제조 또는 시공금지

> 기준미달 효율관리기자재의 생산 또는 판매금지명령에 위반한 자 : 산업통상자원부장관의 명으로, 위반시 2000만원 이하의 벌금

59 에너지이용 합리화법에 따라 산업통상자원부령으로 정하는 광고매체를 이용하여 효율관리기자재의 광고를 하는 경우에는 그 광고 내용에 에너지소비효율, 에너지소비효율등급을 포함시켜야 할 의무가 있는 자가 아닌 것은?

① 효율관리기자재의 제조업자
② 효율관리기자재의 광고업자
③ 효율관리기자재의 수입업자
④ 효율관리기자재의 판매업자

> 효율관리기자재의 제조업자·수입업자 또는 판매업자가 광고매체를 이용하여 효율관리기자재의 광고를 하는 경우에는 그 광고내용에 에너지소비효율등급 또는 에너지소비효율을 포함하여야 한다.

60 검사대상기기 관리범위 용량이 10t/h 이하인 보일러의 관리자 자격이 아닌 것은?

① 에너지관리기사
② 에너지관리기능장
③ 에너지관리기능사
④ 인정검사대상기기관리자 교육이수자

> 검사대상기기관리자의 자격 및 관리범위

관리자의 자격	관리범위
에너지관리기능장 또는 에너지관리기사	용량이 30t/h를 초과하는 보일러
에너지관리기능장, 에너지관리기사 또는 에너지관리산업기사	용량이 10t/h를 초과하고 30t/h 이하인 보일러
에너지관리기능장, 에너지관리기사, 에너지관리산업기사 또는 에너지관리기능사	용량이 10t/h 이하인 보일러
에너지관리기능장, 에너지관리기사, 에너지관리산업기사, 에너지관리기능사 또는 인정검사대상기기관리자의 교육을 이수한 자	1. 증기보일러로서 최고사용압력이 1MPa 이하이고, 전열면적이 $10m^2$ 이하인 것 2. 온수 발생 또는 열매체를 가열하는 보일러로서 출력이 581.5kW 이하인 것 3. 압력용기

정답 2016년 1회

01 ①	02 ①	03 ④	04 ③	05 ④
06 ②	07 ④	08 ②	09 ①	10 ②
11 ②	12 ②	13 ②	14 ③	15 ②
16 ②	17 ④	18 ①	19 ①	20 ①
21 ④	22 ④	23 ②	24 ③	25 ③
26 ①	27 ②	28 ③	29 ①	30 ③
31 ①	32 ③	33 ①	34 ④	35 ①
36 ④	37 ②	38 ③	39 ①	40 ④
41 ②	42 ①	43 ④	44 ①	45 ③
46 ④	47 ④	48 ④	49 ①	50 ①
51 ①	52 ④	53 ②	54 ①	55 ①
56 ④	57 ④	58 ①	59 ②	60 ④

2016년 2회 기출문제

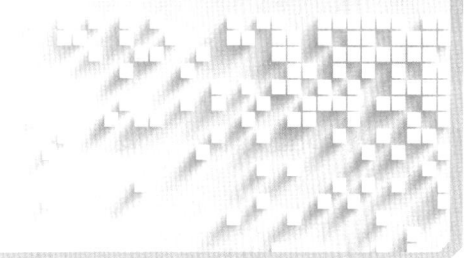

01 압력에 대한 설명으로 옳은 것은?

① 단위 면적당 작용하는 힘이다.
② 단위 부피당 작용하는 힘이다.
③ 물체의 무게를 비중량으로 나눈 값이다.
④ 물체의 무게에 비중량을 곱한 값이다.

🔍 압력
  • 단위면적당 수직으로 작용하는 힘
  • $\dfrac{\text{힘(중량, kg)}}{\text{면적(m}^2\text{)}}$

02 유류버너의 종류 중 기압(MPa)의 분무매체를 이용하여 연료를 분무하는 방식의 버너로서 2유체 버너라고도 하는 것은?

① 고압기류식 버너
② 유압식 버너
③ 회전식 버너
④ 환류식 버너

🔍 2유체 분무식 버너 : 공기 또는 증기압을 이용하여 중유를 무화시키는 기류분무식 버너

03 증기 보일러의 효율 계산식을 바르게 나타낸 것은?

① 효율(%) = $\dfrac{\text{상당증발량} \times 538.8}{\text{연료소비량} \times \text{연료발열량}} \times 100$

② 효율(%) = $\dfrac{\text{증기소비량} \times 538.8}{\text{연료소비량} \times \text{연료의 비중}} \times 100$

③ 효율(%) = $\dfrac{\text{급수량} \times 538.8}{\text{연료소비량} \times \text{연료발열량}} \times 100$

④ 효율(%) = $\dfrac{\text{급수사용량}}{\text{증기발열량}} \times 100$

🔍 상당증발량 = $\dfrac{\text{실제증발량} \times (h'' - h')}{539 (kg/h)}$

04 보일러 열효율 정산방법에서 열정산을 위한 액체 연료량을 측정할 때 측정의 허용오차는 일반적으로 몇 %로 하여야 하는가?

① ± 1.0%
② ± 1.5%
③ ± 1.6%
④ ± 2.0%

🔍 • 연료사용량 측정 허용
    – 액체연료 : ± 1.0 %
    – 기체연료 : ± 1.6 %
  • 급수량 측정허용오차 : ± 1.0 %

05 중유 예열기의 가열하는 열원의 종류에 따른 분류가 아닌 것은?

① 전기식
② 가스식
③ 온수식
④ 증기식

🔍 오일프리히터의 열원에 따른 종류 : 전기식, 증기식, 온수식

06 공기비를 m, 이론 공기량을 A_0라고 할 때, 실제 공기량 A를 구하는 식은?

① $A = m \cdot A_0$
② $A = m/A_0$
③ $A = 1/(m \cdot A_0)$
④ $A = A_0 - m$

🔍 공기비(m) = $\dfrac{\text{실제공기량(A)}}{\text{이론공기량}(A_0)}$

07 보일러 급수장치의 일종인 인젝터 사용시 장점에 관환 설명으로 틀린 것은?

① 급수 예열 효과가 있다.
② 구조가 긴단하고 소형이다.
③ 설치에 넓은 장소를 요하지 않는다.
④ 급수량 조절이 양호하고 급수의 효율이 높다.

🔍 인젝터의 단점 : 급수조절이 어렵고, 양수능력이 부족하다.

08 다음 중 슈미트 보일러는 보일러 분류에서 어디에 속하는가?

① 관류식
② 간접가열식
③ 자연순환식
④ 강제순환식

🔍 간접가열 보일러 : 슈미트 보일러, 레플러 보일러

09 보일러의 안전장치에 해당되지 않는 것은?

① 방폭문
② 수위계
③ 화염검출기
④ 가용마개

🔍 수위계 : 계측(지시)장치로 액면측정장치

10 보일러의 시간당 증발량 1100kg/h, 증기엔탈피 650kcal/kg, 급수온도 30℃일 때, 상당증발량은?

① 1050 kg/h
② 1265 kg/h
③ 1415 kg/h
④ 1733 kg/h

🔍 상당증발량 = $\dfrac{1100 \times (650-30)}{539}$ = 1265.3kg/h

11 보일러의 자동연소제어와 관련이 없는 것은?

① 증기압력 제어
② 온수온도 제어
③ 노내압 제어
④ 수위 제어

🔍 수위제어 : 급수제어

12 보일러의 과열방지장치에 대한 설명으로 틀린 것은?

① 과열방지용 온도퓨즈는 373K 미만에서 확실히 작동하여야 한다.
② 과열방지용 온도퓨즈가 작동한 경우 일정시간 후 재점화 되는 구조로 한다.
③ 과열방지용 온도퓨즈는 봉인을 하고 사용자가 변경할 수 없는 구조로 한다.
④ 일반적으로 용해전은 369~371K에 용해되는 것을 사용한다.

🔍 과열방지장치가 작동한 경우 : 과열 원인 제거 후 프리퍼지 등 재점화 되는 구조

13 보일러 급수처리의 목적으로 볼 수 없는 것은?

① 부식의 방지
② 보일러수의 농축방지
③ 스케일의 생성 방지
④ 역화 방지

🔍 역화 : 노내 폭발이나 착화가 늦어졌을 때, 연료의 인화점이 낮을 때 발생하는 현상

14 배기가스 중에 함유되어 있는 CO_2, O_2, CO의 3가지 성분을 순서대로 측정하는 가스 분석계는?

① 전기식 CO_2 계
② 헴펠식 가스분석계
③ 오르자트 가스 분석계
④ 가스 크로마토그래피 가스 분석계

🔍 오르자트 : 흡수액을 이용하여 배기가스 성분 중 CO_2, O_2, CO를 순서에 의해 분석하여 공기량을 조절하는 장치

15 보일러 부속장치에 관한 설명으로 틀린 것은?

① 기수분리기 : 증기 중에 혼입된 수분을 분리하는 장치
② 슈트 블로워 : 보일러 동 저면의 스케일, 침전물 등을 밖으로 배출하는 장치
③ 오일 스트레이너 : 연료속의 불순물 방지 및 유량계, 펌프 등의 고장을 방지하는 장치
④ 스팀 트랩 : 응축수를 자동으로 배출하는 장치

🔍 슈트 블로워 : 증기나 공기를 분사하여 전열면에 부착된 그을음을 제거하여 전열을 좋게 하기 위한 장치

16 일반적으로 보일러 판넬 내부온도는 몇 ℃를 넘지 않도록 하는 것이 좋은가?

① 60℃ ② 70℃
③ 80℃ ④ 90℃

17 함진 배기가스를 액방울이나 액막에 충돌시켜 분진 입자를 포집 분리하는 집진장치는?

① 중력식 집진장치
② 관성력식 집진장치
③ 원심력식 집진장치
④ 세정식 집진장치

🔍 세정식(습식)집진장치 : 분진입자가 포함된 배기가스를 액방울이나 액막에 충돌시켜 분진 입자를 포집하는 집진장치

18 보일러 인터록과 관련이 없는 것은?

① 압력초과 인터록
② 저수위 인터록
③ 불착화 인터록
④ 급수장치 인터록

🔍 인터록의 종류
  • 저수위 인터록
  • 압력초과 인터록
  • 불착화 인터록
  • 저연소 인터록
  • 프리퍼지 인터록 등

19 상태변화 없이 물체의 온도변화에만 소요되는 열량은?

① 고체열 ② 현열
③ 액체열 ④ 잠열

🔍 잠열 : 온도변화 없이 물체의 상태변화에 필요한 열량

20 보일러용 오일 연료에서 성분분석 결과 수소 12.0%, 수분 0.3%라면, 저위발열량은?(단, 연료의 고위발열량은 10600kcal/kg 이다.)

① 6500 kcal/kg ② 7600 kcal/kg
③ 8950 kcal/kg ④ 9950 kcal/kg

🔍 $H_\ell = H_h - 600 \times (9H+W)$
   $= 10600 - 600 \times (9 \times 0.12 + 0.003)$
   $= 9950.2$ kcal/kg

21 보일러에서 보염장치의 설치목적에 대한 설명으로 틀린 것은?

① 화염의 전기전도성을 이용한 검출을 실시한다.
② 연소용 공기의 흐름을 조절하여 준다.
③ 화염의 형상을 조절 한다.
④ 확실한 착화가 되도록 한다.

🔍 플레임 로드 화염검출기 : 화염의 전기전도성을 이용한 화염을 검출하는 장치

22 증기사용압력이 같거나 또는 다른 여러 개의 증기사용 설비의 드레인 관을 하나로 묶어 한 개의 트랩으로 설치한 것을 무엇이라고 하는가?

① 플로트 트랩
② 버킷트랩핑
③ 디스크트랩
④ 그룹트랩핑

🔍 그룹트랩핑 : 증기사용설비의 온도저하로 증기 손실이 크다.

23 보일러 윈드박스 주위에 설치되는 장치 또는 부품과 가장 거리가 먼 것은?

① 공기예열기 ② 화염검출기
③ 착화버너   ④ 투시구

🔍 윈드박스의 주위 설치장치 : 점화버너, 화염검출기, 투시구 등

24 보일러 운전 중 정전이나 실화로 인하여 연료의 누설이 발생하여 갑자기 점화되었을 때 가스폭발방지를 위해 연료공급을 차단하는 안전장치는?

① 폭발문   ② 수위검출기
③ 화염검출기 ④ 안전밸브

🔍 화염검출기 : 운전 중 불착화나 실화 시 가스폭발을 방지하기 위해 연료공급을 차단하는 장치

25 다음 중 보일러에서 연소가스의 배기가 잘 되는 경우는?

① 연도의 단면적이 작을 때
② 배기가스 온도가 높을 때
③ 연도에 굴곡이 있을 때
④ 연도에 공기가 많이 침입 될 때

> 🔍 연돌의 통풍력이 증가되는 경우
> • 배기가스 온도가 높을 때
> • 연돌의 높이를 높게
> • 연도에 굴곡이 적을 때
> • 연도의 단면적이 클 때

26 전열면적이 40m²인 수직보일러를 2시간 연소시킨 결과 4000kg의 증기가 발생하였다. 이 보일러의 증발량은?

① 40 kg/m²h
② 30 kg/m²h
③ 60 kg/m²h
④ 50 kg/m²h

> 🔍 전열면의 증발율 = $\frac{4000}{40 \times 2}$ = 50kg/m²h

27 다음 중 보일러 스테이(stay)의 종류로 가장 거리가 먼 것은?

① 거싯(gusset)스테이
② 바(bar)스테이
③ 튜브(tube)스테이
④ 너트(nut)스테이

> 🔍 스테이(stay)의 종류 : 거싯, 바, 튜브, 볼트, 행거, 도그 버팀 등

28 과열기의 종류 중 열가스 흐름에 의한 구분방식에 속하지 않는 것은?

① 병류식
② 접촉식
③ 향류식
④ 혼류식

> 🔍 전열방식에 따른 종류 : 복사형, 대류형(접촉형), 복사대류형 등

29 고체연료의 고위발열량으로부터 저위발열량을 산출할 때 연료속의 수분과 다른 한 성분의 함유율을 가지고 계산하여 산출할 수 있는데 이 성분은 무엇인가?

① 산소
② 수소
③ 유황
④ 탄소

> 🔍 $H_ℓ = H_h - 600 \times (9H+W)$에서 H는 수소 함량, W는 수분의 함량을 의미한다.

30 상용 보일러의 점화전 준비 사항에 관한 설명으로 틀린 것은?

① 수저분출밸브 및 분출 콕의 기능을 확인하고, 조금씩 분출되도록 약간 개방하여 둔다.
② 수면계에 의하여 수위가 적정한지 확인한다.
③ 급수배관의 밸브가 열려있는지, 급수펌프의 기능은 정상인지 확인한다.
④ 공기빼기 밸브는 증기가 발생하기 전까지 열어 놓는다.

> 🔍 수저분출밸브 및 분출 콕은 빠르게 분출을 하고 만개한다.

31 도시가스 배관의 설치에서 배관의 이음부(용접이음매 제외)의 전기점멸기 및 전기접속기와의 거리는 최소 얼마 이상 유지해야 하는가?

① 10 cm
② 15 cm
③ 30 cm
④ 60 cm

> 🔍 배관 이음부와의 거리
> • 전기개량기 및 전기개폐기와 거리 : 60cm 이상
> • 굴뚝, 전기점멸기 및 전기접속기와 거리 : 30cm 이상
> • 절연전선과 거리 : 10cm 이상

32 증기보일러에는 2개 이상의 안전밸브를 설치하여야 하지만 전열면적 몇 m² 이하인 경우에는 1개 이상으로 해도 되는가?

① 80 m²
② 70 m²
③ 60 m²
④ 50 m²

> 🔍 전열면적 50 m² 이하 : 1개 이상 부착

33 배관 보온재의 선정 시 고려해야 할 사항으로 가장 거리가 먼 것은?

① 안전사용 온도 범위
② 보온재의 가격
③ 해체의 편리성
④ 공사현장의 작업성

🔍 보온재의 선정 시 고려 사항
  • 열전도율이 적고 안전사용범위에 적합할 것
  • 물리적, 화학적으로 안정되고 가격이 저렴할 것
  • 공사 현장에 적응성이 좋고 시공이 용이할 것
  • 불연성이며 사용수명이 길 것

34 증기주관의 관말트랩 배관의 드레인 포켓과 냉각관 시공 요령이다. 다음 ( )안에 적절한 것은?

> 증기주관에서 응축수를 건식환수관에 배출하려면 주관과 동경으로 (㉠)mm 이상 내리고 하부로 (㉡)mm 이상 연장하여 (㉢)을(를) 만들어준다. 냉각관은 (㉣) 앞에서 1.5m 이상 나관으로 배관한다.

① ㉠ 150 ㉡ 100 ㉢ 트랩 ㉣ 드레인 포켓
② ㉠ 100 ㉡ 150 ㉢ 드레인 포켓 ㉣ 트랩
③ ㉠ 150 ㉡ 100 ㉢ 드레인 포켓 ㉣ 드레인 포켓
④ ㉠ 100 ㉡ 150 ㉢ 드레인 밸브 ㉣ 드레인포켓

🔍 • 건식환수관 : 응축수를 배출하기 위해 하부에 150mm 연장하여 드레인 포켓을 설치한다.
  • 냉각관은 트랩 앞에서 1.5m 이상 나관으로 배관한다.

35 파이프와 파이프를 홈 조인트로 체결하기 위하여 파이프 끝을 가공하는 기계는?

① 띠톱 기계
② 파이프 벤딩기
③ 동력파이프 나사절삭기
④ 그루빙 조인트 머신

36 보일러 보존 시 동결사고가 예상될 때 실시하는 밀폐식 보존법은?

① 건조 보존법
② 만수 보존법
③ 화학적 보존법
④ 습식 보존법

🔍 만수 보존법 : 드럼 내에 물을 가득 채워 밀폐 보존하는 방법으로 동파의 위험이 있어 겨울철은 피하고, 여름철 보존 방법

37 온수난방 배관 시공시 이상적인 기울기는 얼마인가?

① 1/100 이상
② 1/150 이상
③ 1/200 이상
④ 1/250 이상

🔍 • 온수난방의 기울기 : 1/250
  • 증기난방의 기울기 : 1/200

38 온수난방 설비의 내림구배 배관에서 배관 아랫면을 일치시키고자 할 때 사용되는 이음쇠는?

① 소켓
② 편심 레듀셔
③ 유니언
④ 이경엘보

🔍 편심 레듀셔 : 관경을 줄이는 이음쇠로 내림구배시 관 아랫면을 기준으로 하고, 상향구배를 할 때 관의 윗면을 일치시킨다.

39 두께 150mm, 면적이 15m²인 벽이 있다. 내면온도는 200℃, 외면온도가 20℃일 때 벽을 통한 손실열량은?(단, 열전도율은 0.25 kcal/mh℃ 이다.)

① 101 kcal/h
② 675 kcal/h
③ 2345 kcal/h
④ 4500 kcal/h

🔍 벽을 통한 손실열 = $\dfrac{0.25}{0.15} \times 15 \times (200-20) = 4500$ kcal/h

40 보일러수에 불순물이 많이 포함되어 보일러수의 비등과 함께 수면부근에 거품의 층을 형성하여 수위가 불안정하게 되는 현상은?

① 포밍
② 프라이밍
③ 캐리오버
④ 공동현상

🔍 • 포밍 : 보일러수의 농축으로 수면부근에 거품의 층을 형성하여 수위가 불안정하게 되는 현상
  • 캐리오버 : 프라이밍, 포밍 등에 의해 발생 증기 중에 물방울이 포함되어 송기되는 현상

41 수질이 불량하여 보일러에 미치는 영향으로 가장 거리가 먼 것은?

① 보일러의 수명과 열효율에 영향을 준다.
② 고압보다 저압일수록 장애가 더욱 심하다.
③ 부식현상이나 증기의 질이 불순하게 된다.
④ 수질이 불량하면 관계통에 관석이 발생한다.

> 수질의 장애 : 저압보다 고압일수록 장애가 더욱 심하다.

42 다음 보온재 중 유기질 보온재에 속하는 것은?

① 규조토
② 탄산마그네슘
③ 유리섬유
④ 기포성수지

> 유기질 보온재 : 콜크, 펠트, 기포성수지

43 관의 접속상태·결합방식의 표시방법에서 용접이음을 나타내는 그림기호로 맞는 것은?

>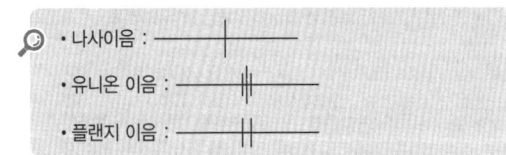
> · 나사이음 :
> · 유니온 이음 :
> · 플랜지 이음 :

44 보일러 점화불량의 원인으로 가장 거리가 먼 것은?

① 댐퍼작동 불량
② 파일로트 오일 불량
③ 공기비 조정 불량
④ 점화용 트랜스의 전기 스파크 불량

45 다음 방열기 도시기호 중 벽걸이 종형 도시기호는?

① W – H   ② W – V
③ W – Ⅱ   ④ W – Ⅲ

> · W – H : 벽걸이 가로형
> · W – V : 벽걸이 세로형

46 배관 지지구의 종류가 아닌 것은?

① 파이프 슈
② 콘스탄트 행거
③ 리지드 서포트
④ 소켓

> 소켓 : 동일직경의 관을 직선이음 할 때 사용하는 관 이음쇠

47 보온시공 시 주의사항에 대한 설명으로 틀린 것은?

① 보온재와 보온재의 틈새는 되도록 적게 한다.
② 겹침부의 이음새는 동일 선상을 피해서 부착한다.
③ 테이프 감기는 물, 먼지 등의 침입을 막기 위해 위에서 아래쪽으로 향하여 감아 내리는 것이 좋다.
④ 보온의 끝 단면은 사용하는 보온재 및 보온목적에 따라서 필요한 보호를 한다.

> 테이프 감기는 물, 먼지 등의 침입을 막기 위해 아래쪽에서 위로 향하여 감아올리는 것이 좋다.

48 온수난방에 관한 설명으로 틀린 것은?

① 단관식은 보일러에서 멀어질수록 온수의 온도가 낮아진다.
② 복관식은 발열량의 변화가 일어나지 않고 밸브의 조절로 방열량을 가감할 수 있다.
③ 역귀환 방식은 각 방열기의 방열량이 거의 일정하다.
④ 증기난방에 비하여 소요방열면적과 배관경이 작게 되어 설비비를 비교적 절약할 수 있다.

> 온수난방 : 증기난방에 비해 방열량이 적어 방열면적과 배관경을 크게 해야 한다.

49 온수보일러에서 팽창탱크를 설치할 경우 주의사항으로 틀린 것은?

① 밀폐식 팽창탱크의 경우 상부에 물빼기 관이 있어야 한다.
② 100℃의 온수에도 충분히 견딜 수 있는 재료를 사용하여야 한다.
③ 내식성 재료를 사용하거나 내식 처리된 탱크를 설치하여야 한다.
④ 동결우려가 있는 경우에는 보온을 한다.

물빼기 관 : 팽창탱크 하부에 부착한다.

50 보일러 내부부식에 속하지 않는 것은?

① 점식
② 저온부식
③ 구식
④ 알칼리부식

저온부식 : 연료성분 중 S(황분)에 의한 외부 부식

51 보일러 내부의 건조방식에 대한 설명 중 틀린 것은?

① 건조제로 생석회가 사용된다.
② 가열장치로 서서히 가열하여 건조시킨다.
③ 보일러 내부 건조 시 사용되는 기화성 부식억제제(VCI)는 물에 녹지 않는다.
④ 보일러 내부 건조 시 사용되는 기화성 부식억제제(VCI)는 건조제와 병용하여 사용할 수 있다.

기화성 부식억제제(VCI) : 물에 조금씩 녹아 부식 억제효과를 높여 완전히 건조되지 않은 보일러 보존에 효과적이다.

52 증기 난방시공에서 진공환수식으로 하는 경우 리프트 피팅(lift fiting)을 설치하는데, 1단의 흡상높이로 적합한 것은?

① 1.5 m 이내
② 2.0 m 이내
③ 2.5 m 이내
④ 3.05 m 이내

• 리프트 피팅(lift fiting) : 진공환수식 증기난방에서 환수주관보다 높게 분기하여 진공펌프를 설치하여 적은 힘으로 응축수를 흡상시키기 위한 배관방식
• 1단 높이 : 1.5m 이내로 3단까지 가능

53 배관의 나사이음과 비교한 용접이음에 관한 설명으로 틀린 것은?

① 나사 이음부와 같이 관의 두께에 불균일한 부분이 없다.
② 돌기부가 없어 배관상의 공간 효율이 좋다.
③ 이음부의 강도가 적고, 누수의 우려가 크다.
④ 변형의 수축, 잔류응력이 발생할 수 있다.

용접이음 : 나사이음 보다 이음부의 강도가 크고, 누수의 우려가 적으며 돌기부가 없어 보온시공이 용이하나, 잔류응력이 발생한다.

54 보일러 외부부식의 한 종류인 고온부식을 유발하는 주된 성분은?

① 황
② 수소
③ 인
④ 바나듐

외부부식
• 고온부식 : 연료성분 중 회분(바나듐 : V)에 의한 부식
• 저온부식 : 연료성분 중 황분(S)에 의한 부식

55 에너지이용합리화법에 따라 고시한 효율관리기자재 운용규정에 따라 가정용 가스보일러의 최저소비효율 기준은 몇 %인가?

① 63%
② 68%
③ 76%
④ 86%

56 에너지다소비사업자는 산업통상자원부령이 정하는 바에 따라 전년도 분기별 에너지사용량·제품생산량을 그 에너지사용시설이 있는 지역을 관할하는 시·도지사에게 매년 언제까지 신고해야 하는가?

① 1월 31일까지
② 3월 31일까지
③ 5월 31일까지
④ 9월 30일까지

에너지다소비사업자는 매년 1월 31일까지 그 에너지사용시설이 있는 지역을 관할하는 시·도지사에게 신고하여야 하며, 신고를 받은 시·도지사는 이를 매년 2월 말일까지 산업통상자원부장관에게 보고하여야 한다.

57 저탄소 녹색성장 기본법에서 사람의 활동에 수반하여 발생하는 온실가스가 대기 중에 축적되어 온실가스 농도를 증가시킴으로써 지구전체적으로 지표 및 대기의 온도가 추가적으로 상승하는 현상을 나타내는 용어는?

① 지구온난화　② 기후변화
③ 자원순환　　④ 녹색경영

> • 지구온난화 : 온실가스 농도가 대기 중에 증가됨으로써 지구 전체적으로 지표 및 대기의 온도가 추가적으로 상승하는 현상
> • 온실가스 : 이산화탄소(CO_2), 메탄(CH_4), 아산화질소(N_2O), 수소불화탄소(HFCs), 과불화 탄소(PFCs), 육불화황(SF_6) 등

58 에너지이용합리화법에 따라 산업통상자원부장관 또는 시·도지사로부터 한국에너지공단에 위탁된 업무가 아닌 것은?

① 에너지사용계획의 검토
② 고효율시험기관의 지정
③ 대기전력경고표지대상제품의 측정결과 신고의 접수
④ 대기전력저감대상제품의 측정결과 신고의 접수

> 한국에너지공단의에 위탁 업무
> • 공공 및 민간 사업주관자의 에너지사용계획의 검토
> • 효율관리기자재의 제조업자 또는 수입업자는 에너지 사용량 등 효율관리기자재의 측정결과 신고의 접수
> • 에너지절약전문기업의 등록
> • 에너지다소비사업자의 에너지사용량 등 신고의 접수
> • 검사대상기기의 검사
> • 검사대상기기의 폐기, 사용 중지, 설치자 변경 및 검사의 전부 또는 일부가 면제된 검사대상기기의 설치에 대한 신고의 접수
> • 검사대상기기관리자의 선임·해임 또는 퇴직신고의 접수
> • 대기전력저감대상제품의 측정결과 신고의 접수
> • 온실가스배출 감축실적의 등록 및 관리
> • 고효율에너지기자재의 인증 및 취소 또는 인증사용 정지명령
> • 진단기관의 관리·감독
> • 에너지관리지도(에너지관리기준의 이행을 위한 지도)
> • 냉난방온도의 유지·관리 여부에 대한 점검 및 실태 파악

59 에너지이용합리화법에서 효율관리기자재의 제조업자 또는 수입업자가 효율관리기자재의 에너지 사용량을 측정 받는 기관은?

① 산업통상자원부장관이 지정하는 시험기관
② 제조업자 또는 수입업자의 검사기관
③ 환경부장관이 지정하는 진단기관
④ 시·도지사가 지정하는 측정기관

> 효율관리기자재의 에너지사용량을 측정하는 기관 : 산업통상자원부장관이 지정하는 시험기관

60 에너지법에서 정한 에너지위원회의 위원장은?

① 산업통산자원부장관
② 국토교통부장관
③ 국무총리
④ 대통령

> 에너지위원회는 주요 에너지정책 및 에너지 관련 계획에 관한 사항을 심의하기 위하여 산업통상자원부장관 소속으로 위원장 1명을 포함한 25명 이내의 위원으로 구성(위원장은 산업통상자원부장관)된다.

정답 2016년 2회

01 ①	02 ①	03 ①	04 ①	05 ②
06 ①	07 ④	08 ②	09 ②	10 ②
11 ④	12 ②	13 ④	14 ③	15 ②
16 ①	17 ④	18 ④	19 ②	20 ④
21 ①	22 ②	23 ①	24 ③	25 ②
26 ④	27 ④	28 ②	29 ②	30 ①
31 ①	32 ④	33 ③	34 ②	35 ④
36 ①	37 ④	38 ②	39 ④	40 ①
41 ②	42 ④	43 ③	44 ②	45 ②
46 ④	47 ③	48 ④	49 ①	50 ②
51 ①	52 ①	53 ②	54 ④	55 ③
56 ①	57 ①	58 ②	59 ①	60 ①

2016년 3회 기출문제

01 유류연소 버너에서 기름의 예열온도가 너무 높은 경우에 나타나는 현상으로 옳은 것은?

① 버너 화구의 탄화물 축적
② 버너용 모터의 마모
③ 진동, 소음 발생
④ 점화불량

🔍 기름의 예열온도가 높을 경우
• 기름의 분해가 일어난다.
• 분사각도가 흐트러진다.
• 탄화물이 생성된다.

02 대형보일러의 경우에 송풍기가 작동하지 않으면 전자밸브가 열리지 않고, 점화를 저지하는 인터록은?

① 프리퍼지 인터록
② 불착화 인터록
③ 압력초과 인터록
④ 저수위 인터록

🔍 프리퍼지 : 점화전 통풍

03 가압수식을 이용한 집진장치가 아닌 것은?

① 제트 스크레버
② 충격식 스크레버
③ 벤튜리 스크레버
④ 사이클론 스크레버

🔍 • 습식 집진장치 : 유수식, 회전식, 가압수식
• 회전식 : 타이젠 와셔, 충격식 스크레버

04 절탄기에 대한 설명으로 옳은 것은?

① 절탄기의 설치방식은 혼합식과 분배식이 있다.
② 절탄기의 급수예열 온도는 포화온도 이상으로 한다.
③ 연료의 절약과 증발량의 감소 및 열효율을 감소시킨다.
④ 급수와 보일러수의 온도차 감소로 열응력을 줄여준다.

🔍 절탄기 : 급수를 포화온도보다 약간 낮게 예열하여 연료절감 및 열효율을 높이며, 동판의 열응력을 방지하는 장치

05 분진가스를 집진기내에 충돌시키거나 열가스의 흐름을 반전시켜 급격한 기류의 방향전환에 의해 분진을 포집하는 집진장치는?

① 중력식 집진장치
② 관성력식 집진장치
③ 사이클론식 집진장치
④ 멀티사이클론식 집진장치

🔍 관성력식 집진장치 : 분진가스를 집진기 내에 충돌시키거나 열가스의 흐름을 반전시켜 분진을 포집하는 집진장치로 충돌식과 반전식이 있다.

06 비열 0.6kcal/kg·℃인 어떤 연료 30kg을 15℃에서 35℃까지 예열하고자 할 때 필요한 열량은 몇 kcal인가?

① 180
② 360
③ 450
④ 600

🔍 30×0.6×(35-15) = 360 kcal

07 습증기의 엔탈피를 구하는 식으로 옳은 것은?(단, h : 포화수 엔탈피, χ : 건조도, γ : 증발 잠열, V : 포화수 비체적)

① $h_χ = h + χ$
② $h_χ = h + γ$
③ $h_χ = h + χγ$
④ $h_χ = V + h + χγ$

🔍 습포화증기 엔탈피 = 포화수 엔탈피+증발열 × 건조도 (kcal/kg)

08 보일러의 자동제어에서 제어량에 따른 조작량의 대상으로 옳은 것은?

① 증기온도 : 연소가스량
② 증기압력 : 연료량
③ 보일러 수위 : 공기량
④ 노내압력 : 급수량

> • 증기온도 : 전열량
> • 증기압력 : 연료량, 공기량
> • 보일러 수위 : 급수량
> • 노내압력 : 연소가스량

09 화염검출기의 종류 중 화염의 이온화 현상에 따른 전기 전도성을 이용하여 화염의 유무를 검출하는 것은?

① 플레임 로드
② 플레임 아이
③ 스택스위치
④ 광전관

> • 플레임 로드 : 이온화(전기적 성질)
> • 플레임 아이 : 발광체(광학적 성질)
> • 스택스위치 : 발열체(열적 성질)

10 원심형 송풍기에 해당하지 않는 것은?

① 터보형
② 다익형
③ 플레이트형
④ 프로펠러형

> 원심 송풍기 : 터보형, 다익형, 플레이트형

11 석탄의 함유 성분이 많을수록 연소에 미치는 영향에 대한 설명으로 틀린 것은?

① 수분 : 착화성이 저하된다.
② 회분 : 연소 효율이 증가된다.
③ 고정탄소 : 발열량이 증가된다.
④ 휘발분 : 검은 매연이 발생하기 쉽다.

> 회분 : 연소효율 저하, 발열량이 감소되고 고온부식의 원인이 된다.

12 보일러 수위제어 검출방식에 해당되지 않는 것은?

① 유속식
② 전극식
③ 차압식
④ 열팽창식

> 자동급수제어장치 : 플로트식, 전극식, 열팽창식, 차압식 등

13 다음 중 보일러의 손실열 중 가장 큰 것은?

① 연료의 불완전연소에 의한 손실열
② 노내 분입증기에 의한 손실열
③ 과잉 공기에 의한 손실열
④ 배기가스에 의한 손실열

> 손실열 중 가장 큰 값은 배기가스에 의한 손실열이다.

14 증기의 압력에너지를 이용하여 피스톤을 작동시켜 급수를 행하는 펌프는?

① 워싱턴 펌프
② 기어 펌프
③ 볼류트 펌프
④ 디퓨져 펌프

> 왕복식 펌프 : 워싱턴 펌프, 웨어 펌프, 플런져 펌프 등

15 다음 중 보일러수 분출의 목적이 아닌 것은?

① 보일러수의 농축을 방지한다.
② 프라이밍, 포밍을 방지한다.
③ 관수의 순환을 좋게 한다.
④ 포화증기를 과열증기로 증기의 온도를 상승시킨다.

> 과열기 : 포화증기를 과열증기로 증기의 온도를 높이기 위한 장치

16 화염 검출기에서 검출되어 프로텍터 릴레이로 전달된 신호는 버너 및 어떤 장치로 다시 전달되는가?

① 압력제한 스위치
② 저수위 경보장치
③ 연료차단 밸브
④ 안전밸브

> 프로텍터 릴레이 : 오일버너의 주 안전제어장치로 고온차단, 저온점화의 회로를 형성한다.

17 기체연료의 특징으로 틀린 것은?

① 연소조절 및 점화나 소화가 용이하다.
② 시설비가 적게 들며 저장이나 취급이 용이하다.
③ 회분이나 매연발생이 없어서 연소 후 청결하다.
④ 연료 및 연소용 공기도 예열되어 고온을 얻을 수 있다.

🔍 기체연료의 단점
 • 저장 및 수송이 어렵다.
 • 시설비가 비싸다.
 • 누설시 폭발 및 화재의 위험이 있다.

18 다음 중 수관식 보일러의 종류가 아닌 것은?

① 다꾸마 보일러
② 가르베 보일러
③ 야로우 보일러
④ 하우덴 존슨 보일러

🔍 하우덴 존슨 보일러은 노통연관식 보일러에 해당된다.

19 보일러 1마력을 열량으로 환산하면 약 몇 kcal/h 인가?

① 15.65
② 539
③ 1078
④ 8435

🔍 1 보일러마력
 • 상당증발량 : 15.65 kg/h
 • 열량 : 8435 kcal/h

20 연관보일러에서 연관에 대한 설명으로 옳은 것은?

① 관의 내부로 연소가스가 지나가는 관
② 관의 외부로 연소가스가 지나가는 관
③ 관의 내부로 증기가 지나가는 관
④ 관의 내부로 물이 지나가는 관

🔍 연관
 • 내부 유체 : 연소가스
 • 외부 유체 : 물

21 90℃의 물 1000kg에 15℃의 물 2000kg을 혼합시키면 온도는 몇 ℃가 되는가?

① 40 ② 30
③ 20 ④ 10

🔍 평균온도 $= \dfrac{G_1 \times C_1 \times t_1 + G_2 \times C_2 \times t_2}{G_1 \times C_1 + G_2 \times C_2}$

$= \dfrac{1000 \times 1 \times 90 + 2000 \times 1 \times 15}{1000 \times 1 + 2000 \times 1} = 40℃$

22 유류 보일러 시스템에서 중유를 사용할 때 흡입측의 여과망 눈 크기로 적합한 것은?

① 1 ~ 10 mesh ② 20 ~ 60 mesh
③ 100 ~ 150 mesh ④ 300 ~ 500 mesh

🔍 흡입측 여과망
 • 중유 : 20 ~ 60 mesh
 • 경유 : 80 ~ 120 mesh

23 보일러 효율 시험방법에 관한 설명으로 틀린 것은?

① 급수온도는 절탄기가 있는 것은 절탄기 입구에서 측정한다.
② 배기가스의 온도는 전열면의 최종출구에서 측정한다.
③ 포화증기의 압력은 보일러 출구의 압력으로 부르돈관식 압력계로 측정한다.
④ 증기온도의 경우 과열기가 있을 때는 과열기 입구에서 측정한다.

🔍 과열 증기 온도는 과열기 출구에서 측정한다.

24 비교적 많은 동력이 필요하나 강한 통풍력을 얻을 수 있어 통풍저항이 큰 대형 보일러나 고성능 보일러에 널리 사용되고 있는 통풍방법은?

① 자연통풍 방식 ② 평형통풍 방식
③ 직접흡입 통풍 방식 ④ 간접흡입 통풍 방식

🔍 평형통풍 : 압입통풍과 흡입통풍을 병용한 방식으로 대용량 보일러에 적합하다.

25 고체연료에 대한 연료비를 잘 설명한 것은?

① 고정탄소와 휘발분의 비
② 회분과 휘발분의 비
③ 수분과 회분의 비
④ 탄소와 수소와 비

🔍 연료비 = $\dfrac{\text{고정탄소}}{\text{휘발분}}$

26 보일러의 최고사용압력이 0.1MPa 이하일 경우 설치 가능한 과압 방지 안전장치의 크기는?

① 호칭지름 5mm
② 호칭지름 10mm
③ 호칭지름 15mm
④ 호칭지름 20mm

🔍 과압방지안전장치(=안전밸브) : 최고사용압력 0.1MPa 이하일 경우 호칭지름을 20mm 이하로 할 수 있다.

27 보일러 부속장치에서 연소가스의 저온부식과 가장 관계가 있는 것은?

① 공기예열기
② 과열기
③ 재생기
④ 재열기

🔍 저온부식 : 주로 연도에서 발생하는 부식으로 절탄기나 공기예열기 등에 발생한다.

28 비점이 낮은 물질인 수은, 다우섬 등을 사용하여 저압에서도 고온을 얻을 수 있는 보일러는?

① 관류식 보일러
② 열매체식 보일러
③ 노통연관식 보일러
④ 자연순환 수관식 보일러

🔍 열매체 보일러 : 저압에서 고온을 얻기 위한 보일러로 다우섬, 수은 카네크롤, 모빌썸, 세큐리티 등이 있다.

29 어떤 보일러의 연소효율이 92%, 전열효율이 85% 이면 보일러 효율은?

① 73.2% ② 74.8%
③ 78.2% ④ 82.8%

🔍 $0.92 \times 0.85 \times 100 = 78.2\%$

30 온수온돌 방수처리에 대한 설명으로 적절하지 않은 것은?

① 다층건물에 있어서도 전층의 온수온돌에 방수처리를 하는 것이 좋다.
② 방수처리는 내식성이 있는 루핑, 비닐, 방수 몰탈로 하며, 습기가 스며들지 않도록 완전히 밀봉한다.
③ 벽면으로 습기가 올라오는 것을 대비하여 온돌 바닥보다 약 10cm 이상 위까지 방수처리를 하는 것이 좋다.
④ 방수처리를 함으로서 열손실을 감소시킬 수 있다.

🔍 다층건물의 경우 전층에 방수처리를 할 필요가 없다.

31 압력배관용 탄소강관의 KS 규격기호는?

① SPPS ② SPLT
③ SPP   ④ SPPH

🔍 • SPLT : 저온배관용 탄소강관
• SPP : 배관용 탄소강관
• SPPH : 고압배관용 탄소강관

32 중력환수식 온수난방법의 설명으로 틀린 것은?

① 온수의 밀도차에 의해 온수를 순환한다.
② 소규모 주택에 이용한다.
③ 보일러는 최하위 방열기보다 더 낮은 곳에 설치한다.
④ 자연순환식이므로 관경은 작게 하여도 된다.

🔍 자연순환식 : 관경을 크게 하여야 마찰저항이 적어져 물의 순환을 좋게 할 수 있다.

33 전열면적 12m² 인 보일러의 급수밸브의 크기는 호칭 몇 A 이상이어야 하는가?

① 15
② 20
③ 25
④ 32

🔍 급수밸브
• 전열면적 10m² 이하 : 호칭 15A 이상
• 전열면적 10m² 초과 : 호칭 20A 이상

34 보온재의 열전도율과 온도와의 관계를 맞게 설명한 것은?

① 온도가 낮아질수록 열전도율은 커진다.
② 온도가 높아질수록 열전도율은 작아진다.
③ 온도가 높아질수록 열전도율은 커진다.
④ 온도에 관계없이 열전도율은 일정하다.

🔍 보온재의 열전도율은 온도, 비중, 흡습성 등에 비례한다.

35 글랜드 패킹의 종류에 해당되지 않는 것은?

① 편조 패킹
② 액상 합성수지 패킹
③ 플라스틱 패킹
④ 메탈 패킹

🔍 액상 합성수지 패킹 : 나사용 패킹

36 배관 중간이나 밸브, 펌프, 열교환기 등의 접촉을 위해 사용되는 이음쇠로서 분해, 조립이 필요한 경우에 사용 되는 것은?

① 밴드
② 리듀셔
③ 플랜지
④ 슬리브

🔍 • 밴드 : 유체의 흐름방향을 전환
• 리듀셔 : 관 줄이개
• 슬리브 : 신축이음

37 급수 중 불순물에 의한 장애나 처리방법에 대한 설명 으로 틀린 것은?

① 현탁고형물의 처리방법에는 침강분리, 여과, 응집침전 등이 있다.
② 경도성분은 이온 교환으로 연화시킨다.
③ 유지류는 거품의 원인이 되나 이온교환수지의 능력을 향상시킨다.
④ 용존산소는 급수계통 및 보일러 본체의 수관을 산화 부식시킨다.

🔍 유지류 : 거품의 원인이 되고 이온교환수지를 오염시켜 이온교환 반응속도를 저하시킨다.

38 난방설비 배관이나 방열기에서 높은 위치에 설치해야 하는 밸브는?

① 공기빼기밸브
② 안전밸브
③ 전자밸브
④ 플로트 밸브

🔍 공기빼기밸브 : 공기의 비중이 가벼워 배관 중 높은 곳에 설치하여 공기를 배출한다.

39 기름 보일러에서 연소 중 화염이 점멸 하는 등 연소 불 안정이 발생하는 경우가 있다. 그 원인으로 가장 거리 가 먼 것은?

① 기름의 점도가 높을 때
② 기름 속에 수분이 혼입되었을 때
③ 연료의 공급상태가 불안정한 때
④ 노내가 부압(負壓)인 상태에서 연소했을 때

🔍 노내가 부압(負壓)이면, 흡입통풍으로 연소상태는 양호해 진다.

40 배관의 관 끝을 막을 때 사용하는 부품은?

① 엘보   ② 소켓
③ 티   ④ 캡

🔍 • 배관의 관 끝을 막을 때 : 캡
• 엘보, 티 등을 막을 때 : 플러그

41 어떤 강철제 증기보일러의 최고사용압력이 0.35MPa 이면 수압시험 압력은?

① 0.35MPa
② 0.5MPa
③ 0.7MPa
④ 0.95MPa

> 수압시험 : 최고사용압력이 0.45 MPa 이하인 경우 최고사용압력의 2배로 시험한다.

42 온수난방 설비의 밀폐식 팽창탱크에 설치되지 않는 것은?

① 수위계
② 압력계
③ 배기관
④ 안전밸브

> 배기관 : 공기빼기 관으로 개방식 팽창탱크에 설치한다.

43 다른 보온재에 비하여 단열효과가 낮으며, 500℃ 이하의 파이프, 탱크, 노벽 등에 사용하는 보온재는?

① 규조토
② 암면
③ 기포성 수지
④ 탄산마그네슘

> 규조토
> • 물반죽 보온재로 단열효과가 낮아 두껍게 시공을 한다.
> • 안전사용온도 500℃

44 진공환수식 증기난방 배관시공에 관한 설명으로 틀린 것은?

① 증기주관은 흐름방향에 1/200~1/300의 앞내림 기울기로 하고 도중에 수직 상향부가 필요한 때 트랩장치를 한다.
② 방열기 분기관 등에서 앞단에 트랩장치가 없을 때에는 1/50~1/100의 앞올림 기울기로 하여 응축수를 주관에 역류시킨다.
③ 환수관에 수직 상향부가 필요한 때에는 리프트 피팅을 써서 응축수기 위쪽으로 배출되게 한다.
④ 리프트 피팅은 될 수 있으면 사용개소를 많게 하고 1단을 2.5m 이내로 한다.

> 리프트 피팅 : 1단 높이 1.5m 이내

45 보일러의 내부부식에 속하지 않는 것은?

① 점식
② 구식
③ 알칼리 부식
④ 고온부식

> 고온부식 : 외부부식으로 연료성분 중 회분(바나듐)에 의한 부식

46 보일러 성능시험에서 강철제 증기보일러의 증기건도는 몇 % 이상이어야 하는가?

① 89
② 93
③ 95
④ 98

47 보일러 사고 원인 중 보일러 취급상의 사고원인이 아닌 것인?

① 재료 및 설계불량
② 사용압력 초과 운전
③ 저수위 운전
④ 급수처리 불량

> 사고 원인
> • 제작상 원인 : 재료불량, 설계 및 구조불량, 강도부족, 용접불량 등
> • 취급상 원인 : 압력초과, 저수위, 노내 폭발 및 역화, 과열, 급수처리 불량, 부식 등

48 실내의 천장 높이가 12m인 극장에 대한 증기난방설비를 설계 하고자 한다. 이때의 난방부하 계산을 위한 실내평균온도는?(단, 호흡선 1.5m 에서의 실내온도는 18℃ 이다)

① 23.5℃
② 26.1℃
③ 29.8℃
④ 32.7℃

> 실내평균온도 = t+0.05×t×(h−3)
> = 18+0.05×18×(12−3) = 26.1

49 보일러 강판의 가성취화 현상의 특징에 관한 설명으로 틀린 것은?

① 고압보일러에서 보일러수의 알칼리 농도가 높은 경우에 발생한다.
② 발생하는 장소로는 수면상부의 리벳과 리벳사이에 발생하기 쉽다.
③ 발생하는 장소로는 관 구멍 등 응력이 집중하는 곳의 틈이 많은 곳이다.
④ 외견상 부식성이 없고, 극히 미세한 불규칙인 방사상 형태를 하고 있다.

🔍 가성취화 : 보일러수의 알칼리도가 높은 경우에 리벳 이음판의 중첩부의 틈새 사이나 리벳 머리의 아래쪽에 보일러수가 침입하여 알칼리 성분이 가열에 의해 농축되고, 이 알칼리와 이음부 등의 반복 응력의 영향으로 재료의 결정입계에 따라 균열이 생기는 열화 현상을 말한다.

50 보일러에서 발생한 증기를 송기할 때의 주의사항으로 틀린 것은?

① 주증기관 내의 응축수를 배출시킨다.
② 주증기 밸브를 서서히 연다.
③ 송기한 후에 압력계의 증기압 변동에 주의한다.
④ 송기한 후에 밸브의 개폐상태에 대한 이상 유무를 점검하고 드레인 밸브를 열어 놓는다.

🔍 증기를 송기 후 드레인 밸브는 닫아 놓는다.

51 증기트랩을 기계식, 온도조절식, 열역학적 트랩으로 구분할 때 온도조절식 트랩에 해당하는 것은?

① 버킷 트랩　　② 플로트 트랩
③ 열동식 트랩　④ 디스크형 트랩

🔍 • 기계식 : 플로트식, 버켓식
• 온도조절 : 바이메탈, 벨로즈(열동식)
• 열역학적 성질 : 디스크, 오리피스

52 보일러 전열면의 과열 방지대책으로 틀린 것은?

① 보일러 내의 스케일을 제거한다.
② 다량의 불순물로 인해 보일러수가 농축되지 않게 한다.
③ 보일러의 수위가 안전 저수위 이하가 되지 않도록 한다.
④ 화염을 국부적으로 집중 가열한다.

🔍 화염을 국부적으로 집중 가열하면 전열면의 과열을 초래한다.

53 난방부하가 2250 kcal/h인 경우 온수방열기의 방열면적은?(단, 방열기의 방열량은 표준방열량으로 한다)

① $3.5m^2$　　② $4.5m^2$
③ $5.0m^2$　　④ $8.3m^2$

🔍 방열면적 = $\frac{난방부하}{방열량}$ = $\frac{2250}{450}$ = $5m^2$

54 증기난방에서 환수관의 수평배관에서 관경이 가늘어지는 경우 편심 리듀셔를 사용하는 이유로 적합한 것은?

① 응축수의 순환을 억제하기 위하여
② 관의 열팽창을 방지하기 위해
③ 동심 리듀셔보다 시공을 단축하기 위해
④ 응축수의 체류를 방지하기 위해

🔍 편심 리듀셔를 사용하면 선 상향구배로 하여 응축수의 체류를 방지하고 물의 순환을 좋게 한다.

55 에너지이용 합리화법상 시공업자의 단체설립, 정관의 기재사항과 감독에 관하여 필요한 사항을 누구의 령으로 정하는가?

① 대통령령　　　② 산업통상자원부령
③ 고용노동부령　④ 환경부령

🔍 시공업자는 품위 유지, 기술 향상, 시공방법 개선, 그 밖에 시공업의 건전한 발전을 위하여 산업통상자원부장관의 인가를 받아 시공업자단체를 설립할 수 있으며, 시공업자단체의 설립, 정관의 기재사항과 감독에 관하여 필요한 사항은 대통령령으로 정한다.

56 에너지이용 합리화법상 열사용기자재가 아닌 것은?

① 강철제보일러　② 구멍탄용 온수보일러
③ 전기순간 온수기　④ 2종 압력용기

🔍 열사용기자재 : 강철제보일러, 주철제보일러, 가스용 온수보일러, 압력용기, 철금속 가열로 등

57 다음 에너지이용 합리화법의 목적에 관한 내용이다. (　)안의 A, B에 각각 들어갈 용어로 옳은 것은?

> 에너지이용 합리화법은 에너지의 수급을 안정시키고 에너지의 합리적이고 효율적인 이용을 증진하며 에너지 소비로 인한 (A)을(를) 줄 임으로서 국민경제의 건전한 발전 및 국민복지의 증진과 (B)의 최소화에 이바지함을 목적으로 한다.

① A = 환경파괴,　　B = 온실가스
② A = 자연파괴,　　B = 환경피해
③ A = 환경피해,　　B = 지구온난화
④ A = 온실가스배출,　B = 환경파괴

58 에너지이용 합리화법에 따라 고효율 에너지 인증대상 기자재에 포함되지 않는 것은?

① 펌프　　　　② 전력용 변압기
③ LED 조명기기　④ 산업건물용 보일러

🔍 고효율에너지인증대상기자재
  • 펌프
  • 산업건물용 보일러
  • 무정전전원장치
  • 폐열회수형 환기장치
  • 발광다이오드(LED) 등 조명기기

59 에너지법에 따라 에너지기술개발 사업비의 사업에 대한 지원항목에 해당되지 않는 것은?

① 에너지기술의 연구 · 개발에 관한 사항
② 에너지기술에 관한 국내협력에 관한 사항
③ 에너지기술의 수요조사에 관한 사항
④ 에너지에 관한 연구인력 양성에 관한 사항

🔍 에너지기술개발사업비의 사업에 대한 지원항목
  • 에너지기술의 연구 · 개발에 관한 사항
  • 에너지기술의 수요 조사에 관한 사항
  • 에너지사용기자재와 에너지공급설비 및 그 부품에 관한 기술개발에 관한 사항
  • 에너지기술 개발 성과의 보급 및 홍보에 관한 사항
  • 에너지기술에 관한 국제협력에 관한 사항
  • 에너지에 관한 연구인력 양성에 관한 사항
  • 에너지 사용에 따른 대기오염을 줄이기 위한 기술개발에 관한 사항
  • 온실가스 배출을 줄이기 위한 기술개발에 관한 사항
  • 에너지기술에 관한 정보의 수집 · 분석 및 제공과 이와 관련된 학술활동에 관한 사항
  • 한국에너지기술평가원의 에너지기술개발사업 관리에 관한 사항

60 에너지이용 합리화법에 따라 검사에 합격하지 아니한 검사대상기기를 사용한 자에 대한 벌칙은?

① 6개월 이하의 징역 또는 5백만원 이하의 벌금
② 1년 이하의 징역 또는 1천만원 이하의 벌금
③ 2년 이하의 징역 또는 2천만원 이하의 벌금
④ 3년 이하의 징역 또는 3천만원 이하의 벌금

🔍 1년 이하의 징역 또는 1천만원 이하의 벌금
  • 검사대상기기의 검사를 받지 아니한 자
  • 불합격한 검사대상기기를 사용한 자
  • 검사를 받지 않고 검사대상기기를 수입한 자

정답 2016년 3회

01 ①	02 ①	03 ②	04 ④	05 ②
06 ②	07 ③	08 ②	09 ①	10 ④
11 ②	12 ①	13 ④	14 ①	15 ④
16 ③	17 ②	18 ④	19 ④	20 ①
21 ①	22 ②	23 ④	24 ②	25 ①
26 ④	27 ①	28 ②	29 ③	30 ①
31 ①	32 ④	33 ①	34 ③	35 ②
36 ③	37 ③	38 ①	39 ③	40 ④
41 ③	42 ②	43 ①	44 ④	45 ④
46 ④	47 ①	48 ②	49 ②	50 ④
51 ①	52 ④	53 ③	54 ②	55 ①
56 ③	57 ③	58 ②	59 ②	60 ②

CHAPTER 05

Craftsman Energy Management

CBT 대비 적중모의고사

1회 CBT 대비 적중모의고사

01 증기의 과열도를 옳게 표현한 것은?

① 과열도 = 포화증기온도 – 과열증기온도
② 과열도 = 포화증기온도 – 압축수의 온도
③ 과열도 = 과열증기온도 – 압축수의 온도
④ 과열도 = 과열증기온도 – 포화증기온도

🔍 과열도 : 과열증기온도와 포화증기온도와의 차

02 물체의 온도를 변화시키지 않고 상(相) 변화를 일으키는데만 사용되는 열량은?

① 감열   ② 비열
③ 현열   ④ 잠열

🔍 • 잠열 : 온도변화 없이 상태변화에 필요한 열
• 현열 : 상태변화 없이 온도변화에 필요한 열

03 압력에 대한 설명으로 옳은 것은?

① 단위 면적당 작용하는 힘이다.
② 단위 부피당 작용하는 힘이다.
③ 물체의 무게를 비중량으로 나눈 값이다.
④ 물체의 무게에 비중량을 곱한 값이다.

🔍 압력 : 단위 면적당 작용하는 힘(= $\frac{하중}{면적}$)
($kg/m^2 = kg/m^3 \times m$, 압력 = 비중량 × 높이)

04 보일러의 상당증발량이 1265kg/h, 증기엔탈피 650 kcal/kg, 급수온도 30℃일 때, 시간당 실제증발량 (kg/h)은?

① 1000kg/h   ② 1100kg/h
③ 1200kg/h   ④ 1300kg/h

🔍 • 상당증발량 = $\frac{실제증발량 \times (h'' - h')}{539}$
• 실제증발량 = $\frac{1265 \times 539}{650 - 30} = 1099.7 kg/h$

05 보일러 1마력에 대한 표시로 옳은 것은?

① 전열면적 15.65m^2
② 상당증발량 15.65kg/h
③ 실제증발량 15.65kg/h
④ 열량 15.65kcal/h

🔍 1보일러 마력
• 상당증발량 : 15.65kg/h
• 열량 : 8435kcal/h

06 보일러 윈드박스 주위에 설치되는 장치 또는 부품과 가장 거리가 먼 것은?

① 공기예열기   ② 화염검출기
③ 착화버너   ④ 투시구

🔍 공기예열기 : 배기가스의 손실열을 이용하여 연소용 공기를 예열하는 장치로 연도에 설치된다.

07 연관보일러에서 연관에 대한 설명으로 옳은 것은?

① 관의 내부로 연소가스가 지나가는 관
② 관의 외부로 연소가스가 지나가는 관
③ 관의 내부로 증기가 지나가는 관
④ 관의 내부로 물이 지나가는 관

🔍 연관 : 관 내부의 연소가스로 관 외부의 물을 가열시키는 관

08 벽체의 열전도율이 0.02kcal/mh℃, 벽체의 두께 13mm, 벽체의 면적 10m^2일 때, 벽체의 내·외부온도 차가 180℃이다. 이 벽체의 전열량(kcal/h)은?

① 155kcal/h   ② 277kcal/h
③ 576kcal/h   ④ 1027kcal/h

🔍 $Q = \frac{\lambda}{\ell} \times A \times (t_1 - t_2)$
$= \frac{0.02}{0.013} \times 10 \times 180 = 276.92 kcal/h$

09 고압관과 저압관 사이에 설치하여 고압 측의 압력 변화 및 증기 사용량 변화에 관계없이 저압 측의 압력을 일정하게 유지시켜 주는 밸브는?

① 감압 밸브　　② 온도조절 밸브
③ 안전 밸브　　④ 플로트 밸브

🔍 감압밸브 : 고압의 증기를 저압으로 낮추어 저압측의 압력을 일정하기 유지하기 위한 장치

10 급유장치에서 보일러 가동 중 연소의 소화, 압력초과 등 이상 현상 발생 시 긴급히 연료를 차단하는 것은?

① 압력조절 스위치　　② 압력제한 스위치
③ 감압밸브　　④ 전자밸브

🔍 전자밸브(긴급연료차단밸브) : 보일러운전 중 저수위, 압력초과, 불착화 등 이상이 발생하였을 때 연료공급을 자동으로 차단하는 장치

11 증기, 물, 기름배관 등에 사용되며 관내의 이물질, 찌꺼기 등을 제거할 목적으로 사용되는 것은?

① 플로트 밸브　　② 스트레이너
③ 세정 밸브　　④ 분수 밸브

🔍 스트레이너(여과기) : 부속장치의 입구에 설치하여 유체 중 이물질 등을 제거하여 부속 장치를 보호하기 위해 설치

12 보일러 분출작업 시의 주의사항으로 틀린 것은?

① 안전저수위 이하로 내려가지 않도록 한다.
② 2인 1조가 되어 분출작업을 한다.
③ 2대의 보일러를 동시에 분출시켜서는 안 된다.
④ 연속운전인 보일러에는 부하가 가장 클 때 실시한다.

🔍 분출 : 계속 운전 중인 보일러는 부하가 가장 가벼울 때 실시한다.

13 전열면적이 10m² 이상 15m² 미만인 강철제 온수발생 보일러의 방출관의 안지름은 몇 mm 이상으로 해야 하는가?

① 25　　② 30
③ 40　　④ 50

🔍 방출관의 안지름
• 전열면적 10m² 미만 : 관경 25mm 이상
• 전열면적 10m² 이상 15m² 미만 : 관경 30mm 이상
• 전열면적 15m² 이상 20m² 미만 : 관경 40mm 이상
• 전열면적 20m² 이상 : 관경 50mm 이상

14 열가스 흐름에 의한 과열기의 종류 중 연소가스와 포화증기가 동일방향으로 접촉되는 형식은?

① 병류식　　② 접촉식
③ 향류식　　④ 혼류식

🔍 열가스 흐름에 의한 과열기의 종류
• 병류형 : 연소가스와 증기가 동일 방향으로 접촉되는 형식
• 향류형 : 연소가스와 증기가 반대 방향으로 접촉되는 형식

15 보일러 급수 중 Fe, Mn, CO_2를 많이 함유하고 있는 경우의 급수처리 방법으로 가장 적합한 것은?

① 분사법　　② 기폭법
③ 침강법　　④ 가열법

🔍 • 기폭법 : 수 중의 CO_2 및 금속성분(Fe, Mn) 등을 처리하는 방법
• 탈기법 : 수 중의 용존산소(O_2) 처리방법
• 현탁질 고형분 처리방법 : 여과법, 침강법, 응집법

16 기름예열기에 대한 설명 중 옳은 것은?

① 가열온도가 낮으면 기름분해와 분무상태가 불량하고 분사각도가 나빠진다.
② 가열온도가 높으면 불길이 한 쪽으로 치우쳐 그을음, 분진이 일어나며 무화상태가 나빠진다.
③ 서비스탱크에서 점도가 떨어진 기름을 무화에 적당한 온도로 가열시키는 장치이다.
④ 기름예열기에서의 가열온도는 인화점보다 약간 높게 한다.

🔍 기름예열기(오일프리히터) : 중유를 예열하여 점도를 낮추고 무화를 좋게하기 위해 설치
• 가열온도가 낮으면 : 불길이 한 쪽으로 치우쳐 그을음, 분진이 일어나며 무화상태가 나빠진다.
• 가열온도가 높으면 : 기름분해와 분무상태가 불량하고 분사각도가 나빠진다.

17 가동 중인 보일러를 정지시킬 때 일반적으로 가장 마지막에 조치해야 할 사항은?

① 증기 밸브를 닫고, 드레인 밸브를 연다.
② 연료의 공급을 정지한다.
③ 공기의 공급을 정지한다.
④ 댐퍼를 닫는다.

- 정지 시 가장 먼저 취할 조치 : 연료의 공급을 먼저 정지하고, 공기의 공급을 정지한다.
- 정지 시 가장 나중에 취할 조치 : 연도댐퍼를 닫는다.

18 공기예열기의 종류에 속하지 않는 것은?

① 전열식   ② 재생식
③ 증기식   ④ 방사식

- 공기예열기의 종류
  - 전열방식에 따라 : 전열식, 재생식, 히트파이프식
  - 열매에 따라 : 전기식, 증기식, 가스식

19 집진 효율이 대단히 좋고, 0.5㎛ 이하 정도의 미세한 입자도 처리할 수 있는 집진장치는?

① 관성력 집진기
② 전기식 집진기
③ 원심력 집진기
④ 멀티사이크론식 집진기

- 전기식 집진장치 : 집진효율이 높고, 미세입자의 제거가 용이하다.

20 보일러의 연소장치에서 통풍력을 크게 하는 조건으로 틀린 것은?

① 연돌의 높이를 높인다.
② 배기가스 온도를 높인다.
③ 연도의 굴곡부를 줄인다.
④ 연돌의 단면적을 줄인다.

- 통풍력을 높게 하는 조건
  - 연돌의 높이를 높인다.
  - 배기가스 온도를 높인다.
  - 연돌의 단면적을 크게 한다.
  - 연도의 길이는 짧게, 굴곡부는 적게한다.

21 보일러 자동연소제어(A.C.C)의 조작량에 해당하지 않는 것은?

① 연소 가스량   ② 공기량
③ 연료량   ④ 급수량

- 자동연소제어의 조작량 : 연료량, 공기량, 연소 가스량

22 다음 중 수트 블로워의 종류가 아닌 것은?

① 장발형   ② 건타입형
③ 정치회전형   ④ 콤버스터형

- 슈트 블로워의 종류 : 롱 랙트렉터블형(장발형), 쇼트 랙트렉터블형, 건타입형, 로터리(회전)형, 공기예열기 크리너형 등

23 보일러의 자동연소제어와 관련이 없는 것은?

① 증기압력 제어   ② 온수온도 제어
③ 노내압 제어   ④ 수위 제어

- 수위 제어 : 급수제어(F.W.C)에 적용된다.

24 제어장치에서 인터록(inter lock)이란?

① 정해진 순서에 따라 차례로 동작이 진행되는 것
② 구비조건에 맞지 않을 때 작동을 정지시키는 것
③ 증기압력의 연료량, 공기량을 조절하는 것
④ 제어량과 목표치를 비교하여 동작시키는 것

- 인터록
  - 어떤 조건이 충족되지 않을 때 다음 동작을 멈추게 하는 장치
  - 종류 : 압력초과, 저수위, 불착화, 저연소, 프리퍼지 인터록 등

25 액체연료 중 경질유에 주로 사용하는 기화연소 방식의 종류에 해당하지 않는 것은?

① 포트식   ② 심지식
③ 증발식   ④ 무화식

- 액체연료 연소방법
  - 경질유 : 증발연소
  - 중질유 : 무화연소

26 연료의 인화점에 대한 설명으로 가장 옳은 것은?

① 가연물을 공기 중에서 가열했을 때 외부로부터 점화원 없이 발화하여 연소를 일으키는 최저온도
② 가연성 물질이 공기 중의 산소와 혼합하여 연소할 경우에 필요한 혼합가스의 농도 범위
③ 가연성 액체의 증기 등이 불씨에 의해 불이 붙는 최저온도
④ 연료의 연소를 계속시키기 위한 온도

🔍 • 인화점 : 가연성 액체의 증기 등이 불씨에 의해 불이 붙는 최저온도
• 착화점 : 가연물을 공기 중에서 가열했을 때 외부로부터 점화원 없이 발화하여 연소를 일으키는 최저온도

27 보일러 연료의 구비조건으로 틀린 것은?

① 공기 중에 쉽게 연소할 것
② 단위 중량당 발열량이 클 것
③ 연소 시 회분 배출량이 많을 것
④ 저장이나 운반, 취급이 용이할 것

🔍 연료 중 회분이 많으면 고온부식, 매연발생, 발열량 저하 등의 장애가 발생한다.

28 링겔만 농도표는 무엇을 계측하는데 사용되는가?

① 배출가스의 매연 농도
② 중유 중의 유황 농도
③ 미분탄의 입도
④ 보일러 수의 고형물 농도

🔍 링겔만 농도표 : 배출가스의 매연 농도 측정 결과로 공기량을 조절하여 연소상태를 좋게 하기 위한 장치(종류 : 6 종류)

29 공기비를 m, 이론 공기량을 Ao라고 할 때, 실제 공기량 A를 계산하는 식은?

① $A = m \cdot Ao$
② $A = m / Ao$
③ $A = 1 / (m \cdot Ao)$
④ $A = Ao - m$

🔍 공기비(m) = $\frac{A}{A_0}$ ∴ $A = m \cdot Ao$

30 배기가스 중에 함유되어 있는 CO_2, O_2, CO 등 3가지 성분을 순서대로 측정하는 가스 분석계는?

① 전기식 CO_2계
② 헴펠식 가스 분석계
③ 오르자트 가스 분석계
④ 가스크로마토그래피 가스 분석계

🔍 오르자트 가스 분석계 : 흡수액을 이용하여 CO_2-O_2-CO의 순서로 분석하는 화학적 가스 분석기

31 보일러용 오일 연료에서 성분분석 결과 수소 12.0%, 수분 0.3%라면, 저위발열량은?(단, 연료의 고위발열량은 10600kcal/kg이다.)

① 6500kcal/kg
② 7600kcal/kg
③ 8950kcal/kg
④ 9950kcal/kg

🔍 $H_\ell = H_h - 600 \times (9h + w)$
$= 10600 - 600 \times (9 \times 0.12 + 0.003)$
$= 9950.2 kcal/kg$

32 보일러 급수 중의 용존(용해) 고형물을 처리하는 방법으로 부적합한 것은?

① 증류법
② 응집법
③ 약품 첨가법
④ 이온 교환법

🔍 현탁질 고형분 처리방법 : 여과법, 침강법, 응집법

33 증기 보일러의 효율 계산식을 바르게 나타낸 것은?

① 효율(%) = $\frac{\text{상당증발량} \times 538.8}{\text{연료소비량} \times \text{연료의 발열량}} \times 100$

② 효율(%) = $\frac{\text{실제증발량} \times 538.8}{\text{연료소비량} \times \text{연료의 비중}} \times 100$

③ 효율(%) = $\frac{\text{상당증발량} \times \text{증기엔탈피}}{\text{연료소비량} \times \text{연료의 발열량}} \times 100$

④ 효율(%) = $\frac{\text{발생증기 보유열}}{\text{연료 사용량}} \times 100$

🔍 효율(%) = $\frac{\text{실제증발량} \times (h'' - h')}{\text{연료사용량} \times \text{연료발열량}} \times 100$
= $\frac{\text{상당증발량} \times 538.8}{\text{연료사용량} \times \text{연료의 발열량}} \times 100$

34 고체연료와 비교하여 액체연료 사용 시의 장점을 잘못 설명한 것은?

① 인화의 위험성이 없으며 역화가 발생하지 않는다.
② 그을음이 적게 발생하고 연소효율도 높다.
③ 품질이 비교적 균일하며 발열량이 크다.
④ 저장 및 운반 취급이 용이하다.

🔍 액체연료 : 인화점이 낮고 역화의 위험이 크다.

35 가스버너 연소방식 중 예혼합 연소방식이 아닌 것은?

① 저압버너
② 포트형 버너
③ 고압버너
④ 송풍버너

🔍 • 예혼합 연소방식 : 저압버너, 고압버너, 송풍버너
　• 확산연소방식 : 버너형, 포트형 등

36 연료의 완전연소를 위한 구비조건으로 틀린 것은?

① 연소실 내의 온도는 가급적 낮게 유지할 것
② 연료와 공기의 혼합이 잘 이루어지도록 할 것
③ 연료와 연소장치가 맞을 것
④ 공급 공기를 충분히 예열시킬 것

🔍 완전연소의 조건 : 연소실 내의 온도는 높게 유지할 것

37 보일러를 계획적으로 관리하기 위해서는 연간계획 및 일상보전계획을 세워 이에 따라 관리를 하는데 연간계획에 포함할 사항과 가장 거리가 먼 것은?

① 급수계획
② 점검계획
③ 정비계획
④ 운전계획

🔍 일상보전계획 : 운전계획, 점검계획, 정비계획 등의 계획으로 수명연장을 도모한다.

38 보일러 운전 중 연도 내에서 폭발이 발생하면 제일 먼저 해야 할 일은?

① 급수를 중단한다.
② 증기밸브를 잠근다.
③ 송풍기 가동을 중지한다.
④ 연료공급을 차단하고 가동을 중지한다.

🔍 연도 내에서 폭발이 발생하면 사고를 방지하기 위해 연료공급을 차단하고 가동을 중지한다.

39 일반적으로 보일러 동(드럼) 내부에는 물이 드럼의 어느 정도로 채워야 하는가?

① $\frac{1}{4} \sim \frac{1}{3}$
② $\frac{1}{6} \sim \frac{1}{5}$
③ $\frac{1}{4} \sim \frac{2}{5}$
④ $\frac{2}{3} \sim \frac{4}{5}$

🔍 보일러 내의 수부 : 보일러 동체 안지름의 2/3 ~ 4/5 정도이다.

40 벨로즈형 신축이음쇠에 대한 설명으로 틀린 것은?

① 설치 공간을 넓게 차지하지 않는다.
② 고온, 고압의 옥내배관에 적당하다.
③ 일명 팩레스(packless)신축이음쇠 라고도 한다.
④ 벨로우즈는 부식되지 않는 스테인리스, 청동 제품 등을 사용한다.

🔍 벨로즈형 : 설치에 장소를 크게 차지하지 않고 응력발생은 없으나, 고온 고압배관에 부적당하다.

41 다음 중 수면계의 기능시험을 실시해야 할 시기로 옳지 않은 것은?

① 보일러를 가동하기 전
② 2개의 수면계의 수위가 동일할 때
③ 수면계 유리의 교체 또는 보수를 행하였을 때
④ 프라이밍, 포밍 등이 생길 때

🔍 수면계의 기능시험 시기 : 2개의 수면계의 수위가 서로 차이가 날 때

42 보일러 단기보존법으로 맞는 것은?

① 소다 만수보존
② 가열 건조보존
③ 석회 밀폐 건조보존
④ 질소가스 봉입법

🔍 단기보존법 : 보통 만수보존, 가열 건조보존

43 밀폐식 팽창탱크에 대한 설명으로 틀린 것은?

① 밀폐형 팽창탱크는 주로 고온수 난방에서 사용한다.
② 밀폐형 팽창탱크 상부에는 배기관을 구비한다.
③ 밀폐형 팽창탱크에는 수면계를 구비한다.
④ 밀폐형 팽창탱크는 개방식 팽창탱크에 비하여 적어도 된다.

🔍 개방형 팽창탱크인 경우 상부에 배기관을 구비하여야 한다.

44 보일러에서 포밍이 발생하는 경우로 거리가 먼 것은?

① 증기의 부하가 너무 적을 때
② 보일러수가 너무 농축되었을 때
③ 수위가 너무 높을 때
④ 보일러수 중에 유지분이 다량 함유되었을 때

🔍 프라이밍, 포밍 : 보일러 부하가 과부하일 때 발생한다.

45 보일러설치기술규격(KBI)에 따라 열매체유 팽창탱크의 공간부에는 열매체의 노화를 방지하기 위해 N_2가스를 봉입하는데 이 가스의 압력이 너무 높게 되지 않도록 설정하는 팽창탱크의 최소체적(V_T)을 구하는 식으로 옳은 것은?(단, V_e는 승온시 시스템 내의 열매체유 팽창량(L)이고, V_M은 상온시 탱크내 열매체유 보유량(L)이다)

① $V_T = V_e + 2V_M$ ② $V_T = 2V_e + V_M$
③ $V_T = =2V_e + 2V_M$ ④ $V_T = 3V_e + V_M$

🔍 • 팽창탱크의 최소체적(V_T) = $2V_e + V_M$
• 팽창탱크의 연결배관은 열매체유 순환펌프의 흡입배관에 연결한다.

46 보일러 내처리 중 가성취화방지, 탈산소, 슬러지 조정을 목적으로 하는 약품이 아닌 것은?

① 탄닌   ② 수산화나트륨
③ 질산나트륨 ④ 인산나프륨

🔍 수산화나트륨 : 과잉으로 사용하면 알칼리 성분이 농축되어 가성취화가 발생한다.

47 가동 보일러의 스케일과 부식물 제거를 위한 산세척 처리 순서로 올바른 것은?

① 전처리 → 수세 → 산액처리 → 수세 → 중화 · 방청처리
② 수세 → 산액처리 → 전처리 → 수세 → 중화 · 방청처리
③ 전처리 → 중화 · 방청치리 → 수세 → 산액처리 → 수세
④ 전처리 → 수세 → 중화 · 방청처리 → 수세 → 산액처리

🔍 전처리 → 수세 → 산액처리 → 수세 → 중화 · 방청처리

48 수격작용을 방지하기 위한 조치로 거리가 먼 것은?

① 송기에 앞서서 관을 충분히 데운다.
② 송기할 때 주증기 밸브는 급히 열지 않고 천천히 연다.
③ 증기관은 증기가 흐르는 방향으로 경사가 지도록 한다.
④ 증기관에 드레인이 고이도록 중간을 낮게 배관한다.

🔍 수격작용의 방지 조치 : 증기관에 드레인이 고이지 않도록 증기가 흐르는 방향으로 경사가 지도록 한다.

49 보일러수의 수압시험을 하는 주된 목적은?

① 제한압력을 결정하기 위하여
② 열효율을 측정하기 위하여
③ 균열의 여부를 알기 위하여
④ 설계의 양부를 알기 위하여

🔍 수압시험 : 배관 및 용접이음의 변형 및 균열의 여부를 알기 위하여

50 다음의 보온재의 종류 중 안전사용(최고)온도(℃)가 가장 낮은 것은?

① 펄라이트 보온판·통
② 탄화코르크 판
③ 글라스울 블랭킷
④ 내화단열벽돌

> 보온재의 안전사용온도
> • 펄라이트 보온판·통 : 600℃
> • 탄화코르크 판 : 130℃
> • 글라스울 블랭킷 : 300℃
> • 내화단열벽돌 : 900~1500℃

51 배관 보온재의 선정 시 고려해야 할 사항으로 가장 거리가 먼 것은?

① 안전사용 온도 범위   ② 보온재의 가격
③ 해체의 편리성   ④ 공사 현장의 작업성

> 보온재의 선정 시 고려해야 할 사항
> • 안전사용 온도 범위
> • 보온재의 가격
> • 공사 현장의 작업성
> • 내구성 및 가공성
> • 비중이 가볍고, 흡수성이 적을 것

52 관의 접속상태·결합방식의 표시방법에서 용접이음을 나타내는 그림기호로 맞는 것은?

① ─┼─   ② ─┤┤┤─
③ ─●─   ④ ─┤┤─

> • ─┼─ : 나사이음
> • ─┤┤┤─ : 유니온
> • ─┤┤─ : 플랜지

53 파이프 커터로 관을 절단하면 안으로 거스러미(burr)가 생기는데 이것을 능률적으로 제거하는데 사용되는 공구는?

① 다이 스토크   ② 사각줄
③ 파이프 리머   ④ 체인 파이프렌치

> 파이프 리머 : 절단면의 관내에 발생하는 거스러미(burr)를 제거하는 공구

54 콘크리트 벽이나 바닥 등의 배관이 관통하는 곳에 관의 보호를 위하여 사용하는 것은?

① 슬리브
② 보온재료
③ 행거
④ 신축곡관

> 슬리브 : 배관이 벽이나 바닥 등에 관통할 때 콘크리트를 하기 전 관의 보호를 위하여 슬리브를 설치한다. 슬리브의 내경은 관통하는 관의 외경에 피복되는 재료의 두께보다 크게 한다.

55 에너지이용 합리화법규상 냉난방온도제한 건물에 냉난방 제한온도를 적용할 때의 기준으로 옳은 것은? (단, 판매시설 및 공항의 경우는 제외한다)

① 냉방 : 24℃ 이상, 난방 : 18℃ 이하
② 냉방 : 24℃ 이상, 난방 : 20℃ 이하
③ 냉방 : 26℃ 이상, 난방 : 18℃ 이하
④ 냉방 : 26℃ 이상, 난방 : 20℃ 이하

> 냉난방온도의 제한온도 기준
> • 냉방 : 26℃ 이상(판매시설 및 공항의 경우는 25℃ 이상)
> • 난방 : 20℃ 이하

56 에너지이용 합리화법상 산업통상자원부장관이 에너지다소비사업자에게 개선명령을 할 수 있는 경우는 에너지관리 지도 결과 몇 % 이상 에너지 효율개선이 기대되는 경우인가?

① 2%   ② 3%
③ 5%   ④ 10%

> 산업통상자원부장관이 에너지다소비사업자에게 개선명령을 할 수 있는 경우는 에너지관리지도 결과 10% 이상의 에너지효율 개선이 기대되고 효율 개선을 위한 투자의 경제성이 있다고 인정되는 경우로 한다.

57 에너지이용합리화법상 대기전력 경고표지를 하지 아니한 자에 대한 벌칙은?

① 2년 이하의 징역 또는 2천만원 이하의 벌금
② 1년 이하의 징역 또는 1천만원 이하의 벌금
③ 5백만원 이하의 벌금
④ 1천만원 이하의 벌금

> 500만원 이하의 벌금
> • 효율관리기자재에 대한 에너지사용량의 측정결과를 신고하지 아니한 자
> • 대기전력경고표지대상제품에 대한 측정결과를 신고하지 아니한 자
> • 대기전력경고표지를 하지 아니한 자
> • 대기전력저감우수제품임을 표시하거나 거짓 표시를 한 자
> • 대기전력저감대상제품의 사후관리와 관련한 시정명령을 정당한 사유 없이 이행하지 아니한 자
> • 고효율에너지기자재의 인증을 받지 않고 인증 표시를 한 자

58 에너지법에 의거 지역에너지계획을 수립한 시·도지사는 이를 누구에게 제출하여야 하는가?

① 대통령
② 산업통상자원부장관
③ 국토교통부장관
④ 에너지관리공단 이사장

> 지역에너지계획
> • 수립 : 5년 마다, 5년 계획기간 – 시·도지사
> • 제출 : 산업통상자원부장관

59 에너지합리화법에 따라 에너지다소비사업자가 매년 1월 31일까지 신고해야 할 사항과 관계없는 것은?

① 전년도의 분기별 에너지사용량
② 전년도의 분기별 제품생산량
③ 에너지사용기자재의 현황
④ 해당 연도의 에너지관리진단 현황

> 에너지다소비사업자의 신고 사항
> • 전년도의 분기별 에너지사용량·제품생산량
> • 해당 연도의 분기별 에너지사용예정량·제품생산예정량
> • 에너지사용기자재의 현황
> • 전년도의 분기별 에너지이용 합리화 실적 및 해당 연도의 분기별 계획
> • 에너지관리자의 현황

60 에너지이용합리화법상 검사대상기기관리자를 반드시 선임해야함에도 불구하고 선임하지 아니 한 자에 대한 벌칙은?

① 2천만원 이하의 벌금
② 2년 이하의 징역 또는 2천만원 이하의 벌금
③ 1년 이하의 징역 또는 1천만원 이하의 벌금
④ 1천만원 이하의 벌금

> 벌칙
> • 2년 이하의 징역 또는 2천만원 이하의 벌금
>   – 에너지저장시설의 보유 또는 저장의무의 부과시 정당한 이유 없이 이를 거부하거나 이행하지 아니한 자
>   – 에너지 수급안전을 위한 조정·명령 등의 조치를 위반한 자
>   – 공단의 임직원으로 근무하거나 근무하였던 사람이 직무상 알게 된 비밀을 누설하거나 도용한 자
> • 1년 이하의 징역 또는 1천만원 이하의 벌금
>   – 검사대상기기의 검사를 받지 아니한 자
>   – 불합격한 검사대상기기를 사용한 자
>   – 검사를 받지 않고 검사대상기기를 수입한 자
> • 2천만원 이하의 벌금
>   – 기준미달 효율관리기자재의 생산 또는 판매금지명령에 위반한 자
> • 1천만원 이하의 벌금
>   – 검사대상기기관리자를 선임하지 아니한 자
> • 500만원 이하의 벌금
>   – 효율관리기자재에 대한 에너지사용량의 측정결과를 신고하지 아니한 자
>   – 대기전력경고표지대상제품에 대한 측정결과를 신고하지 아니한 자
>   – 대기전력경고표지를 하지 아니한 자
>   – 대기전력저감우수제품임을 표시하거나 거짓 표시를 한 자
>   – 대기전력저감대상제품의 사후관리와 관련한 시정명령을 정당한 사유 없이 이행하지 아니한 자
>   – 고효율에너지기자재의 인증을 받지 않고 인증 표시를 한 자

정답 CBT 대비 적중모의고사 – 1회

01 ④	02 ④	03 ①	04 ②	05 ②
06 ①	07 ①	08 ②	09 ①	10 ④
11 ②	12 ④	13 ②	14 ①	15 ②
16 ③	17 ④	18 ④	19 ③	20 ④
21 ④	22 ②	23 ②	24 ②	25 ④
26 ③	27 ③	28 ②	29 ③	30 ③
31 ④	32 ②	33 ①	34 ②	35 ②
36 ①	37 ③	38 ④	39 ④	40 ②
41 ②	42 ②	43 ②	44 ①	45 ②
46 ②	47 ①	48 ④	49 ③	50 ②
51 ③	52 ②	53 ③	54 ①	55 ④
56 ④	57 ③	58 ②	59 ④	60 ④

2회 CBT 대비 적중모의고사

01 SI 단위표시에서 압력단위 표시방법으로 옳은 것은?

① mmHg/cm²   ② cm²/kg
③ kg/at   ④ N/m²

> 압력 : 단위 면적당 수직으로 작용하는 힘
> $\dfrac{하중}{면적} = \dfrac{kg}{m^2}, \dfrac{kg}{cm^2}, \dfrac{N}{m^2}$
> • 1at = 1kg/cm² = 735.6mmHg = 10mH₂O = 14.2Lb/in²

02 물을 가열하여 증기를 발생시키는 경우 압력을 높이면 그 값이 작아지는 것은?

① 비등점   ② 현열
③ 포화수 엔탈피   ④ 잠열

> 증기압력이 높아지면 : 포화온도가 증가, 포화수 엔탈피 증가, 잠열은 감소, 증기엔탈피는 증가 후 감소

03 −10℃의 얼음 50kg을 100℃의 증기로 만드는데 소요 열량(kcal)은?

① 26950 kcal   ② 31950 kcal
③ 36200 kcal   ④ 41200 kcal

> • 현열 : 50×0.5×10 = 250 kcal
> • 융해잠열 : 50×80 = 4000 kcal
> • 현열 : 50×1×100 = 5000 kcal
> • 증발잠열 : 50×539 = 26950 kcal
> ∴ ① + ② + ③ + ④ = 36200 kcal

04 보일러 마력이란?

① 0℃의 물 539kg을 1시간에 100℃의 증기로 바꿀 수 있는 능력이다.
② 100℃의 물 539kg을 1시간에 같은 온도의 증기로 바꿀 수 있는 능력이다.
③ 100℃의 물 15.65kg을 1시간에 같은 온도의 증기로 바꿀 수 있는 능력이다.
④ 0℃의 물 15.65kg을 1시간에 100℃의 증기로 바꿀 수 있는 능력이다.

> • 보일러 마력 = $\dfrac{상당증발량}{15.65}$
> • 상당증발량 : 100℃의 포화수 1kg을 100℃의 포화증기로 발생한 증기

05 원통형 보일러의 일반적인 특징 설명으로 틀린 것은?

① 보일러 내 보유 수량이 많아 부하변동에 의한 압력 변화가 적다.
② 고압 보일러나 대용량 보일러에는 부적당하다.
③ 구조가 간단하고 정비, 취급이 용이하다.
④ 전열면적이 커서 증기 발생시간이 짧다.

> 원통형 보일러 : 보유수량에 비해 전열면적이 적어 증발이 느리고 열효율이 낮다.

06 보일러 운전 중 팽출이 발생하기 쉬운 곳은?

① 횡형 노통 보일러의 노통
② 입형 보일러의 연소실
③ 횡연관 보일러의 동(drum) 저부
④ 수관 보일러의 연도

> • 팽출
> − 보일러 동체가 과열로 내부압력에 견디지 못하고 외부로 부풀어 나오는 현상
> − 수관 또는 횡연관 보일러의 동 저부에 발생
> • 압궤 : 노통 보일러의 노통에 발생

07 열매체 보일러의 열매체로 사용되지 않는 것은?

① 프레온   ② 모빌썸
③ 수은   ④ 카네크롤

> 열매체의 종류 : 다우삼, 카네크롤, 모빌썸, 수은, 세큐리티 등

08 유류용 온수보일러가 직립형인 경우 연관을 통한 열손실을 방지하기 위하여 연관 내부에 설치하는 것은?

① 배플 플레이트
② 겔로웨이 튜브
③ 프라이밍 관
④ 스테이

> 배플 플레이트 : 연관 내부에 설치하여 연소 가스를 선회시켜 전열을 좋게 하고, 그을음 부착을 방지하고, 가압연소를 위한 장치

09 수직의 다수 강관이나 주철관을 사용하며 배기가스는 관 외부를, 공기는 관 내부를 직각으로 흐르게 하여 관의 열전도로 공기를 가열하는 공기예열기는?

① 판형 공기예열기
② 회전식 공기예열기
③ 관형 공기예열기
④ 증기식 공기예열기

> 공기예열기의 종류
> • 전도식 : 관형, 판형
> • 재생식 : 융그스트룀식
> • 히트 파이프식

10 강철제 증기보일러의 최고사용압력이 0.4MPa인 경우 수압시험 압력은?

① 0.16MPa
② 0.2MPa
③ 0.8MPa
④ 1.2MPa

> 최고사용압력 0.43MPa 이하 → 최고사용압력 × 2배
> • 0.4 × 2 = 0.8MPa

11 보일러의 자동제어 중 제어동작이 연속동작에 해당하지 않는 것은?

① 비례동작   ② 적분동작
③ 미분동작   ④ 다위치 동작

> • 연속동작 : 비례동작, 적분동작, 미분동작
> • 불연속동작 : on – off 동작(2위치 동작)

12 보일러에서 사용하는 급유펌프에 대한 일반적인 설명으로 틀린 것은?

① 급유펌프는 점성을 가진 기름을 이송하므로 기어 펌프나 스크루펌프 등을 주로 사용한다
② 급유탱크에서 버너까지 연료를 공급하는 펌프를 수송펌프(supply pump)라 한다.
③ 급유펌프의 용량은 서비스 탱크를 1시간내에 급유할 수 있는 것으로 한다.
④ 펌프 구동용 전동기는 작동유의 정도를 고려하여 30% 정도 여유를 주어 선정한다.

> • 이송펌프 : 메인탱크의 연료를 서비스 탱크로 운반시키기 위한 펌프
> • 급유펌프 : 서비스탱크의 연료를 버너에 공급하기 위한 펌프.

13 보일러 연료로 사용되는 LNG의 성분 중 함유량이 가장 많은 것은?

① CH_4 ② C_2H_6
③ C_3H_8 ④ C_4H_{10}

> LNG주성분 : 메탄(CH_4 : 90%) + 에탄(C_2H_6 : 10%)

14 자동제어의 블록선도 중 어떤 장치에서 제어량에 대한 희망값 또는 외부로부터 이 제어계에 부여된 값이라고 불리는 것은?

① 조작량
② 검출량
③ 목표값
④ 동작신호 값

> 목표값 : 제어하기 위해 외부로부터 주어진 값

15 다음 중 매연 발생 원인과 가장 거리가 먼 것은?

① 공기비가 1.0 이하일 때
② 공기가 부족한 상태로 연소할 때
③ 연소실의 온도가 현저하게 낮았을 때
④ 프리퍼지가 부족할 때

> 프리퍼지 부족 : 미연가스로 인한 노내폭발의 원인

16 열정산의 방법에서 입열 항목에 속하지 않는 것은?

① 발생증기의 흡수열
② 연료의 연소열
③ 연료의 현열
④ 공기의 현열

> • 출열 : 유효열 + 손실열
> • 유효열 : 발생증기의 흡수열

17 유류 보일러 점화 자동장치의 점화방법 순서로 옳은 것은?

① 송풍기 가동 → 연료펌프 가동 → 프리퍼지 → 점화용 버너 착화 → 주버너 착화
② 연료펌프 가동 → 프리퍼지 → 송풍기 가동 → 점화용 버너 착화 → 주버너 착화
③ 프리퍼지 → 송풍기 가동 → 연료펌프 가동 → 점화용 버너 착화 → 주버너 착화
④ 프리퍼지 → 연료펌프 가동 → 송풍기 가동 → 주버너 착화 → 점화용 버너 착화

> 자동점화의 순서
> 송풍기 가동 → 연료펌프 가동 → 프리퍼지 → 점화용 버너 착화 → 주버너 착화(고연소→저연소)

18 연료를 연소시키는데 필요한 실제공기량과 이론 공기량의 비, 즉 공기비를 m 이라 할 때 다음 식이 뜻하는 것은?

$$(m - 1) \times 100 \, (\%)$$

① 과잉 공기율
② 과소 공기율
③ 이론 공기율
④ 실제 공기율

> • 과잉 공기율 = $(m - 1) \times 100 \, (\%)$
> • 과잉 공기량 = $(m - 1) \times A_0$(이론 공기량)

19 다음의 보기를 참조하여 보일러의 상당증발량을 구하시오.

> • 증발량 : 3500kg/h
> • 증기 엔탈피 : 640kcal/kg
> • 급수온도 : 20℃

① 3396 kg/h   ② 3505 kg/h
③ 4026 kg/h   ④ 4156 kg/h

> 상당증발량 = $\dfrac{\text{실제증발량} \times (\text{증기엔탈피} - \text{급수엔탈피})}{539}$
> = $\dfrac{3500 \times (640 - 20)}{539}$ = 4026kg/h

20 가스연료의 연소에서 불꽃이 염공으로 역화 되는 원인을 표현한 것으로 맞는 것은?

① 가스압이 높을 때
② 1차 공기의 흡인이 적을 때
③ 버너가 과열되었을 때
④ 염공이 작게 되었을 때

> • 염공으로 역화 되는 원인
> - 가스압력이 낮은 경우
> - 버너가 과열된 경우
> - 1차 공기의 흡입이 너무 많은 경우
> - 염공이 크게 된 경우
> • 리프팅 : 염공이 작거나 가스압력이 높을 때 발생

21 다음 중 탄성식 압력계가 아닌 것은?

① 브로돈관식   ② 다이어프램식
③ 환상평형식   ④ 벨로우즈식

> 액주식 압력계 : U자관식, 경사관식, 단관식, 침종식, 환상평형식

22 주철제 보일러인 섹셔널 보일러의 일반적인 조합방법이 아닌 것은?

① 전후조합   ② 좌우조합
③ 맞세움 조합   ④ 상하조합

> 조합방법 : 전후조합, 좌우조합, 맞세움 조합 등

23 어떤 물질 500kg을 20℃에서 50℃로 올리는데 3000kcal의 열량이 필요하였다. 이 물질의 비열은?

① 0.1 kcal/kg · ℃
② 0.2 kcal/kg · ℃
③ 0.3 kcal/kg · ℃
④ 0.4 kcal/kg · ℃

🔍 비열 = kcal/kg℃ = $\frac{3000}{500 \times (50-20)}$ = 0.2

24 보일러 집진장치의 형식과 종류를 서로 짝지은 것으로 틀린 것은?

① 가압수식 - 벤튜리 스크러버
② 여과식 - 타이젠 와셔
③ 원심력식 - 사이클론
④ 전기식 - 코트렐

🔍 • 여과식 : 원통식, 평판식, 역기류분사식
• 타이젠 와셔 : 회전식 습식 집진장치

25 보일러 보존방법 중 동결의 우려가 있는 경우 사용하는 밀폐식 보존법은?

① 건식보존
② 습식보존
③ 만수보존
④ 화학적 보존

🔍 만수 보존법 : 드럼 내에 물을 가득 채워 밀폐 보존하는 방법으로 동파의 위험이 있어 겨울철은 피하고, 여름철 보존 방법

26 자동제어장치 조절기의 에너지 공급원에 따른 분류에 속하지 않는 것은?

① 전기식
② 공기식
③ 유압식
④ 기계식

🔍 자동제어의 신호전달방법 : 전기식, 유압식, 공기압식

27 케비테이션의 발생 원인이 아닌 것은?

① 흡입양정이 지나치게 클 때
② 흡입관의 저항이 작은 경우
③ 유량의 속도가 빠른 경우
④ 관로 내의 온도가 상승되었을 때

🔍 캐비테이션 : 관내 마찰저항이 큰 경우에 발생하는 현상으로 양수능력이 저하되고, 소음, 진동이 발생한다.

28 보일러에서 수압시험을 하는 목적으로 틀린 것은?

① 분출 증기압력을 측정하기 위하여
② 각종 덮개를 장치한 후 기밀도를 확인하기 위하여
③ 수리한 경우 그 부분의 강도나 이상 유무를 판단하기 위하여
④ 구조상 내부검사를 하기 어려운 곳에는 그 상태를 판단하기 위하여

🔍 수압시험 : 배관 및 용접 이음부의 변형 및 이상 유무, 누수 등을 검사하기 위해

29 보일러에서 포밍의 발생 원인이 아닌 것은?

① 보일러 수중에 가스분이 많이 포함될 때
② 보일러 수가 너무 농축되었을 때
③ 수위가 너무 높을 때
④ 보일러수 중에 유지분이 다량 함유될 때

🔍 포밍의 발생원인
• 관수의 농축
• 수중의 유지분
• 고수위 또는 과부하

30 보일러 점화불량의 원인으로 가장 거리가 먼 것은?

① 댐퍼작동 불량
② 파일로트 오일 불량
③ 공기비 조정 불량
④ 점화용 트랜스의 전기 스파크 불량

31 도시가스 배관의 설치에서 배관의 이음부(용접 이음매 제외)의 전기점멸기 및 전기접속기와의 거리는 최소 얼마 이상 유지해야 하는가?

① 10cm
② 15cm
③ 30cm
④ 60cm

> 배관 이음부와 거리
> • 전기계량기 및 전기개폐기와 거리 : 60cm 이상
> • 굴뚝, 전기점멸기 및 전기접속기와 거리 : 30cm 이상
> • 절연전선과 거리 : 10cm 이상

32 천연가스의 설명으로 틀린 것은?

① 탄화수소(메탄)를 주성분으로 한다.
② 화염전파속도가 크고 폭발범위가 매우 크다
③ 성상에 의해 건성가스, 습성가스로 구분된다.
④ -162℃에서 냉각 액화한 LNG라는 것도 있다.

> 천연가스 : 발열량이 높고, 황 성분이 거의 없는 무독성이며, 폭발범위가 좁고 가스비중이 가벼워 위험성이 적은 특징이 있다.

33 보일러 부속장치에 관한 설명으로 틀린 것은?

① 기수분리기 : 증기 중에 혼입된 수분을 분리하는 장치
② 슈트 블로워 : 보일러 동 저면의 스케일, 침전물 등을 밖으로 배출하는 장치
③ 오일 스트레이너 : 연료속의 불순물 방지 및 유량계, 펌프 등의 고장을 방지하는 장치
④ 스팀 트랩 : 응축수를 자동으로 배출하는 장치

> 슈트 블로워 : 증기나 공기를 분사하여 전열면에 부착된 그을음을 제거하여 전열을 좋게 하기 위한 장치

34 상당증발량 6000kg/h, 연료소비량 400kg/h인 보일러의 효율은?(단, 연료의 저위발열량 9700kcal/kg이다)

① 81.5%
② 83.4%
③ 86.3%
④ 92.8%

> 보일러 효율 = $\dfrac{상당증발량 \times 539}{연료사용량 \times 연료발열량} \times 100(\%)$
> = $\dfrac{6000 \times 539}{400 \times 9700} \times 100(\%) = 83.4\%$

35 보일러 운전 중에 연소실에서 연소가 급히 중단되는 현상은?

① 실화
② 역화
③ 무화
④ 매화

> • 실화 : 불이 꺼지는 것
> • 역화 : 노 내의 화염이 버너쪽으로 나오는 것
> • 무화 : 액체 상태를 안개 모양으로 기체화 시키는 것
> • 매화 : 불씨를 묻어 두는 것

36 A, B, C 중유를 분류하는 기준이 무엇인가?

① 인화점
② 착화성
③ 점도
④ 비점

> 중유의 분류
> • 점도에 따라 : A 중유, B 중유, C 중유로 분류
> • A 중유는 점도가 낮아 예열하지 않고, C 중유는 점도가 높아 예열이 필요함

37 보일러 안전관리상 가장 중요한 것은?

① 벙커 C유의 예열
② 안전 저수위 이하로 감수되는 것을 방지
③ 2차 공기의 조절
④ 연도의 저온부식 방지

> 저수위 : 안전저수면 이하로 이상감수 되는 현상으로 전열면이 과열된다.

38 유류 보일러 시스템에서 중유를 사용할 때 흡입측의 여과망 눈 크기로 적합한 것은?

① 1~10mesh
② 20~60mesh
③ 100~150mesh
④ 300~500mesh

> 흡입측 여과망
> • 중유 : 20~60mesh
> • 경유 : 80~120mesh

39 보일러 강판의 가성취화 현상의 특징에 관한 설명으로 틀린 것은?

① 고압보일러에서 보일러수의 알칼리 농도가 높은 경우에 발생한다.
② 발생하는 장소로는 수면상부의 리벳과 리벳사이에 발생하기 쉽다.
③ 발생하는 장소로는 관 구멍 등 응력이 집중하는 곳의 틈이 많은 곳이다.
④ 외견상 부식성이 없고, 극히 미세한 불규칙적인 방사상 형태를 하고 있다.

🔍 가성취화 : 농축알칼리에 의해 수면 아래 물과 접촉에 발생하는 미세한 균열현상

40 다음은 증기보일러를 성능시험하고 결과를 산출하였다. 보일러 효율은?

- 급수온도 : 12℃
- 연료의 저위 발열량 : 10500kcal/Nm³
- 발생증기의 엔탈피 : 663.8kcal/kg
- 연료 사용량 : 373.9Nm³/h
- 증기 발생량 : 5120kg/h
- 보일러 전열면적 : 102m²

① 78%
② 80%
③ 82%
④ 85%

🔍 $n = \dfrac{5120 \times (663.8 - 12)}{373.9 \times 10500} \times 100 = 85\%$

41 가스보일러에서 가스폭발의 예방을 위한 유의사항으로 틀린 것은?

① 가스압력이 적당하고 안정되어 있는지 점검한다.
② 화로 및 굴뚝의 통풍, 환기를 완벽하게 하는 것이 필요하다.
③ 점화용 가스의 종류는 가급적 화력이 낮은 것을 사용한다.
④ 착화 후 연소가 불안정할 때는 즉시 가스공급을 중단한다.

🔍 점화 : 화력이 강한 것으로 빠르게 해야 한다.

42 가스연료 연소장치(버너)의 분류방식이 아닌 것은?

① 연소용 공기 공급 방식
② 공기와 가스의 혼합방식
③ 가스의 예열방식
④ 자동 및 반자동의 운전방식

🔍 가스버너의 분류
- 운전방식에 따라 : 자동과 반자동
- 연소용 공기의 공급 : 적화식과 분젠식
- 공기와 가스의 혼합방식 : 내부혼합식 과 외부 혼합식

43 프로판가스를 완전연소 시킬 때 발생하는 것은?

① CO 및 C_3H_8
② CH_4과 CO_2
③ CO_2 및 H_2O
④ CO와 CO_2

🔍 프로판가스(C_3H_8)의 연소반응식
$C_3H_8 + 5O_2 \rightarrow 3CO_2 + 4H_2O$

44 고온수난방방식의 연결방법에 따른 분류에 속하지 않는 것은?

① 고온수 직결방식
② 블리드인 방식
③ 증기가압방식
④ 열교환방식

🔍 고온수난방의 연결방법에 따른 분류
- 직결방식 : 120℃ 이하에 적용
- 블리드인(Bleed in) 방식 : 2차측 환수, by Pass, 가압, 감압, 유량제어밸브 설치
- 열교환기 방식 : 1차 고온수로 2차측 온수 또는 증기발생, 1차 수온, 150℃ 이상 시 유리

45 연료 1kg의 발열량이 6800kcal/kg이다. 이 열이 전부 일로 전환된다고 가정할 때 시간당 30kg의 연료가 소비된다면 발생동력은 몇 마력(ps)인가?

① 157
② 203
③ 323
④ 425

> PS = $\dfrac{30 \times 6800}{632}$ = 322.8
> 1PS = 632 kcal/h

46 노내 미연가스 폭발을 대비한 안전사항으로 옳은 것은?

① 방폭문을 설치한다.
② 그을음을 제거한다.
③ 화염검출기를 설치한다.
④ 연돌높이를 높게 한다.

> • 노내 폭발을 대비한 안전장치 : 방폭문
> • 노내 폭발을 방지하기 위한 안전장치 : 화염검출기

47 중력환수식 온수난방법의 설명으로 틀린 것은?

① 온수의 밀도차에 의해 온수를 순환한다.
② 소규모 주택에 이용한다.
③ 보일러는 최하위 방열기보다 더 낮은 곳에 설치한다.
④ 자연 순환식 이므로 관경은 작게 하여도 된다.

> 자연순환식 : 관경을 크게 하여야 마찰저항이 작아져 물의 순환을 좋게 할 수 있다.

48 하트포드 배관에서 환수주관과 균형관(balanc pipe)의 연결 위치는 보일러 사용수위(표준수위)에서 몇 mm 아래 위치하는가?

① 30   ② 50
③ 70   ④ 100

> 환수주관과 균형관의 연결 위치
> • 표준수위 보다 50mm 낮게
> • 안전저수위 보다 약간 높게

49 아래 방열기 도시기호에 대한 설명으로 잘못된 것은?

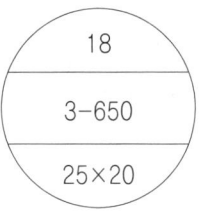

① 3 : 3세주형
② 18 : 쪽수
③ 650 : 방열기 길이
④ 25 : 유입관경

> 650 : 방열기 높이(mm)

50 매연분출장치 중에서 롱 리트랙터블(Long Retractable)형의 주요 사용 장소에 대해 올바르게 설명 한 것은?

① 보일러의 고온부인 과열기나 고온의 열가스 통로부분에 사용한다.
② 보일러의 연소실 노벽 등에 부착하여 타고 남은 찌꺼기를 제거한다.
③ 보일러 전열면, 절탄기 등에 사용하며 자동식과 수동식이 있다.
④ 관형의 공기예열기에 사용되며 원격조작이 가능하다.

> 슈트브로워의 종류 및 용도
> • 롱 리트랙터블형 : 과열기 등 고온 전열면에 사용
> • 쇼트 리트랙터블형 : 보일러 연소노벽 등에 사용
> • 건타입형 : 보일러 전열면 등에 사용
> • 로터리형 : 절탄기 등 저온전열면에 사용

51 금속 특유의 복사열에 대한 특성을 이용한 대표적인 금속질 보온재는?

① 세라믹 화이버   ② 실리카 화이버
③ 알루미늄 박   ④ 규산칼슘

> 금속질 보온재 : 재질이 알루미늄 박으로 복사열의 반사특성을 이용 보온효과를 얻는다.

52 파이프 벤더에 의한 구부림 작업 시 관에 주름이 생기는 원인으로 가장 옳은 것은?

① 압력조정이 세고 저항이 크다.
② 굽힘 반지름이 너무 작다.
③ 받침쇠가 너무 나와 있다.
④ 바깥지름에 비하여 두께가 너무 얇다.

🔍 주름이 생기는 원인
  • 관이 미끄러진다.
  • 받침쇠가 너무 들어갔다.
  • 굽힘형의 홈이 관경보다 크거나 작다.
  • 바깥지름에 비하여 두께가 너무 얇다.

53 배관에 나사가공을 하는 동력 나사 절삭기의 형식이 아닌 것은?

① 오스터식
② 호브식
③ 로터리식
④ 다이헤드식

🔍 동력 나사 절삭기의 종류 : 오스터식, 호브식, 다이헤드식

54 사무실에서 증기난방을 할 때 필요한 전체 방열량이 20000kcal/h 이라면 5세주 650mm 주철제 방열기로 난방을 할 때 필요한 방열기 쪽수는?(단, 5세주 650mm 주철제 방열기의 쪽당 방열면적은 0.26m²이다)

① 119쪽   ② 129쪽
③ 139쪽   ④ 150쪽

🔍 방열기 쪽수 계산 = $\dfrac{\text{난방부하}}{\text{방열량} \times \text{1쪽당 방열면적}}$
  = $\dfrac{20000}{650 \times 0.26}$ = 118.3
• 증기방열량 : 650 kcal/m²h

55 보일러 설치, 시공상 보일러용량이 MW로 표시된 경우 몇 MW를 1T/h 로 환산하는가?

① 0.35   ② 0.58
③ 0.7   ④ 1.2

🔍 1톤(t/h) 보일러 = 60만 kcal/h = 0.7MW

56 정부는 국가전략을 효율적·체계적으로 이행하기 위하여 몇 년마다 저탄소 녹색성장 국가전략 5개년 계획을 수립하는가?

① 2년
② 3년
③ 4년
④ 5년

🔍 저탄소 녹색성장 국가전략 : 5년마다, 5년 계획기간으로

57 에너지이용 합리화법령상 검사대상기기의 계속사용검사 신청서는 유효기간 만료 며칠 전까지 제출해야 하는가?

① 10일
② 15일
③ 20일
④ 30일

🔍 검사대상기기의 계속사용검사를 받으려는 자는 검사대상기기 계속사용검사신청서를 검사유효기간 만료 10일 전까지 한국에너지공단이사장에게 제출하여야 한다.

58 에너지이용합리화법에 따라 국내외 에너지 사정의 변동에 의한 에너지 수급안정을 위하여 산업통상자원부장관이 필요한 조치를 취할 수 있는 사항이 아닌 것은?

① 에너지의 배급
② 에너지 판매시설의 확충
③ 에너지의 비축과 저장
④ 에너지의 양도·양수의 제한 또는 금지

🔍 수급안정을 위한 조정·명령, 그밖에 필요한 조치 내용
  • 지역별·주요 수급자별 에너지 할당
  • 에너지공급설비의 가동 및 조업
  • 에너지의 비축과 저장
  • 에너지의 도입·수출입 및 위탁가공
  • 에너지공급자 상호 간의 에너지의 교환 또는 분배 사용
  • 에너지의 유통시설과 그 사용 및 유통경로
  • 에너지의 배급
  • 에너지의 양도·양수의 제한 또는 금지
  • 에너지사용의 시기·방법 및 에너지사용기자재의 사용 제한 또는 금지 등 대통령령으로 정하는 사항
  • 그 밖에 에너지수급을 안정시키기 위하여 대통령령으로 정하는 사항

59 다음 중 효율관리 기자재가 아닌 것은?

① 전기냉장고
② 자동차
③ 압력용기
④ 조명기기

> 🔍 **효율관리기자재**
> - 전기냉장고
> - 전기냉방기
> - 전기세탁기
> - 조명기기
> - 삼상유도전동기
> - 자동차
> - 그 밖에 산업통상자원부장관이 그 효율의 향상이 특히 필요하다고 인정하여 고시하는 기자재 및 설비

60 에너지이용합리화법에 따른 개조검사에 해당되지 않는 것은?

① 온수보일러를 증기보일러로 개조
② 보일러 섹션의 증가에 의한 용량의 변경
③ 연료 또는 연소방법의 변경
④ 철금속가열로로서 산업통상자원부장관이 정하여 고시하는 경우의 수리

> 🔍 **개조검사**
> - 증기보일러를 온수보일러로 개조
> - 보일러 섹션의 증가에 의한 용량의 변경
> - 연료 또는 연소방법의 변경
> - 철금속가열로로서 산업통상자원부장관이 정하여 고시하는 경우의 수리

정답 CBT 대비 적중모의고사 – 2회

01 ④	02 ④	03 ③	04 ③	05 ④
06 ③	07 ①	08 ①	09 ③	10 ③
11 ④	12 ②	13 ①	14 ③	15 ④
16 ①	17 ①	18 ①	19 ③	20 ①
21 ③	22 ④	23 ②	24 ③	25 ①
26 ④	27 ②	28 ①	29 ①	30 ②
31 ③	32 ②	33 ③	34 ②	35 ①
36 ①	37 ②	38 ②	39 ②	40 ④
41 ③	42 ③	43 ③	44 ③	45 ③
46 ①	47 ④	48 ②	49 ③	50 ①
51 ③	52 ④	53 ③	54 ①	55 ③
56 ④	57 ①	58 ②	59 ③	60 ①

3회 CBT 대비 적중모의고사

01 액체 및 고체인 물체의 비중은 어떤 물질을 기준으로 하는가?

① 수은
② 톨루엔
③ 알콜
④ 물

🔍 비중
- 고체 및 액체 : 물(4℃)과 비교
- 기체 : 공기와 비교

02 10℃의 물 15kg을 100℃ 물로 가열하였을 때 물이 흡수하는 열량은?

① 800kcal
② 800kcal
③ 1200kcal
④ 1350kcal

🔍 열량(Q) = G · C · ΔT = 15 × 1 × (100 − 10) = 1350kcal

03 보일러 급수장치인 인젝터의 급수불량 원인이 아닌 것은?

① 인젝터 자체의 온도가 낮을 때
② 흡입 급수관에 공기가 누입될 때
③ 증기가 너무 건조할 때
④ 급수온도가 너무 높을 때

🔍 인젝터의 급수불량 원인
- 증기압력이 낮을 때(0.2 MPa 이하)
- 급수온도가 너무 높을 때(50℃ 이상)
- 흡입변에 공기가 누입될 때

04 보일러에 가장 많이 사용되는 안전밸브의 종류는?

① 중추식 안전밸브
② 지렛대식 안전밸브
③ 중력식 안전밸브
④ 스프링식 안전밸브

🔍 보일러에 사용되는 안전밸브 : 스프링식 안전밸브로 저양정식, 고양정식, 전양정식, 전량식 등이 있다.

05 보일러 급수펌프인 터빈펌프의 특징이 아닌 것은?

① 효율이 높고 안정된 성능을 얻을 수 있다.
② 구조가 간단하고 취급이 용이하므로 보수관리가 편리하다.
③ 토출 흐름이 고르고, 운전상태가 조용하다.
④ 저속회전에 적합하고, 소형 경량이다.

🔍 터빈 펌프 : 원심식 펌프로 고속회전에 적합하고 보일러 급수펌프로 사용된다.

06 보일러 부속장치의 설명 중 잘못된 것은?

① 기수분리기 − 증기 중에 흡입된 수분을 분리하는 장치
② 슈트 블로워 − 보일러 동 저면의 스케일, 침전물 등 물 밖으로 배출하는 장치
③ 오일 스트레이너 − 연료속의 불순물 방지 및 유량계, 펌프 등의 고장방지 장치
④ 스팀트랩 − 응축수를 자동으로 배출하는 장치

🔍 슈트 블로워 : 고압의 증기 또는 공기를 분사하여 전열면에 부착된 그을음(매연)을 제거하는 장치

07 증기트랩이 갖추어야 할 조건이 아닌 것은?

① 동작이 확실할 것
② 마찰저항이 클 것
③ 내구성이 있을 것
④ 공기를 뺄 수 있을 것

🔍 증기트랩 : 마찰저항이 적고 공기빼기가 가능할 것

08 보일러에서 실제 증발량(kg/h)을 연료 소비량(kg/h)으로 나눈 값은?

① 증발배수 ② 전열면 증발량
③ 연소실 열부하 ④ 상당 증발량

🔍 증발배수 = 실제증발량/연료사용량 = 연료 1kg 당 증발량(kg/kg)

09 증발량 3500kg/h인 보일러의 증기 엔탈피가 640kcal/kg이고, 급수온도는 20℃이다. 이 보일러의 상당 증발량은?

① 3786kg/h ② 4156kg/h
③ 2760kg/h ④ 4026kg/h

🔍 상당증발량 = 실제증발량 × (증기엔탈피 − 급수엔탈피) / 539
= 3500 × (640 − 20) / 539 = 4026kg/h

10 보일러의 용량을 표시하는 방법이 아닌 것은?

① 보일러 마력 ② 전열면적
③ 난방부하 ④ 상당증발량

🔍 보일러 용량 표시 방법 : 시간당 증발량(상당증발량), 보일러 마력, 전열면적 등

11 연소에 있어서 환원염이란?

① 과잉산소가 많이 포함되어 있는 화염
② 공기비가 커서 완전 연소된 상태의 화염
③ 과잉공기가 많아 연소가스가 많은 상태의 화염
④ 산소부족으로 불완전 연소하여 미연분이 포함된 화염

🔍 환원염 : 불완전 연소로 화염 중 미연소 가스(CO)가 포함된 화염

12 과잉공기계수(공기비)로 옳은 것은?

① 연소가스량과 이론공기량과의 비
② 실제공기량과 이론공기량과의 비
③ 배기가스량과 사용공기량과의 비
④ 이론공기량과 배기가스량과의 비

🔍 공기비(m) = 실제공기량/이론공기량 〉1

13 연료의 연소 시 발생하는 매연 성분 중 검댕(그을음)의 성분은?

① 무수황산 ② 일산화탄소
③ 유리탄소 ④ 아황산가스

🔍 유리탄소 : 연소 시 발생하는 잔류탄소분으로 검댕(그을음) 성분

14 LNG에 관한 설명으로 옳은 것은?

① 프로판가스를 기화(氣化)한 것이다.
② 부탄 및 에탄이 주성분인 천연가스이다.
③ 수송 및 취급이 어렵고 독성이 있다.
④ 공기보다 가볍다.

🔍 LNG(액화천연가스) : 메탄(CH_4)이 주성분인 천연가스로 −162℃에서 액화시키며, 공기보다 가볍다.

15 물의 임계점에 대한 설명으로 옳은 것은?

① 현열이 0인 상태로서 응고점과 같은 뜻이다.
② 열을 가해도 온도의 상승이 없는 상태로 잠열이 최대인 점이다.
③ 더 이상 열을 흡수할 수 없는 상태로 증기의 비중량이 포화수보다 더 큰 상태이다.
④ 증발 현상이 없이 포화수가 증기로 변하여, 증발잠열이 0인 상태의 압력 및 온도이다.

🔍 • 임계점 : 물이 증발현상 없이 기체로 변하는 상태 점으로 이때의 증발잠열은 0이다.
• 임계압력 : 225.65kg/cm^2(22.57MPa)
• 임계온도 : 374.15℃

16 보일러 자동제어의 목적과 관계없는 것은?

① 보다 경제적인 증기를 얻는다.
② 보일러의 운전을 안전하게 한다.
③ 효율적인 운전으로 연료비를 증가시킨다.
④ 인건비가 절약된다.

○ 자동제어의 목적 : 설비의 생산성을 높이고, 안전 및 위생관리를 도모하고, 연료비와 인건비를 절약할 수 있다.

17 보일러 연돌의 자연 통풍력이 증가하는 경우가 아닌 것은?

① 연돌이 높을수록
② 배기가스의 온도가 낮을수록
③ 연돌의 단면적이 클수록
④ 공기의 습도가 낮을수록

○ 자연통풍 : 배기가스 온도가 높거나 외기 온도가 낮을수록 증가한다.

18 증기보일러의 송기장치에 속하지 않는 것은?

① 증기트랩
② 기수분리기
③ 급수내관
④ 주증기 밸브

○ 급수내관 : 급수장치로 보일러 동판의 열응력을 방지하기 위해 설치한다.

19 보일러 연료를 완전 연소시키기 위한 방법 설명으로 잘못된 것은?

① 연료와 연소용 공기를 적절히 예열한다.
② 적량의 공기를 공급하여 연료와 잘 혼합할 것
③ 연소실 내의 온도를 되도록 높게 유지할 것
④ 연소실 용적을 되도록 적게 할 것

○ 완전연소의 조건 : 연소실의 용적을 크게 하고, 노 내의 온도를 높게 유지한다.

20 노통에 아담슨 조인트를 하는 목적은?

① 노통 제작을 쉽게 하기 위해
② 재료가 절감되기 때문에
③ 열에 대한 신축을 조절하기 위해서
④ 물 순환을 촉진하기 위해서

○ 아담슨 조인트 : 노통에 신축을 조절하기 위한 이음 (평형노통에 설치)

21 원통형 보일러에서 입형 보일러는?

① 코르니쉬 보일러
② 코크란 보일러
③ 랭카셔 보일러
④ 케와니 보일러

○ 입형 보일러 : 입형 횡관식, 입형 연관식, 코크란 보일러 등

22 석탄가스 구성의 주성분은?

① 이산화탄소
② 일산화탄소
③ 질소
④ 수소

○ 석탄가스의 주성분 – H_2 : 51%, CH_4 : 32%, CO : 8% 등

23 자동제어 계통의 요소나, 그 요소 집단의 출력 신호를 입력신호로 계속해서 되돌아오게 하는 폐회로 제어는?

① 시퀀스 제어
② 피드 백 제어
③ 프로세스 제어
④ 서보 제어

○ 피드백 제어 : 출력신호를 입력신호에 맞게 수정을 계속하는 폐회로 제어방식

24 다음 중 물리량의 측정 기본단위 기호가 잘못된 것은?

① 광도 : cd
② 온도 : T
③ 질량 : kg
④ 전류 : A

○ 기본단위 : 질량(kg), 길이(m), 시간(sec), 온도(k), 광도(cd), 전류(A), 물질의 량(mol) 등 7가지

25 저압 증기보일러에 사용되는 하트포드 배관접속법은 어느 부분에 적용하는 배관법인가?

① 보일러의 증기관과 환수관 사이
② 고압배관과 저압배관 사이
③ 관말트랩 장치 배관
④ 방열기 주위 배관

○ 하트포드 배관법 : 저압 증기보일러의 환수관을 균형관에 접속하여 보일러수의 역류를 방지하기 위한 접속법

26 보일러 설치 검사기준에서 안전밸브의 작동시험은 안전밸브가 2개 이상인 경우 그 중 1개는 최고사용압력 이하 기타는 최고사용압력의 몇 배 이하에서 분출해야 하는가?

① 1.03배 ② 1.4배
③ 1.3배 ④ 1.5배

🔍 안전밸브의 분출압력 조정 : 최고사용 압력 이하 또는 최고사용압력의 1.03배 이하로 조정

27 증기 보일러 안전밸브는 2개 이상 설치하여야 하는 데 전열면적이 얼마 이하이면 1개 이상으로 해도 되는가?

① 25m² ② 50m²
③ 75m² ④ 100m²

🔍 • 전열면적 50m² 초과 : 2개 이상 부착
• 전열면적 50m² 이하 : 1개 이상 부착

28 최고사용압력이 0.4MPa인 강철제 증기보일러의 수압시험 압력은?

① 0.8MPa ② 0.75MPa
③ 0.4MPa ④ 1.0MPa

🔍 최고사용압력 0.4MPa 이하 : 최고사용압력 × 2 배

29 보일러를 옥내에 설치할 경우 보일러 동체 최상부로부터 천정, 배관 등 보일러 동체 상부에 있는 구조물까지의 거리는 일반적으로 몇 m 이상이어야 하는가?

① 1.0m ② 1.2m
③ 1.5m ④ 1.8m

🔍 보일러 최상부와 천정과의 거리
• 강철제 보일러 : 1.2 m 이상
• 소용량 보일러 : 0.6 m 이상

30 보일러 및 압력용기 기술규격에서 강철제 보일러 설치 시 보일러 외벽온도는 주위온도보다 몇 ℃를 초과해서는 안 되도록 되어 있는가?

① 15℃ ② 20℃
③ 30℃ ④ 40℃

🔍 보일러의 외벽온도 : 주위온도보다 30℃(303k)를 초과해서는 안 된다.

31 보일러 산세정 후 중화방청제로 사용되는 약품이 아닌 것은?

① 히드라진
② 인산소다
③ 탄산소다
④ 구연산

🔍 유기산 세관제 : 옥살산, 구연산, 설파민산 등

32 보일러 점화시의 주의사항으로 잘못 설명된 것은?

① 버너가 2개일 때는 동시 점화할 때
② 노내의 통풍압을 제일 먼저 조절할 것
③ 프리퍼지를 한 후 점화할 것
④ 점화 후에는 정상연소가 되는지 확인할 것

🔍 버너가 여러 대 일 경우 취급자의 먼 곳부터 점화한다.

33 보일러 용수처리의 목적이 아닌 것은?

① 스케일 생성 및 고착을 방지한다.
② 연소장치의 손상을 방지한다.
③ 가성취화의 발생을 감소시킨다.
④ 포밍과 프라이밍의 발생을 방지한다.

🔍 용수처리 : 연소관리와 무관하다.

34 보일러를 비상 정지시키는 경우의 조치사항으로 잘못된 것은?

① 압력은 자연히 떨어지게 한다.
② 연소공기의 공급을 멈춘다.
③ 주증기 밸브를 열어 놓는다.
④ 연료공급을 중단한다.

🔍 보일러 정지 시 주증기 밸브를 닫아 보일러의 압력저하 및 프라이밍을 방지한다.

35 보일러에서 포밍이 발생하는 경우가 아닌 것은?

① 급수가 너무 농축되었을 때
② 증기부하가 과대할 때
③ 관수 중에 유지분이 다량 함유되었을 때
④ 수위가 너무 낮을 때

🔍 수위가 낮을 때 : 전열면의 과열

36 산업 재해에 속하지 않는 것은?

① 운반 재해　　② 기계장치 재해
③ 풍수해　　　④ 원동기 재해

🔍 풍수해 : 자연재해

37 보일러 수압시험 시의 시험수압은 규정 압력의 몇 % 이상을 초과하지 않도록 해야 하는가?

① 3%　　　　② 4%
③ 5%　　　　④ 6%

🔍 수압시험 : 시험수압에 도달한 후 30분 경과 후 실시하고 시험 압력의 6%를 초과해서는 안된다.

38 일반적으로 보일러의 상용수위는 수면계의 어느 위치와 일치시키는가?

① 수면계의 최상단부　② 수면계의 2/3 위치
③ 수면계의 1/2 위치　④ 수면계의 최하단부

🔍 수면계
　• 1/2 : 상용수위
　• 하단부 : 안전저수면

39 화염 검출기에서 검출되어 프로텍터 릴레이로 전달된 신호는 버너 및 어느 장치로 다시 전달되는가?

① 압력제한 스위치　② 저수위 경보장치
③ 연료차단 밸브　　④ 안전밸브

🔍 프로텍터 릴레이 : 오일버너의 주 안전 제어장치로 온수온도를 감지하여 고온차 단, 저온점화를 이행하는 장치

40 보일러 급수 중의 탄산가스(CO_2)를 제거하는 급수 처리 방법으로 가장 적합한 것은?

① 기폭법　　　② 침강법
③ 응집법　　　④ 여과법

🔍 기폭법 : 수 중의 탄산가스(CO_2) 및 철, 망간 등 금속성분을 제거하는 방법

41 지역난방의 특징에 대한 설명 중 틀린 것은?

① 열효율이 좋고, 연료비가 절감된다.
② 건물 내의 유효면적이 증대된다.
③ 온수는 저온수를 사용한다.
④ 대기오염을 감소시킬 수 있다.

🔍 지역난방의 열매 : 120~140℃의 고온수와 0.1~1MPa(1~10 kg/cm²)의 고압증기를 열매로 이용한 난방방식

42 보일러를 옥내에 설치하는 경우 급기구 및 환기구와 조명시설에 대한 설명으로 틀린 것은?

① 연소 및 환경을 유지하기에 충분한 급기구 및 환기구가 설치되어야 한다.
② 천연가스를 사용하는 경우 환기구를 가능한 한 낮게 설치되어야 한다.
③ 급기구는 보일러 배기가스 닥트(duct)의 유효단면적 이상이어야 한다.
④ 보일러에 설치된 계기들을 육안으로 관찰하는 데 지장이 없도록 충분한 조명시설이 되어야 한다.

🔍 천연가스 : 공기보다 가벼워 환기구는 높게 설치한다.

43 일반적으로 연수와 경수는 경도 얼마를 기준으로 구분하는가?

① 5　　　　　② 10
③ 50　　　　④ 100

🔍 • 경도 10도 이상 : 경수
　• 경도 10도 이하 : 연수

44 보일러 사고의 원인 중 보일러 취급상의 사고 원인이 아닌 것은?

① 재료 및 설계 불량   ② 사용압력 초과 운전
③ 저수위 운전   ④ 미연소가스 폭발사고

🔍 보일러 사고원인
• 취급상 원인과 재료 불량 원인으로 구분된다.
• 재료불량 원인 ; 재료 및 설계 불량, 구조불량, 강도부족, 용접불량 등

45 강판재 캐비넷 속에 핀튜브형의 가열기가 들어있어 캐비넷 속에서 대류작용을 일으켜 난방하는 것으로 설치 높이가 낮은 대류방열기는?

① 주형방열기   ② 베이스보드 히터
③ 길드 방열기   ④ 벽걸이 방열기

🔍 베이스보드 히터 : 철제 캐비닛 속에 장치된 핀 튜브 등의 가열기로 대류작용에 의해 공기를 예열하는 장치

46 다음 중 압력계의 종류가 아닌 것은?

① 브루돈관 압력계   ② 벨로즈 압력계
③ 유니버셜 압력계   ④ 다이어프램 압력계

🔍 탄성식 압력계 : 브루돈관 압력계, 벨로즈 압력계, 다이어프램 압력계 등

47 보일러의 손상에서 팽출(膨出)을 옳게 설명한 것은?

① 보일러 본체가 화염에 과열되어 외부로 불룩하게 튀어나오는 현상
② 노통이나 화실이 외측의 압력에 의해 눌려 쭈그러져 찢어지는 현상
③ 강판에 가스가 포함된 것이 화염의 접촉으로 양쪽으로 오목하게 되는 현상
④ 고압보일러 드럼 이음에 주로 생기는 응력 부식균열의 일종

🔍 과열에 의한 사고
• 압궤 : 외압에 의해 안으로 쭈그러지는 현상
• 팽출 : 내 압에 의해 밖으로 불룩 튀어 나오는 현상

48 보일러 내부 청소방법으로 틀린 것은?

① 급수는 간헐적으로 반복하고 침강한 슬러지를 배출한다.
② 보일러 냉각은 온도차가 작은 물을 공급해 응력을 방지한다.
③ 슬러지 배출 후 부착된 스케일은 바닥 블로어를 계속하여 제거한다.
④ 스케일이 기계적인 방법으로 제거가 되지 않을 때는 산세척을 한다.

🔍 스케일 : 관석으로 보일러 분출작업으로 제거 되지 않는다.

49 동관의 경우 배관길이 몇 m 당 1개의 신축 이음쇠를 설치하는 것이 좋은가?

① 20m
② 30m
③ 40m
④ 50m

🔍 강관 : 30m 간격

50 동관의 절단부에 생긴 변형을 원형으로 교정하는데 사용되는 공구는?

① 플레어링 툴
② 스웨징 툴
③ 익스펜더
④ 사이징 툴

🔍 • 플레어링 툴 : 동관 끝을 나팔관 모양으로 확관 시키는 공구
• 익스펜더 : 동관 끝을 소켓용으로 확관시키는 공구

51 증기난방 방식에서 팩레스 밸브를 방열기밸브로 사용하는 난방법은?

① 중력 환수식   ② 기계 환수식
③ 진공 환수식   ④ 자연 환수식

🔍 방열기 밸브 : 진공환수식 증기난방에서는 팩레스 밸브를 사용하여 방열량 조절을 쉽게 한다.

52 루프형 신축이음의 곡관부의 굽힘 반경은?

① R ≧ 2D ② R ≧ 4D
③ R ≧ 6D ④ R ≧ 8D

🔍 곡관부의 굽힘 반경 : 관경의 6배 정도로 하여 관내 마찰저항을 줄일 수 있다.

53 사용압력 20kg/cm², 허용 인장강도가 10kg/mm²일 때 사용해야할 관의 스케쥴 번호는?

① 5   ② 10
③ 15 ④ 20

🔍 스케쥴번호 = 10 × $\dfrac{사용압력}{허용인장응력}$ = 10 × $\dfrac{20}{10}$ = 20

54 지역난방에서 열매가 온수일 때 보다 증기일 경우 유리한 점은?

① 지형의 고저
② 부하에 따른 온도조절
③ 난방의 지역범위
④ 배관의 구배

🔍 증기를 사용할 경우
• 지형의 고저에 대한 영향이 크다.
• 부하에 따른 온도조절이 곤란하다.
• 배관의 구배에 대한 영향이 크다.
• 마찰저항이 적어 난방의 지역범위가 넓다
• 예열부하가 적다.

55 에너지이용합리화법의 목적이 아닌 것은?

① 에너지의 수급 안정
② 에너지의 합리적이고 효율적인 이용 증진
③ 에너지 소비로 인한 환경피해를 줄임
④ 에너지 소비촉진 및 자원 개발

🔍 에너지이용 합리화법의 목적
에너지의 수급(需給)을 안정시키고 에너지의 합리적이고 효율적인 이용을 증진하며 에너지소비로 인한 환경피해를 줄임으로써 국민경제의 건전한 발전 및 국민복지의 증진과 지구온난화의 최소화에 이바지함을 목적으로 한다.

56 에너지이용합리화법에서 효율관리 기자재의 제조업자 또는 수입업자가 에너지 소비효율 또는 사용량 등을 측정 받는 기관은?

① 과학기술처장관이 지정하는 진단기관
② 산업통상자원부장관이 지정하는 시험기관
③ 시도지사가 지정하는 측정기관
④ 제조업자 또는 수입업자의 검사기관

🔍 효율관리 기자재의 소비효율 측정 : 산업통상자원부장관이 지정하는 시험기관에서 측정

57 열사용기자재 관리규칙에서의 검사대상기기에 포함되지 않는 특정열사용기자재는?

① 강철제 보일러
② 태양열 집열기
③ 주철제 보일러
④ 2종 압력용기

🔍 태양열 집열기 : 특정열사용기자재에는 포함되지만 검사대상기기에는 제외된다.

58 열사용기자재 관리규칙에 의한 특정열사용기자재 중 검사를 받아야 할 검사대상기기의 검사 종류가 아닌 것은?

① 설치검사 ② 유효검사
③ 제조검사 ④ 개조검사

🔍 검사의 종류
• 설치검사   • 제조검사
• 개조검사   • 계속사용검사
• 설치장소 변경검사

59 검사대상기기관리자의 선임 신고는 신고사유가 발생한 날부터 며칠 이내에 해야 하는가?

① 20일 ② 30일
③ 15일 ④ 7일

🔍 검사대상기기관리자의 선임
• 해임 또는 퇴직 이전에
• 사유가 발생한 경우 : 30일 이내에

60 열사용기자재 관리규칙에 의한 검사대상기기인 보일러의 계속사용검사 중 재사용검사의 유효기간은?

① 1년　　② 1.5년
③ 2년　　④ 3년

🔍 보일러 계속사용검사의 유효기간 : 1년

정답 CBT 대비 적중모의고사 – 3회

01 ④	02 ④	03 ①	04 ④	05 ④
06 ②	07 ②	08 ①	09 ④	10 ③
11 ④	12 ②	13 ③	14 ④	15 ④
16 ③	17 ②	18 ③	19 ④	20 ③
21 ②	22 ④	23 ②	24 ②	25 ①
26 ①	27 ②	28 ①	29 ②	30 ③
31 ④	32 ①	33 ②	34 ③	35 ④
36 ③	37 ④	38 ③	39 ③	40 ①
41 ③	42 ②	43 ②	44 ①	45 ②
46 ③	47 ①	48 ③	49 ①	50 ④
51 ③	52 ③	53 ④	54 ③	55 ④
56 ②	57 ②	58 ②	59 ②	60 ①

4회 CBT 대비 적중모의고사

01 수관식 보일러에서 건조증기를 얻기 위하여 설치하는 것은?

① 급수 내관　　② 기수 분리기
③ 수위 경보기　④ 과열 저감기

🔍 기수분리기 : 발생증기 중 수분을 제거하여 건조도가 높은 증기를 얻기 위한 장치

02 어떤 보일러의 증발량이 50t/h이고, 보일러 본체의 전열면적이 730m²일 때 보일러 전열면의 증발율은 약 얼마인가?

① 68.5kgf/m²h　　② 49.4kgf/m²h
③ 14.6kgf/m²h　　④ 43.7kgf/m²h

🔍 전열면의 증발율 = $\frac{50000}{730}$ = 68.49kgf/m²h

03 드럼 없이 초임계압력 이상에서 고압증기를 발생하는 보일러는?

① 복사 보일러
② 야로우 보일러
③ 슬져 보일러
④ 다쿠마 보일러

🔍 관류 보일러 : 드럼이 없고 초고압용 보일러로 벤숀 보일러, 슬져 보일러 등이 있다.

04 물을 가열하여 증기를 발생시키는 경우 압력을 높이면 그 값이 작아지는 것은?

① 비등점　　② 현열
③ 포화수 엔탈피　④ 잠열

🔍 증기압력이 높아지면 포화온도가 증가, 포화수 엔탈피 증가, 잠열은 감소, 포화증기 엔탈피는 증가 후 감소.

05 보일러 제어계에서 자동연소제어에 해당하는 약호는?

① A.C.C　　② A.B.C
③ S.T.C　　④ F.W.C

🔍 ・② : 보일러 자동제어
・③ : 증기온도제어
・④ : 급수제어

06 다음 물질 중 비열이 가장 큰 것은?

① 동　　② 수은
③ 아연　④ 물

🔍 물질의 비열(kcal/kg℃)
・동 : 0.092　　・수은 : 0.068
・아연 : 0.0915　・물 : 1

07 보일러 인터록 장치에서 프리퍼지 인터록은 무엇이 작동하지 않으면 전자밸브가 열리지 않아 점화가 저지되는가?

① 유량조절밸브　② 송풍기
③ 증기압력　　　④ 저수위

🔍 프리퍼지 인터록 : 점화전 송풍기가 작동되지 않으면 전자밸브가 열리지 않아 점화가 되지 않는다.

08 매연분출장치에서 보일러의 고온부인 과열기나 수관부용으로 고온 열가스 통로에 사용할 때만 사용되는 매연분출장치는?

① 정치 회전형
② 롱 레트랙터블형
③ 쇼트 레트랙터블형
④ 이동 회전형

🔍 ・회전형 : 절탄기 등 저온전열면에 사용
・쇼트 레트랙터블형 : 보일러 전열면 또는 연소노벽 등에 사용
・롱 레트랙터블형 : 과열기 등 고온전열 면에 사용

09 노통연관식 보일러의 특징 설명으로 틀린 것은?

① 전열면적이 크고 효율이 높다.
② 증기의 발생속도가 빠르다.
③ 증기량에 비해 소형이며 고성능이다.
④ 제작과 취급이 어렵다.

> 노통연관식 보일러 : 전열면적이 넓어 증발이 빠르고 열효율이 높고 제작 및 취급이 쉽다.

10 각종 보일러에 대한 특징 설명으로 옳은 것은?

① 노통 보일러는 내부청소가 힘들고 고장이 자주 생겨 수명이 짧다.
② 원통형 보일러는 분체 구조가 간단한 형식으로 파열시 피해가 크다.
③ 수관 보일러는 전열면적이 작아 소용량 보일러에 적합하다.
④ 코르니시 및 란카샤 보일러의 노통은 2개 이상이다.

> • 노통보일러 : 원통형 보일러로 구조가 간단하고 청소가 쉬우며 수명이 길다.
> • 노통
>   – 1개 : 코르니시 보일러
>   – 2개 : 란카샤 보일러
> • 수관식 보일러 : 전열면적이 넓고 고압 대용량 보일러에 적합하다.

11 보일러 집진장치의 형식과 종류를 서로 짝지은 것으로 틀린 것은?

① 가압수식 – 벤튜리 스크레버
② 여과식 – 타이젠 와셔
③ 원심력식 – 사이크론식
④ 전기식 – 코트넬

> • 여과식 : 백 필터(건식)
> • 타이젠 와셔 : 회전식(습식)

12 보일러 부속장치에 관한 설명으로 틀린 것은?

① 배기가스로 급수를 예열하는 장치를 절탄기라 한다.
② 배기가스의 열로 연소용 공기를 예열하는 것을 공기예열기라 한다.
③ 고압증기 터빈에서 팽창되어 압력이 저하된 증기를 재 과열하는 장치를 과열기라 한다.
④ 오일프리히타는 기름을 예열하여 점도를 낮추고 연소를 원활히 하는 데 목적이 있다.

> 과열기 : 포화증기의 압력변화 없이 온도만 높이기 위한 장치

13 포화온도상태에서 증기의 건조도가 1이면 어떤 증기인가?

① 습포화증기   ② 포화수
③ 과열증기   ④ 건포화증기

> 포화온도상태에서
> • 건조도(x) = 1 : 건포화증기
> • 건조도(x) = 0 : 포화수
> • 0 < 건조도(x) < 1 : 습포화증기

14 보일러 급수장치의 원리를 설명한 것으로 틀린 것은?

① 환원기 : 수두압과 증기압을 이용한 급수장치
② 인젝터 : 보일러의 증기 에너지를 이용한 급수 장치
③ 워싱턴펌프 : 기어의 회전력을 이용한 급수장치
④ 회전펌프 : 날개의 회전에 의한 원심력을 이용한 급수장치

> 워싱턴 펌프 : 증기압을 이용한 비동력 왕복식 급수장치

15 보일러 분출장치의 설치 목적과 가장 무관한 것은?

① 불순물로 인한 보일러수의 농축방지
② 발생증기의 압력 조절
③ 스케일, 슬러지의 생성 방지
④ 보일러 관수의 pH 조절

> 분출의 목적 : 고수위 방지 및 프라이밍, 포밍 방지(①, ③, ④ 포함)

16 대기 압력을 구하는 옳은 식은?

① 절대압력 + 게이지 압력
② 게이지 압력 − 절대압력
③ 절대압력 − 게이지 압력
④ 진공도 × 대기압력

🔍 절대압력 = 게이지압력 + 대기압
∴ 대기압 = 절대압력 − 게이지 압력

17 프로판가스를 완전연소 시킬 때 발생하는 것은?

① CO 및 C_3H_8
② C_4H_{10}과 CO_2
③ CO_2 및 H_2O
④ CO와 CO_2

🔍 탄화수소(C_nH_m)인 성분이 연소를 하면 CO_2와 H_2O가 생성된다.

18 다음 중 LPG의 주성분이 아닌 것은?

① 부탄
② 프로판
③ 프로필렌
④ 메탄

🔍 메탄(CH_4) : LNG (액화천연가스)의 주성분

19 보일러 압력계 부착방법 설명으로 틀린 것은?

① 압력계의 콕은 그 핸들을 수직인 증기관과 동일한 방향에 놓은 경우 열려 있어야 한다.
② 압력계에는 안지름이 12.7mm 이상의 사이폰 관(동관)을 설치한다.
③ 압력계는 원칙적으로 보일러의 증기실에 눈금판이 잘 보이는 위치에 부착한다.
④ 증기온도가 483K(210℃)를 넘을 때에는 황동관 또는 동관을 사용하여서는 안된다.

🔍 사이폰관의 구분 : 증기온도 483k(210℃) 이상일 때 12.7 mm 이상의 강관을 사용

20 어떤 보일러의 매시 연료사용량이 150kg/h이고 연소실 체적이 30m³일 때 연소실의 열부하는?(단, 연료의 저위발열량은 9800kcal/kg이고, 공기 및 연료의 현열은 무시한다.)

① 50kcal/m³h
② 327kcal/m³h
③ 1960kcal/m³h
④ 49000kcal/m³h

🔍 연소실 열부하 = $\dfrac{연료사용량 \times 연료발열량}{연소실의 용적}$
= $\dfrac{150 \times 9800}{30}$ = 49000kcal/m³h

21 보일러 연소 자동제어 조작량에 해당되는 것은?

① 급수량
② 연료량
③ 전열량
④ 증기온도

🔍 자동연소제어의 조작량 : 연료량, 공기량, 연소가스량

22 보일러 1마력에 대한 설명으로 옳은 것은?

① 0℃의 물 15.65kgf을 1시간 동안 같은 온도의 증기로 변화시킬 수 있는 능력
② 100℃의 물 1kgf을 1시간 동안 같은 온도의 증기로 변화시킬 수 있는 능력
③ 0℃의 물 1kgf을 1시간 동안 같은 온도의 증기로 변화시킬 수 있는 능력
④ 100℃의 물 15.65kgf을 1시간 동안 같은 온도의 증기로 변화시킬 수 있는 능력

🔍 • 1 보일러 마력
 − 상당증발량: 15.65kgf/h
 − 열량 : 8435kcal/h
• 상당증발량: 100℃의 포화수를 100℃의 포화증기로 발생한 것

23 보일러 효율이 85%, 실제증발량이 5t/h이고 발생증기의 엔탈피 656kcal/kgf, 급수온도 56℃, 연료의 저위발열량 9750kcal/kgf일 때 연료소비량은 약 얼마인가?

① 298kgf/h
② 362kgf/h
③ 389kgf/h
④ 405kgf/h

🔍 연료소비량 = $\dfrac{5000 \times (656-56)}{0.85 \times 9750}$ = 362 kgf/h

24 유류보일러의 수동조작 점화방법 설명으로 틀린 것은?

① 연소실 내의 통풍압을 조절한다.
② 점화봉에 불을 붙여 연소실 내 버너 끝에 전방하부 1m 정도에 둔다.
③ 증기분사식은 응축수를 배출한다.
④ 버너의 기동스위치를 넣거나 분무용 증기 또는 공기를 분사시킨다.

🔍 수동조작 점화방법 : 점화봉에 불을 붙여 연소실내 버너 끝의 전방하부 10cm 정도에 둔다.

25 증기난방과 비교한 온수난방의 특징 설명으로 틀린 것은?

① 물의 잠열을 이용하여 난방하는 방식이다.
② 예열에 시간이 걸리지만 쉽게 냉각되지 않는다.
③ 방열면의 표면온도가 증기의 경우에 비하여 낮다.
④ 동일방열량에 대해 방열면적이 많이 필요하다.

🔍 온수난방 : 물의 현열을 이용

26 보일러 운전에 있어서 에너지 절감을 위한 방법으로 부적합한 것은?

① 전열면을 청결히 유지시켜 전열효율을 높인다.
② 수질관리를 철저히 하여 전열면 내부에 스케일이 축적되지 않도록 한다.
③ 공기비를 높게 유지한다.
④ 배기가스 출구 온도를 가능한 낮춘다.

🔍 공기비가 클 경우 : 배기가스에 의한 열손실이 증가하여 열효율이 저하된다.

27 보온재로 사용되는 규조토의 최고안전사용 온도는?

① 1000℃　　② 500℃
③ 200℃　　④ 100℃

🔍 규조토 : 무기질 보온재로서 안전사용온도가 500℃ 정도이다.

28 보일러 건식보존법에서 건조제로 사용되는 것이 아닌 것은?

① 생석회　　② 염화나트륨
③ 실리카 겔　　④ 염화칼슘

🔍 흡습제(건조제)의 종류 : 생석회, 염화칼슘, 실리카 겔, 활성알루미나 등

29 보일러 발생증기의 송기 시 워터햄머 발생방지를 위한 조치로 틀린 것은?

① 증기를 보내기 전에, 주 증기관의 드레인 밸브를 열어 응축수를 완전히 배출시킨다.
② 주 증기관 내에 소량의 증기를 보내어 관을 따뜻하게 한다.
③ 바이패스밸브가 설치되어 있는 경우에는 먼저 바이패스밸브를 열어 주 증기관을 예열한다.
④ 관이 따뜻해지면 주 증기밸브를 단번에 완전히 열어둔다.

🔍 수격작용(워터해머)의 방지 : 관을 예열하고 주 증기밸브는 서서히 연다.

30 다음 중 난방부하 계산과 거리가 먼 것은?

① 건물의 벽체에 의한 열손실
② 건물내 에어컨 사용에 의한 열손실
③ 건물의 유리창에 의한 열손실
④ 건물의 천장 및 바닥에 의한 열손실

🔍 • 난방부하 : 열관류율 × 면적 × (실내온도 − 외기온도)kcal/h
• 면적 : 벽체면적 + 바닥면적 + 천정면적 + 창문 및 문의 면적

31 주 증기관으로 증기와 함께 수분 및 불순물이 함께 취출 되는 현상은?

① 수격작용　　② 프라이밍
③ 캐리오버　　④ 포밍

🔍 캐리오버(기수공발) : 발생증기 중에 수분이 포함되어 송기되는 현상으로 관수의 농축, 주 증기밸브의 급개시, 고수위일 때 발생한다.

32 보일러에서 라미네이션(lamination) 이란?

① 보일러 본체나 수관 등이 사용 중에 내부에서 2장의 층을 형성한 것
② 보일러 강판이 화염에 닿아 불룩 튀어 나온 것
③ 보일러 등에 적용하는 응력의 불균일로 동의 일부가 함몰된 것
④ 보일러 강판이 화염에 접촉하여 점식된 것

33 방열기 설치 시 외기에 접한 창문 아래에 설치하는 이유로서 알맞은 사항은?

① 설비비가 싸기 때문에
② 실내의 공기가 대류작용에 의해 순환되도록 하기 위해서
③ 시원한 공기가 필요하기 때문에
④ 더운 공기 커텐 형성으로 온수의 누입을 방지하기 위해서

🔍 방열기의 설치 ; 외기의 직접 침입을 방지하고 대류현상을 활발하게 하기 위해 외기와 접한 창문 아래에 설치한다.

34 벽걸이 횡형 주철제 방열기의 호칭기호는?

① W-H
② W-V
③ H×W
④ H×V

🔍 ② : 벽걸이 수직형

35 증기난방 방식에서 응축수 환수방법의 종류에 해당되지 않는 것은?

① 중력 환수식
② 습식 환수식
③ 기계 환수식
④ 진공 환수식

🔍 응축수 환수방법에 따른 분류 : 중력환수식, 기계환수식, 진공환수식

36 중앙집중식 난방의 간접난방기기에 해당되는 것은?

① 난로
② 증기보일러
③ 온수보일러
④ 공기조화기

🔍 중앙집중식 난방의 구분
• 직접난방 : 방열기를 이용
• 간접난방 : 온풍기를 이용
• 복사난방 : 바닥에 묻힌 방열관을 이용

37 증기난방의 분류로 틀린 것은?

① 증기압력
② 배관방식
③ 응축수 환수법
④ 송수관의 배관법

🔍 증기난방의 분류
• 증기압력   • 배관방식
• 증기공급방식 • 응축수 환수방식
• 환수관의 접속방식

38 보일러 연소 중에 발생하는 맥동연소의 원인이 아닌 것은?

① 연료속에 수분이 많은 경우
② 연료량이 심히 고르지 못한 경우
③ 공급공기량에 심한 과부족이 생긴 경우
④ 연도 단면의 변화가 적은 경우

🔍 맥동연소 : 연도에 공기포켓이 있거나 굴곡이 심한 경우

39 보일러 용수처리 중 관외처리 방법이 아닌 것은?

① 이온교환법
② 침전법
③ 탈기법
④ 청관제 투입법

🔍 청관제 투입법 : 관내(2차)처리

40 보일러 가동 중 실화(失火)가 되거나, 압력이 규정치를 초과하는 경우 연료 공급이 자동적으로 차단하는 장치는?

① 광전관
② 화염검출기
③ 전자밸브
④ 안전밸브

41 보일러 파열사고 중 구조상의 결함에 의한 파열사고가 아닌 것은?

① 취급불량　　② 설계불량
③ 재료불량　　④ 공작불량

> 보일러의 사고원인 : 제작상 원인(구조상 원인)과 취급상 원인으로 구분된다.

42 개방형 팽창탱크는 최고층 방열기에서 탱크수면까지의 높이가 몇 m 이상인 곳에 설치하는가?

① 1m　　② 2m
③ 3m　　④ 6m

> 개방형 팽창탱크 : 최고소 방열관보다 1m 이상 높게 설치한다.

43 연료발열량은 9750kcal/kg, 연료의 시간당 사용량은 300kg/h인 보일러의 상당증발량이 5000kg/h일 때 보일러 효율은 약 몇 % 인가?

① 83　　② 85
③ 87　　④ 92

> 효율 = $\dfrac{상당 증발량 \times 539}{연료사용량 \times 연료발열량} \times 100$
> = $\dfrac{5000 \times 539}{300 \times 9750} \times 100 = 92.137\%$

44 연관식 보일러의 특징으로 틀린 것은?

① 동일용량인 노통 보일러에 비해 설치면적이 적다.
② 전열면적이 커서 증기발생이 빠르다.
③ 외분식은 연료선택 범위가 좁다.
④ 양질의 급수가 필요하다.

> 연관식 보일러 : 외분식 보일러는 저질탄 연소에도 용이하므로 연료선택 범위가 넓다.

45 공기량이 지나치게 많을 때 나타나는 현상 중 틀린 것은?

① 연소실 온도가 떨어진다.
② 열효율이 저하한다.
③ 연료소비량이 증가한다.
④ 배기가스 온도가 높아진다.

> 공기량이 지나치게 많을 때 : 연소실 온도가 낮아지고 배기가스량이 많아져 열손실이 증가한다.

46 배관용접 작업시 안전사항 중 산소용기는 일반적으로 몇 ℃ 이하의 온도로 보관하여야 하는가?

① 100℃ 이하　　② 80℃ 이하
③ 60℃ 이하　　④ 40℃ 이하

> 산소용기 : 화기로부터 5m 이상 거리를 두고 직사광선이 없는 곳에 40℃ 이하로 보관한다.

47 유리솜 또는 암면의 용도와 관계없는 것은?

① 보온재　　② 보냉재
③ 단열재　　④ 방습재

> • 단열재, 보온재, 보냉재 : 안전사용온도로 구분한다.
> • 고온용 보온재 : 유리솜, 암면

48 보온재 중 흔히 스티로폴이라고도 하며, 체적의 97~98%가 기공으로 되어있어 열 차단 능력이 우수하고, 내수성도 뛰어난 보온재는?

① 폴리스티렌 폼　　② 경질 우레탄 폼
③ 코르크　　④ 그라스 울

> 폴리스티렌 폼 : 스티로폴, 발포폴리스티렌이라고도 하며 체적의 98%가 공기이고 나머지 2%가 수지인 자원 절약형 소재이고, 흡수성이 거의 없고 열 차단성이 우수한 보온재로 아이스박스 등에 사용되나 재활용이 되지 않는다.

49 압력배관용 탄소강 강관의 KS 규격기호는?

① SPP　　② SPPH
③ SPPS　　④ SPHT

> • SPP : 배관용 탄소강관
> • SPPH : 고압 배관용 탄소강관
> • SPHT : 고온 배관용 탄소강관

50 가스버너에서 리프팅 현상이 발생하는 경우는?

① 가스압이 너무 높은 경우
② 버너 부식으로 염공이 커진 경우
③ 버너가 과열된 경우
④ 1차공기의 흡인이 많은 경우

🔍 역화의 원인
- 가스압이 낮은 경우 또는 노즐이나 팁이 막힌 경우
- 1차공기의 흡인이 너무 많은 경우
- 버너가 과열된 경우
- 버너의 부식으로 염공이 크게된 경우

51 수관식 보일러에서 연돌에 가장 가까이 배치하는 열교환기는?

① 증발관   ② 과열기
③ 절탄기   ④ 공기예열기

🔍 열교환기의 설치순서
버너 – 증발관 – 과열기 – 절탄기 – 공기예열기 – 연돌

52 관성력식 집진법과 관계가 있는 것은?

① 송풍기의 회전을 이용하여 물방울, 수막, 기포 등을 형성시킨다.
② 함진가스를 방해판 등에 충돌시키거나 기류의 방향전환을 시킨다.
③ 크기가 다른 집진기에 비하여 작고, 펌프의 마모도 적다.
④ 집진실 내에 들어온 함진가스의 유속을 감소시켜 관성력을 작게 한다.

🔍 관성력식 집진법 : 함진가스를 방해판 등에 충돌시키거나 기류의 방향전환을 시켜 분진을 제거하는 방법.

53 가스보일러의 점화 시 주의사항으로 틀린 것은?

① 점화용 가스는 화력이 좋은 것을 사용하는 것이 필요하다.
② 연소실 및 굴뚝의 환기는 완벽하게 하는 것이 필요하다.
③ 착화 후 연소가 불안정할 때에는 즉시 가스공급을 중단한다.
④ 콕크, 밸브에 소다수를 이용하여 가스가 새는지 확인한다.

🔍 가스의 누설검사 : 비눗물을 이용

54 개방식 팽창탱크에서 온수의 팽창량을 계산하는 데 필요 없는 것은?

① 장치내의 전체수량   ② 압력
③ 온수의 밀도   ④ 급수의 밀도

🔍 온수팽창량
= $\left(\dfrac{1}{\text{온수의 밀도}} - \dfrac{1}{\text{급수의 밀도}}\right) \times$ 장치내의 전수량(ℓ)

55 에너지이용합리화법에 규정된 특정열사용기자재 구분 중 기관에 포함되지 않는 것은?

① 온수보일러   ② 태양열 집열기
③ 1종 압력용기   ④ 구멍탄용 온수보일러

🔍 • 특정열사용기자재 : 기관, 압력용기, 요업요로, 금속요로 등
※ 기관 : 보일러 및 태양열 집열기

56 특정열사용기자재 중 산업통상자원부령으로 정하는 검사대상기기의 계속사용검사 신청서는 검사 유효기간 만료 며칠 전까지 제출해야 하는가?

① 10일 전까지   ② 15일 전까지
③ 20일 전까지   ④ 30일 전까지

🔍 계속사용검사 신청 : 유효기간 만료 10일전, 한국에너지공단이사장에게 제출한다.

57 에너지법에서 지역에너지계획을 수립하여야 하는 자는?

① 한국에너지공단 이사장
② 산업통상자원부 장관
③ 행정자치부 장관
④ 특별시장, 광역시장 또는 도지사

🔍 지역에너지 기본계획 : 5년마다 5년 이상을 계획기간으로 하여 시·도지사가 수립

58 에너지 사용자의 에너지사용량이 대통령령이 정하는 기준량 이상인 자는(이하 에너지다소비업자라 한다) 산업통상자원부령이 정하는 바에 따라 전년도 에너지사용량 등을 매년 언제 까지 신고를 해야 하는가?

① 1월 31일　　② 3월 31일
③ 7월 31일　　④ 12월 31일

🔍 에너지 다소비업자(에너지 관리대상자) : 에너지사용량을 매년 1월 31일 까지 시·도지사에게 신고

59 에너지이용합리화법상 국민의 책무는?

① 에너지 절약형기기 생산을 위해 노력
② 대체에너지의 개발을 위해 노력
③ 에너지의 합리적인 이용을 위해 노력
④ 에너지의 생산을 위해 노력

🔍 국민의 책무 : 일상생활에서 에너지를 합리적으로 이용하고 이를 통하여 온실가스의 배출을 줄이도록 노력하여야 한다.

60 검사에 합격하지 아니한 검사대상기기를 사용한 자에 대한 벌칙은?

① 5 백만원 이하의 벌금
② 1년 이하의 징역 또는 1 천만원 이하의 벌금
③ 2년 이하의 징역 또는 2 천만원 이하의 벌금
④ 3 백만원 이하의 벌금

🔍 1년 이하의 징역 또는 1천만원 이하의 벌금
• 검사대상기기의 검사를 받지 아니한 자
• 불합격한 검사대상기기를 사용한 자
• 검사를 받지 않고 검사대상기기를 수입한 자

정답 CBT 대비 적중모의고사 – 4회

01 ②	02 ①	03 ③	04 ④	05 ①
06 ④	07 ②	08 ②	09 ④	10 ②
11 ②	12 ③	13 ④	14 ③	15 ②
16 ③	17 ③	18 ④	19 ③	20 ④
21 ②	22 ④	23 ②	24 ②	25 ①
26 ③	27 ②	28 ②	29 ④	30 ②
31 ③	32 ①	33 ②	34 ①	35 ②
36 ④	37 ④	38 ④	39 ④	40 ③
41 ①	42 ①	43 ④	44 ③	45 ④
46 ④	47 ④	48 ①	49 ③	50 ①
51 ④	52 ②	53 ④	54 ②	55 ③
56 ①	57 ④	58 ①	59 ③	60 ②

5회 CBT 대비 적중모의고사

01 보일러 열손실 종류 중 일반적으로 손실량이 가장 큰 것은?

① 불안전 연소에 의한 열손실
② 미연소 연료분에 의한 열손실
③ 복사 및 전도에 의한 열손실
④ 배기가스에 의한 열손실

🔍 가장 큰 열손실 : 배기가스에 의한 열손실

02 탄소 5kg을 완전 연소시키는데 필요한 산소량은 약 몇 kg인가?

① 13.3
② 26.7
③ 2.6
④ 44.0

🔍 $C + O_2 \rightarrow CO_2$
12kg 32kg 44kg
1kg 2.67kg 3.67kg
∴ 5 × 2.67 = 13.35kg

03 상당증발량을 계산하는 식으로 맞는 것은?(단, Ge : 상당증발량, G : 매시발생증기량, h_2 : 발생증기엔탈피, h_1 : 급수엔탈피)

① $Ge = G(h_2 - h_1) \div 539$
② $Ge = G(h_1 - h_2) \div 539$
③ $Ge = G(h_2 - h_1) \div 639$
④ $Ge = G(h_1 - h_2) \div 639$

🔍 상당증발량 = $\dfrac{실제증발량 \times (증기엔탈피 - 급수엔탈피)}{539}$

04 보일러 통풍장치에서 흡입통풍방식은?

① 연도의 끝이나 연돌하부에 송풍기를 설치한 방식
② 보일러 노의 입구에 송풍기를 설치한 방식
③ 연소용 공기를 연소실로 밀어 넣는 방식
④ 배가스와 외기의 비중차를 이용한 통풍방식

🔍 압입통풍 : 보일러 노의 입구에 송풍기를 설치하여 연소용 공기를 연소실로 밀어 넣는 방식

05 주철제 보일러의 특징 설명으로 틀린 것은?

① 내열성과 내식성이 우수하다.
② 대용량의 저압 보일러에 적합하다.
③ 열에 의한 부동팽창으로 균열이 발생하기 쉽다.
④ 쪽수의 증감에 따라 용량조절이 편리하다.

🔍 주철제 보일러 : 소용량 저압보일러

06 도시가스의 연소 상태는?

① 확산연소
② 표면연소
③ 분해연소
④ 증발연소

🔍
- 기체연료 : 확산연소
- 코우크스, 목탄 : 표면연소
- 석탄, 중유 : 분해연소
- 액체연료 : 증발연소

07 보일러 급수제어의 3요소식과 관련이 없는 것은?

① 연소량
② 수위
③ 증기유량
④ 급수유량

🔍 3요소식 급수제어 : 수위, 증기량, 급수량

08 보일러 방폭문이 설치되는 위치로 가장 적합한 것은?

① 연소실 후부 또는 좌, 우측
② 노통 또는 화실 천정부
③ 증기드럼 내부 또는 주증기 배관 내
④ 연도

🔍 방폭문 : 노 내 폭발사고를 대비하기 위한 안전장치로 연소실 후부에 설치

09 동작유체의 상태변화에서 에너지의 이동이 없는 변화는?

① 등온변화
② 정적변화
③ 정압변화
④ 단열변화

🔍 단열변화 : 에너지의 이동이 없는 변화

10 하나의 물체를 구성하고 있는 물질 부분을 차례차례로 열이 전해지던가 또는 직접 접촉하고 있는 2개의 물체의 하나에서 다른 것으로 열이 전해지는 현상?

① 열전도
② 열대류
③ 열복사
④ 열방사

🔍 · 열대류 : 비중량차에 의한 열이동
· 열복사 : 어떤 물질을 통하지 않고 열이 직접 이동하는 방법

11 부르돈관 압력계를 부착할 때 사용되는 사이펀관 속에 넣는 물질은?

① 수은
② 증기
③ 공기
④ 물

🔍 사이폰관 : 관내에 물을 가득 채워 압력계를 보호한다.

12 중유 보일러의 연소 보조 장치에 속하지 않는 것은?

① 여과기
② 인젝터
③ 오일 프리히터
④ 화염 검출기

🔍 인젝터 : 증기압을 이용한 비동력 급수장치

13 분사관이 짧으며 1개의 노즐을 설치하여 연소노벽에 부착되어 있는 이 물질을 제거하는 매연분출 장치는?

① 쇼트레트랙블형
② 롱레트랙블형
③ 공기예열기 크리너
④ 로타리형

🔍 · 쇼트레트랙터블형 : 보일러 전열면 및 연소 노벽에 사용
· 롱 레트랙터블형 : 과열기와 같은 고온 전열면에 사용

14 여과식 집진장치의 분류가 아닌 것은?

① 유수식
② 원통식
③ 평판식
④ 역기류 분사식

🔍 · 여과식 집진장치 : 원통식, 평판식, 역기류 분사식
· 유수식 : 습식 집진장치

15 중유 첨가제 중에서 분무를 순조롭게 하는 것은?

① 회분개질제
② 유동점 강하제
③ 슬러지 분산제
④ 연소 촉진제

🔍 · 회분개질제 : 회분의 융점을 높여 고온부식을 방지
· 슬러지분산제 : 슬러지생성을 방지

16 유류용 온수보일러에서 버너가 정지하고 리셋버튼이 돌출하는 경우는?

① 오일 배관 내의 공기가 빠지지 않고 있다.
② 연소용 공기량이 부적당하다.
③ 연통의 길이가 너무 길다.
④ 실내 온도조절기의 설정온도가 실내 온도보다 낮다.

🔍 리셋버튼의 돌출 : 연료배관 내에 공기가 차 있어 버너 가동 정지

17 전열면적 12m²인 강철제 또는 주철제 증기 보일러의 급수밸브의 크기는 호칭 몇 A 이상이어야 하는가?

① 15
② 20
③ 25
④ 32

🔍 · 전열면적 10m² 이하 : 호칭 15A 이상
· 전열면적 10m² 초과 : 호칭 20A 이상

18 보일러 연소시 매연발생 원인과 가장 거리가 먼 것은?

① 공기의 공급량이 부족 또는 과대한 경우
② 무리한 연소를 한 경우
③ 연소장치가 부적당한 경우
④ 배기가스 온도가 낮은 경우

🔍 배기가스 온도가 낮으면 저온부식이 발생한다.

19 온수난방 설비에서 팽창탱크를 바르게 설명한 것은?

① 고온수 난방설비에는 개방식 팽창탱크를 사용한다.
② 개방식 팽창탱크에는 반드시 방열기보다 높은 위치에 설치한다.
③ 밀폐식 팽창탱크에는 일수관, 통기관을 등을 설치한다.
④ 팽창탱크에는 반드시 밸브를 설치한다.

🔍 밀폐식 팽창탱크 : 고온수 난방에 설치하며 압력계, 수면계, 방출밸브, 압축공기 주입관, 배수관, 급수관 등이 부착된다.

20 온수온돌의 난방방열 특성을 설명한 것으로 맞는 것은?

① 저온직사열에 의한 난방
② 저온대류에 의한 난방
③ 저온복사에 의한 난방
④ 저온전도에 의한 난방

🔍 온수온돌 난방 : 저온복사에 의한 난방

21 보일러의 계속사용검사기준에서 사용 중 검사에 대한 설명으로 틀린 것은?

① 보일러 지지대의 균열, 내려앉음, 지지부재의 변형 또는 파손 등 보일러의 설치상태에 이상이 없어야 한다.
② 보일러와 접속된 배관, 밸브 등 각종 이음부에는 누기, 누수가 없어야 한다.
③ 연소실 내부가 충분히 청소된 상태이어야 하고, 축로의 변형 및 이탈이 없어야 한다.
④ 보일러 동체는 보온 및 케이싱이 분해되어 있어야 하며, 손상이 약간 있는 것은 사용해도 관계가 없다.

🔍 보일러 보온 : 동체의 보온과 케이싱은 손상이 없어야 한다.

22 저압 증기난방에 사용하는 증기의 압력(kgf/cm^2)은?

① 5~10   ② 1~5
③ 0.35~1 ④ 0.15~0.35

🔍 • 고압증기난방 : $1kg/cm^2$ 이상
• 저압증기난방 : $0.15~0.35kg/cm^2$

23 보일러 용량을 결정하는 정격출력에 포함되어 고려할 사항이 아닌 것은?

① 배관부하   ② 급탕부하
③ 채광부하   ④ 예열부하

🔍 온수보일러의 정격부하 = 난방부하 + 급탕부하 + 배관부하 + 예열부하

24 신설 보일러의 사용 전 내부점검 사항으로 틀린 것은?

① 기수분리기, 기타 부품의 부착사항을 확인하고 공구나 볼트, 너트, 헝겊조각 등이 보일러에 들어 있는지 점검한다.
② 내부에 이상이 없는지 확인하고 맨홀, 검사구 등에 수압시험에 사용한 평판 등이 제거되어 있는지 각 구멍을 점검한 후 닫혀있는 뚜껑을 전부 열어 개방 한다.
③ 내부의 공기를 빼고 밸브를 열어 놓은 상태로 급수하고 수위가 상승할 때 저수위 경보기 또는 연료차단장치 등의 인터록이 정확하게 작동하는지 확인한다.
④ 만수시킨 후 공기가 완전히 빠졌는지 확인한 뒤 공기 빼기 밸브를 닫고 정상사용압력보다 10% 이상의 수압을 가하여 각부가 새지 않는지 확인한다.

🔍 내부검사 : 수압시험 후 뚜껑을 전부 닫고 밀폐시킨다.

25 신축곡관이라고도 하며 고온, 고압용 증기관 등의 옥외배관에 많이 쓰이는 신축 이음은?

① 벨로우즈형　② 슬리브형
③ 스위블형　　④ 루프형

> 루프형 : 고압·옥외배관용에 사용되는 신축 곡관으로 응력이 발생한다.

26 난방부하가 36900kcal/h인 경우 온수방열기의 방열면적은 몇 m²가 되어야 하는가?(단, 방열기 방열량은 표준방열량으로 한다.)

① 66　　② 82
③ 95　　④ 46

> 방열면적 = $\dfrac{난방부하}{방열기\ 방열량}$ = $\dfrac{36900}{450}$ = 82m²

27 온수보일러 시공업자는 시공한 설비에 대하여 설치·시공도면을 작성하여 보존해야 하는데 이 도면에 표시해야 할 사항으로 관계가 없는 것은?

① 모든 배관의 크기
② 안전장치의 설치위치
③ 밸브의 종류 및 설치 위치
④ 연도 및 굴뚝의 높이

> 도면의 표시사항
> • 모든 배관의 크기
> • 안전장치의 설치위치
> • 밸브의 종류 및 설치 위치
> • 단열방식 및 단열재 종류
> • 전기사용기기의 규격 및 배전도
> • 보일러의 규격 및 용량, 제조업체명

28 보일러 수면계의 개수와 관련된 사항 중 잘못 설명된 것은?

① 증기보일러에는 2개 이상의 유리수면계를 부착한다.
② 소용량 및 소형관류보일러에는 2개 이상의 유리수면계를 부착한다.
③ 최고의 사용압력 1MPa이하로서 동체 안지름이 750mm 미만인 경우에 있어서는 수면계 중 1개는 다른 종류의 수면측정 장치로 할 수 있다.
④ 2개 이상의 원격지시 수면계를 시설하는 경우에 한하여 유리 수면계를 1개 이상으로 할 수 있다.

> 소용량 및 소형 관류 보일러 : 수면계를 1개 이상 설치한다.

29 보일러 비상 정지시 맨 먼저 조치해야 할 사항은?

① 댐퍼를 닫는다.
② 공기투입을 정지한다.
③ 연료공급을 차단한다.
④ 증기밸브를 닫고 스위치를 내린다.

> 보일러의 운전정지 순서
> ① 연료공급 정지 - ② 공기공급 정지 - ③ 급수를 한 후 압력 저하 후 급수밸브를 닫고, 급수펌프를 정지 - ④ 증기밸브를 닫고, 드레인 밸브를 연다 - ⑤ 댐퍼를 닫는다.

30 다음 중 용어별 사용단위가 틀린 것은?

① 열전도율 : kcal/mh℃
② 열관류율 : kcal/m²h℃
③ 열전달율 : kcal/mh℃
④ 열저항 : m²h℃/kcal

> 열전달율 : kcal/m²h℃

31 보일러설치규격에서 저수위 차단장치의 설치 시 주의사항으로 틀린 것은?

① 가급적 2개를 별도의 통수관에 각기 연결하여 사용하는 것이 좋다.
② 분출관과 수면계의 분출관을 통합 연결한다.
③ 통수관 크기는 호칭지름 25mm 이상이 되도록 하여야 한다.
④ 통수관에 부착되는 밸브는 개폐상태를 명확히 표시하여야 한다.

> 분출관과 수면계 분출관의 설치 : 보일러수의 누수 확인을 위해 분리하여 연결한다.

32 보일러 강판의 가성취하 특징 설명으로 틀린 것은?

① 고압보일러에서 보일러수의 알칼리 농도가 높은 경우에 발생한다.
② 발생하는 장소로는 수면상부의 리벳과 리벳사이에 발생하기 쉽다.
③ 발생하는 장소로는 관구멍 등 응력이 집중하는 곳의 틈이 많은 곳이다.
④ 외견상 부식성이 없고, 미세한 불규칙적인 방사상 형태를 하고 있다.

🔍 가성취하 : 보일러수의 농축 알칼리에 의해 보일러 동판에 발생하는 균열현상

33 보일러 수에 함유된 산소(O_2)가 유발시키는 1차적인 장해는?

① 고온부식
② 그루빙
③ 점식
④ 가성취하

🔍 용존가스체(O_2, CO_2) : 점식

34 증기압이 오르기 시작할 때의 보일러 취급방법으로 맞지 않는 것은?

① 분출장치의 누설유무를 확인한다.
② 가열에 다른 팽창으로 수위의 변동을 확인한다.
③ 공기 배제 후 공기빼기 밸브를 연다.
④ 급수장치의 기능을 확인한다.

🔍 공기빼기 밸브 : 급수 시작할 때 열고, 증기압이 오르기 시작할 때 닫는다.

35 증기난방의 분류 중 응축수 환수방식에 의한 분류에 해당되지 않는 것은?

① 중력환수방식
② 기계환수방식
③ 진공환수방식
④ 건식환수방식

🔍 응축수 환수방법에 따른 분류 : 중력환수식, 기계환수식, 진공환수식

36 전극식 수위 검출부는 전극봉에 스케일이 부착 되어 기능을 못하는 경우가 있으므로 어느 정도기간마다 전극봉을 샌드페이퍼로 닦는 것이 좋은가?

① 9개월
② 6개월
③ 12개월
④ 3개월

🔍 전극봉의 청소 : 6개월 마다

37 중유연소장치에서 사용되는 버너의 종류에 해당되지 않는 것은?

① 유압분사식
② 저압공기 분사식
③ 교차분사식
④ 고압기류식

🔍 중유버너의 종류 : 유압분무식, 고압공기분무식(고압기류식), 저압공기분무식, 회전분무식

38 보일러의 안전장치에 해당되지 않는 것은?

① 방폭문
② 수위계
③ 화염검출기
④ 가용마개

🔍 수위계 : 액면을 지시하는 계측장치

39 보일러 자동제어의 종류에 해당되지 않는 것은?

① 급수자동제어
② 연소자동제어
③ 증기온도자동제어
④ 용량자동제어

🔍 보일러 자동제어 : 자동연소제어, 급수제어, 증기온도제어

40 코르니쉬 보일러의 노통 길이가 4500mm이고, 외경이 3000mm, 두께가 10mm일 때 전열면적은 약 몇 m^2인가?

① 54.0
② 45.7
③ 46.4
④ 42.4

🔍 코르니시 보일러의 전열면적 = $\pi D \cdot \ell$
= 3.14 × 3 × 4.5 = 42.39m^2

41 노통의 전열면적을 증가시키고, 이로 인한 강도 보강, 관수순환을 양호하게 하는 역할을 위해 설치하는 것은?

① 겔로웨이관 　② 아담슨조인트
③ 브레이징 스페이스 　④ 반구형 경판

> 겔로웨이관 : 물의 순환을 좋게 하고, 전열면적을 넓게 하고, 화실벽을 보강 한다.

42 외부에서 전해진 열을 물과 증기에 전하는 보일러 부위의 명칭은?

① 전열면 　② 동체
③ 노 　④ 연도

> 전열면 : 한쪽면에 물이 닿고, 다른쪽에 연소가스가 접촉할 때, 연소가스가 닿는 면적

43 보일러 급수펌프의 구비조건으로 틀린 것은?

① 고온, 고압에도 충분히 견딜 것
② 회전식은 고속 회전에 지장이 있을 것
③ 급격한 부하변동에 신속히 대응할 수 있을 것
④ 작동이 확실하고 조작이 간편할 것

> 급수펌프 : 회전식으로 고속회전에 지장이 없을 것

44 다음 중 1J(Joule)과 같은 값은?

① $1N \cdot m$ 　② 1cal
③ 1mol 　④ 1erg

> $1J(Joule) = 0.24\ cal = 1N \cdot m$

45 보일러 내부에 아연판을 매다는 가장 적당한 이유는?

① 기수공발을 방지하기 위하여
② 보일러 판의 부식을 방지하기 위하여
③ 스케일 생성을 방지하기 위하여
④ 프라이밍을 방지하기 위하여

> 보일러 동체의 부식방지 : 아연판이 철(Fe)에 비해 이온화 현상이 빠르게 이루어져 동체의 부식을 방지한다.

46 보일러의 수위제어 검출방식의 종류로 가장 거리가 먼 것은?

① 피스톤식 　② 전극식
③ 플로트식 　④ 열팽창관식

> 수위검출방식(저수위경보기)의 종류 : 플로트식(부자식), 전극식, 열팽창식, 차압식

47 중유의 첨가제 중 슬러지의 생성방지제 역할을 하는 것은?

① 회분개질제 　② 탈수제
③ 연소촉진제 　④ 안정제

> • 안정제(슬러지) : 슬러지의 생성방지
> • 회분개질제 : 회분의 융점을 높여 고온부식을 방지
> • 탈수제 : 수분을 분리 제거
> • 연소촉진제 : 분무상태를 양호하게 하기 위해

48 보일러 유류연료 연소시에 가스폭발이 발생하는 원인이 아닌 것은?

① 연소 도중에 실화되었을 때
② 프리퍼지 시간이 너무 길어졌을 때
③ 소화 후에 연료가 흘러들어 갔을 때
④ 점화가 잘 안되는데 계속 급유했을 때

> 프리퍼지
> • 짧으면 : 노내폭발 및 역화
> • 너무 길면 : 연소실의 냉각

49 온수보일러 시공업자가 보일러를 설치한 후 가동 전에 적합여부를 확인하여야 할 사항과 무관한 것은?

① 부식방지용 페인트 도색 상태
② 수압 및 안전장치
③ 자동제어에 의한 성능 관계
④ 보일러의 연소 및 배기 성능 관계

> 설치 확인 항목
> • 수압시험 및 온수 순환 시험
> • 연소가스 누설 유무 검사
> • 연소 상태 및 연소 조절 검사
> • 보일러 연소 및 배기 성능 검사
> • 연료계통의 누설 상태 검사
> • 자동제어에 의한 성능 관계 검사

50 보일러의 중심에서 최상층 방열기의 중심까지 높이가 15m이고 송수온도의 비중량 961kg/m³, 환수온도의 비중량은 973kg/m³이다. 자연 순환 수두는 몇 mmH₂O인가?

① 173
② 180
③ 190
④ 197

> $p(kg/m^2) = \gamma(kg/m^3) \times H(m)$
> ∴ (973 − 961) × 15 = 180mmH₂O

51 방사난방코일의 온수관의 접합방법으로 브레이징이라고도 하는 동관 연결법은?

① 플레어접합   ② 연납접합
③ 경납접합   ④ 타이톤접합

> 동관의 이음
> • 플레어접합 : 압축이음
> • 솔더링(soldering joint) : 연납땜 접합
> • 브레이징(brazing joint) : 경납땜 접합

52 압축기 진동과 서징, 관의 수격작용, 지진 등에서 발생하는 진동을 억제하기 위해 사용되는 지지장치는?

① 벤드벤   ② 플랩 밸브
③ 그랜드 패킹 ④ 브레이스

> 브레이스 : 펌프, 압축기 등의 진동 또는 충격을 흡수 완화시키는 장치

53 배관 보온재의 선정 시 고려해야 할 사항으로 가장 거리가 먼 것은?

① 안전사용 온도 범위
② 보온재의 가격
③ 해체의 편리성
④ 공사현장의 작업성

> • 보온재의 선정 시 고려 사항
> • 열전도율이 적고 안전사용범위에 적합할 것
> • 물리적, 화학적으로 안정되고 가격이 저렴할 것
> • 공사 현장에 적응성이 좋고 시고이 용이할 것
> • 불연성이며 사용수명이 길 것

54 파이프와 파이프를 홈 조인트로 체결하기 위하여 파이프 끝을 가공하는 기계는?

① 띠톱 기계
② 파이프 벤딩기
③ 동력파이프 나사절삭기
④ 그루빙 조인트 머신

> • 그루빙 조인트 머신 : 홈 조인트로 체결하기 위하여 파이프 끝을 가공하는 기계
> • 홈 조인트(groove joint) : 나사, 용접, 플랜지배관 등에 비해 조립속도가 3배 정도 빠르고 시공이 빠르고 인건비가 절약된다.

55 에너지이용합리화법상 에너지를 사용하여 만드는 제품의 단위당 에너지사용목표량 또는 건축물의 단위면적당 에너지사용목표량을 정하여 고시하는 자는?

① 산업통상자원부장관
② 노동부장관
③ 시·도지사
④ 에너지공단이사장

> 목표 에너지원단위 : 산업통상자원부장관 고시

56 특정열사용기자재 중 검사대상기기를 설치하거나 개조하여 사용하려는 자는 누구의 검사를 받아야 하는가?

① 검사대상기기 제조업자
② 시·도지사
③ 한국에너지공단이사장
④ 시공업자단체의 장

> 검사대상기기의 검사 : 한국에너지공단이사장

57 에너지이용합리화법상 에너지의 효율적인 수행과 특정 열사용기자재의 안전관리를 위하여 교육을 받아야 하는 대상이 아닌 자는?

① 에너지관리자
② 시공업의 기술인력
③ 검사대상기기 관리자
④ 효율관리기자재 제조자

> • 실시 : 산업통상자원부장관
> • 대상 : 에너지관리자, 시공업의 기술인력, 검사대상기기 관리자

58 에너지 관리 대상자가 에너지 손실요인 개선명령을 받은 때는 개선명령일 부터 며칠 이내에 개선계획을 수립하여 제출해야 하는가?

① 20일　② 30일
③ 50일　④ 60일

> 개선명령을 받은 자는 개선명령을 받은 날부터 60일 이내에 개선명령 이행계획을 수립하여 산업통상자원부장관에게 제출하여야 한다.

59 에너지이용합리화법 시행규칙에서 에너지사용자가 수립하여야 하는 자발적 협약의 이행계획에 포함되어야 할 사항이 아닌 것은?

① 온실가스 배출증가 현황 및 투자방법
② 협약 체결 전년도의 에너지소비현황
③ 효율향상목표 등의 이행을 위한 투자계획
④ 에너지관리체제 및 관리방법

> 자발적 협약의 이행계획(에너지사용자 및 공급자)
> • 협약 체결 전년도의 에너지소비 현황
> • 에너지를 사용하여 만드는 제품, 부가가치 등의 단위당 에너지이용효율 향상목표 또는 온실가스배출 감축목표(이하 "효율향상목표 등") 및 그 이행 방법
> • 에너지관리체제 및 에너지관리방법
> • 효율향상목표 등의 이행을 위한 투자계획
> • 그 밖에 효율향상목표 등을 이행하기 위하여 필요한 사항

60 에너지다소비업자가 매년 1월31일까지 신고해야 할 사항에 포함되지 않는 것은?

① 전년도의 에너지 이용합리화 실적 및 해당 연도의 계획
② 에너지사용기자재의 현황
③ 해당연도의 에너지사용예정량, 제품 생산예정량
④ 전년도의 손익계산서

> 신고사항
> • 전년도의 분기별 에너지사용량 · 제품생산량
> • 해당 연도의 분기별 에너지사용예정량 · 제품생산예정량
> • 에너지사용기자재의 현황
> • 전년도의 분기별 에너지이용 합리화 실적 및 해당 연도의 분기별 계획
> • 에너지관리자의 현황

정답 CBT 대비 적중모의고사 – 5회

01 ④	02 ①	03 ①	04 ①	05 ②
06 ①	07 ①	08 ①	09 ④	10 ①
11 ④	12 ②	13 ①	14 ①	15 ④
16 ①	17 ②	18 ④	19 ①	20 ③
21 ④	22 ④	23 ③	24 ②	25 ④
26 ②	27 ④	28 ②	29 ③	30 ③
31 ①	32 ②	33 ③	34 ②	35 ④
36 ②	37 ③	38 ②	39 ④	40 ④
41 ①	42 ①	43 ②	44 ①	45 ②
46 ①	47 ④	48 ②	49 ①	50 ②
51 ③	52 ④	53 ③	54 ④	55 ①
56 ③	57 ④	58 ④	59 ①	60 ④

6회 CBT 대비 적중모의고사

01 이상기체 상태 방정식에서 "모든 가스는 온도가 일정할 때 가스의 비체적은 압력에 반비례 한다"는 법칙은?

① 보일의 법칙
② 샤를의 법칙
③ 줄의 법칙
④ 보일-샤를의 법칙

- 보일의 법칙 : 온도가 일정할 때 가스의 비체적은 압력에 반비례한다.
- 샤를의 법칙 : 압력이 일정할 때 가스의 비체적은 절대온도에 비례한다.

02 열전도율이 다른 여러 층의 매체를 대상으로 정상 상태에서 고온측으로부터 저온측으로 열이 이동할 때의 평균 열통과율을 의미하는 것은?

① 엔탈피
② 열복사율
③ 열관류율
④ 열용량

- 열관류 : 벽체를 통한 유체에서 유체로의 열 이동 (단위 : kcal/m²h℃)
- 열전달 : 유체에서 고체로, 고체에서 유체로의 열 이동 (단위 : kcal/m²h℃)

03 보온면의 손실열이 150kcal이고, 나관의 손실열이 600kcal 일 때 보온효율(%)을 구하시오.

① 25%
② 50%
③ 75%
④ 90%

- 보온효율 $= \dfrac{Q_1 - Q_2}{Q_1} \times 100$
  $= \dfrac{600 - 150}{600} \times 100 = 75\%$

04 다음 그림과 같은 동력 나사절삭기의 종류의 형식으로 맞는 것은?

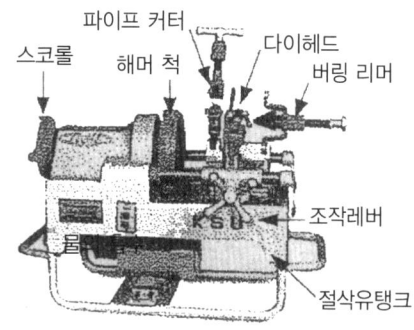

① 오스터형
② 호브형
③ 다이헤드형
④ 파이프형

- 다이헤드형 동력 나사절삭기의 기능 : 나사 절삭, 관의 절단, 거스러미 제거

05 보일러 구성 중 부속장치가 아닌 것은?

① 안전장치
② 폐열회수장치
③ 연소장치
④ 통풍장치

- 보일러의 3대 구성요소 : 기관본체, 연소장치, 부속장치

06 다음 유류 중 인화점이 가장 낮은 것은?

① 가솔린
② 등유
③ 경유
④ 중유

- 인화점이 낮은 순서 : 가솔린 - 등유 - 경유 - 중유

07 보일러의 운전정지 시 가장 뒤에 조작하는 작업은?

① 연료의 공급을 정지시킨다.
② 연소용 공기의 공급을 정지시킨다.
③ 댐퍼를 닫는다.
④ 급수펌프를 정지시킨다.

> 보일러 정지 시 : 가장 먼저 연료공급을 정지하고, 가장 나중에 연도 댐퍼를 닫는다.

08 보일러의 점화조작 시 주의사항에 대한 설명으로 잘못된 것은?

① 유압이 낮으면 점화 및 분사가 불량하고 유압이 높으면 그을음이 축적되기 쉽다.
② 연료의 예열온도가 낮으면 무화불량, 화염의 편류, 그을음, 분진이 발생하기 쉽다.
③ 연료가스의 유출속도가 너무 빠르면 역화가 일어나고, 너무 늦으면 실화가 발생하기 쉽다.
④ 프리퍼지 시간이 너무 길면 연소실의 냉각을 초래하고, 너무 짧으면 역화가 발생하기 쉽다.

> 연료가스의 유출속도가 너무 빠르면 실화가 일어나고, 너무 늦으면 역화가 발생하기 쉽다.

09 급수 중 불순물에 의한 장애나 처리방법에 대한 설명으로 틀린 것은?

① 현탁고형물의 처리방법에는 침강분리, 여과, 응집 침전 등이 있다.
② 경도성분은 이온 교환으로 연화시킨다.
③ 유지류는 거품의 원인이 되나 이온교환수지의 능력을 향상시킨다.
④ 용존산소는 급수계통 및 보일러 본체의 수관을 산화 부식시킨다.

> 유지류 : 거품의 원인이 되고 이온교환수지를 오염시켜 이온교환 반응속도를 저하시킨다.

10 보일러의 정상 운전 시 수면계에 나타나는 수위의 위치로 가장 적당한 것은?

① 수면계의 최상위
② 수면계의 최하위
③ 수면계의 중간
④ 수면계 하부의 1/3 위치

> • 상용수위 : 보일러 운전 중 유지하는 기준 수위로 수면계의 1/2 위치를 말한다.
> • 안전저수면 : 수면계의 유리판 하단부

11 에너지이용 합리화법규상 냉난방온도제한 건물에 냉난방 제한온도를 적용할 때의 기준으로 옳은 것은? (단, 판매시설 및 공항의 경우는 제외한다.)

① 냉방 : 24℃ 이상, 난방 : 18℃ 이하
② 냉방 : 24℃ 이상, 난방 : 20℃ 이하
③ 냉방 : 26℃ 이상, 난방 : 18℃ 이하
④ 냉방 : 26℃ 이상, 난방 : 20℃ 이하

> 건물의 냉난방 제한온도 기준
> • 냉방 : 26℃ 이상
> • 난방 : 20℃ 이하

12 캐리오버로 인하여 나타날 수 있는 결과로 거리가 먼 것은?

① 수격작용   ② 프라이밍
③ 열효율 저하   ④ 배관의 부식

> 캐리오버 : 프라이밍, 포밍에 의해 또는 증기 밸브를 급히 열었을 때 발생하는 현상

13 증기보일러에는 2개 이상의 안전밸브를 설치하여야 하는 반면에 1개 이상으로 설치 가능한 보일러의 최대 전열면적은?

① 50m²   ② 60m²
③ 70m²   ④ 80m²

> 안전밸브 : 원칙적으로 2개 이상 설치한다.(단, 전열면적 50m² 이하의 경우 1개 이상으로 할 수 있다.)

14 보일러에 사용되는 안전밸브 및 압력방출장치 크기를 20A 이상으로 할 수 있는 보일러가 아닌 것은?

① 소용량 강철제 보일러
② 최대 증발량 5t/h 이하의 관류 보일러
③ 최고사용압력 1MPa(10kgf/cm²) 이하의 보일러로 전열면적 5m² 이하의 것
④ 최고사용압력 0.1MPa(1kgf/cm²) 이하의 보일러

> 관경을 20A 이상으로 할 수 있는 경우 : 최고 사용압력 0.5MPa (5kgf/cm²) 이하로 전열 면적 2m² 이하인 때

15 증기보일러의 압력계 부착에 대한 설명으로 틀린 것은?

① 압력계와 연결된 관의 크기는 강관을 사용할 때에는 안지름이 6.5mm 이상이어야 한다.
② 압력계는 눈금판의 눈금이 잘 보이는 위치에 부착하고 얼지 않도록 하여야 한다.
③ 압력계는 사이폰관 또는 동등한 작용을 하는 장치가 부착되어야 한다.
④ 압력계의 콕크는 그 핸들을 수직인 관과 동일 방향에 놓은 경우에 열려 있는 것이어야 한다.

🔍 사이폰관 : 증기온도 210℃ 초과 시 12.7mm 이상의 강관을 사용하고, 이하 시 6.5mm 이상의 동관을 사용한다.

16 프라이밍 발생 원인으로 거리가 먼 것은?

① 보일러 수위가 낮을 때
② 보일러수가 농축되어 있을 때
③ 송기 시 증기밸브를 급개 할 때
④ 증발능력에 비하여 보일러수의 표면적이 적을 때

🔍 • 저수위 : 전열면의 과열의 원인
• 고수위 : 프라이밍 또는 포밍의 원인

17 온수보일러에서 배플 플레이트(baffle plate)의 설치 목적으로 맞는 것은?

① 급수를 예열하기 위하여
② 연소효율을 감소시키기 위하여
③ 강도를 보강하기 위하여
④ 그을음 부착량을 감소시키기 위하여

🔍 배플 플레이트 : 연관 내부에 설치하여 전열을 좋게 하고, 그을음의 부착을 방지하고, 연소율을 높게 하는 장치

18 집진장치의 종류 중 건식 집진장치의 종류가 아닌 것은?

① 가압수식 집진기   ② 중력식 집진기
③ 관성력식 집진기   ④ 원심력식 집진기

🔍 가압수식 : 습식(세정식) 집진장치로 사이클론 스크러버, 벤튜리 스크러버, 제트 스크러버, 충전탑 등이 있다.

19 보일러 건조보존 시에 사용되는 건조제가 아닌 것은?

① 암모니아   ② 생석회
③ 실리카 겔   ④ 염화칼슘

🔍 건조제의 종류 : 생석회, 염화칼슘, 실리카겔, 활성알루미나 등

20 보일러 내부의 건조방식에 대한 설명 중 틀린 것은?

① 건조제로 생석회가 사용된다.
② 가열장치로 서서히 가열하여 건조시킨다.
③ 보일러 내부 건조 시 사용되는 기화성 부식 억제제(VCI)는 물에 녹지 않는다.
④ 보일러 내부 건조 시 사용되는 기화성 부식 억제제(VCI)는 건조제와 병용하여 사용할 수 있다.

🔍 기화성 부식억제제(VCI) : 물에 조금씩 녹아 부식 억제효과를 높여 완전히 건조되지 않은 보일러 보존에 효과적이다.

21 보일러와 관련한 기초 열역학에서 사용하는 용어에 대한 설명으로 틀린 것은?

① 절대압력 : 완전 진공상태를 0으로 기준하여 측정한 압력
② 비체적 : 물체의 단위체적당 중량을 가르킨다.
③ 현열 : 물질 상태의 변화없이 온도가 변화하는 데 필요한 열량
④ 잠열 : 온도의 변화없이 물질 상태가 변화하는 데 필요한 열량

🔍 비중량 = kg/m³(비체적 = 비중량의 역수)

22 라몬트(Lamont) 보일러에 관한 설명으로 옳은 것은?

① 강제순환식 노통 연관보일러
② 자연순환식 노통 연관보일러
③ 강제순환식 수관보일러
④ 자연순환식 수관보일러

🔍 강제순환식 수관보일러 : 벨록스, 라몬트

23 보일러의 수위제어에 영향을 미치는 요인 중에서 보일러 수위제어시스템으로 제어할 수 없는 것은?

① 급수온도 ② 급수량
③ 수위검출 ④ 증기량 검출

🔍 3요소식 자동급수제어장치의 검출요소 : 수위, 증기량, 급수량

24 육상용 보일러의 열정산 방식에서 환산 증발배수에 대한 설명으로 맞는 것은?

① 증기의 보유열량을 실제연소열로 나눈 값이다.
② 발생 증기엔탈피와 급수엔탈피의 차를 539로 나눈 값이다.
③ 매시 환산 증발량을 매시 연료 소비량으로 나눈 값이다.
④ 매시 환산 증발량을 전열면적으로 나눈 값이다.

🔍 환산 증발배수 = 매시 상당증발량 / 매시 연료사용량 (kg/kg)
- 증발계수 : 발생 증기엔탈피와 급수엔탈피의 차를 539로 나눈 값이다.
- 증발배수 : 매시 실제 증발량을 매시 연료 소비량으로 나눈 값이다.

25 증기난방과 비교한 온수난방의 특징 설명으로 틀린 것은?

① 예열시간이 길다.
② 건물 높이에 제한을 받지 않는다.
③ 난방부하 변동에 따른 온도조절이 용이하다.
④ 실내 쾌감도가 높다.

🔍 온수난방 : 증기난방에 비해 소규모 난방으로 건물 높이에 제한을 받는다.

26 보일러수 내 처리 방법으로 용도에 따른 청관제로 틀린 것은?

① 탈산소제 - 염산, 알코올
② 연화제 - 탄산소다, 인산소다
③ 슬러지 조정제 - 탄닌, 리그닌
④ pH 조정제 - 인산소다, 암모니아

🔍 탈산소제 : 히드라진, 아황산소다, 탄닌 등

27 보일러 수 처리에서 순환계통의 처리방법 중 용해 고형물 제거 방법이 아닌 것은?

① 약제 첨가법
② 이온교환법
③ 증류법
④ 여과법

🔍 현탁질 고형분 처리방법 : 여과법, 침강법, 응집법

28 보일러 운전이 끝난 후 노내와 연도에 체류하고 있는 가연성 가스를 배출시키는 작업은?

① 페일 세이프(fail safe)
② 풀 프루프(fool proof)
③ 포스트 퍼지(post-purge)
④ 프리 퍼지(pre-purge)

🔍
- 포스트 퍼지 : 작업 종료 후 통풍
- 프리 퍼지 : 점화 전 통풍

29 보일러 기수공발(carry over)의 원인이 아닌 것은?

① 보일러의 증발능력에 비하여 보일러수의 표면적이 너무 넓다.
② 보일러의 수위가 높아지거나 송기 시 증기밸브를 급개하였다.
③ 보일러수 중의 가성소다, 인산소다, 유지분 등의 함유비율이 많았다.
④ 부유 고형물이나 용해 고형물이 많이 존재하였다.

🔍 보일러수의 표면적이 넓으면 수위의 안정으로 프라이밍, 포밍을 방지할 수 있다.

30 보일러에서 C 중유를 사용할 경우 중유예열장치로 예열할 때 적정 예열 범위는?

① 40℃ ~ 45℃   ② 80℃ ~ 105℃
③ 130℃ ~ 160℃ ④ 200℃ ~ 250℃

🔍
- 중유의 예열온도 : 80℃~90℃(80℃~105℃)
- 중유의 예열온도가 너무 높으면 기름이 분해가 되고, 너무 낮으면 무화상태가 불량해진다.

31 공기량이 지나치게 많을 때 나타나는 현상 중 틀린 것은?

① 연소실 온도가 떨어진다.
② 열효율이 저하한다.
③ 연료소비량이 증가한다.
④ 배기가스 온도가 높아진다.

🔍 공기량이 과다하면 연료소비량 및 열손실이 증가하고 열효율이 저하한다. 연소실 온도가 낮아진다.

32 보일러 내부 부식에 속하지 않는 것은?

① 점식　　　　② 저온부식
③ 구식　　　　④ 알칼리부식

🔍 저온부식 : 연료성분 중 S(황분)에 의한 외부 부식으로 주로 연도에서 발생한다.

33 세정식 집진장치 중 하나인 회전식 집진장치의 특징에 관한 설명으로 가장 거리가 먼 것은?

① 구조가 대체로 간단하고 조작이 쉽다.
② 급수 배관을 따로 설치할 필요가 없으므로 설치 공간이 적게 든다.
③ 집진물을 회수할 때 탈수, 여과, 건조 등을 수행 할 수 있는 별도의 장치가 필요하다.
④ 비교적 큰 압력손실을 견딜 수 있다.

🔍 회전식 : 습식(세정식)이므로 급수배관을 설치하여 탈수, 여과, 건조 등의 별도의 장치가 필요하다.

34 다음 중 세정식 집진장치를 나타내는 것은?

① 백필터　　　　② 스크러버
③ 코트렐　　　　④ 사이클론

🔍 • 세정식(습식) : 사이클론 스크러버, 벤튜리, 스크러버, 충전탑 등
• 건식 : 사이클론, 멀티크론, 백필터
• 전기식 : 코트렐

35 제어동작 중 제어편차의 시간적분에 비례한 속도로 조작량을 가감하는 것으로 잔류편차가 남지 않는 것은?

① 2 위치동작　　　　② 비례동작
③ 미분동작　　　　④ 적분동작

🔍 • 적분(i)동작 : 잔류편차가 남지 않는 연속동작
• 비례(p)동작 : 잔류편차가 발생하는 연속동작

36 가스버너에서 리프팅(Lifting) 현상이 발생하는 경우는?

① 가스압이 너무 높은 경우
② 버너부식으로 염공이 커진 경우
③ 버너가 과열된 경우
④ 1차 공기의 흡인이 많은 경우

🔍 리프팅(Lifting) : 가스압이 높거나 가스 속도가 빠른 경우 또는 염공이 적은 경우에 발생한다.

37 중유의 연소 상태를 개선하기 위한 첨가제의 종류가 아닌 것은?

① 연소촉진제
② 회분개질제
③ 탈수제
④ 슬러지 생성제

🔍 중유의 첨가제 : 연소 촉진제, 슬러지 분산제, 회분 개질제, 탈수제, 유동점 강하제 등

38 매연 분출장치에서 보일러의 고온부인 과열기나 수관부용으로 고온의 열가스 통로에 사용할 때만 사용되는 매연분출장치는?

① 정치 회전형　　　　② 롱래트랙터블형
③ 쇼트 래트랙터블형　　　　④ 로타리형

🔍 • 롱래트랙터블형 : 과열기 등 고온 전열면에 사용
• 쇼트 래트랙터블형 : 연소노벽, 보일러 전열면에 사용
• 로타리형 : 절탄기 등 저온 전열면에 사용

39 보일러 전열면의 그을음을 제거하는 장치는?

① 수저분출장치　　　　② 수트 블로어
③ 배플 플레이트　　　　④ 사이크론 스크러버

🔍 수트블로워 : 고압의 증기나 공기를 분사하여 전열면에 부착된 매연(그으름)을 불어내는 장치

40 다음 중 LNG의 주성분은?

① 부탄
② 프로판
③ 프로필렌
④ 메탄

> • LNG의 주성분 : 메탄(CH_4 : 90%) + 에탄(C_2H_6 : 10%)
> • LPG의 주성분 : 프로판(C_3H_8 : 60~70%) + 부탄(C_4H_{10} : 20~30%)

41 어떤 보일러의 5시간 동안 증발량이 5000kg이고, 그때의 급수엔탈피가 25kcal/kg, 증기엔탈피가 675kcal/kg이라면 상당증발량은 약 몇 kg/h인가?

① 1106
② 1206
③ 1304
④ 1451

> 상당증발량 = $\dfrac{\text{실제증발량} \times (\text{증기엔탈피} - \text{급수엔탈피})}{539}$
> = $\dfrac{\frac{5000}{5} \times (675 - 25)}{539}$ = 1205.9kg/h

42 지역난방에서 열매로 증기를 사용하는 경우와 비교하여 온수를 사용하였을 경우의 특징 설명으로 옳은 것은?

① 관내 저항손실이 크다.
② 배관설비비가 적게 든다.
③ 넓은 지역난방에 적당하다.
④ 공급열량의 계량이 쉽다.

> 지역난방에서 열매로 온수를 사용할 경우
> • 지형의 고·저에 대한 영향이 적다.
> • 난방부하에 따른 온도조절이 쉽다.
> • 관로저항이 커서 넓은 지역의 난방에 부적당하다.
> • 배관설비비가 비싸다.
> • 배관구배의 영향이 적다.
> • 예열 부하에 대한 손실이 크다.

43 보일러 연소용 공기조절장치 중 착화를 원활하게 하고 화염의 안정을 도모하는 장치는?

① 윈드박스(Wind Box)
② 보염기(Stabilizer)
③ 버너타일(Burner tile)
④ 플레임 아이(Flame eye)

> • 보염기 : 공급 공기량을 조절하여 점화를 쉽게 하고 화염을 안정시켜주는 장치
> • 윈드박스 : 송풍기로 유입된 연소용 공기와 버너에서 분사된 연료와 혼합을 좋게 하는 장치

44 지역난방의 일반적인 장점으로 거리가 먼 것은?

① 각 건물마다 보일러 시설이 필요 없고, 연료비와 인건비를 줄일 수 있다.
② 시설이 대규모이므로 관리가 용이하고 열효율 면에서 유리하다.
③ 지역 난방설비에서 배관의 길이가 짧아 배관에 의한 열 손실이 적다.
④ 고압증기나 고온수를 사용하여 관의 지름을 작게 할 수 있다.

> 지역난방 : 배관의 길이가 길어 배관에 의한 열손실이 크지만, 열효율이 좋고 도시매연이 감소한다.

45 배관 중간이나 밸브, 펌프, 열교환기 등의 접속을 위해 사용되는 이음쇠로서 분해, 조립이 필요한 경우에 사용 되는 것은?

① 벤드
② 리듀셔
③ 플랜지
④ 슬리브

> 분해, 조립을 하여 점검, 교체를 쉽게 하기 위한 이음쇠 : 유니언, 플랜지

46 보일러효율 시험방법에 관한 설명으로 틀린 것은?

① 급수온도는 절탄기가 있는 것은 절탄기 입구에서 측정한다.
② 배기가스의 온도는 전열면의 최종 출구에서 측정한다.
③ 포화증기의 압력은 보일러 출구의 압력으로 부르동관식 압력계로 측정한다.
④ 증기온도의 경우 과열기가 있을 때는 과열기 입구에서 측정한다.

> 과열 증기온도 : 과열기 출구에서 측정한다.

47 보일러의 점화 조작 시 주의사항으로 틀린 것은?

① 연료가스의 유출속도가 너무 빠르면 실화 등이 일어나고 너무 늦으면 역화가 발생한다.
② 연소실의 온도가 낮으면 연료의 확산이 불량해지며 착화가 잘 안 된다.
③ 연료의 예열온도가 낮으면 무화불량, 화염의 편류, 그을음, 분진이 발생한다.
④ 유압이 낮으면 점화 및 분사가 양호하고 높으면 그을음이 없어진다.

🔍 유압이 높으면 그을음이 축적되고, 낮으면 점화 및 분사가 불량해진다.

48 수질이 불량하여 보일러에 미치는 영향으로 가장 거리가 먼 것은?

① 보일러의 수명과 열효율에 영향을 준다.
② 고압보다 저압일수록 장애가 더욱 심하다.
③ 부식현상이나 증기의 질이 불순하게 된다.
④ 수질이 불량하면 관계통에 관석이 발생한다.

🔍 수질의 장애 : 저압보다 고압일수록 장애가 더욱 심하다.

49 온수발생 보일러에서 보일러의 전열면적이 15m²~20m² 미만일 경우 방출관의 안지름은 몇 mm 이상으로 해야 하는가?

① 25
② 30
③ 40
④ 50

🔍 방출관의 관경
• 전열면적 10m² : 25mm 이상
• 전열면적 10~15m² : 30mm 이상
• 전열면적 15~20m² : 40mm 이상
• 전열면적 20m² 이상 : 50mm 이상

50 보일러는 검사기준에 따라 주 펌프 세트와 보조펌프 세트를 갖춘 급수장치가 있어야 하는데, 특정 조건에 따라 보조펌프 세트를 생략할 수 있다. 다음 중 보조펌프를 생략할 수 없는 경우는?

① 전열면적 10m²인 보일러
② 전열면적 8m²인 가스용 보일러
③ 전열면적 16m²인 가스용 온수보일러
④ 전열면적 50m²인 관류보일러

🔍 보조펌프 세트를 생략할 수 있는 경우
• 전열면적 12m² 이하인 증기 보일러
• 전열면적 14m² 이하인 가스용 온수 보일러
• 전열면적 100m² 이하인 관류 보일러

51 동일 직경의 관을 직선으로 연결하는 부속이 아닌 것은?

① 소켓
② 니플
③ 레듀서
④ 유니온

🔍 동일 직경의 관을 직선으로 연결하는 관이음쇠 : 소켓, 니플, 유니온, 플랜지

52 배관의 높이를 관의 중심을 기준으로 표시한 기호는?

① TOP
② GL
③ BOP
④ EL

🔍 • TOP : 관의 바깥쪽 윗면을 기준으로 한 경우
• GL : 지(地)표면을 기준으로 표시한 경우
• BOP : 관의 바깥쪽 아랫면을 기준으로 한 경우
• EL : 관의 중심을 기준으로 표시한 경우

53 배관계에 설치한 밸브의 오작동 방지 및 배관계 취급의 적정화를 도모하기 위해 배관에 식별(識別)표시를 하는데 관계가 없는 것은?

① 지지하중
② 식별색
③ 상태표시
④ 물질표시

🔍 배관의 식별표시 : 식별색, 물질표시, 상태표시, 안전표시(소화표시, 위험표시 등)

54 고압, 중압 보일러 급수용 및 고양정 급수용으로 쓰이는 것으로 임펠러에 안내날개가 있는 펌프는?

① 볼류트 펌프
② 터빈 펌프
③ 워싱턴 펌프
④ 웨어 펌프

🔍 • 터빈펌프 : 안내날개가 있는 고양정 원심펌프
• 볼류트 펌프 : 안내날개가 없는 저양정 원심펌프

55 에너지법에 따르면 정부는 에너지기술개발계획을 수립하여야 한다. 이에 대해 옳은 것은?

① 5년 이상을 계획기간으로 하는 에너지기술개발계획을 3년마다 수립하여야 한다.
② 5년 이상을 계획기간으로 하는 에너지기술개발계획을 5년마다 수립하여야 한다.
③ 10년 이상을 계획기간으로 하는 에너지기술개발계획을 5년마다 수립하여야 한다.
④ 10년 이상을 계획기간으로 하는 에너지기술개발계획을 10년마다 수립하여야 한다.

🔍 정부는 10년 이상을 계획기간으로 하는 에너지기술개발계획을 5년마다 수립하고, 이에 따른 연차별 실행계획을 수립·시행(관계 중앙행정기관의 장의 협의와 국가과학기술자문회의의 심의를 거쳐서 수립)하여야 한다.

56 에너지이용합리화법에 따라 고시한 효율관리기자재 운용규정에 따라 가정용 가스보일러의 최저 소비효율 기준은 몇 %인가?

① 63%
② 68%
③ 76%
④ 86%

🔍 가정용 가스보일러의 최저 소비 효율기준 : 76% 이상

57 에너지이용합리화법상 법을 위반하여 검사대상기기 관리자를 선임하지 아니한 자에 대한 벌칙 기준으로 옳은 것은?

① 2년 이하의 징역 또는 2천만원 이하의 벌금
② 2천만원 이하의 벌금
③ 1천만원 이하의 벌금
④ 500만원 이하의 벌금

🔍
- 검사대상기기관리자를 선임하지 아니한 경우 : 1천만원 이하의 벌금
- 기준미달 기자재의 생산 및 판매금지 위반 : 2천만원 이하의 벌금
- 에너지 저장의무를 정당한 사유 없이 이행 하지 아니 한 경우 : 2년 이하의 징역 또는 2천만원 이하의 벌금

58 에너지이용합리화법에서 검사의 종류 중 계속사용 검사에 해당하는 것은?

① 설치검사
② 개조검사
③ 용접검사
④ 안전검사

🔍 계속사용검사 : 유효기간을 연장하기 위한 검사로 안전검사와 성능검사가 있다.

59 다음 중 한국에너지공단 이사장의 위탁사항이 아닌 것은?

① 검사대상기기 관리자의 선, 해임 보고
② 에너지 절약형 시설투자 확인신청
③ 에너지 절약전문기업의 등록 신청
④ 효율관리 기자재에 대한 측정결과 통보

🔍 에너지 절약형 시설투자 확인신청 : 산업통상자원부장관에게 신청

60 에너지법에서 에너지공급자가 아닌 자는?

① 에너지를 수입하는 사업자
② 에너지를 저장하는 사업자
③ 에너지를 전환하는 사업자
④ 에너지를 개발하는 사업자

🔍 에너지공급자란 에너지를 생산·수입·전환·수송·저장 또는 판매하는 사업자를 말한다.

정답 CBT 대비 적중모의고사 – 6회

01 ①	02 ①	03 ③	04 ③	05 ③
06 ①	07 ③	08 ③	09 ③	10 ③
11 ④	12 ②	13 ①	14 ③	15 ①
16 ①	17 ④	18 ①	19 ③	20 ③
21 ②	22 ③	23 ①	24 ③	25 ②
26 ④	27 ④	28 ②	29 ①	30 ②
31 ④	32 ②	33 ②	34 ②	35 ④
36 ①	37 ④	38 ②	39 ②	40 ④
41 ②	42 ①	43 ②	44 ③	45 ③
46 ④	47 ④	48 ②	49 ③	50 ③
51 ①	52 ④	53 ①	54 ③	55 ③
56 ③	57 ③	58 ④	59 ②	60 ④

7회 CBT 대비 적중모의고사

01 과열증기에서 과열도는 무엇인가?

① 과열증기온도와 포화증기온도와의 차이다.
② 과열증기온도에 증발열을 합한 것이다.
③ 과열증기압력과 포화증기의 압력 차이다.
④ 과열증기온도에 증발열을 뺀 것이다.

🔍 과열도 = 과열증기온도 − 포화증기온도

02 원통형 보일러 중 외분식 보일러는?

① 횡연관식 보일러
② 노통 보일러
③ 입형 보일러
④ 노통연관 보일러

🔍 외분식 보일러 : 연소실이 보일러 본체 외부에 설치된 보일러로 수관식 보일러와 횡연관식 보일러가 해당된다.

03 보일러에서 안전밸브의 분출압력은 고압일수록 저압일 때 보다 어떠한가?

① 좁아야 한다.
② 넓어야 한다.
③ 일정하다.
④ 무관하다.

🔍 안전밸브의 관경 : 압력에 반비례하고, 전열 면적에 비례한다.

04 소용량 온수보일러에 사용되는 화염검출기 중 화염의 발열현상을 이용한 것으로 연소온도에 의해 화염의 유무를 검출하는 것은?

① 플레임 아이
② 플레임 로드
③ 스택 스위치
④ CDs 셀

🔍 화염검출기의 종류
• 플레임 아이 : 화염의 발광체를 이용
• 플레임 로드 : 화염의 이온화를 이용
• 스택 스위치 : 화염의 발열체를 이용

05 수관식 보일러의 구성을 설명한 것으로 틀린 것은?

① 수관식 보일러는 상부드럼과 하부드럼으로 구성되어 있다.
② 수관식 보일러는 강수관과 승수관으로 구성되어 있다.
③ 수관식 보일러는 내분식으로 효율이 좋다.
④ 수관식 보일러는 화실과 수관, 관모음관(헤더) 등으로 구성되어 있다.

🔍 수관식 보일러 : 외분식으로 효율이 좋다.

06 탄소(C) 1kmol이 완전 연소하여 탄산가스(CO_2)가 될 때 발생하는 발열량은 몇 kcal 인가?

① 97200
② 29200
③ 68000
④ 8100

🔍 • 탄소 1kmol : 97200kcal
• 탄소 1kg : 8100kcal

07 보일러 계속사용검사 중 운전성능 검사는 어떤 부하상태에서 실시하는가?

① 사용부하
② 최저부하
③ 최대부하
④ 시험부하

🔍 • 계속사용검사 시 보일러 부하 : 사용부하
• 열정산의 경우 보일러 부하 : 정격부하

08 점화전 댐퍼를 열고 노내와 연도에 체류하고 있는 가연성가스를 송풍기로 취출 시키는 작업은?

① 분출
② 송풍
③ 프리 퍼지
④ 포스트 퍼지

🔍 • 점화전 통풍 : 프리 퍼지
• 소화 후 통풍 : 포스트 퍼지

09 보일러 자동제어에서 시퀀스(sequence)제어를 가장 옳게 설명한 것은?

① 결과가 원인으로 되어 제어단계를 진행하는 제어이다.
② 목표값이 시간적으로 변화되는 제어이다.
③ 목표값이 변화하지 않고 일정한 값을 갖는 제어이다.
④ 제어의 각 단계를 미리 정해진 순서에 따라 진행하는 제어이다.

- 시퀀스 제어 : 제어의 각 단계를 미리 정해진 순서에 따라 진행하는 제어
- 피드백 제어 : 결과가 원인으로 되어 제어단계를 진행하는 제어

10 보일러 자동 연소제어의 조작량에 해당되는 것은?

① 급수량
② 연료량
③ 전열량
④ 증기온도

자동 연소제어의 조작량 : 공기량, 연료량, 연소가스량

11 보일러 통풍방식에서 연소용 공기를 송풍기로 노 입구에서 대기압보다 높은 압력으로 밀어 넣고 굴뚝의 통풍작용과 같이 통풍을 유지하는 방식은?

① 자연통풍　② 평형통풍
③ 흡입통풍　④ 압입통풍

강제통풍의 종류
- 압입통풍 : 송풍기를 연소실 입구에 설치
- 흡입통풍 : 송풍기를 연도(연돌 밑)에 설치
- 평형통풍 : 압입 + 흡입

12 응축수 환수방식 중 환수관내의 유속이 타 방식에 비해 빠르고 방열기내의 공기도 배제할 수 있을 뿐아니라 방열량을 광범위하게 조절 할 수 있어 대규모 난방에 적합한 방식은?

① 중력환수식　② 진공환수식
③ 급기환수식　④ 기계환수식

진공환수식 : 진공펌프를 사용하여 응축수를 환수하는 방법으로 증기의 순환이 빠르고, 배관 내의 진공도가 100 ~ 250mmHg 정도이며, 방열량 조절이 광범위하고 대규모 난방에 적합한 증기난방

13 보일러를 본체의 구조에 따라 분류하면 원통형 보일러와 수관식 보일러로 크게 나눌 수 있다. 수관식 보일러에 속하지 않는 것은?

① 스코치 보일러　② 다쿠마 보일러
③ 라몬트 보일러　④ 슐처 보일러

스코치 보일러 : 원통형으로 노통연관식 보일러

14 보일러의 긴급연료 차단밸브(전자밸브)를 작동시키는 연계장치가 아닌 것은?

① 압력차단 스위치
② 스테이 빌라이져
③ 저수위경보기
④ 화염검출기

스테이 빌라이져 : 보염장치로 공기량을 조절하여 점화를 쉽게 하고 화염의 안정을 도모하기 위한 장치

15 15℃의 물을 급수하여 압력 0.35MPa의 증기를 500 kgf/h 발생시키는 보일러의 마력은 얼마인가?(단, 발생 증기의 엔탈피는 655.2kcal/kgf이다)

① 37.9　② 42.3
③ 28.8　④ 48.7

보일러 마력 = $\dfrac{500 \times (655.2 - 15)}{539 \times 15.65}$ = 37.9kg/h

16 보일러의 부속설비 중 연료공급 계통에 해당하는 것은?

① 콤버스터　② 버너타일
③ 슈트 블로우　④ 오일 프리히터

오일 프리히터 : 연료(기름)공급장치로 중유를 예열하여 점도를 낮추고 유동성 및 무화상태를 좋게 하기 위한 장치

17 보일러의 수면계와 관련된 설명 중 틀린 것은?

① 증기보일러에는 2개 이상(소용량 및 소형관류보일러는 1개 이상)의 유리수면계를 부착하여야 한다. 다만, 단관식 관류보일러는 제외한다.
② 유리수면계는 보일러 동체에만 부착하여야 하며 수주관에 부착하는 것은 금지하고 있다.
③ 2개 이상의 원격지시 수면계를 시설하는 경우에 한하여 유리수면계를 1개 이상으로 할 수 있다.
④ 유리수면계는 상·하에 밸브 또는 콕크를 갖추어야하며, 한눈에 그것의 개·폐 여부를 알 수 있는 구조이어야 한다. 다만, 소형 관류보일러에서는 밸브 또는 콕크를 갖추지 아니할 수 있다.

🔍 유리수면계 : 수면계 하단부와 안전저수면을 일치하게 하여 수주관에 부착한다.

18 보일러의 수위검출기 작동시험 및 보수에 대한 설명으로 가장 거리가 먼 것은?

① 검출기 하단의 취출밸브를 열어 검출기 수위를 서서히 저하시키며 급수펌프의 작동여부를 확인한다.
② 보일러에 간헐적으로 블로우를 할 때에는 수위를 서서히 저하 시켜서 수위검출기 작동을 확인한다.
③ 플로트식은 6개월 마다 수은 스위치의 상태와 접점 단자의 상태를 조사한다.
④ 전극식은 1년마다 전극봉을 샌드페이퍼로 스케일을 제거한다.

🔍 전극식 : 3개월 마다 전극봉을 샌드페이퍼로 스케일을 제거한다.

19 재의 부착으로 생기는 고온부식이 잘 일어나는 장치는?

① 공기예열기
② 과열기
③ 증발 전열면
④ 절탄기

🔍 · 고온부식 : 과열기 등 고온 전열면에 발생
· 저온부식 : 절탄기나 공기예열기 등 저온 전열면에 발생

20 하나의 물체를 구성하고 있는 물질 부분을 차례로 열이 전해지던가 또는 직접 접촉하고 있는 2개 물체의 하나에서 다른 것으로 열이 전해지는 현상?

① 열전도
② 열대류
③ 열복사
④ 열방사

🔍 열의 이동방법
· 전도 : 매질을 통한 열 이동
· 대류 : 비중량 차에 의한 열 이동
· 복사 : 매질 없이 열의 직접 이동

21 다음의 집진장치 중 가압수를 이용한 것은?

① 충돌식
② 중력식
③ 벤튜리 스크레버
④ 반전식

🔍 가압수식 습식 집진장치 : 사이크론 스크레버, 벤튜리 스크레버, 제트 스크레버, 충진탑

22 보일러에 연소가스의 폐열을 이용한 과열기를 설치할 때 얻어지는 장점으로 틀린 것은?

① 증기관 내의 마찰저항을 감소시킬 수 있다.
② 증기관의 이론적 열효율을 높일 수 있다.
③ 같은 압력의 포화증기에 비해 보유열량이 많은 증기를 얻을 수 있다.
④ 연소가스의 저항으로 압력손실을 줄일 수 있다.

🔍 과열기 : 연도에 과열기를 설치하면 통풍저항이 증가하고 압력손실이 커진다.

23 보일러 열효율 정산방법에서 열정산을 위한 급수량을 측정할 때 그 오차는 일반적으로 몇 %로 하여야 하는가?

① 1.0
② 3.0
③ 5.0
④ 7.0

🔍 급수량의 측정 오차 : 1.0%

24 보일러 동 내부 안전저수위보다 약간 높게 설치하여 유지분, 부유물 등을 제거하는 장치로서 연속분출 장치에 해당하는 것은?

① 수면분출장치 ② 수저분출장치
③ 수중분출장치 ④ 압력분출장치

- 수저분출장치 : 동 저부의 침전물, 슬러지분을 제거하여 관수의 농축을 방지하는 장치로 단속 분출 또는 간헐분출장치라 한다.
- 수면분출장치 = 연속분출장치

25 연료의 연소 시 공기량이 지나치게 과대할 경우 나타나는 장해(障害)로 맞는 것은?

① 연소온도가 높아진다.
② 열전달이 증대한다.
③ 열손실이 증대한다.
④ 연소에서 배출되는 가스량이 적어진다.

- 공기량이 과대하면 배기가스량이 증가하여 열손실이 증가하고 열효율이 저하된다.

26 저압 증기난방에 사용하는 증기압력(kgf/cm²)은?

① 5 ~ 10 ② 1 ~ 5
③ 0.35 ~ 1 ④ 0.15 ~ 0.35

- 증기압력 1 kgf/cm² 이상은 고압증기난방, 이하는 저압증기난방으로 구분하며, 저압 증기 난방은 0.15~0.35 kgf/cm²을 사용한다.

27 보일러의 수관에 대한 설명으로 가장 적합한 것은?

① 관의 내부에서 연소가스가 접촉하는 관
② 관의 외부에서 물이 흐르는 관
③ 관의 외부에서 연소가스가 접촉하고 관내로 물이 흐르는 관
④ 관의 내부에는 연소가스가 접촉하고 외부로는 물이 흐르는 관

- 수관 : 관의 외부에서 연소가스가 접촉하고 관내로 물이 흐르는 관
- 연관 : 관의 내부에는 연소가스가 접촉하고 외부로는 물이 흐르는 관

28 보일러의 전열면적이 클 때의 설명으로 틀린 것은?

① 증발량이 많다.
② 예열이 빠르다.
③ 용량이 적다.
④ 효율이 높다.

- 보일러의 전열면적이 크면 예열이 빠르고 증발량이 많아지고 용량이 증가하고 열효율이 높아진다.

29 보일러 자동제어 동작 중 불연속동작의 종류가 아닌 것은?

① 2위치 동작
② 다위치 동작
③ 불연속 속도 동작
④ 비례동작

- 연속동작 : 비례동작, 적분동작, 미분동작

30 온수난방의 특징 설명으로 틀린 것은?

① 취급이 용이하고 연료비가 적게 든다.
② 예열에 시간이 걸리지만 쉽게 냉각되지 않는다.
③ 방열량이 커서 방열면적이 좁다.
④ 난방부하의 변동에 따른 온도조절이 쉽다.

- 온수난방 : 방열량이 적어 방열면적이 넓어야 한다. 비열이 커서 예열이 느리다.

31 온수보일러에 팽창탱크를 설치하는 이유로 옳은 것은?

① 물의 온도상승에 따른 체적팽창에 의한 보일러의 파손을 막기 위한 것이다.
② 배관 중의 이물질을 제거하여 연료의 흐름을 원활히 하기 위한 것이다.
③ 온수 순환펌프에 의한 맥동 및 캐비테이션을 방지하기 위한 것이다.
④ 보일러, 배관, 방열기 내에 발생한 스케일 및 슬러지를 제거하기 위한 것이다.

- 팽창탱크의 설치목적 : 온수 온도상승에 따른 팽창압을 흡수 완화하고, 부족수를 급수하고, 열손실을 방지하기 위해 설치한다.

32 최고사용압력이 0.7MPa인 강철제 보일러의 안전 밸브의 크기는 호칭지름 몇 mm 이상으로 하는가?

① 25　　② 30
③ 15　　④ 20

🔍 호칭지름 20mm 이상인 경우 : 최고사용압력이 0.1MPa 이하인 경우

33 보일러 용량을 결정하는 정격출력에 포함되어 고려할 사항이 아닌 것은?

① 배관부하　　② 급탕부하
③ 채광부하　　④ 예열부하

🔍 온수보일러의 정격부하 = 난방부하 + 급탕부하 + 배관부하 + 예열부하

34 보일러 가동상태 점검사항 중 매우 중요하기 때문에 가장 수시로 점검해야 할 것은?

① 급수의 pH
② 일정한 수위 유지상태
③ 스케일의 부착상태
④ 연료유 예열상태

🔍 • 보일러 수위 : 보일러를 가동하기 직전 또는 가동 중 수시로 점검을 해야 한다.
• 상용수위 : 수면계의 1/2

35 보일러 수면계의 개수와 관련된 사항 중 잘못 설명된 것은?

① 증기보일러에는 2개 이상의 유리수면계를 부착한다.
② 소용량 및 소형관류보일러에는 2개 이상의 유리 수면계를 부착한다.
③ 최고사용압력 1MPa 이하로서 동체 안지름 750mm 미만의 경우에 있어서는 수면계 중 1개는 다른 종류의 수면측정 장치로 할 수 있다.
④ 2개 이상의 원격지시 수면계를 시설하는 경우에 한하여 유리수면계를 1개 이상으로 할 수 있다.

🔍 소용량 및 소형관류보일러에는 1개 이상의 유리 수면계를 부착한다.

36 다음 중 용어별 사용단위가 틀린 것은?

① 열전도율 : kcal/mh℃
② 열관류율 : kcal/m²h℃
③ 열전달율 : kcal/mh℃
④ 열저항 : m²h℃/kcal

🔍 열전달율 : kcal/m²h℃

37 특정열사용기자재 중 검사대상기기를 설치하거나 개조하여 사용하려는 자는 누구의 검사를 받아야 하는가?

① 산업통상자원부 장관　② 시 · 도지사
③ 에너지공단 이사장　　④ 시공업자단체 장

🔍 검사대상기기의 검사
• 실시 : 에너지공단 이사장
• 검사신청 : 유효기간 만료 10일 전

38 증기 보일러 취급 방법으로 틀린 것은?

① 역화의 위험을 막기 위해 댐퍼는 닫아 놓아야 한다.
② 점화 후 화력의 급상승을 금지해야 한다.
③ 압력계, 수면계 등 부속장치의 점검을 게을리 하지 않는다.
④ 송시 시 주증기 밸브는 급개 하지 않는다.

🔍 역화의 원인 : 통풍이 부족하거나 댐퍼가 닫힌 경우

39 보일러 연소 중에 발생하는 맥동연소의 원인이 아닌 것은?

① 연료 속에 수분이 많은 경우
② 연소량이 심히 고르지 못한 경우
③ 공급공기량에 심한 과부족이 생긴 경우
④ 연도 단면의 변화가 적은 경우

🔍 맥동현상 : 연소가 불안정할 때 발생되므로 연도의 변화가 큰 경우에 발생한다.

40 보일러 내부의 건조방식에 쓰이는 건조제가 아닌 것은?

① 염화칼슘   ② 실리카 겔
③ 탄산칼슘   ④ 생석회

> 건조제(흡습제)의 종류 : 생석회, 염화칼슘, 실리카 겔, 활성알루미나 등

41 보일러에서 불완전연소의 원인으로 틀린 것은?

① 버너로 부터의 분무불량 즉, 분무입자가 클 때
② 연소용 공기량이 부족할 때
③ 분무연료와 보일러 열량과 혼합이 불량할 때
④ 연소속도가 적정하지 않을 때

> 불완전연소의 원인 : 분무연료와 연소용 공기와 혼합이 불량할 때

42 보일러 수처리 방법 중에서 부유, 유기물의 제거법에 해당되지 않는 것은?

① 여과법
② 이온교환법
③ 침전법
④ 응집법

> 이온교환법 : 수 중의 용해고용물(Ca, Mg 등)을 처리하는 방법

43 보일러 주위의 배관에서 하트포드 접속법이란?

① 증기관과 환수관 사이에 표준수위에서 50mm 아래로 균형관을 설치한 배관방법이다.
② 보일러 주위에서 증기관과 환수관을 역으로 설치하는 관이음 방법이다.
③ 환수주관을 보일러 안전저수면 50mm 아래에 설치하는 이음 방법이다.
④ 증기압력으로 물이 역류하지 않도록 하는 배관방법이다.

> • 하트포드 접속법 : 환수주관을 균형관에 연결하여 환수관 파손 시 보일러 수의 역류를 방지하기 위한 배관방식
> • 연결위치
> - 표준수위보다 50mm 정도 낮게
> - 안전저수면 보다 약간 높게

44 코르니시 보일러의 노통 길이가 4500mm이고, 외경이 3000mm, 두께가 10mm일 때 전열면적은 약 몇 m²인가?

① 54.0
② 45.7
③ 46.4
④ 42.4

> 코르니시 보일러의 전열면적(m²)
> $\pi \cdot D \cdot l = 3.14 \times 3 \times 4.5 = 42.39 m^2$

45 보일러 급수 중에 함유되어 있는 칼슘(Ca) 및 마그네슘(Mg)의 농도를 나타내는 척도는?

① 탁도
② 수소이온 농도
③ 경도
④ 산도

> • 경도 : 수 중에 함유되어 있는 칼슘(Ca) 및 마그네슘(Mg)의 농도를 나타내는 척도
> • 경도 10도
> - 이상 : 경수
> - 이하 : 연수

46 강철제 증기보일러의 최고사용압력이 2MPa일 때 수압시험압력은?

① 2MPa
② 2.9MPa
③ 3MPa
④ 4MPa

> 수압시험압력
> 최고사용압력이 1.6MPa 이상 일 때 = 최고사용압력 × 1.5

47 다음 보온재 중 무기질 보온재는?

① 암면   ② 펠트
③ 코르크   ④ 기포성 수지

> 암면 : 안산암, 현무암에 석회석을 첨가하여 용융시켜 섬유 모양으로 만든 무기질 보온재로 안전사용온도가 400~500℃ 정도이다.

48 에너지이용합리화법 시행령상 산업통상자원부장관 또는 시·도지사의 업무 중 한국에너지공단에 위탁된 업무가 아닌 것은?

① 효율관리기자재의 측정결과 신고접수
② 검사대상기기의 검사
③ 검사대상기기의 검사기준 제정
④ 검사대상기기관리자 선임 및 해임신고 접수

🔍 검사대상기기의 검사기준 제정 : 산업통상자원부 장관

49 건물을 구성하는 구조체 즉 바닥, 벽 등에 난방용 코일을 묻고 열매체를 통과시켜 난방을 하는 것은?

① 대류난방
② 복사난방
③ 간접난방
④ 전도난방

🔍 복사난방 : 건물의 바닥, 벽 등에 방열관을 묻고 관내에 온수를 통과시켜 난방 하는 방식으로 가정집의 난방방법이다.

50 증기난방의 분류에서 응축수 환수방식에 해당하는 것은?

① 고압식
② 상향 공급식
③ 기계 환수식
④ 단관식

🔍 응축수 환수방법에 따른 분류방법 : 중력환수식, 기계환수식, 진공환수식

51 보일러 동 내부에 스케일(scale)이 부착된 경우 발생하는 현상으로 옳은 것은?

① 전열면 국부과열 현상을 일으킨다.
② 관수의 순환이 촉진된다.
③ 연료 소비량이 감소된다.
④ 보일러 효율이 증가한다.

🔍 스케일의 장애 : 전열면의 과열, 연료사용량 및 열손실 증가, 열효율 저하, 관수의 순환불량 등의 현상이 발생한다.

52 보일러 강판이나 강관을 제조할 때 제질 내부에 가스체 등이 함유되어 두 장의 층을 형성하고 있는 상태의 흠은?

① 브리스터
② 팽출
③ 압궤
④ 라미네이션

🔍 • 라미네이션 : 강판 내부가 기포에 의해 2장의 층을 형성하는 현상
• 브리스터 : 강판 내부의 기포에 의해 표면이 부풀어 오르는 현상

53 사용 중인 보일러의 점화전에 점검해야 될 사항으로 가장 거리가 먼 것은?

① 급수장치, 급수계통 점검
② 보일러 동내 물 때 점검
③ 연소장치, 통풍장치의 점검
④ 수면계의 수위확인 및 조정

🔍 보일러 동내 물 때 점검 : 급수처리 방법으로 일정기간을 정해 주기적으로 실시한다.

54 증기배관 내에 응축수가 고여 있을 때 증기밸브를 급격히 열어 증기를 빠른 속도로 보냈을 때 발생하는 현상으로 가장 적합한 것은

① 압궤가 발생한다.
② 팽출이 발생한다.
③ 브리스터가 발생한다.
④ 수격작용이 발생한다.

🔍 수격작용의 방지 : 증기트랩을 설치하여 관내 응축수를 배출 제거한다.

55 대기전력저감대상제품의 제조업자 또는 수입업자가 대기전력저감대상제품이 대기전력저감 기준에 미달하는 경우 그 시정명령을 이행하지 아니하였을 때 그 사실을 공표할 수 있는 자는 누구인가?

① 산업통상자원부 장관
② 국무총리
③ 한국에너지공단 이사장
④ 환경부 장관

🔍 기준에 미달되는 제품의 시정명령 :산업통상자원부 장관

56 에너지기본법상 지역에너지계획은 몇 년마다 몇 년 이상을 계획기간으로 수립 시행하는가?

① 2년 마다, 2년 이상
② 5년 마다, 5년 이상
③ 10년 마다, 10년 이상
④ 1년 마다, 1년 이상

> 지역에너지계획은 특별시장·광역시장·특별자치시장·도지사 또는 특별자치도지사(이하 "시·도지사"라 한다.)가 관할 구역의 지역적 특성을 고려하여 5년마다 5년 이상을 계획기간으로 하여 수립·시행한다.

57 에너지이용합리화법에서 효율관리기자재의 제조업자 또는 수입업자가 효율관리기자재의 에너지 사용량을 측정 받는 기관은?

① 환경부 장관이 지정하는 진단기관
② 산업통상자원부 장관이 지정하는 시험기관
③ 시, 도지사가 지정하는 측정기관
④ 제조업자 또는 수입업자의 검사기관

> 효율관리기자재의 시험기관 : 산업통상자원부 장관이 지정

58 에너지다소비사업자가 산업통상자원부령으로 정하는 바에 따라 시·도지사에게 신고해야 하는 사항과 관련이 없는 것은?

① 전년도 에너지사용량, 제품생산량
② 전년도 에너지이용합리화 실적 및 해당년도 계획
③ 에너지사용기자재의 현황
④ 다음연도의 에너지사용예정량 및 제품생산예정량

> 신고사항
> • 전년도의 분기별 에너지사용량·제품생산량
> • 해당 연도의 분기별 에너지사용예정량·제품생산예정량
> • 에너지사용기자재의 현황
> • 전년도의 분기별 에너지이용 합리화 실적 및 해당 연도의 분기별 계획
> • 에너지관리자의 현황

59 에너지법상 에너지위원회의 구성과 운영 등에 관하여 필요한 사항은 ( )령으로 정한다. ( ) 안에 들어갈 사람은 누구인가?

① 대통령
② 산업통상자원부장관
③ 한국에너지공단이사장
④ 고용노동부장관

> 에너지위원회
> • 주요 에너지정책 및 에너지 관련 계획에 관한 사항을 심의하기 위하여 산업통상자원부장관 소속으로 위원장 1명을 포함한 25명 이내의 위원으로 구성(위원장은 산업통상자원부장관)
> • 위원회 및 전문위원회의 구성·운영 등에 관하여 필요한 사항은 대통령령으로 정한다.

60 에너지이용합리화법상 에너지다소비사업자는 에너지사용기자재의 현황을 산업통상자원령이 정하는 바에 따라 매년 1월 31일 까지 그 에너지사용시설이 있는 지역을 관할하는 누구에게 신고하여야 하는가?

① 한국에너지공단이사장
② 도지사, 구청장
③ 시장, 군수
④ 시·도지사

> 에너지 사용량 신고 : 시·도지사

정답 CBT 대비 적중모의고사 – 7회

01 ①	02 ①	03 ①	04 ③	05 ③
06 ①	07 ①	08 ③	09 ④	10 ②
11 ④	12 ②	13 ①	14 ②	15 ①
16 ④	17 ②	18 ④	19 ②	20 ①
21 ③	22 ④	23 ①	24 ①	25 ③
26 ④	27 ③	28 ③	29 ④	30 ③
31 ①	32 ①	33 ③	34 ③	35 ②
36 ③	37 ③	38 ①	39 ④	40 ③
41 ③	42 ②	43 ①	44 ④	45 ③
46 ③	47 ①	48 ③	49 ②	50 ③
51 ①	52 ④	53 ②	54 ④	55 ①
56 ②	57 ②	58 ④	59 ①	60 ④

에너지관리기능사

2026년 01월 05일 인쇄
2026년 01월 20일 발행

저자	서문훈, 이종관
발행처	(주)도서출판 책과상상
등록번호	제2020-000205호
발행인	이강복
주소	경기도 고양시 일산동구 장항로 203-191
대표전화	(02)3272-1703~4
팩스	(02)3272-1705
홈페이지	www.sangsangbooks.co.kr
ISBN	979-11-6967-282-5

저자협의
인지생략

값 20,000원
Copyright© 2026
Book & SangSang Publishing Co.